生命科学实验指南系列

酶学方法

——CRISPR/Cas9、ZFN、TALEN在创建特异性位点改变基因组中的应用

Methods in Enzymology

The Use of CRISPR/Cas9, ZFNs, and TALENs in Generating Site-Specific Genome Alterations

〔美〕J. A. 杜德娜　E. J. 松特海默尔　主编

朱必凤　廖　益　朱友林　赵三银　蔡运杆
朱　宁　李亦馨　曾松荣　杨旭夫　许崇波　译

科学出版社

北　京

图字：01-2018-0603 号

内 容 简 介

《酶学方法》是覆盖生命科学各个分支学科的系列丛书，从首次出版至今，逐渐扩展到生命科学领域各个研究方向的各项前沿技术。该丛书是备受认可并被多次引用的著名工具书，被誉为生物技术实验领域的金准则，已经成为生命科学领域研究人员基本而必备的参考资料。

本书是《酶学方法》系列丛书第 546 卷，作者由世界著名大学和研究机构，包括美国麻省理工学院、美国加利福尼亚大学伯克利分校、美国耶鲁大学、荷兰苏黎世大学、美国哈佛大学、美国哈佛医学院、荷兰阿姆斯特丹大学、加拿大麦吉尔大学、美国斯隆-凯特林研究所、法国国家自然博物馆、日本东京大学、美国加利福尼亚大学旧金山分校等的著名科学家组成。本书主要介绍目前基因编辑三大前沿技术，重点介绍被誉为 21 世纪最具影响力的十大技术之一的 CRISPR/Cas 基因编辑系统。本书既包含背景知识，同时又包含具体的研究技术及详尽的实验操作步骤，详细介绍了基因编辑技术的原理、研究方案、操作指南、未来发展趋势，以及在基因工程研究领域的作用及潜在的医学（癌症和遗传疾病治疗）和人类健康的应用前景，同时提供了大量的参考文献，是一本最新的基因编辑科研权威参考书。本书经典权威的背景知识对初学者或研究人员是宝贵的知识来源，详细具体的实验操作指南可以为实验室一线科研人员寻找实验方法节省大量的宝贵时间，提高科研效率。

本书可供生物学、遗传学、微生物学、生物化学、生物技术、分子生物学、基因工程、生物医学、动物医学、药学、农业生物技术等相关领域的研究人员参考。

图书在版编目（CIP）数据

酶学方法：CRISPR/Cas9、ZFN、TALEN 在创建特异性位点改变基因组中的应用 /（美）J. A. 杜德娜（Jennifer A. Doudna），（美）E. J. 松特海默尔（Erik J. Sontheimer）主编；朱必凤等译. —北京：科学出版社，2019.11

（生命科学实验指南系列）

书名原文：Methods in Enzymology: The Use of CRISPR/Cas9, ZFNs, and TALENs in Generating Site-Specific Genome Alterations

ISBN 978-7-03-062188-7

Ⅰ. ①酶… Ⅱ. ①J… ②E… ③朱… Ⅲ. ①酶学 Ⅳ. ①Q55

中国版本图书馆 CIP 数据核字（2019）第 182303 号

责任编辑：岳漫宇 刘 晶 侯彩霞 / 责任校对：郑金红

责任印制：吴兆东 / 封面设计：刘新新

科 学 出 版 社 出版

北京东黄城根北街 16 号

邮政编码：100717

http://www.sciencep.com

北京凌奇印刷有限责任公司 印刷

科学出版社发行 各地新华书店经销

*

2019 年 11 月第 一 版 开本：787×1092 1/16

2020 年 6 月第二次印刷 印张：28

字数：565 000

定价：198.00 元

(如有印装质量问题，我社负责调换)

This edition of *The Use of CRISPR/Cas9, ZFNs, TALENs in Generating Site-Specific Genome Alterations*, Volume 546, 1st edition
Jennifer A. Doudna, Erik J. Sontheimer
ISBN: 978-0-12-801185-0

Authorized Chinese translation published by China Science Publishing & Media Ltd. (Science Press).

《酶学方法：CRISPR/Cas9、ZFN、TALEN 在创建特异性位点改变基因组中的应用》朱必风等译
ISBN: 978-7-03-062188-7

注　意

本书涉及领域的知识和实践标准在不断变化。新的研究和经验拓展我们的理解，因此须对研究方法、专业实践或医疗方法作出调整。从业者和研究人员必须始终依靠自身经验和知识来评估和使用本书中提到的所有信息、方法、化合物或本书中描述的实验。在使用这些信息或方法时，他们应注意自身和他人的安全，包括注意他们负有专业责任的当事人的安全。在法律允许的最大范围内，爱思唯尔、译文的原文作者、原文编辑及原文内容提供者均不对因产品责任、疏忽或其他人身或财产伤害及/或损失承担责任，亦不对由于使用或操作文中提到的方法、产品、说明或思想而导致的人身或财产伤害及/或损失承担责任。

作 者 介 绍

Jennifer A. Doudna 博士是加利福尼亚大学伯克利分校和哈佛大学霍华德·休斯医学研究所研究员，分子和细胞生物学及化学教授，她的科研生涯主要致力于揭示 RNA 的生命奥秘。利用结构生物学和生物化学的方法，Doudna 对 RNA 酶和其他功能 RNA 分子结构的解密工作已经证明，这些看似简单的分子可以执行复杂的功能，并与蛋白质一起控制细胞的信息。

Doudna 在夏威夷的自然奇观中成长，住在夏威夷的希洛小镇时，她经历了火山喷发，探险过偏远的海滩，并磨炼了冲浪技能。1985 年，Doudna 获得波莫纳学院生物化学学士学位，她曾与杰出的化学家 Sharon Panasenko 和 Fred Grieman 一起工作，并得到许多其他大教授的指导。后来，她在哈佛大学与 Jack Szostak 一起工作。1989 年，她以“基于自我拼接内含子组分 I 活性对自我复制 RNA 的发展”研究，完成了博士学位论文。这项研究表明 RNA 可能像模板和催化剂一样起作用，产生自身拷贝和生命的关键特性。作为科罗拉多大学博尔德分校 Lucille Markey 的博士后与 Tom Cech 的同事，Doudna 以测定三维结构为目的开始了结晶催化 RNA 分子的研究，从而揭示了影响生物化学活性的主要因素。她在耶鲁大学作为教员继续这项工作，1994 年她成为耶鲁大学分子生理学和生物化学系的教授。在她事业的早期有两个具有里程碑意义的研究：Doudna 及其同事解析了嗜热四膜虫基因 I 内含子核酶和肝炎 δ 病毒核酶的两个大 RNA——P4～P6 结构域的晶体结构。通过确定它们的分子结构，她超前了解了 RNA 在生物系统中作为催化剂功能的作用。2002 年，Doudna 搬到加利福尼亚大学伯克利分校，她在实验室开始学习使用小分子 RNA 控制细胞遗传信息，从而通过来自病毒的 RNA 分子靶向和破坏外来 DNA 来研究细菌免疫系统。在与 Emmanuelle Charpentier 实验室合作的过程中，Doudna 和助理博士后 Martin Jinek 发现，在细菌免疫途径中 RNA 引导酶的功能有切断双链 DNA 的能力，Cas9 可以通过改变引导 RNA 序列进行编程。他们认为，这样的活性可以在各种细胞中作为精密的基因组工程的分子工具，这一发现引发了分子遗传学与基因组学领域的革命。

Doudna 的工作已赢得了众多奖项荣誉。1999 年她获得了美国国家科学院颁发的首创研究奖，2000 年获得美国国家科学基金会艾伦·T. 沃特曼奖，2001 年获得美国化学学会生物化学伊莱·莉莉奖，并在 2013 年接受了美国生物化学和分子生物学学会的米尔德里·德科恩奖和蛋白质协会汉斯·纽赖特奖。1997 年她成为霍华德·休斯医学研究所研究员，2002 年成为美国国家科学院成员。2003 年她被美国文理科学学院提名。2010 年经美国医学研究所推举，她于 2014 年荣获美国国立卫生研究院基金会鲁里奖。

Erik J. Sontheimer 博士是马萨诸塞大学医学院 RNA 治疗研究所和分子医学部的教授。他的故乡是美国宾夕法尼亚州匹兹堡，1987 年他毕业于宾夕法尼亚州立大学并获得分子和细胞生物学学士学位。然后他在耶鲁大学分子生物物理学和生物化学系与 Joan Steitz 一起工作，1992 年获得博士学位。他在耶鲁大学工作期间揭示了 RNA-RNA 互作动态网络，帮助识别并切除真核前信使 RNA 非编码内含子序列。之后，他跟随芝加哥大学生物化学和分子生物学系 Joe Piccirilli 教授进行博士后工作，并获得 Jane Coffin Childs 纪念基金的支持。在芝加哥大学，他首次提出了真核细胞使用催化反应消除前信使 RNA 内含子的化学策略。1999 年，Sontheimer 加入了伊利诺伊州埃文斯顿西北大学分子生物科学系的教师队伍，在那里他继续研究前信使 RNA 拼接的机制。他还将注意力转向基于小分子 RNA 的基因调控，他的实验室对于 RNA 干扰通路的理解做出了基础性的研究贡献。2008 年，他的实验室也开始研究病原菌基因干预机制。在其他方面，他们首次证明了一种小分子 RNA（被称为 CRISPR RNA）直接靶向 DNA 分子，为 RNA 引导基因组工程的应用铺平了道路。在西北大学时，他荣获了美国国家科学基金会事业奖、宝莱惠康基金会基础药理科学新研究员奖、美国出生缺陷基金会巴兹尔·奥康纳奖、美国癌症学会学者奖、美国西北大学温伯格文理学院卓越教学奖，并于 2008 年获得美国微生物协会雀巢奖。2014 年夏，他转到马萨诸塞州伍斯特马萨诸塞大学医学院 RNA 治疗研究所工作，在那里他继续基因表达中 RNA 分子的基本作用研究，以及 RNA 分子在生物医学研究和治疗人类疾病中的应用。

供 献 者

Carolin Anders
瑞士苏黎世，苏黎世大学生物化学系

Carlos F. Barbas Ⅲ
美国加利福尼亚州拉贺亚，斯克里普斯研究所，斯卡格斯化学生物学研究所化学系和细胞与分子生物学系

Ira L. Blitz
美国加利福尼亚州，加利福尼亚大学欧文分校发育与细胞生物学系

Erika Brunet
法国巴黎，国家自然历史博物馆，法国国家健康与医学研究院 U1154，法国国家科学研究中心 7196

Susan M. Byrne
美国马萨诸塞州波士顿，哈佛医学院遗传学系

Jamie H. D. Cate
美国加利福尼亚州，加利福尼亚大学伯克利分校劳伦斯伯克利国家实验室物理生物科学部；加利福尼亚大学伯克利分校能源生物科学研究所；分子与细胞生物学系；化学系

Regina Cencic
加拿大魁北克省蒙特利尔，麦吉尔大学生物化学系

Baohui Chen
美国加利福尼亚州旧金山，加利福尼亚大学旧金山分校医药化学系

Ken W. Y. Cho
美国加利福尼亚州，加利福尼亚大学欧文分校发育与细胞生物学系

George M. Church
美国马萨诸塞州波士顿，哈佛医学院遗传学系

Chad A. Cowan
美国马萨诸塞州波士顿，麻省总医院再生医学中心；剑桥，哈佛干细胞研究所谢尔曼·费尔柴尔德生物化学组；剑桥，哈佛大学干细胞与再生生物学系

D. Dambournet
美国加利福尼亚州，加利福尼亚大学伯克利分校分子与细胞生物学系

D.G. Drubin
美国加利福尼亚州，加利福尼亚大学伯克利分校分子与细胞生物学系

Leonardo M. R. Ferreira
美国马萨诸塞州剑桥，哈佛大学干细胞与再生生物学系

Margaret B. Fish
美国加利福尼亚州，加利福尼亚大学欧文分校发育与细胞生物学系

Yanfang Fu
美国马萨诸塞州波士顿，哈佛医学院病理学系，查尔斯敦麻省总医院计算和综合生物学中心分子病理学部及癌症研究中心

Yoshitaka Fujihara
日本吹田，大阪大学微生物疾病研究所
Thomas Gaj
美国加利福尼亚州拉霍亚，斯克里普斯研究所，斯卡格斯化学生物学研究所化学系和细胞与分子生物学系
Hind Ghezraoui
法国巴黎，国家自然历史博物馆，法国国家健康与医学研究院 U1154，法国国家科学研究中心 7196
Andrew P. W. Gonzales
美国马萨诸塞州波士顿，哈佛医学院医学系，查尔斯敦麻省总医院心血管研究中心
Federico González
美国纽约，斯隆-凯特林研究所发育生物学项目组
Robert M. Grainger
美国弗吉尼亚州夏洛茨维尔，弗吉尼亚大学生物学系
A. Grassart
美国加利福尼亚州，加利福尼亚大学伯克利分校分子与细胞生物学系
Yuting Guan
中国上海，华东师范大学生命科学学院生命医学研究所上海市调控生物学重点实验室
John P. Guilinger
美国马萨诸塞州剑桥，哈佛大学霍华德·休斯医学研究所化学和化学生物学系
S.H. Hong
美国加利福尼亚州，加利福尼亚大学伯克利分校分子与细胞生物学系
Benjamin E. Housden
美国马萨诸塞州波士顿，哈佛医学院遗传学系
Bo Huang
美国加利福尼亚州旧金山，加利福尼亚大学旧金山分校医药化学系，生物化学与生物物理学系
Danwei Huangfu
美国纽约，斯隆-凯特林研究所发育生物学项目组
Masahito Ikawa
日本吹田，大阪大学微生物疾病研究所
Rayelle Itoua Maïga
加拿大魁北克省蒙特利尔，麦吉尔大学生物化学系
Maria Jasin
美国纽约，纪念斯隆-凯特林癌症中心发育生物学项目组
Martin Jinek
瑞士苏黎世，苏黎世大学生物化学系
J. Keith Joung
美国马萨诸塞州波士顿，哈佛医学院病理系，查尔斯敦麻省总医院计算和综合生物学中心分子病理学部及癌症研究中心
Alexandra Katigbak
加拿大魁北克省蒙特利尔，麦吉尔大学生物化学系
Hyongbum Kim
韩国首尔，汉阳大学医学院生物医学科学与工程研究生院
Jin-Soo Kim
韩国首尔，国立首尔大学基础科学研究所基因组工程中心和化学系

Young-Hoon Kim
韩国首尔，汉阳大学医学院生物医学科学与工程研究生院
Przemek M. Krawczyk
荷兰阿姆斯特丹，阿姆斯特丹大学学术医学中心细胞生物学和组织学系；美国纽约，纪念斯隆-凯特林癌症中心发育生物学项目组
Dali Li
中国上海，华东师范大学生命科学学院生命医学研究所上海市调控生物学重点实验室
Jian-Feng Li
美国马萨诸塞州波士顿，哈佛医学院遗传学系，麻省总医院计算和综合生物学中心分子生物学系
Shuailiang Lin
美国马萨诸塞州波士顿，哈佛医学院遗传学系
David R. Liu
美国马萨诸塞州剑桥，哈佛大学霍华德·休斯医学研究所化学和化学生物学系
Mingyao Liu
中国上海，华东师范大学生命科学学院生命医学研究所上海市调控生物学重点实验室
Prashant Mali
美国马萨诸塞州波士顿，哈佛医学院遗传学系
Abba Malina
加拿大魁北克省蒙特利尔，麦吉尔大学生物化学系
Pankaj K. Mandal
美国马萨诸塞州波士顿，波士顿儿童医院血液学/肿瘤学部细胞与分子医学研究组；剑桥，哈佛大学干细胞与再生生物学系
Sumanth Manohar
美国弗吉尼亚州夏洛茨维尔，弗吉尼亚大学生物学系
Torsten B. Meissner
美国马萨诸塞州剑桥，哈佛大学干细胞与再生生物学系
Hisashi Miura
加拿大魁北克省蒙特利尔，麦吉尔大学生物化学系
Dana C. Nadler
美国加利福尼亚州，加利福尼亚大学伯克利分校化学与生物分子工程学系
Takuya Nakayama
美国弗吉尼亚州夏洛茨维尔，弗吉尼亚大学生物学系
Benjamin L. Oakes
美国加利福尼亚州，加利福尼亚大学伯克利分校分子与细胞生物学系
Akinleye O. Odeleye
美国弗吉尼亚州夏洛茨维尔，弗吉尼亚大学生物学系
Vikram Pattanayak
美国马萨诸塞州波士顿，麻省总医院病理学系
Jerry Pelletier
加拿大魁北克省蒙特利尔，麦吉尔大学生物化学系，肿瘤学系及罗莎琳德和莫里斯·戈德曼癌症研究中心
Norbert Perrimon
美国马萨诸塞州波士顿，哈佛医学院遗传学系和霍华德·休斯医学研究所

Marion Piganeau
法国巴黎，国家自然历史博物馆，法国国家健康与医学研究院 U1154，法国国家科学研究中心 7196
Benjamin Renouf
法国巴黎，国家自然历史博物馆，法国国家健康与医学研究院 U1154，法国国家科学研究中心 7196
Deepak Reyon
美国马萨诸塞州波士顿，哈佛医学院病理学系，查尔斯敦麻省总医院计算和综合生物学中心分子病理学部及癌症研究中心
Francis Robert
加拿大魁北克省蒙特利尔，麦吉尔大学生物化学系
Derrick J. Rossi
美国马萨诸塞州剑桥，哈佛干细胞研究所谢尔曼·费尔柴尔德生物化学组；波士顿，波士顿儿童医院血液学/肿瘤学部细胞与分子医学研究组；波士顿，哈佛医学院小儿科系，剑桥，哈佛大学干细胞与再生生物学系
Owen W. Ryan
美国加利福尼亚州，加利福尼亚大学伯克利分校能源生物科学研究所
David F. Savage
美国加利福尼亚州，加利福尼亚大学伯克利分校分子与细胞生物学系、化学系和能源生物科学研究所
Hillel T. Schwartz
美国加利福尼亚州帕萨迪纳，加州理工学院生物学与生物工程学部和霍华德·休斯医学研究所
Yanjiao Shao
中国上海，华东师范大学生命科学学院生命医学研究所上海市调控生物学重点实验室
Jen Sheen
美国马萨诸塞州波士顿，哈佛医学院遗传学系，麻省总医院计算和综合生物学中心分子生物学系
Minjung Song
韩国首尔，汉阳大学医学院生物医学科学与工程研究生院
Paul W. Sternberg
美国加利福尼亚州帕萨迪纳，加州理工学院生物学与生物工程学部和霍华德·休斯医学研究所
Alexandro E. Trevino
美国马萨诸塞州剑桥，麻省理工学院大脑与认知科学系，生物工程系；麻省理工学院和哈佛大学布罗德研究所第 7 剑桥中心；麦戈文脑科学研究所
Lianne E.M. Vriend
荷兰阿姆斯特丹，阿姆斯特丹大学学术医学中心细胞生物学与组织学系；美国纽约，纪念斯隆-凯特林癌症中心发育生物学项目组
Jing-Ruey Joanna Yeh
美国马萨诸塞州波士顿，哈佛医学院医学系，查尔斯敦麻省总医院心血管研究中心
Dandan Zhang
美国马萨诸塞州波士顿，哈佛医学院遗传学系，麻省总医院计算和综合生物学中心分子生物学系
Feng Zhang
美国马萨诸塞州剑桥，麻省理工学院大脑与认知科学系，生物工程系；麻省理工学院和哈佛大学布罗德研究所第 7 剑桥中心；麦戈文脑科学研究所
Zengrong Zhu
美国纽约，斯隆-凯特林研究所发育生物学项目组

原 书 前 言

全基因组测序在包括人类在内的大量和各类生物中的数据可用性，为科学研究和卫生保健的进步带来了令人振奋的前景。众所周知，使用基因组数据靶向操纵细胞 DNA 是一项重大的挑战。自 20 世纪 50 年代发现 DNA 结构以来，研究人员和临床医生一直关注改变细胞和生物体基因组特异性位点的可能性。许多最早的基因组编辑方法都依赖于 DNA 序列位点特异性识别的原理。对细菌和酵母自然的 DNA 修复途径，以及 DNA 重组的机制研究表明，细胞对 DNA 双链断裂有内源体系修复机制，否则将是致命的。因此，在 DNA 目的编辑位点引入精确的断裂方法被认为是基因工程有价值的战略目标。

尽管通过使用寡核苷酸或小分子对 DNA 特异性序列切割活性定位获得了一些独立的成功，但已经证明可以结合和切割 DNA 特定位点的可编程蛋白质有着更广泛的用途。当与限制性内切核酸酶 *Fok* I 的无关序列核酸酶结构域耦合时，模型 DNA 识别蛋白质表现出位点特异性核酸酶的功能。当设计识别染色体序列时，这样的锌指核酸酶（ZFN）和转录激活因子样效应物核酸酶（TALEN）可以有效地诱导动植物细胞基因组序列发生改变。蛋白质设计、合成和验证的困难，限制了这些工程核酸酶常规使用的广泛性，但是规律成簇间隔短回文重复序列（CRISPR）相关蛋白 Cas9（CRISPR/Cas9；也是一种内切酶）系统采用短 RNA 序列编程具有双链 DNA 切割活性的天然蛋白质，为识别和切割目的 DNA 位点铺平了道路。该技术具有易用性、高效性和多功能性，能快速适应许多不同的基因组工程的应用。

本书中，我们为读者提供了基于主要蛋白质基因组编辑技术的综合方案，特别是最近开发的 CRISPR/Cas9 方法。随着这些系统被更广泛应用及项目类型不断增加，我们可以预料应用于人类健康和生物技术的基因组操纵工作将会得到不断的发展。

Jennifer A. Doudna
Erik J. Sontheimer

目　录

第 1 章　Cas9 的体外酶学

Carolin Anders, Martin Jinek

（瑞士苏黎世大学生物化学系）

目　录

摘要

Cas9 是一种细菌 RNA 引导的内切核酸酶，它利用碱基配对进行识别，并利用引导 RNA 与靶 DNA 互补而切割 DNA。Cas9 的可编程序列特异性已经用于许多生物基因组编辑和基因表达控制。在这里，我们介绍异源表达和重组子 Cas9 蛋白的纯化及引导 RNA 体外转录的方法，以及 Cas9 引导 RNA 核糖核蛋白复合体体外重建和在内切核酸酶活性分析中的应用。这里概述了 Cas9 的 RNA 能引导 DNA 切割活性的机械特性方法，以及可能促进酶在基因工程应用中的进一步发展。

1.1　导　　论

规律成簇间隔短回文重复（CRISPR）相关蛋白 Cas9 是产生 DNA 双链断裂（DSB）的一种 RNA 引导内切核酸酶（见 Hsu，Lander，& Zhang，2014；Mali，Esvelt，& Church，2013 综述）。在Ⅱ型 CRISPR 系统中发现，Cas9 与 CRISPR RNA（crRNA）和反式激活 crRNA（tracrRNA）的共同作用，介导对噬菌体和其他移动遗传元件产生的序列特异性免疫（Barrangou et al.，2007；Deltcheva et al.，2011；Garneau et al.，2010）。Cas9 与部分碱基配对的 crRNA-tracrRNA 引导结构结合和

识别由此产生的核糖核蛋白复合物，并对剪切 crRNA 中 20-核苷酸引导片段有序列互补的 DNA 分子进行剪切（Gasiunas，Barrangou，Horvath，& Siksnys，2012；Jinek et al.，2012；Karvelis et al.，2013）。

由于其可编程性，Cas9 已经发展成为众多生物和各种细胞类型基因组编辑的多功能分子工具（见 Hsu et al.，2014；Mali，Esvelt，et al.，2013；Sander & Joung，2014 的广泛综述），包括人细胞（Cong et al.，2013；Jinek et al.，2013；Mali，Yang，et al.，2013）、大鼠（Wang et al.，2013；Yang et al.，2013）、斑马鱼（Hwang et al.，2013）、黑腹果蝇（*Drosophila melanogaster*）（Bassett & Liu，2014；Gratz et al.，2013）、秀丽隐杆线虫（*Caenorhabditis elegans*）（Cho，Lee，Carroll，Kim，& Lee，2013；Friedland et al.，2013；Katic & Grosshans，2013；Lo et al.，2013）和植物（Li et al.，2013；Nekrasov，Staskawicz，Weigel，Jones，& Kamoun，2013；Shan et al.，2013；Xie & Yang，2013）。Cas9 序列特异性在典型的真核基因组中允许靶向唯一的基因座，通过对自然出现的双 RNA 形式或单链引导 RNA（sgRNA）提供容易在体外和体内修复的人工设计引导 RNA （gRNA）（Cong et al.，2013；Jinek et al.，2012，2013；Mali，Yang，et al.，2013）。因此，Cas9 为目前基于蛋白质如锌指核酸酶（ZFN）和转录激活因子样效应物核酸酶（TALEN）的方法提供了一个非常好的选择。在真核细胞中，Cas9 产生的双链断裂（DSB）通过非同源末端连接或同源重组进行修复，在 DSB 附近可以开发工程插入、删除和替换。因此，催化灭活 Cas9 变体[酿脓链球菌（*Streptococcus pyogenes*）Cas9 D10A/H840A 突变子，称为 dCas9]作为 RNA-可编程 DNA 结合蛋白，已用于转录调节（Gilbert et al.，2013；Mali，Aach，et al.，2013；Qi et al.，2013）。基本打靶方法的变体，包括配对切口酶（Mali，Aach，et al.，2013；Ran et al.，2013）、dCas9-FokⅠ融合核酸酶（Guilinger，Thompson，& Liu，2014；Tsai et al.，2014）和 5′-缩短的 sgRNA（Fu，Sander，Reyon，Cascio，& Joung，2014）最近应用于解决脱靶问题，并进一步改善 Cas9 的特异性。

大量的生化和结构研究在许多方面已阐明 Cas9 的分子机制。Cas9 有两个功能结构域，即 HNH 样结构域和 RuvC 样结构域，两种核酸酶结构域分别催化互补和非互补 PNA 链的切割（Chen，Choi，& Bailey，2014；Gasiunas et al.，2012；Jinek et al.，2012）。靶 DNA 识别严格依赖于短前间区序列邻近基序（PAM）的存在 PAM 下游的 DNA 区直接与 gRNA 碱基配对（Gasiunas et al.，2012；Jinek et al.，2012）。在 gRNA-靶向 DNA 异源双链分子中，一个 8～12nt PAM-近邻“种子”区对 Cas9 靶结合至关重要（Jinek et al.，2012；Nishimasu et al.，2014）。虽然种子区相互作用是满足靶结合的条件，但 DNA 切割则需要更广泛地引导靶相互作用（Wu et al.，2014）。然而，Cas9 容忍引导靶向异源双链核酸分子错配，这就是造成脱靶的原因（Fu et al.，2013；Hsu et al.，2013；Mali，Aach，et al.，2013；Pattanayak et al.，2013）。最近 Cas9 以游离态和核酸结合态的晶体结构及电子显微重构研究显示，Cas9 经过严格 RNA-驱动构象重排导致 DNA 结合位点的形成（Anders，Niewoehner，Duerst，& Jinek，2014；Jinek et al.，2014；Nishimasu et al.，2014）。此外，Cas9-gRNA 复合体靶识别的单分子和可视生物物理研究表明，靶 DNA 结合依赖 PAM 的初步识别，接着局部邻近 DNA 双链解链并定向形成 gRNA 靶向异源双链核酸分子（Sternberg，Redding，Jinek，Greene，& Doudna，2014）。

在本章中，我们为酿脓链球菌（*S. pyogenes*）Cas9 异源表达和纯化、通过体外转录 gRNA 的制备，并为在体外内切核酸酶切割分析中使用这些试剂提供了详细方法。这里介绍的分析方法可以用于体内基因打靶中 gRNA 和靶位点的验证，或设计的新 gRNA 结构在体内作用效果的测试。此外，介绍了利用 Cas9 作为可编程的限制性内切核酸酶进行 DNA 体外操作方法。尽管到目前为止，酿脓链球菌 Cas9 是基因组编辑应用的主流，但是来自于其他细菌的 Cas9 蛋白质和 gRNA 也容易适应该方法，并且可以帮助改变特异性或 PAM 需求的新颖 Cas9 变体的合理设计产生。

1.2　Cas9 表达和纯化

酿脓链球菌 Cas9（以下称为 SpyCas9）由大肠杆菌菌株 Rosetta 2 DE3 中含有 pET T7 启动子的质粒（可以从 Addgene 公司购买 pMJ806，www.addgene.org）表达。表达的融合蛋白结构包含一个氨基端组氨酸（His_6）标签，随后麦芽糖结合蛋白（MBP）多肽序列、烟草蚀纹病毒（TEV）蛋白酶裂解位点和 SpyCas9 序列生成 1～1368 个残基。我们发现在 Rosetta 2 菌株中，表达需要克服酿脓链球菌基因组 DNA 序列不利的密码子偏好，而 MBP 标签包含物进一步提高表达水平。纯化方法包括三个层析步骤：首先是固定化金属离子亲和层析（IMAC），然后是阳离子交换层析（IEX），最后是通过尺寸排阻层析（SEC）纯化。这些方法一般基于之前发表的方法并稍加修改（Jinek et al.，2012，2014；Sternberg et al.，2014）。突变 SpyCas9 蛋白质的表达和纯化方法可采用其他细菌 Cas9 同源基因进行。

1. 第 1 天：细胞转化

（1）根据方法提供化学转化感受态 Rosetta 2 DE3 细胞（Novagen，Merck Millipore）。快速将约 200ng 的质粒 DNA（pMJ806）加入到 50μl 新鲜解冻感受态细胞中并在冰上孵化 15min。通过 42℃孵化 45s 热激细胞，然后将细胞在冰上放置 3min，细胞中加 500μl LB（Luria 肉汤）培养基并在摇瓶孵化器中 37℃培养 1h。在 LB 琼脂培养皿中加 100μl 含 50μg/ml 卡那霉素和 33μg/ml 氯霉素的液体。培养皿 37℃培养过夜。

2. 第 2 天：培养增长和诱导

（2）从琼脂平板上挑取一个菌落，接种到含 50μg/ml 卡那霉素和 33μg/ml 氯霉素的 50ml LB 培养基中，在摇瓶孵化器（250rpm*）中 37℃最少培养 4～5h 或培养过夜。

（3）将 7.5ml 前培养物接种到 2L 烧瓶内含 50μg/ml 卡那霉素和 33μg/ml 氯霉素的 750ml 预热的 LB 培养基中。我们通常同时表达 6×750ml 培养总量。在摇瓶孵化器中 37℃摇瓶（90rpm）培养，通过 600nm（OD_{600}）光密度监测细胞生长。OD 值达到约 0.8 时降低温度为 18℃，继续摇瓶 30min。将 150μl 1mol/L 异丙基-β-D-1-硫代半乳糖苷加入到每个瓶（终浓度 200μmol/L）中诱导蛋白质表达。18℃继续摇瓶过夜（即再培养 12～16h）。

3. 第 3 天：Cas9 的固定化金属螯合亲和层析法纯化

（4）通过 3500rpm（约 2700*g*）水平转子离心 15min 收获细胞到 1L 的瓶内。轻轻倒出上层清液并用 15ml 冰预冷裂解缓冲液（20mmol/L Tris-Cl，pH 8.0，250mmol/L NaCl，5mmol/L 咪唑，pH 8.0，1mmol/L 苯甲基磺酰氟）重新悬浮从每升培养物分离的细胞沉淀。重悬浮的细胞可以直接用于进一步净化；或在液氮中速冻，之后在–80℃储存几个月不会损失 Cas9 酶的活性。

（5）使用细胞均质器（Avestin Emulsiflex）裂解重悬细胞。细胞悬液以约 1000Pa 的压力通过均质器 3 次以确保完全裂解。通过均质器的裂解产物应该在冰上冷却。

（6）用 50ml 带密封盖圆底离心管于 SS-34（或同等）转子，18 000rpm（约 30 000*g*）4℃离心 30min 收集上清液。

（7）所有的层析步骤应该在 4℃操作。10ml 组氨酸选择性镍树脂（Sigma-Aldrich）装入 XK 16/20 柱内（GE Healthcare），用 20ml 裂解缓冲液平衡。使用蠕动泵以 1.5ml/min 的速度上样清澈的裂解产物。结合了蛋白的吸附柱，用洗涤缓冲液（20mmol/L Tris-Cl，pH 8.0；250mmol/L NaCl；10mmol/L 咪唑，pH 8.0）平衡快速蛋白质液相层析（FPLC）系统。

（8）用 50ml 洗涤缓冲液以 1.5ml/min 的速度洗涤直到吸光度再次达到基线附近为止。用 50ml 洗脱缓冲液（20mmol/L Tris-Cl，pH 8.0；250mmol/L NaCl；250mmol/L 咪唑，pH 8.0）进行洗脱并收集 2ml 组分。采用 SDS-聚丙烯酰胺凝胶电泳（SDS-PAGE）分析组分峰，合并含 Cas9 蛋白质的组分。

（9）通过测定 280nm（使用洗脱缓冲液作空白）吸光度评估蛋白质浓度。每 50mg 蛋白质添加 0.5mg 烟草蚀纹病毒（TEV）蛋白酶。用透析缓冲液［20mmol/L 4-羟乙基哌嗪乙磺酸-氢氧化钾（HEPES-KOH），pH 7.5；150mmol/L KCl；10%（*V/V*）甘油；1mmol/L 二硫苏糖醇（DTT）；1mmol/L 乙二胺四乙酸（EDTA）］将 Cas9 样品稀释到 1mg/ml，并将样本在截留分子质量（MWCO）为 12～14kDa 的透析管中用 2L 透析缓冲液 4℃透析过夜。可以配制成 10×没有 DTT 和甘油的透析缓冲液，但使用前立即加入 DTT。

* 1rpm=1r/min

4. 第 4 天：阳离子交换层析和尺寸排阻层析步骤

（10）再次透析透析管中的样品。一般来说，TEV 蛋白酶裂解成功后会出现轻微沉淀。3900rpm（约 3200*g*）4℃离心样品 5min 并除去沉淀。用 SDS-PAGE 检测 TEV 蛋白酶裂解成分。

（11）用阳离子交换层析（IEX）缓冲液 A（20mmol/L HEPES-KOH，pH 7.5；100mmol/L KCl）平衡 5ml HiTrap SPFF 柱（GE Healthcare），采用蠕动泵或超级上样环（superloop）以 2ml/min 速度上样裂解蛋白。装入 FPLC 系统。设置流量为 2ml/min 和限制 0.3MPa 压力并进一步使用 HiTrap 柱。收集 2ml 组分。用 10ml IEX 缓冲液 A 洗涤，再用超过 60ml 从 0%到 50%梯度的 IEX 缓冲液 B（20mmol/L HEPES- KOH，pH 7.5；1mol/L KCl）洗脱结合蛋白。通常 Cas9 出现在 260nm 和 280nm（A_{260}/A_{280}）不同吸光度比率的两个峰。第一个峰始于 15% IEX 缓冲液 B 洗脱，最大梯度为 20%；第二个峰始于 25%～40%，于最高梯度 30%时洗脱。用 SDS-PAGE 分析所有存在 Cas9 的峰组分。收集含有 A_{260}/A_{280} 小于 0.6 的 Cas9 组分。收集的样品可以 4℃存储过夜或在液氮中速冻并在–80℃储存。

（12）将缓冲液换成尺寸排阻缓冲液（20mmol/L HEPES-KOH，pH7.5；500mmol/L KCl；1mmol/L DTT），而浓缩<1.5ml 体积蛋白质使用截留分子质量为 30 000 的离心浓缩器（Amicon）以 3900rpm 浓缩。缓冲交换有助于规避在离心浓缩器中沉淀。在 1.5ml Eppendorf 离心管恢复沉淀和以 14 000rpm（16 900*g*）4℃离心 10min 从而去除任何沉淀物质。

（13）用 SEC 缓冲液平衡 HiLoad 16/600 Superdex 200 PG 凝胶过滤柱（GE Healthcare）。使用 2ml 样品环注入浓缩 Cas9 到柱内。用 120ml SEC 缓冲液以 1ml/min 流速进行洗脱，收集 2ml 组分。通常 Cas9 洗脱体积为 66ml。采用 SDS-PAGE 分析峰组分和收集含 Cas9 蛋白质的组分。

5. 第 5 天：浓缩和存储

（14）为得到进一步实验需要的浓度，使用截留分子质量为 30 000 的离心浓缩器浓缩洗脱的 Cas9。在介绍的 SEC 缓冲液中，Cas9 可以浓缩到 30mg/ml（189.3μmol/L）而不会沉淀。浓度的测定基于假设 1mg/ml 280nm 吸光度为 0.76（基于消光系数为 120 450$M^{-1}\cdot cm^{-1}$ 计算）。

（15）将浓缩蛋白质样品分装成 50μl 液体并在液氮中速冻。冷冻 Cas9 可以在–80℃存储几个月而不会损失活性。使用之前，解冻一部分并用 SEC 缓冲液稀释到所需的浓度。通常我们将 Cas9 稀释为 15μmol/L 用于内切核酸酶活性测定。为了避免不必要的冻融循环可能导致的酶活性丧失，如果用于多个实验，Cas9 存储于冰上或 4℃至少 2 天内不会损失活性。因此，建议定期检查储存样品是否有任何沉淀物质和通过 SDS-PAGE 监测蛋白质的完整性。

1.3 引导 RNA 的制备

为了保证 DNA 特异性序列切割，Cas9 或者用不变体 tracrRNA 分子（如双 RNA 引导）与部分碱基配对的定制 crRNA 进行编程，或者用与 crRNA 基础部分和寡核苷酸单链中的 tracrRNA 结合的嵌合 sgRNA 进行编程（Jinek et al.，2012）。当使用双 RNA 引导时，crRNA 引导由一个 5′端 20nt 引导序列组成，紧随其后的是一个 3′端（5′-XX XXXXXXXXXXXXXXXXXX-GUUUUAGAGCUAUGCUGUUUUG-3′）恒定的 22nt 重复驱动序列，该序列将确保 tracrRNA 碱基配对（图 1.1A）。tracrRNA 序列保留与所有引导 crRNA 相同和与酿脓链球菌 tracrRNA 成熟加工序列相似的序列（5′-AAACAGCAUAGCAAGUUAAAAUAAGGCUAGUCCGUUAUCAACUUGAAAAAGUGGCACCGAGUCGGUGCUU-3′）（图 1.1A）；或者，可以使用 sgRNA 对 Cas9 编程。嵌合 RNA 本质上是在其 5′端由要求的 20nt 引导序列组成，紧随其后的是一段对应 3′端 crRNA 不变的序列，并融合成具有 GAAA 四核苷酸环的 tracrRNA 片段。sgRNA 的 tracrRNA 驱动部分，由对 crRNA 重复驱动部分互补区和 3′端另外 3 个茎环（SL1～SL3）组成（图 1.1B）。虽然 3′端缩短的只有 SL1 的 sgRNA 在体外也有功能（Jinek et al.，2012），但是将 SL2 和 SL3 包括在内就可以增加 Cas9-crRNA-tracrRNA 复合物的稳定性并提高切割活性（Hsu et al.，2013；Nishimasu et al.，2014）。

如同合成寡核苷酸一样可以获得定制 42nt crRNA，tracrRNA 和 sgRNA 需要通过使用 T7 RNA 聚合酶体外转录制备，随后由变性聚丙烯酰胺凝胶电泳纯化。充分缩短 RNA 是使用合成 DNA 寡核苷酸作为转录模板转录的（Milligan & Uhlenbeck，1989），而不需要转录序列克隆到质粒 DNA（图 1.1C）。转录 RNA 为失控转录（run-off，是经典检测启动子强度和转录起始位点的分子生物学实验方法——译者注）产物，所以不需要转录终止子。注意，一个最优 T7 启动子包含有效转录所需的两个 G 核苷酸和附加到 20nt 引导序列的转录 RNA 上游 5′端。5′端 GG 二核苷酸的加入对 gRNA 在 Cas9 上的加载和酶学活性几乎没有影响（Jinek et al.，2012；Sternberg et al.，2014）。T7 聚合酶可以转录单链 DNA 模板，但需要双链启动子区域用于有效模板结合（Milligan，Groebe，Witherell，& Uhlenbeck，1987）。通过退火 T7 启动子寡核苷酸来合成目的 RNA 反义序列寡核苷酸，T7 启动子序列的反向互补序列可以制备这样的部分双链模型（图 1.1C）。尽管这种方法通常是高效的，1ml 的转录反应产生数百微克 RNA，但是在某些情况下 RNA 产量很低。采用 PCR 扩增通过转换模板为完全双链 DNA 可以提高转录效率（图 1.1C）。

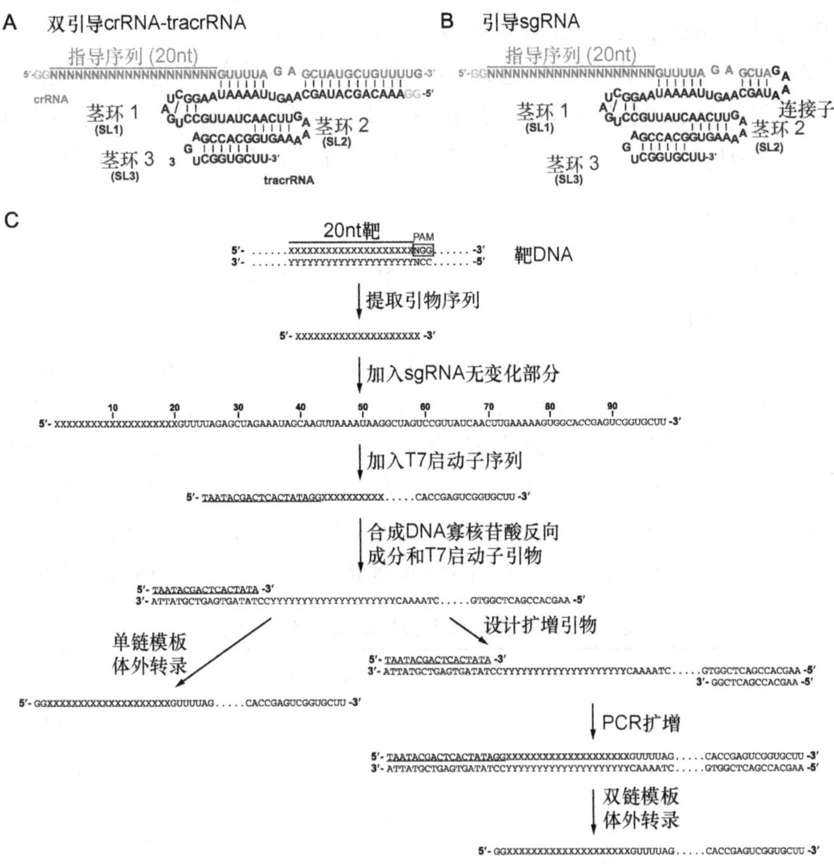

图 1.1　（A）示意图表示双 RNA 引导结构为 SpyCas9 编程。蓝色：包含 20nt 引导序列和 22nt 恒定序列的 crRNA。在体外转录中 5′端附加了 GG 二核苷酸。红色：tracrRNA 与 crRNA 恒定序列的碱基配对。tracrRNA 在 3′端包含 3 个茎环结构（SL1、SL2 和 SL3）。虽然 SL1 能满足 Cas9 介导的体外切割（Jinek et al.，2012），但是包含 SL2 和 SL3 两者通过增加 Cas9-crRNA-tracrRNA 复合物的稳定性而提高切割活性（Hsu et al.，2013；Nishimasu et al.，2014）。（B）示意图表示嵌合单链引导 RNA（sgRNA）。crRNA 和 tracrRNA 驱动序列 5′-GAAA-3′连接器连接。（C）sgRNA 引导设计体外转录制备步骤概述。（彩图请扫封底二维码）

下面的方法是用于制备第 4 节中介绍的内切核酸酶活性测定方法所使用的 sgRNA。第一步介绍了完全双链转录模板的制备；第二步通过退火合成寡核苷酸制备部分双链模板。我们推荐退火前用 PAGE 纯化 DNA 寡核苷酸（Lopez-Gomollon & Nicolas，2013）。我们通常用 5ml 反应体积进行体外转录，获得 0.5～1mg 纯 RNA，但是反应要相应地按比例缩小。首先应该在总量 100μl 中控制转录反应并在缩小体积之前用 PAGE 分析。可用许多商业来源的 T7 RNA 聚合酶。另外，有几篇论文介绍了重组 T7 RNA 聚合酶的表达和纯化方法（Ellinger & Ehricht，1998；He et al.，1997；Li，wang，& Wang，1999；Rio，2013）。

注意：使用 RNA 需要一个无 RNA 酶的环境。戴手套和使用无核酸酶的塑料制品与过滤吸管头。制备所有试剂都要使用无核酸酶或焦碳酸二乙酯（DEPC）处理水（DEPC-H_2O）。如果需要的话，转录反应可以补充 RNA 酶抑制剂。

1. 第 1 天：转录模板的制备

（1）以 T7 启动子序列作为正向引物和 3′端反义模板序列作为反向引物经反向模板寡核苷酸 PCR 扩增，扩增出单链寡核苷酸制备双链转录模板（图 1.1C）。根据表 1.1 混合 PCR 扩增所需试剂，分装成 50μl 并装到 PCR 96 孔板。根据表 1.2 进行 PCR 循环。PCR 后，用 2ml 管合并所有反应液 500μl。每 500μl 组分加入 50μl 3mol/L 乙酸钠（pH 5.2）和 1.45ml 冰冻的 100%乙醇，并在–20℃孵化 1h。14 000rpm（16 900*g*）4℃离心 40min 沉淀 PCR 产物。弃上清液，用 200μl 冰冻的 70%乙醇洗涤 DNA 沉淀。离心 5min，弃上清液，DNA 沉淀风干 30min。用 100μl 水溶解 DNA 沉淀。测定 260nm 吸光度，计算双链 DNA 模板的浓度。用 OligoCalc 服务器计算

表 1.1 体外转录双链模板制备的 PCR 反应

	储备液浓度	终浓度	体积/μl[a]
DEPC-H_2O	—	—	3810
透过缓冲液	5×	1×	1000
dNTP 混合液	10mmol/L 每种	200μmol/L 每种	100
正向引物	100μmol/L	0.5μmol/L	25
反向引物	100μmol/L	0.5μmol/L	25
模板	1μmol/L	4nmol/L	20
透过聚合酶	2U/μl	0.02U/μl	20
总体积			5000

a. 主体混合液用于 96 孔 PCR 反应板。每个孔为 50μl，相应地缩减比例。

表 1.2 PCR 循环方案

98℃	30s	
98℃	5s	34 个循环
42℃	20s	34 个循环
72℃	10s	34 个循环
72℃	1min	
4℃	无限	

消光系数（Kibbe，2007）。用 5×转录缓冲液[150mmol/L Tris-Cl（pH8.1），125mmol/L $MgCl_2$，0.05% Triton X-100，10mmol/L 亚精胺] 和水稀释双链模板，1ml 总体积终浓度为 10μmol/L。混合物于 75℃孵化 5min，使其慢慢冷却至室温。继续步骤 3 中描述的转录反应。

（2）制备部分单链 DNA 模板，混合 100μl 100μmol/L 模板寡核苷酸、150μl 100μmol/L（1.5 倍摩尔过量）互补 T7 启动子寡核苷酸（5′-TAATACGACTCACTATAGG-3′）和 200μl 5×转录缓冲液，加水使总量为 1ml。寡核苷酸在 75℃退火 5min，让混合物慢慢冷却至室温。

2. 第 2 天：体外转录和凝胶纯化

（3）转录反应：根据表 1.3 混合这些试剂建立转录反应体系。通常 5ml 的反应体系足够制备 0.5～1mg 纯 sgRNA。可以根据需要按比例缩小反应体系。

表 1.3　体外转录反应

	储备液浓度	终浓度	体积/ml
DEPC-H_2O	—	—	1.95
转录缓冲液	5×	1×	1.00
ATP	100mmol/L	5mmol/L	0.25
UTP	100mmol/L	5mmol/L	0.25
GTP	100mmol/L	5mmol/L	0.25
CTP	100mmol/L	5mmol/L	0.25
DTT	1mol/L	10mol/L	0.05
杂交模板	10μmol/L	1μmol/L	0.50
T7 RNA 聚合酶	1mg/ml	0.1mg/ml	0.50
总体积			5.00

在 37℃反应 1.5h。在转录过程中，来自反应中的焦磷酸镁沉淀是由于 NTP 上产生的无机焦磷酸结合成初始转录子。为了恢复镁离子水平，反应 1.5h 后加入 25μl 1mol/L $MgCl_2$，37℃继续反应 1.5h。最适反应时间可以随转录 RNA 的长度和 RNA 序列而变化，并应根据经验确定。

（4）将 25μl（25U）无 RNA 酶 RQ1 DNA 酶（Promega）加到反应中，37℃反应 15min，从而消除模板 DNA。混合物以 3900rpm（3200*g*）、4℃离心沉淀焦磷酸镁除去含有转录 RNA 的上清液。上清液可以就此存储在–20℃。

（5）样品中加 5ml 2×RNA 上样缓冲液（5%甘油、2.5mmol/L EDTA，pH 8.0、90%的甲酰胺，微量溴酚蓝）。在预热的 8%聚丙烯酰胺、7mol/L 尿素变性凝胶和

0.5×TBE 缓冲液（44.5mmol/L Tris，44.5mmol/L 硼酸，1mmol/L EDTA，pH8.0）中电泳，直到溴酚蓝染料到达凝胶剩余 1/4 处为止。通常我们使用凝胶的尺寸为 400mm×360mm×4mm（长×宽×高），以 50W 运行 4～6h。通过紫外线照射石英玻璃薄层色谱板上可视化 RNA 并对应于正确的 RNA 产物用一次性手术刀切出谱带。在 50ml 试管内用清洁铲或塑料血清吸管粉碎凝胶并加水至总体积 50ml。4℃摇瓶反应过夜。

3. 第 3 天：继续凝胶纯化

（6）对粉碎的凝胶上清液以 3900rpm（约 3200*g*）4℃离心，收集上清液。用 0.22μm 一次性过滤器（Steriflip，Millipore）过滤上清液。采用截留分子质量 3000Da 离心浓缩器浓缩洗脱的 RNA 成终体积 2ml。用 2ml 管将浓缩液分装成每管 500μl。将 50μl 3mol/L 乙酸钠（pH 5.2）和 1.5ml 冰冻的 100%乙醇加入到每 500μl 组分中并在–20℃孵化 1h。然后在 14 000rpm（16 900*g*）4℃离心 40min 沉淀 PCR 产物。弃上清液并用 200μl 冰冻 70%乙醇洗涤 DNA 沉淀。风干沉淀并用 100μl 水溶解。于 260nm 测定吸光值确定 RNA 浓度。

1.4 内切核酸酶切割分析

内切核酸酶切割分析可以用来描述纯化的 Cas9 的活性或检测特异性 gRNA 或靶向 DNA 位点的体外效率。在这些分析中，靶 DNA 位点，包括其前间区序列邻近基序（PAM）修饰，要么插入到质粒要么以寡核苷酸双链形式提供。采用琼脂糖凝胶电泳和用插入染料染色来监测质粒底物的裂解情况，而寡核苷酸基底物通常需要（用放射性同位素或荧光基团）标记一个或两个靶 DNA 链。虽然之前我们使用放射性 ^{32}P 磷酸标记 5′端，但最近我们转向用 ATTO532 标记寡核苷酸，选择其高质量产率和耐光性荧光。从商业来源定制 5′-ATTO532 试剂盒标记寡核苷酸。

在质粒和寡核苷酸裂解分析中，要将 Cas9 和 gRNA 在摩尔比 1∶1 的裂解缓冲液预孵化，以便在加入靶 DNA 之前优先生成 Cas9-gRNA 复合物。预孵化并不是严格要求的裂解（Jinek et al.，2012）。加入 DNA 到双链复合物开始裂解反应。由于 Cas9 是单链转换酶（Sternberg et al.，2014），所以重要的是保持蛋白质-RNA 复合物要过量于 DNA 底物。我们推荐摩尔比为 5∶1 或更高，以确保完全裂解。反应混合物在不同时间点取样，用凝胶电泳分析。由于反应速率可随 DNA 的来源和长度（寡核苷酸与质粒，超螺旋环形和线性）、最适酶和底物的浓度、反应时间点而强烈变化，因此需要根据经验来确定。在这两种分析类型中，形成的产物可以通过荧光扫描仪的密度计量学和曲线拟合提取符合一级速率常数来定量。

内切核酸酶的裂解分析如图 1.2 所示，用嵌合 sgRNA 编程的 SpyCas9 切割线性质粒 DNA 或切割短的寡核苷酸双底物。sgRNA 引导包括茎环 SL1 和 3′端的 SL2（图 1.2A），它们满足 Cas9 上样和加强 DNA 裂解活性。用 pUC19 驱动质粒进行质粒的裂解，其靶位点（包括 5′-NGG-3′ PAM）插入 *Eco*R Ⅰ 和 *Bam*H Ⅰ 位点之间（图 1.2B）。寡核苷酸的双底物包含在 5′端有一个 8nt 连接器的 5′-ATTO532-标记靶链，连接互补 PAM 序列（5′-CCN-3′）和 20nt 的靶序列。退火靶链互补含有 5′-NGG-3′ PAM 的未标记的非靶链（图 1.2C）。使用超过 DNA 底物 250 倍的 Cas9-gRNA 复合物。接下来介绍两种分析方法的详细步骤。

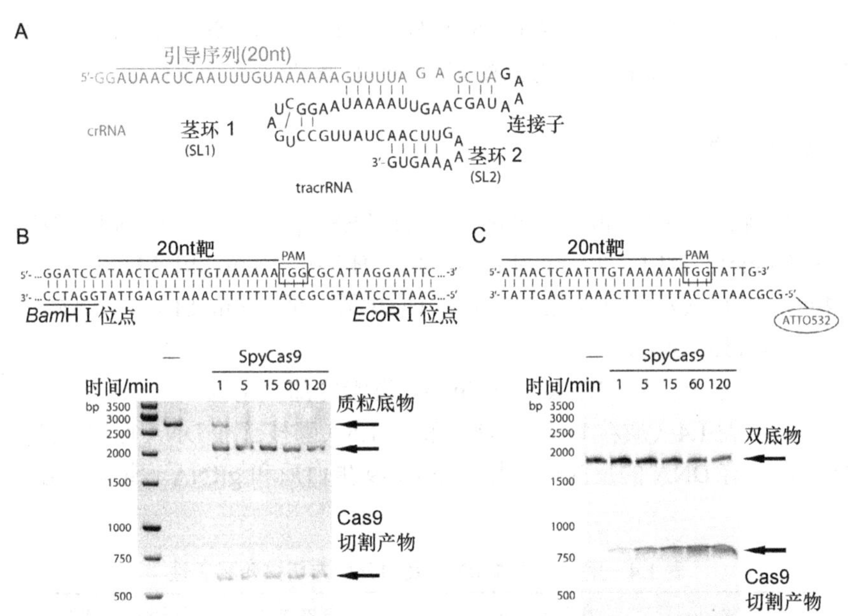

图 1.2 （A）图B和C中内切核酸酶活性分析中使用的sgRNA。sgRNA包含茎环结构SL1 和SL2，但缺乏SL3（sgRNA的总长度是 83nt）。（B）用Ssp Ⅰ线性质粒（2702bp）分析SpyCas9 内切核酸酶活性。在指定时间点采集样品。用 1%的琼脂糖凝胶和GelRed染色分析裂解产物（2104bp 和 598bp）。凝胶图谱显示质粒底物中靶位点的序列。（C）使用双链寡核苷酸靶测定SpyCas9 的酶活力。凝胶图谱显示寡核苷酸双底物。在指定时间点对裂解反应进行取样并在变性（7mol/L 尿素）聚丙烯酰胺凝胶上进行电泳分析。使用FLA 9500 激光扫描仪检测ATTO532 荧光。（彩图请扫封底二维码）

1.4.1　底物制备

（1）对于质粒底物，通过限制性内切核酸酶消化环形 DNA 使之线性化。限制性内切核酸酶选择切开 Cas9 唯一的一个靶位点，从而使线性 DNA 产生两个分离良好的 Cas9 介导切口。对于 pUC19 质粒，在 1×CutSmart™ 总量为 50μl 缓冲液中使用 50U 的 Ssp Ⅰ-HF（New England Biolabs）和 5μg 质粒在 1×CutSmart™ 缓冲液中，总量为 50μl。37℃孵化反应 1h。通过 65℃孵化 20min 热灭活 Ssp Ⅰ-HF。在 1%琼脂糖凝胶上于 1×TAE 缓冲液（40mmol/L Tris，pH 8.0；20mmol/L 冰醋酸；1mmol/L EDTA，pH 8.0）中电泳，用 GelRed（Biotium）染色或类似的核酸染色分析质粒裂解。pUC19 驱动载体完全消化产生 2700bp 单一条带。

（2）寡核苷酸双底物，用 PAGE 纯化 5′-ATTO532 标记靶链寡核苷酸。为了产生寡核苷酸双底物，以摩尔比为 1∶1.5 混合寡核苷酸退火靶链和非靶链。制备 100μmol/L 靶链和非靶链寡核苷酸储备液。将 1.0μl 靶链与 1.5μl 非靶链混合，加水至总体积为 25μl。将混合物加热到 75℃保持 5min，然后慢慢冷却至室温（表 1.5）。用 225μl DEPC-H_2O 稀释混合物获得 400nmol/L 寡核苷酸双底物储备液。

1.4.2 裂解分析

（3）配制 5×裂解缓冲液（100mmol/L HEPES，pH 7.5；500mmol/L KCl；25%的甘油；5mmol/L DTT；2.5mmol/L EDTA，pH 8.0；10mmol/L $MgCl_2$）。

（4）用 SEC 缓冲液（见第 2 节）将 Cas9 稀释至 15μmol/L。用水稀释体外转录 sgRNA 为 15μmol/L。

（5）加热到 90℃使 gRNA 退火 5min，慢慢冷却至室温。

（6）根据表 1.4（质粒 DNA 底物）和表 1.5（寡核苷酸 DNA 底物）建立反应混合物。在没有 DNA 的反应中添加等量 Cas9 蛋白质和 gRNA。室温下培养 10～15min。

表 1.4　用线性质粒 DNA 底物分析内切核酸酶活性

	储备液浓度	终浓度	体积/μl
DEPC-H_2O	—	—	22.0
裂解缓冲液	5×	1×	11.0
SpyCas9	15μmol/L	1.5μmol/L	5.5
引导 RNA	15μmol/L	1.5μmol/L	5.5
室温下保温 10～15min，然后加入 DNA			
质粒 DNA	100ng/μl	10ng/μl	5.5
总体积			49.5

（7）加入 DNA 靶到反应混合物中开始裂解反应并立即于 37℃培养。

（8）在不同时间取出 10μl 样品加入 1.5ml 管内并加入 1.0μl 500mmol/L（pH 8.0）的 EDTA（总浓度 50nmol/L）终止反应。吸管上下吸液混合，–80℃储存直到收集完毕为止。

表 1.5　用寡核苷酸双底物分析内切核酸酶活性

	储备液浓度	终浓度	体积/μl
DEPC-H_2O	—	—	1.5
裂解缓冲液	5×	1×	21.0
SpyCas9	15μmol/L	5μmol/L	35.0
引导 RNA	15μmol/L	5μmol/L	35.0
室温下保温 10～15min，然后加入退火 DNA 双链			
双底物[a]	400nmol/L	20nmol/L	12.5
总体积			105.0

a. 靶 DNA 和非靶 DNA 在反应之前进行退火。退火程序见 1.4.1 节（2）。

（9）解冻样品并加入 1.0μl 蛋白酶 K（20mg/ml）消化 DNA 结合的 Cas9。室温下孵化 20min。每个样品加入 6×质粒 DNA 上样缓冲液（10mmol/L Tris，pH 7.6；60mmol/L EDTA；60%甘油；0.03%溴酚蓝；0.03%二甲苯腈蓝 FF）或 2×寡核苷酸缓冲液（90%甲酰胺，10%甘油）。

（10）质粒裂解分析：在 1%琼脂糖凝胶上于 1×TAE 缓冲液中电泳，用 GelRed（Biotium）染色或相容核酸染色分析每个样品。加入 2μl 样本就足够用 Typhoon FLA 9500 扫描仪可视化检测。

（11）寡核苷酸裂解分析：16%聚丙烯酰胺上切出寡核苷酸双样品，在 0.5×TBE 缓冲液中用 7mol/L 尿素变性凝胶（300mm×180mm；1mm 厚）进行电泳。每个样品上样 12.5μl 并于 25W 运行约 2h，直到溴酚蓝染料到达凝胶底部一半为止。使用激光凝胶扫描仪（如 Typhoon FLA 9500，GE Healthcare），设置适当的激发波长和发射波长（ATTO532 分别为 532nm 和 553nm）。

1.4.3　裂解分析的说明

（12）基于质粒的分析：在缺少 Cas9 介导的裂解中，线性质粒产生 2702bp 的单一条带。经 Cas9 裂解导致在 2104bp 和 589bp 处出现两个裂解产物。

（13）基于寡核苷酸的分析：通过 Cas9 裂解寡核苷酸底物导致荧光信号的迁移率偏移。当裂解产物以 14nt 带运行时，底物 5′-标记靶链长度为 31nt。

1.5　结　束　语

由于其特异性和易于编程，Cas9 在基础研究、生物医学和生物技术中，代表了基因工程技术革命性的进步。在本章，我们概述了产生重组 Cas9 和 gRNA 的操作步骤及用再生的 Cas9-gRNA 复合物完成内切核酸酶裂解分析。这些方案为

Cas9 体外机制的进一步研究提供了实验框架，将促进基于 Cas9 基因工程技术的不断发展。许多有关 Cas9 分子机制的问题仍然没有答案，特别是激活 Cas9 核酸酶结构域优先靶向裂解构象重排的本质。在真核细胞基因组编辑和调控的背景下，涉及 Cas9 的脱靶活性和 Cas9 靶向染色质结构及 DNA 裂解的影响。因此，需要进一步体外研究明确 Cas9 的功能限制。最后，尽管 SpyCas9 已经有大量的特征介绍，但是其他 Cas9 同源序列的生物化学性质仍然知之甚少。这里提供的方法可以容易地应用于来自其他细菌种类的 Cas9 蛋白质或新颖的合理设计的 Cas9 变体，以便扩展用于基因组工程的分子工具箱的内容。

致　谢

我们感谢 Ole Niewoehner 和 Alessia Duerst 的技术援助。这项工作得到了苏黎世大学和欧盟研究理事会（ERC）启动助学金 ANTIVIRNA（337284）的支持。

参 考 文 献

Anders, C., Niewoehner, O., Duerst, A., & Jinek, M. (2014). Structural basis of PAM-dependent target DNA recognition by the Cas9 endonuclease. Nature, 513, 569-573. http://dx.doi.org/10.1038/nature13579.

Barrangou, R., Fremaux, C., Deveau, H., Richards, M., Boyaval, P., Moineau, S., et al. (2007). CRISPR provides acquired resistance against viruses in prokaryotes. Science, 315, 1709-1712. http://dx.doi.org/10.1126/science.1138140.

Bassett, A. R., & Liu, J.-L. (2014). CRISPR/Cas9 and genome editing in *Drosophila*. Journal of Genetics and Genomics, 41, 7-19. http://dx.doi.org/10.1016/j.jgg.2013.12.004.

Chen, H., Choi, J., & Bailey, S. (2014). Cut site selection by the two nuclease domains of the Cas9 RNA-guided endonuclease. Journal of Biological Chemistry, 289, 13284-13294. http://dx.doi.org/10. 1074/jbc.M113.539726.

Cho, S. W., Lee, J., Carroll, D., Kim, J.-S., & Lee, J. (2013). Heritable gene knoc kout in *Caenorhabditis elegans* by direct injection of Cas9-sgRNA ribonucleoproteins. Genetics, 195, 1177-1180. http://dx.doi.org/10.1534/genetics.113.155853.

Cong, L., Ran, F. A., Cox, D., Lin, S., Barretto, R., Habib, N., et al. (2013). Multiplex genome engineering using CRISPR/Cas systems. Science, 339, 819-823. http://dx.doi.org/10.1126/science.1231143.

Deltcheva, E., Chylinski, K., Sharma, C. M., Gonzales, K., Chao, Y., Pirzada, Z. A., et al. (2011). CRISPR RNA maturation by trans-encoded small RNA and host factor RNase III. Nature, 471, 602-607. http://dx.doi.org/10.1038/nature09886.

Ellinger, T., & Ehricht, R. (1998). Single-step purification of T7 RNA polymerase with a 6-histidine tag. BioTechniques, 24, 718-720.

Friedland, A. E., Tzur, Y. B., Esvelt, K. M., Colaia´covo, M. P., Church, G. M., & Calarco, J. A. (2013). Heritable genome editing in *C. elegans* via a CRISPR-Cas9 system. Nature Methods, 10, 741-743. http://dx.doi.org/10.1038/nmeth.2532.

Fu, Y., Foden, J. A., Khayter, C., Maeder, M. L., Reyon, D., Joung, J. K., et al. (2013). High-frequency off-target mutagenesis induced by CrIsPr-Cas nucleases in human cells. Nature Biotechnology, 31, 822-826. http://dx.doi.org/10.1038/nbt.2623.

Fu, Y., Sander, J. D., Reyon, D., Cascio, V. M., & Joung, J. K. (2014). Improving CRISPR-Cas nuclease specificity using truncated guide RNAs. Nature Biotechnology, 32, 279-284. http://dx.doi.org/10.1038/nbt.2808.

Garneau, J. E., Dupuis, M.-È., Villion, M., Romero, D. A., Barrangou, R., Boyaval, P., et al. (2010). The CRISPR/Cas bacterial immune system cleaves bacteriophage and plasmid DNA. Nature, 468, 67-71. http://dx.doi.org/10.1038/nature09523.

Gasiunas, G., Barrangou, R., Horvath, P., & Siksnys, V. (2012). Cas9-crRNA ribonucleo-protein complex mediates specific DNA cleavage for adaptive immunity in bacteria. Proceedings of the National Academy of Sciences of the United States of America, 109, E2579-E2586. http://dx.doi.org/10.1073/pnas.1208507109.

Gilbert, L. A., Larson, M. H., Morsut, L., Liu, Z., Brar, G. A., Torres, S. E., et al. (2013). CRISPR-mediated modular RNA-guided regulation of transcription in eukaryotes. Cell, 154, 442-451. http://dx.doi.org/10.1016/j.cell.2013.06.044.

Gratz, S. J., Cummings, A. M., Nguyen, J. N., Hamm, D. C., Donohue, L. K., Harrison, M. M., et al. (2013). Genome engineering of drosophila with the CRISPR RNA-guided Cas9 nuclease. Genetics, 194, 1029-1035. http://dx.doi.org/10.1534/genetics.113.152710.

Guilinger, J. P., Thompson, D. B., & Liu, D. R. (2014). Fusion of catalytically inactive Cas9 to FokI nuclease improves the specificity of genome modification. Nature Biotechnology, 32, 577-582. http://dx.doi.org/10.1038/nbt.2909.

He, B., Rong, M., Lyakhov, D., Gartenstein, H., Diaz, G., Castagna, R., et al. (1997). Rapid mutagenesis and purification of phage RNA polymerases. Protein Expression and Purification, 9, 142-151. http://dx.doi.org/10.1006/prep.1996.0663.

Hsu, P. D., Lander, E. S., & Zhang, F. (2014). Development and applications of CRISPR-Cas9 for genome engineering. Cell, 157, 1262-1278. http://dx.doi.org/10.1016/j.cell.2014.05.010.

Hsu, P. D., Scott, D. A., Weinstein, J. A., Ran, F. A., Konermann, S., Agarwala, V., et al. (2013). DNA targeting specificity of RNA-guided Cas9 nucleases. Nature Biotechnology, 31(9), 827-832. http://dx.doi.org/10.1038/nbt.2647.

Hwang, W. Y., Fu, Y., Reyon, D., Maeder, M. L., Tsai, S. Q., Sander, J. D., et al. (2013). Efficient genome editing in zebrafish using a CRISPR-Cas system. Nature Biotechnology, 31, 227-229. http://dx.doi.org/10.1038/nbt.2501.

Jinek, M., Chylinski, K., Fonfara, I., Hauer, M., Doudna, J. A., & Charpentier, E. (2012). A programmable dual-RNA-guided DNA endonuclease in adaptive bacterial immunity. Science, 337, 816-821. http://dx.doi.org/10.1126/science.1225829.

Jinek, M., East, A., Cheng, A., Lin, S., Ma, E., & Doudna, J. (2013). RNA-programmed genome editing in human cells. eLife, 2, e00471. http://dx.doi.org/10.7554/eLife.00471.

Jinek, M., Jiang, F., Taylor, D. W., Sternberg, S. H., Kaya, E., Ma, E., et al. (2014). Struc- tures of Cas9 endonucleases reveal RNA-mediated conformational activation. Science, 343, 1247997. http://dx.doi.org/10.1126/science.1247997.

Karvelis, T., Gasiunas, G., Miksys, A., Barrangou, R., Horvath, P., & Siksnys, V. (2013). crRNA and tracrRNA guide Cas9-mediated DNA interference in *Streptococcus thermophilus*. RNA Biology, 10, 841-851.

Katic, I., & Grosshans, H. (2013). Targeted heritable mutation and gene conversion by Cas9-CRISPR in *Caenorhabditis elegans*. Genetics, 195(3), 1173-1176. http://dx.doi.org/10.1534/genetics.113.155754.

Kibbe, W. A. (2007). Oligocalc: an online oligonucleotide properties calculator. Nucleic Acids Res, 35(Web Server issue): W43-46. http://dx.doi.org/10.1093/nar/gkm234.

Li, J.-F., Norville, J. E., Aach, J., McCormack, M., Zhang, D., Bush, J., et al. (2013). Mul- tiplex and homologous recombination-mediated genome editing in *Arabidopsis* and *Nicotiana benthamiana* using guide RNA and Cas9. Nature Biotechnology, 31, 688-691. http://dx.doi.org/10.1038/nbt.2654.

Li, Y., Wang, E., & Wang, Y. (1999). A modified procedure for fast purification of T7 RNA polymerase. Protein Expression and Purification, 16, 355-358. http://dx.doi.org/10.1006/prep.1999.1083.

Lo, T.-W., Pickle, C. S., Lin, S., Ralston, E. J., Gurling, M., Schartner, C. M., et al. (2013). Precise and heritable genome editing in evolutionarily diverse nematodes using TALENs and CRISPR/Cas9 to engineer insertions and deletions. Genetics, 195, 331-348. http://dx.doi.org/10.1534/genetics.113.155382.

Lopez-Gomollon, S., & Nicolas, F. E. (2013). Purification of DNA Oligos by denaturing polyacrylamide gel electrophoresis (PAGE). Methods in Enzymology, 529, 65-83. http://dx.doi.org/10.1016/B978-0-12-418687-3.00006-9.

Mali, P., Aach, J., Stranges, P. B., Esvelt, K. M., Moosburner, M., Kosuri, S., et al. (2013). CAS9 transcriptional activators for target specificity screening and paired nickases for cooperative genome engineering. Nature Biotechnology, 31, 833-838. http://dx.doi. org/10.1038/nbt.2675.

Mali, P., Esvelt, K. M., & Church, G. M. (2013). Cas9 as a versatile tool for engineering biology. Nature Methods, 10, 957-963. http://dx.doi.org/10.1038/nmeth.2649.

Mali, P., Yang, L., Esvelt, K. M., Aach, J., Guell, M., Dicarlo, J. E., et al. (2013). RNA-guided human genome engineering via Cas9. Science, 339, 823-826. http://dx.doi.org/10.1126/ science.1232033.

Milligan, J. F., Groebe, D. R., Witherell, G. W., & Uhlenbeck, O. C. (1987). Oligoribonucleotide synthesis using T7 RNA polymerase and synthetic DNA templates. Nucleic Acids Research, 15, 8783-8798.

Milligan, J. F., & Uhlenbeck, O. C. (1989). Synthesis of small RNAs using T7 RNA poly- merase. Methods in Enzymology, 180, 51-62.

Nekrasov, V., Staskawicz, B., Weigel, D., Jones, J. D. G., & Kamoun, S. (2013). Targeted mutagenesis in the model plant *Nicotiana benthamiana* using Cas9 RNA-guided endonuclease. Nature Biotechnology, 31, 691-693. http://dx.doi.org/10.1038/nbt.2655.

Nishimasu, H., Ran, F. A., Hsu, P. D., Konermann, S., Shehata, S. I., Dohmae, N., et al. (2014). Crystal structure of Cas9 in complex with guide RNA and target DNA. Cell, 156(5), 935-949. http://dx.doi.org/10.1016/j.cell.2014.02.001.

Pattanayak, V., Lin, S., Guilinger, J. P., Ma, E., Doudna, J. A., & Liu, D. R. (2013). High-throughput profiling of off-target DNA cleavage reveals RNA-programmed Cas9 nuclease specificity. Nature Biotechnology, 31, 839-843. http://dx.doi.org/10.1038/nbt.2673.

Qi, L. S., Larson, M. H., Gilbert, L. A., Doudna, J. A., Weissman, J. S., Arkin, A. P., et al. (2013). Repurposing CRISPR as an RNA-guided platform for sequence-specific control of gene expression. Cell, 152, 1173-1183. http://dx.doi.org/10.1016/j.cell.2013.02.022.

Ran, F. A., Hsu, P. D., Lin, C.-Y., Gootenberg, J. S., Konermann, S., Trevino, A. E., et al. (2013). Double nicking by RNA-guided CRISPR Cas9 for enhanced genome editing specificity. Cell,

154, 1380-1389. http://dx.doi.org/10.1016/j.cell.2013.08.021.

Rio, D. C. (2013). Expression and purification of active recombinant T7 RNA polymerase from E. coli. Cold Spring Harbor Protocols. http://dx.doi.org/10.1101/pdb.prot078527.

Sander, J. D., & Joung, J. K. (2014). CRISPR-Cas systems for editing, regulating and targeting genomes. Nature Biotechnology, 32, 347-355. http://dx.doi.org/10.1038/nbt.2842.

Shan, Q., Wang, Y., Li, J., Zhang, Y., Chen, K., Liang, Z., et al. (2013). Targeted genome modification of crop plants using a CRISPR-Cas system. Nature Biotechnology, 31, 686-688. http://dx.doi.org/10.1038/nbt.2650.

Sternberg, S. H., Redding, S., Jinek, M., Greene, E. C., & Doudna, J. A. (2014). DNA inter- rogation by the CRISPR RNA-guided endonuclease Cas9. Nature, 507, 62-67. http://dx.doi.org/10.1038/nature13011.

Tsai, S. Q., Wyvekens, N., Khayter, C., Foden, J. A., Thapar, V., Reyon, D., et al. (2014). Dimeric CRISPR RNA-guided FokI nucleases for highly specific genome editing. Nature Biotechnology, 32, 569-576. http://dx.doi.org/10.1038/nbt.2908.

Wang, H., Yang, H., Shivalila, C. S., Dawlaty, M. M., Cheng, A. W., Zhang, F., et al. (2013). One-step generation of mice carrying mutations in multiple genes by CRISPR/Cas-mediated genome engineering. Cell, 153, 910-918. http://dx.doi.org/10.1016/j.cell.2013.04.025.

Wu, X., Scott, D. A., Kriz, A. J., Chiu, A. C., Hsu, P. D., Dadon, D. B., et al. (2014). Genome-wide binding of the CRISPR endonuclease Cas9 in mammalian cells. Nature Biotechnology, 32, 670-676. http://dx.doi.org/10.1038/nbt.2889.

Xie, K., & Yang, Y. (2013). RNA-guided genome editing in plants using a CRISPR-Cas system. Molecular Plant, 6, 1975-1983. http://dx.doi.org/10.1093/mp/sst119.

Yang, H., Wang, H., Shivalila, C. S., Cheng, A. W., Shi, L., & Jaenisch, R. (2013). One-step generation of mice carrying reporter and conditional alleles by CRISPR/Cas-mediated genome engineering. Cell, 154, 1370-1379. http://dx.doi.org/10.1016/j.cell. 2013.08.022.

第 2 章　采用 CRISPR/Cas 核酸酶和缩短的引导 RNA 在人体细胞中靶向基因组编辑

Yanfang Fu[1,2], Deepak Reyon[1,2], J. Keith Joung[1,2]

（1. 美国麻省总医院计算和综合生物学中心分子病理学部及癌症研究中心；
2. 哈佛医学院病理学系）

目　录

摘要

最近CRISPR RNA 引导核酸酶已成为对大范围生物作用的强劲基因组编辑平台。为了减少这些核酸酶脱靶效应，我们开发和验证了采用缩短的引导 RNA（tru-gRNA）的修饰系统。使用 tru-gRNA 减少了脱靶效应并且一般不会对这些基因组编辑核酸酶中靶（on-target）效率产生影响。在本章，我们介绍识别潜在 tru-gRNA 靶位点的原则和测定 CRISPR RNA 引导核酸酶在人细胞中靶效率的方案。

2.1　导　论

在活细胞中编辑基因组序列可为阐明基因功能提供强大且多功能的方法，同时对遗传疾病的治疗也有潜在的帮助。在过去的几十年里，成功的基因组修饰依靠各种技术，包括转座子、慢病毒载体和重组酶。然而，这些平台有一定的局限性。例如，转座子的元件和慢病毒载体以半随机的方式整合，重组酶由于缺乏可编程性而受到限制。在过去的十年中，高效和可编程基因编辑核酸酶如锌指核酸酶（ZFN）、转录激活因子样效应物核酸酶（TALEN）和规律成簇间隔短回文重复（CRISPR）RNA引导核酸酶已迅速出现并在模式生物中广泛应用。这些定制的核酸酶介导基因组编辑，通过引入靶DNA序列中的双链断裂（DSB），进而通过非同源末端连接修复导致能高效产生插入或缺失突变（插入/缺失）。或者，在适当的设计中，同源供体DNA模板（单链或双链）采用同源定向修复可以创建精确的改变。

ZFN、TALEN是可定制DNA结合结构域与*Fok* Ⅰ内切核酸酶非特异性切割域融合的组分。两种类型的核酸酶已成功地用于大量不同的细胞类型和生物体中修饰基因组序列（Joung & Sander，2013；Urnov，Rebar，Holmes，Zhang，& Gregory，2010）。具有新DNA结合特异性的工程锌指阵列，在阵列内构建单个锌指结构域相关活性可能富有挑战性（Wolfe，Nekludova，& Pabo，2000）。相反，单个转录激活因子样效应物（TALE）重复结构域就是活性的完整模型（Reyon，Tsai，et al.，2012）。结果，TALE重复阵列就会以非常高的比列与人和其他细胞类型的预定靶位点结合（Reyon，Tsai，et al.，2012）。虽然TALEN编码构建可能非常快速，但TALE重复阵列的高度重复性需要使用非标准分子生物学方法，加速组装DNA构建编码这些蛋白质的过程（Joung & Sander，2013）。此外，这些TALE重复编码序列的高度重复性，导致某些病毒递送系统包装的挑战（Holkers et al.，2012）。

CRISPR RNA（crRNA）引导核酸酶提供更简单的基因组编辑替代ZFN和TALEN。这个平台的初始形式是基于酿脓链球菌（*Streptococcus pyogenes*）类型ⅡCRISPR免疫系统组件（Jinek et al.，2012），形成一种自适应系统，对许多细菌入侵的质粒和病毒DNA沉默负责（Wiedenheft，Sternberg，& Doudna，2012）。Cas9的双链DNA切割活性可以通过crRNA的RNA双链编程，以及反式激活crRNA（tracrRNA）断裂20bp靶位点，该位点与形成NGG序列的前间区序列邻近基序（PAM）相邻。Charpentier、Doudna及其同事首先证明，嵌合“单链引导RNA”（sgRNA）由crRNA和tracrRNA两部分组成，Cas9也可以通过改变嵌合sgRNA的前20nt直接切割特定的靶DNA位点（Jinek et al.，2012）（图2.1A）。这项研究结果为CRISPR/Cas9系统作为可编程的基因编辑工具，初步研究为它在细菌（Jiang，Bikard，Cox，Zhang，& Marraffini，2013）、斑马鱼（Hwang et al.，2013）和人细胞（Cho，Kim，Kim，& Kim，2013；Cong et al.，2013；Jinek et al.，2013；Mali，Yang，et al.，2013）中的应用开启了大门。随后，大量的研究证明CRISPR/Cas9系统在各种生物中基因组编辑的成功应用（Sander & Joung，2014）。

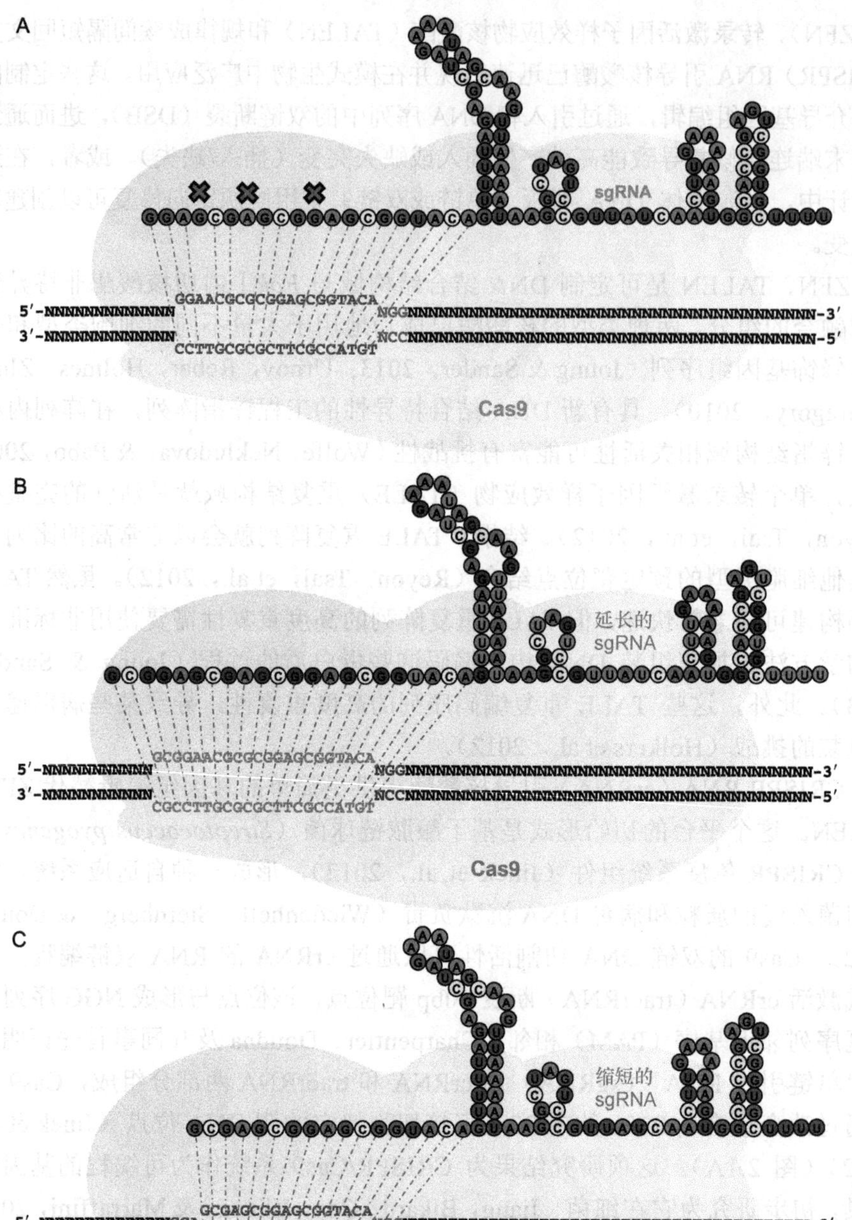

A
sgRNA
5′-NNNNNNNNNNNNN GGAACGCGCGGAGCGGTACA NGGNNNNNNNNNNNNNNNNNNNNNNNNNNNNNNNNNNNNNNNNNNNNN-3′
3′-NNNNNNNNNNNNN CCTTGCGCGCTTCGCCATGT NCCNNNNNNNNNNNNNNNNNNNNNNNNNNNNNNNNNNNNNNNNNNNNN-5′
Cas9
B
延长的
sgRNA
5′-NNNNNNNNNNN GCGGAACGCGCGGAGCGGTACA NGGNNNNNNNNNNNNNNNNNNNNNNNNNNNNNNNNNNNNNNNNNNNNN-3′
3′-NNNNNNNNNNN CGCCTTGCGCGCTTCGCCATGT NCCNNNNNNNNNNNNNNNNNNNNNNNNNNNNNNNNNNNNNNNNNNNNN-5′
Cas9
C
缩短的
sgRNA
5′-NNNNNNNNNNNNNGGA GCGAGCGGAGCGGTACA NGGNNNNNNNNNNNNNNNNNNNNNNNNNNNNNNNNNNNNNNNNNNNN-3′
3′-NNNNNNNNNNNNNCCT CGCTCGCTTCGCCATGT NCCNNNNNNNNNNNNNNNNNNNNNNNNNNNNNNNNNNNNNNNNNNNNN-5′
Cas9

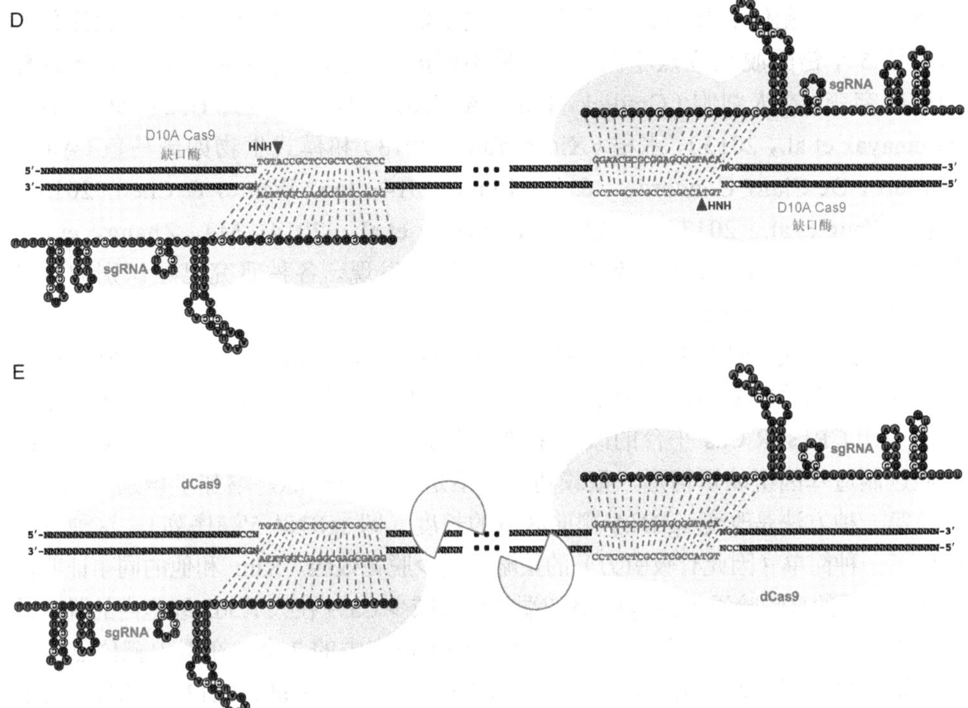

图 2.1　所有发表的 CRISPR/Cas9 核酸酶特异性改善方法的概述示意图。（A）第一代 CRISPR/Cas9 核酸酶是通过用引导 RNA（gRNA）的第一个 20 个核苷酸互补和前间区序列邻近基序（PAM）序列的存在（红色字体）定向靶向 DNA 位点（绿色字母）。可以耐受靶 DNA 位点和 sgRNA 互补区（红色×）之间的错配，从而导致脱靶位点突变。（B）延长的 gRNA 忍受 5′端两个额外的核苷酸可以导致识别更长靶 DNA 位点，在某些情况下可提高特异性。（C）缩短的 gRNA（tru-gRNA）在它们的 5′端切除了 2～3 个核苷酸。（D）配对切口酶策略，即 2 个 sgRNA D10A Cas9 切口酶与相反的 DNA 链上的靶序列直接相邻。（E）CRISPR RNA 引导核酸酶。与催化灭活的 Cas9（dCas9）融合的 *Fok* Ⅰ 核酸酶域组成的融合蛋白可以导向到两个适当间隔并由两个 sgRNA 定向到 DNA 反向链的相邻位点，导致在二聚体依赖的 *Fok* Ⅰ 核酸酶结构域之间的“间隔”切割。（彩图请扫封底二维码）

许多研究小组研究了 crRNA 引导核酸酶的特异性，并证明在植物、斑马鱼、小鼠、大鼠和人类培养细胞中可以观察到脱靶效应。从我们小组开始的一项研究显示，引导 RNA（gRNA）Cas9 可以诱导人细胞高频脱靶突变（Fu et al.，2013）。在这项工作中，对 6 个 sgRNA 靶向 4 个内源性基因，使用可以测定 2%～5%或更高频率的插入缺失的 T7 内切核酸酶（T7EI）基因分型分析，我们筛选出 60 个计算确定的候选脱靶位点。令人惊讶的是，我们发现识别 6 个 sgRNA 中 4 个脱靶位点是相对容易识别的，在这些脱靶位点上观察到的突变率比得上（或者在某些情况下高于）中靶位点观察到的突变率。重要的是，我们鉴定到的一些脱靶位点与多达5个错配脱靶位点不同，在3种不同的人细胞系中可以鉴定出许多这样的脱靶突变。在人细胞（Cradick，Fine，Antico，& Bao，2013；Hsu et al.，2013；Pattanayak et al.，2013）、水稻（Xie & Yang，2013）和模式生物如斑马鱼（Auer，Duroure，De Cian，Concordet，& Del Bene，2014；Jao，Wente，& Chen，2013）、小鼠（Yang et al.，2013）、大鼠（Ma，Shen，et al.，2014；Ma，Zhang，et al.，2014）等的后续研究中观察到至少4个类似的发现。各种研究已经识别的脱靶突变结果总结于表2.1。

鉴于第一代CRISPR/Cas核酸酶特异性观察的局限性，现在有了更新的发展，下一代平台至关重要的是减少了脱靶效应，尤其是这些试剂可应用于临床治疗。对第一代CRISPR/Cas平台的改进主要集中于两个方面：①改变sgRNA长度；②通过制造基因组编辑情形，依赖两个而不是一个sgRNA，增加了识别序列。

第一种方法是改变sgRNA靶向区域的长度（即sgRNA 5′端序列），这种方法提供了一种简单（因此有吸引力）的策略以减少脱靶效应。Kim和他的同事证明，将两个额外的鸟嘌呤添加到sgRNA 5′端就可以减少Cas9在人K562细胞内的脱靶效应（图2.1B）。然而，采用该策略实验了4个靶位点中的2个，在拟中靶位点基因组编辑率也表明效率下降（Cho，Kim，Kim，Kweon，et al.，2013）。相反，我们发现缩短（而非延长）sgRNA 5′-靶向区到17个或18个核苷酸可以大大减少脱靶效应，提高中靶效率5000倍或更多，这些一般不影响中靶修饰效率（Fu，Sander，Reyon，Cascio，& Joung，2014）（图2.1C）。我们假设该方法可行，因为使用全长sgRNA时可能有多余的结合能，使用缩短的gRNA（tru-gRNA）可减少结合能水平，该结合能刚好满足中靶活性，但对sgRNA/靶DNA位点界面错配则更加敏感。

第二种方法是依赖sgRNA靶相邻序列配对形成CRISPR/Cas系统基因编辑活性，有两种不同的方式。采用Cas9切口酶配对方法，两个sgRNA定位于Cas9核酸酶变体，攻击目的靶位点上DNA反向链的DNA（图2.1D）（Mali，Aach，et al.，2013）。这种方法已经证明，减少脱靶效应与单sgRNA相一致（Ran et al.，2013）。然而，这种方法的一个潜在局限性是它不是一个真正的二聚体系统：两个吸引靶位点的Cas9切口酶分子是酶活性单体，因此能够诱导基因组外的单体结合位点突变。另一种方法是创建依赖二聚体*Fok* Ⅰ核酸酶结构域融合（用于ZFN和TALEN）催化Cas9灭活形式（所谓的“死Cas9”或dCas9），但它们联合sgRNA仍然可以恢复特异性靶位点。在这个构型中，两个*Fok* Ⅰ-dCas9融合蛋白被两个sgRNA吸引到相邻位点，通过sgRNA靶位点之间序列中的*Fok* Ⅰ结构域产生切割（图2.1E）。用于人细胞基因组编辑的*Fok* Ⅰ-dCas9强劲的融合功能和直接比较表明，这些蛋白质的单体诱变活性比Cas9切口酶小（Guilinger，Thompson，& Liu，2014；Tsai et al.，2014）。

表 2.1　引导核酸酶在人细胞和模式生物中诱导脱靶突变的发表实例

参考文献	靶座子	序列	得失位突变频率/%			中靶序列 GC 百分含量	错配数	细胞类型或生物	使用的测定方法
			U2OS·EGFP	K562	HEK293				
Fu 等（2013）	*VEGFA* 位点 1	GGGTGGGGGGAGTTTGCTCCtGG	26	10.5	3.3	70	0	人细胞	T7EI 和桑格序列
		GG**A**TGG**A**GGGAGTTTGCTCCtGG	25.7	18.9	2.9		2		
		GGG**A**GGG**T**GGAGTTTGCTCCtGG	9.2	8.3	N.D.		2		
		CGG**G**GG**A**GGGAGTTTGCTCCtGG	5.3	3.7	N.D.		3		
		GGG**GA**GGGG**A**AGTTTGCTCCtGG	17.1	8.5	N.D.		3		
	VEGFA 位点 2	GACCCCCTCCACCCCGCCTCcGG	50.2	38.6	15	80	0		
		GACCCCC**C**CCACCCCGCC**C**CcGG	14.4	33.6	4.1		2		
		G**GG**CCCCTCCACCCCGCCTCtGG	20	15.6	3		2		
		CTACCCCTCCACCCCGCCTCcGG	8.2	15	5.2		3		
		G**C**CCCC**AC**CCACCCCGCCTCtGG	50.7	30.7	7.1		3		
		TACCCCC**CA**CACCCCGCCTCtGG	9.7	6.97	1.3		3		
		ACACCCC**C**CCACCCCGCCTCaGG	14	12.3	1.8		4		
		ATTCCCC**C**CCACCCCGCCTCaGG	17	19.4	N.D.		4		
		CCCC**A**CC**C**CCACCCCGCCTCaGG	6.1	N.D.	N.D.		4		

续表

参考文献	靶座子	序列	得失位突变频率/%			中靶序列 GC 百分含量	错配数	细胞类型或生物	使用的测定方法
			U2OS·EGFP	K562	HEK293				
Fu 等(2013)	*VEGFA* 位点 2	**CG**CCC**T**CCCCACCCCGCCTCcGG	44.4	28.7	4.2		4	人细胞	T7EI 和桑格序列
		CTCCCC**A**CCCACCCCGCCTCaGG	62.8	29.8	21.1		4		
		TGCCCC**T**CCCACCCCGCCTCtGG	13.8	N.D.	N.D.		4		
		AGGCCCC**CA**CACCCCGCCTCaGG	2.8	N.D.	N.D.		5		
	VEGFA 位点 3	GGTGAGTGAGTGTGTGCGTGtGG	49.4	35.7	28	60	0		
		GGTGAGTGAGTGTGTG**T**GTGaGG	7.4	8.97	N.D.		1		
		AGTGAGTGAGTGTGTG**T**GTGgGG	24.3	23.9	8.9		2		
		G**C**TGAGTGAGTGT**A**TGCGTGtGG	20.9	11.2	N.D.		2		
		GGTGAGTGAGTG**C**GTGCG**G**GtGG	3.2	2.34	N.D.		2		
		G**T**TGAGTGA**A**TGTGTGCGTGaGG	2.9	1.27	N.D.		2		
		TGTG**G**GTGAGTGTGTGCGTGaGG	13.4	12.1	2.4		2		
		AG**A**GAGTGAGTGTGTGC**A**TGaGG	16.7	7.64	1.2		3		
	EMX1	GAGTCCGAGCAGAAGAAGAAgGG	42.1	26	10.7	50	0		
		GAGT**TA**GAGCAGAAGAAGAAaGG	16.8	8.43	2.5		2		

续表

参考文献	靶座子	序列	得失位突变频率/%			中靶序列 GC 百分含量	错配数	细胞类型或生物	使用的测定方法
			U2OS·EGFP	K562	HEK293				
Hsu 等（2013）	*EMX1* 靶 1	GTCACCTCCAATGACTAGGGtGG	约 22			55	0	人 293FT 细胞	深度测序
		G**CT**ACCTCCA**G**TGACTAGGGtGG	约 4				3		
	EMX1 靶 3	GAGTCCGAGCAGAAGAAGAAgGG	约 48			50	0		
		GAG**G**CCGAGCAGAAGAA**AG**AgGG	约 1				3		
		GAGTCC**T**AGCAGA**G**GAAGAAgAG	约 8				2		
		GAGTC**TA**AGCAGAAGAAGAAgAG	约 18				2		
Pattanayak 等（2013）	*CLTA*	GCAGATGTAGTGTTTCCACAgGG	76			45	0	人 HEK-293T 细胞	深度测序
		ACA**T**ATGTAGT**A**TTTCCACAgGG	24				3		
		CCAGATGTAGT**A**TT**C**CCACAgGG	0.46				3		
		CTAGATG**A**AGTG**C**TTCCACAtGG	0.73				4		
Cradick 等（2013）	*HBBR01*	GTGAACGTGGATGAAGTTGGtGG	54			50	0	人 HEK-293T 细胞	T7EI
		GTGAACGTGGATG**C**AGTTGGtGG	27				1		
	HBBR02	**C**TTGCCCCACAGGGCAGTAAcGG	66				1		
		TCAGCCCCACAGGGCAGTAAcGG	33				3		

续表

参考文献	靶座子	序列	得失位突变频率/%			中靶序列GC百分含量	错配数	细胞类型或生物	使用的测定方法
			U2OS·EGFP	K562	HEK293				
Cradick 等（2013）	*HBBR03*	CACGTTCACCTTGCCCCACAgGG	55				1	人HEK-293T细胞	T7EI
		CACGTTCACTTTGCCCCACAgGG	58				2		
	HBBR04	CCACGTTCACCTTGCCCCACaGG	53				1		
		CCACGTTCACtTTGCCCCACaGG	12				1		
	HBBR05	AGTCTGCCGTTACTGCCCTGtGG	51				1		
	HBBR06	CGTTACTGCCCTGTGGGGCAaGG	59				1		
	HBBR07	AAGGTGAACGTGGATGAAGTtGG	61				1		
		AAGGTGAACGTGGATGCAGTtGG	7				2		
	HBBR08	CCTGTGGGGCAAGGTGAACGtGG	36				1		
		CCTGTGGGGCAAAGTGAACGtGG	48				2		
	HBBR30	GTAGAGCGGAGGCAGGAGGCgGG	21			70	0		
		GTAGAGCGGAGGCAGGAGTTgGG	5				2		

续表

参考文献	靶座子	序列	得失位突变频率/%			中靶序列 GC 百分含量	错配数	细胞类型或生物	使用的测定方法
			U2OS·EGFP	K562	HEK293				
Wang，Wei，Sabatini，和 Lander (2014)	*AAVS1*	GGGGCCACTAGGGACAGGATtGG	96.9			65	0	小鼠 Cas9-KBM7 细胞	深度测序
		GGGGC**TT**CTA**A**GGACAGGATtGG	29.5				3		
		GGGGC**A**ACTAG**A**GACAGGA**A**tGG	2.46				3		
		GGGGCC**C**CT**G**GGGACAG**A**ATtGG	1.36				3		
		GG**T**GCCAC**C**AGGGA**G**AGGATtGG	0.1				3		
Shalem 等（2014）	*MED12-sg1*	GTTGTGCTCAGTACTGACTTtGG	100			45	0	A375 细胞	深度测序
		AT**C**CTGCTC**T**GTACTGACTTgAG	约 3				4		
	NFZ-sg2	ATTCCACGGGAAGGAGATCTtGG	100			50	0		
		GTT**G**CACA**G**A**A**AGGAGATCTtGG	约 15				4		
	NFZ-sg4	GTACTGCAGTCCAAAGAACCaGG	100			50	0		
		TAACT**A**CAGTCCAAAGAACCaGG	约 50				3		
	MED12-sg2	CGTCAGCTTCAATCCTGCCAaGG	100			55	0		
		AGTCAGCTTCA**G**TCCTGCCAcGG	约 30				2		
		CAGCAGCTTCAATCCTGCCAgGG	约 95				3		
		CAGCAGCTTCAATCCTGCCAgGG	约 50				3		

续表

参考文献	靶座子	序列	得失位突变频率/%			中靶序列GC 百分含量	错配数	细胞类型或生物	使用的测定方法
			U2OS·EGFP	K562	HEK293				
Xie 和 Yang（2013）	*Tet1*	GTCTACATCGCCACGGAGCTCAtGG	8.2			55	0	水稻	桑格测序
		GTCTA-ACCGC-ACGGAGCTCAtGG	1.6				3		
Auer 等（2014）	*GFP*	GGCGAGGGCGATGCCACCTAcGG	66			70	0	斑马鱼	T7EI 和桑格测序
		GGTGAGGGCAATGCAATATAcGG	<3%但 TTEI 可检测				5		
		GGCCAGGGCGAGGGCACCGCcGG	<3%但 TTEI 可检测				5		
Jao 等（2013）	*GFP*	GGGCACGGGCAGCTTGCCGGtGG	约 80			80	0	斑马鱼	T7EI
		GGGCATGGACAGCTTGCCGGtGG	约 80				2		
Yang 等（2013）	*Nanog*	CGTAAGTCTCATATTTCACCtGG	未知			40	0	小鼠	桑格测序
		TGTAAGTCTCATATTTCACCtGG	10				1		
	Oct4	GCTCAGTGATGCTGTTGATCaGG	未知			50	0		
		GTTCAGTGATGCTGTTGATCaGG	67				1		

续表

参考文献	靶座子	序列	得失位突变频率/%			中靶序列 GC 百分含量	错配数	细胞类型或生物	使用的测定方法
			U2OS·EGFP	K562	HEK293				
Ma，Shen 等（2014）	*Mecp2*	AGGAGTGAGGTCTAGTACTTGGG	未知			45	0	小鼠	桑格测序
		TGGAGTGAGGTCT**T**GTACTTGGG	10				1		
	Dnmt1	GGCGAGGGGCGGGACCGATGcGG	未知			80	0	大鼠	T7EI 和桑格测序
		GGGGAGGGGC**A**GGACC**A**ATGcGG	58.3				3		
	Dnmt3b	GGTAGCTGGGGCACATGGTGaGG	未知			65	0		
		GGTA**C**CTGGGGCACATGGTGtGG	30				1		
	Prkdc	CGAGCTGTTCAGAAACACCAaGG	100			50	0	大鼠	T7EI
		AAAGCTGT**A**CAGAAACACCAaGG	57.5				3		

tru-gRNA 平台一个重要的优势是，它能够改善 CRISPR/Cas 核酸酶特异性，不需要多个 sgRNA 或更大的融合蛋白的表达。在这里，我们介绍了 tru-gRNA 定向 Cas9，如何识别潜在的靶位点。我们还详细介绍了如何引入这些组件进入培养的人细胞中，以及如何使用简单的基于 T7EI 基因分型分析进行定量。

2.2 方 法

2.2.1 使用 ZiFiT 识别靶位点

我们公开的 ZiFiT Targeter 网络服务器的最新版本（包括功能）已经升级，使用户能够选择标准全长的和 tru-gRNA 两种靶位点。用户可以用单序列或批处理模式查询 ZiFiT Targeter（达到 96 个 FASTA 格式的序列）。在批处理模式下使用时，ZiFiT Targeter 识别每个查询序列的靶位点；而当使用单序列模式时，它识别所有查询序列潜在的靶位点。ZiFiT Targeter 首先尝试确定跨越用户指定相等的目的单核苷酸，但如果没有找到位点的话，框架被忽略，并再次尝试搜索。ZiFiT Targeter 允许用户改变几个系统设计的参数，包括靶位点长度和选择启动子用来表达潜在识别的 sgRNA（例如，使用 U6 启动子需要 sgRNA 上的 5′-G，而使用 T7 RNA 聚合酶启动子需要 sgRNA 5′端两个 G）。

ZiFiT Targeter 将列出靶位点列表连同关于构建 sgRNA 表达载体需要的核苷酸的附加信息。用户可以保存这些文件输出到字符分隔值（CSV）文件供后续使用。除了靶位点简单识别外，ZiFiT Targeter 也可以识别出现在目的基因组中潜在的脱靶位点。用户可以查询 ZiFiT Targeter 来确定给定靶位点对几种模式生物包括人、大鼠、小鼠、斑马鱼、秀丽隐杆线虫（*C. elegans*）、蚊子和大肠杆菌的基因组的正交状态。

1. 所需材料

（1）ZiFiT 可用 http://zifit.partners.org。

（2）Repeat Masker 软件可用 http://www.repeatmasker.org。

（3）靶位点的基因组序列。

（4）具有互联网连接的计算机。

2. 确保查询序列是有效的

（1）确保输入的查询序列是基因组序列而不是 cDNA 序列。这个区别很重要，因为跨度内含子—外显子连接点的靶位点不在基因组 DNA 上工作。也鼓励用户对实际细胞目的序列区进行修改，以确保没有任何不需要的多态性。

（2）使用基因组重复序列识别软件 Repeat Masker（http://www.repeatmasker.org）确定是否查询含有任何重复元件的序列。登录网站在文本框中输入你的目的序列，标记“序列”并点击“submit”（“提交”）。Repeat Masker 将扫描序列和改变所有重复序列为“N”。下载这个模糊序列并用它输入到 ZiFiT Targeter。这是一个至关重要的步骤，因为用户不会打靶基因组高度重复的区域。

3. 设计靶位点

（1）使用任何网络浏览器进入下列地址：http://ZiFiT.partners.org，打开 ZiFiT Targeter。

（2）点击网页顶端菜单上的“ZiFiT”，这将指引用户作负责声明。点击“Proceed to ZiFiT”（“继续 ZiFiT”）将打开主菜单。注意 ZiFiT Targeter 还提供了如前所述用于 ZFN 和 TALEN 功能设计靶位点（Reyon，Khayter，Regan，Joung，& Sander，2012；Reyon et al.，2013；Sander，Maeder，& Joung，2011）。

（3）从主菜单中点击适当链接“设计基因组编辑核酸酶/切口酶”：用于 tru-gRNA：单击“CRISPR/Cas Nucleases”（“CRISPR/Cas 核酸酶”）。

（4）在文本框中粘贴 FASTA 格式的 96 个序列。

注意：当在批处理模式中查询时，只有一个靶位点会恢复到每个序列。

注意：如果目的核苷酸被周围的括号标记，ZiFiT Targeter 将试图跨越它识别靶位点。

注意：所有 A、C、G、T 和 N 以外的字符将被忽略。

（5）设置启动子类型。

①如果用这个启动子基于质粒载体表达，就选择 U6 启动子。

注意：U6 启动子涉及转录 RNA 5′端的鸟嘌呤，因此 ZiFiT Targeter 恢复的靶位点均以 G 开始。

②如果用这个启动子在体外转录 sgRNA，选择 T7 启动子。

注意：T7 启动子涉及转录 sgRNA 5′端的两个鸟嘌呤，因此 ZiFiT Targeter 识别一对 G 开始的位点。体外转录后，如果在单个 G 和 5′端缺乏 G，RNA 产率就会降低。

③如果你想松开 5′端“G”束缚，选择“None”选项。

注意：如果在你的目的靶基因中没有鉴别到适当的标准 tru-gRNA 靶位点，有两种可能的解决方案：

i. 松开你的靶位点 5′-G 的束缚，然后使用 5′位置上的 G（将导致这个位置上的错配）。如果使用 tru-gRNA，我们这个战略将对 18nt 靶位点工作，但对 17nt 靶位点不工作。

ii. 释放你的靶位点 5′-G 表现活性，但是我们发现在 5′端使用非 G，在某些情况下还会产生功能 tru-gRNA（数据没有显示）。

iii. 释放你的靶位点 5′-G 束缚，用最近介绍的多重表达系统表达你的 sgRNA 使用最近描述的不需要 G 的 5′端 sgRNA，该表达系统在 sgRNA 的 5′端不需要 G 的存在（Tsai et al.，2014）。

（6）设定 sgRNA 互补区希望的长度为 17nt 或 18nt。

注意：在目的 DNA 中如果没有 17nt tru-gRNA 位点可用，那么我们建议使用 18nt 位点。

（7）点击“Indentify target sites”（“识别靶位点”）和 ZiFiT Targeter 将返回到识别靶位点列表，以 CSV 文件保存。表包含 4 列：①序列的名字；②靶位点；③克隆所需的第一个寡核苷酸；④克隆所需的第二个寡核苷酸。

（8）基于中靶位点的相似性识别潜在的脱靶位点。启用选项来检查对选择基因组相关的中靶位点的正交性。

①证明查询序列已经重复掩蔽。

注意：这是非常重要的，因为 ZiFiT Targeter 将恢复所有潜在脱靶位点，相对于中靶位点它已上升到 3 个错配。如果识别到任何中靶位点包含重复元件，那么通常 1000 个或更多位点将恢复导致系统慢下来或者崩溃。

②选择生物正交检查。用户可以从几个模式生物，包括人、大鼠、小鼠、斑马鱼、秀丽隐杆线虫、蚊子和大肠杆菌中选择。

③点击“Indentify potential off-targets”（“识别潜脱靶”）。ZiFiT Targeter 将对选中的基因组扫描所有以前识别的靶位点和恢复表中潜在的脱靶位点，用户可以 CSV 格式保存。

（9）分析正交数据。对于每一个潜在的脱靶位点识别显示以下信息：①唯一识别；②染色体定位；③DNA 链；④基因组坐标；⑤在基因组中脱靶位点出现的次数；⑥错配（上升到 3 个错配）的位置和性质。

注意：对于 17nt 互补区的 sgRNA，只有上升到 2 个错配才能识别为潜在脱靶位点，因为我们前期的工作证明，单一错配易于干扰这些 tur-gRNA 活性。

注意：从 5′到 3′标记的错配，指定位点“N”（N 表示 sgRNA 互补区的长度）作为靶位点的第一个核苷酸和靶位点的最后一个核苷酸，指定为位置“1”靠近 PAM。

注意：在考虑使用哪个 sgRNA 用于实验时，需要考虑多个因素，包括观察耐受更多错配的脱靶位点不太可能显示脱靶效应，事实上并不是所有潜在的脱靶位点都会显示突变证据，编码序列中的脱靶位点的概念可能比那些落入内含子中的脱靶位点更容易出现问题。目前还没有选择 sgRNA 的理想指南，因此最终每个用户必须做出自己的选择。

2.2.2　tru-gRNA 表达质粒的构建

从 U6 启动子表达特异性 sgRNA 质粒的构建是简单而快速的。它涉及一对退火寡核苷酸（由 ZiFiT Targeter 程序提供序列）克隆进入 *Bsm*B Ⅰ 消化的 pMLM3636 质粒（图 2.2）。

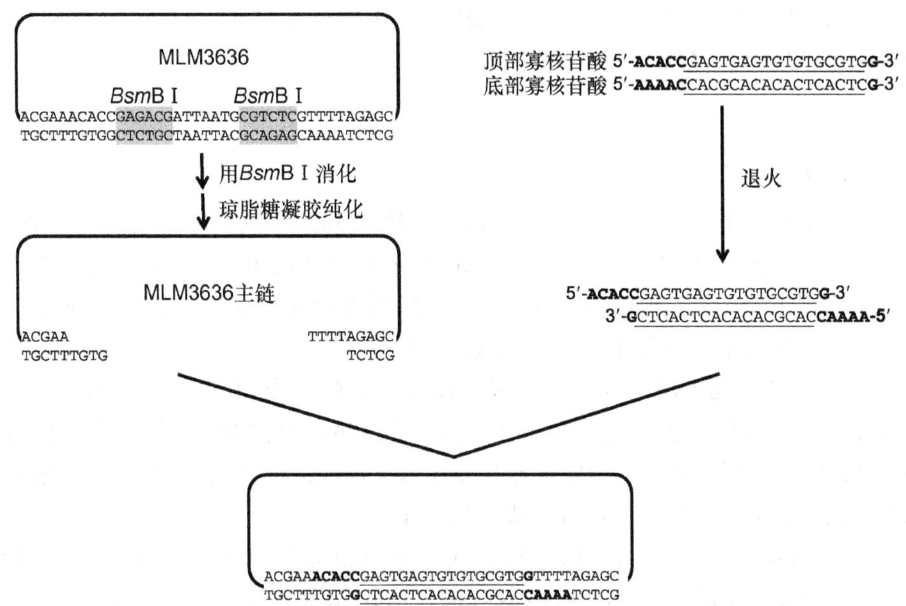

图 2.2　tru-gRNA 表达载体构建示意图概述。左边图显示用 *Bsm*B Ⅰ 限制性内切核酸酶如何产生线性 pMLM3636 载体主链。右边图显示两个寡核苷酸的退火。pMLM3636 主链的连接和寡核苷酸的退火产生目的 tru-gRNA 表达载体。“ACACC”是 U6 启动子的一部分，“GTTT”是 tracrRNA 序列的起始。

1. 试剂

质粒 pMLM3636（Addgene 网站：http://www.addgene.org/43860/）

寡核苷酸编码 sgRNA 互补区（从任何标准的供应商订货，按早先介绍的 ZiFiT Targeter 提供核苷酸序列）

*Bsm*B Ⅰ 限制性内切核酸酶（New England Biolabs，cat. no. R0580S）

T4 DNA 连接酶（New England Biolabs，cat. no. M0202S）

10×限制性内切核酸酶缓冲液 3.1（New England Biolabs）

2×快速连接酶缓冲液（New England Biolabs，cat. no. M2200S）

LB 培养基（Difco，cat. no. 244620）

LB 琼脂培养基（Difco，cat. no. 244520）

LB/羧苄青霉素培养皿（LB 琼脂补加 100μg/ml 羧苄青霉素）

QIA 快速凝胶提取试剂盒（QIAGEN，cat. no. 28704）

QIAprep Spin Miniprep 试剂盒（QIAGEN，cat. no. 27106）

recA-大肠杆菌化学感受态细胞（如 Top10 细胞或等效细胞）

10×退火缓冲液：0.4mol/L Tris（pH 8），0.2mol/L $MgCl_2$，0.5mol/L NaCl，0.01mol/L EDTA（pH 8）。

2. 方案

第 1 天

（1）消化 pMLM3636，在微量离心机管中建立 50μl 下列反应体系：1.0μg pMLM3636 质粒、5.0μl NEB 缓冲液 3.1、5.0μl *Bsm*B Ⅰ并用 ddH_2O 加到 50μl。55℃消化 2h，消化产物在 2%琼脂糖凝胶中电泳，然后用 QIA 快速凝胶提取试剂盒，根据制造商的说明书从凝胶中纯化消化载体主链。

（2）对编码 sgRNA 互补区的寡核苷酸退火，建立 50μl 下列退火反应体系：5.0μl 1μmol/L 寡核苷酸、5.0μl 1μmol/L 底部寡核苷酸、5.0μl 10×退火缓冲液和 35μl ddH_2O。用热循环仪按以下程序加热和冷却退火反应：混合物在 95℃孵化 2min，1℃/min 慢慢冷却到 25℃，然后立即冷却至 4℃。

（3） 连接消化 pMLM3636 主链并在下列 10μl 反应体系退火 sgRNA 寡核苷酸：10ng *Bsm*B Ⅰ消化的 pMLM3636 主链、1.0μl 退火寡核苷酸、5.0μl 2×快速连接酶缓冲液、1.0μl T4 DNA 连接酶并用 ddH_2O 加到 10μl。用 ddH_2O 代替退火的寡核苷酸建立连接反应体系作为对照。在室温孵化连接 15min。

（4）将连接物转移到感受态大肠杆菌细胞：在冰上解冻感受态细胞，然后将 5μl 连接反应物加到 50μl 化学感受态 Top10 细胞中，在冰上孵化 5～10min，42℃热激 1min，然后置冰上 2min，加入 350μl LB 培养基并使细胞在 37℃恢复 1h。在 LB/羧苄青霉素培养皿转化，每次使用一半体积。平皿于 37℃孵化 12～16h。

第 2 天

确保实际连接转化培养皿上的菌落至少是对照组上的 10 倍以上。每个平板挑取 2～4 个菌落接种到 5ml LB/羧苄青霉素培养基中。37℃摇瓶孵化过夜。

第 3 天

使用 QIAprep Spin Miniprep 试剂盒，按制造商的说明书分离质粒 DNA 并用下列引物进行桑格测序验证插入的寡核苷酸序列：5′-AGGGAATAAGGGCGACACGGAAAT-3′。

2.2.3　sgRNA 和 Cas9 表达质粒转染进入人细胞

在这里我们介绍使用核转染，将编码 sgRNA 和 Cas9 的质粒转染到人 U2OS 细胞。在其他细胞系进行类似实验可能需要优化和使用不同的转染方法。

1. 试剂

U2OS 细胞培养基：高级杜尔贝科改良伊格尔培养基（DMEM）（Life Technologies，cat. no. 12491-023）补充 10%胎牛血清（FBS）（Life Technologies，cat. no. 16140-071）、2mmol/L GlutaMax（高级细胞培养添加剂，译者注）（Life Technologies，cat. no. 35050-061）、青霉素/链霉素（Life Technologies，cat. no. 15070-063）和 400μg/ml G418（遗传霉素，译者注）（Life Technologies，cat. no. 35050-061）

U2OS 细胞转染培养基：高级 DMEM（Life Technologies，cat. no. 12491-023）补充 10%胎牛血清（Life Technologies，cat. no. 16140-071）、2mmol/L GlutaMax（高级细胞培养添加剂，译者注）（Life Technologies，cat. no. 35050-061）、SE 细胞系 4D-核转染 X 试剂盒（Lonza，cat. no. V4XC-1032）、4D-核转染仪（Lonza）

无菌 50ml 锥形管（Corning，cat. no. 430290）

Agencourt DNA 高级试剂盒（Beckman，cat. no. A48705）

2. 方案

第 1 天之前

人 U2OS 细胞在 U2OS 细胞培养基中培养，每隔 2～3 天传代细胞一次，但细胞汇集不允许>90%。每 4 周检测支原体污染情况。

第 1 天

（1）将 0.5ml U2OS·EGFP 细胞转染培养基加入到 24 孔板的每个孔中，37℃预热孵化 1h。

（2）对来自细胞汇合平板上的 U2OS·EGFP 细胞进行胰蛋白酶消化，并在细胞转染培养基中重新悬浮细胞。

（3）用细胞计数板进行细胞计数。20 000 个细胞用于每个 4D 核转染。计算细胞密度，然后在 50ml 无菌锥形管中快速离心获得适当数量的细胞。

（4）用 SE 溶液重新悬浮细胞并补加试剂至密度为 20 000 个细胞/20μl。使用程序 DN100 将 250ng 验证序列的 sgRNA 表达质粒、750ng Cas9 表达质粒（如质粒 pJDS246；Fu et al.，2014）和 5ng Td-tomato 质粒（用作转染对照）辅助转染到 20 000 个细胞中。

注意：重要的是要进行优化转染实验，每当使用新类型细胞时，就要将细胞系优化核转染试剂盒用于 4D 核转染系统优化实验。我们对大部分细胞系测试证明使用优化方案比制造商推荐的方案有更好的转染效率和较低的毒性。

（5）允许在室温下转染细胞 10～15min，然后将 100μl 细胞转染培养基加入到每个样品中并转移到 24 孔板上的单个孔中。

注意：10～15min 孵化对 4D 核转染至关重要。同时，核转染后使用没有抗生素的转染培养基比使用细胞培养基的毒性要小得多。

第 2 天

用荧光显微镜检查细胞生存能力和 Td-tomato 质粒的表达，以确保所有的样品都已经成功转染（根据 Td-tomato 荧光判断），细胞不会显示总毒性的证据。

第 3 天

用 Agencourt DNA 高级试剂盒按操作说明书从转染细胞中分离基因组 DNA。

2.2.4 评价靶基因组编辑的 T7EI 定量分析

T7EI 分析是简单的和可再生的实验，可以用常规方法定量细胞群体中的突变频率。在这个分析中，靶位点从基因组 DNA 扩增。所得的扩增子变性，然后再退火，接下来在突变型和野生型等位基因之间形成异源双链核酸分子。然后异源双链核酸分子片段在 T7EI 错配位点上进行专一性切割。消化和未消化的 PCR 片段可以使用毛细管电泳系统（如 QIAxcel）或凝胶电泳分析。相对大量消化和未消化的 PCR 片段可以用于计算细胞群体中突变等位基因的原始频率（图 2.3）。

1. 试剂

Phusion®高保真 DNA 聚合酶（New England Biolabs，cat. no. M0530L）
5× Phusion 高频缓冲液（New England Biolabs，包括 Phusion®高保真 DNA 聚合酶）
T7 内切核酸酶 I（New England Biolabs，cat. no. M0302L）
10×NEB 缓冲液 2.1（New England Biolabs，包括 T7 内切核酸酶 I）
Agencourt AMPure XP（Beckman，cat. no. A63880）
QIA 快速 PCR 纯化试剂盒（QIAGEN，28106）
QIAxcel DNA 高分辨率试剂盒（QIAGEN，929002）
QIAxcel 稀释缓冲液（QIAGEN，包括 QIAxcel DNA 高分辨率试剂盒）（可选）
PCR 热循环仪
纳米超微量 DNA 分析仪（Thermo Scientific）
QIAxcel 系统（QIAGEN）（可选）

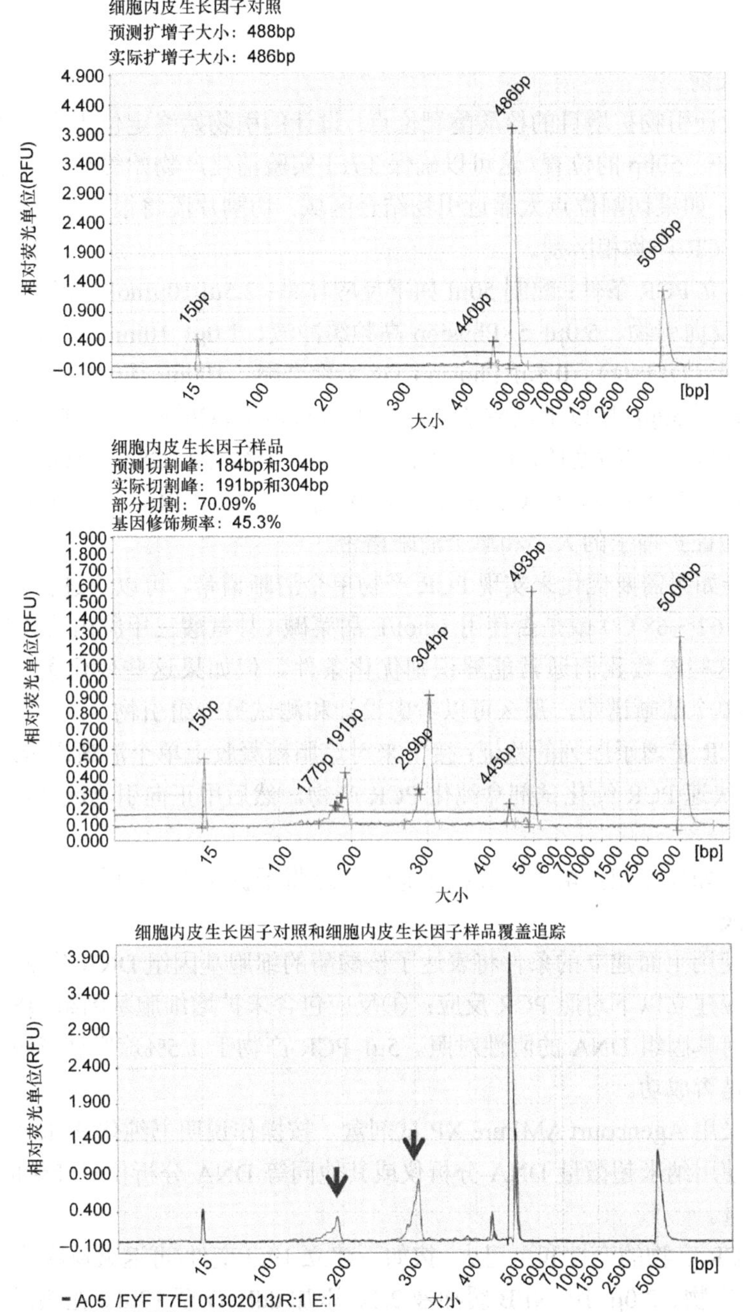

图 2.3 T7EI 实验典型的毛细管电泳图谱。顶图：阴性对照细胞电泳图谱。中图：细胞转染与 gRNA 和 Cas9 表达质粒细胞图谱。底图：顶图（蓝色线）和中图（红色线）的扫描重叠图。T7EI 裂解片段的预期大小以红色箭头显示。（彩图请扫封底二维码）

2. 方案

第 1 天前

（1）设计引物扩增目的核酸酶靶位点。设计的引物始终定位于离 sgRNA 靶位点 5′端和 3′端 50bp 的位置（这可以确保 T7EI 实验消化产物始终有至少 50bp 的长度）。另外，如果切割位点太靠近引物结合区域，切割片段将很难与未消化的全长裂解片段 PCR 产物相区别。

（2）建立 PCR 条件：配制 50μl 如下反应体系：2.5μl 10μmol/L 正向引物、2.5μl 10μmol/L 反向引物、5.0μl 5×Phusion 高频缓冲液、1.0μl 10mmol/L dNTP、1.5μl 二甲基亚砜（DMSO）、0.5μl Phusion DNA 聚合酶、100ng 基因组 DNA，加双蒸水（ddH_2O）至 50μl。按以下反应条件运行 Touchdown PCR 反应：98℃，3min（98℃，10s；72～62℃，–1℃/循环，15s；72℃，30s）10 个循环，（98℃，10s；62℃，15s；72℃，30s）25 个循环，62℃，5min，4℃终止。5.0μl PCR 产物于 1.5%琼脂糖凝胶中电泳验证扩增子的大小和单个清晰谱带。

注意：如果需要优化来实现 PCR 产物单个清晰谱带，可以通过尝试不同恒定延伸温度（62～68℃）或是否使用 1mol/L 甜菜碱（甘氨酸三甲胺内盐）优化 PCR。通过改变这些参数我们通常能够识别优化条件，但如果这些变化条件不会产生 PCR 产物单个清晰谱带，那么可以考虑设计和测试另一组引物。

（3）PCR 扩增子序列的验证：接下来对琼脂糖凝胶上单个清晰谱带进行验证，使用 QIA 快速 PCR 纯化试剂盒纯化 PCR 产物，然后用正向引物或反向引物验证序列。

注意：如果在靶扩增子中存在多态性，这将干扰 T7E1 分析。

第 1 天

（1）使用上面建立的条件将表达了核酸酶的细胞基因组 DNA 建立 PCR 反应条件。还应建立以下对照 PCR 反应：①反应包含未扩增细胞基因组 DNA 反应；②缺乏任何基因组 DNA 的阴性对照。5μl PCR 产物于 1.5%琼脂糖凝胶上电泳，验证扩增是否成功。

（2）采用 Agencourt AMPure XP 试剂盒，按操作说明书纯化 PCR 产物。

（3）使用纳米超微量 DNA 分析仪或其他同等 DNA 分析仪对纯化的 PCR 产物进行定量。

（4）PCR 产物的变性和再退火。按如下建立 19μl 变性/再退火反应体系：200ng 纯化 PCR 产物、2.0μl 10×NEB 缓冲液 2.1、添加 ddH_2O 至 19μl。在热循环器中按程序：95℃，5min；95～85℃以–2℃/s；85～25℃以–0.1℃/s；4℃终止，对纯化的 PCR 产物变性和再退火形成异源双链。

（5）T7EI 反应：变性，接着变性/再退火，短暂快速离心（spin down）反应物并加 1μl T7E1 酶制备进行 20μl 反应，通过移液管吸打几次混合，37℃孵化 15min，然后添加 0.25μmol/L EDTA 停止 T7E1 消化。用 Agencourt AMPure XP 纯化消化 PCR 产物。

（6）按如下在 QIAxcel 仪上定量 T7E1 消化产物：10μl QIAxcel 稀释缓冲液与 10μl 纯化 T7E1 消化片段混合并运行 OM500 程序。

（7）数据分析：使用 QIAxcel BioCalculator 软件按操作指南评估基因扩增频率、分析数据。检查以下两个参数：①验证 T7EI 消化产物的大小是正确的，只在实验样品中存在，而在阴性对照中没有；②相对大量的消化和未消化 PCR 片段的定量。如前所述，使用以下公式计算突变频率（Guschin et al.，2010）：

$$\%基因修饰=100\times[1-(1-切割片段)1/2]$$

注意：T7EI 反应也可以通过琼脂糖凝胶电泳或聚丙烯酰胺凝胶电泳分析。凝胶成像工作站可以生成数字凝胶图像和使用图像量化软件分析切割产物。

利 益 冲 突

JKJ 是英国著名基因编辑技术公司 Horizon Discobery 的高级顾问。JKJ 在 Editas 医学和 Transposagen 生物制药有经济利益。麻省总医院和 Partners 健康中心对 JKJ 评价和管理与他们的利益冲突的政策相一致。

参 考 文 献

Auer, T. O., Duroure, K., De Cian, A., Concordet, J. P., & Del Bene, F. (2014). Highly efficient CRISPR/Cas9-me-diated knock-in in zebrafish by homology-independent DNA repair. Genome Research, 24(1), 142-153.

Cho, S. W., Kim, S., Kim, J. M., & Kim, J. S. (2013). Targeted genome engineering in human cells with the Cas9 RNA-guided endonuclease. Nature Biotechnology, 31(3), 230-232.

Cho, S. W., Kim, S., Kim, Y., Kweon, J., Kim, H. S., Bae, S., et al. (2013). Analysis of off-target effects of CRISPR/Cas-derived RNA-guided endonucleases and nickases. Genome Research, 24(1), 132-141.

Cong, L., Ran, F. A., Cox, D., Lin, S., Barretto, R., Habib, N., et al. (2013). Multiplex genome engineering using CRISPR/Cas systems. Science, 339(6121), 819-823.

Cradick, T. J., Fine, E. J., Antico, C. J., & Bao, G. (2013). CRISPR/Cas9 systems targeting beta-globin and CCR5 genes have substantial off-target activity. Nucleic Acids Research, 41(20), 9584-9592.

Fu, Y., Foden, J. A., Khayter, C., Maeder, M. L., Reyon, D., Joung, J. K., et al. (2013). High-frequency off-target mutagenesis induced by CRISPR-Cas nucleases in human cells. Nature Biotechnology, 31(9), 822-826.

Fu, Y., Sander, J. D., Reyon, D., Cascio, V. M., & Joung, J. K. (2014). Improving CRISPR-Cas nuclease specificity using truncated guide RNAs. Nature Biotechnology, 32(3), 279-284.

Guilinger, J. P., Thompson, D. B., & Liu, D. R. (2014). Fusion of catalytically inactive Cas9 to FokI nuclease improves the specificity of genome modification. Nature Biotechnology, 32(6), 577-582.

Guschin, D. Y., Waite, A. J., Katibah, G. E., Miller, J. C., Holmes, M. C., & Rebar, E. J. (2010). A rapid and general assay for monitoring endogenous gene modification. Methods in Molecular Biology, 649, 247-256.

Holkers, M., Maggio, I., Liu, J., Janssen, J. M., Miselli, F., Mussolino, C., et al. (2012). Differential integrity of TALE nuclease genes following adenoviral and lentiviral vector gene transfer into human cells. Nucleic Acids Research, 41(5), e63.

Hsu, P. D., Scott, D. A., Weinstein, J. A., Ran, F. A., Konermann, S., Agarwala, V., et al. (2013). DNA targeting specificity of RNA-guided Cas9 nucleases. Nature Biotechnology, 31(9), 827-832.

Hwang, W. Y., Fu, Y., Reyon, D., Maeder, M. L., Tsai, S. Q., Sander, J. D., et al. (2013). Efficient genome editing in zebrafish using a CRISPR-Cas system. Nature Biotechnology, 31(3), 227-229.

Jao, L. E., Wente, S. R., & Chen, W. (2013). Efficient multiplex biallelic zebrafish genome editing using a CRISPR nuclease system. Proceedings of the National Academy of Sciences of the United States of America, 110(34), 13904-13909.

Jiang, W., Bikard, D., Cox, D., Zhang, F., & Marraffini, L. A. (2013). RNA-guided editing of bacterial genomes using CRISPR-Cas systems. Nature Biotechnology, 31(3), 233-239.

Jinek, M., Chylinski, K., Fonfara, I., Hauer, M., Doudna, J. A., & Charpentier, E. (2012). A programmable dual- RNA-guided DNA endonuclease in adaptive bacterial immunity. Science, 337(6096), 816-821.

Jinek, M., East, A., Cheng, A., Lin, S., Ma, E., & Doudna, J. (2013). RNA-programmed genome editing in human cells. Elife, 2, e00471.

Joung, J. K., & Sander, J. D. (2013). TALENs: A widely applicable technology for targeted genome editing. Nature Reviews Molecular Cell Biology, 14(1), 49-55.

Ma, Y., Shen, B., Zhang, X., Lu, Y., Chen, W., Ma, J., et al. (2014). Heritable multiplex genetic engineering in rats using CRISPR/Cas9. PLoS One, 9(3), e89413.

Ma, Y., Zhang, X., Shen, B., Lu, Y., Chen, W., Ma, J., et al. (2014). Generating rats with conditional alleles using CRISPR/Cas9. Cell Research, 24(1), 122-125.

Mali, P., Aach, J., Stranges, P. B., Esvelt, K. M., Moosburner, M., Kosuri, S., et al. (2013). CAS9 transcriptional activators for target specificity screening and paired nickases for cooperative genome engineering. Nature Biotechnology, 31(9), 833-838.

Mali, P., Yang, L., Esvelt, K. M., Aach, J., Guell, M., DiCarlo, J. E., et al. (2013). RNA-guided human genome engineering via Cas9. Science, 339(6121), 823-826.

Pattanayak, V., Lin, S., Guilinger, J. P., Ma, E., Doudna, J. A., & Liu, D. R. (2013). High-throughput profiling of off-target DNA cleavage reveals RNA-programmed Cas9 nuclease specificity. Nature Biotechnology, 31(9), 839-843.

Ran, F. A., Hsu, P. D., Lin, C. Y., Gootenberg, J. S., Konermann, S., Trevino, A. E., et al. (2013). Double nicking by RNA-guided CRISPR Cas9 for enhanced genome editing specificity. Cell, 154(6), 1380-1389.

Reyon, D., Khayter, C., Regan, M. R., Joung, J. K., & Sander, J. D. (2012). Engineering designer transcription activator-like effector nucleases (TALENs) by REAL or REAL-fast assembly. Current Protocols in Molecular Biology, (Chapter 12, Unit 12.15).

Reyon, D., Maeder, M. L., Khayter, C., Tsai, S. Q., Foley, J. E., Sander, J. D., et al. (2013).

Engineering customized TALE nucleases (TALENs) and TALE transcription factors by fast ligation-based automatable solid-phase high-throughput (FLASH) assembly. Current Protocols in Molecular Biology, (Chapter 12, Unit 12.16).

Reyon, D., Tsai, S. Q., Khayter, C., Foden, J. A., Sander, J. D., & Joung, J. K. (2012). FLASH assembly of TALENs for high-throughput genome editing. Nature Biotechnology, 30(5), 460-465. http://dx.doi.org/10.1038/nbt. 2170.

Sander, J. D., & Joung, J. K. (2014). CRISPR-Cas systems for editing, regulating and targeting genomes. Nature Biotechnology, 32(4), 347-355.

Sander, J. D., Maeder, M. L., & Joung, J. K. (2011). Engineering designer nucleases with customized cleavage specificities. Current Protocols in Molecular Biology, (Chapter 12, Unit 12.13).

Shalem, O., Sanjana, N. E., Hartenian, E., Shi, X., Scott, D. A., Mikkelsen, T. S., et al. (2014). Genome-scale CRISPR-Cas9 knockout screening in human cells. Science, 343(6166), 84-87.

Tsai, S. Q., Wyvekens, N., Khayter, C., Foden, J. A., Thapar, V., Reyon, D., et al. (2014). Dimeric CRISPR RNA-guided FokI nucleases for highly specific genome editing. Nature Biotechnology, 32(6), 569-576.

Urnov, F. D., Rebar, E. J., Holmes, M. C., Zhang, H. S., & Gregory, P. D. (2010). Genome editing with engineered zinc finger nucleases. Nature Reviews Genetics, 11(9), 636-646.

Wang, T., Wei, J. J., Sabatini, D. M., & Lander, E. S. (2014). Genetic screens in human cells using the CRISPR-Cas9 system. Science, 343(6166), 80-84.

Wiedenheft, B., Sternberg, S. H., & Doudna, J. A. (2012). RNA-guided genetic silencing systems in bacteria and archaea. Nature, 482(7385), 331-338.

Wolfe, S. A., Nekludova, L., & Pabo, C. O. (2000). DNA recognition by Cys2His2 zinc finger proteins. Annual Review of Biophysics and Biomolecular Structure, 29, 183-212.

Xie, K., & Yang, Y. (2013). RNA-guided genome editing in plants using a CRISPR-Cas system. Molecular Plant, 6(6), 1975-1983.

Yang, H., Wang, H., Shivalila, C. S., Cheng, A. W., Shi, L., & Jaenisch, R. (2013). One-step generation of mice carrying reporter and conditional alleles by CRISPR/Cas-mediated genome engineering. Cell, 154(6), 1370-1379.

第3章 TALEN、Cas9和其他基因组编辑酶的特异性测定

Vikram Pattanayak[1,2,*], John P. Guilinger[2,3,*], David R. Liu[2,3]

（1. 美国麻省总医院病理学系；2. 哈佛大学化学和化学生物学系；
3. 哈佛大学霍华德•休斯医学研究所；*这些作者对这项工作做出了同样的贡献）

目 录

摘要

可编程特异性位点内切核酸酶的快速发展使研究和治疗疾病为目的的基因组工程活动得到了梦幻般的增加。大范围生物包括哺乳动物基因组目的特异性位点，现在可以用锌指核酸酶、转录激活因子样效应物核酸酶和 CRISPR 辅助 Cas9 内切核酸酶在特异性位点上进行修饰，在某些情况下对内切核酸酶只需要相当温和的设计、构建和应用。虽然这些技术在基因组工程方面得到了广泛使用，但是可编程核酸酶剪切脱靶序列的能力可能限制了它们的适用性，增加了治疗安全的担忧。在本章，我们概述了可编程特异性位点内切核酸酶 DNA 剪切活性评估和改善方法，基于非常大量脱靶（约 10^{12} 组成）潜在核酸酶底物

数据库的体外选择步骤。

3.1　导　论

3.1.1　介绍基因组编辑的可编程核酸酶

可编程特异性位点核酸酶，如锌指核酸酶（ZFN）、转录激活因子样效应物核酸酶（TALEN）和 CRISPR 辅助蛋白 Cas9 相关核酸酶，可以设计靶向任何目的基因，因此是具有显著治疗意义的强大研究工具。在细胞中，靶向双链断裂导致基因修饰，或用外源 DNA 通过同源定向修复（HDR）插入，或对敲除基因通过非同源末端连接（NHEJ）。在 HDR 途径中，通过序列特异性内切核酸酶在染色体 DNA 位点上双链断裂，可以使外源供体 DNA 模板的插入效率提高几个数量级（Choulika，Perrin，Dujon，& Nicolas，1995）。如果没有提供供体模板，修复断裂的内源性 NHEJ 途径通常会引入错义突变而废除功能蛋白质产物的产生（Lukacsovich，Yang，& Waldman，1994；Rouet，Smih，& Jasin，1994）。可编程的核酸酶已用于修饰各种生物和人细胞系基因组，此类研究已有大量的综述（Carroll，2011；Joung & Sander，2011；Sander & Joung，2014）。除了工程细胞或生物体基因组直接用于生物学研究外，最近用这些酶在人体组织培养进行遗传筛选，以便发现潜在特异性细胞加工中的遗传因子（Koike-Yusa，Li，Tan，Velasco-Herrera，Mdel，& Yusa，2014；Shalem et al.，2014；Wang，Wei，Sabatini，& Lander，2014；Zhou et al.，2014）。

这些核酸酶也作为新一代人类疾病治疗有前途的基础。最近作为人类免疫缺陷病毒（HIV）和成胶质母细胞瘤潜在治疗剂的两个位点专一的核酸酶正在进行临床试验。研究人员利用 Sangamo BioSciences 开发的 *CCR5* 基因中靶序列的 ZFN（Tebas et al.，2014）完成了研究并正在进行临床试验。CCR5 是 HIV 早期感染的辅助受体（Scarlatti et al.，1997），并且突变的 CCR5（*CCR5Δ32*）有抵抗 HIV 感染的作用（Huang et al.，1996；Liu et al.，1996；Samson et al.，1996）。

正在临床试验的第二种 ZFN 也由 Sangamo BioScience 开发，扰乱糖皮质激素受体基因（Reik et al.，2008），作为潜在的治疗胶质母细胞瘤的一部分。ZFN 的靶细胞是 T 细胞通过其他方法来表达专门识别恶性胶质母细胞瘤细胞的表面细胞受体（Kahlon et al.，2004）。然而，由糖皮质激素灭活的治疗细胞，往往也是治疗的一个组成部分。在治疗细胞中的 ZFN 介导修饰糖皮质激素受体对糖皮质激素治疗产生耐药性，当保持抗皮质激素活性时，允许细胞识别其恶性的靶。这些和其他的例子一起证明，除了几个强大的研究工具外，可编程的核酸酶是临床相关基因操作最有前途的平台。

3.1.2 基因组编辑特异性研究的方法综述

特异性是可编程内切核酸酶关键特性，高水平（尽管目前未定义）的特异性是绝大多数治疗应用所期望的。然而，直到最近，研究 DNA 有效切割特异性，即位点特异性核酸酶的方法还很少。位点特异性内切核酸酶脱靶活性的理想研究，将针对人基因组中每个靶位点>10^9 个潜在的脱靶位点进行核酸酶活性测定。全外显子测序已经用于位点特异性内切核酸酶特异性的研究（Cho et al.，2014；Ding et al.，2013；Li et al.，2011b），在检测稀有的脱靶位点事件中，测序提供了有限的敏感性，外显子只代表小部分含有潜在脱靶位点基因组 DNA。因此，位点特异性内切核酸酶脱靶活性一般研究可能依赖脱靶位点的实验鉴定。脱靶研究一般有 3 种形式：离散脱靶位点试验、全基因组选择、体外和细胞中最小偏差选择（图 3.1）。

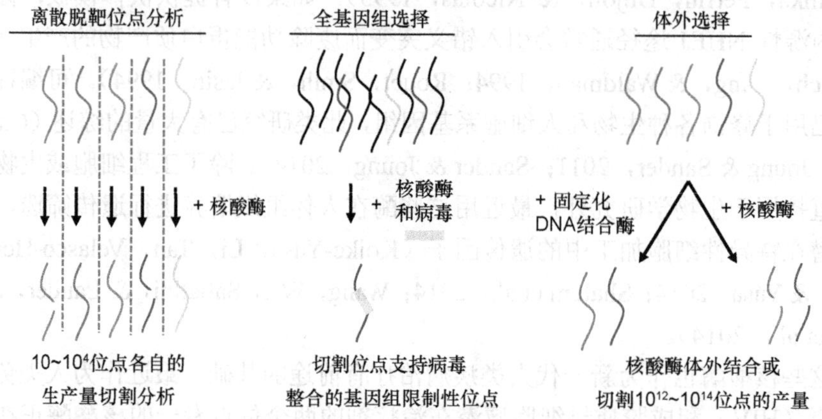

图 3.1 核酸酶特异性研究方法的概述。目的潜在底物序列（有色线）取决于核酸酶对识别剪切序列的剪切（被切开的红色链和橙色链）。在离散脱靶位点分析中，序列分别依赖于低通量或高通量方式的核酸酶。在全基因组选择中，在优势未剪切基因组 DNA 中，一些潜在的脱靶位点被切除（黑线）并检测到病毒集成。使用体外选择时，在庞大 DNA 数据库中选择许多潜在脱靶位点，因为在体外它们能被位点特异性核酸酶结合或切断。（彩图请扫封底二维码）

1. 离散脱靶位点试验

评估核酸酶序列特异性最明显的方法也许是以低通量或高通量方式分析离散的潜在脱靶底物。虽然下面总结的方法还没有综合到这样的力度，但它们是这一策略的代表性例子。

归巢内切核酸酶如 I-*Sce* I 是有效识别位点核酸酶特异性的最早研究主题，

该核酸酶识别位点有效长度是人基因组中唯一的，即使存在整体结合，剪切区域复杂的工程归巢内切核酸酶具有定制的特异性（Chen，Wen，Sun，& Zhao，2009；Chen & Zhao，2005；Doyon，Pattanayak，Meyer，& Liu，2006；Gimble，Moure，& Posey，2003）。在Ⅰ-*Sce*Ⅰ归巢内切核酸酶特异性早期研究中，Dujon 及其同事探索了 18 个碱基对靶位点的 54 个潜在单突变个体脱靶序列子集（Colleaux，D'Auriol，Galibert，& Dujon，1988）。

这种方法提高了多靶点的酶联免疫吸附测定（ELISA）方法的通量，由 Barbas 及其同事开发，最初应用于锌指（Segal，Dreier，Beerli，& Barbas，1999），其中 96 个生物素化的寡核苷酸或寡核苷酸池涂在包埋链霉亲和素的 96 孔板上。融合到 DNA 目的结合区的麦芽糖结合蛋白与孔中的寡核苷酸一起孵化。洗涤步骤后，除去未结合的蛋白质，孔与识别麦芽糖结合蛋白的第一抗体一起孵化，随后通过第二抗体使含有结合蛋白的孔可视化。

Church 及其同事（Bulyk，Huang，Choo，& Church，2001）使用微阵列方法研究锌指 DNA 结合特异性。他们在较长的靶位中制备了包含所有 64 种可能的 3 个碱基对的 DNA 微阵列。微阵列与 M13 噬菌体孵化显示目的 DNA 结合域，洗涤，用第一和第二抗体染色可视化，显示 DNA 结合特异性。该方法的一个变种由 Bulyk 及其同事（Philippakis，Qureshi，Berger，& Bulyk，2008）开发，扩展为转录因子结合位点分析 10 个碱基对子序列。另一种芯片方法（Carlson et al.，2010）也用于分析设计的锌指 DNA 结合蛋白特异性。

最近，潜在的单、双突变脱靶序列离散试验已用于人细胞，研究 Cas9 序列的偏好。在这些方法中，通过靶向靶位点或离散单或多靶位点突变体进行切割的一套内切核酸酶，分析了人细胞单靶位点透过 NHEJ 的修饰能力。至少两个独立的研究已经采取了这种策略。Joung 和同事在一项研究中，一个 eGFP 报道基因是 Cas9：含有突变（错配）引导 RNA（gRNA）的 gRNA 复合物聚集的靶（Fu et al.，2013）。在这种方法中，脱靶内切核酸酶活性导致细胞 GFP 表达的减少。另一项研究中，由 Zhang 及其同事（Hsu et al.，2013）分析了一组 Cas9：gRNA 复合物切割 *EMX1* 基因的能力。按 NHEJ 情形在 *EMX1* 位点使用高通量测序检测了切割活性。尽管如果 Cas9 切割具有完美的特异性位点，不会被 Cas9：包含突变 gRNA 的 gRNA 复合物所修饰，但是许多变异 gRNA 造成了 NHEJ，从而显示脱靶活性。在这两种方法中，从一小套直接筛选的脱靶位点中推断出其他潜在基因组脱靶位点。这种方法应用于 Cas9 的结果在 3.1.5 节进行了总结，并进一步证明了用于鉴定基因组脱靶位点的离散脱靶位点试验的简单效用。

2. 全基因组选择

与潜在脱靶序列离散筛选分析相反的是被目的核酸酶剪切，全基因组选择也用于识别人细胞群体中的可以结合或被目的核酸酶切割的那些序列。在 Cas9 全基因组结合的评价中，Adli、Sharp、Zhang 和他们各自的同事（Kuscu，Arslan，Singh，Thorpe，& Adli，2014；Wu et al.，2014）使用染色质免疫沉淀反应紧随测序（ChIP-seq），研究了与基因组脱靶序列结合灭活 Cas9 的能力。在这种方法中，血凝素标记，催化灭活人细胞中表达的 Cas9。交联步骤共价地将标记的 Cas9 连接到细胞中结合的任何 DNA 靶位点上。结合的 DNA 然后分解、反向交联，DNA 高通量测序结果揭示 Cas9 与基因组序列结合。虽然这些研究表明 Cas9 能够广泛结合脱靶位点，但它们也提示大部分结合的脱靶位点没有被修复。

通过利用某些病毒在双链断裂位点优先整合的倾向，已经实现了 DNA 切割而不是单独结合的全基因组选择。在培养的人细胞中表达了目的内切核酸酶，在裂解基因组位点上产生了双链断裂。然后细胞与优先整合双链断裂的病毒接触。含有整合病毒的基因组 DNA 序列，接下来通过选择或 DNA 定向测序进行验证。Miller 及其同事开发的选择方法，用抗生素抗性标记和大肠杆菌原始质粒包装的腺相关病毒作为整合标记（Petek，Russell，& Miller，2010）。因此，含有整合标记基因组中任何中靶和脱靶底物都包含质粒起始点（origin）和抗生素抗性标记。然后从受感染细胞中分离基因组 DNA，用限制性内切核酸酶将 DNA 切成片段，环化，并转化到大肠杆菌。只有包含整合腺相关病毒的片段有大肠杆菌复制起始点和适当的抗生素抗性标记，因此只有包含整合病毒的片段才能存活。质粒测序揭示了病毒—染色体连接点，包含内切核酸酶的脱靶位点。von Kalle、Tolar 和各自同事对 ZFN、TALEN 特异性的后续研究扩展了这种方法，使用整合酶缺陷的慢病毒载体（IDLV）替代并用高通量测序读取整合位点（Gabriel et al.，2011；Osborn et al.，2013）。

病毒整合方法的优点包括能研究靶基因组环境中特异性定向和选择的无偏差性质，允许识别与中靶位点没有高度相似序列的脱靶位点。应该仔细解释这些方法的结果，然而，整合可能出现在自然发生的双链断裂处，与核酸酶活性无关。与全基因组测序一样，病毒整合方法对低水平脱靶修饰敏感性不足。此外，内切核酸酶特异性一般性质的概念可能被细胞因子如 DNA 易达性复杂化，其差异来自位点之间和细胞类型中间（Maeder et al.，2008；Wu et al.，2014）。

3. 体外和细胞中最小偏差选择

测定位点专一性的内切核酸酶特异性最普通的方法是测定特定内切核酸酶对每个潜在脱靶序列的活性。因为治疗的内切核酸酶靶向长序列（大于等于 20 个碱基对），以确保基因组中的唯一性，所以真正的综合特异性研究还需要至少分析 4^{20}（约 1×10^{12}）个不同底物。由于这种规模的文库对生成和甚至用体外方法处理具有挑战性，因此选择测定位点专一性内切核酸酶特异性，要么依赖于使用“最小偏差”文库，要么关注 DNA 底物小子集研究。最小偏差文库是研究核苷酸随机交叉位置，但每个位置的核苷酸的成分偏向于靶序列而不是完全随机。例如，如果 3 个碱基对特定内切核酸酶的特定靶是 ATG，完全随机数据库将包含所有序列（NNN）的相同比例。最小偏差库包含更高比例与靶位点相似的序列。在这个例子中，文库中最常见的序列将是 ATG，其次是单突变序列（cTG、gTG、tTG、AaG、AcG、AgG、ATa、ATc、ATt）、双突变序列，然后是文库中最稀有的三突变序列。通过在 DNA 合成过程中每个位置上核苷亚磷酰胺混合合并完成偏向，这样中靶碱基比脱靶碱基更高频率合并（图 3.2A）。这种方法的改良方法，序列部分是固定的，而子集是完全随机的（如 nTG、AnG 或 ATn）。

几种方法使用最小偏差文库，在缺乏切割结构域和二聚体结合伴侣的情况下研究了单体锌指结构域特异性。Wolfe 及其同事开发了细菌单杂交系统（Meng，Brodsky，& Wolfe，2005），DNA 靶位点文库放在质粒可选择标记的上游。在大肠杆菌中按融合 RNA 聚合酶的 α-亚基上表达了 DNA 结合结构域。在每个细菌个体中，每种只包含靶位点文库的一个成员，如果 DNA 结合结构域能与存在于文库的 DNA 序列结合的话，RNA 多聚体就恢复到可选择标记的启动子。只有能被 DNA 结合结构域结合的靶位点的细胞会表达可选标记物和存活。Wolfe 及其同事用这个方法分析了达到 10^8 DNA 结合分子（Meng，Thibodeau-Beganny，Jiang，Joung，& Wolfe，2007）。Bradley 及其同事使用罗塞塔（Rosetta）算法开发的计算结构方法（Yanover & Bradley，2011）也用于研究单体的锌指结构域特异性，并准确地预测了细菌单杂交系统获得的 DNA 结合剖面图。

最近 Church 及其同事使用细菌单杂交方法的改进方法研究了人细胞中 Cas9 特异性（Mali et al.，2013）。在这种方法中，靶位点文库放在质粒报道基因的上游。而不是使用活化的 Cas9 作为选择中的内切核酸酶，灭活的突变体只按 DNA 结合结构域表达，融合到 VP64 活化结构域。因此，任何与文库成员结合的灭活 Cas9 可以表达报道基因。这项研究结果总结于 1.5 节。

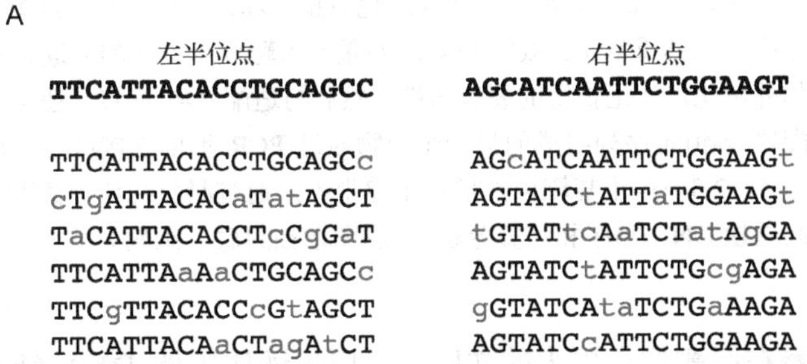

A

左半位点	右半位点
TTCATTACACCTGCAGCC	**AGCATCAATTCTGGAAGT**
TTCATTACACCTGCAGCc	AGcATCAATTCTGGAAGt
cTgATTACACaTatAGCT	AGTATCtATTaTGGAAGt
TaCATTACACCTcCgGaT	tGTATtcAaTCTatAgGA
TTCATTAaAaCTGCAGCc	AGTATCtATTCTGcgAGA
TTCgTTACACCcGtAGCT	gGTATCAtaTCTGaAAGA
TTCATTACAaCTagAtCT	AGTATCcATTCTGGAAGA

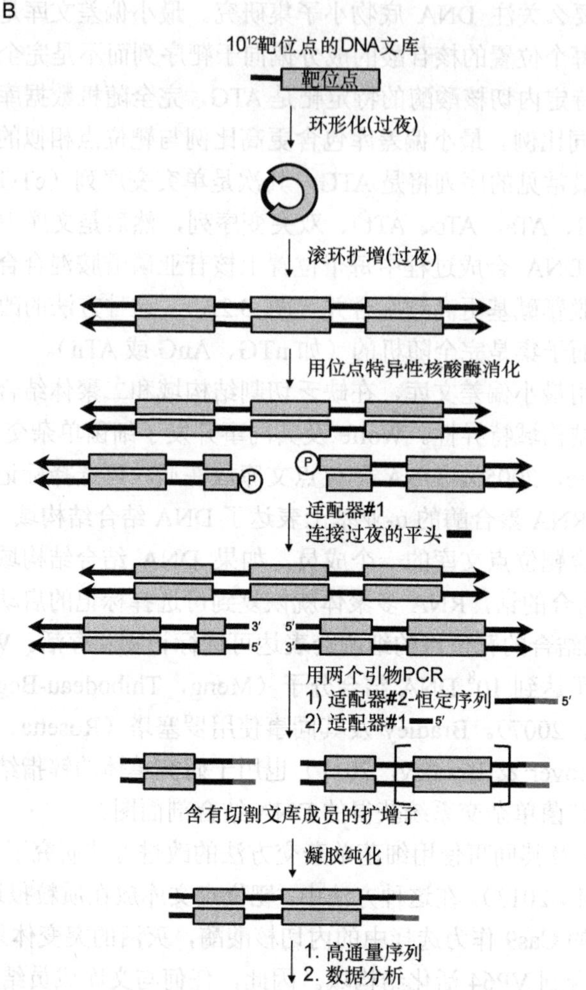

图 3.2 分析核酸酶特异性位点体外选择方案。(A)例子序列偏向靶序列的左、右半边位点的TALEN靶向人的*CCR5*基因。中靶序列为黑体字母，下面是来自最小偏差文库变体的例子。(B)DNA寡核苷酸单链文库包含部分随机靶位点（灰色方框）和恒定区（粗黑线）是环状的，然后通过滚环扩增转化成多联体重复子。双链DNA（双箭头）靶位点变体的多联体重复子与位点专一性核酸酶一起体外孵化。钝化获得的裂解末端，然后与适配器#1连接。使用一个由适配器组成的引物和由适配器#2-恒定序列组成的另一个引物通过PCR扩增连接产物，退火到文库恒定区。从包含0.5、1.5、2.5……重复靶位点扩增子谱带中，通过凝胶纯化分离对应1.5靶位点长度扩增子，进行高通量DNA测序和计算分析。（彩图请扫封底二维码）

覆盖更多潜在脱靶位点更大的文库，已用来评估体外DNA结合结构域特异性。Struhl及其同事和后来其他几个团体运用体外指数富集的配基系统进化技术

（SELEX）（Oliphant，Brandl，& Struhl，1989）分析大（10^{14} 个成员）文库的随机靶位点 DNA（Miller et al.，2011），丰富了可以结合给定的目的 DNA 结合结构域的 DNA 序列（Thiesen & Bach，1990；Zykovich，Korf，& Segal，2009）。在这种方法中，固定化的 DNA 结合结构域与随机靶位点一起孵化。洗涤步骤后除去没有结合的 DNA，洗脱结合的 DNA、扩增和测序之前再循环几次。

上述介绍了细菌单杂交和 SELEX 方法单独研究 DNA 结合结构域、体外环境的催化。由于位点专一性内切核酸酶包括除 DNA 结合外的 DNA 切割，以及由于结合 DNA 特异性不能精确预测 DNA 切割特异性，因此研究 DNA 切割反应特异性的方法是可取的。Monnat 及其同事开发了一种凝胶电泳方法（Argast，Stephens，Emond，& Monnat，1998），其中活化的内切核酸酶在体外与克隆成环形质粒的靶位点文库一起孵化。文库成员的切割导致质粒线性化，通过琼脂糖凝胶电泳分离切开的线性 DNA 序列和未切开的环形 DNA，并通过凝胶纯化。包含真正的底物序列的线性 DNA 连接回到环状并在大肠杆菌中扩增。经过几轮预选，文库富集，拥有了理论复合物 10^8～10^9 个成员（受制于需要引入文库成员到大肠杆菌），对后选择文库进行测序和分析。

为了结合大规模库和切割选择背景两者的利益，Liu 及其同事开发了完全体外选择策略，用 10^{11}～10^{12} 潜在脱靶位点文库描述 ZFN、TALEN 和 Cas9 的 DNA 切割特异性轮廓（Guilinger et al.，2014；Pattanayak et al.，2013；Pattanayak，Ramirez，Joung，& Liu，2011）。在这个策略中，完全体外建库，因此没有细胞转化效率的瓶颈问题。该方法在第二部分有详细介绍，利用 DNA 裂解时产生的 5′磷酸进行有选择性地标记并用核酸酶切割扩增的文库成员。然后采用高通量 DNA 测序，揭示了裂解所有文库成员（图 3.2B）。

当应用于 ZFN 时，这种体外 DNA 切割分析策略表明，SELEX 研究个体特异性 DNA 结合结构域，在缺乏二聚体和切割的条件下，没有测到一些基因组的脱靶位点。分析成千上万的脱靶位点体外切割分析提示，ZFN 单体之间的相互作用影响 DNA 切割特异性和用 SELEX 研究解释它们之间的差异（Pattanayak et al.，2011）。上面介绍了 CCR5 靶向 ZFN，体外切割选择也证明，基因组脱靶位点比 von Kalle 及其同事报道的用整合酶缺陷型慢病毒载体（IDLV）同样在 ZFN 上全基因组选择方法要多（Gabriel et al.，2011）。然而，每种识别脱靶位点的方法都被其他方法所错过。同样也能证明 SELEX 结果（Perez et al.，2008），附加的体外选择计算分析结果提高体外切割选择方法测定脱靶位点的敏感性。Joung 及其同事（Sander et al.，2013）将机器学习分类器算法应用于 CCR5 靶向 ZFN 体外切割选择结果，识别的脱靶位点比先前已经识别的包括前面确定的所有脱靶位点超出 26 个。这些研究共同证明，体外选择方法和全基因组选择方法可以作为确定基因编辑核酸酶特异性的辅助工具。

3.1.3 ZFN 特异性研究的见解和改良

ZFN（Kim，Cha，& Chandrasegaran，1996）是 *Fok* Ⅰ限制性内切核酸酶切割结构域（Hirsch，Wah，Dorner，Schildkraut，& Aggarwal，1997）与锌指 DNA 结合结构域的二聚体融合子（图 3.3A）。*Fok* Ⅰ切割结构域必须二聚体才能活化；因此，只能在二聚体活化和桥接被一个非特异性 DNA 间隔序列分离开的两个半位点之后，ZFN 才可以切割 DNA（Vanamee，Santagata，& Aggarwal，2001）。所以，通过两个锌指 DNA 结合域（每个都由 3 个或 3 个以上串联重复锌指组成）测定靶位点特异性。每个锌指识别 3 个碱基对（Beerli，Segal，Dreier，& Barbas，1998）和 1 个锌指 DNA 结合域，总共识别至少 9 个碱基对。因此，总的来说，ZFN 识别至少 18bp 长（不包括间隔）的位点。

ZFN 的 DNA 结合特异性由混合的单个锌指编程。由紧凑的 ββα 折叠组成的每个锌指具有由锌离子稳定的两个半胱氨酸和两个组氨酸配位的疏水核心。尽管有大量的进展报道，设计的锌指可以打靶任何 DNA 三联体密码子，主要由 Barbas、Joung、Klug、Pabo 和他们各自的同事（Beerli et al.，1998；Choo，Sanchez-Garcia，& Klug，1994；Dreier，Beerli，Segal，Flippin，& Barbas，2001；Dreier，Segal，& Barbas，2000；Dreier et al.，2005；Maeder et al.，2008；Rebar & Pabo 1994；Sander et al.，2011；Wu，Yang & Barbas，1995）报道，但是设计 ZFN 多指结构域通常需要选择方法（Greisman & Pabo，1997；Isalan，Klug，& Choo，2001；Maeder et al.，2008）或计算方法（Sander et al.，2011），如 Joung 及其同事介绍的方法。

采用 SELEX 在单独锌指结合域上进行的 ZFN 特异性初步研究（Perez et al.，2008）表明，ZFN 有高度特异性，尤其是使用异二聚体时，该异二聚体由 Rebar 和 Cathomen 首先开发（Miller et al.，2007；Szczepek et al.，2007）。异二聚体 ZFN 在 *Fok* Ⅰ切割域中突变，只允许不同 ZFN 单体之间的二聚作用（Doyon et al.，2011；Miller et al.，2007；Szczepek et al.，2007）。虽然许多 CCR5 ZFN 脱靶位点已经识别（Gabriel et al.，2011；Pattanayak et al.，2011；Sander et al.，2013），但到目前为止，还没有临床试验毒性报告（Tebas et al.，2014）。

除了识别基因组脱靶位点外，两个不同 ZFN 体外选择，Liu 和同事也阐明了几个 ZFN 特异性的一般性质（Pattanayak et al.，2011）。像其他酶一样，ZFN 展现依赖浓度特异性，这样，当 ZFN 处于更高浓度时，就可以切割更大的脱靶位点。一般来说，可以被识别并裂解具有少量突变子的 ZFN 脱靶位点（如 CCR5 ZFN，24 个靶碱基对有 3 个或更少的突变子）。尽管观察到在半位点之间的间隔区域没有序列偏好，但是一般认为拥有不利的 4 个和 7 个碱基对间隔的位点，比拥有有利的 5 个和 6 个碱基对的位点有更大的识别特异性。最后，在一个半位点中具有

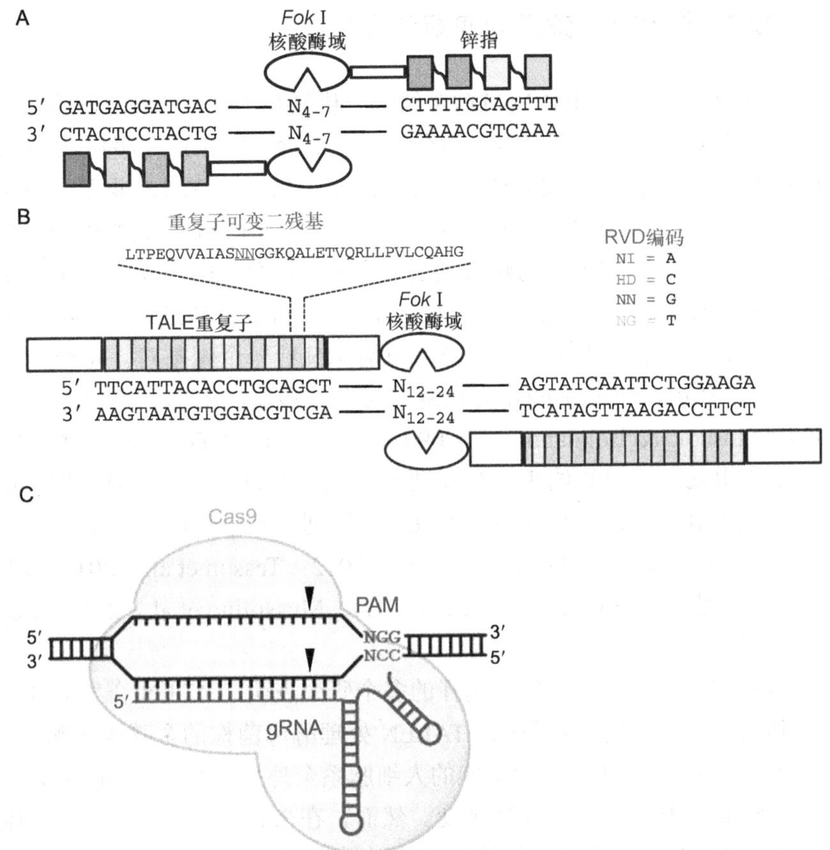

图 3.3　ZFN、TALEN 和 Cas9 可编程核酸酶的构建。(A) ZFN 单体是 *Fok* I 核酸酶切割域（紫色，深灰色）与一组邻接锌指（本例子中为 4 个）的融合子，每个靶向 3 个碱基对（在本例中识别总数为 12 个碱基对）。两个不同 ZFN 单体结合它们相应的半位点，允许 *Fok* I 二聚体化和 DNA 在半位点之间切割。(B)TALEN 单体包含一个 N 端结构域接着一个 TALE 重复子阵列（满方框）、C 端结构域和 *Fok* I 核酸酶切割域（紫色，深灰色）。每个 TALE 重复子的第 12 和第 13 个氨基酸（测量系统，红色，深灰色）识别特定的 DNA 碱基对。两个不同的 TALEN 单体与相应的半位点结合，在半位点之间允许 *Fok* I 二聚体和 DNA 裂解。(C) Cas9 蛋白（黄色，浅灰色）在具有单链引导 RNA（sgRNA）复合物中与靶 DNA 结合（绿色，浅灰色）。酿脓链球菌 Cas9 蛋白和 sgRNA 复合物识别 PAM 序列 NGG（蓝色，浅灰色）。黑三角表明在 DNA 两条链上 PAM 的靶 DNA 三碱基切割点。（彩图请扫封底二维码）

几个突变子的脱靶位点不可能在其他半位点中含有更少突变子。所有这些观察结果都与 ZFN 的模型相一致，其中 ZFN∶DNA 结合能量必须满足进行切割的最小阈值，脱靶切割活性发生在 ZFN 和 DNA 之间过剩的结合能，它们可以容忍蛋白质-DNA 错配引起的能量代价。

3.1.4 TALEN 特异性研究的深刻见解和改良

像 ZFN 一样，设计了 TALEN DNA 结合结构域与 *Fok* I 核酸酶结构域的融合（图 3.3B）。在 TALEN 实例中，DNA 结合结构域包含 TALE 重复序列（Christian et al.，2010；Li et al.，2011a，2011b；Miller et al.，2011）。TALE 重复子自然存在于植物病原菌黄单孢杆菌属（*Xanthomonas*）中，是与植物宿主细胞中特异性启动子成分上调结合导致基因表达的转录激活蛋白的一部分（Gu et al.，2005；Kay，Hahn，Marois，Hause，& Bonas，2007；Yang，Sugio，& White，2006）。公认的 TALE 重复子有 34 个氨基酸序列，每个识别 DNA 一个碱基对。每个重复子的 DNA 结合特异性由两个氨基酸作为重复子可变二残基（RVD）所决定（Boch et al.，2009；Moscou & Bogdanove，2009）。已知识别 1/4 DNA 碱基对的 RVD。TALE 重复结构域唯一已知约束序列需要靶位点 5′端包含脱氧胸苷（T）。除了这个要求，可以设计 TALE 实际靶向任何 DNA 序列，并成功地应用于各种生物的基因组（Cermak et al.，2011；Moore et al.，2012；Tesson et al.，2011；Wood et al.，2011）和细胞系（Hockemeyer et al.，2011；Mussolino et al.，2011；Reyon et al.，2012）的操纵。

使用全基因组研究和最小偏差选择的多个研究表明，TALEN 介导的基因组修饰可以伴随着非常罕见的脱靶效应。TALEN 处理酵母菌株的全基因组测序（Li et al.，2011b）和衍生于 TALEN 治疗细胞的人细胞系全外显子测序（Ding et al.，2013）发现 TALEN 诱导基因组没有脱靶突变。然而，在来自大量无用的治疗细胞缺失的测序基因组 DNA 中，全基因组测序可能对稀有突变不敏感。

使用中靶同源序列预测潜在的脱靶位点进行离散 DNA 裂解研究，在非洲爪蟾（*Xenopus*）（Lei et al.，2012）和人细胞系（Kim et al.，2013）中未发现 TALEN 诱导潜在脱靶位点修饰。几个研究小组在分离物中和在缺乏切割区域的条件下，研究了 TALE 重复 DNA 结合结构域的特异性。在 TALE 重复序列区域上使用 SELEX 和 TALE 激活结合，最初的最小偏差选择（Hockemeyer et al.，2011；Mali et al.，2013；Miller et al.，2011；Tesson et al.，2011）证明，在结合位点中每个位置靶碱基对有很强的参数选择，Duchateau 及其同事使用细胞绿色荧光蛋白（GFP）报道基因分析研究发现可以容纳的错配非常少（Juillerat et al.，2014）。

在人细胞系（Mussolino et al.，2011）、斑马鱼（Dahlem et al.，2012）和大鼠（Tesson et al.，2011）的几项研究证明，TALEN 介导多基因组位点的脱靶修饰，其差异来自中靶位点 2～6 个碱基对。这些位点的检测并不认为是 TALEN 特异性的一般问题，因为对许多应用来说 TALEN 中靶位点（达到 36bp 长）可以选择来自人基因组中任何其他位点的至少 7 个突变。然而，至少 3 个研究揭示细胞中脱靶位点修饰具有超过 7 个突变来自靶位点。在一项研究中，Jaenisch 及其同事采用 DNA 与 SELEX 结合导致 TALE 重复结构域隔离，计算预测全活化异二聚体 TALEN 的潜在基因组脱靶位点。分析了 19 个预测位点，相对于中靶位点，在人培养细胞中有两个含有 9 个或 10 个突变的脱靶位点被修饰（Hockemeyer et al.，2011）。Tolar 及其同事使用 IDLV 全基因组选择（Gabriel et al.，2011；Osborn et al.，2013）来捕获细胞脱靶双链断裂位点，在来自靶序列多达 12 个突变子的基因组中鉴定出 3 个脱靶位点。

最后，Liu 及其同事应用上述介绍的体外剪切选择方法，揭示 16 个位点证实是人细胞脱靶位点，修饰效率为 0.3%～2.3%（Guilinger et al.，2014）。包含 8～12 个突变的 16 个脱靶位点与中靶序列相比，证明 TALEN 在人细胞中富有脱靶活性甚至位点远离中靶序列也是如此。相似模型来介绍 ZFN 特异性，Liu 及其同事的体外剪切结果提示，减少 C 端 TALE 区域典型的 63 个氨基酸或 N 端 TALE 区域典型的阳离子电荷可以提高特异性，减少非特异性 DNA 结合能量。与这些假设一致，当这些阳离子残基突变成中性氨基酸时，在体外选择中的生存能力减少。许多电荷设计 TALEN 证明，提高了跨靶位点的特异性。使用体外选择方法生成的特异性概要应用于电荷工程 TALEN 确实显示，在体外和细胞中，中靶和脱靶活性特异性提高了 10～100 倍。

3.1.5　Cas9 特异性研究的深入见解和改良

对照 ZFN 和 TALEN，RNA 引导 Cas9 核酸酶（以下称为 Cas9）对每个新的靶位点不需要设计分离的 DNA 结合结构域（图 3.3C）。Cas9 是 CRISPR/Cas9 蛋白家族的一员，通过内切核酸酶活性防止外源 DNA 序列而保护细菌基因组。相对于 ZFN 和 TALEN 来说，Cas9 靶 DNA 特异性由靶 DNA 杂交编程成为 Cas9 结合单链引导 RNA（sgRNA）序列（Jinek et al.，2012）。类似于 TALEN，Cas9 靶序列受到末端的限制。所有 Cas9 靶序列都需要序列修饰，称为前间区序列邻近基序（PAM），依赖 Cas9 蛋白质种类的特性。例如，最常用来自酿脓链球菌（*S. pyogenes*）的 Cas9，它能最有效地切割含有 NGG PAM 的靶序列。不像 ZFN 和 TALEN，目前为止介绍的 Cas9 靶位点最多由 20 种碱基对组成，不包括 PAM 序列。

Siksyns、Severinov、Maraffini 及其各自的同事（Cong et al.，2013；Jiang，Bikard，Cox，Zhang，& Marraffini，2013；Jinek et al.，2012；Sapranauskas et al.，2011；Semenova et al.，2011）对 Cas9 自然特异性的早期研究表明，Cas9 对靶 DNA 特异性识别仅限于与 PAM 靶序列末端相邻的 7～12 个碱基对子集序列。Doudna、Charpentier 及其同事（Jinek et al.，2012）使用离散脱靶位点试验进行进一步的体外研究也支持该模型。在这个 Cas9 特异性模型中，错配被认为能耐受非 PAM 分子末端。这个模型提示，Cas9 不能用于特定基因组修饰，因为 12 个碱基对加上两个碱基对序列PAM，不足以指定人基因组中特异性序列的长度。然而，几项研究表明，Cas9可以用于多个生物基因组修饰而没有不利影响；例如，Joung及其同事报道，在斑马鱼胚胎中Cas9介导的基因修饰表现出相似于大鼠的ZFN和TALEN脱靶毒性（Hwang et al.，2013）。

4个后续研究中，两项研究使用Joung（Fu et al.，2013）、Zhang（Hsu et al.，2013）及其各自的同事在人细胞培养中的离散脱靶试验，一项研究使用Church及其同事（Mali et al.，2013）的细胞中最小偏差选择，另一项研究使用Liu及其同事（Pattanayak et al.，2013）在体外进行的最小偏向选择，对Cas9进行了研究。特异性分析表明，尽管Cas9特异性足以满足一些基因组编辑应用，但对于大多数被测试的Cas9靶位点只能测定出几个脱靶切割位点。虽然在4个研究中脱靶活性变化巨大，但是Joung及其同事观察到一些脱靶位点可以以类似的中靶频率进行修饰。

所有4个研究都表明，接近PAM附近7～12个碱基对子序列扩大了Cas9特异性，靶位点末端远离PAM就降低了特异性。PAM附近的子序列在高度特异性时，依赖靶位点以不可预知的方式容忍某些单碱基对错配。Doudna及其同事（Sternberg，Redding，Jinek，Greene，& Doudna，2014）对Cas9分子动力学的研究，以及由Doudna、Nureki及其各自同事（Jinek et al.，2014；Nishimasu et al.，2014）阐明的晶体学模型支持这些剪切特异性功能观察。Adli、Sharp、Zhang及其各自同事灭活Cas9基因组结合位点的分析，除了证明整个Cas9靶位点是必要的之外，还表明Cas9在基因组中可以结合许多比实际切割更多的位点（Kuscu et al.，2014；Wu et al.，2014）。

在PAM内部，也可以容忍某些错配。虽然酿脓链球菌Cas9指定一个NGG PAM，但Marraffini及其同事（Jiang et al.，2013）使用完全随机的PAM库在细菌中的研究证明其可耐受NAG和NNGGN PAM序列。Church、Liu、Zhang及其各自的同事在上述介绍的特异性研究的基础上进一步观察表明，可以识别NAG PAM，在体外当静止靶序列对sgRNA完全互补时，很小的活性也可以识别NNG或NGN PAM（Pattanayak et al.，2013）。可以耐受NAG PAM的观察也支持Jinek及其同事（Anders，Niewoehner，Duerst，& Jinek，2014）的晶体学研究。最近Bao及其同事（Lin et al.，2014）对Cas9特异性的研究也表明，Cas9可以容忍对应于sgRNA靶序列中单碱基插入对或缺失，尽管活性降低。此外，一些研究已经证实特异性取决于Cas9的浓度（Fu et al.，2013；Hsu et al.，2013；Pattanayak et al.，2013）和gRNA的结构（Fu，Sander，Reyon，Cascio，& Joung，2014；Hsu et al.，2013；Pattanayak et al.，2013）。

考虑到Cas9内切核酸酶重要的脱靶活性，设计了Cas9或gRNA变体的许多基团以增强特异性。Joung及其同事通过缩短sgRNA以低于规范的20bp靶位点来提高Cas9：sgRNA复合物的特异性（图3.4A）（Fu et al.，2014）。经过类似Kim

及其同事关于二聚体锌指切口酶的研究（Kim et al.，2012），Church、Zhang 及其各自的同事证明，仅切除单链 dsDNA 的突变 Cas9 蛋白可用于切开两个靶位点附近反向链，生成有效的双链断裂与降低脱靶活性（图 3.4B）（Ran et al.，2013；Cho et al.，2014；Mali et al.，2013）。

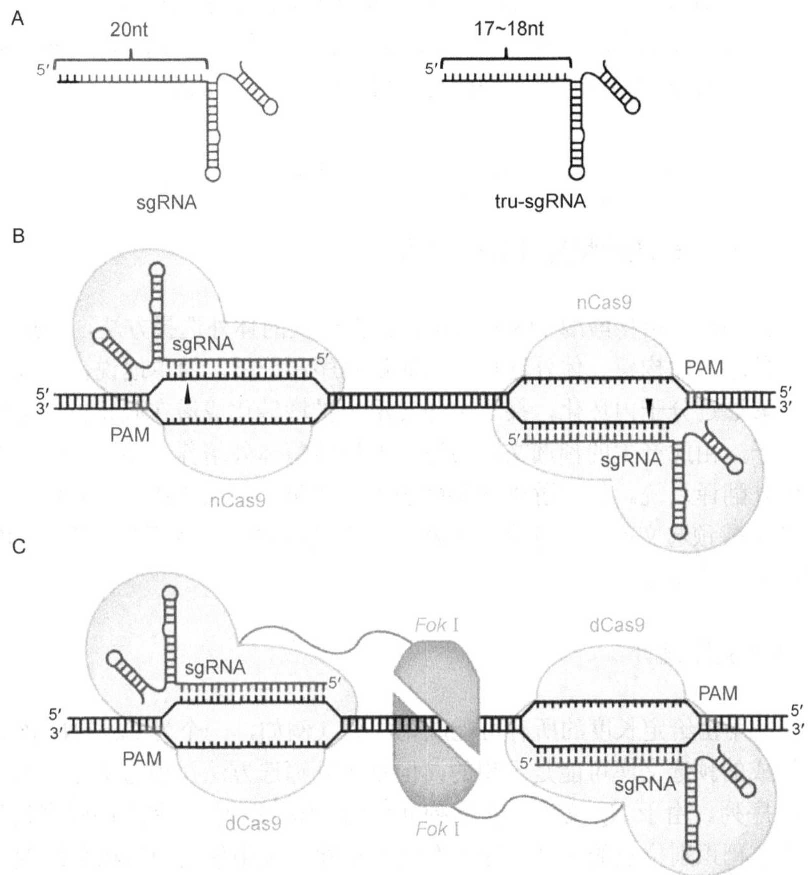

图 3.4　通过提高 DNA 剪切特异性设计 Cas9 组件。（A）缩短的引导 RNA（tru-gRNA，右图），包含与 DNA 靶位点互补的 17～18 个碱基对，而不是经典 sgRNA 的 20 个碱基对（左图）。tru-gRNA 中不存在的 sgRNA 碱基对为黑色。（B）只剪切单链 dsDNA（nCas9）的突变 Cas9 蛋白靶向相邻位点反向链配对导致双链断裂。（C）*Fok* I 核酸酶单体（红色）与催化灭活 Cas9 融合，与靶座位内分离位点结合。只有相邻结合 *Fok* I -dCas9 单体可以组装催化活跃 *Fok* I 核酸酶二聚体，引发 dsDNA 剪切。（彩图请扫封底二维码）

切口酶即使以单体与脱靶位点结合，仍然保持切割 DNA 的能力，但可能导致低水平的非目的基因组修饰（Cho et al.，2014；Fu et al.，2014；Ran et al.，2013），就像先前已介绍的单锌指切口酶一样（Ramirez et al.，2012；Wang et al.，2012）。

因此，Liu、Joung 及其各自的同事开发了只能剪切 DNA 的工程 Cas9 变体，当两个单体相邻时，该变体将 *Fok* I 限制性内切核酸酶剪切结构域融合成催化灭活 Cas9（dCas9）（图 3.4C）（Guilinger，Thompson，& Liu，2014；Tsai et al.，2014），类似于二聚的 ZFN 和 TALEN。在离散脱靶研究中，*Fok* I -dCas9 融合子保持实质性中靶 DNA 修饰，以及在已知 Cas9 脱靶位点大大减少脱靶修饰。

总体而言，详细揭示 Cas9 的 DNA 剪切特异性及改良的 Cas9 变体工程的研究共同证明了 Cas9 作为易于操作和特定基因组工程工具的潜力。

3.2 方　法

3.2.1 体外选取核酸酶特异性分析的概述

由我们小组分析核酸酶 DNA 剪切特异性开发的体外选择方法，包括 3 个主要步骤：预选文库构建、体外选择、高通量测序和分析。简单地说，合成的 5′磷酸寡核苷酸通过分子内环化，接下来通过滚环扩增转化成潜在脱靶位点文库的多联体重复子。由此产生的预选文库与适当的核酸酶体外培养，要么纯化，要么直接用于体外翻译系统。包含游离 5′磷酸裂解库成员，接头连接，使它们与未裂解不包含 5′磷酸预选文库成员分离。选择文库成员后裂解，然后在高通量 DNA 测序前通过 PCR 扩增。

3.2.2 预选文库设计

尽管使用由给定长度的所有可能脱靶序列（例如，一个为 Cas9 N_{22} 库，包括 PAM）组成的预选文库可能是理想的，但是体外筛选方法在预选文库中的上限大约为 10^{12} 序列。由于 N_{22} 文库包含序列 4^{22}（约 10^{13} 序列），文库偏好序列类似于用于替代中靶识别位点的序列。通过在文库构建过程中使用随机核苷酸混合物，所有靶碱基对完成了文库偏向。我们和其他研究人员（Argast et al.，1998；Doyon et al.，2006；Guilinger et al.，2014；Mali et al.，2013；Pattanayak et al.，2013，2011）已经成功使用在每个靶向位置含有 79%的中靶碱基对的混合物，剩余的 21%混合物由 3 个脱靶碱基对组成。对于 Cas9 来说，这种方法产生了理论上含有至少 10 个拷贝预选文库，其中每个潜在的脱靶序列相对于中靶位点可容纳 8 个或更少的突变。中靶位点上 36 个碱基对 TALEN 来说，预选文库提供了至少 10 倍所有序列的覆盖，以及 6 个或更少的突变。部分随机中靶位点也位于完全随机碱基对两边，每边特异性模式试验都超过经典靶位点的特异性。

用于消化预选文库的核酸酶浓度应该为稳健检测提供足够的裂解序列，但不足以完全消化高度裂解序列。高核酸酶浓度的使用将增强对稀有脱靶-裂解事件的检测，并可能导致较低的核酸酶特异性。因此，研究和描述特异性时，需要仔细考虑核酸酶浓度的使用，或者至少报告在试验条件下中靶序列裂解的百分比。

3.2.3　体外选择方案

1. 第 1 天前：设计和合成预选文库寡核苷酸

使用 gRNA（CLTA4）靶向人网格蛋白基因（CLTA）来选择（Pattanayak et al., 2013），文库寡核苷酸用集成 DNA 技术排序并形成：

/5 磷酸/ *TTG TGT* NNN NC*C* NT*G* T*G*G* A*A*A* C*A*C* T* A*C* A*T*C* T*G*C* NNN N**AC CTG CCC AG***T TGT GT*

“/5 磷酸 / ”是指 5′磷酸修饰。下划线序列是指靶位点文库，其中星号表示位置，即按碱基混合物排序，混合物的 79%对应于前面碱基星号，7%对应于其他 3 个碱基。对 Cas9 来说，我们发现这个靶位点定向（与 PAM 的寡核苷酸 5′端反补）比这个定向反补产生更高质量的数据。斜体序列表示重复六碱基对条形码，如果一次进行多个选择试验，在选择中可以用于识别靶位点。我们使用的其他条码包括 *AAC ACA*、*TCT TCT* 和 *AGA GAA*。可以使用任何条形码，不过我们建议条形码之间至少有两个碱基对差异。黑体序列代表所有选择保持相同的恒定区。恒定序列包括 *Bsp*M I 限制酶酶切位点，用于高通量测序预选文库的制备。

2. 第 1 天：环化文库寡核苷酸

用 1mmol/L Tris（pH8.0）将文库寡核苷酸稀释成 10μmol/L。在 PCR 管中，加 1μl 文库寡核苷酸（10pmol）、2μl 10×环化连接酶 II 10×反应缓冲液、1μl 50mmol/L $MnCl_2$、15μl 水、1μl 环化连接酶 II ssDNA 连接酶（100U）。60℃孵化 16h，随后 85℃灭活 10min。

3. 第 2 天：库寡核苷酸的环化验证和滚环扩增的完成

在 15% TBE-脲素聚丙烯酰胺凝胶上，上样 2.5pmol 未环化库寡核苷酸和 2.5μl（1.25pmol）未纯化的环化的连接酶混合物。200V 运行 75min。在 100ml 0.5×TBE（含 10μl SYBR Gold，高灵敏度荧光染料——译者注）中染色 2h。凝胶成像前以清水漂洗。在这些条件下，环化寡核苷酸应该比线性寡核苷酸对照迁移慢得多。

我们使用 Illustra TempliPhi 扩增试剂盒进行滚环扩增反应。每个反应结合 5μl（2.5pmol）未纯化的环化连接酶和 50μl TempliPhi 样品缓冲液。95℃孵化 3min，在 0.5℃/s 冷却到 4℃。加 50μl TempliPhi 反应缓冲液和 1μl TempliPhi 酶混合液，30℃孵化 16h。65℃热灭活 10min。滚动循环扩增步骤规模上可以减半或翻番，最后通过环化连接酶反应所使用的数量最终测定预选文库的大小。

4. 第 3 天：预选文库消化和量化

由于预选文库使用没有纯化的选择，因此要使用双链 DNA 定量试剂（Quant-it PicoGreen dsDNA 分析试剂盒）来量化扩增的双链 DNA。将 1μL 滚环扩增 DNA 或 10～200ng λDNA 标准加到 200μl 的 1mmol/L Tris 液（pH8.0）中。室温下黑暗中孵化 10min，在平板阅读器中（激发波长 480nm，发射波长 520nm）阅读荧光。用 DNA 浓度对荧光作标准曲线，例如，预定量噬菌体 λDNA 和计算滚环扩增预选文库浓度。

为了执行体外选择，采用纯化的或体外翻译位点特异性内切核酸酶消化。对于 Cas9 来说，200nmol/L 扩增预选文库与 100nmol/L Cas9 和 100nmol/L sgRNA，或 1000nmol/L Cas9 和 1000nmol/L sgRNA Cas9 裂解缓冲液（20mmol/L HEPES，pH7.5、150mmol/L KCl、10mmol/L $MgCl_2$、0.1mmol/L EDTA、0.5mmol/L 二硫苏糖醇）37℃孵化 10min。预选文库也分别在 NEB 缓冲液 3（100mmol/L NaCl、50mmol/L Tris-HCl、10mmol/L $MgCl_2$、1mmol/L 二硫苏糖醇，pH7.9）与 2 个单位的 *Bsp*M I 限制性内切核酸酶（NEB）37℃孵化 1h。核酸酶消化和限制性消化的文库采用 QIA 快速 PCR 纯化试剂盒纯化。

留下悬突黏性末端（overhang）的特异性位点核酸酶，如 ZFN 和 TALEN，需要增加一个额外的步骤，在接头连接之前将悬突黏性末端切成平头末端。在这一步中，纯化并消化的 50μl DNA 与 3μl 10mmol/L dTNP 混合液（10mmol/L dATP、10mmol/L dCTP、10mmol/L dGTP、10mmol/L dTTP）（NEB）、6μl 10×NEB 缓冲液 2 和 1μl 5U/μl 大片段 DNA 聚合酶（NEB）混合，在室温下孵化 30min。用 QIA 快速 PCR 纯化试剂盒纯化平头末端混合物。

一旦通过 Cas9，或 TALEN 通过大片段聚合酶将末端切成为平头，就连接了序列接头。对于后选择平头库来说，接头 1（5′ AAT GAT ACG GCG ACC ACC GAG ATC TAC ACT CTT TCC CTA CAC GAC GCT CTT CCG ATC T*AA CA*）和接头 2（5′ *TGT T*AG ATC GGA AGA GCG TCG TGT AGG GAA AGA GTG TAG ATC TCG GTG G）合并序列用于 Illumina 测序。斜体的反向互补序列可以改变成条形码多重反应条件。其余的接头序列也可以适当地改变用于其他高通量测序平台。在连接步骤中，接头 1 和接头 2 每种 10pmol 与平头末端后选择文库和 1000U T4 DNA 连接酶（NEB），在 NEB T4 DNA 连接酶反应缓冲液［50mmol/L Tris-HCl（pH7.5），10mmol/L $MgCl_2$，1mmol/L ATP，10mmol/L 二硫苏糖醇］中室温下过夜。限制性消化预选文库，除了使用 LIB 库接头 1（5′ GAC GGC ATA CGA GAT）和库接头 2（5′ *TTG T*AT CTC GTA TGC CGT CTT CTG CTT G）外，连接方案相同。值得注意的是，库接头 2 的前 4 个碱基（斜体）必须与库核苷酸条形编码前 4 个碱基匹配（参见 3.2.3 节中 1.），因为 *Bsp*M Ⅰ消化会留下一个对所用条形编码专一的悬突。因此，如果在相同选择操作中测试多重靶位点，就必须使用多重库接头 2。

5. 第 4 天：选择文库前后的 PCR

高通量测序之前 PCR 扩增步骤必须良好控制，使 PCR 偏向最终测序结果的潜在影响最小化。NCR 之前，采用 QIA 快速 PCR 纯化试剂盒纯化第 3 天的接头连接混合物，用 50μl 1 mmol/L Tris（pH8.0）洗脱。我们采用 Phusion Hot Start DNA 聚合酶（NEB）于 HF 缓冲液中，按每个循环退火温度 60℃和延伸温度 72℃ 1min。对核酸酶消化后选择 PCR，使用 PCR 引物 sel（5′ CAA GCA GAA GAC GGC ATA CGA GAT A*CA CAA* CTC GGC AGG T）和短 PE2（5′ AAT GAT ACG GCG ACC ACC GA）。对限制性消化预选文库 PCR，使用相同 PCR 循环条件，采用 lib fwd PCR 引物（5′ CAA GCA GAA GAC GGC ATA CGA GAT）和 Lib seq PCR 引物（5′ AAT GAT ACG GCG ACC ACC GAG ATC TAC ACT CTT TCC CTA CAC GAC GCT CTT CCG ATC TNN NNA CCT ACC TGC CGA G*TT GTG T*）。在 lib seq PCR 中包含的 4 个 N 提供随机起始序列保持与 Illumina 测序要求兼容。值得注意的是，在相同选择运行中如果使用多重靶位点，必须使用多重 sel PCR 引物，在 sel PCR 中用 4 碱基序列和在 lib seq PCR 中用 6 碱基序列（斜体），对原始库寡核苷酸主链保持互补的链进行修饰（参见 3.2.3 节中 1.）。

选择文库后全体积 PCR 之前，我们建议用 1μl 在上述 PCR 条件下纯化的后选择文库操作 PCR 试验或 qPCR 试验，确定需要达到饱和点的循环数。如果做 PCR 试验，35 个循环中减去 5 个循环，观察反应产物。确定 PCR 扩增饱和点，当 PCR 按比例增加时适当减去循环数。例如，如果选择文库纯化比例缩减为 1～32μl，就减少 5 个循环（2^5=32）。

PCR 后，可能会有标准产物对应于扩增的包含 0.5、1.5、2.5 等文库给定成员重复子的后选择文库成员（图 3.5）。PCR 产物大小的变化是预选文库多联体性质引起的。在 PCR 过程中，sel PCR 引物也可能退火成多重重复子之一，还会导致 PCR 产物大小不一的分布。为了标准化分析，只能分析那些包含 1.5 重复子的 PCR 产物。因此，高通量测序前，使用凝胶纯化最后步骤来富集扩增的、含有 1.5 重复子后选择文库成员并除去任何残留的游离接头和引物。

6. 第 5 天：高通量测序和分析

高通量测序前使用 KAPA 库定量试剂盒——Illumina（KAPA 生物系统公司）对凝胶纯化后选择和预选文库定量。我们在 Illumina 公司 MiSeq HiSeq 或 Illumina MiSeq 上使用单阅读测序，不过只要接头序列和 RNA 引物适当扩增，选择就能够与任何高通量测序平台兼容。对于 Cas9 来说，最少必须用测序的 66 个碱基捕获全

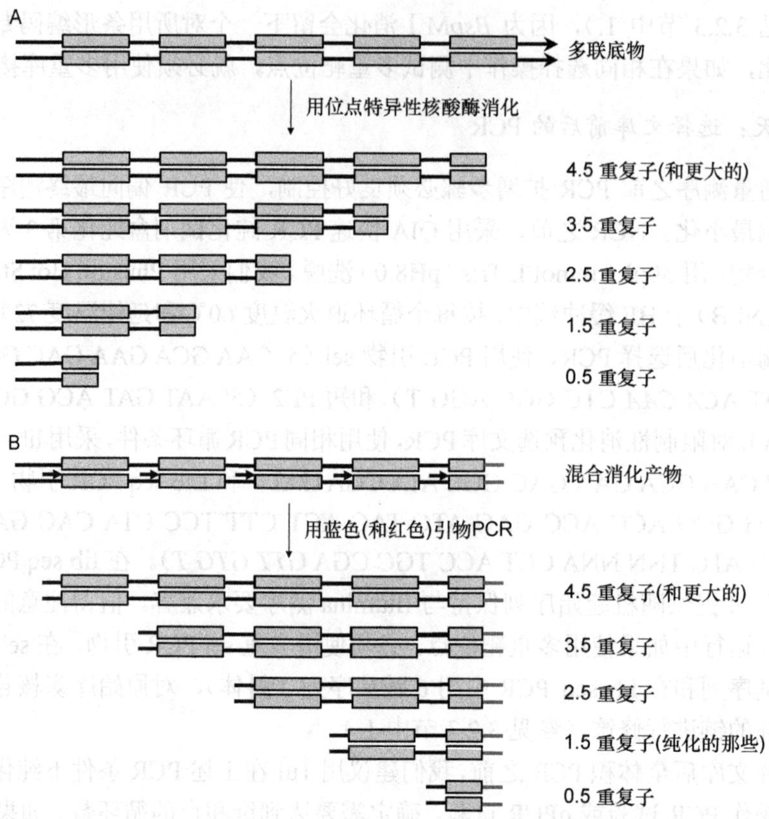

图 3.5 基于选择核酸酶特异性体外分析样品处理。（A）由许多重复子库成员（灰色框）组成的预选 DNA，由于核酸酶消化变成更小的分子，这取决于靶位点沿预选 DNA 的裂解。（B）后选择文库扩增过程中，PCR 引物（蓝色箭头，深灰色）可以退火到任何一个重复，导致一组较小的 PCR 产物。为了简化分析，只有纯化和分析 1.5 重复 PCR 产物。（彩图请扫封底二维码）

库成员。如果使用条形编码选择条件（例如，AACA 下面），我们推荐 PhiX 库峰值控制在 25%运行测序，如果使用 Illumina 测序，提供适当的初始碱基判定多样性。

测序的输出可以使用简单脚本语言（如 C++、Python）进行存储。组分的测序阅读说明如下：

AACAcatgggtcg<u>*ACACAAACACAA*</u>CTCGGCAGGT**ACTT**<u>GCAGAGTAGTCTTTCCACATGG</u>**GTCG***ACACAAACACAA*CTCGGCAGGTATCTCGTATGCC

AACA 是选择的 4 个碱基对条形编码选择条件；*catgggtcg* 是库靶位点的切割“一半”。<u>*ACACAAACACAA*</u> 是 Cas9 靶条形编码。CTCGGCAGGT 是恒定序列（在库设计部分中的黑体字为反向互补序列）。**ACTT**<u>GCAGATGTAGTCTTTCCACATGG</u>**GTCG** 是后选择文库成员的完整序列。这个序列可以识别和在选择

中切割。非下划线部分由靶位点侧面 8 个随机碱基对（每边 4 个）组成。一旦序列被末端平头，就可以在一组靶位点上进行标准分析（粗体下划线）。例如，特异性曲线可以表示为特异性的热图，作为后选择序列中每个可能的碱基对相对于预选序列的丰度水平，以便规范该碱基对的最大可能丰度（图 3.6）。

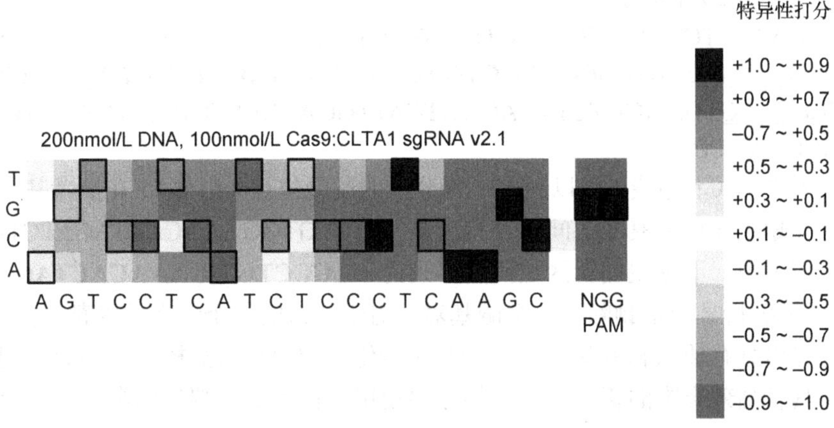

图 3.6　体外选择衍生特异性概图。热图显示特异性概图是来自 Cas9：sgRNA 靶向人 *CLTA* 基因进行选择的结果。特异性得分 1.0（深蓝色）和–1.0（深红色）相当于在特定位置上的特定碱基对的丰度分别为正负 100%。黑框表示靶核苷酸。(彩图请扫封底二维码)

3.2.4　体外识别基因组脱靶位点的验证

为了识别基因组脱靶位点，通过选择和高通量测序体外识别靶位点集可以搜索存在于人基因组的序列。除了这个简单的比较外，在体外数据集可以训练机器学习算法，促进潜在基因组脱靶序列的识别（Sander et al.，2013）。测定位点专一性核酸酶，然后在人工培养的人细胞中表达，连同一个平行实验和对照，灭活形成相同的位点专一性核酸酶。分离基因组 DNA，接着用引物特异性对每个潜在脱靶位点 PCR。引物的设计工具，如 NCBI Primer-BLAST（http://www.ncbi.nlm.nih.gov/tools/primer-blast/），可用于导致目的靶位点特异性扩增的引物设计。部分高通量接头序列可以被纳入初始 PCR 引物（例如，对于 Illumina，5′ ACA CTC TTT CCC TAC ACG ACG CTC TTC CGA TCT 在一个引物 5′端，5′ GTG ACT GGA GTT CAG ACG TGT GCT CTT CCG ATCT 在另一端）。当分析多重脱靶位点时，PCR 可以等摩尔比率合并、纯化，然后使用引物 PE1-条形编码（5′ CAA GCA GAA GAC GGC ATA CGA GAT *ATA TCA GT*G TGA CTG GAG TTC AGA CGT GTG CT）和 PE2-条形编码（5′ AAT GAT ACG GCG ACC ACC GAG ATC TAC AC*A TTA CTC G*AC ACT CTT TCC CTA CAC GAC）再扩增。PCR 再循环的循环数量应该最小化，避免引入重要的 PCR 偏差。在 PE1-条形编码和 PE2 条形编码中的斜体碱基与可用于 Illumina 的测序条形编码相对应。不同的条形编码应该用来源于活化核酸酶处理 DNA 的 PCR 产物与灭活核酸酶处理的 DNA 相比较。

接下来进行高通量测序，核酸酶修饰的脱靶序列可以通过序列比对或通过计算方法来识别。识别修饰序列的一种算法包括寻找每个高通量序列阅读的每个脱靶位点侧翼的 20 个碱基对。例如：

5′ CAATCTCCCGCATGCGCTCAGTCCTCATCTCCCTCAAGCAGGCCCCGCTGGTGCACTGAAGAGCCA**CCCTGTGAAACACTACATCTGC**AATATCTTAATCCTACTCAGTGAAGCTCTTCACAGTCATTGGATTAATTATGTTGAGTTCTTTTGGACCAAACC

侧翼序列（下划线）可以用来识别分析的脱靶位点（黑体）。在参考基因组序列中，下划线序列侧翼区之间的序列为 5′ CCCTGTGGAAACACTACATCTGC。在这个例子中，下划线侧翼区之间的序列为 5′ **CCCTGT-GAAACACTACATCTGC**，这里破折号表示删除了一个碱基对。对于测试的每个潜在的脱靶位点来说，可以计算出具有插入和删除序列部分并对活化核酸酶与灭活核酸酶实验之间进行比较。具有高效修饰的靶位点，可能需要使用靶位点更远端的侧翼序列（上图下划线序列），以免 NHEJ 导致比脱靶位点（黑体序列）更大区域的删除。

3.3 结　论

在过去的几年里，基因组工程使得可编程位点特异性核酸酶如 TALEN 和 Cas9 等的应用变得更加容易，它们几乎可以打靶任何 DNA 序列。由于 ZFN、TALEN 和 Cas9 在研究中的应用和临床设置的不断发展，努力深入揭示可编程核酸酶的 DNA 切割特异性将变得越来越重要。努力描述可编程核酸酶特异性的范围，从体外选择离散靶位点分析到全基因组选择，所有这些方法最近都应用于 TALEN 和 Cas9 特异性研究。从这些方法中的发现将继续深化我们对这些重要蛋白质的 DNA 剪切特异性基础的理解，促进改善特异性可编程核酸酶的发展。这些技术或其他可编程核酸酶最终也许对治疗人类遗传疾病有更广泛的应用。

致　谢

V.P.、J.P.G.、D.R.L.由美国国防部高级研究计划局 HR0011-11-2-0003 项目支持，同时获得美国国防部高级研究计划局 N66001-12-C-4207、美国国立卫生研究所 /美国国立综合医学研究所 R01 GM095501（D.R.L.）和霍华德•休斯医学研究所的资助。D.R.L.获霍华德•休斯医学研究所的研究员资助。V.P.受到美国国立综合医学研究所 T32GM007753 项目支持。我们感谢 J. Keith Joung 有益的评论。

参 考 文 献

Anders, C., Niewoehner, O., Duerst, A., & Jinek, M. (2014). Structural basis of PAM-dependent target DNA recognition by the Cas9 endonuclease. Nature, 513(7519), 569-573.

Argast, G. M., Stephens, K. M., Emond, M. J., & Monnat, R. J., Jr. (1998). I-PpoI and I-CreI homing site sequence degeneracy determined by random mutagenesis and sequential *in vitro* enrichment. Journal of Molecular Biology, 280(3), 345-353.

Beerli, R. R., Segal, D. J., Dreier, B., & Barbas, C. F., 3rd. (1998). Toward controlling gene expression at will: Specific regulation of the erbB-2/HER-2 promoter by using polydactyl zinc finger proteins constructed from modular building blocks. Proceedings of the National Academy of Sciences of the United States of America, 95(25), 14628-14633.

Boch, J., et al. (2009). Breaking the code of DNA binding specificity of TAL-type III effectors. Science, 326(5959), 1509-1512.

Bulyk, M. L., Huang, X., Choo, Y., & Church, G. M. (2001). Exploring the DNA-binding specificities of zinc fingers with DNA microarrays. Proceedings of the National Academy of Sciences of the United States of America, 98(13), 7158-7163.

Carlson, C. D., et al. (2010). Specificity landscapes of DNA binding molecules elucidate biological function. Proceedings of the National Academy of Sciences of the United States of America, 107(10), 4544-4549.

Carroll, D. (2011). Genome engineering with zinc-finger nucleases. Genetics, 188(4), 773-782.

Cermak, T., et al. (2011). Efficient design and assembly of custom TALEN and other TAL effector-based constructs for DNA targeting. Nucleic Acids Research, 39(12), e82.

Chen, Z., Wen, F., Sun, N., & Zhao, H. (2009). Directed evolution of homing endonuclease I-SceI with altered sequence specificity. Protein Engineering, Design and Selection, 22(4), 249-256.

Chen, Z., & Zhao, H. (2005). A highly sensitive selection method for directed evolution of homing endonucleases. Nucleic Acids Research, 33(18), e154.

Cho, S. W., et al. (2014). Analysis of off-target effects of CRISPR/Cas-derived RNA-guided endonucleases and nickases. Genome Research, 24(1), 132-141.

Choo, Y., Sanchez-Garcia, I., & Klug, A. (1994). In vivo repression by a site-specific DNA-binding protein designed against an oncogenic sequence. Nature, 372(6507), 642-645.

Choulika, A., Perrin, A., Dujon, B., & Nicolas, J. F. (1995). Induction of homologous recombination in mammalian chromosomes by using the I-SceI system of Saccharomyces cerevisiae. Molecular and Cellular Biology, 15(4), 1968-1973.

Christian, M., et al. (2010). Targeting DNA double-strand breaks with TAL effector nucleases. Genetics, 186(2), 757-761.

Colleaux, L., D'Auriol, L., Galibert, F., & Dujon, B. (1988). Recognition and cleavage site of the intronencoded omega transposase. Proceedings of the National Academy of Sciences of the United States of America, 85(16), 6022-6026.

Cong, L., et al. (2013). Multiplex genome engineering using CRISPR/Cas systems. Science, 339(6121), 819-823.

Dahlem, T. J., et al. (2012). Simple methods for generating and detecting locus-specific mutations induced with TALENs in the zebrafish genome. PLoS Genetics, 8(8), e1002861.

Ding, Q., et al. (2013). A TALEN genome-editing system for generating human stem cell-based disease models. Cell Stem Cell, 12(2), 238-251.

Doyon, J. B., Pattanayak, V., Meyer, C. B., & Liu, D. R. (2006). Directed evolution and substrate specificity profile of homing endonuclease I-SceI. Journal of the American Chemical Society, 128(7), 2477-2484.

Doyon, Y., et al. (2011). Enhancing zinc-finger-nuclease activity with improved obligate heterodimeric architectures. Nature Methods, 8(1), 74-79.

Dreier, B., Beerli, R. R., Segal, D. J., Flippin, J. D., & Barbas, C. F., 3rd. (2001). Development of zinc finger domains for recognition of the 5′-ANN-3′ family of DNA sequences and their use in the construction of artificial transcription factors. The Journal of Biological Chemistry, 276(31), 29466-29478.

Dreier, B., Segal, D. J., & Barbas, C. F., 3rd. (2000). Insights into the molecular recognition of the 5′-GNN-3′ family of DNA sequences by zinc finger domains. Journal of Molecular Biology, 303(4), 489-502.

Dreier, B., et al. (2005). Development of zinc finger domains for recognition of the 5′-CNN-3′ family DNA sequences and their use in the construction of artificial transcription factors. The Journal of Biological Chemistry, 280(42), 35588-35597.

Fu, Y., Sander, J. D., Reyon, D., Cascio, V. M., & Joung, J. K. (2014). Improving CRISPR-Cas nuclease specificity using truncated guide RNAs. Nature Biotechnology, 32(3), 279-284.

Fu, Y., et al. (2013). High-frequency off-target mutagenesis induced by CRISPR-Cas nucleases in human cells. Nature Biotechnology, 31(9), 822-826.

Gabriel, R., et al. (2011). An unbiased genome-wide analysis of zinc-finger nuclease specificity. Nature Biotechnology, 29(9), 816-823.

Gimble, F. S., Moure, C. M., & Posey, K. L. (2003). Assessing the plasticity of DNA target site recognition of the PI-SceI homing endonuclease using a bacterial two-hybrid selection system. Journal of Molecular Biology, 334(5), 993-1008.

Greisman, H. A., & Pabo, C. O. (1997). A general strategy for selecting high-affinity zinc finger proteins for diverse DNA target sites. Science, 275(5300), 657-661.

Gu, K., et al. (2005). R gene expression induced by a type-III effector triggers disease resistance in rice. Nature, 435(7045), 1122-1125.

Guilinger, J. P., Thompson, D. B., & Liu, D. R. (2014). Fusion of catalytically inactive Cas9 to FokI nuclease improves the specificity of genome modification. Nature Biotechnology, 32(6), 577-582.

Guilinger, J. P., et al. (2014). Broad specificity profiling of TALENs results in engineered nucleases with improved DNA-cleavage specificity. Nature Methods, 11(4), 429-435.

Hirsch, J. A., Wah, D. A., Dorner, L. F., Schildkraut, I., & Aggarwal, A. K. (1997). Crystallization and preliminary X-ray analysis of restriction endonuclease FokI bound to DNA. FEBS Letters, 403(2), 136-138.

Hockemeyer, D., et al. (2011). Genetic engineering of human pluripotent cells using TALE nucleases. Nature Biotechnology, 29(8), 731-734.

Hsu, P. D., et al. (2013). DNA targeting specificity of RNA-guided Cas9 nucleases. Nature Biotechnology, 31(9), 827-832.

Huang, Y., et al. (1996). The role of a mutant CCR5 allele in HIV-1 transmission and disease progression. Nature Medicine, 2(11), 1240-1243.

Hwang, W. Y., et al. (2013). Efficient genome editing in zebrafish using a CRISPR-Cas system. Nature Biotechnology, 31(3), 227-229.

Isalan, M., Klug, A., & Choo, Y. (2001). A rapid, generally applicable method to engineer zinc fingers illustrated by targeting the HIV-1 promoter. Nature Biotechnology, 19(7), 656-660.

Jiang, W., Bikard, D., Cox, D., Zhang, F., & Marraffini, L. A. (2013). RNA-guided editing of bacterial genomes using CRISPR-Cas systems. Nature Biotechnology, 31(3), 233-239.

Jinek, M., Chylinski, K., Fonfara, I., Hauer, M., Doudna, J. A., & Charpentier, E. (2012). A programmable dual-RNA-guided DNA endonuclease in adaptive bacterial immunity.Science, 337(6096), 816-821.

Jinek, M., et al. (2014). Structures of Cas9 endonucleases reveal RNA-mediated conformational activation. Science, 343(6176), 1247997.

Joung, J. K., & Sander, J. D. (2013). TALENs: A widely applicable technology for targeted genome editing. Nature Reviews Molecular Cell Biology, 14(1), 49-55.

Juillerat, A., et al. (2014). Comprehensive analysis of the specificity of transcription activatorlike effector nucleases. Nucleic Acids Research, 42(8), 5390-5402.

Kahlon, K. S., Brown, C., Cooper, L. J., Raubitschek, A., Forman, S. J., & Jensen, M. C. (2004). Specific recognition and killing of glioblastoma multiforme by interleukin 13-zetakine redirected cytolytic T cells. Cancer Research, 64(24), 9160-9166.

Kay, S., Hahn, S., Marois, E., Hause, G., & Bonas, U. (2007). A bacterial effector acts as a plant transcription factor and induces a cell size regulator. Science, 318(5850), 648-651.

Kim, Y. G., Cha, J., & Chandrasegaran, S. (1996). Hybrid restriction enzymes: Zinc finger fusions to Fok I cleavage domain. Proceedings of the National Academy of Sciences of the United States of America, 93(3), 1156-1160.

Kim, E., Kim, S., Kim, D. H., Choi, B. S., Choi, I. Y., & Kim, J. S. (2012). Precision genome engineering with programmable DNA-nicking enzymes. Genome Research, 22(7), 1327-1333.

Kim, Y., et al. (2013). A library of TAL effector nucleases spanning the human genome. Nature Biotechnology, 31(3), 251-258.

Koike-Yusa, H., Li, Y., Tan, E. P., Velasco-Herrera Mdel, C., & Yusa, K. (2014). Genome-wide recessive genetic screening in mammalian cells with a lentiviral CRISPR-guideRNA library. Nature Biotechnology, 32(3), 267-273.

Kuscu, C., Arslan, S., Singh, R., Thorpe, J., & Adli, M. (2014). Genome-wide analysis reveals characteristics of off-target sites bound by the Cas9 endonuclease. Nature Biotechnology, 32(7), 677-683.

Lei, Y., et al. (2012). Efficient targeted gene disruption in Xenopus embryos using engineered transcription activator-like effector nucleases (TALENs). Proceedings of the National Academy of Sciences of the United States of America, 109(43), 17484-17489.

Li, T., et al. (2011a). TAL nucleases (TALNs): Hybrid proteins composed of TAL effectors and FokI DNA-cleavage domain. Nucleic Acids Research, 39(1), 359-372.

Li, T., et al. (2011b). Modularly assembled designer TAL effector nucleases for targeted gene knockout and gene replacement in eukaryotes. Nucleic Acids Research, 39(14), 6315-6325.

Lin, Y., et al. (2014). CRISPR/Cas9 systems have off-target activity with insertions or deletions between target DNA and guide RNA sequences. Nucleic Acids Research, 42(11), 7473-7485.

Liu, R., et al. (1996). Homozygous defect in HIV-1 coreceptor accounts for resistance of some multiply-exposed individuals to HIV-1 infection. Cell, 86(3), 367-377.

Lukacsovich, T., Yang, D., & Waldman, A. S. (1994). Repair of a specific double-strand break generated within a mammalian chromosome by yeast endonuclease I-SceI. NucleicAcids Research, 22(25), 5649-5657.

Maeder, M. L., et al. (2008). Rapid "open-source" engineering of customized zinc-finger nucleases for highly efficient gene modification. Molecular Cell, 31(2), 294-301.

Mali, P., et al. (2013). CAS9 transcriptional activators for target specificity screening and paired nickases for cooperative genome engineering. Nature Biotechnology, 31(9), 833-838.

Meng, X., Brodsky, M. H., & Wolfe, S. A. (2005). A bacterial one-hybrid system for determining the DNA-binding specificity of transcription factors. Nature Biotechnology, 23(8), 988-994.

Meng, X., Thibodeau-Beganny, S., Jiang, T., Joung, J. K., & Wolfe, S. A. (2007). Profiling the DNA-binding specificities of engineered Cys2His2 zinc finger domains using a rapid cell-based method. Nucleic Acids Research, 35(11), e81.

Miller, J. C., et al. (2007). An improved zinc-finger nuclease architecture for highly specific genome editing. Nature Biotechnology, 25(7), 778-785.

Miller, J. C., et al. (2011). A TALE nuclease architecture for efficient genome editing. Nature Biotechnology, 29(2), 143-148.

Moore, F. E., et al. (2012). Improved somatic mutagenesis in zebrafish using transcription activator-like effector nucleases (TALENs). PLoS One, 7(5), e37877.

Moscou, M. J., & Bogdanove, A. J. (2009). A simple cipher governs DNA recognition by TAL effectors. Science, 326(5959), 1501.

Mussolino, C., Morbitzer, R., Lutge, F., Dannemann, N., Lahaye, T., & Cathomen, T. (2011). A novel TALE nuclease scaffold enables high genome editing activity in combination with low toxicity. Nucleic Acids Research, 39(21), 9283-9293.

Nishimasu, H., et al. (2014). Crystal structure of Cas9 in complex with guide RNA and target DNA. Cell, 156(5), 935-949.

Oliphant, A. R., Brandl, C. J., & Struhl, K. (1989). Defining the sequence specificity of DNA-binding proteins by selecting binding sites from random-sequence oligonucleotides: Analysis of yeast GCN4 protein. Molecular and Cellular Biology, 9(7), 2944-2949.

Osborn, M. J., et al. (2013). TALEN-based gene correction for epidermolysis bullosa. Molecular Therapy, 21(6), 1151-1159.

Pattanayak, V., Lin, S., Guilinger, J. P., Ma, E., Doudna, J. A., & Liu, D. R. (2013). Highthroughput profiling of off-target DNA cleavage reveals RNA-programmed Cas9 nuclease specificity. Nature Biotechnology, 31(9), 839-843.

Pattanayak, V., Ramirez, C. L., Joung, J. K., & Liu, D. R. (2011). Revealing off-target cleavage specificities of zinc-finger nucleases by *in vitro* selection. Nature Methods, 8(9), 765-770.

Perez, E. E., et al. (2008). Establishment of HIV-1 resistance in $CD4^+$ T cells by genome editing using zinc-finger nucleases. Nature Biotechnology, 26(7), 808-816.

Petek, L. M., Russell, D. W., & Miller, D. G. (2010). Frequent endonuclease cleavage at off-target locations *in vivo*. Molecular Therapy, 18(5), 983-986.

Philippakis, A. A., Qureshi, A. M., Berger, M. F., & Bulyk, M. L. (2008). Design of compact, universal DNA microarrays for protein binding microarray experiments. Journal of Computational Biology, 15(7), 655-665.

Ramirez, C. L., et al. (2012). Engineered zinc finger nickases induce homology-directed repair with reduced mutagenic effects. Nucleic Acids Research, 40(12), 5560-5568.

Ran, F. A., et al. (2013). Double nicking by RNA-guided CRISPR Cas9 for enhanced genome editing specificity. Cell, 154(6), 1380-1389.

Rebar, E. J., & Pabo, C. O. (1994). Zinc finger phage: Affinity selection of fingers with new DNA-binding specificities. Science, 263(5147), 671-673.

Reik, A., et al. (2008). Zinc finger nucleases targeting the glucocorticoid receptor allow IL-13 zetakine transgenic CTLs to kill glioblastoma cells *in vivo* in the presence of immunosuppressing glucocorticoids. Molecular Therapy, 16(Suppl. 1), S13-S14.

Reyon, D., Tsai, S. Q., Khayter, C., Foden, J. A., Sander, J. D., & Joung, J. K. (2012). FLASH assembly of TALENs for high-throughput genome editing. Nature Biotechnology, 30(5), 460-465.

Rouet, P., Smih, F., & Jasin, M. (1994). Introduction of double-strand breaks into the genome of mouse cells by expression of a rare-cutting endonuclease. Molecular and Cellular Biology, 14(12), 8096-8106.

Samson, M., et al. (1996). Resistance to HIV-1 infection in caucasian individuals bearing mutant alleles of the CCR-5 chemokine receptor gene. Nature, 382(6593), 722-725.

Sander, J. D., & Joung, J. K. (2014). CRISPR-Cas systems for editing, regulating and targeting genomes. Nature Biotechnology, 32(4), 347-355.

Sander, J. D., et al. (2011). Selection-free zinc-finger-nuclease engineering by context-dependent assembly (CoDA). Nature Methods, 8(1), 67-69.

Sander, J. D., et al. (2013). In silico abstraction of zinc finger nuclease cleavage profiles reveals an expanded landscape of off-target sites. Nucleic Acids Research, 41(19), e181.

Sapranauskas, R., Gasiunas, G., Fremaux, C., Barrangou, R., Horvath, P., & Siksnys, V. (2011). The Streptococcus thermophilus CRISPR/Cas system provides immunity in Escherichia coli. Nucleic Acids Research, 39(21), 9275-9282.

Scarlatti, G., et al. (1997). *In vivo* evolution of HIV-1 co-receptor usage and sensitivity to chemokine-mediated suppression. Nature Medicine, 3(11), 1259-1265.

Segal, D. J., Dreier, B., Beerli, R. R., & Barbas, C. F., 3rd. (1999). Toward controlling gene expression at will: Selection and design of zinc finger domains recognizing each of the 5′-GNN-3′ DNA target sequences. Proceedings of the National Academy of Sciences of the United States of America, 96(6), 2758-2763.

Semenova, E., et al. (2011). Interference by clustered regularly interspaced short palindromic repeat (CRISPR) RNA is governed by a seed sequence. Proceedings of the National Academy of Sciences of the United States of America, 108(25), 10098-10103.

Shalem, O., et al. (2014). Genome-scale CRISPR-Cas9 knockout screening in human cells. Science, 343(6166), 84-87.

Sternberg, S. H., Redding, S., Jinek, M., Greene, E. C., & Doudna, J. A. (2014). DNA interrogation by the CRISPR RNA-guided endonuclease Cas9. Nature, 507(7490), 62-67.

Szczepek, M., Brondani, V., Buchel, J., Serrano, L., Segal, D. J., & Cathomen, T. (2007). Structure-based redesign of the dimerization interface reduces the toxicity of zinc-finger nucleases. Nature Biotechnology, 25(7), 786-793.

Tebas, P., et al. (2014). Gene editing of CCR5 in autologous CD4 T cells of persons infected with HIV. The New England Journal of Medicine, 370(10), 901-910.

Tesson, L., et al. (2011). Knockout rats generated by embryo microinjection of TALENs. Nature Biotechnology, 29(8), 695-696.

Thiesen, H. J., & Bach, C. (1990). Target detection assay (TDA): A versatile procedure to determine DNA binding sites as demonstrated on SP1 protein. Nucleic Acids Research, 18(11), 3203-3209.

Tsai, S. Q., et al. (2014). Dimeric CRISPR RNA-guided FokI nucleases for highly specific genome editing. Nature Biotechnology, 32(6), 569-576.

Vanamee, E. S., Santagata, S., & Aggarwal, A. K. (2001). FokI requires two specific DNA sites for cleavage. Journal of Molecular Biology, 309(1), 69-78.

Wang, T., Wei, J. J., Sabatini, D. M., & Lander, E. S. (2014). Genetic screens in human cells using the CRISPR-Cas9 system. Science, 343(6166), 80-84.

Wang, J., et al. (2012). Targeted gene addition to a predetermined site in the human genome using a ZFN-based nicking enzyme. Genome Research, 22(7), 1316-1326.

Wood, A. J., et al. (2011). Targeted genome editing across species using ZFNs and TALENs. Science, 333(6040), 307.

Wu, H., Yang, W. P., & Barbas, C. F., 3rd. (1995). Building zinc fingers by selection: Toward a therapeutic application. Proceedings of the National Academy of Sciences of the United States of America, 92(2), 344-348.

Wu, X., et al. (2014). Genome-wide binding of the CRISPR endonuclease Cas9 in mammalian cells. Nature Biotechnology, 32(7), 670-676.

Yang, B., Sugio, A., & White, F. F. (2006). Os8N3 is a host disease-susceptibility gene for bacterial blight of rice. Proceedings of the National Academy of Sciences of the United States of America, 103(27), 10503-10508.

Yanover, C., & Bradley, P. (2011). Extensive protein and DNA backbone sampling improves structure-based specificity prediction for C2H2 zinc fingers. Nucleic Acids Research, 39(11), 4564-4576.

Zhou, Y., et al. (2014). High-throughput screening of a CRISPR/Cas9 library for functional genomics in human cells. Nature, 509(7501), 487-491.

Zykovich, A., Korf, I., & Segal, D. J. (2009). Bind-n-Seq: High-throughput analysis of *in vitro* protein-DNA interactions using massively parallel sequencing. Nucleic Acids Research, 37(22), e151.

第 4 章　定制重组酶基因组工程

Thomas Gaj[1,2], Carlos F. Barbas Ⅲ[1,2]

（1. 美国斯克里普斯研究所，斯卡格斯化学生物学研究所，化学系；
2. 美国斯克里普斯研究所，斯卡格斯化学生物学研究所，细胞与分子生物学系）

目　录

摘要

位点特异性重组酶是无数基础研究和基因组工程应用的宝贵工具。特别是由来自于可融合 Cys_2-His_2 锌指或 TAL 效应物 DNA 结合结构域丝氨酸重组酶的解离酶/转化酶家族组成的杂交重组酶，具有将靶向修饰插入哺乳动物细胞的能力。由于其固有的模块化，具有明显靶向特异性的新重组酶很容易产生并以“即插即用”的方式应用。在这个方案中，我们为产生具有用户自定义特异性的新杂交重组酶及采用这些系统实现位点特异性融入靶向基因组提供了详细的、渐进的操作指南。

4.1 导　论

由来自于可融合 Cys_2-His_2 锌指（Akopian，He，Boocock，& Stark，2003；Gordley，Smith，Graslund，& Barbas，2007）或 TAL 效应物 DNA 结合结构域（Mercer，Gaj，Fuller，& Barbas，2012）丝氨酸重组酶的解离酶/转化酶家族组成的杂交重组酶是靶向基因组工程的强大工具（图 4.1A）。不像经典位点特异性重组酶系统，如 Cre-loxP、Flp-FRT 和 phiC31-att，杂交重组酶是模型嵌合蛋白质，能够在人细胞中按用户定制位点插入基因组修饰（Gaj，Sirk，& Barbas，2014）。根据 DNA 结合结构域的定制长度，这些酶可以识别 44～62bp 的靶位点。一般来说，由中心 20bp 核心序列组成的每个靶位点由重组酶催化结构域识别，两侧连接两个转化酶锌指或 TAL 效应结合位点（图 4.1B）。这些酶通过协同机制，在最终启动链交换和重新连接前，重组酶催化结构域剪切所有 4 个 DNA 链，这些酶催化重组（Grindley，Whiteson，& Rice，2006）。对锌指和 TAL 效应子重组酶两个平台来说，酶特异性是模块、位点特异性 DNA 识别和序列依赖催化的协同产物（Gordley，Gersbach，& Barbas，2009）。因此，促进锌指（Gersbach，Gaj，& Barbas，2014）和 TAL 效应物 DNA 结合蛋白（Joung & Sander，2013）模块化设计与合成，激活了大范围识别 DNA 序列的新定制重组酶的能力。此外，使用从噬菌体 Mu 的 DNA 转化酶 Gin 活化突变体衍生的预选重组酶催化结构域，通过"即插即用"的方式很容易产生具有明显催化特异性的新重组酶变体（Gaj，Mercer，Gersbach，Gordley，& Barbas，2011；Gaj，Mercer，Sirk，Smith，& Barbas，2013；Gersbach，Gaj，Gordley，& Barbas，2010；Klippel，Cloppenborg，& Kahmann，1988；Proudfoot，McPherson，Kolb，& Stark，2011）。采用靶向 Gin 重组酶 C 端臂的饱和突变，连接催化和 DNA 结合域的酶区域，也接触底物 DNA，产生这些催化结构域变体，即指 Gin α、β、γ、δ、ε 和 ζ。这些重新设计的催化结构域证明它们对既定目的 DNA 靶有高度特异性，可以在"混合和匹配"方法中用于识别高度多样性 DNA 序列。的确，我们的实验室和其他实验室证明，由这些再造工程组成的杂交重组酶有能力靶向治疗因子以>80%特异性整合到内源性基因位点（Gaj，Sirk，Tingle，et al.，2014），以>15%效率切除人细胞的转基因（Gordley et al.，2007）。

在这里，我们提供了设计和基于锌指蛋白技术验证杂交重组酶循序渐进的方案。我们的分析包括评价锌指重组酶（ZFR）在哺乳动物细胞的活性，以及介绍如何利用该技术实现位点特异性插入内源性基因位点。

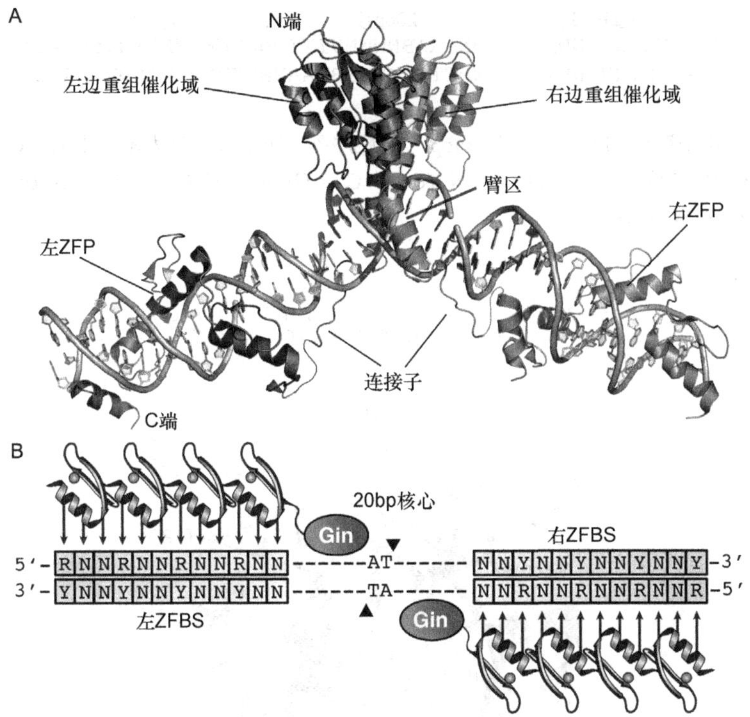

图 4.1 锌指重组酶（ZFR）与 DNA 结合二聚体的结构。（A）由激活的丝氨酸重组酶催化域组成的每个 ZFR 单体（蓝色或橙色）融合到定制设计的 Cys_2-His_2 锌指 DNA 结合域。（B）与 DNA 结合的 ZFR 二聚体示意图。由两个反向锌指结合位点侧翼结合中央 20bp 核心序列组成的 ZFR 靶位点，被丝氨酸重组酶催化域识别。缩写如下：N=A、T、C 或 G；R=G 或 A；Y=C 或 T。改编自 Gaj，Mercer 等（2013）。（彩图请扫封底二维码）

4.2 靶 识 别

采用图 4.2 提供的一致序列推断 ZFR 可识别的靶位点。设计的 ZFR 是由与 C 端锌指 DNA 结合蛋白质融合的 N 端锌指重组酶组成的完全模块化酶。使用图 4.3 和表 4.1 中介绍的集合预选重组酶催化结构域，我们估计每 160 000bp 的随机序列可以鉴定出一个潜在的 ZFR 靶位点。每个再造工程催化结构域特异性作图显示在图 4.3B。目前，核心位置 6、5、4 存在的腺嘌呤是含有 Gin 重组酶催化结构域的 ZFR 主要打靶需要。在这些位置无腺嘌呤识别需要的情况下，可以使用 ZFR 衍生于 Sin 和 β 重组酶催化结构域的 ZFR（Sirk，Gaj，Jonsson，Mercer，& Barbas，2014），识别这个位置上的鸟嘌呤和胸腺嘧啶。一般来说，对天然重组酶靶位点显示>50%序列特性的 20bp 核心序列通常显示最高水平的活性。接着进行特异性靶位点的验证，从预选文库的模型化部分产生具有预期互补特异性的 ZFR。

```
 +1    左ZFBS                 20bp核心             右ZFBS      +44
5'-RNNRNNRNNRNNNNNNAAABNWWNVTTTNNNNNNYNNYNNYNNY-3'
3'-YNNYNNYNNYNNNNNNTTTVNWWNBAAANNNNNNRNNRNNRNNR-5'
```

图 4.2 用于识别潜在 ZFR 靶位点的 44bp 一致靶序列。下划线碱基表示锌指 DNA 结合位点、核心位置 3 和核心位置 2。缩写如下：N=A，T，C 或 G；R=A 或 G；Y=T 或 C；B=T，C 或 G；V=A，C 或 G；W=A 或 T。

A

```
 -10 -9 -8 -7 -6 -5 -4 -3 -2 -1
5'-T-C-C-A-A-A-A-C-C-A-T-G-G-T-T-T-A-C-A-G-3'
3'-A-G-G-T-T-T-T-G-G-T-A-C-C-A-A-A-T-G-T-C-5'
                       +1 +2 +3 +4 +5 +6 +7 +8 +9 +10
```

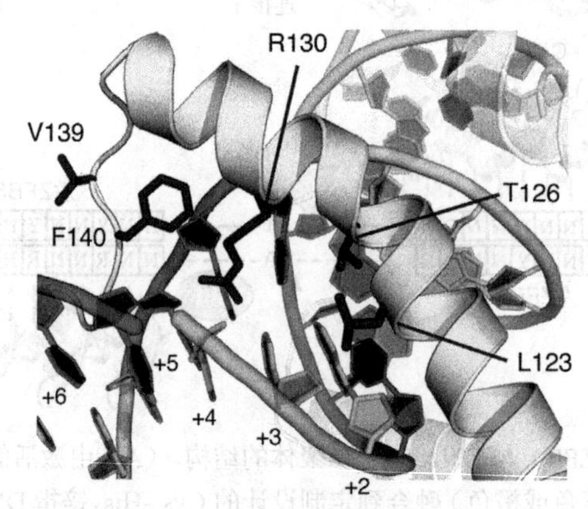

B

位置3和2

催化结构域	AA	AT	TA	TT	AC	AG	CA	GA	CT	GT	TC	TG	CC	CG	GC	GG
α	<0.1	<0.1	<0.1	<0.1	<0.1	<0.1	<0.1	<0.1	<0.1	<0.1	2	50	35	55	<0.1	25
β	<0.1	<0.1	<0.1	<0.1	<0.1	<0.1	<0.1	<0.1	<0.1	<0.1	11	25	44	57	20	78
γ	<0.1	<0.1	<0.1	<0.1	<0.1	<0.1	<0.1	<0.1	15	27	<0.1	<0.1	<0.1	<0.1	<0.1	<0.1
δ	<0.1	<0.1	<0.1	<0.1	<0.1	<0.1	13	1	14	20	<0.1	<0.1	<0.1	<0.1	<0.1	<0.1
ε	<0.1	<0.1	<0.1	<0.1	2	1	<0.1	<0.1	<0.1	6	<0.1	<0.1	<0.1	<0.1	<0.1	<0.1
ζ	<0.1	<0.1	<0.1	30	<0.1	<0.1	<0.1	<0.1	<0.1	<0.1	<0.1	<0.1	<0.1	<0.1	<0.1	<0.1

低 <0.1 1 10 25 50 100 高

重组(%)

图 4.3 Gin 催化域特异性。（A，图顶）Gin 催化结构域识别天然 20bp 核心序列。核心位点内的所有碱基位置都有编号。方框内为位置 3 和 2。（A，图底）丝氨酸重组酶催化结构域与 DNA 复合物的结构。重编程的残基以品红颜色表示（印刷版中为黑色）。（B）Gin α、β、γ、δ、ε 和 ζ 催化域的重组特异性对于每两个碱基在 3 和 2 位置上结合的可能性。下划线是预期 DNA 靶。改编自 Gaj，Mercer 等（2013）。（彩图请扫封底二维码）

表 4.1　再造 Gin 催化结构域代替物

催化结构域	靶	位置				
		120	123	127	136	137
α	CC[a]	Ile	The	Leu	Ile	Guy
β[b]	GC	Ile	The	Leu	Arg	Phe
γ	GT	Leu	Val	Ile	Arg	Trp
δ	CA	Ile	Val	Leu	Arg	Phe
ε[b]	AC	Leu	Pro	His	Arg	Phe
ζ[c]	TT	Ile	Thr	Arg	Ile	Phe

a. 野生型 DNA 靶。

b. ε 催化结构域也含有替代 E117L 和 L118S。

c. ζ 催化结构域也包含替代物 M124S、R1311 和 P141R。

4.3　重组酶构建

我们设计了 ZFR 易于组装和表达的载体：构建 ZFR 需要两个锌指蛋白的组装试验，该试验识别 DNA 序列侧翼中心的 20bp 核心序列。我们记录了我们实验室（Gonzalez et al.，2010）和其他实验室（Carroll，Morton，Beumer，& Segal，2006；Maeder，Thibodeau-Beganny，Sander，Voytas，& Joung，2009；Wright et al.，2006）已介绍的有关锌指装配的许多方案，别处也有详细介绍。

从 SuperZiF-相融亚克隆质粒 pBH-Gin-α、β、γ、δ、ε 和 ζ 中可获得识别 10^7 独特核心序列的工程 Gin 催化结构域（Gaj，Mercer，et al.，2013）。由于采用 OPEN（Maeder et al.，2008）、CoDA（Sander et al.，2011）和其他开放源组装方法（Bhakta et al.，2013）以及替代丝氨酸重组酶催化结构域构建的锌指蛋白的兼容性，这些载体很容易修饰。下面是构建识别用户定义的靶位点 ZFR 异源二聚体的方案，按 4.2 节使用 SuperZiF-组装锌指蛋白进行验证。重要的是，不对称 DNA 序列的 ZFR 靶向需要“左”和“右”两个单体的存在。我们特别提出以下方法介绍单个 ZFR 单体产生。

注意：羧苄青霉素（即 Carb）是一个更稳定的氨苄青霉素类似物，值得推荐，但在本方案中不是必需的。

（1）用限制性内切核酸酶 *Age* Ⅰ、*Spe* Ⅰ 在推荐的缓冲液中消化适当的亚克隆载体（pBH-Gin-α、β、γ、δ、ε 或 ζ），每 1μg 载体 DNA 用 10U 酶消化 3h。通过琼脂糖凝胶电泳，用荧光染料（如溴化乙锭）染色可视化 DNA。

（2）使用 QIA 快速凝胶提取试剂盒，按照制造商指南通过凝胶提取纯化消化的载体。

（3）采用限制性内切核酸酶 *Xma* I 和 *Spe* I 在适当的缓冲液中释放从 pSCV 中 SuperZiF 组装的锌指蛋白，每 1μg DNA 用 10U 酶消化 3h。使用 QIA 快速凝胶提取试剂盒通过凝胶电泳分离。

（4）用 1U T4 DNA 连接酶将纯化的锌指蛋白 DNA 与 25～50ng 纯化的 pBH-Gin-α、β、γ、δε、ζ 载体在室温下连接 1h。为达到最佳效果，使用 6∶1 插入载体的比率完成连接反应。

（5）通过电穿孔，在 2ml SOC 液体培养基中 37℃ 250rpm 摇瓶恢复 1h，将 10～20ng 连接的 pBH-Gin-α、β、γ、δ、ε 或 ζ 转化到任何实验室的大肠杆菌菌株（如 TOP10 或 XL1 Blue）中。

（6）在含有 100μg/ml 羧苄青霉素的 LB 琼脂平板上展层 100μl 恢复培养物，测定连接/转化效率，可能对步骤（8）有用。将剩余的 2ml 复苏培养物接种到加有 4ml 100μg/ml 羧苄青霉素的 SB 培养基中生长过夜。培养物于 37℃ 250rpm 摇瓶孵化 16～24h。

（7）第二天，用任何商用 Miniprep 试剂盒根据制造商操作指南纯化培养过夜纯化质粒。

（8）通过 *Sfi* I 限制性消化从 miniprepped pBH 释放 ZFR，1μg DNA 使用 10U 酶消化 3h 并用琼脂糖凝胶电泳可视化 DNA。如果无法恢复 ZFR，我们建议使用恢复培养物培养克隆 PCR，筛选含有整合的 ZFR 插入子的单个菌落。

（9）使用 QIA 快速凝胶提取试剂盒纯化 ZFR 插入子。

（10）将纯化的全长 ZFR 插入子与 25～50ng *Sfi* I 消化 pcDNA 3.1（Invitrogen）连接。在 1～2ml SOC 培养基中将 10～20ng 连接反应液转化到任何主管实验室的大肠杆菌中。1h 后，100μl 细胞展层在含有 100μg/ml 羧苄青霉素的 LB 琼脂平皿上，37℃孵化过夜。

（11）次日，将琼脂羧苄青霉素 LB 平板上的一个菌落接种到 6ml 包含 100μg/ml 羧苄青霉素的 SB 培养基中，37℃ 250rpm 摇瓶培养过夜。

（12）次日，收获过夜培养物，用 Minipreppc 纯化 DNA-ZFR 质粒。用引物 T7 Universal（5′-TAATACGACTCACTATAGGG-3′）进行标准 DNA 测序验证 ZFR 身份。

4.4 重组酶活性的测定

我们实验室开发了瞬时报道基因分析，用于哺乳动物细胞连接 ZFR-介导的重组，从而减少萤光素酶表达（Gaj，Mercer，et al.，2013；Gaj，Sirk，Tingle，et al.，2014）。为了实现这一目标，将重组酶插入到猿猴空泡病毒 40（SV40）启动子上游和下游两端，驱动荧光素酶报道基因的表达。切除启动子活化重组酶，导致萤光素酶的表达减少。接下来介绍产生和应用萤光素酶报道基因的载体，它们也广泛适用于其他类型的报道基因，包括增强绿色萤光蛋白（EGFP）和β-半乳糖苷酶。

4.4.1　报道基因质粒的构建

（1）可以从许多不同来源扩增 SV40 启动子序列。在我们的研究中，我们使用引物 SV40-ZFR-BglⅡ-Fwd 和 SV40-ZFR-*Hin*dⅢ-Rev PCR 扩增来自 pGL3-Prm 的 SV40 启动子。这些引物还编码侧翼 ZFR 靶位点。

SV40-ZFR-*Bgl*Ⅱ-Fwd：

5′-TTAATTAAGAG*AGATCT*GCTGATGCAGATACAG AAACCAAGGTTTTCTTAC TTGCTGCTGCGCGATCTGC ATCTCAATTAGTCAGC-3′

SV40-ZFR-*Hin*dⅢ-Rev：

5′-ACTGACCTAGAGAAGCTTGCAGCAGCAAGTAAG AAAACCTTGGTTT CTGTATCTGCATCAGCTTTGC AAAAGCCTAGGCCTCCA AA-3′

注意：下划线为 ZFR 靶位点。斜体为限制性位点。

（2）根据制造商操作指南采用 QIA 快速凝胶提取试剂盒纯化 PCR 产物。

（3）用限制性内切核酸酶 *Bgl*Ⅱ和 *Hin*dⅢ消化纯化的 PCR 产物和 pGL3-Prm，用凝胶电泳纯化两种 DNA 片段。

（4）将纯化的 SV40-ZFR 插入子与 25～50ng 纯化的 pGL3 载体 25℃连接 1h，创建 pGL3-靶。

（5）通过电穿孔将 10～20ng 连接的质粒转化到大肠杆菌。在 1～2ml 的 SOC 培养基中恢复细胞 1h，在含有 100μg/ml 羧苄青霉素的 LB 琼脂平板上展层 100μl 细胞。37℃孵化平板过夜。

（6）次日，挑去 LB 琼脂平板中的一个菌落接种到含 100μg/ml 羧苄青霉素的 6ml SB 培养基中，37℃ 250rpm 摇瓶培养过夜。

（7）用 Miniprep 纯化 pGL3-target 质粒，使用 SV40-Mid-正向引物（5′-ACCATAGTCCCGCCCCTAACTCC-3′）和 SV40-Mid-Prim 反向引物（5′-GGAGTTAGGGGCGGGACTATGGT-3′）进行 DNA 测序验证报道基因质粒。

4.4.2　荧光素报道基因实验

（8）在 96 孔平板上接种人胚胎性肾（HEK）293T 细胞，在含有 10%（*V*/*V*）胎牛血清 DMEM 培养基中的接种密度为 4×10^4 个细胞/孔。

（9）播种后转染细胞 24h。为达到最佳效果，转染时细胞应该达到 80%～90% 的密度。

①每个用 25～50ng pcDNA-ZFR 单体表达载体、25ng pGL3-targe 靶报道基因载体、1ng pRL-CMV（Renilla 蛍光素酶转染对照；Promega），按制造商指南操作。每个孔我们通常使用 0.8μl 脂质体 2000（Invitrogen）转染。

②准确评估重组酶活性，包括以下样品：

i. 实验：用 ZFR 表达载体构建报道基因；

ii. 萤光素酶活性背景：只有报道基因质粒；

iii. 阴性对照：不接受报道基因质粒或 ZFR 表达载体的模拟转染细胞。

（10）转染后，使用微孔板光度计和双萤光素酶报道分析 48h，用转染的 Renilla 萤光素酶对照校正。

（11）认为诱导发光降低>20 倍的重组酶活性足够内源基因组靶向研究。在我们的经验中，导致>60 倍发光减少的重组酶产生了下游应用最好的结果。

4.5 位点特异性整合

位点特异性整合是锌指重组酶技术的核心应用技术。基于促进 ZFR 介导的转基因插入到人基因组的 pBABE 载体系统（Morgenstern & Land，1990），我们开发了供体质粒主链（pDonor）（Gaj，Sirk，Tingle，et al.，2014；Gordley et al.，2009）。这个载体包含稳定表达嘌呤霉素抗性基因，用于 ZFR-修饰细胞的富集和为目的基因（GOI）的安置克隆 ZFR 靶位点的上游多重克隆位点。以下方案介绍构建 ZFR 供体质粒，以及实现位点特异性与 ZFR 集成的循序渐进的过程。

4.5.1 供体质粒的构建

（1）用编码 5′*Pst* Ⅰ和 3′ *Bam*H Ⅰ限制性位点的引物，PCR 扩增目的基因的 cDNA 序列。在第 2 节中 *Bam*H Ⅰ限制性位点上游，选择的 3′端引物也必须编码 ZFR 靶位点。

注意：p 供体不包含通用的启动子或多聚 A 区，因此这些组件应该与 GOI 扩增。

（2）使用 QIA 快速凝胶提取试剂盒，按操作指南凝胶纯化 PCR 产物。

（3）采用限制性内切核酸酶 *Pst* Ⅰ和 *Bam*H Ⅰ消化纯化的 PCR 产物和 p 供体（空）。通过凝胶电泳纯化两种 DNA 片段。

（4）将纯化的 GOI 插入到 25～50ng 纯化的 p 供体载体，室温下连接 1h。

（5）通过电穿孔，将 10～20ng 连接的质粒转化到任何实验室的大肠杆菌菌株中。在 1～2ml SOC 培养基中恢复细胞 1h，并在含有 100μg/ml 羧苄青霉素的 LB 琼脂培养基上接种 100μl 细胞。37℃孵化过夜。

（6）采用 Miniprep 纯化 DNA 测序，通过 DNA 测序验证供体质粒特性。

4.5.2 细胞培养方法

（7）在含有 10%胎牛血清的 DMEM 培养基 24 孔平板中以每孔 2×10^5 个细胞密度接种 HEK293 细胞。

注意：我们测试重组酶在 HEK293 细胞中整合供体质粒的能力；然而，在大多数细胞中这些酶应该展示高活性。

（8）接种后 24h，使用任何所需的转染方法，将 80ng pDonor 质粒、10ng pcDNA-ZFR-L、pcDNA-ZFR-R 表达载体转染细胞和（可选）10ng pCMV-EGFP 转染对照。我们注意到 ZFR 介导整合的效率依赖于质粒转染的数量，因此可能需要后续的优化，特异性小的重组酶需要高达 100ng 的 L-和 R-ZFR 质粒

（9）转染后 72h，完成以下评价和扩展克隆群体。

1. 整合的 PCR 验证

i. 转染后 72h，收获细胞，用快速提取 DNA 提取试剂，按制造商说明书分离大基因组 DNA。

ii. 设计引物互补基因组区 5′和 3′连接，采用巢式 PCR 扩增这个区域。作为内部对照，我们建议从收获细胞类型中 PCR 扩增甘油醛-3-磷酸脱氢酶（GAPDH）基因。

注意：ZFR 介导整合可能发生在正向和反向方向，因此我们建议设计内部巢式引物用于检测目的基因 *GOI* 的正向和反向整合。

iii. 凝胶纯化 PCR 产物，采用 DNA 测序验证供体载体的特性。

2. 修饰效率测定

iv. 转染后 72h，将细胞分成 6 孔板，密度 1×10^4 个细胞/孔，并在 DMEM/FBS 培养基中保持有或没有 2μg/ml 嘌呤霉素。

v. 接种后 14～18 天，用 0.2%结晶紫染色液染色细胞，根据含有嘌呤霉素培养基中分开的菌落数和缺乏嘌呤霉素的菌落数计算全基因组整合率。

3. 修饰克隆子的分离和扩增

vi. 转染后 72h，将 1×10^4 个细胞分装到 100mm 培养皿并维持细胞在含有 2μg/ml 嘌呤霉素的 DMEM/FBS 培养基中。用含有无菌硅脂的 10mm×10mm 开口克隆圆筒分离单个菌落，在含有嘌呤霉素 96 孔板中扩增。另外，分离修饰细胞并扩增转染后 72h 获得的细胞，在 96 孔板中再接种，用 2μg/ml 嘌呤霉素限制稀释。在扩增的克隆子中正向和反向方向样品凝胶图示阳性整合，如图 4.4 所示。

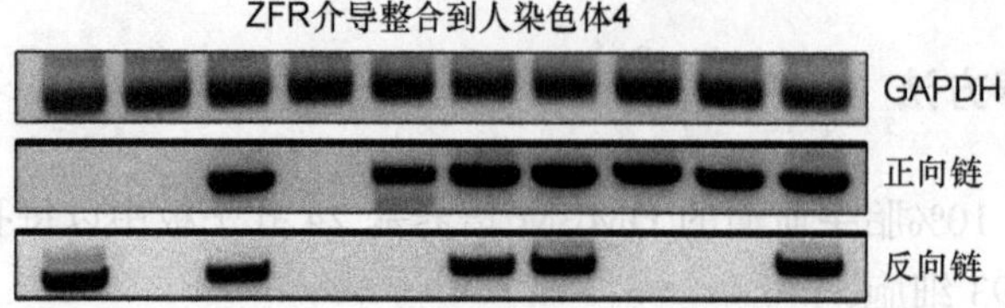

图 4.4 ZFR 介导整合到人基因组。嘌呤抗性细胞与一对 ZFR 表达载体（左边和右边）和 p 供体质粒转染的样品克隆分析。

4.6 结 论

这里提供了能识别用户定制位点设计 ZFR 的详细方法。介绍了有能力催化不同范围基因修饰结果，包括靶向基因整合、切除和基因盒交换的重组酶。这些嵌合酶也可与其他基因组工程技术联合，包括位点特异性核酸酶（Gaj，Gersbach，et al.，2013）和转座酶（Gersbach，Gaj，Gordley，Mercer，& Barbas，2011），甚至更多样的编辑结果。尽管这种方法不包括指导产生最近定制 TAL 效应物重组酶（Mercer et al.，2012），但它应该很容易用于创建任何类型的杂交重组酶。

致 谢

我们感谢 S. J. Sirk 对手稿的批评性阅读。分子图使用 PyMol 制作（http://pymol.org）。本工作得到了美国国家卫生研究院（DP1CA174426）和斯卡格斯化学生物学研究所的资助。

参 考 文 献

Akopian, A., He, J., Boocock, M. R., & Stark, W. M. (2003). Chimeric recombinases with designed DNA sequence recognition. Proceedings of the National Academy of Sciences of the United States of America, 100(15), 8688-8691.

Bhakta, M. S., Henry, I. M., Ousterout, D. G., Das, K. T., Lockwood, S. H., Meckler, J. F., et al. (2013). Highly active zinc-finger nucleases by extended modular assembly. Genome Research, 23(3), 530-538.

Carroll, D., Morton, J. J., Beumer, K. J., & Segal, D. J. (2006). Design, construction and *in vitro* testing of zinc finger nucleases. Nature Protocols, 1(3), 1329-1341.

Gaj, T., Gersbach, C. A., & Barbas, C. F., 3rd. (2013). ZFN, TALEN, and CRISPR/Cas-based methods for genome engineering. Trends in Biotechnology, 31(7), 397-405.

Gaj, T., Mercer, A. C., Gersbach, C. A., Gordley, R. M., & Barbas, C. F., 3rd. (2011). Structure-guided reprogramming of serine recombinase DNA sequence specificity. Proceedings of the National Academy of Sciences of the United States of America, 108(2), 498-503.

Gaj, T., Mercer, A. C., Sirk, S. J., Smith, H. L., & Barbas, C. F., 3rd. (2013). A comprehensive approach to zinc-finger recombinase customization enables genomic targeting in human cells. Nucleic Acids Research, 41(6), 3937-3946.

Gaj, T., Sirk, S. J., & Barbas, C. F., 3rd. (2014). Expanding the scope of site-specific recombinases for genetic and metabolic engineering. Biotechnology and Bioengineering, 111(1), 1-15.

Gaj, T., Sirk, S. J., Tingle, R. D., Mercer, A. C., Wallen, M. C., & Barbas, C. F., 3rd. (2014). Enhancing the specificity of recombinase-mediated genome engineering through dimer interface redesign. Journal of the American Chemical Society, 136(13), 5047-5056.

Gersbach, C. A., Gaj, T., & Barbas, C. F., 3rd. (2014). Synthetic zinc finger proteins: The advent of targeted gene regulation and genome modification technologies. Accounts of Chemical Research, 47, 2309-2318. http://dx.doi.org/10.1021/ar500039w.

Gersbach, C. A., Gaj, T., Gordley, R. M., & Barbas, C. F., 3rd. (2010). Directed evolution of recombinase specificity by split gene reassembly. Nucleic Acids Research, 38(12), 4198-4206.

Gersbach, C. A., Gaj, T., Gordley, R. M., Mercer, A. C., & Barbas, C. F., 3rd. (2011). Targeted plasmid integration into the human genome by an engineered zinc-finger recombinase. Nucleic Acids Research, 39(17), 7868-7878.

Gonzalez, B., Schwimmer, L. J., Fuller, R. P., Ye, Y., Asawapornmongkol, L., & Barbas, C. F., 3rd. (2010). Modular system for the construction of zinc-finger libraries and proteins. Nature Protocols, 5(4), 791-810.

Gordley, R. M., Gersbach, C. A., & Barbas, C. F., 3rd. (2009). Synthesis of programmable integrases. Proceedings of the National Academy of Sciences of the United States of America, 106(13), 5053-5058.

Gordley, R. M., Smith, J. D., Graslund, T., & Barbas, C. F., 3rd. (2007). Evolution of programmable zinc finger-recombinases with activity in human cells. Journal of Molecular Biology, 367(3), 802-813.

Grindley, N. D., Whiteson, K. L., & Rice, P. A. (2006). Mechanisms of site-specific recombination. Annual Review of Biochemistry, 75, 567-605.

Joung, J. K., & Sander, J. D. (2013). TALENs: A widely applicable technology for targeted genome editing. Nature Reviews Molecular Cell Biology, 14(1), 49-55.

Klippel, A., Cloppenborg, K., & Kahmann, R. (1988). Isolation and characterization of unusual gin mutants. EMBO Journal, 7(12), 3983-3989.

Maeder, M. L., Thibodeau-Beganny, S., Osiak, A., Wright, D. A., Anthony, R. M., Eichtinger, M., et al. (2008). Rapid "open-source" engineering of customized zinc-finger nucleases for highly efficient gene modification. Molecular Cell, 31(2), 294-301.

Maeder, M. L., Thibodeau-Beganny, S., Sander, J. D., Voytas, D. F., & Joung, J. K. (2009). Oligomerized pool engineering (OPEN): An 'open-source' protocol for making cus- tomized zinc-finger arrays. Nature Protocols, 4(10), 1471-1501.

Mercer, A. C., Gaj, T., Fuller, R. P., & Barbas, C. F., 3rd. (2012). Chimeric TALE recombinases with programmable DNA sequence specificity. Nucleic Acids Research, 40(21), 11163-11172.

Morgenstern, J. P., & Land, H. (1990). Advanced mammalian gene transfer: High titre retroviral vectors with multiple drug selection markers and a complementary helper-free packaging cell line. Nucleic Acids Research, 18(12), 3587-3596.

Proudfoot, C., McPherson, A. L., Kolb, A. F., & Stark, W. M. (2011). Zinc finger recombinases with adaptable DNA sequence specificity. PLoS One, 6(4), e19537.

Sander, J. D., Dahlborg, E. J., Goodwin, M. J., Cade, L., Zhang, F., Cifuentes, D., et al. (2011). Selection-free zinc-finger-nuclease engineering by context-dependent assembly (CoDA). Nature

Methods, 8(1), 67-69.

Sirk, S. J., Gaj, T., Jonsson, A., Mercer, A. C., & Barbas, C. F., 3rd. (2014). Expanding the zinc-finger recombinase repertoire: Directed evolution and mutational analysis of serine recombinase specificity determinants. Nucleic Acids Research, 42(7), 4755-4766.

Wright, D. A., Thibodeau-Beganny, S., Sander, J. D., Winfrey, R. J., Hirsh, A. S., Eichtinger, M., et al. (2006). Standardized reagents and protocols for engineering zinc finger nucleases by modular assembly. Nature Protocols, 1(3), 1637-1652.

第 5 章　人细胞基因组工程

Minjung Song[1], Young-Hoon Kim[1], Jin-Soo Kim[2,3], Hyongbum Kim[1,3]

（1. 韩国汉阳大学医学院生物医学科学与工程研究生院；
2. 韩国首尔基础科学研究所基因组工程中心；3. 国立首尔大学化学系）

目　录

摘要

基因组编辑在人细胞、医学和生物技术中的研究具有重大价值。包括锌指核酸酶、转录激活因子样效应物核酸酶和 RNA-引导工程核酸酶的可编程核酸酶识别特异性靶序列并在位点上产生双链断裂，从而导致基因破坏、基因插入、基因修复或染色体重排。这些可编程核酸酶的靶序列复合物比 3.2 Mb 人基因组单倍体还要大。在这里，我们简要介绍人基因组结构和每个可编程核酸酶的特点，并回顾它们在人细胞包括多能干细胞中的应用。此外，我们还对核酸酶、可编程切口酶等各种传递方法，以及基因编辑人细胞的富集进行了讨论，所有这些都能促进人细胞基因组编辑的效率和精确度。

5.1 导 论

人细胞中基因组工程在研究、医学和生物技术领域具有非常大的价值。在研究中，确定人基因或遗传元件功能的最佳方法之一，是比较含有突变基因或相关元件的人细胞的表型与同源正常人细胞的表型。这个方法变得越来越重要，越来越多的研究人员正在使用人多能干细胞疾病模型来研究疾病病理生理学和体外筛选治疗药物（Colman & Dreesen，2009；Saha & Jaenisch，2009）。此外，如果通过基因工程将报道基因或肽标签插入到内源基因，那么监视或跟踪这些基因就成为可能。在医学上，如果利用已经建立的细胞模型或动物模型对基因突变引起的疾病进行修复，那么许多遗传疾病就可以预防或治疗（Li et al.，2011；Osborn et al.，2013；Schwank et al.，2013；Voit，Hendel，Pruett-Miller，& Porteus，2014；Yin et al.，2014）。这种靶向遗传修复也可以用来治疗非遗传疾病如人类免疫缺陷病毒（HIV）感染，这已在人患者中进行了试验（Holt et al.，2010；Tebas et al.，2014）。在生物技术中，人细胞的靶向遗传修复也促进了技术进步。例如，当人细胞如中国仓鼠卵巢细胞用于产生特异性蛋白质时，基因组工程能够提高产量和增强这一过程的效率。

基于同源重组（HR）而自然发生在精子和卵子生成时的传统基因打靶方法，可以用来实现人细胞中靶向基因改造（Smithies，Gregg，Boggs，Koralewski，& Kucherlapati，1985；Song，Schwartz，Maeda，Smithies，& Kucherlapati，1987）。然而，同源重组的效率极低，需要精心设计的阳性和阴性选择，从而获取目的修饰细胞。

在靶位点上双链断裂（DSB）至少可以提高两个数量级的同源重组效率（Rouet，Smih，& Jasin，1994）。此外，通过非同源末端连接（NHEJ）对这些 DSB 进行易错修复会导致定向诱变（Bibikova，Golic，Golic，& Carroll，2002）。通过特异性序列识别可编程核酸酶，包括锌指核酸酶（ZFN）、转录激活因子样效应物核酸酶（TALEN）和 RNA 引导工程核酸酶（RGEN），可在基因组特异性位点上产生 DSB（Kim & Kim，2014）。

在这一章中，我们将首先简要回顾一下人基因组的结构。然后我们将介绍三个可编程的核酸酶，即 ZFN、TALEN 和 RGEN，以及它们在人细胞中的应用，包括它们在遗传和非遗传疾病治疗方面的潜在用途。我们还综述了可编程的核酸酶递送到人细胞的各种方法，以及利用人细胞中切口酶或代理报道基因提高编辑过程效率的技术。

5.2　人基因组结构

人基因组计划于 1990 年发起，2003 年宣布完成。使用高通量实验和生物信息学方法的组合测定了人基因组序列（International Human Genome Sequencing，2004；Lander et al.，2001；She et al.，2004；Venter et al.，2001）。二倍体细胞（体细胞）的基因组由 22 对常染色体和 2 条性染色体（雌性 XX，雄性 XY）组成（图 5.1A 和 B）。单倍体基因组（包含卵子和精子细胞）的总长度为 32 亿碱基对（bp）；二倍体基因组为 6.4 亿 bp，它代表了大约 1.5%的基因组和非编码 DNA，剩余部分占据了大约 98%（International Human Genome Sequencing，2004；Lander et al.，2001；Pennisi，2012）。尽管人基因组序列已经完全确定，但是基因和非编码元件的生物功能还不完全了解，旨在阐明生物功能的实验主要是编码序列（Harrow et al.，2009）。非编码 DNA 是由基因相关序列[假基因、基因片段、内含子、非翻译区（UTR）]、长散在核元件（LINE）、短散在核元件（SINE）、长末端重复（LTR）、DNA 转座子、微卫星和各种其他元件组成（图 5.2）。

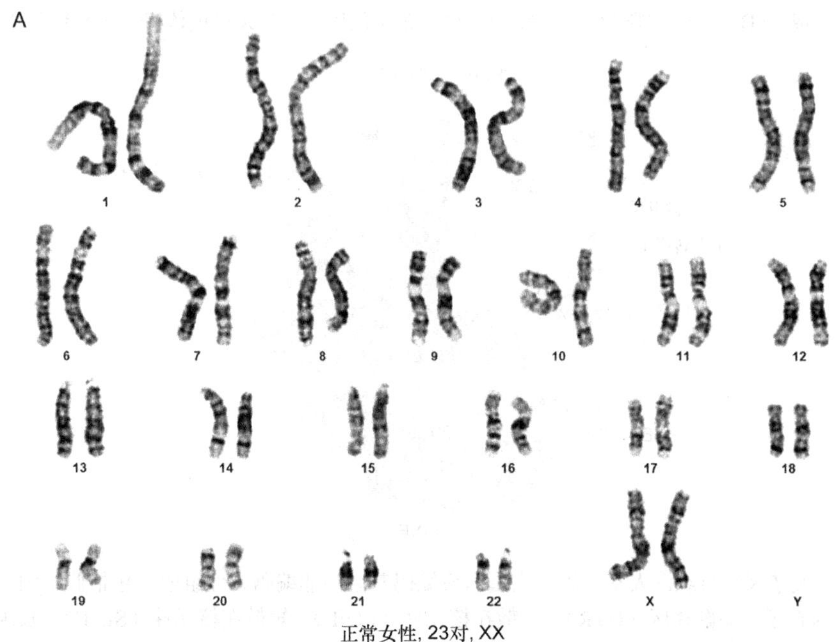

正常女性, 23对, XX

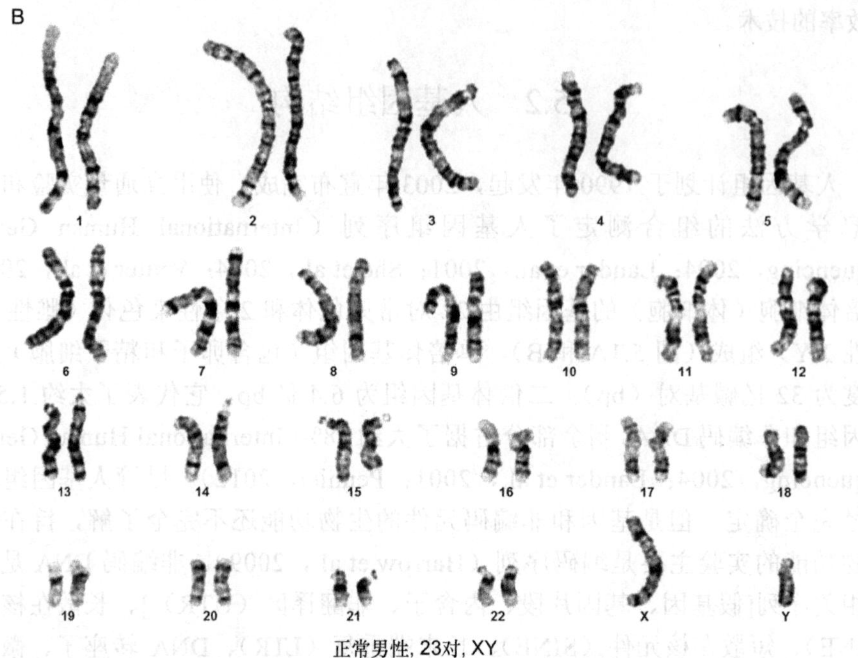

图 5.1 人染色体。人体细胞含有两套染色体，一套由父母给予，每一套有 23 条染色单体——22 条常染色体和 1 条“X”或“Y”性染色体。（A）雌性正常的染色体组型由 22 对常染色体和 2 条 X 染色体组成。（B）正常的雄性染色体组型由 22 对常染色体、一条 X 染色体和一条 Y 染色体组成。

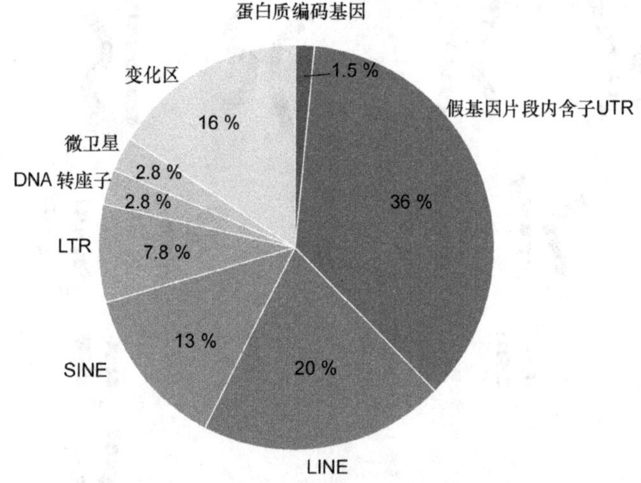

图 5.2 人基因组组织。人基因组是由蛋白质编码基因和非编码元件组成，包括假基因、基因片段、内含子、非翻译区（UTR）、长散在核元件（LINE）、短散在核元件（SINE）、长末端重复（LTR）、DNA 转座子、微卫星和各种未知功能的元件。从之前报道的基因组序列数据计算每个组件的相对百分比（Lander et al.，2001；Nussbaum，Mclnnes，& Willard，2007）。

5.3 使用可编程核酸酶对人基因编辑的范围

可编程核酸酶生成的双链断裂会导致各种基因修饰，包括基因破坏、基因插入、基因修复、点突变和染色体重排。

5.3.1 基因破坏

基因破坏是编辑最简单的形式，可以通过使用可编程的核酸酶来完成。可编程核酸酶产生的双链断裂通过易错 NHEJ 而得到明显的修复，在切割位点或切割位点附近通常导致小插入和删除（缺失）。这种缺失构成物会引起移码突变，导致基因破坏。通过比较剔除和同基因对照细胞，基因破坏可以用来确定人细胞特异性基因或遗传元件的作用（Soldner et al.，2011）。这样的基因破坏被用来研究糖基化途径（Steentoft et al.，2011）、人细胞核因子 κB 信号（Kim，Kweon，et al.，2013）和蛋白质甲基化（Kernstock et al.，2012）。

5.3.2 基因插入

基因插入是将一个或多个基因加入到 DNA 序列中的技术，传统上用质粒或整合病毒载体来完成。在传统的基因插入方法中，插入位点无法控制。转基因不受控制的整合或其调节序列进入非目的位点，可能会灭活必需基因或激活原癌基因（Dave，Jenkins，& Copeland，2004；Hacein-Bey-Abina et al.，2003；McCormack & Rabbitts，2004）。可编程核酸酶诱导目的基因插入位点或附近产生 DNA 双链断裂，通过同源定向修复（HDR）方式大大提高了基因插入（至少两个数量级）的效率。人基因组中几个位点被认为是安全的港湾，在那里转基因可以插入并表达，而对其他基因元件的表达不会造成重大改变（Lombardo et al.，2011）。

5.3.3 基因修复

基因修复或点突变可以通过递送可编程核酸酶和校正/突变模板如靶载体（Bibikova，Beumer，Trautman，& Carroll，2003）或单链 DNA 寡核苷酸（ssODN）（Chen et al.，2011）来实现。靶向载体和 ssODN 都有同源臂，相邻核酸酶切割位点区域有相同或相似的序列。与靶向载体相比，ssODN 制备相对容易和简单。使用人多能干细胞 ssODN 与 ZFN 结合已用来生成同基因型的疾病模型（Soldner et al.，2011）。

5.3.4 染色体重排

如果产生两个 DNA 双链断裂，在人细胞中可诱导染色体重排，包括删除、重复、染色体倒位和易位等（Brunet et al.，2009；Lee，Kim，& Kim，2010；Lee，Kweon，Kim，Kim，& Kim，2012）。使用 ZFN（Lee et al.，2010，2012；Urnov，Rebar，Holmes，Zhang，& Gregory，2010）、TALEN（Joung & Sander，2013）或 RGEN（Sander & Joung，2014）可以产生几个巨大的碱基对染色体片段重排。在诱导这些重排方面，RGEN 的优势优于 ZFN 和 TALEN，因为基于 RGEN 多元基因组编辑相对容易实现；通过 RGEN 靶向每个位点通常使用单个蛋白质（Cas9）并且只需要添加一个引导 RNA（gRNA）而在附加位点上产生切割（表 5.1）。

表 5.1 使用可编程核酸酶在人细胞中基因组编辑的范例

工程核酸酶	基因	相关疾病	遗传修复类型	参考文献
锌指核酸酶（ZFN）	将 *XIST* 插入到染色体 21 的 *DYRK1A* 位点	唐氏综合征	通过同源定向修复（HDR）基因插入	Jiang，Jing 等（2013）
	将 gp91phox 微基因插入到 *AAS1* 位点	X 连锁慢性肉芽肿病	通过 HDR 基因插入	Zou，Sweeney 等（2011）
	血红蛋白 β 链基因（*HBB*）	镰状细胞贫血	通过 HDR 基因修复	Zou，Mali 等（2011）和 Sebastiano 等（2011）
	α-突触核蛋白基因	帕金森病	通过 HDR 疾病模型	Soldner 等（2011）
	PPP1R12C/p84 基因在染色体 19 上，*IL2Rγ* 基因 X 染色体上	人类肿瘤	易位	Brunet 等（2009）
	α1 抗胰蛋白酶缺陷基因（*A1AT*）	α1 抗胰蛋白酶缺陷	通过 HDR 基因修复	Yusa 等（2011）
	趋化因子 5 编码基因（*CCR5*）	艾滋病毒感染	通过非同源末端连接（NHEJ）基因破坏	Holt 等（2010），Maier 等（2013），Perez 等（2008）和 Tebas 等（2014）
	乙型肝炎病毒（HBV）cccDNA	乙型肝炎病毒感染	基因破坏	Cradick 等（2010）
转录激活因子样效应物核酸酶（TALEN）	β-地中海贫血 β 珠蛋白基因（*HBB*）	β 珠蛋白生成障碍性贫血	通过 HDR 基因修复	Ma 等（2013）
	编码 VII 型胶原基因（*COL7A1*）	大疱性表皮松解症	通过 HDR 基因修复	Osborn 等（2013）

续表

工程核酸酶	基因	相关疾病	遗传修复类型	参考文献
转录激活因子样效应物核酸酶（TALEN）	杜氏进行性营养不良基因（*DMD*）	假肥大型肌营养不良	通过 NHEJ 基因破坏	Ousterout 等（2013）
	载脂蛋白 B 编码基因（*APOB*）	丙型肝炎病毒感染	通过 NHEJ 疾病模型	Ding，Lee 等（2013）
	分拣蛋白 1 基因（*SORT1*）	血脂异常，胰岛素抗性，运动神经元死亡	通过 NHEJ 疾病模型	Ding，Lee 等（2013）
	蛋白激酶 B 基因（*AKT2*）	胰岛素抗性	通过 NHEJ 疾病模型	Ding，Lee 等（2013）
		低血糖症	通过 NHEJ 疾病模型	Ding，Lee 等（2013）
		低胰岛素血症	通过 NHEJ 疾病模型	Ding，Lee 等（2013）
	脂滴包被蛋白基因（*PLIN1*）	脂肪代谢障碍	通过 NHEJ 疾病模型	Ding，Lee 等（2013）
	次黄嘌呤-鸟嘌呤磷酸核糖转移酶缺失（*HPPT*）	Lesch-Nyhan 综合征（自毁容貌症）	通过 NHEJ 疾病模型	Frank 等（2013）
	HBV cccDNA	乙型肝炎病毒感染	通过 NHEJ 基因破坏	Bloom 等（2013）和 Chen 等（2014）
RNA 引导内切核酸酶（RGEN）	囊性纤维化跨膜转导调节因子基因（*CFTR*）	囊性纤维化遗传病	通过 HDR 基因修复	Schwank 等（2013）
	亨廷顿病致病基因（*HTT*）	亨廷顿病	通过 HDR 疾病模型	An 等（2014）

5.4　可编程核酸酶用于人细胞基因组编辑

5.4.1　锌指核酸酶

锌指核酸酶（ZFN）是由在氨基酸末端 DNA 结合锌指蛋白（ZFP）结构域和在羧基末端 *Fok* I 核酸酶切割结构域组成的嵌合可编程核酸酶。ZFN 以异二聚体形式工作，因为 *Fok* I 必须二聚化才能切割 DNA（Bitinaite，Wah，Aggarwal，& Schildkraut，1998）。ZFP 包含一系列串联的 Cys2His2 锌指，每个识别大约 3bp 的 DNA（Tupler，Perini，& Green，2001；Wolfe，Nekludova，& Pabo，2000）。设计的结合特异性锌指结构域引导 ZFN 到特异性基因组位点。与其他可编程的核酸酶相比，使用 ZFN 通常受到靶向密度差和相当高水平脱靶效应的限制，导致细胞毒性。然而，ZFN 也是最小类型的可编程核酸酶，使它们可以使用递送载体如腺相关病毒（AAV）载体来表达（Li et al.，2011）。而且，ZFN 是已在人类患者完成临床试验的可编程核酸酶的唯一类型（Tebas et al.，2014）。

5.4.2 转录激活因子样效应物核酸酶

转录激活因子样效应物核酸酶（TALEN）由 *Fok* I 核酸酶结构域和衍生于植物病原菌黄单孢杆菌属（*Xanthomonas*）转录激活因子样效应物可定制的结合 DNA 结构域所组成（Miller et al.，2011）。在 TALEN 结构中，DNA 序列识别结构域的特征是 33～35 个恒定氨基酸重复单位。每个重复子几乎完全相同，除了两个高度可变氨基酸在 12 和 13 位置外，称为重复序列可变的双氨基酸残基（Boch et al.，2009；Moscou & Bogdanove，2009）。一个重复序列单位识别 DNA 主凹槽内一个碱基对（Deng et al.，2012；Mak，Bradley，Cernadas，Bogdanove，& Stoddard，2012）。像 ZFN 一样，TALEN 也以异二聚体进行工作，因为 *Fok* I 结构域的功能需要形成二聚体来发挥作用。可以购买全基因组 TALEN 文库，打靶 18 740 个人的蛋白质编码基因（Kim，Kweon，et al.，2013）和 274 个人的 miRNA-编码序列（Kim，Wee，et al.，2013）。

5.4.3 RNA 引导工程核酸酶

RNA 引导工程核酸酶（RGEN）由 gRNA 和 Cas9 核酸酶组成。这个可编程核酸酶衍生于细菌和古细菌的适应性免疫系统，称为规律成簇间隔短回文重复（CRISPR）系统（Barrangou et al.，2007；Makarova，Grishin，Shabalina，Wolf，& Koonin，2006）。细菌和古细菌捕获入侵噬菌体或病毒的小分子（约 20bp）外源 DNA 片段，以及插入到基因组 CRISPR 位点的这些片段。在 II 型系统中，外源 DNA 的片段，称为间隔，作为前 CRISPR RNA（pre-crRNA）转录和加工成以反式激活 crRNA（tracrRNA）存在的 crRNA，也称为 CRISPR 位点的转录（Deltcheva et al.，2011）。然后 crRNA 和 tracrRNA 与 CRISPR 辅助蛋白 9（Cas9）核酸酶复合构建一个活性序列特异性内切核酸酶。在几个 Cas9 核酸酶中，源自酿脓链球菌（*Streptococcus pyogenes*）的 Cas9 已得到广泛应用（Cho，Kim，Kim，& Kim，2013；Cong et al.，2013；Hwang et al.，2013；Jiang，Bikard，Cox，Zhang，& Marraffini，2013；Jinek et al.，2013；Mali，Yang，et al.，2013）。RGEN 靶序列长度为 23bp，由 crRNA 中 20 bp 引导序列，以及由 Cas9 定向识别的 3bp（5′-NGG-3′）原间隔相邻基序序列所组成（Mojica，Diez-Villasenor，Garcia-Martinez，& Almendros，2009）。crRNA 和 tracrRNA 组合可用单链引导 RNA（sgRNA）来代替（Jinek et al.，

2012)，将 RGEN 简化为只有两个组件。

RGEN 有几个优于 ZFN 和 TALEN 的优势。首先，他们的设计和制备简单、容易。因为 Cas9 蛋白是一种常见的组分，提供靶序列的新 RGEN 可以将 20bp 引导序列克隆到表达 gRNA 的载体上来制备。另外，在传递之前可以绕过克隆的过程在体外转录 RNA（Cho et al.，2013；Kim，Kim，Cho，Kim，& Kim，2014；Ramakrishna，Kwaku Dad，et al.，2014）。其次，有多元基因组编辑的便利。为了靶向一个额外的位点，必须制备一对新的 ZFN 或 TALEN，即需要一个额外的相对复杂的克隆过程，而在 RGEN 系统中添加一个以上的 gRNA 就足够了。三种可编程核酸酶更详细的比较最近已有报道（Kim & Kim，2014）。

最近，催化灭活 Cas9 蛋白与 *Fok* I 核酸酶结构域结合生成高特异性可编程核酸酶，称为 RNA 引导 *Fok* I 核酸酶（RFN）(Guilinger，Thompson，& Liu，2014；Tsai et al.，2014)。而 RGEN 单体功能，限制它们的复合物为 4^{22}，RFN 异二聚体功能类似于 ZFN 和 TALEN，因此，RFN 复合物为 4^{44}，使得这些核酸酶有更多特异性。

5.5　使用可编程核酸酶对人类遗传疾病的修复

遗传疾病主要是由基因突变所引起，使用可编程核酸酶可以对这些突变修复提供有前途的治疗模型。使用患者细胞已在体外（Jiang，Jing，et al.，2013；Ma et al.，2013；Ousterout et al.，2013；Schwank et al.，2013；Sebastiano et al.，2011；Yusa et al.，2011；Zou，Mali，Huang，Dowey，& Cheng，2011；Zou，Sweeney，et al.，2011)或在包含人基因序列的小鼠细胞内取得了这样的修复(Li et al.，2011)。源自患者诱导多能干细胞（iPSC）（Jiang，Jing，et al.，2013；Ma et al.，2013；Sebastiano et al.，2011；Yusa et al.，2011；Zou，Mali，et al.，2011)、成人干细胞（Schwank et al.，2013)、体细胞（Ousterout et al.，2013）和癌细胞（Sun，Liang，Abil，& Zhao，2012；Voit et al.，2014）已用于体外修复。修复了的人体细胞基因移植到动物模型已经证明获得了疾病的改善（Yusa et al.，2011)。

ZFN-诱导基因组校正主要表现在患者衍生的 iPSC 中进行，包括镰状细胞贫血(Sebastiano et al.，2011；Zou，Mali，et al.，2011)、X 连锁慢性肉芽肿病(X-CGD)（Zou，Sweeney，et al.，2011)、α1 抗胰蛋白酶缺乏症（Yusa et al.，2011）和唐氏综合征（Jiang，Jing，et al.，2013)。在 ZFN-引导基因组校正研究的最初阶段，ZFN 被用来纠正镰状细胞贫血的 β-球蛋白基因单位点突变（HBB）(Sebastiano et al.，2011；Zou，Mali，et al.，2011)。包含两个来自患镰状细胞贫血患者的突变 β-球蛋白等位基因的 iPSC 和突变子用 ZFN 体外修复。修复后的 iPSC 分化时，25%～40%发生的细胞群由野生型红细胞组成。ZFN 介导的安全位点打靶激活 X-CGD

遗传修正，即中性粒细胞杀菌的活性氧（ROS）产生的缺陷（Zou，Sweeney，et al.，2011）。纠正 iPSC 分化成中性粒细胞，即显示恢复 ROS 产生。在另一项研究中，ZFN 被用来纠正对 α1-抗胰蛋白酶缺陷负责的 α1 抗胰蛋白酶（A1AT）基因的点突变（Yusa et al.，2011）。人 iPSC 分化成肝细胞并灌输到小鼠肝脏，在那里它们被内生小鼠肝细胞所取代。细胞结构和功能体外和体内均能恢复。最近，进行了 ZFN-诱导修正唐氏综合征（21 三体综合征）的探索（Jiang，Jing，et al.，2013）。来自个体的人 iPSC 具备用 ZFN 遗传编辑的条件，表达包含剂量补偿基因、沉默 21 号染色体的一个拷贝。因此，受损的细胞增殖和神经发生迅速恢复。

与人类疾病相关的 TALEN 诱导基因修复已经在各种细胞类型，如镰状细胞贫血的癌细胞，以及地中海贫血（Sun et al.，2012；Voit et al.，2014）、假肥大型肌营养不良（DMD）（Ousterout et al.，2013）的成肌细胞和成纤维细胞、隐性营养不良性大疱性表皮松解症（RDEB）患者的皮肤细胞（Osborn et al.，2013）和 β-地中海贫血症的多能干细胞（Ma et al.，2013）中完成。对镰状细胞贫血，构建了 TALEN 能靶向突变的人 β-球蛋白基因（HBB）位点，实现了高水平靶基因修复 HeLa 细胞（Sun et al.，2012）和 K562 细胞（Voit et al.，2014）。来自于 DMD 患者的骨骼肌母细胞和成纤维细胞，TALEN-诱导基因组编辑恢复功能肌营养不良蛋白的表达（Ousterout et al.，2013）。基于 TALEN 基因修复后，患隐性营养不良性大疱性表皮松解症患 RDEB 第七型胶原蛋白（COL7A1）基因缺陷个体细胞显示出正常蛋白表达（Osborn et al.，2013）。TALEN 也用于 β-地中海贫血（HBB）、与 β 珠蛋白基因突变有关且危及生命的血液疾病相关研究。修复的多能干细胞成功地分化为成熟红细胞，即表达正常 β-球蛋白（Ma et al.，2013）。

已用 RGEN 基因组编辑探索治疗囊性纤维化（Schwank et al.，2013）。这种基因组编辑系统来自修复囊性纤维化患者肠干细胞中的囊性纤维化跨膜传导受体（CFTR）位点。最近，RGEN 系统也用于矫正表型遗传酪氨酸血症的人源化小鼠模型，这是一种由于延胡索酰乙酰乙酸水解酶（FAH）基因突变引起的致命疾病（Yin et al.，2014）。适当的 CRISPR/Cas9 组件直接递送给大鼠，因此产生了一些 Fah 阳性肝细胞，最终扩大和拯救了身体失重表型。

5.6 使用可编程核酸酶对人非遗传疾病的治疗

可编程核酸酶可以用于非遗传疾病的新治疗方法。迄今为止，研究已经关注病毒性传染病，通过病毒（Holt et al.，2010；Li et al.，2013；Maier et al.，2013；Perez et al.，2008；Tebas et al.，2014）或病毒基因组本身（Bloom，Ely，Mussolino，Cathomen，& Arbuthnot，2013；Chen et al.，2014；Cradick，Keck，Bradshaw，

Jamieson，& McCaffrey，2010；Schiffer et al.，2012）靶向人的受体已达到了治疗效果。

已完成了 HIV 感染代表性的研究。由 CD4 和 CCR5 受体介导 HIV 进入人 T 细胞。在北欧大约有 1%的人在 *CCR5* 基因中有双等位基因突变，这些人能抵抗 HIV 感染（Duncan，Scott，& Duncan，2005）。此外，用 *CCR5* 基因双等位基因突变通过骨髓移植已为供体实现了感染 HIV 的“治愈”（Hutter et al.，2009）。ZFN 介导的破坏人 T 细胞中的 *CCR5* 基因预防了 HIV 感染进入体外 T 细胞（Maier et al.，2013；Perez et al.，2008）。鉴于人 T 细胞有限的自我更新能力，已经在人 $CD34^+$造血干细胞/祖细胞中进行了 ZFN 介导的 *CCR5* 基因破坏研究，CCR5 的破坏显著降低了 HIV-1 在人化小鼠模型中的上调水平（Holt et al.，2010）。目前，正在进行三个包括 ZFN-治疗细胞的临床试验（标识符#：NCT00842634、NCT01044654、NCT01543152）。第一个临床试验（NCT00842634）的结果显示，CCR5 修饰自体 $CD4^+$ T 细胞输液给患者显示出安全性和可行性。输液后，这些细胞成功地移植和保持，导致 $CD4^+$ T 细胞增加，且大多数患者的 HIV 病毒 DNA 水平减少（Tebas et al.，2014）。

使用可编程的核酸酶也调查了人类乙肝病毒（HBV）感染。HBV 是 DNA 病毒，使用 ZFN（Cradick et al.，2010）和 TALEN（Bloom et al.，2013；Chen et al.，2014；Schiffer et al.，2012）导致体外和体内乙肝病毒滴度减少。

5.7　人多能干细胞基因组工程

人多能干细胞基因组工程有独特的价值，因为一旦设计了这些细胞，在每种基因工程中它们可以用于产生无限数量的所有类型的细胞。这些细胞可以作为疾病模型（Colman & Dreesen，2009；Saha & Jaenisch，2009）和用于移植（Yusa et al.，2011）。这些疾病模型包括帕金森病（Soldner et al.，2011）、亨廷顿病（An et al.，2014）、唐氏综合征（Jiang，Jing，et al.，2013）、莱施-奈恩（Lesch-Nyhan）综合征[称为自毁容貌症，是 X-连锁隐性遗传的先天性嘌呤代谢缺陷病，源于次黄嘌呤-鸟嘌呤磷酸核糖转移酶（HGPRT）缺失。缺乏该酶使得次黄嘌呤和鸟嘌呤不能转换为 IMP 和 GMP，而是降解为尿酸，高尿酸盐血症引起早期肾脏结石，逐渐出现痛风症状——译者注]（Frank，Skryabin，& Greber，2013）、血脂异常、胰岛素抵抗、低血糖症、脂肪代谢障碍、运动神经死亡和丙型肝炎感染（Ding，Lee，et al.，2013）。在另一案例中，ZFN 用来诱导干细胞或前体细胞染色体易位，可应用于各种人类肿瘤建模（Brunet et al.，2009）。在不同的工作领域，基因修复的患者诱导多能干细胞分化成肝细胞样细胞，并移植到 α1 抗胰蛋白酶缺陷的小鼠模型中，它们成功恢复了肝细胞的结构和功能（Yusa et al.，2011）。

使用传统的同源性重组（HR）靶向基因改造是可行的，但效率极低（Zwaka & Thomson，2003）。通过使用 ZFN（Brunet et al.，2009；Hockemeyer et al.，2009，2011）和 TALEN（Ding，Lee，et al.，2013）实现了人多能干细胞中可编程核酸酶有效靶向基因改造。应用 RGEN 技术，基因工程在多能干细胞中的有效率会得到进一步提高（Ding，Regan，et al.，2013）。

对于有效的疾病建模来说，来源于患者的多能干细胞需要加上良好的对照。可以以正常人同种异体的多能干细胞作为对照（Brennand et al.，2011；Ebert et al.，2009；Itzhaki et al.，2011；Lee et al.，2009；Marchetto et al.，2010；Rashid et al.，2010），但它们的不同遗传背景可能是做比较的复合因素。因此，疾病病理生理学研究和治疗小分子的筛选通常是无效的，除非对照表型和来自患者的多能干细胞截然不同（如早发性或代谢疾病）。或者，如果用可编程核酸酶矫正致病基因，良好的同基因型对照可来自患者干细胞本身（Soldner et al.，2011）（图 5.3）。此外使用可编程的核酸酶，在正常多能干细胞中设计疾病结合突变，就可以在体外产生疾病模型（Soldner et al.，2011）。这种同基因型的对照扩展了多能干细胞介导的疾病病理生理学研究和（或）有细微表型变化疾病的药物筛选，推迟了发病年龄，减慢了疾病的发展。

除了促进疾病模型的创建外，多能干细胞基因组编辑已经应用于获得更多关于干细胞生物学的知识。例如，ZFN 激活报道基因进入内生基因组位点，允许监测多能性或细胞分化（Collin & Lako，2011）。

5.8 可编程核酸酶对人细胞的递送

对高效基因组编辑来说，将可编程核酸酶和（或）同源模板（如靶向载体或 ssODN）递送到靶细胞是至关重要的。质粒广泛用于将编码可编程核酸酶递送到人细胞（Kim et al.，2014；Porteus & Baltimore，2003；Urnov et al.，2010）。然而，使用质粒需要选择优化的启动子和密码子，而将非对照质粒 DNA 整合到宿主基因组（Kim et al.，2014）不需要免疫反应（Hemmi et al.，2000；Wagner，2001）。

非整合病毒载体已用于递送可编程核酸酶进入体外人细胞和进入包含人基因的小鼠体内细胞。这些载体包括缺陷整合酶慢病毒载体（IDLV）（Lombardo et al.，2007，2011）、腺病毒载体（Holkers et al.，2013）和腺相关病毒（AAV）（Handel et al.，2012）。因为腺相关病毒要求相对小的负荷，只有比其他可编程核酸酶更短的序列编码的 ZFN，已通过腺相关病毒递送到体外人细胞（Handel et al.，2012）和含有人遗传物质的小鼠体内（Li et al.，2011）。缺陷整合酶慢病毒成功将 ZFN 递送到各种细胞，包括难转染的基础细胞如人造血祖细胞和胚胎干细胞（Lombardo er al.，2007）。由于编码这些核苷酸序列的尺寸大且高度重复的性质，TALEN 的递送更具挑战性。由于大小的限制，用 AAV 递送 TALEN 是失败的

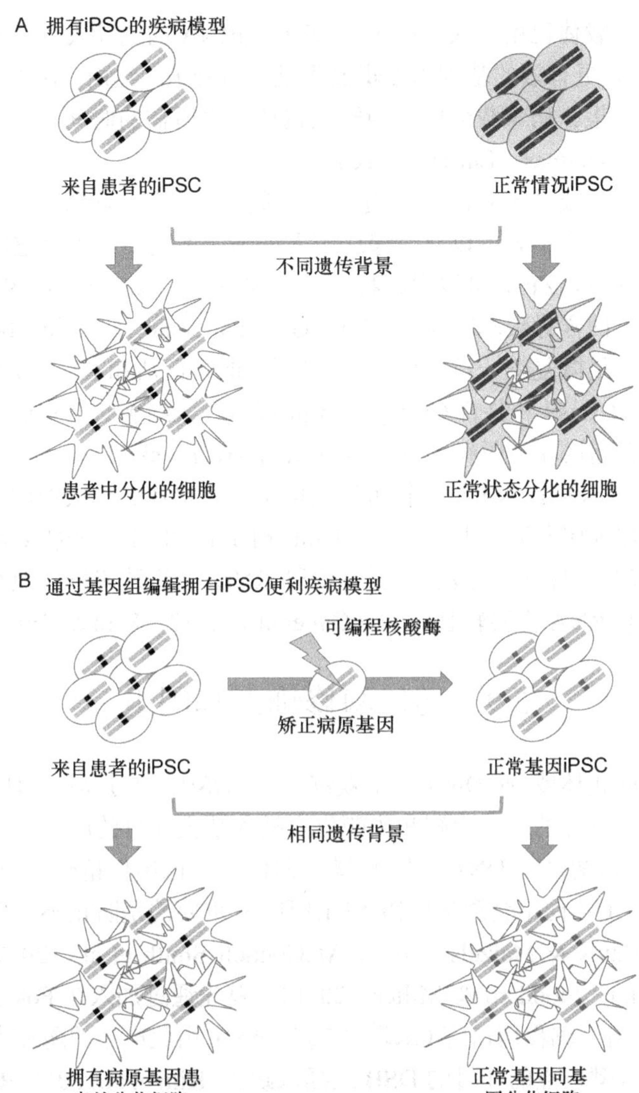

图 5.3　采用可编程核酸酶介导的基因组编辑改善人多能干细胞疾病模型。(A) 使用诱导多能干细胞（iPSC）传统疾病建模。iPSC 来源于患者和对照组正常个体。两种类型 iPSC 分化成目的细胞类型（如神经元）和表型进行比较。不同的遗传背景可以作为研究的复合因素。(B) 来自患者的 iPSC 致病基因用可编程的核酸酶通过基因组编辑进行修复。修复和未修复的两种 iPSC 分化成目的细胞类型和表型进行比较。在这种情况下，两种类型的细胞都有相同的遗传背景，是基因修复细胞研究的良好对照。(彩图请扫封底二维码)

(Asokan，Schaffer & Samulski，2012；Wu，Asokan，& Samulski，2006)。由于 TALEN 重复子高度同源，IDLV 与 TALEN 也不相匹配（Holkers et al.，2013)。整

合载体如慢病毒载体已用于人细胞中 Cas9 和 sgRNA 的连续表达（Shalem et al.，2014），从而导致更有效的基因组编辑而不是瞬时释放。然而，这种长时间表达会加重脱靶切割效果。病毒载体的其他缺点包括产生所需的时间、免疫应答潜在问题和安全隐患（Thomas，Ehrhardt，& Kay，2003）。

相反，蛋白质或 RNA 的直接递送，不能整合到宿主基因组，安全问题相对较少。ZFN 有正净电荷，可以直接递送到人细胞而不需要细胞穿透肽（CPP）；当以这种方式递送时，ZFN 可以引起特异性基因破坏（Gaj，Guo，Kato，Sirk，& Barbas，2014），同样导致基因编辑（Liu，Gaj，Patterson，Sirk，& Barbas，2014）。RGEN 直接传递稍微复杂一点，因为两个组分，即蛋白质和 RNA，应该一起递送。当采用偶联 CPP Cas9 和复合 CPP gRNA 处理各种人细胞时，实现了基因高效干扰，相对于质粒递送减少脱靶突变（Ramakrishna，Kwaku Dad，et al.，2014）。此外，核糖核蛋白 Cas9-sgRNA 复合物可以用电穿孔直接递送到人细胞，不使用 CPP，导致高效基因组编辑与减少脱靶效应（Kim & Kim，2014）。脱靶效应减少归因于较短的工作时间，可用的核酸酶、蛋白质和 RNA 会迅速降解，但是转染质粒连续产生蛋白质和 RNA 需要较长时间（Gaj et al.，2012；Kim & Kim，2014）。

5.9 切口酶修饰人基因组

即使有靶向载体或 ssODN 存在，双链断裂（DSB）通过易错 NHEJ 也能修复，其中通常引起不可控的、在中靶和脱靶位点插入缺失非目的序列。为了避免这些不良的突变，切口酶产生 DNA 单链断裂（SSB）——已用作精确基因组编辑工具。SSB 可以模拟 HDR 而不会激活出错 NHEJ 通路，重要的是防止不必要的插入缺失标记的形成（Davis & Maizels，2011；McConnell Smith et al.，2009；Metzger，McConnell-Smith，Stoddard & Miller，2011）。首先通过加入在 Fok I 切割结构域突变的 ZFN 导出可编程切口酶（末端 ZF 切口酶）；由此产生的酶在人细胞不会引起中靶位点或脱靶位点的非目的 DSB 或插入缺失（Kim et al.，2012；Ramirez et al.，2012；Wang et al.，2012）。个别方法使用 CRISPR 系统组件。Cas9 有两个催化结构域，一个结构域被位点直接突变而灭活（D10A 或 H840A）产生 RGE 切口酶（Sapranauskas et al.，2011）。这种酶产生位点特异性切口，导致 HDR 介导基因组精确编辑与人细胞中很少的 NHEJ 驱动突变（Cong et al.，2013）。用两种切口酶在不同链上产生的两个 SSB 可导致基因组编辑与产生核酸酶 DSB 介导相类似，但有更高的特异性（Cho et al.，2014；Kim et al.，2012；Mali，Esvelt，& Church，2013；Ran et al.，2013）。增加基因的特异性和精密基因组工程对人类应用特别重要，因为不受控制的基因修改可能导致负面影响（包括肿瘤的发展）。

5.10　基因编辑人细胞的富集

可编程核酸酶激活和递送往往有限，导致人细胞核酸酶处理只有小部分靶基因获得修复。为了在研究领域、医学和生物技术中应用，需要选择或分离基因编辑细胞方法。然而，由于基因修饰细胞通常显示难以区分非修饰细胞表型，必须评估基因组 DNA，这通常是一个费力而费时的过程。因此，富集含有核酸酶诱导突变细胞的简单方法会促进这个工具的应用。

用核酸酶编码载体选择转染细胞富集基因修饰细胞；这种技术之所以有部分效率，是因为可编程的核酸酶递送水平低。例如，可以采用表达荧光蛋白通过抗生素抗性因子载体通过流式细胞分选富集 TALEN 修饰人细胞（Ding，Lee，et al.，2013；Frank et al.，2013）。

我们小组介绍的选择方法，不仅克服了低水平可编程核酸酶递送，而且克服了低水平活性。我们开发了采用报道基因通过 ZFN、TALEN 和 RGEN 诱导的突变体人细胞的各种方法（Kim & Kim，2014；Kim，Kim，et al.，2013；Kim，Um，Cho，Jung，& Kim，2011；Ramakrishna，Cho，et al.，2014）。替代报道基因包括持续表达的标记蛋白基因、核酸酶靶序列和其他标记蛋白基因。这些后基因在缺乏核酸酶活性时不表达，因为它们缺乏专门的启动子并与上游标记框架分离。此外，终止密码子存在于上游。报道基因质粒和核酸酶质粒共递送进入人细胞。有足够的核酸酶活性的细胞中，在报道基因质粒（可能是基因组位点）靶序列产生 DBS。NHEJ 介导的 DBS 修复可引起移码突变，在上游框架内可呈现标记基因、表达标记物和灭活终止密码子。细胞表达的标记物（GFP、$H\text{-}2K^k$ 和潮霉素抗性）分别使用流式细胞仪、磁分离和潮霉素选择进行分离。这个替代报道基因的选择可能导致基因组中包含诱导报道基因突变物的细胞富集达到 92 倍（Kim et al.，2011）。

5.11　结　　论

用人细胞可编程的核酸酶进行基因组编辑的技术有了快速发展。4 年前，ZFN 是唯一可行的选择。现在，基因组编辑可以使用 ZFN、TALEN、RGEN、RFN 和切口酶。可编程核酸酶效率和特异性也以巨大的速度得到提高。这些技术的改善使之前不可能完成的工作成为可能。它们将促进疾病的病理生理学研究、药物筛选、发展下一代遗传和非遗传人类疾病的基因治疗，从而开创生物医学研究和医药的新时代。

致谢

我们感谢（CHA大学、韩国）Sung Han Shim博士提供的正常人染色体的照片。感谢韩国国家研究基金会提供了部分资助（2014R1A1A1A05006189、2013M3A9B4076544、2008-0062287）。感谢NRF-2013R1A1A1075992项目支持。

参考文献

An, M. C., O'Brien, R. N., Zhang, N., Patra, B. N., De La Cruz, M., Ray, A., et al. (2014). Polyglutamine disease modeling: Epitope based screen for homologous recombination using CRISPR/Cas9 system. PLoS Currents, 6, 1-19.

Asokan, A., Schaffer, D. V., & Samulski, R. J. (2012). The AAV vector toolkit: Poised at the clinical crossroads. Molecular Therapy, 20, 699-708.

Barrangou, R., Fremaux, C., Deveau, H., Richards, M., Boyaval, P., Moineau, S., et al. (2007). CRISPR provides acquired resistance against viruses in prokaryotes. Science, 315, 1709-1712.

Bibikova, M., Beumer, K., Trautman, J. K., & Carroll, D. (2003). Enhancing gene targeting with designed zinc finger nucleases. Science, 300, 764.

Bibikova, M., Golic, M., Golic, K. G., & Carroll, D. (2002). Targeted chromosomal cleavage and mutagenesis in Drosophila using zinc-finger nucleases. Genetics, 161, 1169-1175.

Bitinaite, J., Wah, D. A., Aggarwal, A. K., & Schildkraut, I. (1998). FokI dimerization is required for DNA cleavage. Proceedings of the National Academy of Sciences of the United States of America, 95, 10570-10575.

Bloom, K., Ely, A., Mussolino, C., Cathomen, T., & Arbuthnot, P. (2013). Inactivation of hepatitis B virus replication in cultured cells and *in vivo* with engineered transcription activator-like effector nucleases. Molecular Therapy, 21, 1889-1897.

Boch, J., Scholze, H., Schornack, S., Landgraf, A., Hahn, S., Kay, S., et al. (2009). Breaking the code of DNA binding specificity of TAL-type III effectors. Science, 326, 1509-1512.

Brennand, K. J., Simone, A., Jou, J., Gelboin-Burkhart, C., Tran, N., Sangar, S., et al. (2011). Modelling schizophrenia using human induced pluripotent stem cells. Nature, 473, 221-225.

Brunet, E., Simsek, D., Tomishima, M., DeKelver, R., Choi, V. M., Gregory, P., et al. (2009). Chromosomal translocations induced at specified loci in human stem cells. Proceedings of theNational Academy of Sciences of the United States of America, 106, 10620-10625.

Chen, F., Pruett-Miller, S. M., Huang, Y., Gjoka, M., Duda, K., Taunton, J., et al. (2011). High-frequency genome editing using ssDNA oligonucleotides with zinc-finger nucle-ases. Nature Methods, 8, 753-755.

Chen, J., Zhang, W., Lin, J., Wang, F., Wu, M., Chen, C., et al. (2014). An efficient antiviral strategy for targeting hepatitis B virus genome using transcription activator-like effector nucleases. Molecular Therapy, 22, 303-311.

Cho, S. W., Kim, S., Kim, J. M., & Kim, J. S. (2013). Targeted genome engineering in human cells with the Cas9 RNA-guided endonuclease. Nature Biotechnology, 31, 230-232.

Cho, S. W., Kim, S., Kim, Y., Kweon, J., Kim, H. S., Bae, S., et al. (2014). Analysis of off-target effects of CRISPR/Cas-derived RNA-guided endonucleases and nickases.Genome Research, 24, 132-141.

Collin, J., & Lako, M. (2011). Concise review: Putting a finger on stem cell biology: Zinc finger nuclease-driven targeted genetic editing in human pluripotent stem cells. Stem Cells, 29, 1021-1033.

Colman, A., & Dreesen, O. (2009). Pluripotent stem cells and disease modeling. Cell Stem Cell, 5, 244-247.

Cong, L., Ran, F. A., Cox, D., Lin, S., Barretto, R., Habib, N., et al. (2013). Multiplex genome engineering using CRISPR/Cas systems. Science, 339, 819-823.

Cradick, T. J., Keck, K., Bradshaw, S., Jamieson, A. C., & McCaffrey, A. P. (2010). Zinc-finger nucleases as a novel therapeutic strategy for targeting hepatitis B virus DNAs. Molecular Therapy, 18, 947-954.

Dave, U. P., Jenkins, N. A., & Copeland, N. G. (2004). Gene therapy insertional mutagenesis insights. Science, 303, 333.

Davis, L., & Maizels, N. (2011). DNA nicks promote efficient and safe targeted gene correction. PLoS One, 6, e23981.

Deltcheva, E., Chylinski, K., Sharma, C. M., Gonzales, K., Chao, Y., Pirzada, Z. A., et al. (2011). CRISPR RNA maturation by trans-encoded small RNA and host factor RNase III. Nature, 471, 602-607.

Deng, D., Yan, C., Pan, X., Mahfouz, M., Wang, J., Zhu, J. K., et al. (2012). Structural basis for sequence-specific recognition of DNA by TAL effectors. Science, 335, 720-723.

Ding, Q., Lee, Y. K., Schaefer, E. A., Peters, D. T., Veres, A., Kim, K., et al. (2013). A TALEN genome-editing system for generating human stem cell-based disease models. Cell Stem Cell, 12, 238-251.

Ding, Q., Regan, S. N., Xia, Y., Oostrom, L. A., Cowan, C. A., & Musunuru, K. (2013). Enhanced efficiency of human pluripotent stem cell genome editing through replacing TALENs with CRISPRs. Cell Stem Cell, 12, 393-394.

Duncan, S. R., Scott, S., & Duncan, C. J. (2005). Reappraisal of the historical selective pres- sures for the CCR5-Delta32 mutation. Journal of Medical Genetics, 42, 205-208.

Ebert, A. D., Yu, J., Rose, F. F., Jr., Mattis, V. B., Lorson, C. L., Thomson, J. A., et al. (2009). Induced pluripotent stem cells from a spinal muscular atrophy patient. Nature, 457, 277-280.

Frank, S., Skryabin, B. V., & Greber, B. (2013). A modified TALEN-based system for robust generation of knock-out human pluripotent stem cell lines and disease models. BMC Genomics, 14, 773.

Gaj, T., Guo, J., Kato, Y., Sirk, S. J., & Barbas, C. F., 3rd. (2012). Targeted gene knockout by direct delivery of zinc-finger nuclease proteins. Nature Methods, 9, 805-807.

Guilinger, J. P., Thompson, D. B., & Liu, D. R. (2014). Fusion of catalytically inactive Cas9 to FokI nuclease improves the specificity of genome modification. Nature Biotechnology, 32(6), 577-582.

Hacein-Bey-Abina, S., Von Kalle, C., Schmidt, M., McCormack, M. P., Wulffraat, N., Leboulch, P., et al. (2003). LMO2-associated clonal T cell proliferation in two patients after gene therapy for SCID-X1. Science, 302, 415-419.

Handel, E. M., Gellhaus, K., Khan, K., Bednarski, C., Cornu, T. I., Muller-Lerch, F., et al. (2012). Versatile and efficient genome editing in human cells by combining zinc-finger nucleases with adeno-associated viral vectors. Human Gene Therapy, 23, 321-329.

Harrow, J., Nagy, A., Reymond, A., Alioto, T., Patthy, L., Antonarakis, S. E., et al. (2009). Identifying protein-coding genes in genomic sequences. Genome Biology, 10, 201. Hemmi, H.,

Takeuchi, O., Kawai, T., Kaisho, T., Sato, S., Sanjo, H., et al. (2000). A toll-like receptor recognizes bacterial DNA. Nature, 408, 740-745.

Hockemeyer, D., Soldner, F., Beard, C., Gao, Q., Mitalipova, M., DeKelver, R. C., et al. (2009). Efficient targeting of expressed and silent genes in human ESCs and iPSCs using zinc-finger nucleases. Nature Biotechnology, 27, 851-857.

Hockemeyer, D., Wang, H., Kiani, S., Lai, C. S., Gao, Q., Cassady, J. P., et al. (2011). Genetic engineering of human pluripotent cells using TALE nucleases. Nature Biotechnology, 29, 731-734.

Holkers, M., Maggio, I., Liu, J., Janssen, J. M., Miselli, F., Mussolino, C., et al. (2013). Differential integrity of TALE nuclease genes following adenoviral and lentiviral vector gene transfer into human cells. Nucleic Acids Research, 41, e63.

Holt, N., Wang, J., Kim, K., Friedman, G., Wang, X., Taupin, V., et al. (2010). Human hematopoietic stem/progenitor cells modified by zinc-finger nucleases targeted to CCR5 control HIV-1 *in vivo*. Nature Biotechnology, 28, 839-847.

Hutter, G., Nowak, D., Mossner, M., Ganepola, S., Mussig, A., Allers, K., et al. (2009). Long-term control of HIV by CCR5 Delta32/Delta32 stem-cell transplantation. New England Journal of Medicine, 360, 692-698.

Hwang, W. Y., Fu, Y., Reyon, D., Maeder, M. L., Tsai, S. Q., Sander, J. D., et al. (2013). Efficient genome editing in zebrafish using a CRISPR-Cas system. Nature Biotechnology, 31, 227-229.

International Human Genome Sequencing, Consortium. (2004). Finishing the euchromatic sequence of the human genome. Nature, 431, 931-945.

Itzhaki, I., Maizels, L., Huber, I., Zwi-Dantsis, L., Caspi, O., Winterstern, A., et al. (2011). Modelling the long QT syndrome with induced pluripotent stem cells. Nature, 471, 225-229.

Jiang, W., Bikard, D., Cox, D., Zhang, F., & Marraffini, L. A. (2013). RNA-guided editing of bacterial genomes using CRISPR-Cas systems. Nature Biotechnology, 31, 233-239.

Jiang, J., Jing, Y., Cost, G. J., Chiang, J. C., Kolpa, H. J., Cotton, A. M., et al. (2013). Translating dosage compensation to trisomy 21. Nature, 500, 296-300.

Jinek, M., Chylinski, K., Fonfara, I., Hauer, M., Doudna, J. A., & Charpentier, E. (2012). A programmable dual-RNA-guided DNA endonuclease in adaptive bacterial immunity. Science, 337, 816-821.

Jinek, M., East, A., Cheng, A., Lin, S., Ma, E., & Doudna, J. (2013). RNA-programmed genome editing in human cells. Elife, 2, e00471.

Joung, J. K., & Sander, J. D. (2013). TALENs: A widely applicable technology for targeted genome editing. Nature Reviews. Molecular Cell Biology, 14, 49-55.

Kernstock, S., Davydova, E., Jakobsson, M., Moen, A., Pettersen, S., Maelandsmo, G. M., et al. (2012). Lysine methylation of VCP by a member of a novel human protein methyltransferase family. Nature Communications, 3, 1038.

Kim, H., & Kim, J. S. (2014). A guide to genome engineering with programmable nucleases. Nature Reviews. Genetics, 15, 321-334.

Kim, S., Kim, D., Cho, S. W., Kim, J., & Kim, J. S. (2014). Highly efficient RNA-guided genome editing in human cells via delivery of purified Cas9 ribonucleoproteins. Genome Research, 24(6), 1012-1019.

Kim, E., Kim, S., Kim, D. H., Choi, B. S., Choi, I. Y., & Kim, J. S. (2012). Precision genome engineering with programmable DNA-nicking enzymes. Genome Research, 22, 1327-1333.

Kim, H., Kim, M. S., Wee, G., Lee, C. I., Kim, H., & Kim, J. S. (2013). Magnetic separation and antibiotics selection enable enrichment of cells with ZFN/TALEN-induced muta-tions. PLoS

One, 8, e56476.

Kim, Y., Kweon, J., Kim, A., Chon, J. K., Yoo, J. Y., Kim, H. J., et al. (2013). A library of TAL effector nucleases spanning the human genome. Nature Biotechnology, 31, 251-258.

Kim, H., Um, E., Cho, S. R., Jung, C., & Kim, J. S. (2011). Surrogate reporters for enrich-ment of cells with nuclease-induced mutations. Nature Methods, 8, 941-943.

Kim, Y. K., Wee, G., Park, J., Kim, J., Baek, D., Kim, J. S., et al. (2013). TALEN-based knockout library for human microRNAs. Nature Structural & Molecular Biology, 20, 1458-1464.

Lander, E. S., Linton, L. M., Birren, B., Nusbaum, C., Zody, M. C., Baldwin, J., et al. (2001). Initial sequencing and analysis of the human genome. Nature, 409, 860-921.

Lee, H. J., Kim, E., & Kim, J. S. (2010). Targeted chromosomal deletions in human cells using zinc finger nucleases. Genome Research, 20, 81-89.

Lee, H. J., Kweon, J., Kim, E., Kim, S., & Kim, J. S. (2012). Targeted chromosomal dupli-cations and inversions in the human genome using zinc finger nucleases. Genome Research, 22, 539-548.

Lee, G., Papapetrou, E. P., Kim, H., Chambers, S. M., Tomishima, M. J., Fasano, C. A., et al. (2009). Modelling pathogenesis and treatment of familial dysautonomia using patient-specific iPSCs. Nature, 461, 402-406.

Li, H., Haurigot, V., Doyon, Y., Li, T., Wong, S. Y., Bhagwat, A. S., et al. (2011). In vivo genome editing restores haemostasis in a mouse model of haemophilia. Nature, 475, 217-221.

Li, L., Krymskaya, L., Wang, J., Henley, J., Rao, A., Cao, L. F., et al. (2013). Genomic editing of the HIV-1 coreceptor CCR5 in adult hematopoietic stem and progenitor cells using zinc finger nucleases. Molecular Therapy, 21, 1259-1269.

Liu, J., Gaj, T., Patterson, J. T., Sirk, S. J., & Barbas, C. F., 3rd. (2014). Cell-penetrating peptide-mediated delivery of TALEN proteins via bioconjugation for genome engineering. PLoS One, 9, e85755.

Lombardo, A., Cesana, D., Genovese, P., Di Stefano, B., Provasi, E., Colombo, D. F., et al. (2011). Site-specific integration and tailoring of cassette design for sustainable gene transfer. Nature Methods, 8, 861-869.

Lombardo, A., Genovese, P., Beausejour, C. M., Colleoni, S., Lee, Y. L., Kim, K. A., et al. (2007). Gene editing in human stem cells using zinc finger nucleases and integrase-defective lentiviral vector delivery. Nature Biotechnology, 25, 1298-1306.

Ma, N., Liao, B., Zhang, H., Wang, L., Shan, Y., Xue, Y., et al. (2013). Transcription activator-like effector nuclease (TALEN)-mediated gene correction in integration-free beta-thalassemia induced pluripotent stem cells. Journal of Biological Chemistry, 288, 34671-34679.

Maier, D. A., Brennan, A. L., Jiang, S., Binder-Scholl, G. K., Lee, G., Plesa, G., et al. (2013). Efficient clinical scale gene modification via zinc finger nuclease-targeted disruption of the HIV co-receptor CCR5. Human Gene Therapy, 24, 245-258.

Mak, A. N., Bradley, P., Cernadas, R. A., Bogdanove, A. J., & Stoddard, B. L. (2012). The crystal structure of TAL effector PthXo1 bound to its DNA target. Science, 335, 716-719.

Makarova, K. S., Grishin, N. V., Shabalina, S. A., Wolf, Y. I., & Koonin, E. V. (2006). A putative RNA-interference-based immune system in prokaryotes: Computational analysis of the predicted enzymatic machinery, functional analogies with eukaryotic RNAi, and hypothetical mechanisms of action. Biology Direct, 1, 7.

Mali, P., Esvelt, K. M., & Church, G. M. (2013). Cas9 as a versatile tool for engineering biology. Nature Methods, 10, 957-963.

Mali, P., Yang, L., Esvelt, K. M., Aach, J., Guell, M., DiCarlo, J. E., et al. (2013). RNA-guided human genome engineering via Cas9. Science, 339, 823-826.

Marchetto, M. C., Carromeu, C., Acab, A., Yu, D., Yeo, G. W., Mu, Y., et al. (2010). A model for neural development and treatment of Rett syndrome using human induced pluripotent stem cells. Cell, 143, 527-539.

McConnell Smith, A., Takeuchi, R., Pellenz, S., Davis, L., Maizels, N., Monnat, R. J., Jr., et al. (2009). Generation of a nicking enzyme that stimulates site-specific gene conversion from the I-AniI LAGLIDADG homing endonuclease. Proceedings of the National Academy of Sciences of the United States of America, 106, 5099-5104.

McCormack, M. P., & Rabbitts, T. H. (2004). Activation of the T-cell oncogene LMO2 after gene therapy for X-linked severe combined immunodeficiency. New England Journal of Medicine, 350, 913-922.

Metzger, M. J., McConnell-Smith, A., Stoddard, B. L., & Miller, A. D. (2011). Single-strand nicks induce homologous recombination with less toxicity than double-strand breaks using an AAV vector template. Nucleic Acids Research, 39, 926-935.

Miller, J. C., Tan, S., Qiao, G., Barlow, K. A., Wang, J., Xia, D. F., et al. (2011). A TALE nuclease architecture for efficient genome editing. Nature Biotechnology, 29, 143-148.

Mojica, F. J., Diez-Villasenor, C., Garcia-Martinez, J., & Almendros, C. (2009). Short motif sequences determine the targets of the prokaryotic CRISPR defence system. Microbiology, 155, 733-740.

Moscou, M. J., & Bogdanove, A. J. (2009). A simple cipher governs DNA recognition by TAL effectors. Science, 326,1501.

Nussbaum, R. L., McInnes, R. R., & Willard, H. F. (2007). Thompson & Thompson Genetics in Medicine(7th ed.). Philadelphia, PA: Elisevier.

Osborn, M. J., Starker, C. G., McElroy, A. N., Webber, B. R., Riddle, M. J., Xia, L., et al. (2013). TALEN-based gene correction for epidermolysis bullosa. Molecular Therapy, 21, 1151-1159.

Ousterout, D. G., Perez-Pinera, P., Thakore, P. I., Kabadi, A. M., Brown, M. T., Qin, X., et al. (2013). Reading frame correction by targeted genome editing restores dystrophin expression in cells from Duchenne muscular dystrophy patients. Molecular Therapy, 21, 1718-1726.

Pennisi, E. (2012). Genomics. ENCODE project writes eulogy for junk DNA. Science, 337, 1159-1161.

Perez, E. E., Wang, J., Miller, J. C., Jouvenot, Y., Kim, K. A., Liu, O., et al. (2008). Estab- lishment of HIV-1 resistance in $CD4^+$ T cells by genome editing using zinc-finger nucleases. Nature Biotechnology, 26, 808-816.

Porteus, M. H., & Baltimore, D. (2003). Chimeric nucleases stimulate gene targeting in human cells. Science, 300, 763.

Ramakrishna, S., Cho, S. W., Kim, S., Song, M., Gopalappa, R., Kim, J. S., et al. (2014). Surrogate reporter-based enrichment of cells containing RNA-guided Cas9 nuclease-induced mutations. Nature Communications, 5, 3378.

Ramakrishna, S., Kwaku Dad, A. B., Beloor, J., Gopalappa, R., Lee, S. K., & Kim, H. (2014). Gene disruption by cell-penetrating peptide-mediated delivery of Cas9 protein and guide RNA. Genome Research, 24(6), 1020-1027.

Ramirez, C. L., Certo, M. T., Mussolino, C., Goodwin, M. J., Cradick, T. J., McCaffrey, A. P., et al. (2012). Engineered zinc finger nickases induce homology-directed repair with reduced mutagenic effects. Nucleic Acids Research, 40, 5560-5568.

Ran, F. A., Hsu, P. D., Lin, C. Y., Gootenberg, J. S., Konermann, S., Trevino, A. E., et al. (2013). Double nicking by RNA-guided CRISPR Cas9 for enhanced genome editing specificity. Cell, 154, 1380-1389.

Rashid, S. T., Corbineau, S., Hannan, N., Marciniak, S. J., Miranda, E., Alexander, G., et al. (2010). Modeling inherited metabolic disorders of the liver using human induced plu- ripotent stem cells. Journal of Clinical Investigation, 120, 3127-3136.

Rouet, P., Smih, F., & Jasin, M. (1994). Introduction of double-strand breaks into the genome of mouse cells by expression of a rare-cutting endonuclease. Molecular and Cellular Biology, 14, 8096-8106.

Saha, K., & Jaenisch, R. (2009). Technical challenges in using human induced pluripotent stem cells to model disease. Cell Stem Cell, 5, 584-595.

Sander, J. D., & Joung, J. K. (2014). CRISPR-Cas systems for editing, regulating and targeting genomes. Nature Biotechnology, 32, 347-355.

Sapranauskas, R., Gasiunas, G., Fremaux, C., Barrangou, R., Horvath, P., & Siksnys, V. (2011). The Streptococcus thermophilus CRISPR/Cas system provides immunity in Escherichia coli. Nucleic Acids Research, 39, 9275-9282.

Schiffer, J. T., Aubert, M., Weber, N. D., Mintzer, E., Stone, D., & Jerome, K. R. (2012). Targeted DNA mutagenesis for the cure of chronic viral infections. Journal of Virology, 86, 8920-8936.

Schwank, G., Koo, B. K., Sasselli, V., Dekkers, J. F., Heo, I., Demircan, T., et al. (2013). Functional repair of CFTR by CRISPR/Cas9 in intestinal stem cell organoids of cystic fibrosis patients. Cell Stem Cell, 13, 653-658.

Sebastiano, V., Maeder, M. L., Angstman, J. F., Haddad, B., Khayter, C., Yeo, D. T., et al. (2011). In situ genetic correction of the sickle cell anemia mutation in human induced pluripotent stem cells using engineered zinc finger nucleases. Stem Cells, 29, 1717-1726.

Shalem, O., Sanjana, N. E., Hartenian, E., Shi, X., Scott, D. A., Mikkelsen, T. S., et al. (2014). Genome-scale CRISPR-Cas9 knockout screening in human cells. Science, 343, 84-87.

She, X., Jiang, Z., Clark, R. A., Liu, G., Cheng, Z., Tuzun, E., et al. (2004). Shotgun sequence assembly and recent segmental duplications within the human genome. Nature, 431, 927-930.

Smithies, O., Gregg, R. G., Boggs, S. S., Koralewski, M. A., & Kucherlapati, R. S. (1985). Insertion of DNA sequences into the human chromosomal beta-globin locus by homologous recombination. Nature, 317, 230-234.

Soldner, F., Laganiere, J., Cheng, A. W., Hockemeyer, D., Gao, Q., Alagappan, R., et al. (2011). Generation of isogenic pluripotent stem cells differing exclusively at two early onset Parkinson point mutations. Cell, 146, 318-331.

Song, K. Y., Schwartz, F., Maeda, N., Smithies, O., & Kucherlapati, R. (1987). Accurate modification of a chromosomal plasmid by homologous recombination in human cells. Proceedings of the National Academy of Sciences of the United States of America, 84, 6820-6824.

Steentoft, C., Vakhrushev, S. Y., Vester-Christensen, M. B., Schjoldager, K. T., Kong, Y., Bennett, E. P., et al. (2011). Mining the O-glycoproteome using zinc-finger nuclease-glycoengineered simple cell lines. Nature Methods, 8, 977-982.

Sun, N., Liang, J., Abil, Z., & Zhao, H. (2012). Optimized TAL effector nucleases (TALENs) for use in treatment of sickle cell disease. Molecular Biosystems, 8, 1255-1263.

Tebas, P., Stein, D., Tang, W. W., Frank, I., Wang, S. Q., Lee, G., et al. (2014). Gene editing of CCR5 in autologous CD4 T cells of persons infected with HIV. New England Journal of Medicine, 370, 901-910.

Thomas, C. E., Ehrhardt, A., & Kay, M. A. (2003). Progress and problems with the use of viral vectors for gene therapy. Nature Reviews. Genetics, 4, 346-358.

Tsai, S. Q., Wyvekens, N., Khayter, C., Foden, J. A., Thapar, V., Reyon, D., et al. (2014). Dimeric CRISPR RNA-guided FokI nucleases for highly specific genome editing. Nature Biotechnology,

32(6), 569-576.

Tupler, R., Perini, G., & Green, M. R. (2001). Expressing the human genome. Nature, 409, 832-833.

Urnov, F. D., Rebar, E. J., Holmes, M. C., Zhang, H. S., & Gregory, P. D. (2010). Genome editing with engineered zinc finger nucleases. Nature Reviews. Genetics, 11, 636-646.

Venter, J. C., Adams, M. D., Myers, E. W., Li, P. W., Mural, R. J., Sutton, G. G., et al. (2001). The sequence of the human genome. Science, 291, 1304-1351.

Voit, R. A., Hendel, A., Pruett-Miller, S. M., & Porteus, M. H. (2014). Nuclease-mediated gene editing by homologous recombination of the human globin locus. Nucleic AcidsResearch, 42, 1365-1378.

Wagner, H. (2001). Toll meets bacterial CpG-DNA. Immunity, 14, 499-502.

Wang, J., Friedman, G., Doyon, Y., Wang, N. S., Li, C. J., Miller, J. C., et al. (2012). Targeted gene addition to a predetermined site in the human genome using a ZFN-based nicking enzyme. Genome Research, 22, 1316-1326.

Wolfe, S. A., Nekludova, L., & Pabo, C. O. (2000). DNA recognition by Cys2His2 zinc finger proteins. Annual Review of Biophysics and Biomolecular Structure, 29, 183-212.

Wu, Z., Asokan, A., & Samulski, R. J. (2006). Adeno-associated virus serotypes: Vecto toolkit for human gene therapy. Molecular Therapy, 14, 316-327.

Yin, H., Xue, W., Chen, S., Bogorad, R. L., Benedetti, E., Grompe, M., et al. (2014). Genome editing with Cas9 in adult mice corrects a disease mutation and phenotype. Nature Biotechnology, 32(6), 551-553.

Yusa, K., Rashid, S. T., Strick-Marchand, H., Varela, I., Liu, P. Q., Paschon, D. E., et al. (2011). Targeted gene correction of alpha1-antitrypsin deficiency in induced pluripotentstem cells. Nature, 478, 391-394.

Zou, J., Mali, P., Huang, X., Dowey, S. N., & Cheng, L. (2011). Site-specific gene correc-tion of a point mutation in human iPS cells derived from an adult patient with sickle cell disease. Blood, 118, 4599-4608.

Zou, J., Sweeney, C. L., Chou, B. K., Choi, U., Pan, J., Wang, H., et al. (2011). Oxidase-deficient neutrophils from X-linked chronic granulomatous disease iPS cells: Functional correction by zinc finger nuclease-mediated safe harbor targeting. Blood, 117, 5561-5572.

Zwaka, T. P., & Thomson, J. A. (2003). Homologous recombination in human embryonic stem cells. Nature Biotechnology, 21, 319-321.

第 6 章　人细胞基因组编辑

Susan M. Byrne, Prashant Mali, George M. Church

（哈佛医学院遗传学系）

目　录

摘要

定制设计序列特异性核酸酶的使用（包括 CRISPR/Cas9、ZFN 和 TALEN）使得改变人细胞中的基因变得容易并具有比以前更高效和精密的特点。设计双链 DNA 断裂可以有效地干扰基因，或用正确的供体载体，设计点突变和基因插入。然而，许多设计应考虑确保基因打靶效率和特异性的最大化。尤其是当设计人胚胎干细胞或诱导多能干细胞时要特别准确，干细胞比永生的肿瘤细胞转染更难，其 DNA 损伤后恢复更难。在这里，我们介绍方便设计人诱导多能干细胞的遗传变化的方案，通过它我们可以达到 1%～10%的打靶效率且没有任何后续的选型步骤。这个方案只使用质粒和（或）单链寡核苷酸-简单的瞬时转染，因此大多数实验室都能够轻松地完成它。我们还介绍了编辑细胞的鉴定、克隆和基因分型策略，以及如何设计最优 sgRNA 靶位点和供体载体。最后，我们讨论基因编辑替代方法，包括病毒递送载体、Cas9 切口酶、Cas9 正交系统。

6.1 导　论

序列特异性核酸酶如锌指核酸酶（ZFN）、转录激活因子样效应物核酸酶（TALEN）或 CRISPR/Cas9 核酸酶已经极大地扩大了我们设计人细胞的遗传改变能力（Joung & Sabder，2012；Mali，Yang，et al.，2013；Urnov，Rebar，Holmes，Zhang，& Gregory，2010）。可以定制设计这些核酸酶在基因组目的序列产生双链 DNA（dsDNA）断裂。当使用非同源末端连接（NHEJ）修复途径修复时，就产生了小的插入和缺失突变（缺失）而破坏基因。另外，通过同源重组途径——使用同源供体靶向载体形成特异性碱基对的改变或基因插入，可以修复双链 DNA 断裂。这些系统中，Cas9 核酸酶一直受到青睐是由于它们容易构建和在人细胞中毒性较低（Ding et al.，2013）。

人诱导多能干细胞（iPSC）是人细胞遗传学研究的另一个重大突破。它们的自我更新能力使它们能够靶向基因、克隆、基因分型并扩大，成功地靶向 iPSC 克隆然后可以分化成各种其他类型的细胞，进而分析诱导突变的影响。能够轻易遗传修饰人 iPSC 对产生人工器官和更安全的基因疗法也具有巨大的临床应用前景。然而，虽然在永生人肿瘤细胞系的编辑几乎完全有效（Fu, Sander, Reyon, Casio, & Joung, 2014），但在人 iPSC 中获得的编辑成功率则要低得多（Mali，Yang，et al.，2013；Yang et al.，2013）。这种差异可能是由于总染色体异常和在肿瘤细胞系中对 DNA 损伤的一种异常强大的响应。在这一章中，我们介绍人 iPSC 基因组编辑效率最大化的策略。使用下面列出的这些设计考虑和瞬时转染方案，我们的基因突变频率通常会达到 1%~25%，人 iPSC 同源基因打靶频率为 0.5%~10%且没有任何后续的选择步骤。

6.2 基因打靶策略

任何基因打靶项目必须考虑基因的结构和核酸酶靶向位点，根据实验目的精心选择。对于简单的基因破坏来说，单切割位点可以通过 NHEJ 修复途径产生缺失突变。当编码外显子时，这样的缺失会引起移码，破坏蛋白质的表达。朝基因起点打靶编码外显子可能更合适，因为这里的突变可能产生更完整的基因破坏并可能更少偶然产生具有残留生物活性缩短的蛋白质伪影（artifact）。应选择具有相对独特的基因组序列的区域，而不是相同基因家族的几个同源成员共享的共同结构域（除非目标是靶向基因家族多个成员）。

另外，可以设计两个核酸酶位点切除基因组插入段。从 100bp 至几千个 bp（几 kb）的区域能够以 10%以上的双等位基因频率切除（Cong et al.，2013）。这些连接通常是两个 dsDNA 断裂位点之间的完好精确再连接，尽管有时也会发现插入缺失。这种策略可以在内含子或外来基因内使用核酸酶位点；当没有满意的核酸酶的位点存在于外显子时，这个策略特别有用。再者，必须仔细考虑该基因的系统性以避免替代的外显子剪接事件或截短的产物。

当需要特异性突变时，供体靶载体根据核酸酶元件提供同源重组。这些供体可以是单链 DNA 寡核苷酸（ssODN），也可以是设计点突变的质粒。在这里，应该选择尽可能接近预期突变的核酸酶位点，因为随着突变 dsDNA 进一步断裂，同源重组打靶效率急剧下降。对于 ssODN 供体来说，在寡核苷酸中心有期望的突变表现出最高的打靶效率。90bp ssODN 效果最好，尽管 70～130bp 长度能够产生>1%的打靶效率。最高打靶效率出现在核酸酶位点 10bp 内的突变；当突变超过 40bp 时，几乎检测不到基因打靶（Chen et al.，2011；Yang et al.，2013）。

另外，同源重组的质粒靶向载体可以用来产生目的点突变，但“敲入”插入的基因也更大。由于 DNA 断裂的存在大大增加了同源重组效率，更短的 0.4～0.8kb 同源臂可用（而不是用于常规基因靶向载体 2～14kb 的臂，无核酸酶），虽然增加了同源性，仍可能提高靶向困难的构建（Beumer，Trautman，Mukherjee，& Carroll，2013；Hendel et al.，2014；Hockemeyer et al.，2009；Orlando et al.，2010）。再者，双链 DNA 断裂必须定位在该突变基因 200 bp 内，同时较大的转基因插入打靶效率降低（Guye，Li，Wroblewska，Duportet，& Weiss，2013；Moehle et al.，2007；Urnov et al.，2010）。

6.3　核酸酶靶位点的选择

酿脓链球菌（S. pyogenes）Cas9 核酸酶（SpCas9）采用紧邻 NGG 3′前间区序列邻近基序（PAM）的单引导 RNA（sgRNA）靶向 20bp 指定的 dsDNA 序列，虽然 NAG PAM 序列的靶向性可能更好（Jinek et al.，2012；Mali，Aach，et al.，2013；Mali，Yang，et al.，2013）。在结合到 sgRNA 和互补 DNA 靶位点上，Cas9 核酸酶产生平头末端，在 PAM 上游 dsDNA 断裂三碱基对。Cas9-sgRNA 复合物可以耐受 sgRNA 和靶序列之间 1～6bp 的错配，在基因组中产生脱靶切割。虽然接近 PAM 的 8～13 核苷酸“种子”序列似乎对 Cas9 核酸酶特异性更重要，但有时会容忍错配（Jinek et al.，2012；Mali，Aach，et al.，2013）。脱靶 Cas9 核酸酶活性也出现缺失错配（Lin et al.，2014）。

一些在线工具和算法可以识别特定的核酸酶靶点，包括：CRISPR 设计工具

(crispr.mit.edu)(Hsu et al., 2013); ZiFiT targeter (zifit.partners.org/zifit)(Fu et al., 2014); CasFinder(arep.med.harvard.edu/CasFinder/)(Aach, Mali, & Church, 2014); E-Crisp (www.e-crisp.org/E-CRISP/)(Heigwer, Kerr, & Boutros, 2014)。此外，破坏人外显子 Cas9 sgRNA 可以从公布筛选文库 sgRNA 集中找到(Aach et al., 2014; Shalem et al., 2014; Wang, Wei, Sabatini, & Lander, 2014)。这些算法的不断完善将进一步发现 Cas9 靶向特异性。

不同的 sgRNA 中核酸酶活性也有很大的不同。Cas9 核酸酶活性与开放的染色质区域呈正相关(Kuscu, Arslan, Singh, Thorpe, & Adli, 2014; Yang et al., 2013)；然而，活性的实质性的变化仍然可以在邻近 sgRNA 同一位点中发现。与 sgRNA 更高水平活性相关的其他特点是：靶向序列 GC 含量为 20%～80%，sgRNA 靶向非转录链和间隔序列的最后 4 个碱基的嘌呤(Wang et al., 2014)。虽然这些标准有统计学意义，但它们仍然不能解释所有观察到的 sgRNA 活性的变化。

由于其特异性的起始和终止位点及其在人细胞中普遍表达，以人 U6 聚合酶Ⅲ启动子初步构建表达 sgRNA。由于 U6 启动子需要 G 而启动转录，这导致早期限制，只有序列适合形成 GN20GG 形式才可以靶向(Mali, Yang, et al., 2013)。然而，随后的研究表明，多达 10 个额外的核苷酸加入到 sgRNA 的 5′端而保留核酸酶活性相似的水平，处理掉这些 sgRNA 扩展部分(Mali, Aach, et al., 2013; Ran, Hsu, Lin, et al., 2013)。因此，任何靠近 PAM 的 20bp 序列都可以打靶，尽管在 sgRNA 表达构建中用 U6 启动子启动转录时仍然需要一个额外的 G。从 5′端失去 3bp 的缩短的 sgRNA 证明，这样能增加特异性而不失去太多活性，尽管切断超过了 3bp 融解活性(Fu et al., 2014)。sgRNA 结构的 3′端额外添加达到 40bp 时，以后的发夹主链会使 sgRNA 产生稍高的活性，可能是由于较长 sgRNA 增加了半衰期的缘故(Mali, Aach, et al., 2013)。除了 U6 外的其他启动子，如 H1 或 Pol-II，构建的 sgRNA 也可以以线性 PCR 产物而不是质粒转染到细胞。(Ran, Hsu, Wright, et al., 2013)。

由于克隆 sgRNA 很轻松，关于 sgRNA 特异性和活性的问题，我们建议用户选择一些 sgRNA 位点并按经验测试它们。虽然重要的是尽可能特异性选择 sgRNA，但是完美的独特序列可能恰到好处地接近你想要的突变。替代方法进一步讨论如下。

6.4 实验规程

用本方案，我们可以不断将质粒 DNA 以 60%～70%转染效率引入人 iPSC。虽然我们也成功使用 ZFN 和 TALEN 编辑 iPSC 基因组，轻松克隆 sgRNA 使得 CRISPR/Cas 成为我们实验室的首选方法。没有任何选择方案，在人 iPSC 中，我们使用单 sgRNA，总体基因破坏效率范围为 1%~25%，这取决于特定 sgRNA 的使用。一旦质粒和细胞准备好，核转染过程只需要几个小时。核转染后，需要 5～10 天培养使 Cas9 短暂转染平息和蛋白表达停止。然后，克隆的潜在编辑的 iPSC 可以进行单细胞流式仪分选。分选后 8 天，iPSC 个体形成稳定的克隆子，可进一步扩增并进行基因分型。

虽然本方案侧重人 iPSC，但利用适合细胞类型的培养条件和核转染方案，它也可以适用于其他类型的细胞（虽然质粒/ssODN 的数量和 Cas9 表达启动子可能需要调整）。在永生肿瘤细胞系中实现了基因总切断率大于 60%。

6.4.1　人 iPSC 培养和传代

许多不同的人 iPSC 系可从细胞系资源库如 Coriell 资源库（coriell.org）、ATCC（atcc.org）和哈佛干细胞研究所（hsci.harvard.edu）等获得。此外，许多学术和商业机构提供 iPSC 衍生服务。人 ES 和 iPSC 细胞系的培养及传代详细方案可在别处找到（wicell.org，stembook.org）。在这里，我们使用的 iPSC 来自"个体基因组计划"的参与者（Lee et al.，2009），但本方案广泛适用于任何人类 ES 或 iPS 细胞系。使用的基因靶向细胞应该是低传代数和无核型异常的细胞。细胞应该表现出正常的 iPSC 形态，表达多能性标记物如 Tra-1/60 和 SSEA4。

人 iPSC 基因组工程是在无饲养层细胞条件下培养的，在基质胶包埋的组织培养板（BD）使用规定的 mTesr-1 培养基（StemCell Technologies）。转染 iPSC 在照射胎鼠成纤维细胞（MEF）上生长时，我们发现转染效率低（40%～60%），可能是由于核转染之前立即从 MEF 中分离 iPSC 不完全造成的。

6.4.2　瞬时转染质粒的制备

用于 ZFN、TALEN 和 CRISPR/Cas9 基因组编辑的质粒选择越来越广泛，克隆指南可从 Addgene 质粒库获得（www.addgene.org/CRISPR/）。本方案是专门开发用于质粒表达人密码子优化的 SpCas9 和来自 Mali、Yang 等（2013）的 sgRNA。然而，EF1α 启动子用来表达 Cas9，而不是 iPSC 中的巨细胞病毒（CMV）启动子，因为它使基因干扰效率提高了 5 倍。

含有同源臂的质粒供体载体使用等温组装或合成的基因片段（整合 DNA 技术）很容易克隆。同源臂序列理念上应该克隆来自靶向获得同一（同基因型）序列的细胞系。在靶向载体和基因组位点之间的任何多态性差异都可能会降低基因打靶效率（Deyle，Li，Ren，& Russell，2013）。所有核转染到人 iPSC 的质粒应无内毒素（QIAGEN 无内毒素质粒试剂盒），在浓度上大于 2mg/ml，以免稀释核转染缓冲液。寡核苷酸供体（ssODN）应在无菌蒸馏水中采用高压液相层析纯化。

6.4.3 核转染方案

本方案采用 Amaxa 4D 核转染 X 单元（Lonza），但我们在来自 Neon 转染系统（Life Technologies）的人 iPSC 也得到了很好的转染效率。iPSC 传统的电穿孔方法将产生较低转染效率，从而降低整体的基因打靶效率。下面列出的是 20μl 核转染培养板（nucleocuvette strip）；如果使用 100μl 单核转染培养板，将增加 5 倍数量。转染荧光蛋白表达质粒对照反应可用于验证核转染效率。

在适合 ES 基质胶（BD）涂层基底膜的组织培养板（ES-qualified Matrigel）上，在无饲养细胞条件下，根据操作说明使用 mTesr-1 培养基扩增人 iPSC。每个转染反应需要 0.5×10^6 个细胞，虽然每反应在 0.2×10^6～2×10^6 范围内也可行。根据反应数量需要 6 孔板或 10cm 的 iPSC 培养盘。

准备基质胶涂层的 24 孔组织培养板，每个转染反应一个孔。也可以制备基质胶涂层的 96 孔平底组织培养板，分装培养的转染细胞用于分析。

用 10μmol/L Rock 抑制剂（Y-27632）（R&D 系统、EMD Millipore 公司，或其他来源）在 mTesr-1 培养基中核转染前处理至少 30min。核转染整个过程使用含 10μmol/L Rock 抑制剂的 mTesr 附加培养基用于核转染。用 Rock 抑制剂处理的细胞应显示锯齿状边缘集落形态变化特征。

按操作手册补加结合核转染溶液 P3。对每个核转染反应来说，用核转染溶液 P3 稀释和合并 DNA 混合液，补加至终体积为 10μl。每一个转染应包含 0.5μg Cas9 表达质粒和 1～1.5μg sgRNA 表达质粒（当使用多重 sgRNA 表达质粒时，在总数为 1～1.5μg 质粒等量体积中混合）。如果使用质粒靶向载体，那么每个核转染反应使用 2μg。如果使用一种 ssODN 供体，那么每个核转染反应应达到 200pmol。DNA 储备液必须足够浓缩，这样不会超过核转染反应 DNA 总量的 10%（20μl 核转染培养板每孔为 2μl）。每个核转染 DNA 的量超过 4μg 可能对 iPSC 生存能力有不良影响。

从细胞中除去含 Rock 抑制剂的 mTesr 培养基并与 Accutase 解离酶细胞消化液（EMD Millipore、StemCell Technologies，或其他来源）一起保温 5～10min。一旦 iPSC 分离，加入等量含有 Rock 抑制剂的 mTesr 培养基，用吸管来实现单细胞悬液。将细胞于 110g 室温下离心 3min。用含 Rock 抑制剂的 mTesr 重现悬浮细胞沉淀并进行活细胞计数。

所需的 iPSC 于 110g 离心 3min。吸出培养基。用 10μl 核转染溶液 P3（补充）加到每个反应中重新悬浮细胞沉淀。

对每一个反应，10μl 重悬浮细胞与 10μl DNA 混合物迅速结合，将全部 20μl 转移到核转染培养板孔内。确保样品在容器的底部。

将核转染培养板放到核转染仪器中，运行程序 CB-150。

在每个核转染培养板中加入 80μl 含 Rock 抑制剂的 mTesr 培养基，吸管吸一次或两次重悬细胞。将每个反应液转移到基质胶涂层基底膜的 24 孔板中的一个孔中（该孔已有 1ml 保温的 mTesr 与 Rock 抑制剂培养基）。另外，核转染细胞可能分布 24 于孔中的一个和 96 孔中的一个或两个孔中，如果在中间时间点分析最为理想[如果使用基质胶涂层 96 孔板，可选择离心步骤（70*g*，室温 3min）帮助覆盖细胞]。核转染后高密度覆盖对细胞生存非常重要。

细胞转染24h后，拥有荧光蛋白表达质粒的转染iPSC可以检测评估转染效率。变更成没有 Rock 抑制剂的 mTesr-1 培养基。由于 iPSC 细胞高密度覆盖，它们可能呈现铺满状态。由于大多数 Cas9 诱导细胞的死亡发生在转染后 1～2 天，因此我们建议等到核转染后 2 天传代 iPSC。然后用正规 iPSC 方法增殖转染 iPSC。核转染后 4～5 天，瞬时转染会消退，分析细胞群体基因编辑效率。

6.4.4　成功切割和基因靶向的验证

编辑 iPSC 克隆子的分离和基因分型可能费时、费力且昂贵，它需要有中间途径来验证成功的基因干扰和评价基因打靶效率。检查一部分靶细胞群将有助于估计有多少克隆子应进行基因分型和为排除疑难问题提供指导。

如果基因被破坏或人 iPSC 插入表达，最简单的方法是通过显微镜或流式细胞仪检查蛋白质表达。如果靶基因不表达或缺乏简便染色，那么接着就用一个确实靶向易测定表达目标基因的 sgRNA 作为对照反应，用于解决全部方案和载体的疑难问题，尽管个别 sgRNA 活性仍有很大的不同。

如果基因片段插入到了基因组中，那么稀释 PCR 用于在编辑细胞群基因组 DNA 上进行片段插入；然而，必须注意确保 PCR 反应不是转染供体片段本身简单扩增的残留量（De Semir & Aran，2003）。设计用于退火靶向同源区域以外的基因组 DNA 序列的 PCR 引物，可用于确保只检测整合片段。或者，用相同的同源臂作为插入靶向载体构建对照靶向载体，除了将组成型表达荧光蛋白盒插入到基因组外。这可能为那个位点上用相同 sgRNA 和同源臂“敲入”插入频率分析提供了一种快速评估方法。

为了直接测量特定位点的基因破坏程度，通常使用错配特异性内切核酸酶分析、T7 内切核酸酶 I（New England Biolabs）或 Cel-1 Surveyor 核酸酶（Transgenomic）分析（Kim，Lee，Kim，Cho，& Kim，2009；Qiu et al.，2004）。这些分析包括PCR扩增潜在编辑细胞群基因组DNA指定sgRNA打靶位点附近的一个短区域（大约 500bp）。这些 PCR 产物融解和再退火。在指定核酸酶位点的任何突变将形成双链 DNA 的错配，它们将被错配特定内切核酸酶识别和切割，然后通过凝胶电泳检测分析切割的 PCR 产物。如果插入了限制酶酶切位点或删除指定 sgRNA 靶向位点，那么就分析限制性片段长度多态性，同时也评估 Cas9 核酸酶活性；在这里，用限制性内切核酸酶消化定制 sgRNA 位点周围的 PCR 产物产生的切割片段（Chen et al.，2011）。

而内切核酸酶分析提供基因破坏活性测定的一种快速、廉价的措施，限制性内切核酸酶消化反应对缓冲液和孵化条件敏感，检测限制为 1%～3%的序列。我们倾向于基于下一代测序法，它们具有较低的检测限制（<0.1%=和提供关于编辑 sgRNA 位点的其他序列信息（Yang et al.，2013）。在这里，PCR 扩增了 100～200bp 区域周围的 sgRNA 靶位点并在 MiSeq 系统中测序（Illumina）。用必需的 Miseq 接头序列指定 5′端设计基因组特异性 PCR 引物起始设置。然后，采用标准指数引物合并条形编码进行巢式 PCR 第二轮循环（EPI scriptseq 从 Illumina 的中心或 NextEra）。

引物序列的详细方案已有报道（Yang，Mali，Kim，Kiselak，& Church，2014）。而运行每个 MiSeq（150bp，配对末端）可能是昂贵的，高达 200 个不同样品可以一起用条形码标记、混合并平行测序以降低成本（Yang et al.，2013）。由此产生的下一代测序数据可以通过在线 CRISPR 基因组分析平台分析，在平台上接受测序阅读、靶向的基因组序列和同源重组供体序列（如果用的话），并计算缺失率和成功的重组率（crispr-ga.net）（Guell，Yang，& Church，2014）。

6.4.5 单细胞流式细胞仪分选克隆

核转染后几天，瞬时转染质粒已失去、Cas9 核酸酶活性已消退后，可以选择靶向 iPSC，对成功靶向细胞产生的培养物克隆。由于传统的基因打靶是无核酸酶完成的，如果选择标记为抗生素耐药性阳性整合到基因组中（如新霉素、潮霉素或嘌呤霉素），可以将抗生物素加入到培养物中从而去除没有重组的抗生素敏感细胞。克隆新出现的抗生素耐药干细胞，然后用手工挑选单个细胞并培养。

另外，可以通过流式细胞仪（FACS）分选单个细胞到 96 孔板的分离孔中克隆人 iPSC。为了保持解离的单 iPSC 生存能力，将小分子抑制剂混合物（称为 SMC4，来自 Biovision）添加到培养物中（Valamehr et al.，2012）。我们发现，分选细胞（此前在无饲养细胞层 mTesr-1 培养基中培养）在人胚胎干细胞培养基中辐射 MEF 饲养细胞层进一步增强了分离的 iPSC 生存力。FACS 分选后 8 天，形成的集落证明来自单个分选的 iPSC，而且 SMC4 抑制剂可以从胚胎干细胞中去除。我们已报道 FACS 分选人 iPSC 的详细方案（Yang et al.，2014）。我们通常获得

20%～60%存活的 iPSC 和分选后形成的集落。iPSC 群体中的基因打靶效率（按 6.4.4 节介绍的测定）可用于评估分选所需的极孔数，以便获得成功的靶向活克隆。然后培养 iPSC 的集落和扩增，再过渡到无饲养细胞培养 iPSC 条件下，按常规在 MEF 饲养层扩增几代。每个潜在打靶的 iPSC 克隆子部分可用于基因组 DNA 提取及基因分型。

6.4.6 克隆子的基因分型

潜在的靶向 iPSC 克隆一旦扩增，必须对它们进行基因分型鉴定成功的基因打靶。而定制设计的核酸酶大大增加了正确靶向的频率，错误突变仍时有发生，包括部分整合、随机整合、同源臂的重复和质粒主链序列结合。此外，由于核酸酶的使用允许两种等位基因的潜在靶向，基因分型方案必须能够检测靶向突变是纯合子还是杂合子。

通常情况下，从每个（冰冻或连续扩增保留培养物）扩展克隆部分纯化基因组 DNA。对于简单的基因干扰（disruption）或小量碱基对变化，PCR 扩增和靶向位点 Sanger 测序就足够了。杂合子碱基对的变化在 Sanger 测序图谱上显示出双峰。通过无卷曲双等位基因的 Sanger 测序跟踪程序同样可以鉴定杂合子缺失。另外，双等位基因的 PCR 产物可以亚克隆到质粒载体，每个等位基因在分离反应中测序。任何潜在脱靶核酸酶位点也可以用这些方法进行基因分型从而检查突变。

为了对更大的基因缺失进行基因分型，可以用测序具有横跨两个核酸酶位点引物的 PCR 反应。具有位于两个核酸酶位点中引物的 PCR 反应能鉴定任何未切除等位基因，检测基因缺失是纯合子还是杂合子。

对于靶向“敲入”基因插入来说，不仅必须要确保整个转基因与基因组合并，而且两个同源臂已重组到正确的位点，没有重组进入其他区域或同源臂重复。传统上 Southern 印迹筛选也用来测定这些内容，即使用探针特异性对同源臂区域外部位点打靶。而现在有非放射性 Southern 印迹，这种筛查仍需要相对大量的基因组 DNA、独特的限制性内切核酸酶类型和预先验证探针。更快的选择是使用一系列 PCR 反应以确认敲入靶向位点完整和正确整合。而跨越每个同源臂的其他两套引物（用一个引物退火同源臂区域外部）可以确认每个末端的正确重组。

已开发新的筛选技术对非常长的结构或同源臂进行基因分型。荧光原位杂交技术可以测量长同源臂的拷贝数从而区分正确靶向事件（即保持的拷贝数）和随机基因整合（加入同源臂的额外拷贝）（Yang & Seed，2003）。单分子实时 DNA 测序能够产生比 Sanger 测序更长的读取长度，并已用于人细胞系核酸编辑的基因分型，平均测序阅读长度接近 3kb 并能检测低于 0.01%的突变（Hendel et al.，2014）。

6.4.7 验证 iPSC 的多能性和质量

一旦成功地靶向 iPSC 克隆子就可以通过基因分型进行验证，应检查以确认它们没有失去多能性或获得了异常染色体。即使没有核酸酶介导的基因打靶，这些检查也是任何 iPSC 培养物的标准做法，因为总是有分化背景水平和染色体重排（Martí et al.，2013）。然而，当从单个 iPSC 导出基因靶向克隆子时，这些检查特别重要。许多科学院干细胞中心和商业供应商都提供这些 iPSC 鉴定服务。

首先，通过免疫组织化学或流式细胞仪染色人 iPSC 以测定胞外（TRA-1/60 或 TRA-1/81、SSEA4）和胞内（OCT4、Nanog）多能性标记的表达。基因靶向 iPSC 也应该保持正常的集落形态。其次，要保证细胞染色体核型为正常的染色体数目和没有异常易位。最后，将细胞注射到免疫缺陷小鼠完成畸胎瘤测定。最后，对 iPSC 衍生的畸胎瘤进行组织学检查，以确定三个胚层（外胚层、中胚层和内胚层）的生成。

6.5 可供选择的方法

6.5.1 低转染

使用上述方案，我们通常获得 60%～70%转染效率和 1%～25%基因靶向/干扰效率。然而，一些策略可以用来富集在低转染或基因编辑低效率情况下的靶向克隆子。阳性选择标记和抗生素选择方案仍然可以用来选择稀有的基因插入，虽然基因定位频率约 1%，但一般足够基因分型筛选，而无须使用阳性或阴性选择标记。

在低转染效率的情况下，Cas9 核酸酶和 sgRNA 构建可以从同一质粒表达，这样组成的 CRISPR 系统共同传递到任何转染细胞。此外，已开发了几个结构从相同的质粒表达多重 sgRNA 而不需要分离质粒（Cong et al.，2013；Tsai et al.，2014）。

通过用 Cas9 核酸酶共转染或共表达荧光或抗生素抗性选择标记富集瞬时转染的细胞。用 Cas9-T2A-GFP 融合蛋白电穿孔的人 iPSC，转染后用流式细胞仪分选 24～48h（Ding et al.，2013）。Cas9-T2A-嘌呤霉素抗性结构也可用，尽管药物选择可能需要谨慎优化匹配瞬态 Cas9 的周期和抗性标记表达（Ran，Hsu，Wright，et al.，2013）。另外，报道基因构建的质粒可以共转染具有荧光蛋白上游的 sgRNA 打靶位点，这样 Cas9 核酸酶编辑带来了荧光蛋白表达框架。然后拥有活性的 Cas9-sgRNA 复合物就可以通过流式细胞仪浓缩（Ramakrishna et al.，2014）。

6.5.2　病毒载体

病毒载体也用来作为瞬时转染的替代品。通常慢病毒载体用来引导 Cas9 和 sgRNA 组件进入多种类型分裂和不分裂的细胞。这些逆转录病毒整合基因构建成染色体，当期望核酸酶有持久活性时它们特别有用，包括 CRISPR 库筛选需要几乎完整的基因破坏效率（Shalem et al.，2014；Wang et al.，2014）。然而，慢病毒载体受到插入子大小的限制，插入子可以包装到衣壳上（约 7.5kb）（Yacoub，Romanowska，Haritonova，& Foerster，2007），倾向于重组无重复 DNA 序列（Holkers et al.，2012；Yang et al.，2013）。整合酶缺陷的慢病毒载体（IDLV），传递不整合到基因组并通过细胞分裂逐渐丧失的基因构造，也用于递送核酸酶和同源供体模板而编辑人干细胞（Joglekar et al.，2013；Lombardo et al.，2007）。

随着它们可以转化各种各样分化细胞和非分化细胞，腺病毒载体已成为管理体内基因治疗及体外人干细胞基因编辑的通用方法。辅助依赖性（或大容量）腺病毒载体，在已消除病毒基因处递送结构可达到 37kb（Gonçalves & de Vries，2006）。它们的线性双链 DNA 基因组一般不整合到染色体中，但维持游离基因到细胞分裂时丢失。对于使用重复元件如 TALEN 引入到细胞方面，腺病毒载体比慢病毒载体好（Holkers et al.，2012）。高容量包装的腺病毒载体也允许 4.1kb 的酿脓链球菌 Cas9 核酸酶基因有效地传递到人细胞（Maggio et al.，2014）。

重组腺相关病毒也用于基因靶向多种细胞类型。即使没有序列特异性核酸酶，它们仍然可以诱导比转染质粒更高的同源重组率（Russell & Hirata，1998）；然而，像传统质粒靶向载体，具有 AAV 载体的基因打靶通过引入双链 DNA 断裂得到进一步增强（Hirsch & Samulski，2014）。腺相关病毒载体具有单链 DNA 基因组，其包装容量限制于约 4.5kb，虽然它们可能自组装或直接形成多联体（concatamer），从而产生较长的结构（Hirsch et al.，2013）。

6.5.3　脱靶

当靶向特定人基因组位点时，常常难以找到完美的特异性 sgRNA 位点，该位点具有唯一的 13bp 的“种子”序列而未发现有其他活化 PAM 位点。即使这样，Cas9 核酸酶活性仍出现在种子序列包含一个或两个错配的脱靶位点。靶向人外显子的 190 000 sgRNA 序列初始设置，后来计算发现 99.96%有脱靶位点，在紧接 NGC 或 NAG PAM 种子序列中至少有一个错配（Mali，Aach，et al.，2013）。

然而，脱靶核酸酶活性的频率确实依赖中靶活性作用——可以减低中靶 Cas9 核酸酶活性，以减少脱靶活性（Fu et al.，2013）。脱靶 Cas9 核酸酶活性的最初研究报道，确实是用永生的人肿瘤细胞系完成的，它能够以很高的中靶活性（40%～80%）干扰基因，导致在某些位点大比率脱靶活性（Fu et al.，2013；Hsu et al.，2013；Kuscu et al.，2014；Pattanayak et al.，2013）。对于较低中靶核酸酶活性率的细胞来说，脱靶位点可能不被重视。在小鼠胚胎干细胞中，Cas9-sgRNA 复合物与数以百计的脱靶位点结合，但核酸酶活性只能在脱靶位点上找到（Wu et al.，2014）。用上述方案将 Cas9 核酸酶和 sgRNA 到瞬时转染人 iPSC，我们通常发现低脱靶基因干扰频率为 0.1%～0.2%，即使是相同的种子序列也一样。强大的肿瘤细胞系允许非常高的中靶和脱靶基因破坏频率，而对于拥有低中靶活性的细胞（如人 iPSC）来说，脱靶突变可能不成问题。

由于目前无论是中靶还是脱靶 Cas9 核酸酶活性，都不能完全通过计算分析进行预测，我们建议在评估细胞群基因破坏频率和成功靶向克隆的基因分型时，也要检查靠近脱靶的 sgRNA 位点（转染少量质粒或在弱启动子条件下表达 Cas9 核酸酶）来降低脱靶基因破坏频率，虽然这也减少中靶核酸酶活性。

6.5.4 Cas9 切口酶

当进一步需要特异性时，使用两个 Cas9 切口酶替代单 Cas9 核酸酶从而产生 dsDNA 断裂。在 Cas9（D10A）切口酶模式中，RuvC 内切酶样结构域已经突变，这样发生在互补 DNA 链上的只有单链 DNA 断裂（Jinek et al.，2012）[具有交替 Cas9 切口酶的基因打靶，即 HNH 内切核酸酶样结构域已突变，只有这样被切除的非互补链（H840A）不表现出特征]。设计的靶向同一位点上相反链的两个 sgRNA 结合产生一个偏移 dsDNA 断裂。任何脱靶单链 DNA 切口不可能由 NHEJ 所修复和导致非常低的缺失率（Cong et al.，2013；Mali，Aach，et al.，2013）。单链 DNA 切口足以诱导人肿瘤细胞系同源重组，但在人胚胎干细胞系则没有（Hsu et al.，2013）。有许多保守家族成员的靶向基因特别需要 Cas9 切口酶产生的偏移双链断裂，或治疗应用需要超过一个精准靶向细胞克隆。

基因破坏用于配对 Cas9 切口酶，用两个偏离 sgRNA 实现了最高的缺失率，在那里导致 5′-DNA 突出。缺失形成最大有 20～50bp 5′悬突，虽然可检测到 130bp（Cho et al.，2014；Mali，Aach，et al.，2013；Ran，Hsu，Lin，et al.，2013）。也用 Cas9 切口酶和产生两个偏移 dsDNA 断裂的四个 sgRNA 导致基因组缺失。通过双切口产生 5′-DNA 悬突也显示较高比率的同源重组，NHEJ 与平头 dsDNA 断裂相比，虽然同源重组的总体比率仍高于 Cas9 核酸酶。最近，使用催化灭活失效核酸酶 Cas9 蛋白融合到 *Fok* I 同型二聚体核酸酶结构域——在靶位点附着于 *Fok* I 域的一对 sgRNA 可以一起引起二聚体化，只要有合适的定位（PAM 位点朝外）和间隔（14～25bp 隔开，取决于融合构建），就产生双链 DNA 断裂，获得了进一步的特异性（Guilinger，Thompson，& Liu，2014；Tsai et al.，2014）。

6.5.5 Cas9 正交系统

酿脓链球菌（*S.pyogenes*）Cas9 核酸酶是最常用的，来自其他细菌的 Cas9 核酸酶也能够编辑人基因组。来自嗜热链球菌（*S. thermophilus*）、脑膜炎奈瑟菌（*N. meningitidis*）和齿垢密螺旋体（*T. denticola*）的 Cas9 核酸酶识别不同的 PAM 序列，从而扩大潜在的可靶向 sgRNA 位点（Aach et al.，2014；Esvelt et al.，2013；Hou et al.，2013）。特别是独特 sgRNA 主链已开发用于酿脓链球菌（*S. pyogenes*）、嗜热链球菌（*S. thermophilus*）和脑膜炎奈瑟氏球菌（*N. meningitidis*），允许这三个 Cas9 系统以正交方式同时使用。

除了核酸酶和切口酶活性外，Cas9 的易于编程 DNA 结合能力已适用许多其他功能。通过自身抑制基因表达，或与转录激活结构域、阻遏结构域、表观遗传调节因子、荧光蛋白融合来使用失效核酸酶 Cas9（nucleasenull Cas9）（Mali，Esvelt，& Church，2013）。

在过去的几年里，遗传工程技术发展迅速，并将继续得到改善。使用定制设计核酸酶轻松高效编辑人基因组的能力已经大大扩展了基因功能的研究，对于矫正人 iPSC 和更安全的基因疗法具有巨大的潜力。

参 考 文 献

Aach, J., Mali, P., & Church, G. M. (2014). CasFinder: Flexible algorithm for identifying specific Cas9 targets in genomes. BioRxiv. http://dx.doi.org/10.1101/005074.

Beumer, K. J., Trautman, J. K., Mukherjee, K., & Carroll, D. (2013). Donor DNA utilization during gene targeting with zinc-finger nucleases. G3: Genes Genomes Genetics, 3, 657-664.

Chen, F., Pruett-Miller, S. M., Huang, Y., Gjoka, M., Duda, K., Taunton, J., et al. (2011). High-frequency genome editing using ssDNA oligonucleotides with zinc-finger nucleases. Nature Methods, 8, 753-755.

Cho, S. W., Kim, S., Kim, Y., Kweon, J., Kim, H. S., Bae, S., et al. (2014). Analysis of offtarget effects of CRISPR/Cas-derived RNA-guided endonucleases and nickases. Genome Research, 24, 132-141. http://dx.doi.org/10.1101/gr.162339.113.

Cong, L., Ran, F. A., Cox, D., Lin, S., Barretto, R., Habib, N., et al. (2013). Multiplex genome engineering using CRISPR/Cas systems. Science, 339, 819-823.

De Semir, D., & Aran, J. M. (2003). Misleading gene conversion frequencies due to a PCR artifact using small fragment homologous replacement. Oligonucleotides, 13, 261-269.

Deyle, D. R., Li, L. B., Ren, G., & Russell, D. W. (2013). The effects of polymorphisms on human gene targeting. Nucleic Acids Research, 42, 3119-3124.

Ding, Q., Regan, S. N., Xia, Y., Oostrom, L. A., Cowan, C. A., & Musunuru, K. (2013). Enhanced efficiency of human pluripotent stem cell genome editing through replacing TALENs with CRISPRs. Stem Cell, 12, 393-394.

Esvelt, K. M., Mali, P., Braff, J. L., Moosburner, M., Yaung, S. J., & Church, G. M. (2013). Orthogonal Cas9 proteins for RNA-guided gene regulation and editing. Nature Methods, 10, 1116-1121.

Fu, Y., Foden, J. A., Khayter, C., Maeder, M. L., Reyon, D., Joung, J. K., et al. (2013). High-frequency off-target mutagenesis induced by CRISPR-Cas nucleases in human cells. Nature Biotechnology, 31, 822-826.

Fu, Y., Sander, J. D., Reyon, D., Cascio, V. M., & Joung, J. K. (2014). Improving CRISPR-Cas nuclease specificity using truncated guide RNAs. Nature Biotechnology, 32, 279-284.

Gonc¸alves, M. A. F. V., & de Vries, A. A. F. (2006). Adenovirus: From foe to friend. Reviews in Medical Virology, 16, 167-186.

Guell, M., Yang, L., & Church, G. M. (2014). Genome editing assessment using CRISPR genome analyzer(CRISPR-GA). Bioinformatics. http://dx.doi.org/10.1093/bioinfor-matics/btu427.

Guilinger, J. P., Thompson, D. B., & Liu, D. R. (2014). Fusion of catalytically inactive Cas9 to FokI nuclease improves the specificity of genome modification. Nature Biotechnology, 32, 577-582.

Guye, P., Li, Y., Wroblewska, L., Duportet, X., & Weiss, R (2013). Rapid, modular and reliable construction of complex mammalian gene circuits. Nucleic Acids Research, 41, e156.

Heigwer, F., Kerr, G., & Boutros, M. (2014). E-CRISP: Fast CRISPR target site identifi-cation. Nature Methods, 11, 122-123.

Hendel, A., Kildebeck, E. J., Fine, E. J., Clark, J. T., Punjya, N., Sebastiano, V., et al. (2014).Quantifying genomeediting outcomes at endogenous loci with SMRT Sequencing. Cell Reports, 7, 293-305.

Hirsch, M. L., Li, C., Bellon, I., Yin, C., Chavala, S., Pryadkina, M., et al. (2013). Oversized AAV transduction is mediated via a DNA-PKcs-independent, Rad51C-dependent repair pathway. Molecular Therapy, 21, 2205-2216.

Hirsch, M. L., & Samulski, R. J. (2014). AAV-mediated gene editing via double-strand breakrepair. Methods in Molecular Biology, 1114, 291-307.

Hockemeyer, D., Soldner, F., Beard, C., Gao, Q., Mitalipova, M., DeKelver, R. C., et al. (2009). Efficient targeting of expressed and silent genes in human ESCs and iPSCs using zinc-finger nucleases. Nature Biotechnology, 27, 851-857.

Holkers, M., Maggio, I., Liu, J., Janssen, J. M., Miselli, F., Mussolino, C., et al. (2012). Differential integrity of TALE nuclease genes following adenoviral and lentiviral vector gene transfer into human cells. Nucleic Acids Research, 41, e63.

Hou, Z., Zhang, Y., Propson, N. E., Howden, S. E., Chu, L.-F., Sontheimer, E. J., et al. (2013). Efficient genome engineering in human pluripotent stem cells using Cas9 from Neisseria meningitidis. Proceedings of the National Academy of Sciences of the United States of America, 110, 15644-15649.

Hsu, P. D., Scott, D. A., Weinstein, J. A., Ran, F. A., Konermann, S., Agarwala, V., et al. (2013). DNA targeting specificity of RNA-guided Cas9 nucleases. Nature Biotechnology, 31, 827-832.

Jinek, M., Chylinski, K., Fonfara, I., Hauer, M., Doudna, J. A., & Charpentier, E. (2012). A programmable dual-RNA-guided DNA endonuclease in adaptive bacterial immunity. Science, 337, 816-821.

Joglekar, A. V., Hollis, R. P., Kuftinec, G., Senadheera, S., Chan, R., & Kohn, D. B. (2013). Integrase-defective lentiviral vectors as a delivery platform for targeted modification of adenosine deaminase locus. Molecular Therapy, 21, 1705-1717.

Joung, J. K., & Sander, J. D. (2012). TALENs: A widely applicable technology for targeted genome editing. Nature Reviews Molecular Cell Biology, 14, 49-55.

Kim, H. J., Lee, H. J., Kim, H., Cho, S. W., & Kim, J. S. (2009). Targeted genome editing in human cells with zinc finger nucleases constructed via modular assembly. Genome Research, 19, 1279-1288.

Kuscu, C., Arslan, S., Singh, R., Thorpe, J., & Adli, M. (2014). Genome-wide analysis reveals characteristics of off-target sites bound by the Cas9 endonuclease. Nature Biotechnology, 32, 677-683. http://dx.doi.org/10.1038/nbt.2916.

Lee, J.-H., Park, I.-H., Gao, Y., Li, J. B., Li, Z., Daley, G. Q., et al. (2009). A robust approach to identifying tissuespecific gene expression regulatory variants using person- alized human induced pluripotent stem cells. PLoS Genetics, 5, e1000718.

Lin, Y., Cradick, T. J., Brown, M. T., Deshmukh, H., Ranjan, P., Sarode, N., et al. (2014). CRISPR/Cas9 systems have off-target activity with insertions or deletions between target DNA and guide RNA sequences. Nucleic Acids Research, 42(11), 7473-7485. http:// dx.doi.org/ 10.1093/nar/gku402.

Lombardo, A., Genovese, P., Beausejour, C. M., Colleoni, S., Lee, Y.-L., Kim, K. A., et al. (2007). Gene editing in human stem cells using zinc finger nucleases and integrase-defective lentiviral vector delivery. Nature Biotechnology, 25, 1298-1306.

Maggio, I., Holkers, M., Liu, J., Janssen, J. M., Chen, X., & Gonçalves, M. A. F. V. (2014). Adenoviral vector delivery of RNA-guided CRISPR/Cas9 nuclease complexes induces targeted mutagenesis in a diverse array of human cells. Scientific Reports, 4, http://dx.doi. org/10.1038/ srep05105.

Mali, P., Aach, J., Stranges, P. B., Esvelt, K. M., Moosburner, M., Kosuri, S., et al. (2013). CAS9 transcriptional activators for target specificity screening and paired nickases for cooperative genome engineering. Nature Biotechnology, 31, 833-838.

Mali, P., Esvelt, K. M., & Church, G. M. (2013). Cas9 as a versatile tool for engineering biology. Nature Methods, 10, 957-963.

Mali, P., Yang, L., Esvelt, K. M., Aach, J., Guell, M., DiCarlo, J. E., et al. (2013). RNA-guided human genome engineering via Cas9. Science, 339, 823-826.

Mart í, M., Mulero, L., Pardo, C., Morera, C., Carrió, M., Laricchia-Robbio, L., et al. (2013). Characterization of pluripotent stem cells. Nature Protocols, 8, 223-253.

Moehle, E. A., Rock, J. M., Lee, Y.-L., Jouvenot, Y., DeKelver, R. C., Gregory, P. D., et al. (2007). Targeted gene addition into a specified location in the human genome using designed zinc finger nucleases. Proceedings of the National Academy of Sciences of the United States of America, 104, 3055-3060.

Orlando, S. J., Santiago, Y., DeKelver, R. C., Freyvert, Y., Boydston, E. A., Moehle, E. A., et al. (2010). Zinc-finger nuclease-driven targeted integration into mammalian genomes using donors with limited chromosomal homology. Nucleic Acids Research, 38, e152.

Pattanayak, V., Lin, S., Guilinger, J. P., Ma, E., Doudna, J. A., & Liu, D. R. (2013). High-throughput profiling of off-target DNA cleavage reveals rNA-programmed Cas9 nuclease specificity. Nature Biotechnology, 31, 839-843.

Qiu, P., Shandilya, H., D'Alessio, J. M., O'Connor, K., Durocher, J., & Gerard, G. F. (2004). Mutation detection using Surveyor nuclease. BioTechniques, 36, 702-707.

Ramakrishna, S., Cho, S. W., Kim, S., Song, M., Gopalappa, R., Kim, J.-S., et al. (2014). Surrogate reporterbased enrichment of cells containing RNA-guided Cas9 nuclease-induced mutations. Nature Communications, 5, 3378.

Ran, F. A., Hsu, P. D., Lin, C.-Y., Gootenberg, J. S., Konermann, S., Trevino, A. E., et al. (2013). Double nicking by RNA-guided CRISPR Cas9 for enhanced genome editing specificity. Cell,

154, 1380-1389.

Ran, F. A., Hsu, P. D., Wright, J., Agarwala, V., Scott, D. A., & Zhang, F. (2013). Genome engineering using the CRISPR-Cas9 system. Nature Protocols, 8, 2281-2308.

Russell, D. W., & Hirata, R. K. (1998). Human gene targeting by viral vectors. Nature Genet- ics, 18, 325-330.

Shalem, O., Sanjana, N. E., Hartenian, E., Shi, X., Scott, D. A., Mikkelsen, T. S., et al. (2014). Genome-scale CRISPR-Cas9 knockout screening in human cells. Science, 343, 84-87.

Tsai, S. Q., Wyvekens, N., Khayter, C., Foden, J. A., Thapar, V., Reyon, D., et al. (2014). Dimeric CRISPR RNAguided FokI nucleases for highly specific genome editing. Nature Biotechnology, 32, 569-576.

Urnov, F. D., Rebar, E. J., Holmes, M. C., Zhang, H. S., & Gregory, P. D. (2010). Genome editing with engineered zinc finger nucleases. Nature Reviews Genetics, 11, 636-646.

Valamehr, B., Abujarour, R., Robinson, M., Le, T., Robbins, D., Shoemaker, D., et al. (2012). A novel platform to enable the high-throughput derivation and characterization of feeder-free human iPSCs. Scientific Reports, 2, 213.

Wang, T., Wei, J. J., Sabatini, D. M., & Lander, E. S. (2014). Genetic screens in human cells using the RISPRCas9 System. Science, 343, 80-84.

Wu, X., Scott, D. A., Kriz, A. J., Chiu, A. C., Hsu, P. D., Dadon, D. B., et al. (2014). Genome-wide binding of the CRISPR endonuclease Cas9 in mammalian cells. Nature Biotechnology, 32(7), 670-676. http://dx.doi.org/10.1038/nbt.2889.

Yacoub, N. A., Romanowska, M., Haritonova, N., & Foerster, J. (2007). Optimized production and concentration of lentiviral vectors containing large inserts. The Journal of Gene Medicine, 9, 579-584.

Yang, L., Guell, M., Byrne, S., Yang, J. L., De Los Angeles, A., Mali, P., et al. (2013). Optimization of scarless human stem cell genome editing. Nucleic Acids Research, 41, 9049-9061.

Yang, L., Mali, P., Kim-Kiselak, C., & Church, G. (2014). CRISPR-Cas-mediated targeted genome editing in human cells. Methods in Molecular Biology, 1114, 245-267.

Yang, Y., & Seed, B. (2003). Site-specific gene targeting in mouse embryonic stem cells with intact bacterial artificial chromosomes. Nature Biotechnology, 21, 447-451.

第7章 活细胞荧光成像技术标记内源性基因位点及使用ZFN、TALEN和Cas9进行分子计算

D. Dambournet, S.H. Hong, A. Grassart, D.G. Drubin

（加州大学伯克利分校分子与细胞生物学系）

目 录

摘要

可编程的ZFN、TALEN、Cas9核酸酶允许对任何细胞系或生物基因组进行编辑。在这一章中，我们介绍哺乳动物细胞内源基因位点产生基因融合子、在内源基因水平上表达荧光目的蛋白融合子的方法。包括序列编码荧光蛋白的供体DNA，提供细胞诱导核酸酶引起的双链断裂修复。通过同源定向修复将设计的供体序列整合到拥有目的基因编码区的基因组阅读框架，从而在生理水平上导致融合蛋白的表达。我们进一步介绍研究蛋白质动力学和使用基因组编辑细胞系计数的技术。相反，将来自修饰cDNA稳定过表达融合蛋白细胞系、基因编码的荧光蛋白靶向内源性基因位点，避免选择性剪接和表达水平的扰动。

7.1 导 论

锌指核酸酶（ZFN）、转录激活因子样效应物核酸酶（TALEN）和规律成簇间

隔短回文重复（CRISPR）/基于 Cas9-引导 RNA（gRNA）DNA 内切核酸酶是彻底变革我们编辑任何类型细胞必需基因组能力的强大工具（Gaj, Gersbach, & Barbas, 2013）。这些核酸酶的通用性和高效性，使我们对人类和其他物种基因组进行精准编辑，从个性化基因治疗到生物技术领域具有广泛的应用前景（Li，Liu，Spalding，Weeks，& Yang，2012；Perez et al.，2008；Santiago et al.，2008；Soldner et al.，2011）。

可以设计这些核酸酶结合到特异性靶基因组 DNA 序列。包含非特异性 DNA 的每种核酸酶结构域将在特异性位点产生 DNA 双链断裂。断裂点然后通过易错非同源末端连接（NHEJ）系统修复或同源定向修复（HDR）（图 7.1）。NHEJ 产生小插入或删除，而 HDR 导致序列插入或由供体 DNA 核苷酸定向修复（Joung & Sander，2013）。

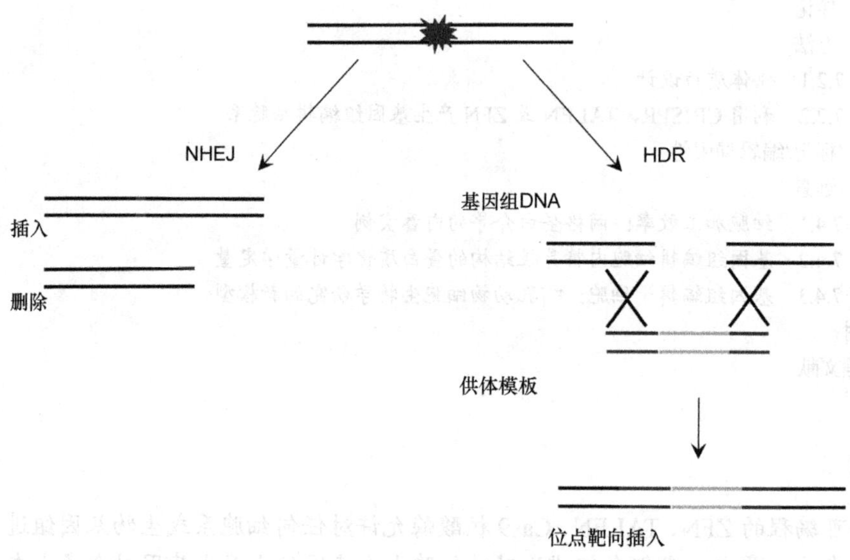

图 7.1 核酸酶诱导的基因组编辑。ZFN、TALEN 和 Cas9 诱导基因位点单双链断裂。这个断裂可以通过非同源末端连接（NHEJ）修复或同源定向修复（HDR）进行修复。NHEJ 修复产生不同长度的缺失或插入突变。当插入特定序列或点突变时，HDR 采用供体模板的同源序列修复断裂。（彩图请扫封底二维码）

自发的同源重组用来产生小鼠基因敲除或敲入（Hall，Limaye，& Kulkarni，2009；Pucadyil & Schmid，2008），但这些情形是罕见的，出现了更方便快速的方法如质粒转染。

现在可以通过组合设计核酸酶和供体 DNA，以 HDR 序列整合修饰任何遗传位点（Janke et al.，2004）。直到最近，这样的基因组学的高超技术在很大程度上限制于模式生物如酵母和小鼠的研究。

很大程度上，由于修饰基因组的困难，常常需要研究解决携带标记的目的蛋白，如绿色荧光蛋白（GFP）过度表达的问题。这种方法已使用了几十年，用来研究细胞中特异性蛋白的定位和行为，往往是在强大的启动子的控制下进行。结果，通常蛋白质的表达水平，可能大于内源基因水平许多倍。表达水平的升高会出现一系列问题，包括蛋白质错误折叠、显性效应和蛋白质-蛋白质相互作用平衡的破坏（Gibson，Seiler，& Veitia，2013）。过表达是基于 cDNA 转染与 mRNA 剪接和一些亚型表达的组织特异性不兼容。为了尽量减少这些影响，将质粒或病毒载体整合到基因组中有时会创建稳定的细胞系。然而，由于整合不受控制，从一个整合事件到另一个整合事件，转基因水平可能会有所不同，相邻基因的表达也可能由于强烈表达转基因的存在而改变。更重要的是，必需的基因可能被灭活。设计的 ZFN、TALEN 和 Cas9 核酸酶提高了特异性位点同源重组效率，这可能是所谓的基因组安全港（Hockemeyer et al.，2011）或正常的基因位点（Doyon et al.，2011）。ZFN、TALEN 和 Cas9 能够在多种生物包括线虫（*Caenorhabditis elegans*）、果蝇（*Drosophila*）、鼠、人类体细胞和胚胎干细胞中产生双链断裂（Cui et al.，2011；Gratz et al.，2013；Lo et al.，2013）。

在本章中，我们介绍使用三种设计核酸酶（ZFN、TALEN 或 Cas9）在哺乳动物细胞中内源基因位点创建基因融合子的方案。本章的重点不是对不同类型核酸酶的设计，这是第 2 章、第 3 章和第 6 章的主题。相反，我们介绍如何制备供体模板以提高标签进入人癌细胞系和人诱导多能干细胞（hiPSC）的整合效率，如何分离和鉴定细胞系。我们也介绍基因组编辑用于荧光融合蛋白的表达，改善蛋白质动力学活细胞分析并进行蛋白质计数。

7.2　方　　法

哺乳动物细胞基因组编辑是基于细胞使用外源模板或供体质粒的能力，或通过同源定向修复途径纠正双链断裂。虽然已经证明只要同源的 50bp 足以支持哺乳动物组织培养细胞同源重组（Orlando et al.，2010），我们仍推荐传统方法，在每臂中，集中在核酸酶切位点周围使用同源的 500～700bp 序列。以这种方式可插入多达 20kb 的序列（Jiang et al.，2013）。

7.2.1　供体质粒设计

在这一节中，基于 Gibson 组装和传统限制性内切核酸酶为基础的克隆，我们介绍了两种方法来构建供体质粒。供体质粒序列包含两个同源区（HA）侧翼的 XFP（绿色、红色，或任何荧光蛋白）。HA 是从基因组 DNA 扩增的。我们建议使用从细胞系中分离的基因组 DNA 进行编辑，以保持来自特异性细胞系的单核苷酸多态性。为了确保目的蛋白和荧光蛋白的正确折叠，并避免干扰蛋白质功能，在蛋白质和 XFP 之间我们使用 4～6 个氨基酸的连接子。该连接子应该由中性氨基酸如甘氨酸、丙氨酸与丝氨酸残基穿插组成，提供 XFP 和目的蛋白之间的柔韧性（Miyawaki，Sawano，& Kogure，2003）。至于用经典的过表达研究构建质粒，必须小心谨慎。对 N 端标记来说，跟随接头的 XFP 应在起始密码子上插入（图 7.2A，顶部）。在这种情况下，明智的做法是消除目的蛋白起始密码子以避免来自第二个 ATC 的翻译起始。对 C 端标记，接头和 XFP 应在目的蛋白终止密码子之前定向插入（图 7.2A，中部）。在这种情况下，XFP 起始密码子经常被移除。当生成一个内部标签蛋白时，XFP 侧面应与保持可读框的接头相连（图 7.2A，底部）。为了避免突变，对供体质粒进行优化整合，设计供体质粒应在 ZFN/ TALEN/Cas9 识别位点引入沉默突变。达到 5 个错配就足以防止质粒切割。供体的主链可以是能在大肠杆菌中复制的任何载体。下面我们以 pCR8-TOPO 为例进行介绍。

1. 所需材料

来自适当细胞系的基因组 DNA

pCR8-TOPO 载体或其他 pUC 主链

DNA 编码的 XFP

Herculase II 高保真 DNA 聚合酶（Agilent；Cat. no. 600675）

QIA 快速凝胶提取试剂盒（QIAGEN；Cat. no. 28704）

MinElute PCR 纯化提取试剂盒（QIAGEN；Cat. no. 28004）

选项 1：Gibson 组装克隆试剂盒（NEB e5510S）或 Gibson 组装混合大师试剂盒（NEB e2611S）（不提供感受态细胞）。

选项 2：快速消化 *Nde*I、*Spe*I、*Kpn*I 限制性内切核酸酶（Thermo Scientific；分别为 Cat. no. FD0583、FD1253、FD1704）

FastAP 热敏碱性磷酸酶（Thermo Scientific；Cat. no. EF0654）

快速 DNA 连接试剂盒（Thermo Scientific；Cat. no. K1422）

DH5α 感受态细胞

2. 选项 1：Gibson 组装

Gibson 的装配方法结合 5′外切核酸酶将消化 5′序列和显示互补序列退火（Gibson，Smith，Hutchison，Venter，& Merryman，2010；Gibson et al.，2009）。

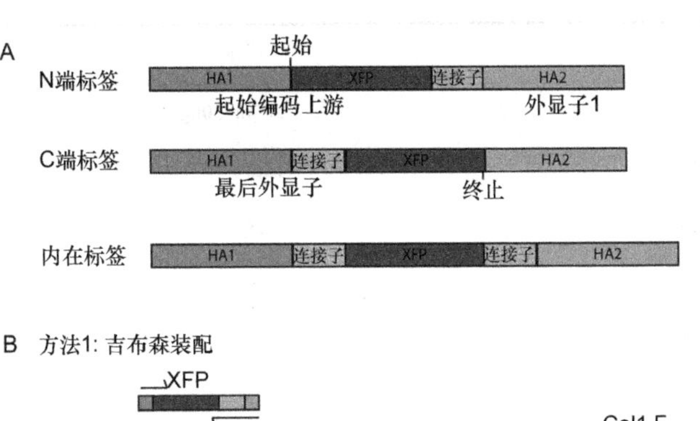

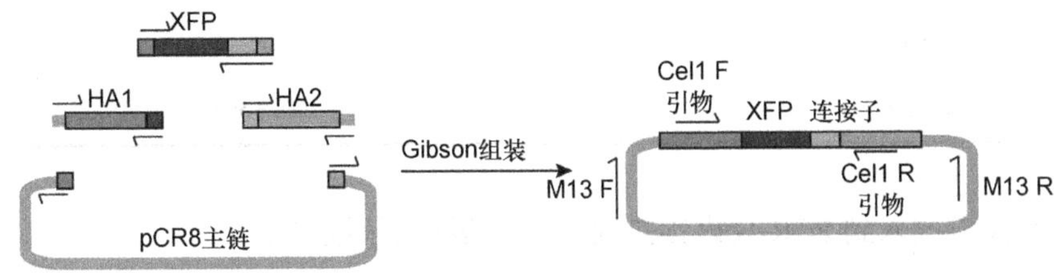

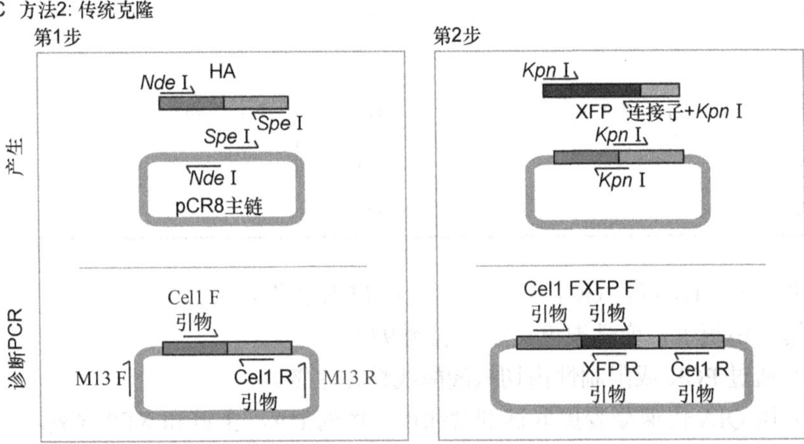

图 7.2　供体质粒构建。(A) 供体质粒 N 端标签（顶部）、C 端（中部）和插入标签（底部）的可能组织。(B) 供体质粒的 Gibson 组装。供体 N 端标签示意图。(C) 供体质粒的传统克隆。(彩图请扫封底二维码)

用与邻近片段重叠的 20bp 作引物，PCR 扩增三个片段，其中两个是 HA 序列和 XFP 序列（图 7.2C）。虽然可以手动设计构建，但我们建议用 NEBuilder 工具设计引物（http://nebuilder.neb.com/）。

（1）利用 DNeasy 血液和组织试剂盒，按说明书提取基因组 DNA。

（2）PCR 扩增两个 HA（靶位点的上游或下游）和 XFP 序列，用高保真聚合酶如 Herculase II 与接头连接。

成分	用量
基因组 DNA/主链	200ng/50ng
Herculase 缓冲液 5×	10μl
正向引物（10μmol/L）	1.25μl
反向引物（10μmol/L）	1.25μl
dNTP（100mmol/L）	0.5μl
Herculase Ⅱ	0.5μl
ddH_2O	加到 50μl

将反应放入到 PCR 仪内预热到 95℃，运行下列方案：

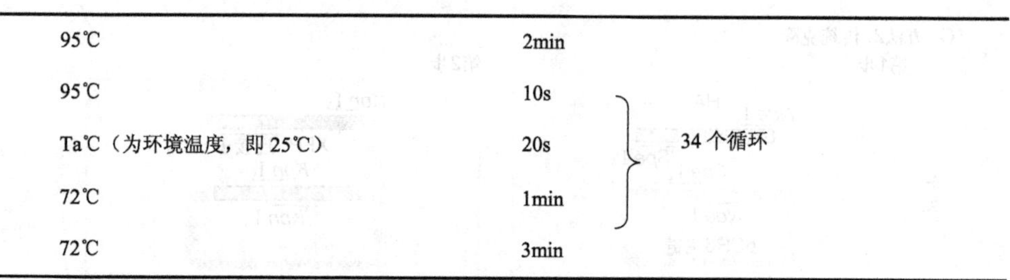

95℃	2min	
95℃	10s	34 个循环
Ta℃（为环境温度，即 25℃）	20s	
72℃	1min	
72℃	3min	

注意：3′ UTR 富含 GC，往往很难通过 PCR 扩增。

在这种情况下，变性温度可以增加到 98℃。

（3）通过 PCR 或限制性内切核酸酶线性化主链。

（4）用 QIA 快速凝胶提取试剂盒纯化扩增的 HA、主链和 XFP 序列。

（5）用 Gibson 组装克隆试剂盒根据制造商的指南组装和转录质粒。

（6）挑出 4～8 个克隆子用克隆 PCR 或限制性内切核酸酶分析鉴定阳性克隆子。

（7）以覆盖整个序列的合适引物测序验证。

3. 选项 2：经典的克隆方法

（1）设计供体质粒和选择三个在 HA、XFP 序列或主链中没有限制位点的限制性内切核酸酶。在我们的例子中，可用 *Nde* Ⅰ、*Spe* Ⅰ和 *Kpn* Ⅰ。

（2）扩增主链，将具有设计引物的 1～1.5kb 的 HA 引入到 *Nde* Ⅰ和 *Spe* Ⅰ限制酶酶切位点。在琼脂糖凝胶上电泳 PCR 产物。

（3）使用 QIA 快速 PCR 纯化试剂盒纯化扩增的 HA 和主链。20μl EB 与 MinElute 柱洗脱。

（4）消化主链和 HA：

成分	用量
主链/HA	15μl
Nde I 快速消耗	1μl
Spe I 快速消耗	1μl
快速消耗缓冲液	2μl
ddH_2O	1μl

添加 1μl FastAP 碱性磷酸酶的主链消化液。37℃孵育 20min。

（5）用 QIAquick 凝胶试剂盒纯化消化的 HA 和主链。用 20μl EB 洗脱 MinElute 柱。

（6）连接消化产物。使用过量的插入子至少 3 倍摩尔。

成分	用量
主链	50ng
HA	至少 3 倍摩尔过量
Quick T4 DNA 连接酶	1μl
Quick 连接缓冲液 2×	10μl
ddH_2O	加到 20μl

室温孵育 15min。

（7）将 2μl 连接产物转录到感受态大肠杆菌中，通过 PCR 和测序质粒筛选阳性表达。如果使用 pCR8-TOTO 主链，M13FOR/CellREV 或 CellPOR/M13REV 引物对可用于诊断 PCR（图 7.2D）。

（8）通过直接突变 PCR 插入 *Kpn* I 限制酶酶切位点。*Kpn* I 位点应位于 XFP 和接头序列插入的地方。

（9）扩增的 XFP 和接头序列包括 PCR 两侧 *Kpn* I 限制酶酶切位点。

（10）按上面的介绍消化和连接 pCR8-HA-*Kpn*I 及 XFP 接头。

（11）用 Cel1POR/XFP-REV 或 XFP-FOR/Cel1REV 引物对，以来自 4～8 个克隆子 DNA 执行诊断 PCR。

（12）对拥有 M13FOR、M13REV、Cel1FOR 或 Cel1REV 的阳性质粒测序，确保 XFP 和目的蛋白在框架内。

7.2.2 利用 CRISPR、TALEN 或 ZFN 产生基因组编辑细胞系

1. 所需材料

MDA/SK-MEL2 细胞系和 hiPSC 可以从不同来源获得。
在无饲养系统中培养 hiPSC
StemPro®Accutase®细胞解离剂（Gibco；Cat. No.A11105-01）
Matrigel hESC 定量矩阵（Corning；Cat. No.354277）
mTESR™1（干细胞技术；Cat. No.05850）
ROCK 抑制剂（Y27632）（Stemgent；Cat. No.04-0012）
0.05%胰蛋白酶-EDTA 1×（Gibco；Cat. No.25300-054）
DMEM/F12，glutamax 补充（Gibco；Cat. No.10565042）
DMEM/F12 无酚红（Gibco；Cat. No.11039047）
胎牛血清，定期（Corning；Cat. No.35-010-CV）
新方案 1（Gibco；Cat. No.14190-144）
青霉素-链霉素 100×溶液（10 000U/ml）（P/S）（Gibco；Cat. No.15140-122）
核因子试剂盒（表 7.1 溶液与细胞系一致或 http://bio.lonza.com/resources/product-instructions/protocols/）和补充 1（Lonza）
Amaxa™ 验证 100μl 铝电极的比色皿
人干细胞核因子试剂盒 1（Lonza）
Amaxa 核因子系统（Lonza）
试管，5ml 细胞染色器盖，圆底，聚苯乙烯（Falcon；Cat. No. 352235）
试管，5ml 圆底，聚苯乙烯（Falcon；Cat. No. 352063）
BD 流式细胞仪分选器
克隆盘
镊子

表 7.1 核因子溶液和 Amaxa 程序用于不同细胞系

细胞系	核因子溶液	Amara 程序
U2OS	V	X-001
SK-MEL2	R	T-020
HeLa	R	I-013
MDA-MB-231	V	X-013

注：另外的细胞系可找到详细资料，http://bio.lonza.com/resources/product-instructions/protocols。

2. 细胞制备

1）解冻和涂层乳腺癌（MDA）细胞

（1）用 37℃水浴快速解冻冷冻的 MDA 小瓶。

（2）将细胞转移到 15ml 锥形管中并加入 5ml 含有 10% FBS 和 1×P/S 的保温 DMEM/F12 培养基（此后用“完全培养基”）。

（3）以 1000rpm 快速离心细胞 5min。

（4）吸出培养基，用完全培养基重新悬浮沉淀细胞。

（5）将细胞接种到 10cm 培养皿中。

（6）37℃、5% CO_2 培养箱孵化细胞。

2）传代并保持 MDA 细胞

（1）当汇合达到 80%～90%时传代细胞。为了保证好的转染率，细胞传代不要超过 6 次。

（2）吸出培养基并用 10ml DPBS 洗涤细胞。

（3）加入 2ml 胰蛋白酶并在 37℃保温 5min。

（4）加 8ml 完全培养基并吸打收集的分离细胞。

（5）将分离的细胞转移到 15ml 锥形管中。

（6）以 1000rpm 快速离心细胞 5min。

（7）吸出培养基，用 10ml 完全培养基重新悬浮细胞沉淀。

（8）将细胞接种到 10cm 培养皿（1∶10 或 1∶20）。

（9）37℃、5% CO_2 培养箱孵化细胞。

3）解冻和接种 hiPSC 细胞

（1）制备基质胶涂层 6 孔板：250μl 基质胶稀释为 25ml 无酚红 DMEM/F12。将 1ml 稀释基质胶转移到每个孔中。室温下保温 1h。4℃储存涂层基质胶平板 2 周。

（2）用 37℃水浴快速解冻 hiPSC 小瓶。

（3）将细胞转移到 15ml 锥形管中并加 5ml 保温的 mTESR1。

（4）以 1000rpm 快速离心细胞 3min。

（5）吸出培养基，用 2 ml 具有 10μm ROCK 抑制剂（RI）的 mTESR1 重新悬浮细胞沉淀。

（6）将细胞接种在基质胶涂层的孔中。

（7）37℃、5% CO_2 培养箱孵化细胞。

（8）每天更换培养基。

4）传代并保持 hiPSC 细胞

（1）当细胞达到汇合 80%～90%时传代细胞。

（2）吸出培养基，用 2ml DPBS 洗涤。

（3）加 1ml Accutase 消化酶并在 37℃保温 2min。

（4）加 5ml mTESR1，温和吸打分散细胞。

（5）将分散的细胞转移到 15ml 锥形管中。

（6）以 1000rpm 快速离心细胞 3min。

（7）吸出培养基，用 2ml 补加了 10μmol/L RI 的 mTeSR1 重新悬浮细胞沉淀。

（8）将细胞接种到基质胶涂层孔中（1∶6 或 1∶8）。

（9）37℃、5% CO_2 培养箱孵化细胞。

（10）每天更换培养基。

3. 电泳

转染前胰蛋白酶消化细胞 1 天并接种到 70%汇合细胞周围。

1）MDA 电穿孔

（1）用 10ml 室温 DPBS 轻轻洗涤细胞。

（2）除去 DPBS，加 2ml 胰蛋白酶，37℃孵化 5min。

（3）用 10ml 完全培养基重新悬浮细胞。

（4）（计数器或血细胞计数板）计数细胞以确定每毫升细胞数，计算 2×10^6 细胞需要的体积（单转染需要的规模）。

（5）将需要的细胞体积加到 15ml 离心管中。

（6）室温下 200*g* 快速离心 5min，弃上清液。

（7）制备主混合液：

i. 82μl 推荐的核转染溶液用于细胞分型；

ii. 补加 8μl。

（8）在主溶液中重现悬浮细胞沉淀并加入 2.5μg ZFN/TALEN/Cas9n 或 5μg Cas9 DNA 和 15μg 供体质粒。

（9）转移细胞到比色皿中。

（10）将比色皿放入核因子仪。

（11）用推荐的程序，按操作指南或表 7.1 进行核转染细胞。

（12）将细胞快速转移到 10cm 培养皿的完全培养基中。

（13）细胞在 37℃、5%的 CO_2 培养箱中培养 3～7 天。

（14）收获细胞，使用所需的方法来分离编辑的细胞。

2）hiPSC 的电穿孔

对于 hiPSC，我们建议解冻后恢复 1 周，电穿孔前补加 10μm 的 R1 培养基。

（1）用 2ml 室温 DPBS 轻洗细胞。

（2）吸出DPBS，加1ml Accutase，37℃孵化5min。

（3）在5 ml mTESR1中重悬浮细胞。

（4）（用计数器或血细胞计数板）计数细胞从而确定每毫升细胞数，计算2×10^6细胞需要的体积（单转染需要的规模）。

（5）将需要的细胞体积加到15ml离心管中。

（6）室温下200*g*快速离心5min，吸出上清液。

（7）制备主混合液：

i. 82μl推荐的核因子溶液用于细胞分型。

ii. 补加18μl

（8）37℃孵育5min。

（9）用主混合液重悬浮细胞沉淀，加2.5μg ZFN/TALEN/Cas9 DNA和15μg供体质粒。

（10）将细胞转移到比色皿并在冰上孵化1～2min。

（11）将比色皿放入核因子仪器中。

（12）用程序T-020核转染细胞。

（13）快速转移细胞到4ml mTESR1+10μmol/L RI，细胞接种于涂层有基质胶的六孔板中的两个孔内。

（14）核转染后3～7天收获细胞，用需要的方法分离编辑细胞。

4. 基因组编辑细胞的分离

1）FACS分选

流式细胞仪参数取决于仪器模型和所用细胞系。我们通常使用100μm低压（20psi）喷嘴。对于我们使用的模式来说，即BD influx FACS分选仪，以"纯"模式分选细胞，且细胞计数器将对每滴液体的每个细胞分类。平行制备适当的未转染细胞参考（图7.3A）。由于酚红干扰荧光检测提高荧光背景，完全培养基应用无酚红DMEM/ F12替代。

（1）用胰蛋白酶或细胞消化液Accutase分离细胞。

（2）将分离的细胞转移到15ml的锥形管。

（3）细胞计数。

（4）以1000rpm快速离心细胞5min。

（5）2ml 无酚红完全培养基/mTeSR1+RI 重现悬浮细胞。浓度不应超过5×10^6～10×10^6个细胞/ml。

（6）将细胞通过40μm筛避免细胞聚集。

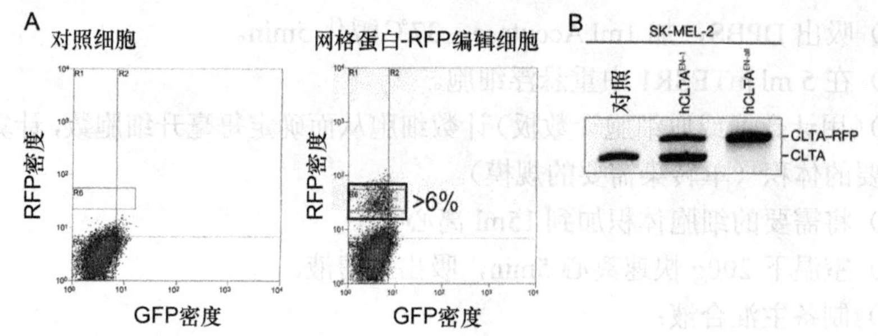

图 7.3 基因组编辑细胞的检测和收集。(A) 未染色对照细胞的流式细胞仪密度，左边为对照，右边为编辑细胞。x 轴代表绿色荧光蛋白（GFP）的荧光，y 轴表示红色荧光蛋白（RFP）的荧光。(B) 基因分型 PCR 为对照、单标签和全标签编辑的细胞。较低的带代表愤野生型位点的扩增，而上部带反映了含有 XFP 扩增位点。

（7）转移细胞到 5ml 聚丙烯新管中。

（8）制备 4～5 个有 100μl 完全培养基的 96 孔板、100 个完整的介质和 1 个 5ml 聚丙烯管，含 2ml 完全培养基。对于 hiPSC，我们推荐将多重细胞[见步骤（9）ii，下同]分选到涂有基质胶和各孔有 2ml mTeSR1+RI 六孔板的每个孔中。使用该策略，单个细胞不能存活。

（9）RFP/GFP 分选阳性细胞（图 7.3A）：

i. 分选单个 MDA 细胞进入 96 孔板。分选的细胞也可以收集到另外的管中冷冻保存或进一步克隆分离。

ii.每个孔分选 2000～4000 hiPSC。

（10）检查 96 孔板中的单个细胞，每 2 天更换一次培养基。

（11）鉴定阳性克隆：

i. MDA 细胞：作为细胞汇聚的方法，胰蛋白酶作用细胞和接种它们到 24 孔板。传代细胞到六孔板并保持细胞部分基因分型。

ii. hiPSC：使用镊子，用 Accutase 细胞消化酶液浸泡克隆纸盘。把它直接放在一个细胞集落上。为了确保克隆群的分离，重要的是分离出单个克隆。快速除去克隆盘并转移到 96 孔板的一个孔内。第二天从孔中除去克隆盘。2 天以后更换培养基，然后每天更换培养基。

（12）扩大克隆子（参见 7.2.2 节 2.细胞制备）。

（13）活细胞荧光显微镜可以用来消除当荧光信号低时 FACS 产生的假阳性。

2）基因组编辑细胞的验证

下面我们介绍几种验证合适基因组编辑克隆子的方法。首先可以通过测定标记等位基因数在基因组水平上完成这种分析，确保正确地整合并没有产生突变。其次，在蛋白质水平上，应该完成免疫印迹去证明融合蛋白的表达和预测分子大小。最后，采用免疫组化染色评价 XFP 融合蛋白的正确定位，通过功能测试来确保融合蛋白没有受到研究过程的干扰。

测序

基因组 DNA 的提取

（1）用胰蛋白酶或 Accutase 消化酶液分离细胞。

（2）将分离的细胞转移到一个 15ml 的锥形管。

（3）细胞于 1000rpm 快速离心 5min。完全吸出培养基。在这一步中，沉淀细胞可储存于–20℃至少 1 个月。

（4）用 DNeasy 血液和组织试剂盒，按说明书提取基因组 DNA。

PCR 和测序

用引物完成 PCR 和测序，用鉴定分析验证设计的核酸酶的切割。

（1）按如下制备 PCR 混合液：

成分	用量
基因组 DNA	200ng
Herculase 缓冲液 5×	10μl
正向引物（10μmol/L）	1.25μl
反向引物（10μmol/L）	1.25μl
dNTP（100mmol/L）	0.5μl
Herculase II	0.5μl
ddH_2O	加到 50μl

（2）将反应放入 PCR 仪预热到 95℃，运行以下方案：

95℃	2min	
95℃	10s	34 个循环
Ta℃	30s	
72℃	30s	
72℃	3min	

（3）PCR 产物在 1%琼脂塘凝胶上于 TAE 缓冲液中电泳，用溴化乙锭染色。当所有的等位基因没有标记时，应出现两条带：下面的带对应于野生型；上面的带为标记的等位基因（图 7.3B）。

（4）用 QIAGEN MineEute 凝胶提取试剂盒按说明书纯化野生型和编辑基因带。10μl H_2O 洗脱。

（5）用合适的引物序对野生型和标记等位基因测序（注意：野生型等位基因测序对检测 NHEJ 引入突变至关重要）。

免疫印迹

（1）裂解液的制备：细胞用 DPBS 简单洗涤细胞并在 0.5mmol/L EDTA 中孵化 5min。

（2）110*g* 离心 2min。

（3）弃上清液，加保温的 2×蛋白样品缓冲液[125mmol/L Tris HCl（pH6.8），10%甘油，10% SDS，130mmol/L DTT，0.05%溴酚蓝，12.5% β-巯基乙醇]。

（4）用吸管悬浮细胞沉淀。

（5）将样品加热到 95℃ 3min。

（6）用 SDS-PAGE 分离蛋白质。

（7）转移到 Immobilon FL PVDF 转移膜上或在转移缓冲液中的硝酸纤维素膜上（25mmol/L Trizma 碱基、200mmol/L 甘氨酸、20%甲醇、0.025% SDS），50V，4℃ 1h。

（8）用 TBS（Tris 缓冲生理盐水）冲洗膜。

（9）在 Odyssey 封闭缓冲液（在 DPBS 中稀释 1∶1）室温下保温 1h。

（10）在封闭缓冲液中适当稀释初级抗体并用膜于 4℃保温过夜。接下来抗体可用于 XFP 融合蛋白：抗-tRFP（B2；1∶2000）或抗-tRFP（1∶500）。

（11）随后用第二个抗体 IRDye 680 或 800CW（LI-COR Biosciences）在 Odssey 封闭缓冲液/含有 0.1% Tween20 的 DPBS 溶液中稀释到 1:5000，黑暗中保温 1h。

（12）用 TBST（Tris 缓冲液生理盐水 Tween20）洗涤后，膜在 TBS 中孵化，用 ODyssey 红外线作图仪器扫描。使用 Odyssey 红外线作图系统完成蛋白带定量。

免疫荧光显微镜

（1）细胞在 24 孔板盖玻片上生长过夜。

（2）细胞在 4%的多聚甲醛室温下固定 20min。

（3）用 DPBS 洗涤 3 次后，用 1mg/ml 硼氢化钠冷却盖玻片 15min（2 次）。

（4）在 0.1%皂苷/DPBS 或 0.1%的 Triton X-100/DPBS 中透析细胞，用 DPBS 简短洗涤。

（5）盖玻片与相应的初级抗体在 4℃孵化过夜。

（6）用 DPBS 洗 15min。

（7）盖玻片与相应的二级抗体孵化过夜，室温下 2h。

（8）用 DPBS 洗涤 3 次。

（9）用 ProLong Gold Antifade 试剂将盖玻片放在载玻片上。

7.3 标记/编辑局限性

基因组编辑是促进体内动力学荧光显微镜分析准确可靠的强大工具。然而，这种方法有一定的局限性。标记蛋白质可能会削弱蛋白质的功能，即使当它在内源性水平表达时也是如此。有些类型的蛋白质如 Rab GTP 酶类，只能在 N 端标记（Chavrier et al.，1991），而其他蛋白质如发动蛋白 2，必须在 C 端标记（Hinshaw & Schmid，1995；Liu，Surka，Schroeter，Lukiyanchuk，& Schmid，2008）。通过荧光蛋白插入到内环能保护接头蛋白 AP2 亚基的功能（Nesterov，Carter，Sorkina，Gill，& Sorkin，1999）。我们强烈建议初步实验要确保尽可能多的保持融合蛋白功能。由于功能损伤的研究在一些简单的生物体（如酵母）中更敏感，因此我们经常在维持酵母功能的融合子上模拟哺乳动物细胞的融合。

三个核酸酶也有局限性。ZFN 和 TALEN 对 DNA 甲基化高度敏感，因此在 GC 丰富区域作用并不理想，它们可能存在于基因的 UTR 区域（Kim et al.，2013）。在有 Cas9/CRISPR 系统的情况下，最可能发生脱靶切割，因为 Cas9 能够容忍一些错配，尽管当前正在努力来解决这个问题（见下文）（Cong et al.，2013；Fu et al.，2013；Mali et al.，2013）。由于容忍错配，CRISPR/Cas9 短识别位点通常以 20 个核苷酸紧接着 PAM 序列，NGG 在基因组中是绝无仅有的。多个实验室证明，使用两对 gRNA 可避免脱靶切割（Ran et al.，2013）。他们利用会产生单链断裂的 Cas9 缺口酶来突变。这些断裂可以通过高保真碱基切除修复途径来修复而不会产生删除或插入（Dianov & Hübscher，2013）。采用一对偏移 sgRNA 与位点反向链互补增加靶位点的特异性。

在本章中，我们还提供了一种基于流式细胞荧光分选细胞的方法。荧光水平与蛋白质表达水平直接相关。虽然流式细胞仪高度灵敏，但融合蛋白表达水平可能不会比荧光背景高。在这种情况下，阳性细胞与阴性细胞是无法区分的。可在供体质粒中加入抗性盒，接下来通过自身切割位点如 2A 肽进行（Hockemeyer et al.，2011；Kim et al.，2011）。这个被认为是引起“暂停”的序列，因而释放新生肽（Doronina et al.，2008）。抗性盒由内生启动子表达。另一个策略是使用自身的启动子和两侧的 LoxP 序列将抗性盒整合到目的位点。由 Cre 重组酶瞬时表达后，这种策略允许除去抗性盒。克隆子选择和分离后，只有 LoxP 序列会保持在靶位点上。

7.4 远 景

本节探索需要产生基因组编辑细胞系的应用证明是合理的。我们还探讨了这种技术可能会提供一些机遇。

7.4.1 细胞加工效率：网格蛋白介导的内吞实例

我们比较了内吞作用的蛋白质在哺乳动物细胞中融合荧光蛋白过表达的蛋白质，或内源性水平表达蛋白基因组编辑的动力学和功能。我们证明，在基因组编辑细胞中网格蛋白和发动蛋白更有规律地增加，这些细胞的内吞作用更迅速和有效（图 7.4）（Doyon et al.，2011）。因此这个例子强调蛋白质过表达可影响细胞动力学和细胞加工功能。我们还注意到，基因组编辑可用于表达外源蛋白亲和标签、降解决定子标签等的标记，最大限度地减少它们的组成及其功能的扰动。

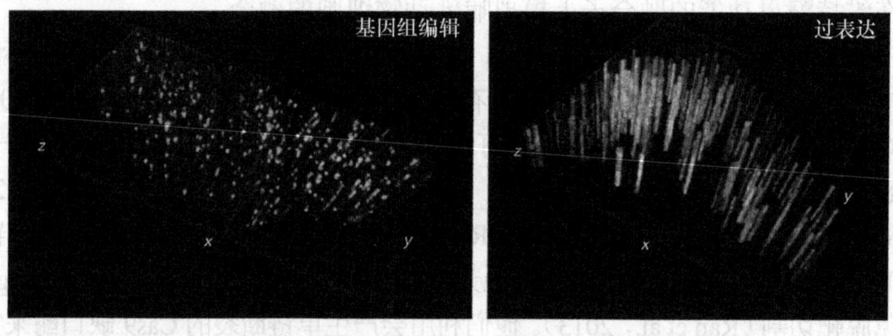

图 7.4 提高基因组编辑细胞网格蛋白和发动蛋白动力学的示意图。示意图左边为来自基因组编辑细胞系表达网格蛋白-RSFP 和发动蛋白 2-GFP 录像的三维波动曲线记录，右边为过表达的网格蛋白-RFP 和发动蛋白 2-GFP。*x-y* 平面（2.5μm^2 坐标方格），细胞质膜；*z* 轴，时间（240s，2s/片）。最初发表于 Doyon 等（2011）。（彩图请扫封底二维码）

7.4.2 基因组编辑细胞内特异性结构的蛋白质化学计量学定量

由于近年来发展的显微镜和摄像技术而使单分子测定成为可能，采用揭示生物学过程中细胞内的时空组织和分子组装，细胞生物学的荧光活细胞成像正在经历另一场革命性变化。这里介绍的定量方法开辟了计算特异性结构分子数量的新纪元。这样的测量使体外重组更忠实并成为数学建模的基础。在酵母中，细胞表达原基因位点融合 GFP 目的蛋白的荧光显微镜学，对全球的或部分目的结构分子数进行了评价（Coffman & Wu，2014；Joglekar，Bouck，Molk，Bloom，& Salmon，2006；Wu & Pollard，2005）。

ZFN、TALEN 和 Cas9 核酸酶的应用给创建内源融合子和荧光蛋白打开了部署哺乳动物细胞中类似方法的大门。相比于其他方法，这需要过表达和复杂的统计分析（Cocucci，Aguet，Boulant，& Kirchhausen，2012），基因组编辑细胞系的应用，其中以内源性水平表达融合 GFP 目的蛋白，在保留了蛋白质研究化学计量学的同时，还能用单分子敏感性给蛋白质的增加进行快速而简单的定量（Grassart et al.，2014；Cocucci，Gaudin，& Kirchhausen，2014）。最近，我们小组成功地用这种方法测定了内吞作用过程中恢复发动蛋白 2 的 26 个分子中的一个或多个量子。有趣的是，我们的研究结果验证了前人通过结构模型提出的方法和这些方法的有益范例。随着基因组编辑可以很容易地在任何实验室中实施，它对培育细胞分子生物学的定量观念带来了巨大希望。

7.4.3　基因组编辑干细胞：哺乳动物细胞生物学研究的新模型

当与基因组编辑联合时， hiPSC 代表了使用荧光融合蛋白改善细胞生物学研究的另一个前进步伐。几个实验室已经阐明调节各种细胞分化的信号通路。结果，现在分化的 hiPSC 有可能进入各种类型的细胞，包括心肌细胞、肝细胞和神经元（Chambers et al.，2009；Chambers，Mica，Studer，& Tomishima，2011；Lian et al.，2013）。利用基因组编辑在某些组织中特异性表达的荧光标记蛋白，对于分离衍生于干细胞的特异性分化细胞类型也是一个很好的策略。表达荧光蛋白的细胞可用 FACS 分选。然而这一策略可用于研究特异性分化阶段（Forster et al.，2014）组织内的细胞群命运。已从患者中产生 hiPSC 并用作疾病模型（Chung et al.，2013；Li et al.，2013；Ryan et al.，2013），但是由于遗传背景上的差异使得很难进行比较。我们觉得 hiPSC 为细胞生物学研究提供了优势条件，因为它们往往是整倍体，而不是癌细胞，它们可以分化，并可以编辑表达荧光融合蛋白和引入人类疾病的基因突变。一个有希望的途径是野生型内源性标记或具有荧光蛋白的突变型蛋白，研究其在不同细胞类型中的行为，探讨如何突变导致疾病的表型（Ding et al.，2013）。

致　谢

作者感谢 Christa Cortesio 和 Jessica R. Marks 对书稿的建议与注释。D.D.由人类前沿科学计划奖学金支持，D.G.D 由国家卫生研究院资助 R01 GM65462 支持。

参考文献

Chambers, S. M., Fasano, C. A., Papapetrou, E. P., Tomishima, M., Sadelain, M., & Studer, L. (2009). Highly efficient neural conversion of human ES and iPS cells by dual inhibition of SMAD signaling. Nature Biotechnology, 27(3), 275-280.

Chambers, S. M., Mica, Y., Studer, L., & Tomishima, M. J. (2011). Converting human pluripotent stem cells to neural tissue and neurons to model neurodegeneration. Methods in Molecular Biology (Clifton, N.J.), 793, 87-97.

Chavrier, P., Gorvel, J. P., Stelzer, E., Simons, K., Gruenberg, J., & Zerial, M. (1991). Hypervariable C-terminal domain of rab proteins acts as a targeting signal. Nature, 353(6346), 769-772.

Chung, C. Y., Khurana, V., Auluck, P. K., Tardiff, D. F., Mazzulli, J. R., Soldner, F., et al. (2013). Identification and rescue of α-synuclein toxicity in Parkinson patient-derived neurons. Science (New York, N.Y.), 342(6161), 983-987.

Cocucci, E., Aguet, F., Boulant, S., & Kirchhausen, T. (2012). The first five seconds in the life of a clathrin-coated pit. Cell, 150(3), 495-507.

Cocucci, E., Gaudin, R., & Kirchhausen, T. (2014). Dynamin recruitment and membrane scission at the neck of a clathrin-coated pit. Molecular Biology of the Cell, (in press).

Coffman, V. C., & Wu, J.-Q. (2014). Every laboratory with a fluorescence microscope should consider counting molecules. Molecular Biology of the Cell, 25(10), 1545-1548.

Cong, L., Ran, F. A., Cox, D., Lin, S., Barretto, R., Habib, N., et al. (2013). Multiplex genome engineering using CRISPR/Cas systems. Science (New York, N.Y.), 339(6121), 819-823.

Cui, X., Ji, D., Fisher, D. A., Wu, Y., Briner, D. M., & Weinstein, E. J. (2011). Targeted integration in rat and mouse embryos with zinc-finger nucleases. Nature Biotechnology, 29(1), 64-67.

Dianov, G. L., & Hu¨ bscher, U. (2013). Mammalian base excision repair: The forgotten archangel. Nucleic Acids Research, 41(6), 3483-3490.

Ding, Q., Regan, S. N., Xia, Y., Oostrom, L. A., Cowan, C. A., & Musunuru, K. (2013). Enhanced efficiency of human pluripotent stem cell genome editing through replacing TALENs with CRISPRs. Cell Stem Cell, 12(4), 393-394.

Doronina, V. A., Wu, C., de Felipe, P., Sachs, M. S., Ryan, M. D., & Brown, J. D. (2008). Site-specific release of nascent chains from ribosomes at a sense codon. Molecular and Cel- lular Biology, 28(13), 4227-4239.

Doyon, J. B., Zeitler, B., Cheng, J., Cheng, A. T., Cherone, J. M., Santiago, Y., et al. (2011). Rapid and efficient clathrin-mediated endocytosis revealed in genome-edited mammalian cells. Nature Cell Biology, 13(3), 331-337.

Forster, R., Chiba, K., Schaeffer, L., Regalado, S. G., Lai, C. S., Gao, Q., et al. (2014). Human intestinal tissue with adult stem cell properties derived from pluripotent stem cells. Stem Cell Reports, 2(6), 838-852.

Fu, Y., Foden, J. A., Khayter, C., Maeder, M. L., Reyon, D., Joung, J. K., et al. (2013). High-frequency off-target mutagenesis induced by CRISPR-Cas nucleases in human cells. Nature Biotechnology, 31(9), 822-826.

Gaj, T., Gersbach, C. A., & Barbas, C. F. (2013). ZFN, TALEN, and CRISPR/Cas-based methods for genome engineering. Trends in Biotechnology, 31(7), 397-405.

Gibson, T. J., Seiler, M., & Veitia, R. A. (2013). The transience of transient overexpression. Nature

Methods, 10(8), 715-721.

Gibson, D. G., Smith, H. O., Hutchison, C. A., Venter, J. C., & Merryman, C. (2010). Chemical synthesis of the mouse mitochondrial genome. Nature Methods, 7(11), 901-903.

Gibson, D. G., Young, L., Chuang, R.-Y., Venter, J. C., Hutchison, C. A., & Smith, H. O. (2009). Enzymatic assembly of DNA molecules up to several hundred kilobases. Nature Methods, 6(5), 343-345.

Grassart, A., Cheng, A. T., Hong, S. H., Zhang, F., Zenzer, N., Feng, Y., et al. (2014). Actin and dynamin2 dynamics and interplay during clathrin-mediated endocytosis. The Journal of Cell Biology, 205(5), 721-735.

Gratz, S. J., Cummings, A. M., Nguyen, J. N., Hamm, D. C., Donohue, L. K., Harrison, M. M., et al. (2013). Genome engineering of *Drosophila* with the CRISPR RNA-guided Cas9 nuclease. Genetics, 194(4), 1029-1035.

Hall, B., Limaye, A., & Kulkarni, A. B. (2009). Overview: Generation of gene knockout mice. Current Protocols in Cell Biology, 19(12), 1-17.

Hinshaw, J. E., & Schmid, S. L. (1995). Dynamin self-assembles into rings suggesting a mech-anism for coated vesicle budding. Nature, 374(6518), 190-192.

Hockemeyer, D., Wang, H., Kiani, S., Lai, C. S., Gao, Q., Cassady, J. P., et al. (2011). Genetic engineering of human pluripotent cells using TALE nucleases. Nature Biotechnology, 29(8), 731-734.

Janke, C., Magiera, M. M., Rathfelder, N., Taxis, C., Reber, S., Maekawa, H., et al. (2004). A versatile toolbox for PCR-based tagging of yeast genes: New fluorescent proteins, more markers and promoter substitution cassettes. Yeast(Chichester, England), 21(11), 947-962.

Jiang, J., Jing, Y., Cost, G. J., Chiang, J.-C., Kolpa, H. J., Cotton, A. M., et al. (2013). Translating dosage compensation to trisomy 21. Nature, 500(7462), 296-300.

Joglekar, A. P., Bouck, D. C., Molk, J. N., Bloom, K. S., & Salmon, E. D. (2006). Molecular architecture of a kinetochore-microtubule attachment site. Nature Cell Biology, 8(6), 581-585.

Joung, J. K., & Sander, J. D. (2013). TALENs: A widely applicable technology for targeted genome editing. Nature Reviews Molecular Cell Biology, 14(1), 49-55.

Kim, Y., Kweon, J., Kim, A., Chon, J. K., Yoo, J. Y., Kim, H. J., et al. (2013). A library of TAL effector nucleases spanning the human genome. Nature Biotechnology, 31(3), 251-258.

Kim, J. H., Lee, S.-R., Li, L.-H., Park, H.-J., Park, J.-H., Lee, K. Y., et al. (2011). High cleavage efficiency of a 2A peptide derived from porcine teschovirus-1 in human cell lines, zebrafish and mice. PLoS One, 6(4), e18556.

Li, T., Liu, B., Spalding, M. H., Weeks, D. P., & Yang, B. (2012). High-efficiency TALEN-based gene editing produces disease-resistant rice. Nature Biotechnology, 30(5), 390-392.

Li, Y., Wang, H., Muffat, J., Cheng, A. W., Orlando, D. A., Lovén, J., et al. (2013). Global transcriptional and translational repression in human-embryonic-stem-cell-derived Rett synd-rome neurons. Cell Stem Cell, 13(4), 446-458.

Lian, X., Zhang, J., Azarin, S. M., Zhu, K., Hazeltine, L. B., Bao, X., et al. (2013). Directed cardiomyocyte differentiation from human pluripotent stem cells by modulating Wnt/β-catenin signaling under fully defined conditions. Nature Protocols, 8(1), 162-175.

Liu, Y.-W., Surka, M. C., Schroeter, T., Lukiyanchuk, V., & Schmid, S. L. (2008). Isoform and splice-variant specific functions of dynamin-2 revealed by analysis of conditional knock-out cells. Molecular Biology of the Cell, 19(12), 5347-5359.

Lo, T.-W., Pickle, C. S., Lin, S., Ralston, E. J., Gurling, M., Schartner, C. M., et al. (2013). Precise and heritable genome editing in evolutionarily diverse nematodes using TALENs and

CRISPR/Cas9 to engineer insertions and deletions. Genetics, 195(2), 331-348.

Mali, P., Aach, J., Stranges, P. B., Esvelt, K. M., Moosburner, M., Kosuri, S., et al. (2013). CAS9 transcriptional activators for target specificity screening and paired nickases forcooperative genome engineering. Nature Biotechnology, 31(9), 833-838.

Miyawaki, A., Sawano, A., & Kogure, T. (2003). Lighting up cells: Labelling proteins with fluorophores. Nature Cell Biology, (Suppl.), S1-S7.

Nesterov, A., Carter, R. E., Sorkina, T., Gill, G. N., & Sorkin, A. (1999). Inhibition of the receptor-binding function of clathrin adaptor protein AP-2 by dominant-negative mutant mu2 subunit and its effects on endocytosis. The EMBO Journal, 18(9), 2489-2499.

Orlando, S. J., Santiago, Y., DeKelver, R. C., Freyvert, Y., Boydston, E. A., Moehle, E. A., et al. (2010). Zinc-finger nuclease-driven targeted integration into mammalian genomes using donors with limited chromosomal homology. Nucleic Acids Research, 38(15), e152.

Perez, E. E., Wang, J., Miller, J. C., Jouvenot, Y., Kim, K. A., Liu, O., et al. (2008). Establishment of HIV-1 resistance in $CD4^+$ T cells by genome editing using zinc-finger nucleases. Nature Biotechnology, 26(7), 808-816.

Pucadyil, T. J., & Schmid, S. L. (2008). Real-time visualization of dynamin-catalyzed mem- brane fission and vesicle release. Cell, 135(7), 1263-1275.

Ran, F. A., Hsu, P. D., Lin, C.-Y., Gootenberg, J. S., Konermann, S., Trevino, A. E., et al. (2013). Double nicking by RNA-guided CRISPR Cas9 for enhanced genome editing specificity. Cell, 154(6), 1380-1389.

Ryan, S. D., Dolatabadi, N., Chan, S. F., Zhang, X., Akhtar, M. W., Parker, J., et al. (2013). Isogenic human iPSC Parkinson's model shows nitrosative stress-induced dysfunction in MEF2-PGC1α transcription. Cell, 155(6), 1351-1364.

Santiago, Y., Chan, E., Liu, P.-Q., Orlando, S., Zhang, L., Urnov, F. D., et al. (2008). Targeted gene knockout in mammalian cells by using engineered zinc-finger nucleases. Proceedings of the National Academy of Sciences of the United States of America, 105(15), 5809-5814.

Soldner, F., Laganière, J., Cheng, A. W., Hockemeyer, D., Gao, Q., Alagappan, R., et al. (2011). Generation of isogenic pluripotent stem cells differing exclusively at two early onset Parkinson point mutations. Cell, 146(2), 318-331.

Wu, J.-Q., & Pollard, T. D. (2005). Counting cytokinesis proteins globally and locally in fission yeast. Science (New York, N.Y.), 310(5746), 310-314.

第 8 章　Cas9 切口酶基因组编辑

Alexandro E. Trevino[1,2,3,4], Feng Zhang[1,2,3,4]

（1. 麻省理工学院和哈佛大学布罗德研究所第 7 剑桥中心；2. 麻省理工学院麦戈文脑科学研究所；3. 麻省理工学院大脑与认知科学系；4. 麻省理工学院生物工程系）

目　录

摘要

由于它的效率和易用性，RNA 引导序列特异性内切核酸酶 Cas9 已被广泛地作为基因工程工具。Cas9 来自微生物的 CRISPR（规律成簇间隔短回文重复）II 型自适应免疫系统，现在已成功设计应用于不同种类的动物和植物物种的基因组编辑。为了减少野生型 Cas9 潜在的脱靶突变、酿脓链球菌（*Stieptococcus pyogenes*）Cas9 催化结构域同源性和结构的引导突变作用，已经产生了能够诱导单链切口而不是双链断裂“切口”酶（Cas9n）。由于切口通常由真核细胞 Cas9n 高保真修复，所以 Cas9 可以用来调节高度特异性的基因组编辑，或者通过非同源末端连接或同源定向修复。在这里，我们为哺乳动物精准基因工程介绍 Cas9n 试剂的制备、测试和应用。

8.1　导　论

用 RNA 引导 Cas9 系统靶向、快速和高效的基因组编辑能对各种细胞和生物的遗传元件系统整合并对下一代基因治疗拥有巨大的潜力(Hsu，Lander，& Zhang，2014)。与其他基于锌指蛋白系统（Klug，2010）和转录激活因子样效应物的 DNA 打靶系统相反（Boch & Bonas，2010），它们主要依靠蛋白结构域赋予 DNA 结合的特异性，Cas9 形成具有通过 Watson-Crick 碱基配对定向酶到 DNA 靶的小的引导 RNA 复合物。因此，该系统设计是简单和快速的，只需要产生短的寡核苷酸就能定向 DNA 与任何位点结合。

II 型微生物 CRISPR（规律成簇间隔短回文重复）系统（Chylinski，Makarova，Charpentier，& Koonin，2014）是三个已知的 CRISPR 类型中最简单的一个（Barrangou & Marraffini，2014；Gasiunas，Sinkunas，& Siksnys，2014；Wiedenheft，Sternberg，& Doudna，2012），它由 CRISPR 相关（Cas）基因和一系列短的不同序列（间隔子）间隔的非编码重复元件（正向重复）所组成。这些短的 30bp 间隔子往往来自外源遗传元件如噬菌体和共轭质粒，它们构成这些入侵元件自适应免疫记忆的基础（Barrangou et al.，2007）。在噬菌体基因组和质粒上相应序列被称为前间区序列，每个前间区序列两侧为短的前间区序列邻近基序（PAM），它们在 Cas9 靶搜索和识别机制中起着重要作用。转录和加工成短的 RNA 分子的 CRISPR 阵列称为 CRISPR RNA（crRNA），连同第二短反式激活 crRNA（tracrRNA）一起（Deltcheva et al.，2011），与 Cas9 复合成易于靶向识别和切割的复合体（Deltcheva et al.，2011；Garneau et al.，2010）。此外，crRNA 和 tracrRNA 可以融合成便于 Cas9 靶向的单链引导 RNA（sgRNA）（Jinek et al.，2012）。

需要 5′-NGG PAM 的来自酿脓链球菌（*Streptococcus pyogenes*）Cas9 酶（SpCas9）（Mojica，Diez-Villasenor，Garcia-Martinez，& Almendros，2009），已广泛应用于基因组编辑（Hsu et al.，2014）。为了打靶任何期望的、满足需要 PAM 的目的基因组位点，只要通过改变 sgRNA 20bp 引导序列就可以对该酶进行编程。另外，打靶技术本身的简约性增加了其多用途，例如，采用多个 sgRNA 可以同时编辑几个基因位点（Cong et al.，2013；Wang et al.，2013）。

像其他设计的核酸酶一样，Cas9 有利于通过诱导它的靶位点双链断裂（DSB）进行基因组编辑，反过来又刺激内源性 DNA 损伤修复通路导致编辑 DNA，即同源定向修复（HDR），这需要同源定向修复模板而不是用高保真修复 DSB 和非同源末端连接（NHEJ），修复的结果是没有模板功能并频繁产生插入或缺失（indel）。可以设计外源 HDR 模板并与 Cas9 和 sgRNA 一起引入到靶位点启动精确序列改变；然而，这个过程通常只发生在分裂细胞中且发生效率较低。

在某些应用中如人类干细胞的治疗基因组编辑，要求编辑不仅效率高，而且具有高度特异性。拥有脱靶 DSB 活性的核酸酶可能引起不良突变与潜在的有害影响，在大多数临床设置中有不可接受的结果。打靶 CAS9 的显著易用性使得利用深度测序（Fu et al., 2013; Hsu et al., 2013; pattanayak et al., 2013）和人细胞染色质免疫沉淀（Kuscu, Arslan, Singh, Thorpe, & Adli, 2014; Wu et al., 2014）进行广泛的靶外结合及诱变研究成为可能。其结果是，出现酶脱靶活性越来越复杂的局面。Cas9 会容忍引导序列和 DNA 底物之间的一些错配，这一特性强烈取决于数量、位置（PAM 近端或远端）和错配的特性。脱靶结合和切割可能进一步依赖于编辑的生物、细胞类型和表观遗传背景。

这些特异性的研究，与 Cas9 催化机制的直接调查一起，激发了同源性和结构引导工程去提高其靶向特异性。野生型酶利用两个保守的核酸酶结构域——HNH 和 RuvC，通过分别切开互补和非互补链切口而切割 DNA。通过丙氨酸替代这些结构域内关键催化残基产生“切口酶”突变（Cas9n）——SpCas9 D10A 灭活 RuvC（Jinek et al.，2012），从而发现 N863A 灭活 HNH（Nishimasu et al.，2014）。虽然也报道了 H840A 突变将 Cas9 转变为切口酶，但与 N863A 相比，这种突变降低了哺乳动物细胞中的活性水平（Nishimasu et al.，2014）（图 8.1）。

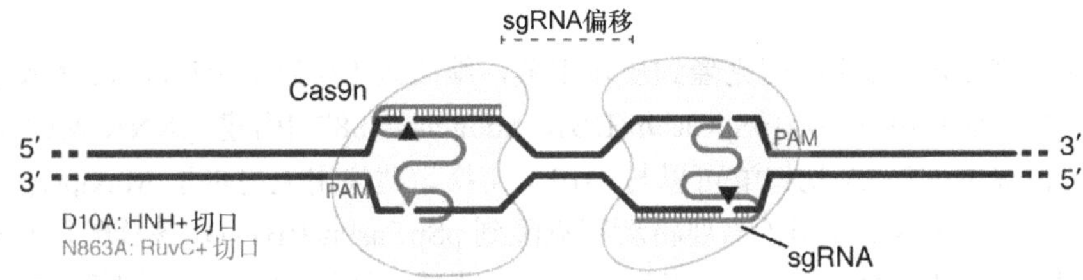

图 8.1 在双切口结构中 Cas9 酶的图解。用 D10A 突变子偏移切口，它只保留 HNH 核酸酶结构域的催化活性，通过切开 sgRNA 互补的 DNA 链（红色三角形代表切口）在靶基因产生 5′悬臂产物。另外，Cas9n N863A 选择性切开非互补链（切口为黄色三角）。sgRNA 偏移定义为每个 sgRNA 5′端（或 PAM 远端）之间的距离。绿色代表 PAM 序列，存在于靶基因组但不存在于 sgRNA。（彩图请扫封底二维码）

因为单链切口通常采用非突变的碱基切除途径来修复（Dianov & Hubscher，2013），可以调节高度特异的基因组工程来改变 Cas9n 突变子。单链 Cas9n 诱导切口能刺激某些细胞类型中低效率的 HDR，两个切口酶适当地隔开，导向相同的位点，有效形成 DSB，与野生型中的平头 DSB 相反，产生了沿靶 3′或 5′接头（Mali et al.，2013；Ran et al.，2013）。双切口战略的中靶修饰效率与野生型的修饰效率相似，但预测的脱靶位点缺失减少则低于 Illumina 深度测序检测阈值（Ran et al.，2013）。

以下介绍了切口酶试剂设计和试验用于哺乳动物基因组高精度编辑的方案及注意事项，包括靶选择、sgRNA 构建、转染、用 SURVEYOR 核酸酶法对 Cas9 诱导缺失突变的检测、设计和对同源性定向插入的定量。

8.2 靶 选 择

SpCas9 靶可以是任何有 3′端 5′-NGG-3′的 20bp 的 DNA 序列。我们实验室开发了一个在线工具，将接受目的区域，作为输入和输出所有在那个区域内潜在 sgRNA 靶位点的列表。然后每个 sgRNA 靶位点与预测基因组脱靶一致（http://tools.genome-engineering.org）。

该工具还可以生成双切口 sgRNA 自动配对。双切口 sgRNA 设计最重要的考虑是两个靶之间的隔离（Ran et al.，2013）。如果两个引导子之间"偏移"就定义为一对 sgRNA 的 PAM 远端（5′端）之间的距离，–4～20bp 的偏移是最理想的，尽管偏移 100bp 还能诱导 DSB 介导插入缺失。sgRNA 对双切口应靶向相反的 DNA 链。

8.3 质粒 sgRNA 构建

通过将 20bp 的靶序列克隆到质粒主链，编码人 U6 启动子启动 sgRNA 表达盒，CBh 启动 Cas9-D10A[pSpCas9n(BB)，Addgene#48873]构建 sgRNA 表达载体。在所有情况下 N863A 切口酶可以与 D10A 交换。建议用无内毒素 Maxiprep 柱制备这种质粒。表 8.1 介绍了需要将新靶克隆到 pSpCas9n(BB)的寡核苷酸，从整合 DNA 技术公司（IDT）可以购买到这些寡核苷酸。请注意，Cas9 靶识别需要的 PAM 序列不能作为 sgRNA 序列本身的一部分。

表 8.1 常规 sgRNA 克隆寡核苷酸

引物	序列（5′→3′）	转录
正向 sgRNA	CACCGNNNNNNNNNNNNNNNNNNNN	将黏性悬突+特异性 20bp 基因靶克隆到 sgRNA 主链上
反向 sgRNA	AAACNNNNNNNNNNNNNNNNNNNNC	互补退火寡核苷酸，将新靶克隆到 sgRNA 主链上

（1）为了将靶序列克隆到 sgRNA 主链载体，首先要将正向 sgRNA 和反向 sgRNA 寡核苷酸配至 100μmol/L。

注意：这些寡核苷酸包括一个附加的不存在于靶位点的鸟嘌呤（小写字母），以便增加 U6 启动子的转录。

（2）每个寡核苷酸 1μl 与 1μl T4 连接酶连接缓冲液合并，加入 10×（NEB B0202S）、0.5μl T4 PNK（NEB M0201S）和 6.5μl ddH_2O，总反应体积为 10μl。用多核苷酸激酶处理，添加 5′磷酸，在热循环仪中按以下方案退火寡核苷酸：37℃ 30min，95℃ 5min，以 5℃/min 斜率下降到 25℃。

（3）加入 90μl ddH_2O 稀释退火寡核苷酸（10μl 反应）。

（4）用 pSpCas9n(BB)和退火寡核苷酸作为克隆插入建立 Golden Gate 消化液/连接液。质粒在 sgRNA 靶序列位置含有 *Bsm*B Ⅰ 限制性内切核酸酶双位点，以至于消化悬臂与退火寡核苷酸悬臂相分离。在 25μl 反应中，结合 25ng pSpCas9n(BB)、1μl 从步骤（3）稀释的退火寡核苷酸、12.5μl 快速连接缓冲液、2×（Enzymatics L6020L）、1μl FastDigest *Bsm*B Ⅰ（ThermoScientific FD1014）、2.5μl 10×BSA（NEB B9001）、0.125μl T7 连接酶（Enzymatics L6020L）和 7μl ddH_2O。

（5）按上述同样条件，用 ddH_2O 替代插入寡核苷酸完成阴性对照。

（6）在热循环仪中孵化连接（37℃、5min），20℃、5min 共 6 个循环。–20℃储存稳定连接作用。

（7）将 2μl 连接反应液转移到感受态大肠杆菌菌株，使用合适方案——推荐 Stb13 菌株接种到氨苄青霉素选择板（100μg/ml 氨苄青霉素），37℃孵化过夜。通常情况下，转换出现高效率；在阴性对照板中没有菌落形成，sgRNA 寡核苷酸成功克隆到主链时有成百上千菌落形成。

（8）14h 后，用无菌吸管头从转化板中挑出 2～3 个菌落，将细菌接种到 3ml LB 肉汤培养基或含有 100μg/ml 氨苄青霉素的 TB 肉汤培养基中。37℃摇瓶培养 14h。

（9）用 QIAGEN Spin Miniprep 大量提取试剂盒（27104）从培养物中分离质粒 DNA 并用分光光度法测定 DNA 的浓度。用 Sanger 测序验证这些结构，通过 sgRNA scaffold 验证靶序列的正确插入。为了优化下游转染条件，应事先准备好无内毒素质粒。

8.4　细胞系 sgRNA 的验证

本方案介绍 HEK293FT 细胞系中 sgRNA 功能验证；培养和转染条件可能不同于其他类型的细胞。

（1）在无菌 D10 培养基[DMEM，高葡萄糖（Life Technologies 10313-039）补加 10%（*V*/*V*）的胎牛血清（Seradigm 1500-500）和 10mmol/L 羟乙基哌嗪乙硫磺酸（HEPES）]中保养 HEK293FT 细胞（Life Technologies R700-07）。优化健康细胞每天按 1∶2～1∶2.5 的比例传代，始终保持有 80%汇合（confluence）。

（2）平板细胞转染。总量为 500μl 的 24 孔组织培养处理板上每孔接种 120 000 个细胞。培养和转染，基于生长的表面积不同幅度，可按比例放大或缩小。对于贴壁的细胞类型来说，多聚 D-赖氨酸包被的塑料可以提高黏附性和生存能力。

（3）18h 后检查平板，以确定细胞的汇合，一般 90%是理想的。根据商品操作指南，用脂质体 2000 试剂转染 DNA。一个 24 孔板，我们转染不会超过 500ng 总 DNA/孔。

（4）为了递送切口 pSpCas9n（sgRNA）质粒，转染 500ng；对多重切口构建子，如双切口递送 2 个 sgRNA，转染前以等摩尔比混合不同构建子至 500ng。

（5）转染对照很重要，如非转染孔、GFP 质粒及实验对照。例如，在这些实验中，以没有引导或只有引导的 Cas9n 作对照。做 3 次转染实验将有助于分析。

（6）转染 6h 内，更换培养基，加 2ml 新鲜的、预热的 D10 培养基/孔。24h 后，通过检查 GFP 转染孔评估转染效率。>80%的细胞应该是绿色荧光蛋白阳性。

（7）收获细胞用于基因组提取或下游水解 48～72h，如果收获 72h 时间点的细胞，应在 48h 更换培养基以保持最佳细胞状态。

当使用不同类型的细胞时，应比较多种转染试剂的效率和毒性。也要告知滴定 pSpCas9n（sgRNA）的信息以便找到最高效率的优化转染浓度。

8.5 细胞收获与 DNA 提取

（1）通过完全吸出培养基收获 24 孔板的细胞，加入 100μl TrypLE 表达试剂促进细胞解离。

（2）在 1.5ml 离心管中收集细胞悬液，1500g 快速离心 5min，完全吸出上清液，加入 200μl 的 DPBS 重新悬浮细胞沉淀并洗涤。

（3）悬浮细胞再次以 1500g 离心 5 min，用 50μl QuickExtract 液重悬细胞。

（4）将 QuickExtract 悬浮液转移到 0.2ml PCR 管，根据仪器制造商指南，按以下的热循环仪方案提取基因组 DNA：65℃ 15min，98℃ 10min。

（5）离心反应产物沉淀细胞碎片，上清液转移到新管进一步分析。

（6）通过分光光度法测定提取 DNA 浓度，用 ddH_2O 调整到 100～200ng/μl。

8.6 错配酶法 SURVEYOR 缺失分析

错配酶法 SURVEYOR 实验（Transgenomic 706025）是检测多态性和小插入缺失的方法。PCR 扩增 DNA 样品，将扩增产物加热变性并缓慢冷却形成异源 DNA 双链。然后用 SUREYOR 核酸酶切割错配双链，通过凝胶电泳分析剪切产物。

（1）以基因组 DNA 完成 PCR。SURVETOR PCR 引物应在未转染细胞样品中理想产生干净的 500bp 扩增子。使用软件如 Primer 3 设计基因组 PCR 引物。建立 50μl 反应，包含 1μl 10μmol/L SURVEYOR 引物、10μl Herculase II 反应缓冲液 5×（Agilent 600675）、0.5μl 100mmol/L 的 dNTP、0.5μl Herculase II 融合聚合酶、2μl 25mmol/L $MgCl_2$、36μl ddH_2O。95℃变性 20s，60℃退火 20s，72℃延长 20s。

（2）请注意，由于设计的 SURVEYOR 是检测突变，使用高保真聚合酶以避免假阳性至关重要。

（3）将 2μl PCR 产物加入到 1%琼脂糖凝胶上，确保单个产物产品形成的预期大小。

（4）根据仪器操作指南用 QIA 快速 PCR 纯化试剂盒纯化 PCR 产物。用分光光度法测定洗脱液 DNA 浓度并用双蒸水调整到 20ng/μl。

（5）将 18μl 调整的 PCR 产物与 2μl 10×*Taq* PCR 缓冲液混合，总反应为 20μl。在热循环仪中逐渐融解和再杂交：95℃融化 10min，然后以–0.3℃/s 斜坡下降温度至 85℃。保持 85℃ 1min，然后以–0.3℃/s 斜坡下降到 75℃。保持在 75℃ 1min，然后斜坡下降到 65℃等，直到温度达到 25℃。从 25℃斜坡以–3℃/s 下降到 4℃在终止。

（6）将 2.5μl 0.15mol/L $MgCl_2$、0.5μl 双蒸水、1μl SURVEYOR 核酸酶 S 和 1μl SURVEYOR 增强 S 与步骤（5）所有退火产品混合，反应总体积 25μl。42℃孵育 30min 完成消化。在重新杂交的 PCR 扩增子中突变的样品由 SURVEYOR 剪切。

（7）消化产物与合适的上样染料混合，在 4%～20%聚丙烯酰胺 TBE 凝胶上进行电泳可视化（图 8.2B）。

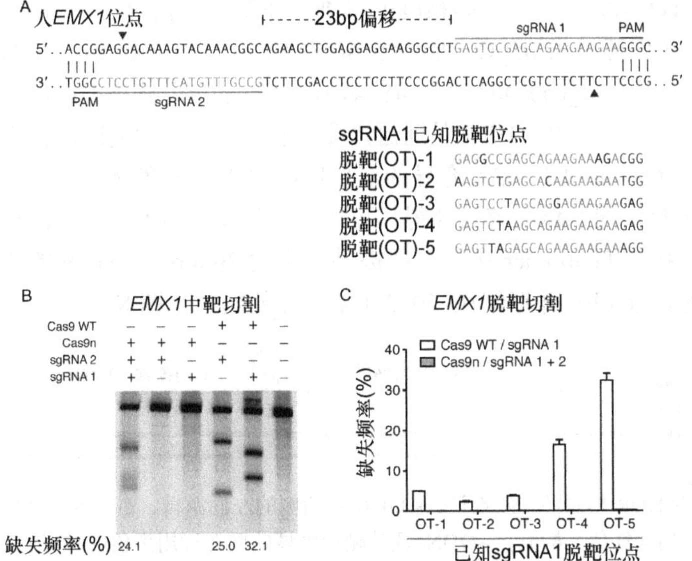

图 8.2　双切口降低脱靶修饰。（A）设计的人 *EMX1* 位点 Cas9n D10A 双切口 sgRNA 对的图解。蓝色显示引导序列，证明 23bp 偏移。粉红色显示 PAM，红色三角表示切口位点。列出了 sgRNA1 上 5 个已知基因组的脱靶位点（Hsu et al., 2013）。（B）SURVEYOR 示例的结果显示，Cas9 WT 和 Cas9n 与 sgRNA1 和（或）2 一起对 *EMX1* 位点进行修饰。（C）采用 Cas9 WT 和 sgRNA1 或 Cas9n 与 sgRNA1 和 2 在 5 个已知脱靶位点处深度测序来定量脱靶修饰。经许可改编自 Ran 等（2013）。（彩图请扫封底二维码）

（8）首先通过计算产物 a 和 b 及未消化带 c 的相对密度评价基因组修饰率，然后通过（$a+b$）/（$a+b+c$）给出切割 f_{cut} 的频率。以下公式基于双形成二项式概率分布评价样品中缺失百分比。

$$\%\text{indel} = \left(1-\sqrt{(1-f_{cut})}\right)100$$

8.7 使用 Cas9n HDR 和非 HDR 插入

单链 DNA 寡核苷酸（ssODN）作为同源重组的模板非常高效，尽管线性质粒载体也可以使用。某些类型的细胞，在供体模板存在事件中单切口可以激发靶向同源修复。在其他方面，如人类胚胎干细胞，由双切口酶介导的双链断裂可能需要促进高效 HDR（Ran et al.，2013）。为 HDR 选择双切口 sgRNA 配对的考虑与 NHEJ 对这些基因敲减相类似，额外的要求是切口之一必须发生在 20bp 的 HDR 插入位点。在 293FT 细胞中，双切口介导的 HDR 与野生型 Cas9 介导的 HDR 同等有效。

切口 Cas9 酶更适合产生高精度的修饰。在最好的情况下，由于 HDR 通常发生效率低，我们还提供 pSpCas9n 质粒编码的多顺反子 2A 连接序列紧接 GFP 和嘌呤霉素标记（Addgene#48140 和 48141），以便于帮助修饰细胞的富集。

在哺乳动物细胞中的 HDR 是通过产生 3′悬突其后是 3′端同源位点链侵入进行的。所以这有可能通过 N863A 介导的双切口产生 3′悬突产物从而增加 HDR 效果。

（1）ssODN 同源臂应该设计得尽可能长。用至少 40 个同源性核苷酸引入到序列两侧。由 IDTUltramer 服务公司提供长度达 200bp 寡核苷酸的合成。同源模板应稀释到 10μmol/L 并存储在–20℃（见设计的例子，图 8.3）。

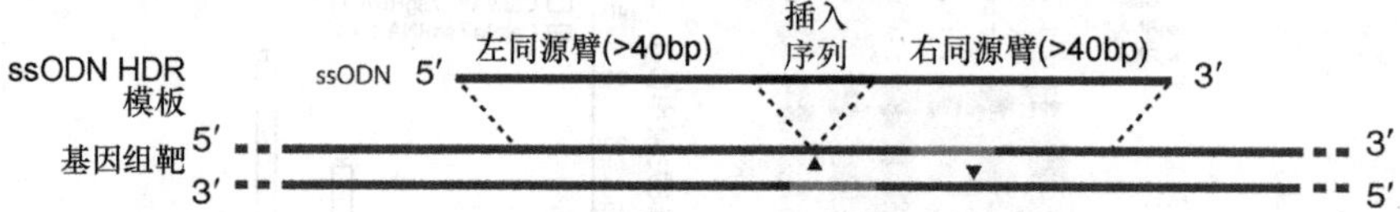

图 8.3 ssODN HDR 模版的一般设计。ssODN 由两侧的左同源臂、右同源臂（每个至少 40bp）和一段插入序列（红色）构成。ssODN 及其靶向区域的同源性用黑色虚线表示。双切口 Cas9 靶位点以蓝色显示，相应的 PAM 序列以粉红色显示。切口位点由红色三角形表示。（彩图请扫封底二维码）

（2）通过核转染优化 ssODN 递送。4D 核转染因子 X 试剂盒 S（Lonza V4XC-2032）可用于 HEK293FT 细胞接种于 6 孔组织培养处理板。制造商提供了这些和其他类型细胞转染的优化方案。

（3）500ng 总 pSpCas9n（sgRNA）质粒与 1μl 10μmol/L ssODN 混合用于核转染。

8.8　HDR 和插入事件的分析

利用各种方式对 HDR 效果进行评估。在这里，介绍了克隆 pSpCas9（sgRNA）-GFP 293FT 细胞的流式细胞仪分离方法。需要注意的是，流式细胞仪检测程序在细胞类型之间可能不同。

（1）制备流式细胞仪介质（D10 无酚红便于荧光分选）：DMEM，高葡萄糖，无酚红，补加 10%（*V/V*）的胎牛血清、10mmol/L 4-羟乙基哌嗪乙磺酸添加 1%青霉素-链霉素。

（2）准备用于克隆子分选的 96 孔板，每孔加入 100μl 标准 D10 介质。

（3）在 8.7.2 节和 8.7.3 节中转染后 24h，完全吸出培养基，用有效 TryLE Express 最低限度覆盖生长表面。

（4）加入 D10 培养基终止胰蛋白酶催化，将细胞转移到新的 15ml 管中，并继续轻轻分散细胞 20 次。操作之前以单细胞悬浮是关键。

（5）细胞在 200*g* 快速离心 5min，完全吸出上清液；并在 200μl 流式细胞仪培养基中小心彻底重新悬浮细胞。

（6）通过细胞过滤器过滤细胞，聚集滤出的细胞并置细胞于冰上。

（7）在步骤（2）制备的板中分选细胞。流式细胞仪可门控 GFP^+细胞从而富集转染细胞。通过可视检查孔检查每个细胞。

（8）孵化和扩增细胞 2～3 周，按需要变换培养基成新鲜的 D10。

（9）当细胞汇合超过 60%时，可以将克隆群体传代到含有新鲜 D10 培养基复制板上。分离细胞，将 20%的细胞传代到复制板，按 8.5 节介绍的方法保留 80%的细胞用于提取 DNA。

（10）采用目的位点 PCR 扩增完成基因分型、PCR 纯化和产物 Sanger 测序。

8.9　疑难问题解决

（1）当克隆靶向到 pSpCas9n 时，阴性对照板上克隆子形成。

i. 阴性克隆子的存在通常表明主链质粒的不完全限制性消化。Golden Gate 反应可能要延长到 20～25 个循环以提高消化效率。增加限制性内切核酸酶的数量，但酶的体积不应超过总反应量的 20%。

ii. 重新转化 Cas9 主链质粒，分离新制备的质粒 DNA，测序验证限制性位点。

（2）Cas9 试剂的转染效率如下。

低转染率对于一些细胞系来说可能是正常的，尤其是原代细胞或干细胞系。

将 pSpCas9n(BB)-GFP 或 pSpCas9n(BB)-Puro 质粒转染的细胞，用流式细胞仪按 GFP 荧光或抗生素选择富集细胞群体。

（3）双切口不产生缺失。

i. 用野生型环境测定单个双缺口 sgRNA，从而确保它们中的每个分别可作为有效的 Cas9 引导。

ii. 检查 sgRNA 对的间隔。引导子间隔 20bp 分开或减少时，完成优化双切口，引导子应该定向，这样它们各自的 5′ PAM 的朝向互相分离。

（4）HDR 效率低。在 ssODN 上的靶位点内引入沉默突变以防止成功重组基因组位点切割。

致　谢

这项工作获得美国国立精神卫生研究所全国卫生研究所领导先锋奖（DP1-MH100706）、美国国立神经病及中风研究所全国卫生研究所变革 R01 奖学金（R01-NS07312401）的支持，获得美国国家科学基金会、Keck、McKnight、Damon Runyon、Searle Scholars、Klingenstein、Vallee、Merkin、西蒙斯基金会和 Bob Metcalfe 的支持。CRISPR 试剂得到科学委员会 Addgene 的支持，相关方法、论坛和计算工具得到了 Zhang 实验室网站支持（www.genomeengineering.org）。

参 考 文 献

Barrangou, R., Fremaux, C., Deveau, H., Richards, M., Boyaval, P., Moineau, S., et al. (2007). CRISPR provides acquired resistance against viruses in prokaryotes. Science, 315(5819), 1709-1712. http://dx.doi.org/10.1126/science.1138140.

Barrangou, R., & Marraffini, L. A. (2014). CRISPR-Cas systems: Prokaryotes upgrade to adaptive immunity. Molecular Cell, 54(2), 234-244. http://dx.doi.org/10.1016/j. molcel.2014.03.011.

Boch, J., & Bonas, U. (2010). Xanthomonas AvrBs3 family-type III effectors: Discovery and function. Annual Review of Phytopathology, 48, 419-436. http://dx.doi.org/10.1146/annurev-phyto-080508-081936.

Chylinski, K., Makarova, K. S., Charpentier, E., & Koonin, E. V. (2014). Classification and evolution of type II CRISPR-Cas systems. Nucleic Acids Research, 42(10), 6091-6105. http://dx.doi.org/10.1093/nar/gku241.

Cong, L., Ran, F. A., Cox, D., Lin, S., Barretto, R., Habib, N., et al. (2013). Multiplex genome engineering using CRISPR/Cas systems. Science, 339(6121), 819-823. http://dx.doi.org/10.1126/science.1231143.

Deltcheva, E., Chylinski, K., Sharma, C. M., Gonzales, K., Chao, Y., Pirzada, Z. A., et al. (2011). CRISPR RNA maturation by trans-encoded small RNA and host factor RNase III. Nature, 471(7340), 602-607. http://dx.doi.org/10.1038/nature09886.

Dianov, G. L., & Hubscher, U. (2013). Mammalian base excision repair: The forgotten archangel. Nucleic Acids Research, 41(6), 3483-3490. http://dx.doi.org/10.1093/nar/gkt076.

Fu, Y., Foden, J. A., Khayter, C., Maeder, M. L., Reyon, D., Joung, J. K., et al. (2013). High-frequency off-target mutagenesis induced by CRISPR-Cas nucleases in human cells. Nature Biotechnology, 31(9), 822-826. http://dx.doi.org/10.1038/nbt.2623.

Garneau, J. E., Dupuis, M. E., Villion, M., Romero, D. A., Barrangou, R., Boyaval, P., et al. (2010). The CRISPR/Cas bacterial immune system cleaves bacteriophage and plasmid DNA. Nature, 468(7320), 67-71. http://dx.doi.org/10.1038/nature09523.

Gasiunas, G., Sinkunas, T., & Siksnys, V. (2014). Molecular mechanisms of CRISPR-mediated microbial immunity. Cellular and Molecular Life Sciences, 71(3), 449-465. http://dx.doi.org/10. 1007/ s00018-013-1438-6.

Hsu, P. D., Lander, E. S., & Zhang, F. (2014). Development and applications of CRISPR-Cas9 for genome engineering. Cell, 157(6), 1262-1278. http://dx.doi.org/10.1016/j.cell.2014.05.010.

Hsu, P. D., Scott, D. A., Weinstein, J. A., Ran, F. A., Konermann, S., Agarwala, V., et al. (2013). DNA targeting specificity of RNA-guided Cas9 nucleases. Nature Biotechnology, 31(9), 827-832. http://dx.doi.org/10.1038/nbt.2647.

Jinek, M., Chylinski, K., Fonfara, I., Hauer, M., Doudna, J. A., & Charpentier, E. (2012). A programmable dual-RNA-guided DNA endonuclease in adaptive bacterial immunity. Science, 337(6096), 816-821. http://dx.doi.org/10.1126/science.1225829.

Klug, A. (2010). The discovery of zinc fingers and their applications in gene regulation and genome manipulation. Annual Review of Biochemistry, 79, 213-231. http://dx.doi.org/10.1146/annurev-biochem-010909-095056.

Kuscu, C., Arslan, S., Singh, R., Thorpe, J., & Adli, M. (2014). Genome-wide analysis reveals characteristics of off-target sites bound by the Cas9 endonuclease. Nature Biotechnology, 32(7), 677-683. http://dx.doi.org/10.1038/nbt.2916.

Mali, P., Aach, J., Stranges, P. B., Esvelt, K. M., Moosburner, M., Kosuri, S., et al. (2013). CAS9 transcriptional activators for target specificity screening and paired nickases for cooperative genome engineering. Nature Biotechnology, 31(9), 833-838. http://dx.doi.org/10.1038/nbt.2675.

Mojica, F. J., Diez-Villasenor, C., Garcia-Martinez, J., & Almendros, C. (2009). Short motif sequences determine the targets of the prokaryotic CRISPR defence system. Microbiology, 155(Pt. 3), 733-740. http://dx.doi.org/10.1099/mic.0.023960-0.

Nishimasu, H., Ran, F. A., Hsu, P. D., Konermann, S., Shehata, S. I., Dohmae, N., et al. (2014). Crystal structure of cas9 in complex with guide RNA and target DNA. Cell, 156(5), 935-949. http://dx.doi.org/10.1016/j.cell.2014.02.001.

Pattanayak, V., Lin, S., Guilinger, J. P., Ma, E., Doudna, J. A., & Liu, D. R. (2013). High-throughput profiling of off-target DNA cleavage reveals RNA-programmed Cas9 nuclease specificity. Nature Biotechnology, 31(9), 839-843. http://dx.doi.org/10.1038/ nbt.2673.

Ran, F. A., Hsu, P. D., Lin, C. Y., Gootenberg, J. S., Konermann, S., Trevino, A. E., et al. (2013). Double nicking by RNA-guided CRISPR Cas9 for enhanced genome editing specificity. Cell, 154(6), 1380-1389. http://dx.doi.org/10.1016/j.cell.2013.08.021.

Wang, H., Yang, H., Shivalila, C. S., Dawlaty, M. M., Cheng, A. W., Zhang, F., et al. (2013). One-step generation of mice carrying mutations in multiple genes by CRISPR/Cas-mediated genome engineering. Cell, 153(4), 910-918. http://dx.doi. org/10.1016/j.cell.2013.04.025.

Wiedenheft, B., Sternberg, S. H., & Doudna, J. A. (2012). RNA-guided genetic silencing systems in bacteria and archaea. Nature, 482(7385), 331-338. http://dx.doi.org/10.1038/nature10886.

Wu, X., Scott, D. A., Kriz, A. J., Chiu, A. C., Hsu, P. D., Dadon, D. B., et al. (2014). Genome-wide binding of the CRISPR endonuclease Cas9 in mammalian cells. Nature Biotechnology. http://dx.doi.org/10.1038/nbt.2889.

第 9 章　DR-GFP 报道基因和 Cas9 核酸酶分析哺乳动物细胞中断裂和切口诱导同源重组

Lianne E.M. Vriend[1,2], Maria Jasin[1], Przemek M. Krawczyk[1,2]

（1. 美国纪念斯隆-凯特琳癌症中心发育生物学项目组；2. 荷兰阿姆斯特丹大学学术医学中心细胞生物学和组织学系）

目　录

摘要

在哺乳动物细胞中每天发生成千上万 DNA 断裂，包括潜在的肿瘤细胞 DNA 双链断裂（DSB）和危险性较小但更丰富的单链断裂（SSB）。SSB 多数能迅速修复，但有些可以转换为双链断裂，构成对基因组完整性的威胁。虽然 SSB 通常是由专用途径修复，但它们也可以触发同源重组（HR），无误差的途径一般与 DSB 修复相关。虽然同源重组介导的 DSB 修复已得到了广泛的研究，但 HR 介导的 SSB 修复的机制尚不清晰。本章介绍采用双-绿色荧光蛋白（DR-GFP）报道基因研究哺乳动物细胞中 SSB 诱导 HR 的方案，该方案与细菌 CRISPR/CAS 系统一起已广泛应用于 DSB 修复的研究。

9.1　导　　论

哺乳动物细胞基因组的完整性经受着外源作用，如电离辐射、化学物质和紫外线的持续攻击。此外，内源性代谢产物活动的副产物（如活性氧、自由基）和直接涉及 DNA（如复制和转录）的细胞加工过程会引起 DNA 损害（Horton et al.，2008）。其中最危险但不常出现的（估计每个细胞每天 10 个）是 DNA 双链断裂（DSB）。相反，在哺乳动物细胞中每天发生成千上万个危险性较小的 DNA 单链断裂（SSB）（Caldecott，2008）。SSB 频繁以中间体出现在氧化损伤的 DNA 碱基的切除修复（Hegde，Hazra，& Mitra，2008），但也可能是 DNA 维修酶维修失败所形成，如拓扑异构酶 I（Pommier et al.，2003）。虽然 SSB 不构成基因组完整性的严重威胁，但切口 DNA 复制可导致 DSB 形成（Haber，1999；Saleh-Gohari，et al.，2005）。

除非以适当的方式修复，否则 DSB 可引起染色体丢失或潜在癌引起染色体重排（Bunting & Nussenzweig，2013；Weinstock，Richardson，Elliott，& Jasin，2006）。利用罕见的切割内切核酸酶 Ⅰ-*Sce* Ⅰ将 DSB 引入基因组，已广泛研究了哺乳动物细胞 DSB 修复的分子机制（Liang，Han，Romanienko，& Jasin，1998；Rouet，Smih，& Jasin，1994）。这些研究和其他的研究都得出结论，细胞有两个强大的 DSB 修复途径，即同源重组（HR）和非同源末端连接（NHEJ）。NHEJ 涉及断裂 DNA 末端的加工，随后通过连接封闭断裂（Deriano & Roth，2013；Lieber，2010）。由于末端处理可导致 DNA 序列丢失，通常认为 NHEJ 容易出错，尽管它具有某些 DSB 精确重连的能力（Bétermier，Bertrand，& Lopez，2014）。

HR 涉及一组看似更复杂的酶促反应，使用完整的 DNA 链（通常为姐妹染色体）来忠实地恢复断裂部位的原始序列（Jasin & Rothstein，2013；San Filippo，Sung，& Klein，2008）。不像 NHEJ，它在整个细胞周期中起作用，HR 局限于 S 期和 G_2 期。HR 是通过 DNA 5′端切除起始产生 3′单链 DNA 接头。在接下来的步骤中，切除链侵入一个完整的、同源的 DNA 模板，并形成异源双链 DNA。然后入侵链作为模板修复合成的引物，接下来异源双链融解，新合成链退火到 DNA 的第二个末端和密封剩余间隙。

像 DSB 一样，内切核酸酶诱导 SSB 也激发哺乳动物细胞的 HR（Davis & Maizels，2014；McConnell Smith et al.，2009；Metzger，Stoddard，& Monnat，2013）。有趣的是，SSB 诱导 HR 变化机制的要求取决于模板 DNA 是单链还是双链（Davis & Maizels，2014）。虽然 DSB 和 SSB 修复途径可能会涉及一些不同的机制，但也有重叠步骤，切口如何引发 HR 还不是很清楚。例如，还不清楚 SSB 诱导 HR 是否涉及 DSB 调节子的形成或 DNA 复制是否影响加工。

使用绿色荧光蛋白报道基因、双绿色荧光蛋白报道基因是研究 DSB 诱导 HR 的最普遍方法之一，通过 I -*Sce* I 内切核酸酶诱导的 DNA 双链断裂刺激流式细胞仪 HR 的检测（Pierce & Jasin，2005；Pierce，Johnson，Thompson，& Jasin，1999）（图 9.1A）。最近对细菌适应性免疫系统，CRISPR/Cas（规律成簇间隔短回文重复/CRISPR 相关蛋白）的改造，使 RNA 引导的 Cas9 内切核酸酶能在目的位点精准诱导双链断裂和单链断裂（Gasiunas，Barrangou，Horvath，& Siksnys，2012；Jinek et al.，2012；Mali，Yang，et al.，2013；Hsu，Lander，& Zhang，2014）。在这里，我们分别用野生型 Cas9 内切核酸酶和 Cas9 切口酶改造 DR-GFP 报道基因，应用于测定 DSB 和 SSB 诱导同源重组。

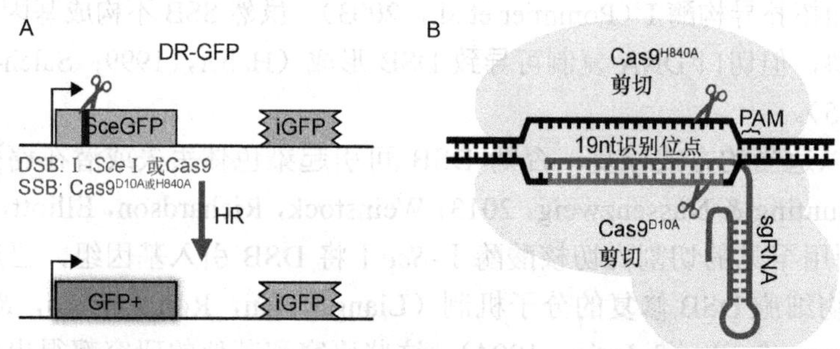

图 9.1 DR-GFP 报道基因和 RNA 引导 Cas9 内切核酸酶概述。（A）DR-GFP 由串联排列的两个拷贝 *GFP* 基因组成。第一个拷贝（SceGFP）由于在 I -*Sce* I 剪切位点存在终止密码子（红色条）而被灭活，而第二个拷贝（iGFP）切去了两个末端。I -*Ssc* I 或 Cas9 核酸酶对 SceGFP 内剪切后，HR 用 iGFP 作为模板来恢复 GFP 可读框。（B）Cas9 核酸酶有两个催化结构域，每个结构域采用含有 19nt 与靶位点互补的短 RNA（sgRNA，绿色）引导切割 DNA 单链。任何一个催化结构域突变（D10A 或 H840A）都将 Cas9 转变为切口酶（作为标记），而这两个残基突变都使它催化性死亡（未显示）。识别位点下游，Cas9 立即需要 PAM（NGG）（红色）。（彩图请扫封底二维码）

9.2 克隆切口酶和 Cas9 催化死亡变种

9.2.1 Cas9 内切核酸酶

Cas9 与含有 19 个核苷酸序列的单导 RNA（sgRNA）形成一种核蛋白复合物，该序列根据 Watson-Crick 碱基配对确定结合特异性（Cong et al., 2013; Jinek et al., 2012; Mali, Yang, et al., 2013）（图 9.1B）。由于通常使用来自酿脓链球菌（*Streptococcus pyogenes*）的 Cas9 蛋白（SpCas9），基因组靶中单一的序列需要一个 NGG（或欠佳的 NAG）PAM 基序（N 表示任意核苷酸）定向结合于序列的下游（图 9.1B）。Cas9 包含两个催化结构域、模块化 RuvC 样结构域和 C 端 HNH 样结构域。每个结构域切割一个 DNA 链，产生 DSB 平头末端或 PAM 3bp 上游的短接头（图 9.1B）。在任何一个催化结构域活性位点，突变都将野生型 Cas9（$Cas9^{WT}$）转变为切口酶（nCas9），而两个活性位点突变都使它催化死亡（dCas9），但仍然能够有效地结合 DNA，该特性可用于 dCas9 介导的转录调控和活细胞 DNA 序列的可视化（Chen et al.，2013；Mali，Aach，et al.，2013）。具有活性位点 RuvC 样结构域突变的 $Cas9^{D10A}$ 变体切割参与结合序列互补的 DNA 链，而在 HNH 样结构域突变的 $Cas9^{H840A}$ 则剪切互补链和 $Cas9^{D10A/H840A}$ 催化性死亡（Jinek et al.，2012）。

有两种广泛用途的哺乳动物细胞 Cas9 表达载体组（www.addgene.com），两种都包括密码子优化的 Cas9 cDNA 序列。由 Zhang 实验室产生的结果（www.addgene.org/crispr/zhang）是双顺反子系统，其中 Cas9 和 sgRNA 两个都来自单质粒。该系统的优点是，如果使用一种类型的 Cas9 或 sgRNA，那么只需要产生和转染一个质粒。然而，如果实验设计要求 Cas9 变体，这也可能是不利条件（例如，它产生 DSB 和 SSB）或 sgRNA，因为不需要产生多重质粒。由 Church 实验室产生的第二组常用 Cas9 表达载体（http://www.addgene.org/crispr/church），已分离出质粒用于 Cas9 和 sgRNA 表达。我们经常用 Church 的质粒组，提供我们 Cas9 变体和 sgRNA 的比较，以下方案是基于这些试剂。为了获得 $Cas9^{H840A}$ 和催化性死亡 Cas9，我们分别诱变了野生型和突变 $Cas9^{D10A}$ 变种，介绍如下。

9.2.2 产生 Cas9H840A 和 Cas9 D10A/H840A 表达载体

第 1 步 从 Addgene 公司购买野生型（ID41815）和 D10A（ID41816）突变体的 Cas9，以及空 sgRNA 表达质粒（ID41824）。采用你选择的中型或大型制备试剂盒制备质粒储备液（我们通常使用 Life Technonlogies 公司纯化试剂盒）。

第 2 步 按以下引物顺序测序，产生突变 Cas9 核酸酶：

Cas9mutF3	5′-GACGTGGATGCTATCGTGCCCCAGTCTTTT CTCAA-3′
Cas9mutF1	5′-AGCATCCACGTCGTAGTCGGAGAGCCGATTGATGTCCAG-3′
Cas9sequF2	5′-GCTGTTTTGACCTCCATAGAAG-3′
Cas9seqF4	5′-AGACGCCATTCTGCTGAGTG-3′
Cas9seqF5	5′-GAACGCTTGAAAACTTACGC-3′
Cas9seqF6	5′-GCCCGAGAGAACCAAACTAC-3′
Cas9seqF7	5′-GGCTTCTCCAAGGAAAGTATC-3′
Cas9seqF8	5′-CGTGGAACAACACAAACACTAC-3′
Cas9seqR1	5′ -ACTGTAAGCGACTGTAGGAG-3′

用 In-Fusion 方法独立连接克隆必须要有两个突变引物（Cas9mutF 和 Cas9mutR）包括15nt接头悬突（见2.3节中的第2步）。

9.2.3 克隆和验证结构

第1步 用高保真聚合酶建立以下两个PCR反应，如从Bio-Rad购买的iProof聚合酶试剂盒。

Cas9^{WT}或Cas9^{D10A} DNA（10ng）

Cas9mutF引物（200nmol/L）

Cas9mutR引物（200nmol/L）

dNTP（200nmol/L）

10×反应缓冲液（5μl）

H_2O（添加到25μl）

iProof聚合酶（0.2μl）

按下列程序在加热盖PCR热循环仪内仪运行PCR：

（1）98℃ 30s；

（2）98℃ 30s；

（3）55℃ 30s；

（4）72℃ 5min；

（5）重复步骤（2）～（4），30次；

（6）72℃ 10min；

（7）12℃ ∞。

在0.8%琼脂糖凝胶上电泳PCR产物并切出9.5kb条带。使用凝胶提取试剂盒纯化DNA。

第2步 按照制造商操作指南，采用In-Fusion HD克隆试剂盒环化纯化的PCR产物。将获得的DNA环化溶液在含有100μg/ml氨苄青霉素的LB培养基平板上划线转化到感受态细菌中。通常情况下，培养过夜后平板上会有10～100个菌落。从每个平板中挑选5个菌落，接种到5ml LB培养基中，37℃孵育过夜，用你选择的方法分离DNA。用9.2.2节中所示的引物对两个克隆测序，验证分离的DNA序列。

第3步 验证正确突变的Cas9^{H840A}和Cas9^{D10A}序列后，制备质粒储备液。用Life Technologies公司的中量和大量制备试剂盒获得的DNA适合直接转染而无须进一步的纯化步骤。

9.3 靶位点选择和 sgRNA 构建的克隆

9.3.1 选择合适的靶序列

从 Addgene 获得 DR-GFP 报道基因（ID 26475）。为了验证 DR-GFP 特有功能，我们建议还要获得Ⅰ-*Sce*Ⅰ表达载体（pCBAScei；ID 26477）。DR-GFP 报道基因的以下 SceGFP 部分序列（图 9.1A）包含Ⅰ-*Sce*Ⅰ裂解位点，产生 4bp 的悬臂（灰色箭头标示）。

```
5′-...AGCGTGTCCGGCTAGGGATAACAGGGTAATACC...-3′
3′-...TCGCACAGGCCGATCCCTATTGTCCCATTATGG...-5′
```

Cas9 识别 19bp DNA 序列，该序列按以下格式与紧接 NGG PAM 的 sgRNA 结合：3′-NNNNNNNNNNNNNNNN▼NNN-NCC-5′，箭头指示切割位点[见 Jinek 等（2012）在双链裂解位点的体外精确作图]。PAM（下划线）偶然存在于Ⅰ-*Sce*Ⅰ裂解位点旁边，这样采用 19nt 序列（粗体）相邻于 sgRNA 中 PAM，SceGFP 就可以靶向 Cas9 切割。通过这种方法，Cas9 切割（实箭头）导致 DSB 几乎与Ⅰ-*Sce*Ⅰ位置相同。此外，SceGFP 是特异性切割，因为 iGFP 修复模板有 5 个错配与 sgRNA 在一起，另外 AGG PAM 不出现。Cas9d^{D10A} 和 Cas9^{H840A} 切口 DNA 分别为黑色和白色箭头。

位于相反 DNA 链上的另一个靶序列如下所示。在这种情况下，虽然 PAM（下划线）存在，但是 iGFP 有 10 个错配序列与 sgRNA 在一起。

```
5′-...AGCGTGTCCGGCTAGGGATAACAGGGTAATACC...-3′
3′-...TCGCACAGGCCGATCCCTATTGTCCCATTATGG...-5′
```

在下列方案中，我们使用第一个靶序列。

9.3.2 克隆引导 RNA 构件

由 Church 实验室产生的 sgRNA 空表达载体含有 U6 聚合酶Ⅲ驱动 sgRNA 表达的启动子。利用两个 60nt 的寡核苷酸（寡糖）提供了靶序列克隆到 sgRNA 表达载体的特异性方案（http://www.addgene.org/static/cms/files/hCRISPR_gRNA_Synthesis.pdf），我们已经成功地使用该方案。下面详细介绍另一种方法，需要一个含有特异性靶序列的 57nt 寡核苷酸和三个可再用于其他靶序列的缩短通用寡核苷酸。克隆新 sgRNA 表达构件，涉及用空的 sgRNA 表达载体作模板运行两个分离的 PCR 反应。第一个反应，用两个通用引物产生 2kb 通用片段（因此可以重复使用）。第二个反应，采用特异性正向引物和通用反向引物产生含有靶 19nt 序列的2kb片段。两个片段都含有15nt悬突，然后用In-Fusion无缝连接法结合在一起，最终产生环形质粒（也见Zhang，Vanoli，LaRocque，Krawczyk，& Jasin，2014）。

第1步 以下sgRNAF1 SceGFP特异性引物顺序含有靶向SceGFP序列。粗体字表示特异性靶序列。这样每个新构件sgRNA，只有这个序列需要改变。

5′-AAGGACGAAACACC**GGTGTCCGGCTAGGGATAAC**
GTTTTAGAGCTAGAAATAGCAAG-3′

第2步 以下为通用引物的顺序：

sgRNA2	5′-CGTCAAGAAGGCGATAGAAG-3′
sgRNA1	5′-CGGTGTTTCGTCCTTTCCAC-3′
sgRNA2	5′-ATCGCCTTCTTGACGAGTTC-3′
sgRNAseq	5′-TGGACTATCATATGCTTACCGTAAC-3′

第3步 用高保真聚合酶建立以下两个PCR反应（如从Bio-Rad公司购买iProof聚合酶）。

PCR1（特异性）	PCR2（通用性）
空sgRNA载体（10ng）	空sgRNA载体（10ng）
sgRNAF1SceGFP（特异性）引物（200nmol/L）	sgRNAF2（通用性）引物（200nmol/L）
sgRNAF2（通用性）引物（200nmol/L）	sgRNAF1（通用性）引物（200nmol/L）
dNTP（200nmol/L）	dNTP（200nmol/L）
10×反应缓冲液（5μl）	10×反应缓冲液（5μl）
H_2O（加到25μl）	H_2O（加到25μl）
iProof 聚合酶（0.2μl）	iProof 聚合酶（0.2μl）

在盖加热热循环仪中用以下程序运行PCR：

（1）98℃ 1min；
（2）98℃ 30s；
（3）56℃ 30s；
（4）72℃ 1min；
（5）重复步骤（2）～（4），30次；

（6）72℃　5min；

（7）12℃　∞。

用 1%琼脂糖凝胶电泳检测 PCR 产物，剪出 2kb 条带。用凝胶提取试剂盒纯化 DNA。

第 4 步　按 9.2.3 节第 2 步介绍的方法，采用 In-Fusion HD 克隆试剂盒（Clontech）结合两个纯化的 PCR 产物。sgRNA 载体有卡那霉素抗性，所以使用 LB 平板和含有 50μg/ml 卡那霉素培养基。用 sgRNAseq 引物验证两个克隆子 sgRBNA 序列。

提示：PCR2 产生的通用 2kb 片段可再用于后续的克隆反应，这样每个新 sgRNA 载体只需要运行一个（特异性）PCR 反应。

9.4　细胞转染和流式细胞仪分析

我们介绍用核因子-2b 转染 HEK293T 细胞的方案。无论是商业（Lonza）或自制（信息栏 9.1）的转染液都可用于转染。在 HEK293T 细胞案例中，我们使用程序 A-023 和自制核因子溶液。其他细胞可能需要不同的程序，可以在 Lonza 网站或在核因子程序列表中找到。表 9.1 显示了优化核转染条件，附有我们测试的细胞系。

信息栏 9.1　自制核因子溶液

制备以下溶液：

溶液Ⅰ

2g 的 ATP 二钠盐

1.2g $MgCl_2·6H_2O$

10ml 水

溶液经过 0.22μm 的滤膜灭菌和分成 80μl 等分。–20℃储存。

溶液Ⅱ

6g 磷酸二氢钾

0.6g 碳酸氢钠

0.2g 葡萄糖

300ml 水

用 NaOH 调节 pH 至 7.4，加水至终体积 500ml。过滤消毒分为 4ml 等份，–20℃储存。

试验当天，解冻和将溶液Ⅰ分装的一等份与溶液Ⅱ分装的一等份混合。最终的溶液存储在 4℃长达 2 周。转染前，终溶液预热至 37℃。

表 9.1 试验细胞系转染条件的优化

细胞系	核转染方案	DNA 量（μg）Cas9：sgRNA：DR-GFP
HEK293	A-023	1：1：2
U2OS	X-001	1：1：1 或 1：1：2
AA8（中国仓鼠细胞）	A-023	5：2.5：5
小鼠胚胎干细胞	A-023	4：4：4（最大量细胞存活）或 15：5：5（最大转染效率）

9.4.1 转染

如图 9.2A 实验步骤概述。

第 1 步 转染前细胞传代：转染前 24h 接种 600 万～700 万个细胞到 150mm 组织培养板，这样在转染当天就有 70%～80%的细胞汇合。转染前传代细胞 24h 可显著提高结果的可重复性。

第 2 步 制备组织培养板和培养基：每个样品制备含有 2.5ml 培养基的 60mm 组织培养板，转染前至少 1h。37℃预热培养和培养基的 pH 达到平衡。此外，将另外的培养基和核转染溶液加温到 37℃。

第 3 步 质粒混合物的制备：在 HEK293T 细胞的情况下，Cas9 内切核酸酶（用 WT、D10A、H840A 或 D10A/H840A）以 1：1 的比例使用 sgRNA 质粒（1μg：1μg）。质粒比例和数量可能需要根据所用细胞系进行调整（表 9.1）。除非细胞基港有基因组整合 DR-GFP 拷贝，否则 DR-GFO 质粒也要转染（2μg）。（注意：HEK293 DR-GFP 细胞已开发，Nakanishi et al.，2005）。我们用不含靶序列 sgRNA 表达载体的 $Cas9^{WT}$ 或具有目的 sgRNA 特异性的 $Cas9^{D10A/H840A}$ 作对照。对每个样品来说，用质粒混合液分装到无菌离心管（表 9.2），最初最好用普通质粒混合（例如，在样品 2~5 中，DR-GFP 的混合可以制备 SceGFP sgRNA，然后分装到每个样品中）。

提示：为了确定 DR-GFP 测定正常功能，制备拥有Ⅰ-*Sce*Ⅰ内切核酸酶表达载体（pCBA*Sce*Ⅰ，1μg）额外的样品。为了测定整体转染效率，制备拥有 GFP 表达质粒的额外样品（例如，NZE-GFP，2μg）。

提示：不要超过质粒混合总体积 10μl。较大的体积会明显稀释核转染液，可能导致转染效率的降低或不稳定。

提示：不要使用很浓的质粒储备液以避免移液误差。必要时稀释质粒储备液。

第 4 步 转染细胞的制备：胰蛋白酶作用和细胞计数。每个样品，取 200 万细胞接入 15ml 无菌锥形管中并快速离心（1000rpm，3min）。小心地吸出上清液，细胞重悬浮于 2ml 无菌 PBS 液中，低速涡流混合。快速离心细胞并小心吸出 PBS，让沉淀尽可能的干燥。残余的 PBS 会冲淡转染溶液并可能影响转染效率。

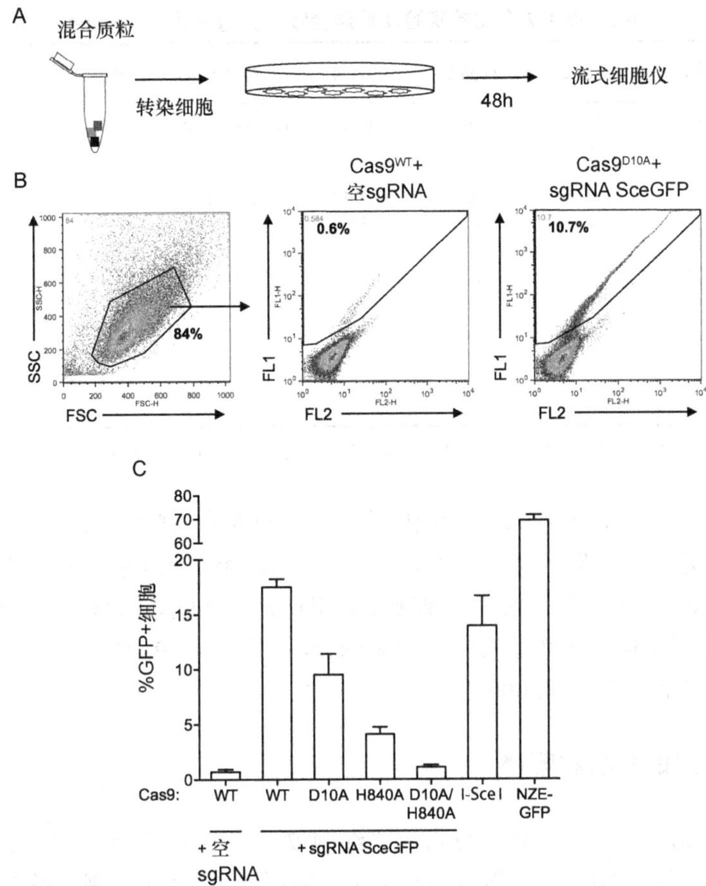

图 9.2　HEK293T 细胞 DR-GFP Cas9 突变体典型实验测试差异。(A) 实验概述示意图。使用合核转染仪-2b 对 HEK293T 细胞与质粒 DNA 共转染（表 9.2）。48h 后，GFP^+细胞百分数表明 HR 效率，是指通过流式细胞仪测定。(B) 用 Flowjo 软件分析流式细胞仪检测数据。(左) FSC 对 SSC 用于活细胞的设定门。(中和右) FL1 对 FL2 用于测定对照样品 GFP^+细胞的百分比确定%GFP^+细胞（细胞上方的对角线为 GFP^+）。请注意（中间），使用质粒 DR-GFP 报道基因时，有相对高的背景。(右图) 在诱导 DNA 损伤时，GFP^+细胞的百分比要高得多。(C) 来自三个独立实验的结果。与 $Cas9^{WT}$ 相比，由 $Cas9^{D10A}$ 和 $Cas9^{H840A}$ 产生的 SSB 能够诱导 HR，尽管频率较低。误差条代表标准偏离均值。

第 5 步　核转染：在核转染仪上选择转染的适当程序。在 100μl 核转染液中重新悬浮制备质粒混合物并转移到含有细胞沉淀的 15ml 管中。吸管轻轻吹打重新悬浮细胞并转移到 2mm 基因脉冲比色皿中。确保转移过程无泡沫形成，因为泡沫可能降低转染效率。取出比色皿，轻轻将 1 ml 预热培养基加入比色皿，将细胞上清液转移到 60mm 第 1 步制备的培养皿中。重复该步骤完成全部试验样品和对照。将细胞在 37℃孵育 48h。

表 9.2 图 9.2 介绍的实验质粒混合物（括号内为 DNAmg）

	样品 1	样品 2	样品 3	样品 4	样品 5	样品 6	样品 7
Cas9	WT（1）	WT（1）	D10A（1）	H840A（1）	D10A/H840A（1）	—	—
sgRNA	空（1）	SceGFP（1）	SceGFP（1）	SceGFP（1）	SceGFP（1）	—	—
DR-GFP	（2）	（2）	（2）	（2）	（2）	（2）	—
其他						pCBASecI（1）+pCAGGS（1）	NZE-GFP（2）+pCAGGS（2）

注：为了测定在每个样品中 DNA 总量，在样品 6 和 7 中加入一个空质粒（pCAGGS）。

第 6 步 流式细胞仪：48h 后应用流式细胞仪测定 GFP^+频率。任何能够激发和检测绿色荧光蛋白荧光的仪器都是合适的。用胰蛋白酶消化细胞并在流式细胞仪试管中用 0.5ml 培养液重新悬浮细胞。采用特异性细胞系细胞仪设置分析样品，正向（FSC）和侧向（SSC）散点图用来选择活细胞（图 9.2B）。通常情况下，每个分析的样品活细胞为 30 000 个。

9.4.2 对结果的分析和解释

用 FlowJo 软件（三星级）分析流式细胞仪采集的数据。HEK293T 细胞典型的结果显示于图 9.2B。活细胞设门基于正向散射光（FSC）和侧向散射光（SSC）（图 9.2B，左图）。使用阴性对照样品 1 设置 GFP 分析设门（图 9.2b，中图），实验样品应用同一设门（图 9.2B，右图）。DSB 诱导相当高水平的 HR，或者由 $Cas9^{WT}$（17.5%）或 Ⅰ-*Sce*Ⅰ（14%）产生。在转录（$Cas9d^{D10A}$）或非转录（$Cas9^{H840A}$）DNA 链上的切口也能够分别诱导 9.5%和 4%的细胞 HR。使用 DR-GFP 报道基因连同 Cas9 和 sgRNA 载体一起瞬时转染得到这些结果，所以细胞可能包含多重拷贝 DR-GFP 报道基因。因此，当使用宿主细胞（cell barboring）单一基因组报道基因整合拷贝时，可以预测较低的 HR 频率。然而，细胞与整合报道基因的优势是在缺失核酸酶表达的 GFP^+背景很低。应该指出的是，SSB 通常在几分钟内修复（Caldecott，2008），但 nCas9 有潜力再次使 DNA 切口，重复出现断裂-修复循环，直到 HR 破坏 Cas9 识别位点，同时恢复 GFP 的可读框。因此，HR 的诱导由 SSB 采用 DR-GFP 报道基因测定可能高估了相对生理 SSB，可通过 SSB 特异性修复途径迅速修复而不介入 HR。

9.5 材　　料

9.5.1 克隆

引物
质粒（Addgene）
迷你、中型、大量制备 DNA 提取试剂盒
iProof 聚合酶试剂盒（Bio-Rad）
凝胶回收试剂盒
In-Fusion HD 克隆试剂盒（Clontech）
LB 平板和含有 100μg/ml 氨苄青霉素或 50μg/ml 卡那霉素的培养基
感受态细菌
PCR 仪
细菌培养箱（37℃）

9.5.2 细胞培养、转染、数据收集和分析

质粒
无菌离心管
细胞类型特异性培养基
无菌胰蛋白酶（0.2%）
无菌 PBS
无菌 15ml 锥形管
细胞培养皿（直径 60mm 和 150mm）
商业（Lonza）或自制（信息栏 9.1）核转染液
基因脉冲比色皿，2mm（Bio-Rad）
流式细胞仪检测管（如果需要细胞滤器盖；BD Falcon）
核转染器-2b（Lonza）
流式细胞分析仪
FlowJo 软件（Tree Star）

9.6 结　　论

单链断裂（SSB）可以诱导同源重组（HR），但其潜在的机制还不是很清楚。

DR-GFP 报道基因已广泛用于研究 DSB 诱导的 HR 因子。在这一章中，我们提出了采用 Cas9 内切核酸酶和 DR-GFP 检测 SSB 诱导 HR 的简明方案。这种方法可以用于研究 DSB 诱导 HR 的机制，也适用于探索 SSB 需要靶向诱导的其他应用，如基因组编辑。

参 考 文 献

Bétermier, M., Bertrand, P., & Lopez, B. S. (2014). Is non-homologous end-joining really an inherently error-prone process? PLoS Genetics, 10, e1004086.

Bunting, S. F., & Nussenzweig, A. (2013). End-joining, translocations and cancer. Nature Reviews. Cancer, 13, 443-454.

Caldecott, K. W. (2008). Single-strand break repair and genetic disease. Nature Reviews. Genetics, 9, 619-631.

Chen, B., Gilbert, L. A., Cimini, B. A., Schnitzbauer, J., Zhang, W., Li, G.-W., et al. (2013). Dynamic imaging of genomic loci in living human cells by an optimized CRISPR/Cas system. Cell, 155, 1479-1491.

Cong, L., Ran, F. A., Cox, D., Lin, S., Barretto, R., Habib, N., et al. (2013). Multiplex genome engineering using CRISPR/Cas systems. Science, 339, 819-823.

Davis, L., & Maizels, N. (2014). Homology-directed repair of DNA nicks via pathways distinct from canonical double-strand break repair. Proceedings of the National Academy of Sciences of the United States of America, 111, E924-E932.

Deriano, L., & Roth, D. B. (2013). Modernizing the nonhomologous end-joining repertoire: Alternative and classical NHEJ share the stage. Annual Review of Genetics, 47, 433-455.

Gasiunas, G., Barrangou, R., Horvath, P., & Siksnys, V. (2012). Cas9-crRNA ribonucleo- protein complex mediates specific DNA cleavage for adaptive immunity in bacteria. Proceedings of the National Academy of Sciences of the United States of America, 109, E2579-E2586.

Haber, J. E. (1999). DNA recombination: The replication connection. Trends in Biochemical Sciences, 24, 271-275.

Hegde, M. L., Hazra, T. K., & Mitra, S. (2008). Early steps in the DNA base excision/single-strand interruption repair pathway in mammalian cells. Cell Research, 18, 27-47.

Horton, J. K., Watson, M., Stefanick, D. F., Shaughnessy, D. T., Taylor, J. A., & Wilson, S. H. (2008). XRCC1 and DNA polymerase beta in cellular protection against cytotoxic DNA single-strand breaks. Cell Research, 18, 48-63.

Hsu, P. D., Lander, E. S., & Zhang, F. (2014). Development and applications of CRISPR-Cas9 for genome engineering. Cell, 157, 1262-1278.

Jasin, M., & Rothstein, R. (2013). Repair of strand breaks by homologous recombination. Cold Spring Harbor Perspectives in Biology, 5, a012740.

Jinek, M., Chylinski, K., Fonfara, I., Hauer, M., Doudna, J. A., & Charpentier, E. (2012). A programmable dual-RNA-guided DNA endonuclease in adaptive bacterial immunity. Science, 337, 816-821.

Liang, F., Han, M., Romanienko, P. J., & Jasin, M. (1998). Homology-directed repair is a major double-strand break repair pathway in mammalian cells. Proceedings of the National Academy of Sciences of the United States of America, 95, 5172-5177.

Lieber, M. R. (2010). The mechanism of double-strand DNA break repair by the non- homologous

DNA end-joining pathway. Annual Review of Biochemistry, 79, 181-211.

Mali, P., Aach, J., Stranges, P. B., Esvelt, K. M., Moosburner, M., Kosuri, S., et al. (2013). CAS9 transcriptional activators for target specificity screening and paired nickases for cooperative genome engineering. Nature Biotechnology, 31, 833-838.

Mali, P., Yang, L., Esvelt, K. M., Aach, J., Guell, M., DiCarlo, J. E., et al. (2013). RNA-guided human genome engineering via Cas9. Science, 339, 823-826.

McConnell Smith, A., Takeuchi, R., Pellenz, S., Davis, L., Maizels, N., Monnat, R. J., Jr., et al. (2009). Generation of a nicking enzyme that stimulates site-specific gene conversion from the I-AniI LAGLIDADG homing endonuclease. Proceedings of the National Academy of Sciences of the United States of America, 106, 5099-5104.

Metzger, M. J., Stoddard, B. L., & Monnat, R. J., Jr. (2013). PARP-mediated repair, homologous recombination, and back-up non-homologous end joining-like repair of single-strand nicks. DNA Repair, 12, 529-534.

Nakanishi, K., Yang, Y.-G., Pierce, A. J., Taniguchi, T., Digweed, M., D'Andrea, A. D., et al. (2005). Human Fanconi anemia monoubiquitination pathway promotes homologous DNA repair. Proceedings of the National Academy of Sciences of the United States of America, 102, 1110-1115.

Pierce, A. J., & Jasin, M. (2005). Measuring recombination proficiency in mouse embryonic stem cells. Methods in Molecular Biology, 291, 373-384.

Pierce, A. J., Johnson, R. D., Thompson, L. H., & Jasin, M. (1999). XRCC3 promotes homology-directed repair of DNA damage in mammalian cells. Genes & Development, 13, 2633-2638.

Pommier, Y., Redon, C., Rao, V. A., Seiler, J. A., Sordet, O., Takemura, H., et al. (2003). Repair of and checkpoint response to topoisomerase I-mediated DNA damage. Mutation Research, 532, 173-203.

Rouet, P., Smih, F., & Jasin, M. (1994). Expression of a site-specific endonuclease stimulates homologous recombination in mammalian cells. Proceedings of the National Academy of Sciences of the United States of America, 91, 6064-6068.

Saleh-Gohari, N., Bryant, H. E., Schultz, N., Parker, K. M., Cassel, T. N., & Helleday, T. (2005). Spontaneous homologous recombination is induced by collapsed replication forks that are caused by endogenous DNA single-strand breaks. Molecular and Cellular Biology, 25, 7158-7169.

San Filippo, J., Sung, P., & Klein, H. (2008). Mechanism of eukaryotic homologous recom-bination. Annual Review of Biochemistry, 77, 229-257.

Weinstock, D. M., Richardson, C. A., Elliott, B., & Jasin, M. (2006). Modeling oncogenic translocations: Distinct roles for double-strand break repair pathways in translocation formation in mammalian cells. DNA Repair, 5, 1065-1074.

Zhang, Y., Vanoli, F., LaRocque, J. R., Krawczyk, P. M., & Jasin, M. (2014). Biallelic targeting of expressed genes in mouse embryonic stem cells using the Cas9 system. Methods, 69, 171-178.

第 10 章　获得性 CRISPR/Cas9 功能基因组筛选

Abba Malina[1], Alexandra Katigbak[1], Regina Cencic[1], Rayelle Itoua Maïga[1], Francis Robert[1], Hisashi Miura[1], Jerry Pelletier[1,2,3]

（1. 加拿大麦吉尔大学生物化学系；2. 麦吉尔大学肿瘤学系；3. 麦吉尔大学罗莎琳德和莫里斯·戈德曼癌症研究中心）

目　录

摘要

CRISPR/Cas9（规律成簇间隔短回文重复/CRISPR 相关蛋白）已广泛应用于靶向基因组编辑，并被认为是一项“改变游戏规则”的技术。这种可以用于大范围细胞类型和生物中内源性基因位点修饰的简便且快速的方法，使其成为可定制基因改造及大规模功能基因组学的强大工具。基于逆转录病毒表达平台的发展同时为递送 Cas9 核酸酶和单引导（SG）RNA 提供了独特的机会，从而确保了编辑工具稳定和可重复表达，拓展了细胞靶向范围，同时与体内遗传筛选兼容。在这里，我们介绍设计和产生 sgRNA 文库一体化逆转录病毒载体的方法并强调要考虑的问题。

10.1　导　论

在哺乳动物细胞和动物模型中功能基因筛选的崛起相当大程度上应归功于 RNA 干扰（RNAi）技术。RNAi 能广泛、系统、公正地探索各种复杂的生物系统，大部分原因是开发了全基因组多重复合池短发夹 RNA（shRNA）文库筛选方法。然而，尽管该技术已被证明运行良好，但最先进的 RNAi 筛选也有其缺点：①靶局限于外显子；②shRNA 中的很大一部分，往往产生不完整的和不可预知的敲减（knockdown）效率，这不足以造出期望的目的表型；③许多 shRNA 有“脱靶”效应，增加虚假采样数量而导致错误解释；④虽然这可以部分缓解不断增加的多样性和 shRNA 靶基因覆盖，但它增加了文库池大小和检测复杂性的成本。

现代基因组编辑工具应用于遗传筛选目的能解决许多问题。而基于模块化转录因子的基因组编辑技术，如锌指和转录激活因子样效应物为基础的核酸酶技术（分别是 ZFN 和 TALEN），已经要求有可靠的、强有力的一对一基因打靶基础，由于其内在庞大的、成对的、重复的设计参数，它们对实施全基因组规模都是不切实际的。与此相反，以 CRISPR/Cas9（规律成簇间隔短回文重复/CRISPR 相关蛋白）对基础的基因组编辑显示出巨大的应用前景，因为多功能基因打靶技术能经得起遗传筛选方法的检验。基于细菌靶向侵入的外源病毒和质粒 DNA 的适应性免疫应答，II 型 CRISPR 系统采用 RNA 引导的 DNA 内切核酸酶（Cas9），通过 20nt RNA-DNA 碱基匹配序列特异性方式切割 DNA（Jinek et al.，2012）。因此，通过简单改变 20bp 单链引导 RNA（sgRNA），很容易编程 Cas9，在细胞内共表达时几乎可以对任何基因组位点引入双链断裂（DSB）（Cong et al.，2013；Jinek et al.，2013；Mali，Yang，et al.，2013）。这种固有的灵活性和设计简约性使得 CRISPR/Cas9 基因组编辑很容易适应哺乳动物全基因组的筛选，实际上我们正在看到这种设置的应用（Koike-Yusa，Li，Tan，Velasco-Herrera，& Yusa，2013；Shalem et al.，2014；Wang，Wei，Sabatini，& Lander，2014；Zhou et al.，2014）。在这里，我们提出了方法学和讨论有关 CRISPR/Cas9 阳性选择筛选的使用问题。

10.2　高通量筛选载体设计的改良

任何成功的 CRISPR/Cas9 遗传筛选的第一步都是选择相应的两个关键编辑组件，即 Cas9 和同源 sgRNA 的表达方法。文献中占优势的两种方法是：要么表达 Cas9 和来自分离载体的 sgRNA，要么在集成设计载体中表达两个基因。虽然有独立表达各部分的一些优点（例如，使用两种不同选择标记的能力），但我们选择在递送的同时也给单载体形式的连接提供方便的方法，重要的是，Cas9 和 sgRNA 的表达水平不仅在选择性方面，而且在化学计量学方面更加一致，后者已被证明对减少脱靶切割事件很重要（Hsu et al.，2013；Pattanayak et al.，2013）。逆转录病毒质粒为获得广泛的定向、感染的嵌合水平、表达、永久富集能力、与可选择标记（或荧光或耐药）成功整合等提供了便捷途径。虽然此前我们曾报道“集成”逆转录病毒载体共表达 sgRNA 和 Cas9[分别来自鼠科动物 U6 小核仁 RNA 启动子和来自 SV40 或脾病灶形成病毒（SFFV）启动子]的构建和表征（Malina et al., 2013），但我们已经修改了原有的设计，使其更适合高通量筛选目的，通过在 U6 转录起始位点上游 17 个核苷酸设计独特的限制酶酶切位点和 crRNA-tracrRNAa 融合的交界点，以便于促进引导序列的寡核苷酸方便插入，精简基于 sgRNA 文库的产生过程（图 10.1A，图 10.1B）。为了辨别这些来自第一代的 pQCiG 和 pLC 系列载体，我们称它们为 pQCuG2 和 pLCiG2。这些载体，像它们的前辈一样，其表达来自酿脓链球菌（*Streptococcus pyogenes*）（SpCas9）与 3xFlag 的表位标记和在 N 端的两个核定位信号（NLS）标记。Cas9 表达可以给出明确的指导，即它的转录产物经由 EMCVIRES 与 GFP 连接（图 10.1A 和图 10.1B）。我们确信，序列中的这些细微变化不会干扰 Cas9 驱动的基因组编辑，通过使用"交通信号灯报告"（TLR）系统，比较新版本与旧版本的相对裂解效率，在 Cas9 诱导 DSB 后同时测定非同源末端连接（NHEJ）和同源定向修复（HDR）的频率（Certo et al., 2011）。两款 Cas9/sgRNA 逆转录病毒载体都刺激与 292T 细胞相类似的 NHEJ，表明引入的变化没有损害编辑活性（图 10.1D，图 10.1E）。

最初我们的设计融入了 Church 及其同事报道的工作要素（Mali，Yang，et al., 2013）（图 10.2A，顶层设计），但最近的报道对 sgRNA 布局有显著改变。两个新版本令人关注：①一个版本称为 sgRNA.2.1，通过 4 个核苷酸延伸 crRNA：tracrRNA 支架，已报道提高了切割效率，但同时减少中靶与脱靶特异性（Pattanayak et al., 2013）；②另一个版本融入了上述延伸，也突变引导序列下游富 U 直接伸展，有人建议功能如同 RNA PolIII转录终止信号（图 10.2A，sgRNA.3）。已有报道认为这会降低 Cas9 核仁定位（Chen et al.，2013）。我们评估了这些变化是否会产生任何明显的功能差异，但在 3 个 sgRNA 基因编辑效率中没有检测到任何差异（图 10.2B）。鉴于此，我们倾向于保持高比率的中靶到脱靶特异性，保留了逆转录病毒载体原有的构造。

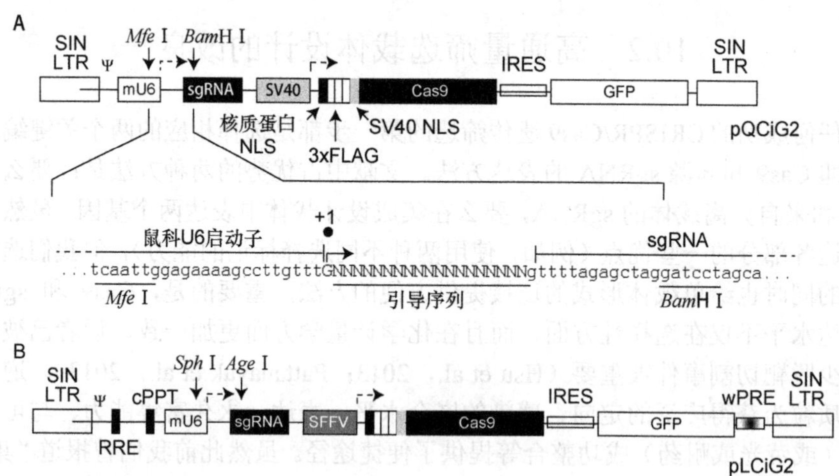

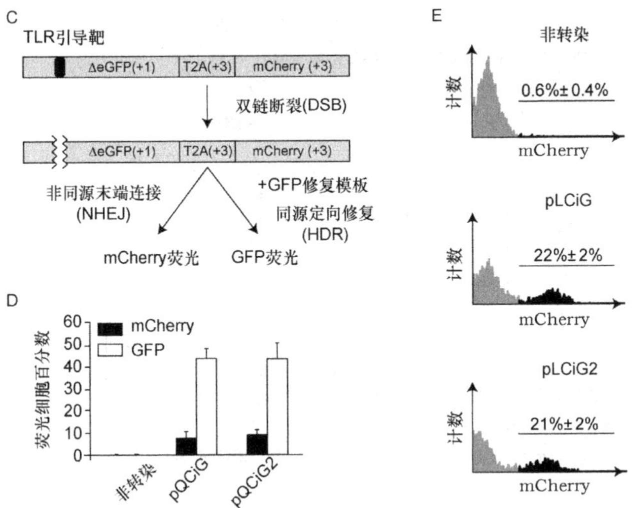

图 10.1　与大规模引导文库世代兼容的 Cas9 和 sgRNA 共递送逆转录病毒载体的设计。(A) 基于 pQCiG2 载体驱动 Cas9、GFP 和 sgRNA 表达的原理示意图。明了唯一的 *Mfe* I 和 *Bam*H I 位点，分别存在于鼠科动物 U6 启动子和 sgRNA 中。直角箭头表示转录起始位点。扩展图展示了核苷酸生成的 mU6 启动子、转录起始位点（+1)、19nt 引导序列和 sgRNA 的 5′端部分。(B) 基于 pLCiG2 慢病毒载体驱动 Cas9、GFP 和 sgRNA 表达示意图。表示独特的 *Sph* I 和 *Age* I 位点分别在鼠科动物 U6 启动子和 sgRNA 中切割。(C) 交通信号灯报告（TLR）分析示意图（Certo et al.，2011)。sgRNA 引导靶向序列在 GFP 可读框（ORF）进行设计，偏移阅读框导致翻译提前终止。GFP ORF（+1 框）是对 T2A 核糖体“跳过”序列（Szymczak-Workman, Vignali, & Vignali, 2012）和 mCherry OFR（+3 框）框架的融合。引导靶序列 DSB 的引入会导致 NHEJ 突变修复，在 1/3 情况下，将 mCherry 放置在有障碍的 GFP ORF 框内，产生 mCherry$^+$细胞。外源性提供缩短的 GFP 供体质粒，反过来将导致 GFP 荧光作为 TLR GFP ORF 的 HDR 的结果。由于我们的载体表达 GFP 作为报道基因，我们没有评价 HDR 活性而是采用 GFP 阳性细胞的比例作为转染效率的评价，并以 mCherry 荧光衡量 NHEJ 的相对修复效率。两个载体包含先前介绍的引导序列（TLR：5′GAGCCAGCGCTCTTCGAGAGTG3′)，它们靶向唯一位点嵌入到 TLR（C）的 GFP ORF 中（Malina et al., 2013）。(D) 在稳定整合 TLR 报道基因 293T 细胞系中评价 pQCiG 和 pQCiG2 介导的 NHEJ，该细胞系具有稳定整合的 TLR 报道基因位点。用 pQCiG 和 pQCiG2（1.5～3μg）转染细胞，6 天之后通过流式细胞仪分析。检测 GFP 荧光分析转染效率，而 mCherry 荧光得分作为 NHEJ 修复事件的评价。n=3，误差棒代表 SEM。(E)在稳定整合 TLR 报道基因 293T 细胞系中 pLCiG 和 pLCiG2 介导的 NHEJ 的评估。用 pLCuG 或 pLCiG2 转染细胞，6 天之后用流式细胞仪分析。典型柱状示意图显示 mCherry 阳性细胞的百分比和平均比例荧光。n=4，误差是 SEM。

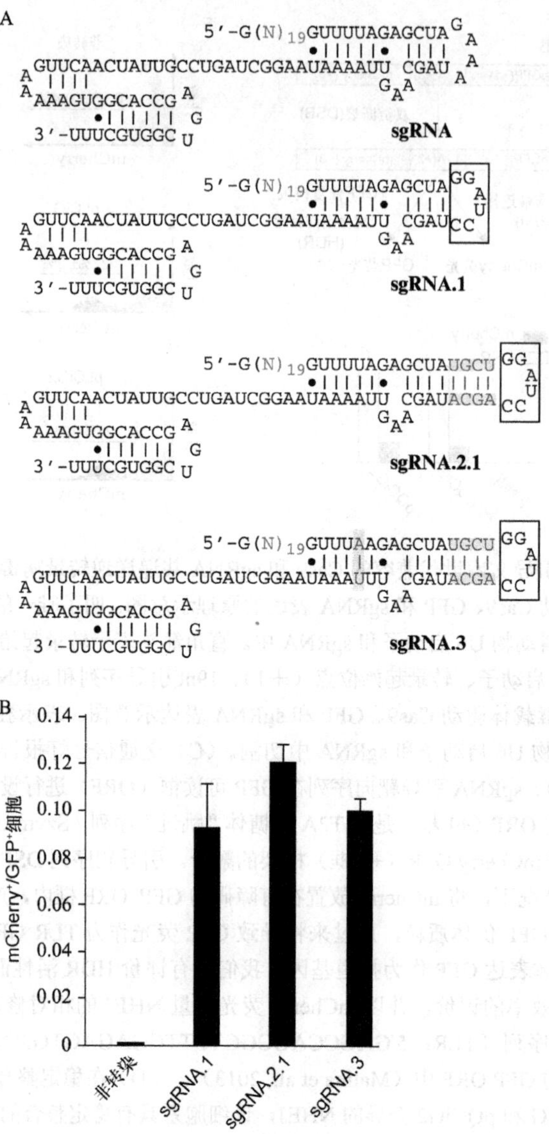

图 10.2 不同 sgRNA 突变体介导 NHEJ 修复效率的评价。（A）嵌合 RNA 预测的二级结构（http://rna.tbi.univie.ac.at/cgi-bin/RNAfold.cgi）显示第一个鸟嘌呤起因于转录起始位点，紧接着 4 个不同的 sgRNA 的引导区$(N)_{19}$。开放框表示 crRNA-tracrRNA 的结合，在那里插入 *Bam*H Ⅰ 位点产生 sgRNA.1（pLCiG2 情形下的 *Age* Ⅰ）。灰色阴影区表示 sgRNA.1、sgRNA2.1 和 sgRNA.3 之间的序列差异。注意：我们的 sgRNA2.1 和 sgRNA.3 设计不同于停泊 *Bam*H Ⅰ元件在 crRNA-tracrRNA 上的结合。（B）在稳定整合 TLR 报道基因 293T 细胞系中规范的 NHEJ 修复效率的评价。用 pQCiG2（1.5～3μg）表达标示 sgRNA 转染细胞和 6 天后由流式细胞仪分析结果。用 GFP 荧光检测转染效率，而 mCherry 作为 NHEJ 的监测器。GFP 值（转染效率）为 32%～51%。*n*=3，误差线表示 SEM。

10.3　sgRNA 文库的构建

10.3.1　引导序列预测

引导序列的预测可以通过手工检查注释的基因序列（当只需要小量引导序列时），或在书写时使用几种设计工具之一（表 10.1）。在任何情况下，目的序列首要位置容忍前间区序列邻近基序（PAM），它是 Cas9 识别所必需的。我们的载体使用人性化版本的源于酿脓链球菌 Cas9 蛋白，是文献中使用最为频繁的载体，由

表 10.1　CRISPR/Cas9 设计工具

工具名	网络界面	靶基因组[a]	网址	脱靶分析[b]
CRISPR 设计	是	15	http://crispr.mit.edu http://www.broadinstitute.org/mpg/crispr_design/	是
E-CRISP	是	18	http://www.e-crisp.org/E-CRISP/designcrispr.html	是
Cas9 设计	是	7	http://cas9.cbi.pku.edu.cn/index.jsp	不是
CasOT	不是	任何	http://eendb.zfgenetics.org/casot/index.php	是
CRISPR sgRNA 设计工具	是	3	https://www.dna20.com/eCommerce/cas9/input	不是
Cas-Finder	不是	任何	http://arep.med.harvard.edu/CasFinder/	是
fly CRISPR	是	飞行	http://flycrispr.molbio.wisc.edu/tools	是
DRSC CRISPR 探测器	是	飞行	http://www.flyrnai.org/crispr/	是
ZiFiT Targeter	是	是	http://zifit.partners.org/ZiFiT/ChoiceMenu.aspx	不是
CRISPy	是	CHO	http://staff.biosustain.dtu.dk/laeb/crispy/	是[c]
GT-Scan	是	32	http://gt-scan.braembl.org.au/gt-scan/submit	是
CHOPCHOP	是	9	https://chopchop.rc.fas.harvard.edu/	是[d, e]

a. 软件允许分析引用物种的数量和性质。

b. 基于与 PAM 序列相似和定位相邻，软件是否有预测脱靶位点的能力。

c. 只能扫描位点匹配 13 个核苷酸+NGG。

d. 能扫描替代 Cas9 PAM。

e. 也能输出侧面引物序列，识别限制酶酶切位点即靶位点。

于其短的PAM靶序列（5′-NGG-3′），因而在基因组中高度盛行（Jiang，Bikard，Cox，Zhang，& Marraffini，2013；Jinek et al.，2012）。虽然有报道称，5′-NAG-3′也可以被用来作为酿脓链球菌Cas9的PAM，但它的识别效率非常低（Jiang et al.，2013），所以在有限的Cas9细胞浓度时很少使用（Wu et al.，2014），因此在设计引导序列时我们一般不考虑用它。PAM序列定位后，选择与PAM相邻的20个上游核苷酸作为引导序列。不要使用鸟嘌呤核苷作为第20个核苷酸的末端，我们用5′鸟苷酸强行终止序列，这是U6转录起始所必需的，即使在不匹配的情况下，对靶切割率的影响也很小（Fu，Sander，Reyon，Cascio，& Joung，2014；也见图10.1A）。靶的PAM邻近区和sgRNA之间的错配被认为是对Cas9内切核酸酶活性有严重的不利影响（Fu et al.，2013；Hsu et al.，2013；Jinek et al.，2012；Mali，Aach，et al.，2013；Pattanayak et al.，2013），支持这一观念的是，PAM上游8～12nt“种子”序列驱动Cas9介导的切割效率（Jinek et al.，2012；Semenova et al.，2011）。为了最大限度地减少潜在的脱靶切割位点，并对“种子”区和sgRNA之间的同源性提出更严格的要求，通常我们试探性地首先只匹配选择序列的12个核苷酸，加上所有4个重复PAM对在线基因组数据库进行注释，首选精确匹配最小数的序列。最近基于ChIP-seq的全基因组分析表明，对驱动Cas9 DNA结合错配的耐受性要大得多，富集基因组区域通常以“种子”序列为特征，其短至5个核苷酸，尽管这些位点直接测序时只有很少变化（Kuscu，Arslan，Singh，Thorpe，& Adli，2014；Wu et al.，2014）。不过，作为一项预防措施，我们建议每个位点设计至少3个sgRNA以避免潜在的脱靶效应。sgRNA进一步设计也要考虑以下几点。

（1）当打靶基因编码mRNA时，sgRNA打靶最后一个编码的外显子比打靶早期外显子的效率低（Wang et al.，2014）。同时，我们建议用户避免打靶安全港第一个AUG密码子的区域，因为基因可能在框架下游有AUG（甚至非AUG密码子）起始密码子，该密码子可用于提高产生功能截短的产物（Ellison & Bishop，1996）。相反，当目的功能受到破坏时，对于基因中间的某个靶来说，可能是一个更安全的措施。

（2）据报道，靶向转录链的sgRNA比靶向非转录链的效率更低（Wang et al.，2014）。

（3）请注意采用RNA聚合酶Ⅲ转录sgRNA，要知道延伸4个或更多的U序的终止信号是谁（Nielsen，Yuzenkova，& Zenkin，2013；Orioli et al.，2011），富U引导序列已证明会减少sgRNA的丰度（Wu et al.，2014）。所以，要避免延伸3个或更多的U引导子。

（4）最近sgRNA结合Cas9结晶结构数据显示：残基Arg71-G18和Arg447-U16之间的蛋白质：RNA相互作用，它们与来自crRNA：tracrRNA主链上游第3和第5个残基相一致（Nishimasu et al.，2014）。这符合最近在线公布的其他数据，显示更高性能的sgRNA偏爱4个嘌呤与PAM毗邻（Wang et al.，2014），所以在选择时如果有这个选择，那么优先用 PAM 上游 3 个核苷酸 G 残基引导是有益的。

（5）应避免 sgRNA 拥有非常高或非常低 GC 含量（Wang et al.，2014）。

（6）最后，确保你引导的序列缺失用在克隆的限制性位点上（*Mfe* Ⅰ/*Bam*H Ⅰ或 *Sph* Ⅰ/*Age* Ⅰ）。

10.3.2　引导模板的克隆

或者采用小规模合成的核苷酸驱动池，或者采用高度并行方法构建引导数据库（图 10.3）。

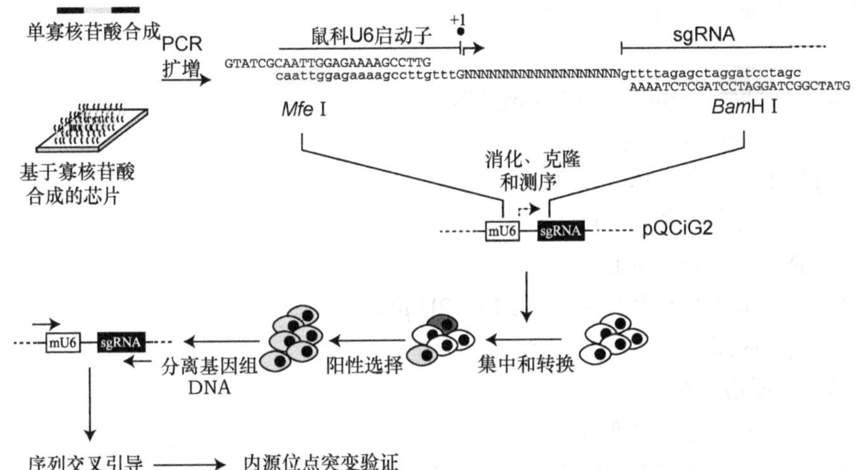

图 10.3　sgRNA 文库产生和池筛选策略。寡核苷酸单独合成或在微阵列芯片上聚集。然后 PCR 扩增以纳入载体兼容的限制性位点。显示的引物和模板序列与克隆到 pQCiG2 兼容（有关克隆到 pLCiG2 的详细信息，见正文）。引导文库池，然后用于筛选目的。从阳性选择细胞中分离基因组 DNA，完成 PCR 交叉引导区域的扩增，并通过测序确定引导。在预期位点上修饰，然后用 T7 内切核酸酶 I 分析、SURVEYOR 分析或 PCR 产物测序来验证。

1. 引导模板的设计

克隆引入 pQCiG2 的模板为：5′-CAATTGGAGAAAAGCCTTGTTTG(N)$_{19}$GTTTTAGAGCTAGGATCCTAGC-3′（其中下划线是 *Mfe* Ⅰ和 *Bam*H Ⅰ酶切位点，N 代表 19 个核苷酸引导区域）。pLCiG2 模板为：5′-GCATGCGAGAAAAG CCTTGTTTG(N)$_{19}$GTTTTAGAGCTAACCGGTTGC-3′（其中下划线为 *Sph* Ⅰ和 *Age* Ⅰ位点）。

2. 初始引导文库制备

根据所需的 sgRNA 文库大小和复杂性，每池寡核苷酸排好序，或者分别装入 96 或 384 孔碟（如 IDT、Coralville、IA）中，或在芯片上整体合成，摆脱接下来的酸水解。根据我们的经验，从单独合成的寡核苷酸池中衍生的突变克隆率比阵列中的突变体克隆率要低得多（80%～90%对 30%～50%分别产生无差错克隆）。

3. 混合寡核苷酸模板 PCR 扩增

如果单个碱基排序，寡核苷酸首先应该以等摩尔比例汇集，然后用正向引物（5′-GTACGCAATTGGAGAAAGCCTTG-3′对 pQCiG2 和 5′-GTATCGGCATGCGA-GA AAAGCCTTG-3′对 pLCiG2）和反向引物（5′-GTATCGGCTAGGATCCAGCTA-AAA-3′对 pQCiG2 和 5′-GTATCGGCTAACCGGTTAGCTCTAAAA-3′对 pLCiG2）（图 10.3）扩增。PCR 条件如下：

试剂量

5μl 10×Thermopol 缓冲液与 $MgCl_2$

2.5μl 正向引物（10μmol/L）

2.5μl 反向引物（10μmol/L）

1μl 寡核苷酸模板（100ng/μl）

1μl dNTP（10mmol/L）

0.25μl Vent DNA 聚合酶（NEB）（2U/μl）

37.75μl 蒸馏水

热循环仪的反应条件

94℃为 3min（初始变性）

94℃ 30s，52℃ 30s 和 72℃ 1min，30 个循环

72℃为 10min（最终延伸）

如果从芯片中扩增寡核苷酸，PCR 反应条件和试剂略有不同，如下：

试剂量

10μl 5×透过缓冲液

1μl 正向引物（20μmol/L）

1μl 反向引物（20μmol/L）

1μl 寡糖模板（0.5ng/μl）

1μl dNTP（10mm）

0.5μl Phusion 高保真 DNA 聚合酶（NEB）（2U/μl）

1μl 30%二甲基亚砜

34.5μl 蒸馏水

热循环仪的反应条件

98℃ 30s（初始变性）

98℃ 10s，54℃ 30s，72℃ 25s，30 个循环

72℃ 5min（最终延伸）

通过分装（5μl）在 2%琼脂糖凝胶电泳验证（76bp）单带的存在来确定 PCR 扩增目的产物。

4. 引导子导入载体主链的消化和连接

用 PCR 纯化试剂盒纯化 PCR 产物[如 QIA 快速凝胶提取试剂盒或 EZ-10 快速离心柱 PCR 产物纯化试剂盒（Bio Bisic Inc.）]，按照制造商的建议操作，根据目的靶载体，用 *mfe* Ⅰ/*Bam*H Ⅰ-HF 或 *Sph* Ⅰ/*Age* Ⅰ（NEB）洗脱消化液。根据标准技术与合适的载体连接（Green & Sambrook，2012）。确保“只有载体”为对照。连接后，2μg 糖原添加到每个连接液，用双蒸馏水将体积加到 100μl，然后经过两次连续的乙醇沉淀，70%乙醇洗涤。沉淀再悬浮于 20μl ddH_2O 并准备电穿孔转化。

5. 评估连接效率

分装（1μl）连接液用于测试化学转化，以及测定来自“载体+插入”连接反应对“只有载体”反应的克隆比例。如果我们在“载体+插入”平板相对于“只有载体”平板获得至少 10∶1 的克隆比例，我们就完成了大规模的转化。我们也处理了至少 24 个 minipreps 并将它们测序以便评估克隆质量和文库表达。

6. 引导文库的大规模转化

为了产生引导 RNA，并且表达逆转录病毒质粒文库如细菌克隆子，我们使用 Electromax-感受态 DH10B 细胞对 pQCiG2 载体或 Electromax 感受态 Stbl4 细胞对 pLCiG2（Life Technologies），并用 Bio-Rad 基因脉冲仪采用下列条件：2.0kV，200Ω，25μF。我们按照制造商的建议使用 1μl 连接液/100μl 感受态细胞。从 1ml 培养物按以下条件转化：将 1μl、2μl 和 10μl 分装液接种到 LB+100μg/ml 羧苄青霉素板上评价转化率。其余的培养物保持在 4℃过夜。一旦转换效率已经确定，剩余培养物接种到含 100μg/ml 羧苄青霉素的 LB 大平板（245mm×245mm）以便获得 1000～2000（如果菌落是单个检出）或 10 000（如果菌落合并在一起）菌落/平板。我们喜欢使用羧苄青霉素超过氨苄青霉素，因为它比后者更稳定，并且在生成文库时很少产生卫星菌落。

7. 检查引导文库的质量

将 96 个菌落接种于含有 1.5ml 的 Terrific 肉汤培养基（TB）+100μg/ml 羧苄青霉素 96 孔板深井中。用气孔膜封板（QIAGEN Cat. No.19571）。37℃摇瓶生长 24h，采用 QIAprep 96 Turbo Miniprep 试剂盒分离质粒 DNA（QIAGEN），然后提

交测序。

8. 细菌转化引导文库的批量收获

对于某些应用来说，它可能足够批量收获平板菌落并在筛选中直接用于产生的池。这是通过每个板直接吸出 50ml TB+100μg/ml 羧苄青霉素来收获并用扁橡皮刮勺淀帚轻轻刮下板上的菌落移液于 1～2 个无菌烧瓶内。筛选性质将决定目的库的复杂性，但我们使用每个池 500ml TB+100μg/ml 羧苄青霉素达到 10 000～20 000 个克隆子/池的复杂性。在 37℃生长 6h 后，用标准方法（Green & Sambrook，2012）或商业 maxiprep 试剂盒（如质粒抽提试剂盒；QIAGEN）分离质粒 DNA。

9. 排列单个细菌引导文库克隆子

虽然芯片比非芯片文库花钱更多、劳动强度更大，但是我们还是偏好用芯片验证文库序列，因为这些是具有更大灵活性的可再生资源。在这里，挑出单个菌落放入含有 1.5ml TB+100μg/ml 羧苄青霉素的 96 孔板深孔中并用气孔膜盖住（QIAGEN cat. no. 19571）。在 37℃生长 24h，将 50μl 转移到两个含 50μl TB+100μg/ml 羧苄青霉素+50%的甘油 96 孔板（Falcon，cat. no. 353910），主板密封保存在−70℃。剩余培养物用微量制备 DNA 试剂盒处理，然后用于 sgRNA 插入交叉测序。另外，将菌落挑出放到含 65μl TB+100μg/ml 羧苄青霉素的 384 孔板中。接下来在 37℃生长过夜，2μl 1/10 稀释的培养物直接用于 PCR 扩增整个引导序列的模板。Agencourt AMPure XP-PCR 纯化试剂盒纯化 PCR 产物（Beckman-Coulter）并直接用于测序。记录每个克隆在主板中的位置和特性。

一旦排列好，通过确定菌落的坐标建立文库池，然后室温下解冻平板。接着平板简短离心，穿透铝箔盖产生小孔并除去相当于目的克隆子 1μl 的细菌培养物。使用小铝箔片密封穿刺孔。这种方法避免了潜在的交叉污染，因为如果去掉整个盖可能会出现气溶胶。取 1μl 接种到 1ml TB+100μg/ml 羧苄青霉素中，37℃生长到饱和（约 24h）。次日，单个细菌培养物集中在一个含有 500ml TB+100μg/ml 羧苄青霉素烧瓶中，生长 6h 并进行质粒 DNA 分离。

10.4 引导文库逆转录病毒的转导

由此产生的文库用标准技术制备病毒（Barde，Salmon，& Ttrono，2001；Swift，Lorens，Achacoso，& Nolan，2001）。根据病毒载体的主链，要么（在基于 pQCXiG2 库的情况下）用无辅助稳定病毒产生的 Phenix 细胞系，要么（在基于 pLCiG2 库的情况下）用包装载体和疱疹性口腔炎病毒 G 蛋白（VSV-G）胞膜载体转染 293T/17（ATCC）细胞。使用假型慢病毒的一个优点是能够产生大量的库池转导病毒上清液，然后浓缩后者，滴定，分装，冷冻（详情见 Kutner，Zhang，& Reiser，2009）。通过连续稀释制备 293T 细胞测定病毒 MOI（感染多样性），采用流式细胞仪测定 GFP 表达细胞（我们的目标是获得至少 5%～10% GFP 阳性细胞，这是病毒转导的线性范围）。病毒制备的细胞接种量将取决于所需文库的复杂性：一般来说，我们要有足够的病毒感染细胞，MOI 为 0.1～0.2（其中绝大多数群体每个细胞中确保只表达一个 sgRNA）至少也有 1000 个感染细胞/组分（即保持文库的复杂性，见下面的注释）。

10.5　关于筛选设计参数的注意事项

每个遗传筛选需要独特设计各自的实验，而不是目前特定筛选的具体细节，更实际的考虑应是影响多数筛选的一般属性。

（1）显性性质和选择压力强度。成功筛选最重要的决定因素之一是如何区别从基线获得好的期望表型。它应该是完整的且几乎没有变化。阳性选择筛选寻找协同肿瘤抑制子或赋予体现这些特性的药物抗性病灶。表型起始的时间将决定实验的持续时间和选择性压力的强度。更大的选择压力增强短时间条件下增强 sgRNA 表达中表型的变化，但也可能导致复制变异性增加和由于意外的群体瓶颈导致 sgRNA 种类表征的丧失（尤其是大量低末端的那些）。通过增加每个结构感染的细胞数量而部分得到缓解。选择压力的最佳数量将取决于预试验中的经验（阳性对照是理想的帮助），随着给予毒性治疗，我们努力实现细胞群体 25%的损失，其中包括平衡良好的重现性、选择性压力和 sgRNA 构建丰度的保持。

（2）在细胞繁殖过程中保持文库的复杂性。很多因素决定适合池的大小和随之而来的 sgRNA 文库在筛选过程中细胞群体中的表现（例如，细胞系的感染性、重复数、等位基因修饰比率）。随着成功筛选，我们一般通过使用下一代测序技术推断出 sgRNA 的表现。从规模平行序列出现的虚假读取数（或基线噪声水平）通常在 50～100 计数范围，因此作为一个经验法则，我们通常会尽量保证至少感染 1000 个细胞/组分（其中在基线噪声之上 sgRNA 阅读数应导致平均 10～20 倍增加）。此外，如果超过了筛选细胞数就需要分离细胞，在实验开始时要确保在每个分割的完整文库代表是至关重要的。如果繁殖过程中除去太多的细胞，库的代表性就变得不一样了。

（3）阳性和阴性对照的可用性。虽然在进行新的筛选时并不总是能获得阳性对照，但它们的可用性将大大促进分析方法的发展和优化。测试阳性对照一系列试用筛选可用于梳理出给定的 sgRNA 检测限制和所需文库复杂性的报道基因。同时，我们一定要保证包括多重阴性对照，两个“错义”的、在基因组的任何区域都不匹配的 sgRNA，以及被称为切割基因或中断位点对大多数表型来说是中性基因的 sgRNA（例如，人细胞 AAVS1 或小鼠 ROSA26 位点）。这些都是接下来成功筛选关于 sgRNA 输出相对增加或减少至关重要的记录。

（4）跟踪每个步骤。我们的载体港泊 GFP 标记物（在大多数设计中为中性），从而使我们在整个实验中建立感染效率文档。

（5）是否是目的表型需要修饰的单等位基因、双等位基因或多重等位基因（在假二倍体细胞的情况下）？利用 CRISPR/Cas9 高通量筛选位点修饰的效率已报道的范围为 13%～90%（Koilke-Yusa et al.，2013；Shalem et al.，2014；Wang et al.，2014；Zhou et al.，2014）。虽然这种变化的原因尚不清楚，但可能涉及引导打靶效率的差异、感染多样性、细胞系、Cas9：sgRNA 细胞水平比例和文库递送方法。考虑到这些潜在的问题，重要的是要尝试了解期望的表型（S），是需要灭活靶的所有等位基因，以及选择怎样的递送系统会对筛选产生影响。

（6）不同的引导对相同的靶应该产生相同的表型。如果不是这样的话，我们推荐产生额外的 sgRNA 来解决该矛盾。最近的报道表明，具有 17 或 18 个核苷酸互补的引导序列（称为"缩短的 gRNA"）显示减少了脱靶位点的突变发生而没有牺牲中靶编辑效率（Fu et al.，2014），这个功能可以很容易纳入引导文库的设计。

（7）要意识到病毒产生过程中可能出现特定 sgRNA 的丢失，这种情况的出现可能是给定的 sgRNA 影响病毒复制和（或）包装，或可能仅仅是由于包装细胞系中一个必需的宿主基因失活所致。推荐病毒产生之前或之后对文库池进行深度测序，将会提供这方面的信息。

（8）到目前为止，使用 CRISPR/Cas9 和非芯片 sgRNA 文库报道了 4 个大规模筛选（Koike-Yusa et al.，2013；Shalem et al.，2014；Wang et al.，2014；Zhou et al.，2014），从这些实验中学到了几个教训：

i. 设计两个细胞系构成表达 Cas9（Koike-Yusa et al.，2013；Zhou et al.，2014），而在目的细胞系中设计第三个强力霉素诱导 Cas9（Wang et al.，2014）。Zhang 和他的同事用我们上述介绍的相同递送系统完成了阴性和阳性选择筛选（Shalem et al.，2014）。培养表达 Cas9 的细胞系需要更多的密集性劳动且需要预筛选细胞克隆子从而识别最大编辑效率，因为克隆子之间可能不同，也可能是 Cas9 表达水平变化的结果（Zhou et al.，2014）。另外，细胞克隆子的性质可能影响特定筛选的表型结果，导致它较少广泛应用。

ii. Wei 和他的同事们（Zhou et al.，2014）也异位表达了 OCT1，显示转录因子增加目的细胞系中 U6 启动子活性（Lin & Natarajan，2012）。这种附加的特效可能增加 sgRNA 表达，应该评估是否 OCT1 水平越高，sgRNA 水平的增加可以转化为更高的突变效率，这也可能影响所测量的表型。

iii. RNA 干扰(RNAi)通常不能从筛选 sgRNA 识别中成功确定。用 sgRNA 获得目的表型的能力往往与敲除效率有关（Koike-Yusa et al.，2013；Shalem et al.，

2014）。

iv. 在一项筛选中，用 cDNA 互补法能成功地恢复到表型（Koike-Yusa et al.，2013），假设突变等位基因没有负显性功能或功能获得方式，验证“命中数”可能是比使用短发夹 RNA（shRNA）更好的方法。

（9）最近介绍了小鼠体内（其中在原代培养的淋巴细胞中通过逆转录病毒表达 CRISPR/Cas9 和后者再殖）和体外（其中通过水解动力学直接连接到修饰肝细胞递送 CRISPR/Cas9 系统）的 CRISPR/Cas9 基因编辑，在活的哺乳动物模式生物中完成基于 CRISPR sgRNA 筛选增加了令人振奋的可能性（Malina et al.，2013；Yin et al.，2014）。

10.6　涉及 sgRNA 文库池阳性选择筛选“命中”解码

一旦获得了细胞，接下来就是阳性选择筛选，我们通过扩增目的细胞中整合逆转录病毒衍生的结构引导鉴定负责表型的引导序列。用标准技术分离来自目的基因克隆子的基因组 DNA（Green & Sambrook，2012）和由 PCR 扩增引导区域。根据我们的经验，引导区域可以非常专一性扩增。

试剂数量

5μl 5×透过缓冲液

1μl 引物混合液（10μmol/L 每个反应，ID F：5′-AGCCCTTTGACACCC TAAGCCTC-3′

触发 ID R：5′-CTAACTGACACACATTCCACAGGG-3′）

0.5μl dNTP（10mmol/L）

1μl pQCiG2 感染细胞基因组 DNA（100ng/μl）

0.15μl 的 Phusion 高保真 DNA 聚合酶（NEB）（2U/μl）

17.35μl ddH_2O

热循环仪的反应条件

98℃ 30s（初始变性）

98℃ 10s，57℃ 30s，72℃ 30s，25 个循环

72℃ 10s（最后的扩展）

用 PCR 纯化试剂盒纯化 PCR 产物[例如，QIAGEN 试剂盒 QIA 快速 PCR 纯化试剂盒旋转柱（Bio Basic Inc.）]，按照制造商的建议直接测序，测序引物 PSI 为 5′-AGCCCTTTGTACACCCTAAGC-3′。一旦引导序列成功地识别为潜在的“命中”，然后我们使用原始基因组制备和执行 T7 内切核酸酶 I 法（Reyon et al.，2012）或 SURVEYOR 分析法（转基因）证实内源性基因突变，或者，如果序列变异的种类需要更彻底的检测，就通过 Ion Torrent Personal 基因组测序仪测序（Malina et al.，2013）。

10.7 结　　论

CRISPR/Cas9 有许多互补 RNAi 筛选提供选择。相对于 RNAi， CRISPR/Cas9 RNA 有更大的打靶范围并延伸到整个基因组，并且为探索超越转录组的结构/功能关系提供了机会。同样的，可能存在 Cas9 驱动切割事件不仅产生功能缺失型，而且也产生功能获得型和显性阴性，因此等位基因延伸突变“深度”超越了 RNAi 直接抑制的可能性。鉴于 20 世纪 70 年代和 80 年代体细胞遗传学为基因系统性和调控提供了深刻的见解（Caskey，Robbins，North Atlantic Treaty Organization，& Scientific Affairs Division，1982），2013 年以来应用 CRISPR/Cas9 基因组进行基因组设计已取得了引人注目的进展，它具有几乎对任何细胞类型进行基因分析的潜力，以前所未有的规模支撑这门很有前途的学科诞生。它将激励人们将 CRISPR/Cas9 用于发现新的基因组功能而进行新的探险。

参 考 文 献

Barde, I., Salmon, P., & Trono, D. (2001). Production and titration of lentiviral vectors. Current protocols in neuroscience. New York, NY: John Wiley & Sons, Inc.

Caskey, C. T., Robbins, D. C., North Atlantic Treaty Organization, & Scientific Affairs Division. (1982). Somatic cell genetics. New York: Plenum Press, published in cooperation with NATO Scientific Affairs Division.

Certo, M. T., Ryu, B. Y., Annis, J. E., Garibov, M., Jarjour, J., Rawlings, D. J., et al. (2011). Tracking genome engineering outcome at individual DNA breakpoints. Nature Methods, 8(8), 671-676. http://dx.doi.org/10.1038/nmeth.1648.

Chen, B., Gilbert, L. A., Cimini, B. A., Schnitzbauer, J., Zhang, W., Li, G. W., et al. (2013). Dynamic imaging of genomic loci in living human cells by an optimized CRISPR/Cas system. Cell, 155(7), 1479-1491. http://dx.doi.org/10.1016/j.cell.2013.12.001.

Cong, L., Ran, F. A., Cox, D., Lin, S., Barretto, R., Habib, N., et al. (2013). Multiplex genome engineering using CRISPR/Cas systems. Science, 339(6121), 819-823. http://dx.doi.org/10.1126/science. 1231143, science.1231143 [pii].

Ellison, A. R., & Bishop, J. O. (1996). Initiation of herpes simplex virus thymidine kinase polypeptides. Nucleic Acids Research, 24(11), 2073-2079.

Fu, Y., Foden, J. A., Khayter, C., Maeder, M. L., Reyon, D., Joung, J. K., et al. (2013). High-frequency off-target mutagenesis induced by CRISPR-Cas nucleases in human cells. Nature Biotechnology, 31(9), 822-826. http://dx.doi.org/10.1038/nbt.2623, nbt.2623 [pii].

Fu, Y., Sander, J. D., Reyon, D., Cascio, V. M., & Joung, J. K. (2014). Improving CRISPR-Cas nuclease specificity using truncated guide RNAs. Nature Biotechnology, 32(3), 279-284. http://dx.doi.org/10.1038/nbt.2808, nbt.2808 [pii].

Green, M. R., & Sambrook, J. (2012). Molecular cloning: A laboratory manual(4th ed.). Cold Spring Harbor, NY: Cold Spring Harbor Laboratory Press.

Hsu, P. D., Scott, D. A., Weinstein, J. A., Ran, F. A., Konermann, S., Agarwala, V., et al. (2013). DNA targeting specificity of RNA-guided Cas9 nucleases. Nature Biotechnology, 31(9), 827-

832. http://dx.doi.org/10.1038/nbt.2647, nbt.2647 [pii].

Jiang, W., Bikard, D., Cox, D., Zhang, F., & Marraffini, L. A. (2013). RNA-guided editing of bacterial genomes using CRISPR-Cas systems. Nature Biotechnology, 31(3), 233-239. http://dx.doi.org/10.1038/nbt.2508, nbt.2508 [pii].

Jinek, M., Chylinski, K., Fonfara, I., Hauer, M., Doudna, J. A., & Charpentier, E. (2012). A programmable dual-RNA-guided DNA endonuclease in adaptive bacterial immunity. Science, 337(6096), 816-821. http://dx.doi.org/10.1126/science.1225829, science.1225829 [pii].

Jinek, M., East, A., Cheng, A., Lin, S., Ma, E., & Doudna, J. (2013). RNA-programmed genomeeditinginhumancells.eLife, 2, e00471.http://dx.doi.org/10.7554/eLife.0047100471 [pii].

Koike-Yusa, H., Li, Y., Tan, E. P., Velasco-Herrera, M. D., & Yusa, K. (2013). Genomewide recessive genetic screening in mammalian cells with a lentiviral CRISPR-guide RNA library. Nature Biotechnology, 32, 267-273. http://dx.doi.org/10.1038/nbt.2800.

Kuscu, C., Arslan, S., Singh, R., Thorpe, J., & Adli, M. (2014). Genome-wide analysis reveals characteristics of off-target sites bound by the Cas9 endonuclease. Nature Biotechnology, 32, 677-683. http://dx.doi.org/10.1038/nbt.2916, nbt.2916 [pii].

Kutner, R. H., Zhang, X.-Y., & Reiser, J. (2009). Production, concentration and titration of pseudotyped HIV-1-based lentiviral vectors. Nature Protocols, 4(4), 495-505. http://dx. doi.org/10.1038/nprot.2009.22.

Lin, B. R., & Natarajan, V. (2012). Negative regulation of human U6 snRNA promoter by p38 kinase through Oct-1. Gene, 497(2), 200-207. http://dx.doi.org/10.1016/j. gene.2012.01.041.

Mali, P., Aach, J., Stranges, P. B., Esvelt, K. M., Moosburner, M., Kosuri, S., et al. (2013). CAS9 transcriptional activators for target specificity screening and paired nickases for cooperative genome engineering. Nature Biotechnology, 31(9), 833-838. http://dx.doi. org/10.1038/nbt.2675, nbt.2675 [pii].

Mali, P., Yang, L., Esvelt, K. M., Aach, J., Guell, M., DiCarlo, J. E., et al. (2013). RNA-guided human genome engineering via Cas9. Science, 339(6121), 823-826. http://dx.doi.org/10.1126/science.1232033 science.1232033 [pii].

Malina, A., Mills, J. R., Cencic, R., Yan, Y., Fraser, J., Schippers, L. M., et al. (2013). Repurposing CRISPR/Cas9 for in situ functional assays. Genes & Development, 27(23), 2602-2614. http://dx.doi.org/10.1101/gad.227132.113.

Nielsen, S., Yuzenkova, Y., & Zenkin, N. (2013). Mechanism of eukaryotic RNA polymerase III transcription termination. Science, 340(6140), 1577-1580. http://dx.doi.org/10.1126/science. 1237934.

Nishimasu, H., Ran, F. A., Hsu, P. D., Konermann, S., Shehata, S. I., Dohmae, N., et al. (2014). Crystal structure of cas9 in complex with guide RNA and target DNA. Cell, 156(5), 935-949. http://dx.doi.org/10.1016/j.cell.2014.02.001.

Orioli, A., Pascali, C., Quartararo, J., Diebel, K. W., Praz, V., Romascano, D., et al. (2011). Widespread occurrence of non-canonical transcription termination by human RNA polymerase III. Nucleic Acids Research, 39(13), 5499-5512. http://dx.doi.org/10.1093/nar/gkr074.

Pattanayak, V., Lin, S., Guilinger, J. P., Ma, E., Doudna, J. A., & Liu, D. R. (2013). High-throughput profiling of off-target DNA cleavage reveals RNA-programmed Cas9 nuclease specificity. Nature Biotechnology, 31(9), 839-843. http://dx.doi.org/10.1038/nbt.2673, nbt.2673 [pii].

Reyon, D., Tsai, S. Q., Khayter, C., Foden, J. A., Sander, J. D., & Joung, J. K. (2012). FLASH assembly of TALENs for high-throughput genome editing. Nature Biotechnology, 30(5), 460-465. http://dx.doi.org/10.1038/nbt.2170.

Semenova, E., Jore, M. M., Datsenko, K. A., Semenova, A., Westra, E. R., Wanner, B., et al. (2011).

Interference by clustered regularly interspaced short palindromic repeat (CRISPR) RNA is governed by a seed sequence. Proceedings of the National Academy of Sciences of the United States of America, 108(25), 10098-10103. http://dx.doi.org/10.1073/pnas.1104144108, 1104144108 [pii].

Shalem, O., Sanjana, N. E., Hartenian, E., Shi, X., Scott, D. A., Mikkelsen, T. S., et al. (2014). Genome-scale CRISPR-Cas9 knockout screening in human cells. Science, 343(6166), 84-87. http://dx.doi.org/10.1126/science.1247005.

Swift, S., Lorens, J., Achacoso, P., & Nolan, G. P. (2001). Rapid production of retroviruses for efficient gene delivery to mammalian cells using 293T cell-based systems. Current protocols in immunology. New York, NY: John Wiley & Sons, Inc.

Szymczak-Workman, A. L., Vignali, K. M., & Vignali, D. A. (2012). Design and construction of 2A peptide-linked multicistronic vectors. Cold Spring Harbor Protocols, 2012(2), 199-204. http://dx.doi.org/10.1101/pdb.ip067876.

Wang, T., Wei, J. J., Sabatini, D. M., & Lander, E. S. (2014). Genetic screens in human cells using the CRISPR-Cas9 system. Science, 343(6166), 80-84. http://dx.doi.org/10.1126/science.1246981.

Wu, X., Scott, D. A., Kriz, A. J., Chiu, A. C., Hsu, P. D., Dadon, D. B., et al. (2014). Genome-wide binding of the CRISPR endonuclease Cas9 in mammalian cells. Nature Biotechnology, 32, 670-676. http://dx.doi.org/10.1038/nbt.2889, nbt.2889 [pii].

Yin, H., Xue, W., Chen, S., Bogorad, R. L., Benedetti, E., Grompe, M., et al. (2014). Genome editing with Cas9 in adult mice corrects a disease mutation and phenotype. Nature Biotechnology, 32, 551-553. http://dx.doi.org/10.1038/nbt.2884, nbt.2884 [pii].

Zhou, Y., Zhu, S., Cai, C., Yuan, P., Li, C., Huang, Y., et al. (2014). High-throughput screening of a CRISPR/Cas9 library for functional genomics in human cells. Nature, 509(7501), 487-491. http://dx.doi.org/10.1038/nature13166, nature13166 [pii].

第 11 章　人多能干细胞基因组快速编辑的 iCRISPR 平台

Zengrong Zhu*, Federico González*, Danwei Huangfu

（美国斯隆-凯特林研究所发育生物学项目组；*这些作者对这项工作做出了同样的贡献）

目　录

摘要

人多能干细胞（hPSC）有产生所有成体细胞类型的潜力，包括稀有的或未成熟的人细胞群，因此为疾病研究提供了独一无二的平台。为了实现这个愿望，必须发展 hPSC 有效遗传操纵方法。利用转录激活因子样效应物核酸酶（TALEN）和规律成簇间隔短回文重复（CRISPR）/CRISPR 相关蛋白（Cas9）系统建立 iCRISPR 平台支撑各种基因组工程高效运行的方法。这里，我们首先介绍通过 TALEN 介导打靶可诱导 Cas9 表达盒进入 AAVS1 位点建立 iCRISPR 平台。接下来，我们介绍了利用 iCRISPR 实现一个或多个基因一步敲除、精准改变核苷酸的"无创伤"引入，以及在 hPSC 分化过程中诱导敲除基因等一系列方法。对 CRISPR 靶向序列的选择和单链 DNA（ssDNA）同源引导 DNA 修复模板设计、特异性核苷酸变更的引入，我们提出了一个最优工作流程及工作指南。在 4 个不同的 hPSC 细胞系中我们成功地使用了这些方案，包括人胚胎干细胞和多能干细胞。iCRISPR 平台一旦建立，可在一个月内建立拥有所需遗传修饰的克隆细胞系。在这里介绍的方法能大范围应用于 hPSC 基因组设计，因此，为快速和简便产生基于 hPSC 疾病模型提供了有价值的资源。

11.1 导　　论

具有人多样性性质的序列变体的基础分析，包括疾病易感性，是了解人类生物学和疾病机制的关键。由于它们的无限自我更新能力和产生成人全细胞类型的潜力，人多能干细胞（hPSC），包括人类胚胎干细胞（hESC）和人诱导多能干细胞（hiPSC），为生物科学和疾病研究提供了一个理想的平台（Zhu & Huangfu，2013）。为了达到这个目的，需要极大地发展 hPSC 基因组设计的高效方法。

可编程位点特异性核酸酶的发展已极大地促进了大范围生物和培养的细胞类型的靶向基因组编辑（Joung & Sander，2013；Ran et al.，2013；Urnov，Rebar，Holmes，Zhang，& Gregory，2010）。在目的基因组位点上，这些定制的核酸酶引起 DNA 双链断裂（DSB）；通过两个竞争途径激发内源 DNA 修复机制——易错配（error-prone）非同源末端连接（NHEJ），引导插入/删除突变子（Indels）或同源定向修复（HDR）激发内源 DNA 修复机制，其中可以选择利用同源 DNA 模板联合操作诱导精准核苷酸改变（Jasin，1996；Rouet，Smih，& Jasin，1994）。目前在各种定制核酸酶系统发展中，转录激活因子样效应物核酸酶（TALEN）和规律成簇间隔短回文重复（CRISPR）技术已经成为人多能干细胞基因编辑强有力和多功能的工具。

TALEN 的 DNA 靶向特异性由 TALE DNA 结合结构域所引导。起初在植物病原细菌黄单胞菌（*Xanthomonas*）中发现，TALE 可与植物宿主各种基因的启动子结合，劫持转录机制启动细菌感染（Rossier，Wengelnik，Hahn，& Bonas，1999；Szurek，Marois，Bonas，& Van den Ackerveken，2001）。TALE 的 DNA 结合结构域由 34 个氨基酸重复子（TALE 重复子）串联排立组成。每个重复子含有两个可变的邻近氨基酸，称为"重复序列可变的双氨基酸残基"，即决定单碱基识别特异性。因此，每个 TALE 重复子都独立指定一个靶碱基（Boch et al.，2009；Moscou & Bogdanove，2009）。为了引入 DSB，在靶位点侧面设计 TALEN 作为配对、识别基因组序列。每个由可编程、序列特异性 TALE DNA 结合结构域组成的 TALEN 与细菌内切核酸酶 *Fok* Ⅰ 切割结构域融合。TALEN 与 DNA 配对结合允许 *Fok* Ⅰ 二聚体化作用和 DNA 剪切（Cermak et al.，2011；Miller et al.，2011）。

最近，哺乳动物系统基因组工程 CRISPR 技术已经有了很大发展（Cho，Kim，Kim，& Kim，2013；Cong et al.，2013；Jinek et al.，2013；Mali，Yang，et al.，2013；Wang et al.，2013）。CRISPR/Cas 系统来源于酿脓链球菌（*Streptococcus pyogenes*），它的功能是作为免疫系统的一部分，提供了抵抗入侵病毒的获得性抗性（Van der Oost，Westra，Jackson，& Wiedenheft，2014）。CRISPR/Cas 介导基因组工程需要两个组件：DNA 切割需要常量 RNA 引导 DNA 内切核酸酶 Cas9 蛋白质和可变CRISPR RNA（crRNA），以及对DNA靶专一性识别的反式-激活 crRNA（tracrRNA）二倍体（Jinek et al.，2012）。现在大多数应用嵌合单链引导 RNA（sgRNA）代替 crRNA-tracrRNA 二倍体，它们比原来设计的二倍体工作效率高（Hsu et al.，2013；Jinek et al.，2012）。

sgRNA 通过识别 20 个核苷酸（nt）序列（前间区）随后通过 NGG 基序（前间区相关基序或 PAM，其中 N 可以是 A、T、G 或 C），将 Cas9 定向到靶基因组位点，并 DNA 切割出现在 PAM 序列上游的 3bp。在我们使用 hPSC 的经验中 CRISPR/Cas 系统往往胜过 TALEN，其他人也观察到这一结果（Ding et al.，2013）。与 TALEN 相比较，CRISPR/Cas 系统更容易设计和简化多重技术。然而，也有关于其脱靶效应问题的担忧（Cho et al.，2014；Fu et al.，2013；Hsu et al.，2013；Mali，Aach，et al.，2013；Pattanayak et al.，2013），这将在第 6 节进一步讨论。

现在使用 CRISPR/Cas 的许多研究已经建立了不同效率的人多能干细胞系。几项研究使用 HDR 介导编辑将可选择标记靶向目的位点，它允许选择后正确靶向细胞的富集（An et al.，2014；Hou et al.，2013；Ye et al.，2014）。虽然有效，但打靶结构的构建可能是耗时的，不过对于去除选择标记允许疾病条件更精确的建模来说是可取的。另外，CRISPR/Cas 系统还支持高效的 NHEJ 或同源定向修复（HDR）介导的基因组编辑而不需要药物选择（Ding et al.，2013；Gonzalez et al.，2014；Horii，Tamura，Morita，Kimura，& Hatada，2013；Wang et al.，2014）。

为了进一步提高效率，同时实现多功能和可诱导 hPSC 基因组编辑，我们已经开发了基因组工程平台，称为 iCRISPR（Gonzalez et al.，2014）。通过 TALEN 介导基因打靶、为强力霉素诱导 Cas9 表达设计 hPSC 细胞系（称为 iCas9 hPSC）。经过上述强力霉素处理，这些细胞系可以转染：①单个或多个 sgRNA 对单个或多个基因产生双等位基因敲除 hPSC 细胞系；②sgRNA 与 HDR 模板一起产生敲入等位基因；③在hPSC分化特定阶段，sgRNA可获得诱导基因敲除。

下面我们介绍通过TALEN介导的诱导Cas9表达盒靶向hPSC的腺病毒相关病毒AAVS1位点建立iCRISPR平台的一个优化方案（图11.1）。我们在4种不同

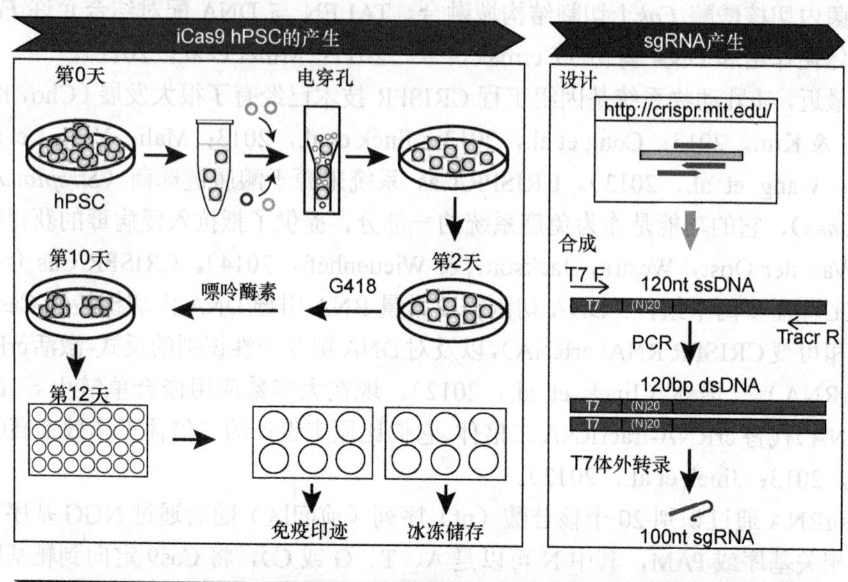

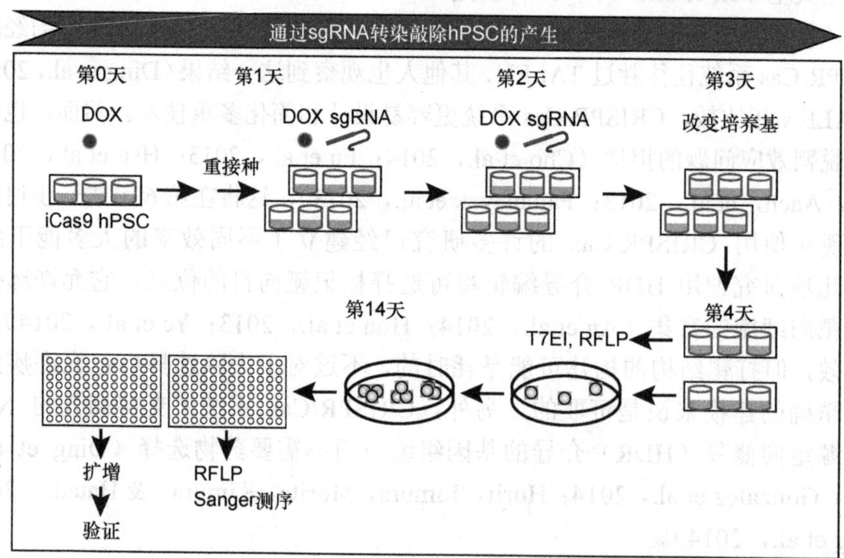

图 11.1 在hPSC中基因组快速编辑的iCRISPR平台。与hPSC电穿孔质粒瞬时表达Cas9和sgRNA不同，靶向整合和诱导Cas9进入AAVS1位点表达可提供精确和可靠的方法来表达CRISPR/Cas系统的恒定组件（11.2节）。然后，设计sgRNA打靶特异性位点和通过体外转录DNA模板的PCR扩增（11.3.1节和11.3.2节）。由于其分子小（100个核苷酸），采用sgRNA转染iCas9 hPSC是高效的，导致在hPSC中可再生和高效敲除基因（11.3.3节）。（彩图请扫封底二维码）

hPSC 系中已经成功地使用这个方案并获得相似的结果：50%的细胞系是正确靶向而没有额外的随机整合。接下来，我们提供使用 iCRISPR 实现一步敲除一个或多个基因的详细方案。"无疤"引入精确核苷酸的变更，以及在 hPSC 分化过程中诱导敲除。我们也为 CRISPR 靶向序列的选择、单链 DNA（ssDNA）HDR 模板设计、特定核苷酸修饰引入提供指导。根据我们使用 hESC（包括 HUES8、HUES9 和 MEL-1）和 hiPSC 的成功经验，我们相信这里介绍的方法不要做任何调整即适用于大多数 hPSC 细胞系。

iCRISPR 支持范围广泛的基因工程应用，建立后，我们优化的工作流程能在一个月内产生所需遗传修饰的克隆系。hPSC 基因组编辑最终可能成为常规实验室方法而不是困难和耗时的任务。

11.2　iCAS9 hPSC 的产生

与瞬时表达相比，质粒介导表达、靶向整合和来自"安全港"位点 Cas9 诱导表达 CRISPR/Cas 系统恒定组件的表达提供了精确和可靠的方法。在这些构件中，Cas9 表达 hPSC 很容易与 sgRNA 转染，因为它们分子很小（100 个核苷酸），导致可再生和靶位点中基因组高效编辑。

我们通过 TALEN 介导基因靶向 AAVS1（也称 PPP1R12C）位点生成 iCas9 hPSC（图 11.2）。该位点已经被证明可以支持强劲和持续转基因表达类似于小鼠 Rosa26 位点（Smith et al.，2008）。我们设计了一对 TALEN（AAVS1-TALEN-L 和 AAVS1-TALEN-R）在人 AAVS1 位点上 PPP1R12C 第一个内含子中产生 DSB（Hockemeyer et al.，2011）（图 11.2B）。然后将两个供体模板质粒与 AAVS1-TALEN 构件共电穿孔。可用嘌呤霉素选择含有强力霉素诱导 Cas9 表达基因盒的嘌呤-Cas9 供体质粒，用 G418（遗传霉素）选择携带逆向四环素反式激活因子（M2rtTA）表达盒的 Neo-M2rtTA 供体（DeKelver et al.，2010）（图 11.2C）。DSB 的 HDR 允许嘌呤-Cas9 和 Neo-M2rtTA 盒同时引入到两个反式 AAVS1 等位基因，然后建立的 iCas9 细胞系通过强力霉素处理诱导表达 Cas9（图 11.2A）。

11.2.1　载体设计

1. TALEN 载体

根据 Jaenisch 和他的同事对基因打靶的研究，设计了两个靶向 AAVS1 位点的 TALEN 载体（Hockemeyer et al.，2011）：设计 AAVS1-TALEN-L 载体靶向 CCCCTCCACCCCACAGT，设计 AAVS1-TALEN-R 载体靶向 TTTCTGTCACCAATCCT（载体 59025 和 59026）（图 11.2B）。按下列 PCR 方案产生这些 TALEN 载

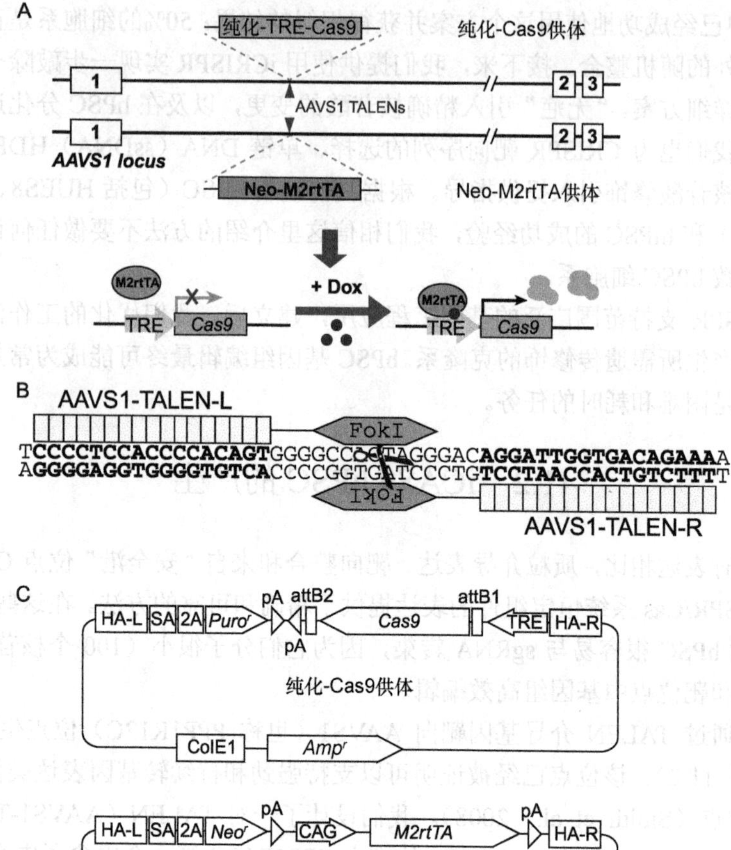

图 11.2 通过 TALEN 介导基因打靶到 AAVS1 位点产生 iCas9 hPSC。（A）嘌呤-Cas9 和 Neo-M2rtTA 的 TALEN 介导基因打靶进入 AAVS1 位点。由一对 TALEN 引入的 DSB 的同源定向修复（HDR）允许同时将嘌呤-Cas9 和 Neo-M2rtTA 盒引入到两个反式 AAVS1 等位基因。Cas9 表达，然后通过强力霉素处理诱导建立克隆 iCas9 细胞系。（B）按靶 CCCCTCCACCCCACAGT 设计 AAVS1，按靶 TTTCTGTCACCAATCCT 设计 AAVS-TALEN-R 载体。*Fok* I 结构域二聚体作用在 TALEN 结合位点之间的间隔中诱导 DSB。（C）Puro-Cas9 载体和 Neo-M2rtTA 载体的作图。HA-L、HA-R 为左右同源臂；SA 为拼接受体；2A 为自剪切 2A 肽；pA 为多腺苷酸化信号序列；attB1 和 attB2 为 GATEWAY attB 序列；TRE 为四环素响应元件；Ampr 为氨苄青霉素耐药基因；ColE1 为复制起点。（彩图请扫封底二维码）

体（Sanjana et al.，2012）。首先，使用来自载体（32180、32181、32182、32183）的载体模板进行 PCR，建立拥有互补接头的 TALEN 单体文库。接下来，将单体连接成与靶 DNA 序列相一致的六聚体。最后，六聚体连接在一起并克隆到全长 TALEN 表达主链（载体 32190）。在重组缺陷细菌菌株 Stbl3（Life Technologies，C7373-03）中扩增的两个 TALEN 载体，由于质粒中有高度重复序列，避免了潜在的重组问题。

2. 供体载体

图 11.2C 介绍了 Puro-Cas9（载体 58409）构建元件和 Neo-M2rtTA 供体载体。基因诱捕 SA-P2A-Puro 或 Neo 基因盒存在于 PPP1R12C 第一外显子阅读框内。在正确靶向细胞中，嘌呤霉素或新霉素抗性基因将从内生启动子表达，从而减少上述选择随机整合的背景。在 Stbl3 中扩增两个载体。特别是由于它容易重组，应在较低温度下（30℃）扩增 Neo-M2rtTA。

11.2.2　hPSC 电穿孔

饲养层培养 hPSC 优化电穿孔方案。我们常规在受照射的小鼠胚胎成纤维细胞（iMEF，在 6 孔板中约 0.3mol/L 细胞每孔）培养 HPSC，在 DMEM/F12 培养基补充 20%敲除血清替代物（Life Technologies，11320-082）、1×非必需氨基酸（Life Technologies，35050076）、1×GlutaMAX（Life Technologies，35050079）、100U/ml 青霉素/100μg/ml 链霉素（Life Technologies，15070063）、0.055mmol/L β-巯基乙醇（Life Technologies，21985023）和 10ng/ml 重组人基本 FGF（Life Technologies，PHG0263）。通常每 4~6 天使用 TrypLE 选择酶（Life Technologies，12563011）按 1∶6~1∶12 分装率传代培养。传代或解冻细胞时将 5μmol/L Rho-联合蛋白激酶（ROCK）抑制剂 Y27632（R&D，1254）加入到培养基。在不同条件下如无饲养层细胞 TeSR，可能需要调整 hPSC 培养方案和必要的 8 种培养条件（Chen，Gulbranson，et al.，2011；Ludwig et al.，2006）。

（1）–1 天：在电穿孔前当天用 5μmol/L ROCK 抑制剂改变 hPSC 培养基。当在 0 天汇合时，在一个 10cm 培养盘中通常有 $1×10^7$～$2×10^7$ hPSC，这对一个打靶实验（需要 $1×10^7$ hPSC）来说足够了。

在涂胶 10cm 培养盘上接种照射过的 DR4-MEF（ATCC，SCRC-1045）（DR4-iMEF）（$2×10^6$ 个细胞/10cm 盘）。需要盘的数量取决于电穿孔后的存活率，即划线依据。我们一般制备三个 10cm 盘。DR4-MEF 耐新霉素、潮霉素、嘌呤霉素和 6-硫鸟嘌呤，因此可以用饲养层支持具有多重药物选择 hPSC 的生长。

（2）0 天：电穿孔当天，用 TrypLE 选择酶分离 hPSC。添加两倍量的 hPSC 培养基停止反应。移液管轻轻打破细胞汇合成单细胞悬浮液，然后通过 40μm 细胞过滤器滤过细胞，滤掉细胞团。

（3）室温（RT）下 200g 离心 5min 沉淀细胞。

（4）轻轻地用冷（4℃）PBS 重悬浮细胞并调整细胞密度到 12.5×10^6 个细胞/ml。

（5）将以下质粒混合物加入到 800μl 细胞悬液中并轻轻混合好。

质粒	用量
AAVS1-TALEN-L	5μg
AAVS1-TALEN-R	5μg
Puro-Cas9	40μg
Neo-M2rtTA	40μg
hPSC（12.5×10^6 个细胞/ml）	800μl

当首次完成这个试验时，我们建议要包括阴性对照（没有嘌呤霉素-Cas9 和 Neo-M2rtTA 供体载体）。

（6）将 DNA/细胞混合物转移到 0.4cm 电穿孔比色皿中并在冰上保持 5min。

（7）使用基因脉冲 Xcell 电穿孔（Bio-Rad，165-2660）系统，250V 和 500μF 进行细胞电穿孔（Costa et al.，2007）。电穿孔后观察时间常数通常是 9～13。

（8）电穿孔后，将细胞转移到装有 5ml 预热的 hPSC 培养基的 15ml 圆锥管中。转移、重悬浮和接种时操作要轻拿轻放。

（9）室温下 200g 离心 5min 沉淀细胞，确保去除所有漂浮的死细胞和细胞碎片，这些细胞可能损害 hPSC 的生存能力。

（10）用含有 ROCK 抑制剂的 hPSC 培养基重新轻轻悬浮细胞并将 5×10^6、2.5×10^6 和 1×10^6 个细胞分别接种到三个预置有 DR4-iMEF 10cm 的培养皿上。这将确保至少有一个盘会有足够克隆密度的克隆子挑出。

（11）第 1 天：改变 hPSC 培养基。观察到明显的细胞死亡是正常的。

11.2.3 克隆细胞系的选择和扩张

（1）第 2～5 天：执行 G418（Life Technologies，10131-035）的选择。用新鲜制作的 G418（50μg/ml）选择培养基每天更换，培养 4 天。我们预期在接种 0 天有的 2.5×10^6hPSC 可观察到 200 个克隆子出现，而在阴性对照盘中不出现克隆。G418 的最佳浓度和持续处理时间可能需要根据 G418 批次及 hPSC 细胞系进行调整。

（2）第 6 天：G418 选择后 4 天，变更为没有 G418 的 hPSC 培养基。补充额外 DR4-iMEF（1×10^6 个细胞/10cm 盘），因为 iMEF 通常支持 hPSC 增长 7 天。轻

轻震动平板传播到饲养层细胞。

（3）第 7～9 天：完成嘌呤霉素（Sigama，P8833）的选择并每日更换新鲜嘌呤霉素（0.5μg/ml）选择培养基培养 3 天。嘌呤霉素浓度和持续处理时间要根据嘌呤霉素批次及 hPSC 细胞系进行调整。

（4）第 10 天：从第 10 天起，改变和调整没有嘌呤霉素的 hPSC 的培养基。在第 11～14 天，当克隆子直径达到 2mm 时，就可以挑出克隆子。用 2.5×10^6 hPSC 接种到 0 天的 10cm 盘中，我们通常观察 50 个克隆。

（5）使用这种方法，AAVS1 靶向是高效的，我们通常从每个打靶实验中只挑出 12～24 个克隆。使用立体显微镜和 23G 针（200μl 吸管针头也不错），机械地将 hPSC 菌落分解成小块（10 片/菌落）并将细胞直接转移到预置有 iMEF 的 24 孔板上。用移液管在 24 孔次板上轻轻吸打进一步打碎 hPSC 克隆。一般来说，24 个克隆需要花 30min 或更少时间。

（6）每天更换培养基直到细胞汇合为止，24 孔板中的每个孔的细胞传代到 6 孔板中的 2 个孔。

（7）当细胞在 6 孔板中形成汇合时，一个孔用于冰冻储备，其他孔用于基因组 DNA 提取。

冷冻介质：10% DMSO 溶液，40%的 FBS，50% hPSC 培养基。

11.2.4　Southern 印迹基因分型

从我们使用 4 个 hPSC 细胞系的经验来看，Puro-Cas9 双等位基因整合和 Neo-M2rtTA 转基因进入 AAVS1 位点的效率通常接近 100%，因此不必做 PCR 预筛试验。我们建议直接扩增克隆子以便获得足够进行 Southern 印迹的 DNA，这不仅能识别 AAVS1 位点上具有正确双等位基因转基因整合的克隆子，也能区分携带随机整合（代表大约 50%的克隆）的克隆子。

（1）地高辛（DIG）标记探针合成：我们通常使用非放射性探针完成 Southern 印迹。两个地高辛标记探针用于 AAVS1Southern 印迹基因分型：3′外探针和 5′内探针（图 11.3，外和内）。用 PCR 地高辛探针合成试剂盒合成它们（Roche，11636090910）。

3′外探针，使用 3′F 和 3′R 引物 PCR 扩增来自具有高保真 Herculase II 融合 DNA 聚合酶的人基因组 DNA 模板（Agilent，600679）。使用 Zero Blunt TOPO PCR 克隆试剂盒克隆 PCR 产物（Life Technologies，450245），以扩增的地高辛标记探针为模板用测序进行验证。

5′外探针，直接放大 DIG-标记探针使用 5′F 和 5′引物，以 Puro-Cas9 供体为模板直接扩增地高辛标记探针。

引物	序列
3′F	ACAGGTACCATGTGGGGTTC
3′R	CTTGCCTCACCTGGCGATAT
5′F	AGGTTCCGTCTTCCTCCACT
5′R	GTCCAGGCAAAGAAAGCAAG

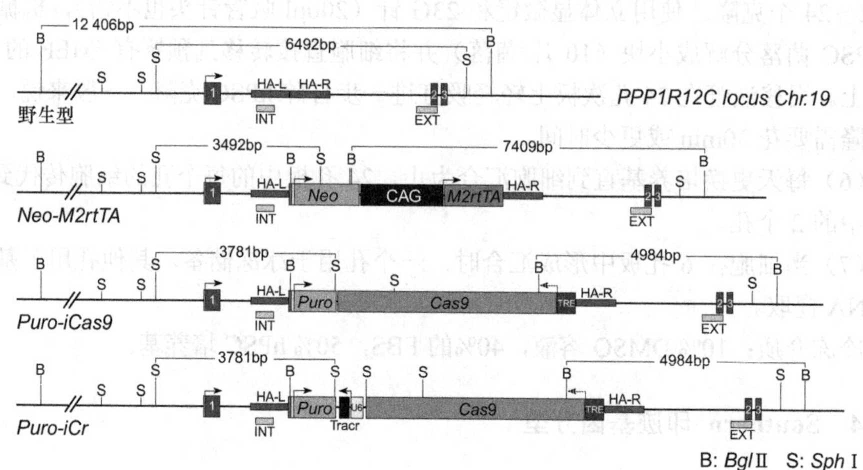

图 11.3 hPSC iCas9 细胞系的 Southern 印迹基因分型。用 *Bgl*Ⅱ（B）为 3′外探针杂交或用 *Sph* Ⅰ（S）为 5′内探针杂交设计 DNA。野生型、Neo-M2rtTA、Puro-iCas9（或 Pur-iCr）*Bgl*Ⅱ消化和 3′外探针杂交产生 12 406bp、7409bp 和 4984bp 带；而 *Sph*Ⅰ消化和 5′内探针杂交分别产生 6492bp、3492bp 和 3781bp 谱带。HA-L 为左同源臂；HA-R 为右同源臂；INT，5′内探针；EXT，3′外探针。（彩图请扫封底二维码）

在 2%的琼脂糖凝胶检查 PCR 产物。

注意：地高辛标记 DNA 探针比非标记 DNA 迁移更慢。

PCR 地高辛标记探针合成混合物：

组分	全标记/μl	半标记/μl	不标记/μl
ddH_2O	33.25	33.25	33.25
10×PCR 缓冲液	5	5	5
dNTP 储备液	5	2.5	0

续表

组分	全标记/μl	半标记/μl	不标记/μl
引物混合物（10μmol/L）	5	5	5
酶混合液	0.75	0.75	0.75
质粒 DNA（50pg/μl）	1	1	1
总量	50	50	50

PCR 地高辛标记探针循环条件：

循环数	变性	退火	延伸
1	95℃ 2min		
2～31	95℃ 30s	60℃ 30s	72℃ 1min
32			72℃ 7min

（2）采用 DNA 酶血液和组织试剂盒从扩增的 iCas9 细胞系及非靶向对照野生型 hPSC 提取基因组 DNA。通常，6 孔板上一个孔 hPSC 细胞汇合可产生 25～50μg 基因组 DNA。

（3）使用 20U *Bgl*II（3′外部探针杂交）或 20U *Sph*I（5′内探针杂交在 20μl 反应中消化 10μg 基因组 DNA，37℃消化过夜）（图 11.3）。

（4）消化液在 1%TAE 琼脂糖凝胶（包括 DNA 标准分子质量带）中电泳。在 80V 迁移 8h。凝胶图像与常规图像平行，确定带的大小。

（5）在变性缓冲液孵化凝胶（1.5mol/L NaCl 和 0.5mol/L NaOH）中以室温放置 30min 至 DNA 变性。如果上样缓冲液含有溴酚蓝，它应该在这一步变绿。

（6）除去变性缓冲液，孵化前用 ddH_2O 洗涤 1min，在中和缓冲液[1.5mol/L NaCl，0.5mol/L Tris，0.001mol/L EDTA（pH6.9）]中室温孵化 30min，并用新鲜中和缓冲液再孵化 15min。

（7）转移：

i. 硝酸纤维素薄膜在 10×SSC 缓冲液中预孵化 5min；

ii. 毛细管转移以之前添加凝胶（Maniatis，Fritsch，& Sambrook，1982），确保凝胶和膜之间没有泡沫；

iii. 用 10×SSC 缓冲液转移过夜。

（8）转移后，在 NaPi 缓冲液（1mol/L Na_2HPO_4，pH7.2）洗涤膜 5min。

（9）在80℃烘焙膜2h固定DNA。

（10）将膜放入杂交管中（Fisher，K736500-3515）。添加20ml NaPi缓冲液。在室温杂交炉孵化5min。

（11）膜在65℃杂交箱中用20ml杂交缓冲液预杂交1h。

杂交缓冲液（500ml）：

组分	用量/ml
1mol/L NaPi（pH7.2）	250
20% SDS	175
0.5mol/L EDTA（pH8）	1
ddH_2O	74

（12）探针制备：来自步骤（1）的探针5μl加入到100μl杂交缓冲液煮沸10min变性探针。然后在（预热65℃）20ml杂交缓冲中稀释100μl探针。

注意：使用后，探针可以收集并存储在–20℃可再使用至少5次。后续使用中，要解冻稀释探针，在沸水中变性10min。

（13）除去杂交缓冲液，将20ml稀释的探针加到杂交管。膜在65℃杂交炉杂交过夜。

（14）用65℃洗涤缓冲液洗涤膜5min两次。

洗涤缓冲液（2000ml）：

成分	用量/ml
1mol/L NaPi（pH7.2）	80
20% SDS	100
ddH_2O	1920

（15）用含3% Tween的地高辛缓冲液Ⅰ［0.1mol/L马来酸，0.15mol/L NaCl（pH7.5）］轻轻搅拌5min。

（16）在密封塑料袋内用含1%封闭剂的20ml地高辛缓冲液Ⅰ室温下封闭膜30min（Roche，11096176001）。

（17）使用前，将碱性磷酸酶标记的抗地高辛抗体（Roche，11093274910）4℃离心5min。用含1%封闭剂的20ml地高辛缓冲液Ⅰ稀释1μl抗体。

（18）在密封塑料袋中用20ml稀释的抗体，室温下孵化30min。

（19）用含有0.3% Tween的地高辛缓冲液Ⅰ在塑料容器内洗涤膜30min两次。

（20）用地高辛（DIG）缓冲液Ⅲ［0.1mol/L NaCl，0.1mol/L Tris（pH9.5）］洗涤膜 5min。

（21）化学发光测定：用 2ml DIG 缓冲液Ⅲ稀释 12μl CDP-star 孵化 5min（Roche，11759051001）。

（22）去除多余的、没有干燥的液体。将膜转移到干净的密封袋。在多功能恒温器中与 Amersham Hyperfilm（Fisher，45-001-507）接触。接触时间随探针浓度和质量而变化，但一般为 30min。

11.2.5　验证

通过 qRT-PCR 诱导 Cas9 表达进一步验证正确靶向 iCas9，免疫组织化学评价多能性标记（如 OCT4、SOX2 和 NANOG）的正确表达，畸胎瘤分析作为多能性的功能评估。我们还推荐验证新建立 iCas9 细胞的正常染色体组型。

1. RT-PCR 分析

（1）用或不用强力霉素（2μg/ml）（Fisher，BP26535）处理 iCas9 细胞 2 天。

（2）采用 RNeasy Plus Mini 试剂盒（Qiagen，74134）分离总 RN。

（3）使用高容量 cDNA 逆转录试剂盒（Life Technologies）合成 cDNA。

（4）使用 SYBR low ROX 混合液（Fisher，AB4322B）和 7500 实时 PCR 系统进行定量 PCR。使用以下引物。GAPDH 用作内部对照。强力霉素处理通常诱导增加 Cas9 mRNA 1000 倍。

引物	序列
Cas9-F	CCGAAGAGGTCGTGAAGAAG
Cas9-R	GCCTTATCCAGTTCGCTCAG
GAPDH-F	GGAGCCAAACGGGTCATCATCTC
GAPDH-R	GAGGGGCCATCCACAGTCTTCT

2. 多能性标记表达的免疫组织化学分析

（1）用 PBS 漂洗细胞 1 次，直接在培养板上用含有 4% PFA 的 PBS 固定细胞 10min。

（2）用 PBST（0.1% Triton X-100 PBS）渗透和洗涤细胞 3 次，每次 5min。

（3）用封闭缓冲液（5%血清 PBS）封闭细胞 5min。

注意：血清应来自不同种类的初级抗体。

（4）室温下用封闭液稀释的初级抗体室温下孵化 1h（或 4℃过夜）。

抗体	公司	稀释比例
羊抗 OTC4	Santa Crus，sc-8628	1∶100
兔抗 NANOG	Cosmobio Japan，REC-RCAB000$P-F	1∶100
羊抗-SOX2	Santa Cruz，sc-17320	1∶100

（5）除去一抗并用 PBST 洗涤 5min 3 次。

（6）在封闭液中与荧光素连接二抗，室温下孵化 1h［如果希望核着色，也可加入 DAPI（4′6-二脒基-2-苯基吲哚）］。

（7）除去二抗，用 PBST 洗涤细胞 5min 3 次。

3. 畸胎瘤分析

（1）在 10cm 培养盘内将 iCas9 细胞系扩增到 80%～100%汇聚。

（2）将 7ml Ⅳ型胶原酶（LifeTechnologies，17104-019）工作液（1mg/ml DMEM）加入到每个 10cm 培养盘中并于 37℃孵化 10min。

（3）吸入胶原酶。

（4）加 5ml 的 hPSC 培养基。

（5）用细胞刮刀刮细胞并将细胞上清液收集到 15ml 锥形管。

（6）200*g* 离心沉淀细胞 5min。

（7）用 400μl PBS 重现悬浮每个 10ml 培养盘的细胞沉淀。

（8）将 100μl 细胞悬液皮下注射到麻醉的、免疫功能不全的小鼠右后腿。我们经常使用严重免疫缺陷小鼠用于该实验。

11.3 用 iCRISPR 产生敲除 hPSC

11.3.1 sgRNA 设计

NHEJ 介导的 DNA DSB 修复导致随机插入/缺失（Indel）突变，这对生成功能缺失型突变或敲除是有用的。因此，基因打靶策略的设计，瞄准的是创建提前终止密码子，通过移码插入/缺失产生突变，靶序列的战略性选择是最大可能破坏相应蛋白质的功能。重要的是，应尽所有可能鉴定目的基因拼接变体，至少是同型相关研究靶功能区域设计 sgRNA。对良好的注释基因来说，我们建议打靶序列在相应的蛋白质必需功能结构域的上游。另外一个可能靶向邻近区域和主要亚型起始密码子下游。如果替代起始位点用来产生部分活性的蛋白质，那么第二种策略可能有时就产生亚效等位基因而不是空等位基因。

打靶策略确定后，继续设计靶向目的基因组区域的特异性 sgRNA。我们通常使用张峰在麻省理工学院开发的 CRISPR 设计工具（http://crispr.mit.edu/）。该软件不仅可以识别输入 DNA 序列所有可能的 CRISPR 靶，而且揭示潜在的脱靶位点，因此可预测 sgRNA 具有最高打靶特异性。对于每一个目的基因来说，我们通常设计三个 sgRNA，在大多数情况下都能有效地诱导靶位点插入/缺失突变 T7EI 试验（T7EI 分析>20%）。在花费时间检出克隆子之前至少验证有效诱变，这无疑是一个好的思路。

11.3.2　sgRNA 产生

1. 体外转录（IVT）DNA 模板的 PCR 扩增

使用不同寻常的方法，从构建 sgRNA 表达质粒开始，我们发现使用一种寡核苷酸模板是更快速和更划算的方法。这种方法还容易扩大成高通量敲除研究。设计 120 个核苷酸的寡核苷酸包括 T7 启动子序列（蓝色和下划线）和可变 20nt crRNA 识别序列$(N)_{20}$，接着恒定地嵌合 sgRNA 序列（图 11.4）。用 T7 F 和 Tracr R 通用引物 PCR 扩增寡核苷酸。

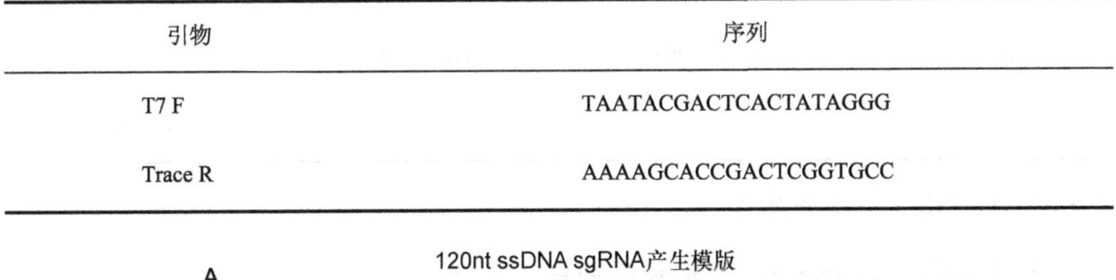

引物	序列
T7 F	TAATACGACTCACTATAGGG
Trace R	AAAAGCACCGACTCGGTGCC

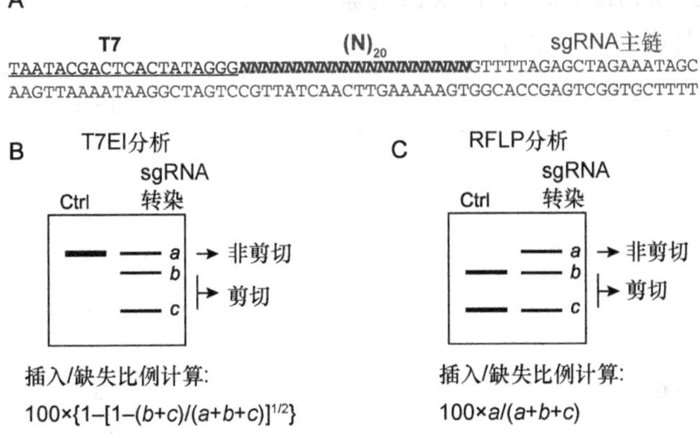

图 11.4　sgRNA 产物 T7EI 和 RFLP 分析。（A）sgRNA 产物 120 nt ssDNA 模板。T7 表示 T7 启动子序列；$(N)_{20}$表示 20 个核苷酸 sgRNA 靶序列。（B）T7EI 分析。Ctrl 表示非转染对照；（C）RFLP 分析。（彩图请扫封底二维码）

PCR 反应混合物（50μl）

组分	用量/μl
ddH$_2$O	35.5
5×Hercules Ⅱ反应缓冲液	10
dNTP 混合液（25mmol/L）	0.25
T7 F（10μmol/L）	1.25
Trace R（10μmol/L）	1.25
T7-sgRNA IVT 模板（25μmol/L）	1
Hercules Ⅱ Fusion 高保真 DNA 聚合酶	0.5

PCR 循环条件

循环数	变性	退火	延伸
1	94℃，2min		
2～31	94℃，20s	60℃，20s	72℃，1min
32			72℃，2min

2. sgRNA 的体外转录和纯化

采用 MEGAshortscript T7 转录试剂盒产生 sgRNA。

体外转录混合物（20μl）：

成分	用量/μl
T7 ATP	2
T7 CTP	2
T7 GTP	2
T7 UTP	2
T7 10×缓冲液	2
T7 酶混合液	2
PCR 扩增 T7-sgRNA IVT 模板	8

37℃孵化 4h 到过夜。

加入 1μl TURBO DNase 并在 37℃孵化 15min。

使用MEGAclear转录净化试剂盒，按说明书继续纯化RNA（Life Technologies，AM1908），用 100μl 无 RNA 酶水洗脱 sgRNA（通常为 50～100μg）。在可能的情况下调整浓度到 320ng/μl（10μm），在–80℃储存备用。

11.3.3　hPSC 中单个或多重 sgRNA 转染

我们通常在 24 孔培养盘中以重复孔培养转染 hPSC：一个孔用于 T7EI 和（或）限制性片段长度多态性（RFLP）分析，从而验证有效突变；另一孔用于重新接种和挑出克隆建立敲除克隆细胞系。我们还建议使用三种不同的细胞密度转染，以便在插入/缺失效率和细胞存活之间达到一个最佳的平衡。

第 0 天：在明胶涂层 24 孔板上覆盖 iMEF，用含有 2μg/ml 强力霉素的 hPSC 培养基处理 60%汇合 iCas9 hPSC。

第 1 天：使用 TrypLE 分离 hPSC，用 5μmol/L ROCK 抑制剂和 2μg/ml 强力霉素在 hPSC 培养基中重新悬浮 0.2×10^6 个细胞/ml、0.4×10^6 个细胞/ml 和 1×10^6 个细胞/ml。在 24 孔板上接种 0.5ml 细胞/孔。对于每个稀释而言，接种另外几个孔作为 T7EI 和 RFLP 分析的非转染对照。

第一次转染：每 0.5 ml 细胞悬液分别制备：

混合液 1：25μl Opti-MEM+0.5μl sgRNA（160ng）。

混合液 2：25μl Opti-MEM+1.5μl 脂质体 RNAi MAX。

混合液 1+2，室温下孵化 5min，一滴一滴地添加到分离的 hPSC 中使 sgRNA 最终浓度为 10nmol/L。

第 2 天：变更有 2μg/ml 强力霉素的 hPSC 培养基。

第二次转染（可选）：与第一次转染条件相同。

第 3～4 天：改变培养基为 0.5ml/孔 hPSC 培养基。

对多重 sgRNA 转染来说，使用相同的策略但每个 sgRNA 混合和转染等量，保持总量等于 160ng/孔。

11.3.4　插入/缺失频率的评估

sgRNA 最终转染后 2～3 天，使用 DNeasy 血液和组织试剂盒从转染细胞和非转染对照细胞中提取基因组 DNA。调整最终浓度为 50ng/μl。

1. CRISPR 靶区域的 PCR 扩增

使用高保真 Herculase II 融合 DNA 聚合酶减少潜在 PCR 诱导突变，PCR 扩增延伸的基因组区域（400～600bp）侧翼连接到 CRISPR 靶位点上。

PCR 反应混合物（20μl）：

成分	用量/μl
ddH_2O	13.6
5×Hercules Ⅱ反应缓冲液	4
dNTP 混合液（25mmol/L）	0.2
引物 F（10μmol/L）	0.5
引物 R（10μmol/L）	0.5
基因组 DNA（50ng/μl）	1
Herculase Ⅱ Fusion DNA 聚合酶	0.2

表 PCR 循环条件：

循环数	变性	退火	延伸
1	94℃，2min		
2～36	94℃，20s	N^*℃，20s	72℃，30s
37			72℃，2min

*T7EI 引物对退火温度，理想为 55～65℃

2. T7EI 分析插入／缺失的定量

在这一步，我们采用 T7 内切核酸酶 I（New Eangland Biolabs，M0302S）。

1）杂交

混合物（16μl）：

成分	用量/μl
PCR 产物（没有纯化）	8
NEB 缓冲液 2（10×）	1.6
ddH_2O	6.4

注：条件（热循环仪）。

95℃ 5min，以 2℃/s 的速度从 95℃降至 85℃，以 0.1℃/s 的速度从 85℃降至 25℃。

4℃终止。

2）消化

混合液（20μl）：

成分	用量/μl
杂交 PCR 产物	16
NEB 缓冲液 2（10×）	0.4
T7EI（10U/μl）	0.2
ddH_2O	6.4

37℃孵化 30min，立刻继续步骤 3）定量，或储备于–20℃抑制反应。

3）定量

溶解 2.5%的溴化乙锭染色琼脂糖凝胶电泳的样品。使用二甲苯橙色上样染料以避免与预期带重叠。凝胶在 5V/cm 运行足够时间分离消化带。用迁移时间和溶解好的带减少背景。

紫外照射凝胶，Gel Doc 凝胶成像系统（Bio-Rad）作图（避免饱和）。用 ImageJ 软件依据谱带的相对强度定量计算插入/缺失频率（National Institutes of Health，Bethesda，MD）（图 11.3B）。

由公式确定插入/缺失百分数：$100\times\{1-[1-(b+c)/(a+b+c)]^{1/2}\}$，其中，$a$ 是未消化 PCR 产物的整体强度，b 和 c 是每个切割产物综合强度（Hsu et al.，2013）（图 11.3B）。

3. RFLP 实验插入/缺失的量化

也可能要设计 CRISPR 以便 Cas9 切割位点（PAM 的上游序列 3bp）更靠近（5bp）限制酶酶切位点，因此 RFLP 分析可以量化插入/缺失（Indel）频率。该试验需要同样的 PCR 扩增 CRISPR 切割区域（见 11.3.4 节 1.）。因为这个方法直接测定限制酶酶切位点的缺失，与 T7EI 分析相比较，只要限制酶酶切位点定位在 Cas9 切割位点 5bp 内，检测插入/缺失就比 T7EI 分析更敏感。

1）消化

混合物（20μl）：

成分	用量/μl
PCR 产物	8
缓冲液（10×）	2
合适的限制性内切核酸酶（10U/μl）	0.5
ddH_2O	9.5

孵化至少 1h，继续步骤 2）定量，或储存于–20℃。

2）定量

遵循 11.3.4 节 2.中的步骤 3）定量介绍的相同方法。

插入/缺失比例由公式计算：$100×a/(a+b+c)$（图 11.3C）。

11.3.5 敲除细胞系的克隆扩增

使用重复孔之一的细胞进行 T7EI 和（或）RFLP 分析后，确定最佳转染条件（有插入/缺失高效率和良好生存的细胞），并使用相应的突变系扩增克隆。一般当观察到插入/缺失频率>20%时（通常至少 1/3 sgRNA 的测定就可获得>20%），我们才进行克隆扩增。

1. 再接种和克隆挑选

sgRNA 转染 2～3 天后，hPSC 分离成单个细胞，在预接种 iMEF 的 10cm 盘中接种 2000 个细胞。细胞可以生长到 2mm 直径的克隆（约 10 天）。

挑出单个克隆，在含有 ROCK 抑制剂 100μl hPSC 培养基的未涂层 96 孔板上接种。每个克隆用吸管上下轻轻吸打 5 次机械分离细胞，在预接种 iMEF 的含有 ROCK 抑制剂的 100μl hPSC 培养基复制 96 孔板（50μl）上再接种。或者，克隆子首先在 96 孔板上培养，当细胞汇合时（5 天）再分成两个 96 孔板。

根据 T7EI 和 RFLP 分析观察到的插入/缺失频率，挑出 48 个（大多数基因>20%打靶效率，适合于单基因敲除）和 288 个克隆子（1%～10%打靶效率，适用于制作 2 个或 3 个基因敲除）。使用多通道移液器和分配吸量管换培养基，传代可促进这一步的完成。

2. 克隆子的筛选

重复生长的 96 孔板每天更换新鲜 hPSC 培养基培养细胞。3 天内使用一块板分析，其他板继续培养。使用 RFLP 识别克隆的突变系。我们经常使用简化步骤对 PCR 产物直接测序筛选突变克隆子。这个过程包括：首先使用简单方案（没有酚/氯仿抽提）提取基因组 DNA，然后 PCR 扩增目的区域，最后对未纯化的 PCR

产物测序。因为整个过程可以使用多通道吸量管来完成，这样可以迅速筛选大量的克隆子。根据我们的经验，这个方法很有效，只要在打靶试验之前对引物进行预测，一个人同时处理 288 个样品（三个 96 孔板）是可行的。

1）裂解

去除孔中的培养基，用 PBS 洗涤，并加入 50μl 裂解缓冲液。

裂解缓冲液（50μl/孔）：

组分	用量/μl
蛋白酶 K（10mg/ml）	1.5
JumpStart PCR 缓冲液（10×）	5
ddH_2O	43.5

为了避免过量蒸发，用 qPCR 膜密封并在 55℃孵化过夜。

次日，混合并将裂解细胞转移到 96 孔 PCR 板，在热循环仪上 96℃孵化 10min 以灭活蛋白酶 K。

2）PCR 和测序

以相同引物用 1μl 细胞溶解产物为模板进行 PCR 扩增，用于 T7EI 或 RFLP 分析。用 1μl PCR 产物和内引物进行 Sanger 测序，使非特异性 PCR 产物引起的问题最小化。为了产生敲除细胞系，采用冰冻储存的移码插入/缺失突变扩增克隆子。我们还建议扩增和冰冻一对来自相同打靶试验的野生型和杂合的克隆子作为对照系。

在杂合和混合杂合突变的情况下，由于重叠峰而使曲线的解释非常复杂。为了进一步描述每个等位基因突变的存在，我们使用 T7EI PCR 引物扩增这些具有高保真 Herculase II 融合 DNA 聚合酶克隆子 sgRNA 靶区域，使用 Zero Blunt TOPO PCR 克隆试剂盒克隆 PCR 产物。10 个细菌菌落的 Sanger 测序允许有单等位基因突变的特征。

如果测序周转时间相对较短（如在一天之内），在它们变成汇合之前，从保养板上直接扩增目的突变克隆子是可能的。另外，如果测序时间较长，我们建议将整块保养板冷冻。采用 25μl TrypLE 选择酶对 96 孔板的每个孔分散细胞，每个孔添加 50μl hPSC 培养基终止反应。然后将 75μl 2×冷冻培养基直接加到孔中并轻轻混合。

用塑料薄膜包裹板，装入泡沫聚乙烯盒，转移到–80℃。冷冻板可以在–80℃至少存储 3 个月。

3. 验证

1）突变等位基因的验证

重要的是要意识到 CRISPR 介导的 Indel 突变可以创建完全功能缺失型、部分功能缺失型或偶尔功能获得型（如负显性或新变体）等位基因。因此，重要的是，要进行额外的分析来确定个别突变等位基因的确切性质。例如，只要有良好的抗体可用于目的蛋白，免疫印迹（Western blot）可以验证在突变克隆子中野生型蛋白的缺失。基于其已知的生物功能也可以验证功能蛋白质的缺失。例如，基于 TET 蛋白质催化 5-甲基胞嘧啶转化 5-羟甲基胞嘧啶（5hmC）的需要（Ito et al.，2010；Tahiliani et al.，2009），量化 5hmC 水平可以用来验证 TET1/2/3 三基因敲除的 hESC 细胞系（Gonzalez et al.，2014）。

2）脱靶分析

由于 CRISPR sgRNA 剪切耐受错配（Hsu et al.，2013），人们担心 CRISPR/Cas9 系统脱靶诱变效应。最近，CRISPR hPSC 靶向 hPSC 克隆系的全基因组测序，检测出非常少脱靶突变是由 CRISPR 造成的（Veres et al.，2014）。因此使用 hPSC 进行疾病建模和生物学研究，脱靶突变可能不是一个重要问题。

使用 CRISPR 设计工具，人们可以识别潜在的异位 sgRNA 靶（http://crispr.mit. edu/）。最可能落在基因编码序列中的脱靶（每个 sgRNA 介导靶点实验为 4~5 个位点），可以通过使用相同的方法进行测序来分析 sgRNA 靶位点突变。采用 HereculaseⅡ融合 DNA 聚合酶进行 PCR 扩增基因组区域（500bp），侧翼是假定 CRISPR 脱靶位点，并用与 PCR 产物内结合的引物通过 Sanger 测序进行分析。

11.4 用 iCRISPR 精确改变核苷酸的传代

在没有 DNA 修复模板的情况下，双链断裂的同源末端连接修复引入随机插入/缺失。然而；在存在 DNA 修复模板的情况下，DSB 的 HDR 可能导致 hPSC 基因组的核苷酸精确改变，其中重要的是要么创建野生型细胞疾病特异性变体，要么纠正患者细胞中与疾病相关的突变。与双链 DNA 相比，合成的 ssDNA（80～200nt）很容易产生并用作 DNA 修复模板（Chen，Pruett-Miller，et al.，2011）。

11.4.1 ssDNA 作为 HDR 模板的设计

为了引入特定核苷酸的改变，我们转染 sgRNA 与 ssDNA 作为同源定向修复模板。

（1）在紧密临近遗传改变座位中设计 2～3 个 sgRNA。

（2）在遗传间隔位点和 CRISPR 切割位点之间间隔的每一边，设计含有遗传间隔侧面相接 40～80nt 同源的 ssDNA 模板（图 11.5A）。由于设计的 sgRNA 紧密接近，在大多数情况下只需要一个 ssDNA 模板。

（3）我们强烈建议引入沉默突变以消除 ssDNA 模板中的 PAM 序列。这将进一步防止正确修饰等位基因的编辑（图 11.5B，PAM 序列中 G>A）。

（4）如果遗传交替引入或干扰限制酶酶切位点，需要通过 RFLP 分析评估同源定向修复（HDR）效率（图 11.5C，C>A 引入 *Bgl* Ⅱ位点）。

（5）如果不引入遗传交替或不干扰限制酶酶切位点（图 11.5C，A>G），我们建议引入沉默突变，创建新的限制酶酶切位点（图 11.5C，T>C 产生 *Sac* Ⅱ位点），通过 RFLP 能够评价 HR 的效率。

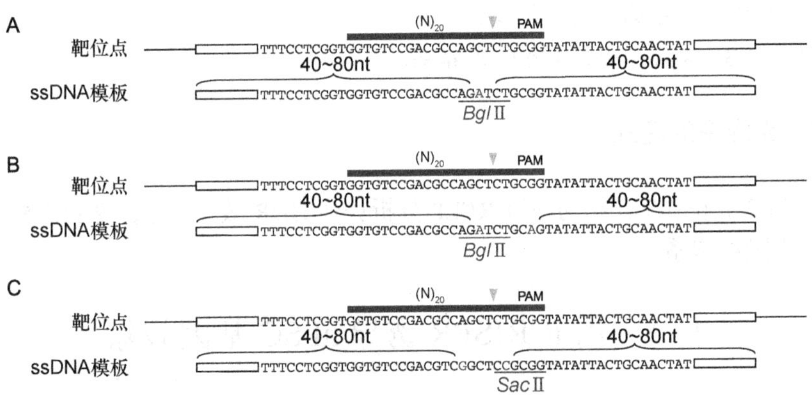

图 11.5　同源定向修复（HDR）ssDNA 模板设计的例子图示。（A）设计 sgRNA 接近遗传改变位点。箭头指向 Cas9 切割位点 PAM 序列上游 3nt。ssDNA HDR 模板含有需要的遗传交替（C>A，红色标记）位于遗传交替位点和 CRISPR 切割位点之间间隔的每一边上同源 40～80nt。通过遗传改变引入新的限制酶酶切位点（*Bgl* Ⅱ），通过 RFLP 分析评价 HR 效率。（B）在 PAM 序列中引入沉默突变（G>A，绿色标记）将进一步防止正确修饰等位基因的编辑。（C）当需要的遗传交替不产生限制酶酶切位点时，附近引入沉默突变（T>C，绿色标记），创建一个新的限制酶酶切位点（*Sac* Ⅱ），通过 RFLP 能够评价 HR 效率。（彩图请扫封底二维码）

11.4.2　hPSC 中 ssDNA/sgRNA 转染

（1）第 0 天：用强力霉素预处理。转染前当 hPSC 汇合到 60%时，用强力霉素对 iCas9 细胞处理 24h，以便转染当天 Cas9 将达到高水平表达。在涂层明胶的 24 孔板上接种永生化小鼠胚胎成纤维细胞（iMEF）。

（2）第 1 天：第一次转染。在转染当天，按 11.3.3 节所述分离和重现接种细胞。

按如下步骤在 24 孔板每个孔完成 sgRNA 和 ssDNA 转染：

组分	用量/μl
Opti-MEM	50
RNAi MAX 试剂	1.5
320 ng/μl sgRNA	0.5
300 ng/μl ssDNA	2.5

（3）第 2 天：第二次转染（可选）。第一次转染后 24h，换上含有强力霉素的 hPSC 培养基并重复第 1 天的转染。

（4）第 3～4 天：更换 hPSC 培养基。

11.4.3 克隆系的建立

按 11.3.4 节中 3.介绍的通过 RFLP 分析评估 HDR 效率，随后按 11.3.5 节的方法建立克隆细胞系。

11.5 用 iCRISPR 诱导 hPSC 基因敲除

在 hPSC 分化成特定类型细胞的过程中诱导基因敲除，对于研究多效性影响是非常重要的。因为脂质介导 sgRNA 转染的低毒性，用 iCRISPR 平台，通过诱导 Cas9 表达和暂时调节 sgRNA 的递送，可以获得诱导基因敲除（图 11.6A）。或者，通过产生 iCr 细胞系包括构成的 sgRNA 表达模型加上强力霉素诱导 Cas9 表达盒（Puro-iCr）靶向 AAVS1 座位也可以获得诱导基因敲除（图 11.6B）。与暂时调节 sgRNA 递送相比，iCr 小鼠细胞系的传代允许基因靶向所有强力霉素处理细胞。

11.5.1 通过 sgRNA 转染诱导基因敲除

（1）根据已建立的方案将 iCas9 区分靶细胞类型。

（2）转染前 24h 用强力霉素处理细胞。

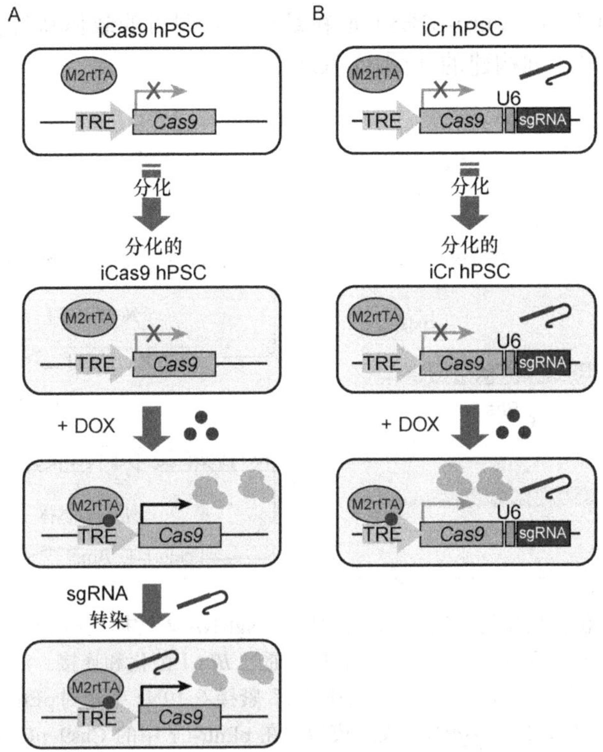

图 11.6 使用 iCRISPR 在 hPSC 诱导基因敲除。(A)iCas9 hPSC 首先被分化成所需的细胞类型。用强力霉素处理和 sgRNA 转染分化细胞诱导 Cas9 表达导致诱导基因敲除。(B)在 iCr hPSC 中，构成 sgRNA 表达模型插入 Cas9 表达盒 3′端。用强力霉素处理分化的 iCr hPSC 诱导 Cas9 表达，从而诱导基因敲除。(彩图请扫封底二维码)

（3）当细胞表面标记可用和重新接种细胞时，用流式细胞仪分选靶细胞。

（4）按 11.3.3 节所述完成 sgRNA 转染。

11.5.2 用 iCr hPSC 系诱导基因敲除

为了产生诱导基因敲除的 iCr hPSC 系，我们使用 Cong 等（2013）开发的相同克隆方法将 CRISPR 靶序列（(N) 19）插入到存在于 piCRg Entry 质粒中的 *Bbs* I 单酶切位点（图 11.7A 和 B）。

然后用 piCRg Entry 和 Puro-iDEST 质粒通过 LR 反应，sgRNA 表达模型和 Cas9 表达盒从 piCRg Entry 转移到 Puro-iDEST，产生 Puro-iCr 供体（图 11.7C）。

（1）piCRg Entry：piCRg Entry 质粒是通过引入嵌合 sgRNA 表达模型和 Cas9 编码序列构建的，从 pX330（Cong et al.，2013）PCR 扩增到 pEntr 质粒（图 11.7A）。

（2）Puro-iDEST：Puro-iDEST 质粒是采用入门目的载体盒替代 Puro-Cas9 供体中的 Cas9 编码序列构建的（图 11.7C）。

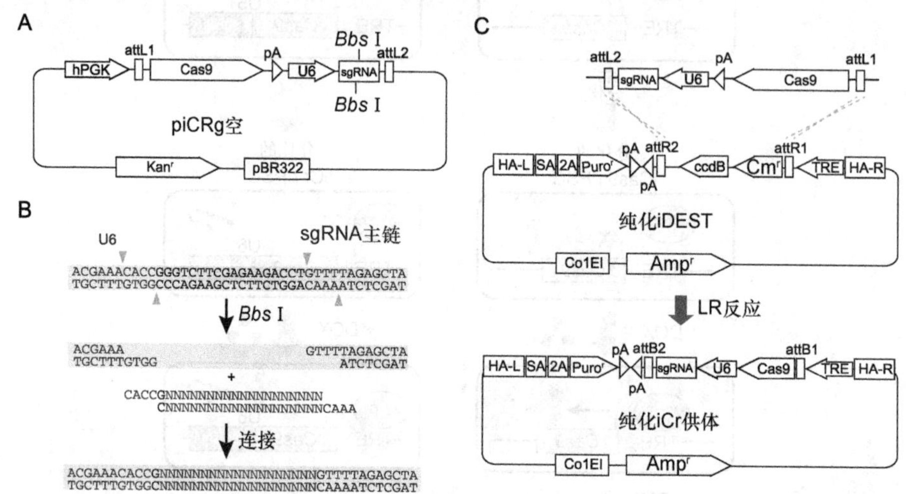

图 11.7 Puro-iCr 供体质粒的产生。（A）含有嵌合 sgRNA 表达模型和 Cas9 表达盒的 pEntr-Cr 载体。（B）靶 DNA 序列克隆到 pEntr-Cr 载体，通过 *Bbs* I 消化和连接。注意：由于在转录起始位点有“G”碱基的 U6 启动子，一个碱基“G”紧接着 19Ns 克隆到 pEntr-Cr 主链。（C）通过 GATWAY LR 反应，嵌合 sgRNA 表达模型和在 pEntr-Cr 中的 Cas9 pEntr-cr 表达盒转移到 Puro-iDEST 生成 Puro-iCr 供体质粒。（彩图请扫封底二维码）

（3）Puro-iCr：通过 pEntr-Cr 和 Puro-iDEST 之间的 LR 反应产生打靶特异性基因组位点的供体 CRISPR/Cas9 表达载体（图 11.7C）。

（4）按第 11.2 节介绍的方法产生 iCr hPSC。免疫印迹后预筛选确保目的基因中没有插入/缺失。

11.6 结论和前景

下面我们讨论预期结果、常见问题、注意事项、潜在的额外应用和 iCRISPR 平台的延伸。

1. 预期结果

到目前为止，利用 iCRISPR 我们已经成功突变了 20 个基因。虽然效率随基因位点而变化，但在多数单基因打靶实验中，我们发现 20%～60%的克隆子有两个等位基因突变（包括框架内和移码突变）。在这种情况下，我们进行了多重基因打靶，获得了 5%～10%效率的三倍双等位基因突变克隆子。我们还用敲入克隆子范围为 1%～10%的细胞系检查获得纯合子效率，完成了几个基因 ssDNA 介导的

HDR。为了暂时灭活基因或组织特异性方法，在强力霉素诱导 iCr 细胞中我们发现达到了 75%的突变率。

T7EI/RFLP 分析和在克隆子扩增中恢复突变系数量之间通常有很好的相关性。这强调在平行克隆扩增中完成这些分析的重要性。也可以通过事先完成 T7EI/RFLP 分析测试几个 sgRNA，并选择最有效的一个建立突变细胞系。

2. 整码突变

偶尔，我们遇到多数突变等位基因携带相同整码突变的情形。这似乎是由于利用短的重复序列侧翼连接 DBS 位点微同源介导修复所致。这个问题可以通过设计靶向不同序列的 sgRNA 而简单克服。也可以尝试预测在 CRISPR 靶位点上微同源辅助插入/缺失能力及微同源介导 DNA 修复使移码突变频率最大化（Bae，Kweon，Kim，& Kim，2014）。

值得注意的是，未能恢复的移码突变克隆子也可能反映了生存或 hPSC 自我更新基因的需求。当仅仅以整码双等位基因突变产生具有高效插入/缺失的多重 sgRNA 并且与微同源介导的 DNA 修复没有明显相关性时，应该考虑这种可能性。在这种情形下可能完成诱导敲除（knockout）（见 11.5 节）或通过 RNA 干扰敲减（knockdown）。

3. 交叉污染

当我们能够常规产生具有彼此突变等位基因同类的突变细胞系时，偶尔会出现来自多个细胞的突变体细胞系。因此，为细胞系的建立应该小心检出只有适合间隔的克隆子，在处理多个克隆系时避免交叉污染。克隆细胞系建立后，我们建议通过 TA 克隆确定突变等位基因的存在。可以通过亚克隆进一步保证克隆细胞系的建立。虽然单细胞沉积流式细胞仪在我们实验室不是经常使用，但有助于这个方法（Davis et al.，2008）。

4. 时间和通量方面的考虑

iCRISPR 通常是获得高效率的基础，24～48 个克隆子分析应该足以建立每个基因多个单和双等位基因突变系，同时整个过程需要 1～2 个月。我们发现训练有素的个人同时挑出大约 288 个菌落是可行的，这大约需要 3h。根据这个工作量，一位经验丰富的个人也可以平行突变几个单基因。

5. 脱靶的考虑

iCRISPR 为产生同基因的野生型提供了一个有效平台，并提供了突变 hPSC 克隆子单个和多个基因功能的快速研究。然而，永生细胞系池研究提示，TALEN 和 CRISPR/Cas 系统都能在与目标位点具有高序列相似性的位点诱导不需要的突变（Cho et al.，2014；Fu et al.，2013；Hsu et al.，2013；Mali，Aach，et al.，2013；Pattanayak et al.，2013）。这些研究引起了人们的担忧，即脱靶效应可以使它难以解释用 CRISPR/Cas 系统研究取得的发现。最近的研究已经确定，用 TALEN 或 CRISPR/Cas9 操控基因组获得的个体 hPSC 克隆子中，从全基因组测序分析，脱靶突变只有很低的发生率（Smith et al.，2014；Suzuki et al.，2014；Veres et al.，2014）。因此，尽管脱靶突变仍然是治疗学应用的风险，但对于生物学研究和疾病建模并无大碍。

然而，意想不到的是，脱靶突变仍可能是 hPS 功能研究模糊不清。为了减少靶效应引入的混杂表型，我们建议使用至少两种不同的 sgRNA 靶向相同基因的不同序列产生独立的突变细胞系。野生型克隆子与相同试验的识别可以作为对照系。还应该考虑通过营救实验来补充功能丧失的方法。为了进一步证明任何实验发现的普遍性，可使用多个 hPSC iCas9 系产生突变系。

6. iCRISPR 平台的额外使用和扩展

iCRISPR 平台可能会促进其他类型的 hPSC 基因组编辑。同时，通过用 Cas9 突变体如 dCas9-KRAB 或 Cas9-VP16 替代 Cas9（Gilbert et al.，2013；Qi et al.，2013），可以重新调整 iCRISPR 基因调控。CRISPR/Cas 在许多可能的应用中，我们想强调尚未广泛讨论的两个区域。首先，使用 CRISPR/Cas 可在非编码 RNA 或基因调控区域（如启动子和增强子）中产生缺失。为了用 iCRISPR 有效地产生调控突变体，可以设计扰乱 DNA 结合蛋白包括但不限于基础转录机制或组织特异性转录因子的结合位点的 sgRNA（通常为短序列）。另外，特异性蛋白质结合位点可能通过 ssDNA 介导的 HDR 突变。

iCRISPR 也可以方便更复杂的基因组修饰的产生，例如，采用编码蛋白质标签或荧光蛋白的 DNA 模板长供体，通过 HDR 介导的基因打靶产生报道等位基因。产生敲入报道基因的传统方法由于低效率需要耐药基因盒，因此常常需要一个额外步骤删除耐药基因盒，这可能影响报道基因表达。虽然已经用 CRISPR/Cas 受精卵注射到小鼠和大鼠进行了类似的打靶实验（Ma et al.，2014；Yang et al.，2013），但尚未在鼠或人多能干细胞中实现。由于该技术有足够高的打靶效率，完全有可能在没有药物选择的 hPSC 中完成这种类型的打靶，在我们看来这将是一个重大的技术进步。

致　谢

我们感谢张峰和 Rudolf Jaenisch 通过 Addgene 提供的载体，感谢 Dirk Hockemeyer 提供的 Neo-M2rtTA 供体。本研究得到美国国家卫生研究院

（R01DK096239）、NYSTEM（C029156）项目及美国出生缺陷基金会（罗勒奥康纳启动学者研究奖学金 5-FY12-82）的部分资助。F.G.和 Z.Z.获得斯隆凯特林干细胞生物学研究所纽约州干细胞科学中心奖学金的资助。

参 考 文 献

An, M. C., O'Brien, R. N., Zhang, N., Patra, B. N., De La Cruz, M., Ray, A., et al. (2014). Polyglutamine disease modeling: Epitope based screen for homologous recombination using CRISPR/Cas9 system. PLoS Currents, 6, In Press.

Bae, S., Kweon, J., Kim, H. S., & Kim, J. S. (2014). Microhomology-based choice of Cas9 nuclease target sites. Nature Methods, 11, 705-706.

Boch, J., Scholze, H., Schornack, S., Landgraf, A., Hahn, S., Kay, S., et al. (2009). Breaking the code of DNA binding specificity of TAL-type III effectors. Science, 326, 1509-1512.

Cermak, T., Doyle, E. L., Christian, M., Wang, L., Zhang, Y., Schmidt, C., et al. (2011). Efficient design and assembly of custom TALEN and other TAL effector-based constructs for DNA targeting. Nucleic Acids Research, 39, e82.

Chen, G., Gulbranson, D. R., Hou, Z., Bolin, J. M., Ruotti, V., Probasco, M. D., et al. (2011). Chemically defined conditions for human iPSC derivation and culture. NatureMethods, 8, 424-429.

Chen, F., Pruett-Miller, S. M., Huang, Y., Gjoka, M., Duda, K., Taunton, J., et al. (2011). High-frequency genome editing using ssDNA oligonucleotides with zinc-finger nucle-ases. Nature Methods, 8, 753-755.

Cho, S. W., Kim, S., Kim, J. M., & Kim, J. S. (2013). Targeted genome engineering inhuman cells with the Cas9 RNA-guided endonuclease. Nature Biotechnology, 31, 230-232.

Cho, S. W., Kim, S., Kim, Y., Kweon, J., Kim, H. S., Bae, S., et al. (2014). Analysis of off-target effects of CRISPR/Cas-derived RNA-guided endonucleases and nickases. Genome Research, 24, 132-141.

Cong, L., Ran, F. A., Cox, D., Lin, S., Barretto, R., Habib, N., et al. (2013). Multiplex genome engineering using CRISPR/Cas systems. Science, 339, 819-823.

Costa, M., Dottori, M., Sourris, K., Jamshidi, P., Hatzistavrou, T., Davis, R., et al. (2007). A method for genetic modification of human embryonic stem cells using electropora-tion. Nature Protocols, 2, 792-796.

Davis, R. P., Costa, M., Grandela, C., Holland, A. M., Hatzistavrou, T., Micallef, S. J., et al. (2008). A protocol for removal of antibiotic resistance cassettes from human embryonic stem cells genetically modified by homologous recombination or transgenesis. Nature Protocols, 3, 1550-1558.

DeKelver, R. C., Choi, V. M., Moehle, E. A., Paschon, D. E., Hockemeyer, D., Meijsing, S. H., et al. (2010). Functional genomics, proteomics, and regulatory DNA analysis in isogenic settings using zinc finger nuclease-driven transgenesis into a safe har- bor locus in the human genome. Genome Research, 20, 1133-1142.

Ding, Q., Regan, S. N., Xia, Y., Oostrom, L. A., Cowan, C. A., & Musunuru, K. (2013). Enhanced efficiency of human pluripotent stem cell genome editing through replacing TALENs with CRISPRs. Cell Stem Cell, 12, 393-394.

Fu, Y., Foden, J. A., Khayter, C., Maeder, M. L., Reyon, D., Joung, J. K., et al. (2013).

High-frequency off-target mutagenesis induced by CRISPR-Cas nucleases in human cells. Nature Biotechnology, 31, 822-826.

Gilbert, L. A., Larson, M. H., Morsut, L., Liu, Z., Brar, G. A., Torres, S. E., et al. (2013). CRISPR-mediated modular RNA-guided regulation of transcription in eukaryotes. Cell, 154, 442-451.

Gonzalez, F., Zhu, Z., Shi, Z. D., Lelli, K., Verma, N., Li, Q. V., et al. (2014). An iCRISPR platform for rapid, multiplexable, and inducible genome editing in human pluripotent stem cells. Cell Stem Cell, 15, 215-226.

Hockemeyer, D., Wang, H., Kiani, S., Lai, C. S., Gao, Q., Cassady, J. P., et al. 2011). Genetic engineering of human pluripotent cells using TALE nucleases. Nature Biotechnology, 29, 731-734.

Horii, T., Tamura, D., Morita, S., Kimura, M., & Hatada, I. (2013). Generation of an ICF syndrome model by efficient genome editing of human induced pluripotent stem cells using the CRISPR system. International Journal of Molecular Sciences, 14, 19774-19781.

Hou, Z., Zhang, Y., Propson, N. E., Howden, S. E., Chu, L. F., Sontheimer, E. J., et al. (2013). Efficient genome engineering in human pluripotent stem cells using Cas9 from Neisseria meningitidis. Proceedings of the National Academy of Sciences of the United States of America, 110, 15644-15649.

Hsu, P. D., Scott, D. A., Weinstein, J. A., Ran, F. A., Konermann, S., Agarwala, V., et al. (2013). DNA targeting specificity of RNA-guided Cas9 nucleases. Nature Biotechnology, 31, 827-832.

Ito, S., D'Alessio, A. C., Taranova, O. V., Hong, K., Sowers, L. C., & Zhang, Y. (2010). Role of Tet proteins in 5mC to 5hmC conversion, ES-cell self-renewal and inner cell mass specification. Nature, 466, 1129-1133.

Jasin, M. (1996). Genetic manipulation of genomes with rare-cutting endonucleases. Trends in Genetics, 12, 224-228.

Jinek, M., Chylinski, K., Fonfara, I., Hauer, M., Doudna, J. A., & Charpentier, E. (2012). A programmable dual-RNA-guided DNA endonuclease in adaptive bacterial immunity. Science, 337, 816-821.

Jinek, M., East, A., Cheng, A., Lin, S., Ma, E., & Doudna, J. (2013). RNA-programmed genome editing in human cells. eLife, 2, e00471.

Joung, J. K., & Sander, J. D. (2013). TALENs: A widely applicable technology for targeted genome editing. Nature Reviews Molecular Cell Biology, 14, 49-55.

Ludwig, T. E., Bergendahl, V., Levenstein, M. E., Yu, J., Probasco, M. D., & Thomson, J. A. (2006). Feeder-independent culture of human embryonic stem cells. Nature Methods, 3, 637-646.

Ma, Y., Ma, J., Zhang, X., Chen, W., Yu, L., Lu, Y., et al. (2014). Generation of eGFP and Cre knockin rats by CRISPR/Cas9. The FEBS Journal, 281, 3779-3790.

Mali, P., Aach, J., Stranges, P. B., Esvelt, K. M., Moosburner, M., Kosuri, S., et al. (2013). CAS9 transcriptional activators for target specificity screening and paired nickases for cooperative genome engineering. Nature Biotechnology, 31, 833-838.

Mali, P., Yang, L., Esvelt, K. M., Aach, J., Guell, M., DiCarlo, J. E., et al. (2013). RNA-guided human genome engineering via Cas9. Science, 339, 823-826.

Maniatis, T., Fritsch, E. F., & Sambrook, J. (1982). Molecular cloning: A laboratory manual. Cold Spring Harbor, N.Y.: Cold Spring Harbor Laboratory.

Miller, J. C., Tan, S., Qiao, G., Barlow, K. A., Wang, J., Xia, D. F., et al. (2011). A TALE nuclease architecture for efficient genome editing. Nature Biotechnology, 29, 143-148.

Moscou, M. J., & Bogdanove, A. J. (2009). A simple cipher governs DNA recognition by TAL effectors. Science, 326, 1501.

Pattanayak, V., Lin, S., Guilinger, J. P., Ma, E., Doudna, J. A., & Liu, D. R. (2013). High-throughput profiling of off-target DNA cleavage reveals RNA-programmed Cas9 nuclease specificity. Nature Biotechnology, 31, 839-843.

Qi, L. S., Larson, M. H., Gilbert, L. A., Doudna, J. A., Weissman, J. S., Arkin, A. P., et al. (2013). Repurposing CRISPR as an RNA-guided platform for sequence-specific control of gene expression. Cell, 152, 1173-1183.

Ran, F. A., Hsu, P. D., Wright, J., Agarwala, V., Scott, D. A., & Zhang, F. (2013). Genome engineering using the CRISPR-Cas9 system. Nature Protocols, 8, 2281-2308.

Rossier, O., Wengelnik, K., Hahn, K., & Bonas, U. (1999). The Xanthomonas Hrp type III system secretes proteins from plant and mammalian bacterial pathogens. Proceedings of the National Academy of Sciences of the United States of America, 96, 9368-9373.

Rouet, P., Smih, F., & Jasin, M. (1994). Introduction of double-strand breaks into the genome of mouse cells by expression of a rare-cutting endonuclease. Molecular and Cellular Biology, 14, 8096-8106.

Sanjana, N. E., Cong, L., Zhou, Y., Cunniff, M. M., Feng, G., & Zhang, F. (2012). A transcription activator-like effector toolbox for genome engineering. Nature Protocols, 7, 171-192.

Smith, C., Gore, A., Yan, W., Abalde-Atristain, L., Li, Z., He, C., et al. (2014). Wholegenome sequencing analysis reveals high specificity of CRISPR/Cas9 and TALEN-based genome editing in human iPSCs. Cell Stem Cell, 15, 12-13.

Smith, J. R., Maguire, S., Davis, L. A., Alexander, M., Yang, F., Chandran, S., et al. (2008). Robust, persistent transgene expression in human embryonic stem cells is achieved with AAVS1-targeted integration. Stem Cells, 26, 496-504.

Suzuki, K., Yu, C., Qu, J., Li, M., Yao, X., Yuan, T., et al. (2014). Targeted gene correction minimally impacts whole-genome mutational load in human-disease-specific induced pluripotent stem cell clones. Cell Stem Cell, 15, 31-36.

Szurek, B., Marois, E., Bonas, U., & Van den Ackerveken, G. (2001). Eukaryotic features of the Xanthomonas type III effector AvrBs3: Protein domains involved in transcriptional activation and the interaction with nuclear import receptors from pepper. The Plant Journal, 26, 523-534.

Tahiliani, M., Koh, K. P., Shen, Y., Pastor, W. A., Bandukwala, H., Brudno, Y., et al. (2009). Conversion of 5-methylcytosine to 5-hydroxymethylcytosine in mammalian DNA by MLL partner TET1. Science, 324, 930-935.

Urnov, F. D., Rebar, E. J., Holmes, M. C., Zhang, H. S., & Gregory, P. D. (2010). Genome editing with engineered zinc finger nucleases. Nature Reviews Genetics, 11, 636-646.

van der Oost, J., Westra, E. R., Jackson, R. N., & Wiedenheft, B. (2014). Unravelling the structural and mechanistic basis of CRISPR-Cas systems. Nature Reviews Microbiology, 12, 479-492.

Veres, A., Gosis, B. S., Ding, Q., Collins, R., Ragavendran, A., Brand, H., et al. (2014). Low incidence of off-target mutations in individual CRISPR-Cas9 and TALEN targeted human stem cell clones detected by whole-genome sequencing. Cell Stem Cell, 15, 27-30.

Wang, G., McCain, M. L., Yang, L., He, A., Pasqualini, F. S., Agarwal, A., et al. (2014). Modeling the mitochondrial cardiomyopathy of Barth syndrome with induced pluripotent stem cell and heart-on-chip technologies. Nature Medicine, 20, 616-623.

Wang, H., Yang, H., Shivalila, C. S., Dawlaty, M. M., Cheng, A. W., Zhang, F., et al. (2013). One-step generation of mice carrying mutations in multiple genes byCRISPR/Cas-mediated genome engineering. Cell, 153, 910-918.

Yang, H., Wang, H., Shivalila, C. S., Cheng, A. W., Shi, L., & Jaenisch, R. (2013). One-step generation of mice carrying reporter and conditional alleles by CRISPR/Cas-mediated genome engineering. Cell, 154, 1370-1379.

Ye, L., Wang, J., Beyer, A. I., Teque, F., Cradick, T. J., Qi, Z., et al. (2014). Seamless modification of wild-type induced pluripotent stem cells to the natural CCR5Delta32 mutation confers resistance to HIV infection. Proceedings of the National Academy of Sciences of the United States of America, 111, 9591-9596.

Zhu, Z., & Huangfu, D.(2013). Human pluripotent stem cells: An emerging model in developmental biology. Development, 140, 705-717.

第 12 章　用 Cas9 DSB 和 nCas9 配对切口产生人体细胞癌症易位

Benjamin Renouf[1], Marion Piganeau[1], Hind Ghezraoui[1], Maria Jasin[2], Erika Brunet[1]

（1. 法国国家自然历史博物馆，法国国家健康与医学研究院 U1154，法国国家科学研究中心 7196；2. 美国纽约纪念斯隆-凯特林癌症中心发育生物学项目组）

目　录

摘要

许多类型肿瘤中的周期性染色体易位的存在，通常导致有致癌潜力融合基因的形成和表达。为更好表征驱动癌形成的分子机制而开启新的可能性，应建立相关内源性基因位点染色体易位，而不是融合基因的异位表达。在本章中，我们介绍创建癌症在人细胞中易位的方法。通过野生型 Cas9 或 Cas9 切口酶分别产生 DSB

或配对切口，用于诱导有关位点易位。使用不同 PCR 方法，我们也解释了如何定量易位频率和分析目的细胞断点连接。此外，易位 PCR 检测是检测脱靶效应具有通用性的非常灵敏的方法。

12.1 导 论

染色体易位与肿瘤形成有关的发现是肿瘤生物学研究的分水岭（Chandra et al.，2011；Rowley，1973）。在多种人类癌症中现已发现数以百计的周期性相互易位，包括血液恶性肿瘤、肉瘤和上皮肿瘤（Mani & Chinnaiyan，2010；Mitelman，Johansson，& Mertens，2007）。这些易位被认为是许多癌症的主要原因，对于靶向治疗具有重要的开发价值。染色体易位的典型结果是，形成基因融合，导致具有致癌潜力的新蛋白质表达；或者，易位可导致强启动子控制下的基因表达，过度表达就赋予了致癌性质。在没有异位细胞或携带易位但基因沉默的细胞中采用异位表达，融合基因表达的细胞后果已有广泛的研究。然而，这些研究并不是最佳理由。异常表达并不能概括疾病的遗传学，可能导致非生理水平融合基因表达，以及在肿瘤细胞中沉默融合基因不会发生肿瘤细胞的其他许多突变。因此，多种细胞类型诱导易位所有方法将为癌症研究人员提供有意义的有利条件。

易位包括染色体断裂和 DNA 末端的异常连接。DNA 双链同时断裂（DSB），已证明在每一个染色体都有诱导易位（Richardson & Jasin，2000）。DNA 末端的连接通常涉及某种类型的非同源末端连接（NHEJ）修复（Weinstock，Elliott，& Jasin，2006）。诱导双链同时断裂最简单的系统是剪切特异性位点的核酸酶的表达。用Ⅰ-*Sce*Ⅰ内切核酸酶，即来自酵母的归巢内切核酸酶在模型系统中完成了初步研究，在特异性位点上引入Ⅰ-*Sce*Ⅰ位点。然而，设计核酸酶（ZFN 和 ALEN）的开发允许 DSB 引入到未经优先修饰的基因组（Gaj，Sirk，& Barbas，2014；Urnov，Rebar，Holmes，Zhang，& Gregory，2010）。因此，染色体易位可以在人类和小鼠细胞内源性基因位点轻易诱导（Brunet et al.，2009；Piganeau et al.，2013；Simsek et al.，2011），包括与人类肿瘤相一致的易位。与尤文肉瘤相关的 EWS-FLI1 易位可由 ZFN 定向诱导到血液细胞 EWS 和 FLI1 位点（Piganeau et al.，2013）。与间变形大细胞淋巴瘤（ALCL）相关的 NPM-ALK 易位由 TALEN 诱导定向到 Jurkat 细胞（人外周血白血病 T 细胞——译者注）的 NPM 和 ALK 位点（Piganeau et al.，2013）。值得注意的是，ALCL 易位也可以逆转患者细胞系携带易位，通过转录激活因子样效应物核酸酶（TALEN）定向到 NPM-ALK 和 ALK-NPM 位点。TALEN 的多功能性表明设计核酸酶可以用来诱导涉及任何位点的易位。

最近开发的设计师核酸酶是最容易设计的引导 RNA。目前，最常用的核酸酶是来自酿脓链球菌（*S. pyogenes*）的 Cas9（Cong et al.，2013；Hsu，Lander，& Zhang，2014；Mali，Yang，et al.，2013）。单链引导 RNA（sgRNA）有 20 个核苷酸序列互补到靶位点，后跟前间区序列邻近基序（PAM）序列（NGG），其中与 Cas9 结合至关重要。当 Cas9 和 sgRNA 两者都在细胞内表达时，两条链远离 PAM 几个核苷酸上的靶位点被切除，产生 DSB（Jinek et al.，2012）。因为 Cas9 有两个活跃位点，每次裂开一个定义的链，Cas9 由一个活性位点（Cas9 或 nCas9）的突变转化成切口酶。例如，Cas9 D10A 只能剪开 DNA 与 sgRNA 互补链。然而，当提供两个 sgRNA 与相反的 DNA 链紧密结合时，可引入配对切口，也可创建 DSB 但带有长接头（Mali，Yang，et al.，2013；Ran et al.，2013）。配对的切口被认为潜在脱靶位点更少，因为双链切割需要两个不同的 sgRNA。接下来用 TALEN 和 ZFN 定制原则（Piganeau et al.，2013），Cas9 也用于诱导核仁磷酸蛋白 *ALK* 基因（NPM-ALK）和其他癌相关基因的易位（Choi & Meyerson，2014；Ghezraoui et al.，2014；Torres et al.，2014）。最近，诱导配对切口的 nCas9 也用于诱导易位（Ghezraoui et al.，2014）。在这一章中，我们详细介绍 Cas9 和 nCas9 诱导易位，使用 PCR 筛选易位连接的方法（Brunet et al.，2009）。

12.2　材　　料

12.2.1　Cas9、nCas9 和 sgRNA 表达质粒制备

（1）表达质粒可以从 Addgene 网站中获得（https://www.addgene.org/CRISPR/）。我们使用的诱导 DSB 的 pCas9_GFP（Addgene 质粒 44719）和诱导配对切口（nCAS9）的 pCas9D10A_GFP（Addgene 质粒 44720）与 sgRNA 表达质粒一起都源于 MLM3636 质粒（Addgene 质粒 43860）。

（2）感受态细菌，如大肠杆菌 DH5α。

（3）拥有抗生素（上述质粒为氨苄青霉素）的 LB 琼脂板。

（4）LB 培养基。

（5）PureLink® HiPure 质粒过滤器 Maxiprep 试剂盒（Invitrogen）。

（6）NanoDrop 2000c 微量分光光度计（Thermo Scientific）。

12.2.2　细胞培养和转染

（1）本章使用人视网膜色素上皮表达人端粒酶逆转录酶 RPE1（hTert-RPE1）细胞或骨髓间质干细胞（MSC），虽然这种方法适用于任何类型细胞转染。

（2）Dulbecco's Modified Eagle 培养基：营养混合物 F-12（DMEM/F-12，Life Technologies）含有 10%胎牛血清 RPE1 细胞；alpha-Minimum Essential Eagle 培养基补充 10%胎牛血清（FBS）和 2ng/ml 成纤维细胞生长因子（bFGF）（Recombinant Human FGF basic（146 aa）233-FB-025 R&G 系统）给骨髓间充质干细胞（MSC）。

（3）T150 烧瓶，150cm^2。

（4）Cas9、nCas9 和 sgRNA 表达质粒，浓度≥2μg/μl。

（5）6 孔板。

（6）48 孔板。

（7）96 孔板。

（8）0.05%胰蛋白酶-EDTA（1×）。

（9）Dulbecco 磷酸盐缓冲液（DPBS，Life Technologies）。

（10）Nucleofector Ⅱ设备（Lonza）。

（11）细胞系 Nucleofector 试剂盒Ⅴ带比色皿（Lonza）。

12.2.3 T7 内切核酸酶Ⅰ分析

（1）QIAamp DNA 迷你试剂盒（QIAGEN）。

（2）引物：可以用不同程序如 Primer3Plus 设计引物（http://www.bioinformatics.nl/cgi-bin/primer3plus/primer3plus.cgi/）。设定解链温度 62℃产生 22bp 引物。

（3）Phusion 高保真 DNA 聚合酶（Thermo Scientific）。

（4）T7 内切核酸酶（New England Biolabs）。

（5）NEB 缓冲液 2.1（New England Biolabs）。

（6）2 ×T7 上样缓冲液：50%蔗糖、溴酚蓝、260μg/ml 蛋白酶 K。

（7）2.4%琼脂糖凝胶含有溴化乙锭（EB）。

（8）0.5×TBE 电泳缓冲液（Life Technologies）。

（9）紫外工作站。

12.2.4 易位的 PCR 测定

（1）巢式 PCR 引物（两套引物）。选择设置产生 20bp 引物解链温度 60℃。

（2）FastStart *Taq* DNA 聚合酶（Roche）。

（3）1%琼脂糖凝胶含 EB。

（4）0.5×TBE 电泳缓冲液。

（5）紫外工作站。

12.2.5　易位的 PCR 定量

（1）10×裂解缓冲液：100mmol/L Tris-HCl（pH 8），4.5% NP40，4.5% Tween20。

（2）蛋白酶 K（New England Biolabs）。

（3）2×主体混合液 1：1×GC-RICH 溶液（Roche FastStart Taq），2×PCR 缓冲液含 20mmol/L $MgCl_2$（Roche FastStart Taq），400μmol/L dNTP 混合核苷酸（Roche FastStart Taq），4% DMSO，0.01% NP40，0.01% Tween20，4℃储存，2 周。

（4）2×主体混合液 2：1×GC-RICH 溶液（Roche FastStart Taq），2×PCR 缓冲液含 20mmol/L $MgCl_2$（Roche FastStart Taq），400μmol/L dNTP 混合核苷酸（Roche FastStart Taq），4% DMSO，0.01% Tween20，0.01% NP40，0.25μl SYBR®Green I（10 000×DMSO，Sigma-Aldrich）用 2ml 20% DMSO 和 Rox（浓度取决于实时 PCR 仪；30nmol/L 的 Rox）稀释。4℃储存，2 周。

（5）巢式 PCR 引物。

（6）FastStart Taq DNA 聚合酶（Roche）。

（7）实时定量 PCR 仪（MX3005P，Agilent）。

12.3　诱导和检测癌症在人细胞中易位方法

Cas9 和 nCas9 两者都可以用来产生易位。我们发现 Cas9 更有效（Ghezraoui et al.，2014），但 nCas9 更少有脱靶问题。用两个易位来说明在本章中介绍的方法：存在于间变性大细胞淋巴瘤中的核磷蛋白间变性淋巴瘤激酶（NPM-ALK）（Elmberger，Lozano，Weisenburger，Sanger，& Chan，1995；Kuefer et al.，1997；Morris et al.，1994）（图 12.1A）；存在于尤文肉瘤中的 EWS-FLI1 融合蛋白（May et al.，1993）（图 12.2A）。

12.3.1　sgRNA 设计和表达质粒构建

（1）对目的易位来说，如果可用，设计 sgRNA 靶序列良好起始点应接近患者报道基因断裂接合点。如果易位产生融合基因，内含子的靶位点需要包含在易位中。当使用野生型 Cas9 时，设计两个 sgRNA，每个对应一个染色体；当使用 nCas9 诱导配对切口时，对每个染色体设计两对 sgRNA。20bp 靶序列位于必要 NGG PAM 序列的上游。对 20bp 靶序列来说，按照简单规则：Cas9 为 $CCN_{20}NGG$ Cas9；nCas9 为 $CCNN_{20}$-间隔-$N_{20}NGG$。间隔可能是几个 bp 或更长（Mali，Aach，et al.，2013；Ran et al.，2013）。用特定的网站可使 sgRNA 脱靶位点最小化（如 http://crispr.mit.edu/、http://zifit.partners.org/ZiFiT/Disclaimer.aspx、http://chopchop.

rc.fas.harvard.edu/；也参见 Montague，Cruz，Gagnon，Church，& Valen，2014；Xie，Shen，Zhang，Huang，& Zhang， 2014）。U6 启动子，转录起始位点偏好 G，驱动 sgRNA 在 MLM3636 中的表达，因此，靶序列用 G 开始或靶序列前插入 G。

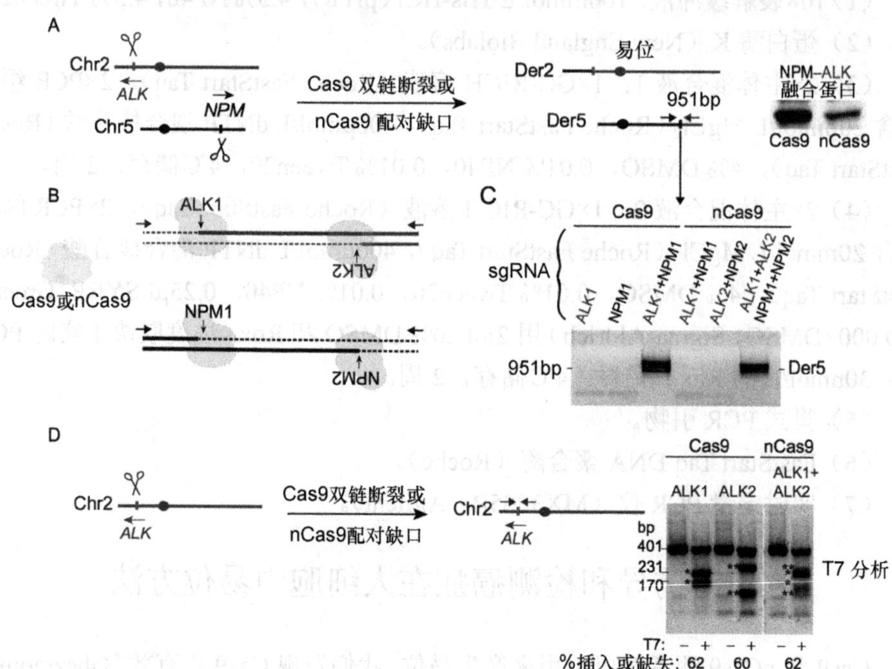

图 12.1 通过 Cas9 或 nCa9 配对切口引入 NPM-ALK 易位。(A)在 NPM 和 ALK 位点引入 DSB 配对修复切口，可导致染色体易位和来自 Der5 的 NPM-ALK 融合蛋白的表达。（B）sgRNA 的位置。用 sgRNA NPM1 和 ALK1 形成野生型 Cas9、DSB。用 NPM1+NPM2（37bp 分离）和 ALK1+ALK2（41bp 分离）形成 nCas9、配对切口，如果链分开导致 5′悬臂。（C）当两个 DBS 或两个配对切口引入时是能检测易位。(A）表示用引物进行 PCR。(D）用野生型 Cas9 和 ALK1 或 ALK2 sgRNA，以及含有 ALK1 和 ALK2 sgRNA 的 nCas9 评价切割效率。T7 分析检测所有三个实例中形成约 60%的插入/缺失。（彩图请扫封底二维码）

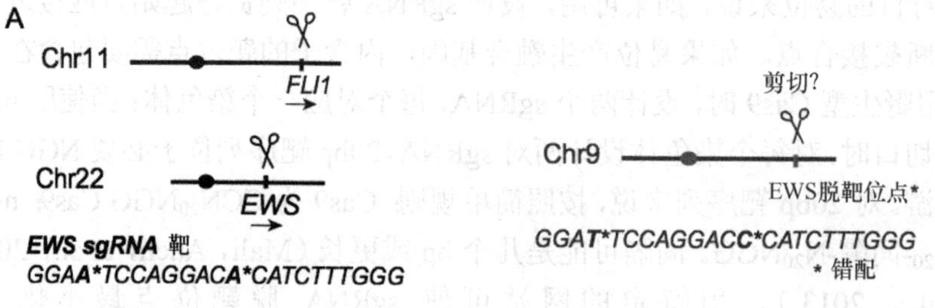

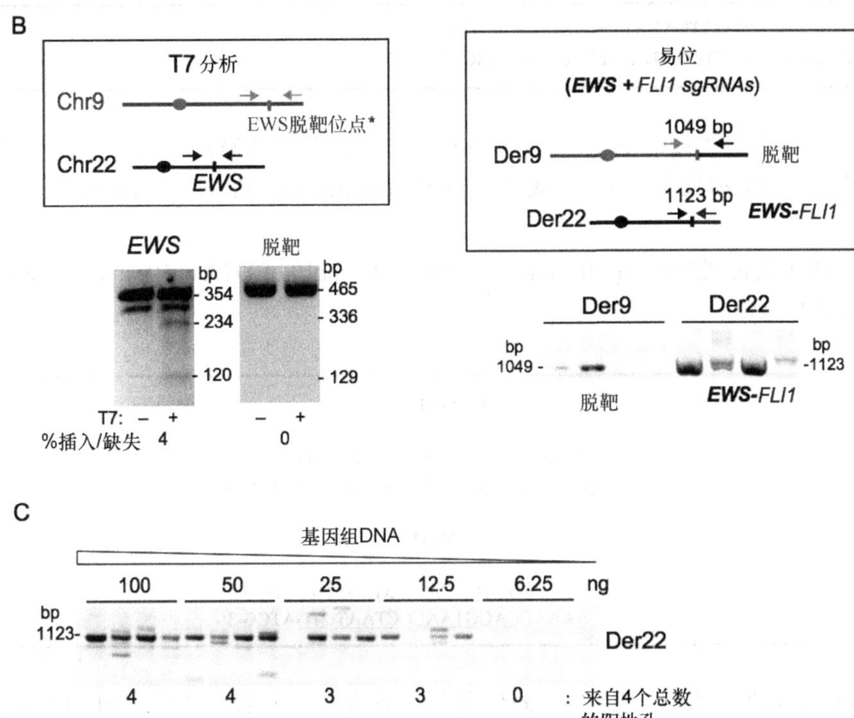

图 12.2　sgRNA 脱靶分析和连续稀释对易位频率的评估。(A) 目的易位为 EWS-FLI1。EWS sgRNA 有在另一个染色体上包含两个错配的潜在脱靶位点。(B) 使用 T7 分析，EWS sgRNA 与 Cas9 在 EWS 座上可检出形成的插入/缺失，而在脱靶位点上没有观察到剪切。采用易位分析，EWS 和 FLI1 sgRNA 与 Cas9 在四个样中检测到信号（每个样 150ng DNA）；然而，在脱靶位点和 EWS 位点之间也观察到信号。(C) 用连续稀释来自 RPE1 细胞的 DNA，使用 Cas9 和 sgRNA EWS 和 FLI1 来评价易位频率。在这个例子中，Der22 形成的频率为 $\geq 0.375\times10^{-3}$，从{[(总 4 孔 ×12.5ng DNA)/6.25 ng]$\times10^{3}$ 细胞}的千孔中测定出了 3 个阳性孔。（彩图请扫封底二维码）

PM-ALK

用 sgRNA NPM1 和 ALK1 产生 Cas9 DSB；用 sgRNA NPM＋NPM2 和 ALK1+ALK2 产生 nCas9 配对切口（图 12.1B）。

NPM 基因组序列紧接 sgRNA 序列：

5′-**CCT**<u>CGAACTGCTACTGGGTTCACC</u>TCA<u>GCCTCTGGAA-TAGCTAGAACTAC</u>**AGG**-3′

sgRNANPM1：5′-GTGAACCCAGTAGCAGTTCG-3′

sgRNANPM2：5′-GCCTCTGGAATAGCTAGAACTAC-3′

ALK 基因组序列紧接 sgRNA 序列：

5′-**CCT**<u>CAGGTAACCCTAATCTGATC</u>ACGG<u>TCGGTCCATT-GCATAGAGG</u>**AGG**-3′

---

sgRNAALK1：5′-GATCAGATTAGGGTTACCTG-3′
sgRNAALK2：5′-GTCGGTCCATTGCATAGAGG-3′

（2）对于每个 sgRNA 来说，对 *Bsm*BⅠ线性质粒 MLM3636 退火的两个 DNA 寡核苷酸（顺义和反义）顺序合成（http://zifit.partners.org/ZiFiT/Csquare 9GetOligos.aspx）

在退火缓冲液[10mmol/L Tris（pH7.5），1mmol/L EDTA，50mmol/L NaCl]按 100μmol/L 悬浮。

sgRNA NPM1 寡核苷酸：

5′-ACACC<u>GTGAACCCAGTAGCAGTTCG</u>G-3′
5′-AAAAC<u>CGAACTGCTACTGGGTTCAC</u>G-3′

sgRNA ALK1 寡核苷酸：

5′-ACACC<u>GATCAGATTAGGGTTACCTG</u>G-3′
5′-AAAAC<u>CAGGTAACCCTAATCTGATC</u>G-3′

（3）退火两个寡核苷酸产生双链。将每个顺义和反义寡核苷酸 10μl 加入到 80μl 退火缓冲液中。将管以 95℃标准加热封闭 5min。从仪器中除去热封闭液并在工作台上冷却至室温。缓慢冷却至室温应该花 45～60min。存储在冰中或 4℃直到准备使用。

（4）将双链连接到 *Bsm*BⅠ线性 sgRNA 质粒 MLM3636 载体上。

（5）转化到感受态细菌。在 LB 琼脂平板上展层并于 37℃孵化过夜。

（6）用 PureLink®快速质粒 Miniprep 试剂盒（Invitrogen）进行质粒分离。由于 *Bsm*BⅠ接头截然不同（GTGT 和 TTTT），单个双寡核苷酸应该正确定向连接。建议测序验证。

（7）对于阳性克隆子，用 PureLink® HiPure 质粒过滤器 Maxiprep 试剂盒（Invitrogen）进行质粒分离。测定 DNA 浓度（如使用 NanoDrop 2000c 微量分光光度计）。DNA 最终浓度应该>2μg/μl。

（8）注意：如果易位率很低，可以在同样质粒如 Cas9（pX330-U6-嵌合_BB-CBh-hSpCas9，Addgene 质粒 42230）或 nCas9[pX335-U6-Chimeric_BB-CBh-hSpCas9n（D10A）Addgene 质粒 42335]将 sgRNA 直接克隆。其他含有标记如 GFP（Addgene 质粒 PX458）的 sgRNA 质粒用流式细胞仪分选，或用嘌呤霉素耐药基因（Addgene 质粒 PX459）选择以便提高转染细胞的恢复。

12.3.2　拥有 sgRNA 和 Cas9 或 nCas9 表达质粒细胞的转染

该方案最适合于 RPE1 和 MSC 细胞，也可以应用于其他细胞系。

转染可能诱导细胞高致死率，这可以解释为：①不适当的细胞培养条件；②不合适的转染计划；③sgRNA 缺乏特异性；④引入了致死易位。检查这些参数来降低死亡率。

（1）分别在 20ml DMEM/F-12 培养基和补充 αMEM 培养基 T150 烧瓶中于 37℃、5%二氧化碳中培养 RPE1 和 MSC 细胞。每隔 2～3 天按 1∶5～1∶10 比例分开，保持它们以 80%汇合。

（2）转染的一天没有抗生素（电穿孔期间减少致死性）达到 70%～80%汇聚。

（3）转染前当天，制备每个含有 sgRNA 质粒 3.5μg 和 3.5μg Cas9 或 nCas9 表达质粒的离心管。对 Cas9 采用转染两个 sgRNA 表达质粒的一个，或对 nCas9 采用转染四个 sgRNA 表达质粒的两个，以及同样量没有 sgRNA 克隆的 sgRNA 表达质粒。对于 nCas9 来说，你可以转染一个 sgRNA，每个打靶两个染色体以便排除缺口诱导易位（图 12.1C）。转染 DNA 的总量不得超过 10μl。

（4）用 1ml 培养基预先填满 6 孔板中的 2～3 个孔并预温到 37℃。

（5）用 50μl 培养基/孔添加到 96 孔板的 3 个孔并预温到 37℃。

（6）胰蛋白酶作用 RPE1 或 MSC 细胞并在预温的补充培养基 DMEM/F-2 或 αMEM 分别悬浮（通常 10ml）。任何时候不要使用 4℃培养基。

（7）计算细胞数和每次转染在 15ml 离心管中放置 7.5×10^5 个细胞。调整每个细胞系细胞数量和程序（参见 Lonza Nucleofector 方案）。按这里介绍优化 MSC 和 PRP1 细胞条件。

（8）90*g* 室温下离心 10min。

（9）仔细去除培养基但不要洗出细胞。FBS 可能会抑制转染。用 DPBS 追加洗涤可能提高转染效率。

（10）在 100μl 细胞系核试剂盒Ⅴ溶液中小心悬浮细胞。为了防止细胞致死性，避免所有不必要的震动。

（11）将细胞转移到含有 DNA 的管中，然后将细胞/DNA 混合物转移到 Amaxa DNA 比色皿。

（12）使用 NucleofectorⅡ系统（Lonza）按 MSC 的 B-016 和 RPE 细胞程序电穿孔。

（13）将转染细胞转移到 5ml 预温培养基中。

（14）稀释的细胞最后体积为 6ml：1.2ml（1/5）、600μl（1/10）和 300μl（1/20）。将每种稀释细胞 50μl 接种到预温 96 孔板的每个孔中。此外，将 5ml 细胞中的 1ml

转移到 48 孔板的孔中用于细胞计数[见步骤 12.3.6（1)]。

（15）将剩余的细胞转移到 6 孔板的孔中[步骤 12.3.2（4)]用于 DNA、蛋白质或染色体的进一步分析。如果易位频率足够高，可用抗体直接抗融合蛋白的免疫印迹（频率≥10^{-3}）或通过显微镜使用 FISH 探针（频率≥10^{-2}）直接检测易位（Piganeau et al.，2013)。在转染过程中如果你打算做这些额外的分析，就要制备补充孔。

NPM-ALK 易位的引入通常足够，表达的 NPM-ALK 融合蛋白在转染细胞大群体中测定（图 12.1A）。

（16）于 37℃，5% CO_2 孵化细胞。

（17）注意：为了评估转染效率，我们的实验利用 pCas9_GFP 和 pCasD10A9_GFP，其中按 2A 融合子表达 GFP。转染后 48h 用流式细胞仪测定 GFP 阳性细胞百分比。转染差可能导致易位效率低。测试几个程序以便优化每个细胞系的转染效率。

12.3.3 T7 内切核酸酶 I 分析评价切割效率

这种分析通过 NHEJ 修复的 DSB 的插入和缺失（indel）来定量，评估 sgRNA 定向切割的效率（Guschin et al.，2010)。对 nCas9 配对切口而言，分别使用野生型 Cas9、两个 sgRNA 与 nCas9 一起评估每个 sgRNA（图 12.1D)。

可以设计几个 sgRNA 靶向相同的位点，这样发现有效诱导插入/缺失的 sgRNA 可以用来产生易位。

（1）转染后 5 天，胰蛋白酶在 6 孔板中作用细胞[来自步骤 12.3.2(15)]。

（2）200g、4℃离心 5min。

（3）弃上清液，用 1ml DPBS 洗涤沉淀。

（4）重复离心。

（5）弃上清液。细胞沉淀可以存储在−80℃。

（6）用 QIAamp Mini DNA 试剂盒提取基因组 DNA。基因组 DNA 可以存储在−20℃。

（7）设计一套引物，扩增围绕非易位染色体上靶位点的 300～500bp 区域。切割位点不应位于扩增子的中间，以便 T7 内切核酸酶 I 切割后获得两个不同的带。

ALK 座位引物产生来自野生型座位 401bp 片段和来自修饰座位的更小片段（图 12.1D）：

ALK-F5′-AGATGGGCAGAGGCTTGAAAAG-3′
ALK-R5′-TGAGGATGTTCTGGAAGGCAAA-3′

（8）用总体积为 25μl 的 50ng 基因组 DNA 来完成 35 个循环 PCR，扩增包围靶位点的区域。我们通常使用 Phusion 高保真 DNA 聚合酶（Thermo Scientific）。

（9）通过在含有 0.5×TBE 缓冲液和溴化乙锭的 1%琼脂糖凝胶上进行 5μl PCR 反应物电泳。只扩增一条带。

（10）在两个不同 PCR 管中将 10μl PCR 反应物与 10μl 2×NEB 缓冲液 2.1 混合。

（11）按以下方法孵化融解和退火扩增子：95℃ 5min，95℃到 25℃以–0.5℃/s 降低，4℃ 15min。这一步将有或没有插入/缺失片段转入到错配的异源双链 DNA 中。在两个管中的一个添加 1.5U T7 内切核酸酶 I 。第二个管中添加同样体积的缓冲液作为对照。

（12）37℃孵化 20min。这一步允许 T7 内切核酸酶 I 切割错配的 DNA 双链。

（13）将含有蛋白酶 K 的 10μl 2×T7 上样缓冲液加到 10μl DNA 中。室温下培养 5min。在这一步中，T7 内切核酸酶 I 被蛋白酶 K 降解。

（14）在含有溴化乙锭的 2.4%的琼脂糖凝胶上上样 PCR 产物，0.5×TBE 缓冲液中 100V 电泳 20min。

（15）用紫外作图工作站捕获凝胶图（图 12.1D）。用切割 DNA 的数量评价诱导 Cas9 突变率。当用 Cas9 测定时，每个 sgRNA 应该诱导插入/缺失达到可检测水平。如果用 T7 内切核酸酶 I 分析显示很低的 Indel 效率，就必须增加 sgRNA 表达载体或重新设计 sgRNA。如果使用 nCas9 方法，就必须分别诱导 4 个 sgRNA 插入/缺失。

12.3.4　PCR 易位检测

（1）对于低易位频率，通常使用巢式 PCR 方法。在易位连接点的两边设计两套引物，第二套位于第一个产物内（见 12.2.4 节）。然而，频率>10^{-4}，用单套 PCR 引物检测易位。扩增产物应为 600～1000bp 以便恢复在易位过程中形成的 DNA 末端删除的长度。

Der5，相当于 NPM-ALK 融合子：

外引物

Der5′-F5-CAGTTGCTTGGTTCCCAGTT-3′
Der5′-R5-AGGAATTGGCCTGCCTTAGT-3′

内引物

Der5-NF5′-GGGGAGAGGAAATCTTGCTG-3′
Der5′-NR5-GCAGCTTCAGTGCAATCACA-3′

（2）用外引物、100～150ng（第 12.3.3（6）步提取的）基因组 DNA 进行 23 个 PCR 循环。我们一般使用 FastStart Taq DNA 聚合酶（Roche）。

（3）用内引物完成 0.5～1μl 第一次 PCR 反应 40 个循环。巢式 PCR 是一种高度敏感的方法，但存在污染风险。在一个专门的地方细心操作，戴手套，注意不要污染已经扩增了 PCR 产物的试管，清理工作台和每次 PCR 后的材料。

（4）在 0.5×TBE 缓冲液中含 EB 的 1%琼脂糖凝胶上上样 PCR 产物。

（5）在紫外作图工作站中捕获凝胶图像（图 12.1C）。

（6）*注意*：易位需要 DSB 或两个染色体上的配对切口（图 12.1C）。易位交叉点的 PCR 扩增可能导致比预期更大或更小的产物，由于易位形成过程中产生插入/缺失（见下图 12.2C），这可以通过测序得到证实。

12.3.5 潜在脱靶切割的量化

使用 Cas9 时，在 sgRNA 设计过程中应测定潜在的脱靶位点，因为 20nt 靶序列并没必要去掉切割。与靶序列相比含有 5 个错配的靶序列，特别是在 PAM 末端区（Hsu et al.，2013），应被视为 Cas9 切割的潜在位点。由于产生了缺口，nCas9 和单引导 sgRNA 的潜在脱靶效应明显减少。然而，如果两个 sgRNA 偶尔相互靠近的话，脱靶配对切口仍可能含有 nCas9。因此，所有 sgRNA 的组合应考虑潜在脱靶结合。

EWS-FLI1

EWS 基因组序列连接 sgRNA 序列：

5′-GGAATCCAGGACACATCTTT**AGG**-3′
sgRNA EWS：5′-GGAATCCAGGACACATCTTT

Chr9（两个错配）上 sgRNA EWS 的潜在脱靶位点（图 12.2 A）

5′-GGAT*TCCAGGACC*CATCTTT**GGG**-3′

FLI 1 基因组序列跟随 sgRNA 序列：

5′-**CCT**CCCATGGCTGTCTCTAGACC-3′
sgRNA FLI1：5′-GGTCTAGAGACAGCCATGGG

(1)确定潜在 sgRNA 脱靶位点后，设计一套引物扩增包围潜在靶位点的 300～500bp 区。然后完成 T7 内切核酸酶测定（12.3.3 节）。

EWS 座位引物产生来自野生型座位 345bp 片段和来自修饰座位更小的片段（图 12.2B）

EWS-F5-CCTCAGCCACCCAGAGTGTT-3
EWS-R5-TAGCTGCCTCCCCACTTTACAT-3

EWS 脱靶座位引物产生来自野生型座位的 465bp 片段和来自修饰座位更小的片段

EWS-OFF-F5′-ACTCACCTGGTTGGGTTGTCTT-3′
EWS-OFF-R5′-GTCCGTACTATGAAGGGGTCGT-3′

---

(2) 在靶染色体之一和潜在脱靶位点之间设计测定易位引物，然后进行巢式 PCR 检测易位（12.3.4 节）。

Der22，相当于 EWS-FL11 融合子（图 12.2B）

外引物：

Der22-F 5′-ATCCTACAGCCAAGCTCCAA-3′
Der22-R5-GGCCTCATTGTTTCTGGCTA-3

内引物：

Der22-NF 5′-CTACGGGCAGCAGAGTGAGT-3′
Der22-NR 5′-TTCCTCAAGGCTCTGGAAAA-3′

Der9，对应于脱靶-FL1 融合子（图 12.2B）

外引物：

Der9-F 5′-TAGTGGGGGAAGGAGAGACA-3′
Der9-B 5′-GCCAGGTTTCTTAGGGCTTT-3′

内引物

Der9-NF 5′-GAAAAGGCTCCATTTCATGC-3′
Der9-NB 5′-GGGCTGAGCTCCATAAATCA-3′

在这两个分析（T7 分析存在 indels 或 PCR 检测易位）中，其中一个的阳性信号显示测试的 sgRNA 脱靶切割。然而，T7 分析比易位检测更不敏感。T7 检测灵敏度是 1%～2%，当易位在≥10^{-5} 频率时很容易检测。例如，在图 12.2B 中，当 T7 分析没有检测到信号时，靶位点和脱靶位点之间的易位可以被扩增。

因此，易位形成的 PCR 检测对于检测脱靶切割是高度敏感的试验，同时可以在评价脱靶位点的其他应用方法中作为常规方法。

12.3.6 96孔板筛选易位频率的定量

使用96孔板格式可对易位频率进行准确测定（Brunet et al.，2009；Piganeau et al.，2013）。基本战略是将细胞小池放置到每个孔中，这样，板中的大多数孔都含<1的易位。从阳性和阴性孔数量测定易位频率，用具有两个或更多易位的孔数来校正。在大多数阳性孔中拥有单个事件也意味着易位连接可以得分。

（1）48孔板[步骤12.3.2(14)]：转染后在细胞有机会分裂前用胰蛋白酶作用孔内细胞24h。使用小量的胰蛋白酶（通常是100μl）并计算孔中含有的细胞数。这个数字代表现96孔板每个孔现存转染细胞有1/5转染。不要超过本次时间框架，以确保准确的细胞数量来计算易位频率。

（2）96孔板[步骤12.3.2(14)]：根据细胞的生长情况，转染后48h到5天除去所有的培养基。板子用保鲜膜覆盖，存储在–80℃，使用时解冻。

（3）将蛋白酶K加入到2.5ml 1×裂解溶液中，终浓度为100μg/ml。将25μl蛋白酶K放入到解冻96孔板的每个孔中。

（4）在潮湿空间如底部有潮湿纸巾的封闭塑料容器中55℃孵化120min。

（5）将裂解产物转移到PCR板上的96个管中。

（6）95℃保温10min以便灭活蛋白酶k。

（7）将200nmol/L外引物（与12.3.4节相同引物）加入到5ml 1×PCR主体混合物1，并添加25μl FastStart Taq聚合酶。在有4～7μl细胞裂解物，总量为50μl完成第一个PCR循环。

（8）将200nmol/L内引物（12.3.4节中的引物相同）加入到2ml 1×PCR主体混合物2（含有SYBR绿色），并添加10μl FastStart Taq聚合酶。在加有第一次PCR循环0.5μl溶液的总体积20μl溶液中完成第二个PCR循环。PCR程序必须包含变性曲线循环。

（9）计算拥有阳性变形曲线的孔数量。由于设计了巢式PCR片段对应于易位连接点，扩增代表性的600～900bp，具有T_m>85℃的孔认为是阳性，对应于>100～150bp的片段。

（10）每96孔板≥12～14阳性孔：评估每个孔不超过一个易位和易位频率为（p），阳性孔数量除以接种细胞数量[步骤12.3.6(1)]。

（11）每个96孔板>12～14阳性孔：使用β累积分布函数k（x，a，b）来校正测定易位频率，其中 k＝每孔易位数，p＝阳性孔/每个接种细胞数，n＝每个孔的细胞数，x＝1–p，a=n–k，b=k+1。如果有两个或两个以上易位孔数，将大大干扰精确频率测定，就用每个孔更少的细胞的板来计算[步骤12.3.2（14)]。将来自阳性孔的 PCR 产物送去测序分析断点连接（如 Der5，Cas9 在图 12.3，nCas9 在图 12.4）。在局部序列水平上，由于 DNA 末端结构的不同，获得了 Cas9 和 nCas9 非常不同的连接点。PCR 基因小池意味着在每个孔中拥有唯一的易位，也测出了互惠的易位连接。拥有互惠易位的细胞可通过同胞轮回选择加以富集（Brunet et al.，2009）。

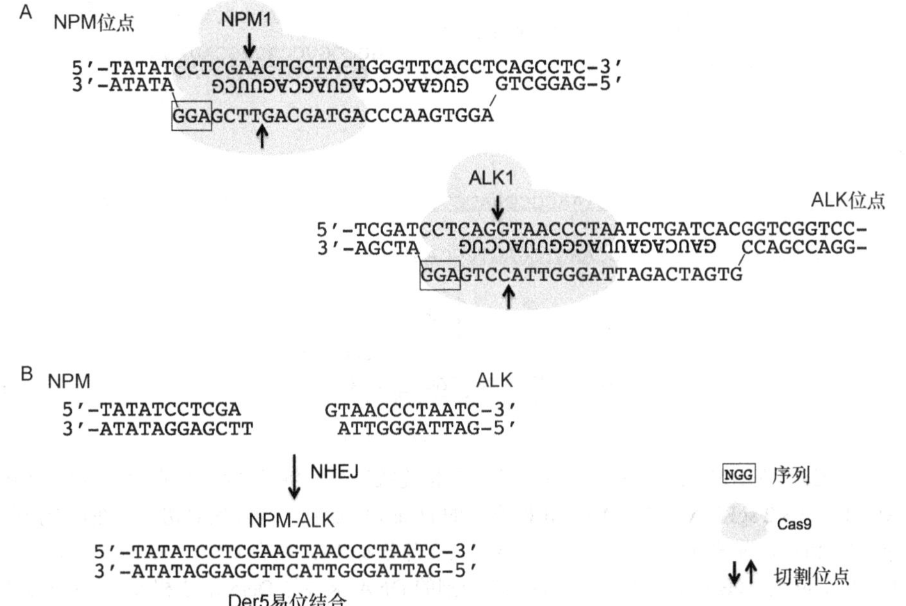

图 12.3　在 NPM 和 ALK 座位 Cas9 切割以及易位连接序列例子。(A)分别在 NPM 和 NPMCas9 及 sgRNA 的 Cas9 切割，导致 DSB。只显示部分 sgRNA 结合 DNA。PAM 序列，方框；箭头，切割位点。(B）来自 Cas9 切割的 DNA 末端显示与 Der5 形成相关。NHEJ 导致各种 Der5 易位接合，但是最常见的连接（如图所示）是与 DNA 末端的直接连接，可能涉及 1 碱基 5′悬臂。额外的接合见 Ghezraoui 等（2014)。(彩图请扫封底二维码)

12.3.7　连续稀释测定易位频率

12.3.6 节介绍了从 96 孔板中除去培养基需要的方法。因此，有非附着细胞，细胞损失是一个潜在的问题。这里，当频率>10^{-4} 时，我们建议采用另一个方法评估易位频率，这在我们的经验中不是很典型。

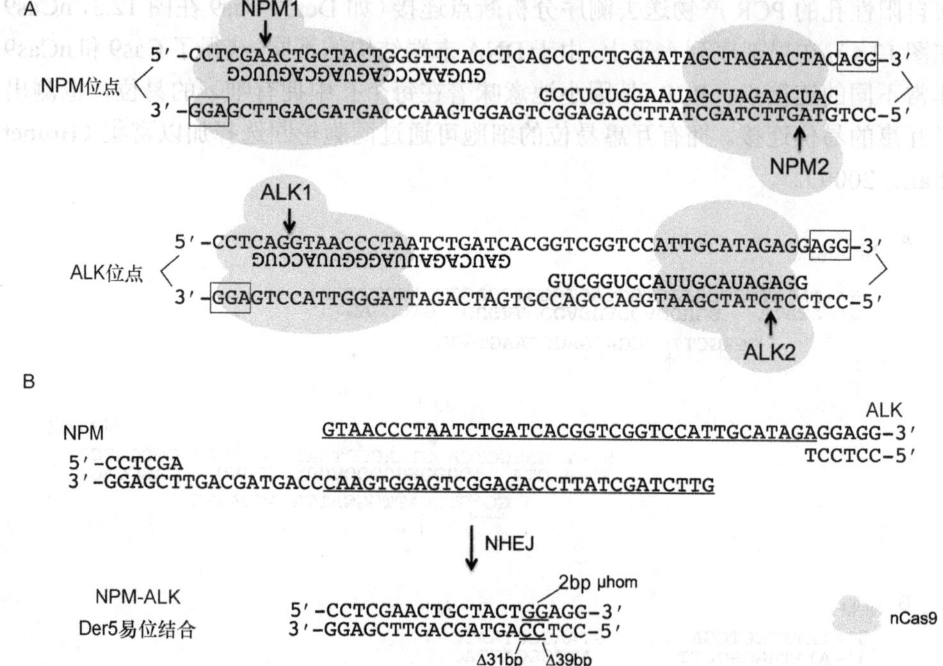

图 12.4 nCas9 在 NPM 和 ALK 位点的切割及易位连接序列的例子。(A)分别使用 NPM+ NPM2 和 ALK1 +ALK2 sgRNA 在 NPM 和 ALK 座位的 nCas9 的切割，导致配对切口。在每个座位两个 sgRNA 相对位置被称为“PAM out”。显示只有部分 sgRNA 结合 DNA。PAM 序列，方框；箭头，切割位点。(B) 显示两个来自 nCas9 切割的 DNA 末端与 Der5 形成相关。预测长悬臂。NHEJ 导致 Der5 易位连接的不同，即所示的例子。在这个典型的连接点，在 DNA 两个末端悬臂首先出现删除，尽管在其他连接删除扩展到双链区域一侧或两侧。额外的连接，见 Ghezraoui 等（2014）（μhom=微同源）。（彩图请扫封底二维码）

(1)开始时一式四份对基因组 DNA 进行系列稀释，浓度从 100 至 1.56ng DNA [提取步骤 12.3.3(6)]。

（2）按步骤 12.3.4（3）每个稀释进行 PCR。

（3）在含有溴化乙锭的 1%琼脂糖凝胶上上样。

（4）在紫外图像工作站获取凝胶图谱。考虑人二倍体细胞含有 6pg 的 DNA，6.25ng 表示大约 10^3 个细胞。用四次方作为确定易位频率（图 12.2C Der22）。

12.4 结 论

本章中我们介绍了使用 Cas9 DSB 或 nCas9 人细胞配对切口诱导肿瘤易位的方法。在任何目的位点上都可以轻松发现潜在的靶位点，使得这种方法容易适应扩增，可以诱导任何目的类型细胞的癌症易位。nCas9 的使用减少了脱靶效应。

此外，nCas9 更好地概括了存在于患者细胞中断点连接的某些类型（Ghezraoui et al.，2014）。携带选择易位的细胞，对理解肿瘤起始机制提供了比标准异位表达融合蛋白更精确的模型。这些研究结果可以帮助靶向疗法的设计，例如，可避免诱导治疗有特异性易位的二次肿瘤（Cowell et al.，2012）。我们的方法也可以用来解释参与易位形成的修复机制，因为易位连接 PCR 筛选允许精确频率测定与断点连接的精确测定平行（Ghezraoui et al.，2014）。最后，易位检测提供了检测脱靶切割高度灵敏的方法，对于任何应用都有普遍意义。

致　　谢

我们感谢乌拉圭自然历史博物馆（MNHN）Carine Giovannangeli、Anne De Cian 和 Jean-Paul Concordet 以及纽约纪念斯隆-凯特琳癌症中心（MSKCC）的 Matt Krawczyk 有益的讨论。这项工作得到了 ANR-12-JSV6-0005（B.R.）、Le Canceropole IDF（M.P.）、La Ligue 国家癌症中心（H.G.）和美国国立卫生研究院 GM054668（M.J.）的资助。

参 考 文 献

Brunet, E., Simsek, D., Tomishima, M., DeKelver, R., Choi, V. M., Gregory, P., et al. (2009). Chromosomal translocations induced at specified loci in human stem cells. Proceedings of the National Academy of Sciences of the United States of America, 106, 10620-10625.

Chandra, H. S., Heisterkamp, N. C., Hungerford, A., Morrissette, J. J., Nowell, P. C., Rowley, J. D., et al. (2011). Philadelphia chromosome symposium: Commemoration of the 50th anniversary of the discovery of the Ph chromosome. Cancer Genetics, 204, 171-179.

Choi, P. S., & Meyerson, M. (2014). Targeted genomic rearrangements using CRISPR/Cas technology. Nature Communications, 5, 3728.

Cong, L., Ran, F. A., Cox, D., Lin, S., Barretto, R., Habib, N., et al. (2013). Multiplex genome engineering using CRISPR/Cas systems. Science, 339, 819-823.

Cowell, I. G., Sondka, Z., Smith, K., Lee, K. C., Manville, C. M., Sidorczuk-Lesthuruge, M., et al. (2012). Model for MLL translocations in therapy-related leukemia involving topoisomerase IIbeta-mediated DNA strand breaks and gene proximity. Proceedings of the National Academy of Sciences of the United States of America, 109, 8989-8994.

Elmberger, P. G., Lozano, M. D., Weisenburger, D. D., Sanger, W., & Chan, W. C. (1995). Transcripts of the npm-alk fusion gene in anaplastic large cell lymphoma, Hodgkin's dis- ease, and reactive lymphoid lesions. Blood, 86, 3517-3521.

Gaj, T., Sirk, S. J., & Barbas, C. F., 3rd. (2014). Expanding the scope of site-specific recombinases for genetic and metabolic engineering. Biotechnology and Bioengineering, 111, 1-15.

Ghezraoui, H., Piganeau, M., Renouf, B., Renaud, J.-B., Aallmyr, A., Ruis, B., et al. (2014) Chromosomal translocations in human cells are generated by canonical nonhomologous end-joining. Molecular Cell, 55, 829-842.

Guschin, D. Y., Waite, A. J., Katibah, G. E., Miller, J. C., Holmes, M. C., & Rebar, E. J. (2010). A rapid and general assay for monitoring endogenous gene modification. Methods in Molecular Biology, 649, 247-256.

Hsu, P. D., Lander, E. S., & Zhang, F. (2014). Development and applications of CRISPR-Cas9 for genome engineering. Cell, 157, 1262-1278.

Hsu, P. D., Scott, D. A., Weinstein, J. A., Ran, F. A., Konermann, S., Agarwala, V., et al. (2013). DNA targeting specificity of RNA-guided Cas9 nucleases. Nature Biotechnology, 31, 827-832.

Jinek, M., Chylinski, K., Fonfara, I., Hauer, M., Doudna, J. A., & Charpentier, E. (2012). A programmable dual-RNA-guided DNA endonuclease in adaptive bacterial immunity. Science, 337, 816-821.

Kuefer, M. U., Look, A. T., Pulford, K., Behm, F. G., Pattengale, P. K., Mason, D. Y., et al. (1997). Retrovirus-mediated gene transfer of NPM-ALK causes lymphoid malignancy in mice. Blood, 90, 2901-2910.

Mali, P., Aach, J., Stranges, P. B., Esvelt, K. M., Moosburner, M., Kosuri, S., et al. (2013). CAS9 transcriptional activators for target specificity screening and paired nickases for cooperative genome engineering. Nature Biotechnology, 31, 833-838.

Mali, P., Yang, L., Esvelt, K. M., Aach, J., Guell, M., DiCarlo, J. E., et al. (2013). RNA-guided human genome engineering via Cas9. Science, 339, 823-826.

Mani, R. S., & Chinnaiyan, A. M. (2010). Triggers for genomic rearrangements: insights into genomic, cellular and environmental influences. Nature Reviews Genetics, 11, 819-829.

May, W. A., Gishizky, M. L., Lessnick, S. L., Lunsford, L. B., Lewis, B. C., Delattre, O., et al. (1993). Ewing sarcoma 11; 22 translocation produces a chimeric transcription factor that requires the DNA-binding domain encoded by FLI1 for transformation. Proceedings of theNational Academy of Sciences of the United States of America, 90, 5752-5756.

Mitelman, F., Johansson, B., & Mertens, F. (2007). The impact of translocations and gene fusions on cancer causation. Nature Reviews Cancer, 7, 233-245.

Montague, T. G., Cruz, J. M., Gagnon, J. A., Church, G. M., & Valen, E. (2014). CHOP-CHOP: A CRISPR/Cas9 and TALEN web tool for genome editing. Nucleic Acids Research, 42, W401-W407.

Morris, S. W., Kirstein, M. N., Valentine, M. B., Dittmer, K. G., Shapiro, D. N., Saltman, D. L., et al. (1994). Fusion of a kinase gene, ALK, to a nucleolar protein gene, NPM, in non-Hodgkin's lymphoma. Science, 263, 1281-1284.

Piganeau, M., Ghezraoui, H., De Cian, A., Guittat, L., Tomishima, M., Perrouault, L., et al. (2013). Cancer translocations in human cells induced by zinc finger and TALE nucleases. Genome Research, 23, 1182-1193.

Ran, F. A., Hsu, P. D., Lin, C. Y., Gootenberg, J. S., Konermann, S., Trevino, A. E., et al. (2013). Double nicking by RNA-guided CRISPR Cas9 for enhanced genome editing specificity. Cell, 154, 1380-1389.

Richardson, C., & Jasin, M. (2000). Frequent chromosomal translocations induced by DNA double-strand breaks. Nature, 405, 697-700.

Rowley, J. D. (1973). Letter: A new consistent chromosomal abnormality in chronic myelogenous leukaemia identified by quinacrine fluorescence and Giemsa staining. Nature, 243, 290-293.

Simsek, D., Brunet, E., Wong, S. Y., Katyal, S., Gao, Y., McKinnon, P. J., et al. (2011). DNA ligase III promotes alternative nonhomologous end-joining during chromosomal translocation formation. PLoS Genetics, 7, e1002080.

Torres, R., Martin, M. C., Garcia, A., Cigudosa, J. C., Ramirez, J. C., & Rodriguez- Perales, S. (2014). Engineering human tumour-associated chromosomal translocations with the RNA-guided

CRISPR-Cas9 system. Nature Communications, 5, 3964.

Urnov, F. D., Rebar, E. J., Holmes, M. C., Zhang, H. S., & Gregory, P. D. (2010). Genome editing with engineered zinc finger nucleases. Nature Reviews Genetics, 11, 636-646.

Weinstock, D. M., Elliott, B., & Jasin, M. (2006). A model of oncogenic rearrangements: Differences between chromosomal translocation mechanisms and simple double-strand break repair. Blood, 107, 777-780.

Xie, S., Shen, B., Zhang, C., Huang, X., & Zhang, Y. (2014). sgRNAcas9: A software package for designing CRISPR sgRNA and evaluating potential off-target cleavage sites. PLoS One, 9, e100448.

第 13 章　人类基因治疗的基因组编辑

Torsten B. Meissner[1,*], Pankaj K. Mandal[1,2,*], Leonardo M.R. Ferreira[1], Derrick J. Rossi[1,2,3,4], Chad A. Cowan[1,4,5]

（1. 美国哈佛大学干细胞与再生生物学系；2. 美国波士顿儿童医院血液学/肿瘤学部细胞与分子医学研究组；3. 哈佛医学院小儿科系；4. 哈佛干细胞研究所谢尔曼·费尔柴尔德生物化学组；5. 麻省总医院再生医学中心；*这些作者对这项工作做出了同样的贡献）

目　录

摘要

基因编辑技术的快速发展为人类基因治疗提供了广泛的前景。从细菌到模式生物模型和人体细胞，基因组编辑工具，如 ZNF、TALEN 和 CRISPR/Cas9 已经成功地应用于各自具有空前精确度的基因组操控。关于人类基因疗法，极大的兴趣是试验人类初级造血细胞中基因组编辑的可行性，它有潜力用于治疗各种人类遗传疾病如血红蛋白病、原发性免疫缺陷和癌症。在这一章，我们探索使用 CRISPR/Cas9 系统有效切除两个临床上相关的人原代细胞类型——$CD4^+$ T 细胞和 $CD34^+$造血干细胞及祖细胞中的基因。通过使用两个引导 RNA 定向到单基因位点，我们实现了高效和可预测融合基因功能的删除。使用 Cas9-2A-GFP 融合蛋白允许转染细胞基于流式细胞仪富集，易于设计、构建和测试引导 RNA，使这种双重引导策略成为初级人原代造血干细胞和效应细胞临床相关基因高效删除的一个诱人方法，同时 CRISPR/Cas9 能应用于基因治疗。

13.1 导 论

基因治疗的目的是用 DNA 重组技术纠正突变或遗传缺陷。从历史上看，基因组的操作依赖于同源重组（HR）的策略，具有显著同源靶向区的供体模板用于插入人们期望的改变（Capecchi，1989）。虽然同源重组介导的基因打靶在某些动物模型中证明是非常成功的，但是它在人细胞系中只是小有成就，主要是因为在人细胞中 HR 效率较低。

基因编辑工具的发展如锌指核酸酶（ZFN）、转录激活因子样效应物核酸酶（TALEN）和规律成簇间隔短回文重复（CRISPR）/CRISPR 相关蛋白（Cas）核酸酶使基因研究有了戏剧性的变化（Hsu，Lander，& Zhang，2014）。这些可编程核酸酶高效产生双链断裂（DSB），它通常由非同源末端连接（NHEJ），即一个经常导致靶基因断裂的易错过程所修复（Sander & Joung，2014）。另外，基因组编辑工具还可通过增加 HR 模板（如单链寡核苷酸）的合并或基于同源打靶载体合用于基因修复（Sander & Joung，2014）。

虽然使用 ZFN 和 TALEN 在造血祖细胞和人多能干细胞中进行基因修复取得了一些成功（Ding，Lee，et al.，2013；Genovese et al.，2014；Kiskinis et al.，2014；Mali et al.，2013），但最近开发的 CRISPR/Cas9 系统由于其功效和易用性优势迅速成为人们选择的研究工具（Hsu et al.，2014）。尽管从它在人细胞系中的第一次应用到现在还不到两年时间（Cong et al.，2013；Jinek et al.，2013；Mali et al.，2013），但 CRISPR/Cas9 介导的基因组编辑已成功应用于各种模式生物、人类胚胎干细胞、诱导多能干细胞及人类成体干细胞（Ding，Regan，et al.，2013；Sander & Joung 2014；Schwank et al.，2013）。

最近小动物模型的原理论证研究表明，用 CRISPR/Cas9 的基因校正甚至可在患者中进行（Ding et al.，2014；Yin et al.，2014）。经基因组编辑变更的插入是永久性的，在某些情况下可能优于短寿的生物制剂或小分子药物治疗。综合来看，这些研究证明，基因组编辑有矫正人类遗传疾病的潜力，可能转化为新的临床治疗手段。

在本节中，我们关注 CRISPR/Cas9 对人类造血细胞的瞬时递送，它可以轻易地从外周血分离，体外扩增，随后重新注入患者体内（Bryder，Rossi & Weissman，2006）。通过基因组编辑，体外培养/扩增步骤为期望细胞类型如人 T 细胞或造血祖细胞的操控打开了机会之窗。

本节介绍第一方案 β2-微球蛋白（B2M）基因在人类 $CD4^+$原代 T 细胞中的打

靶。B2M 介导细胞缺乏主要组织相容性复合物-Ⅰ（MHC-Ⅰ）表面表达（Gussow et al.，1987），通常代表供体驱动（异源）移植的主要屏障。

抗原特异性 T 细胞已经用于细胞过继 T 细胞疗法（ACT）——基础疗法，并为各种恶性肿瘤包括黑色素瘤、急性和慢性淋巴瘤提供有前途的治疗（June，Rosenberg，Sadelain，& Weber，2012）。最近，嵌合抗原受体的设计使效应 T 细胞重定向打击各种血液恶性肿瘤（Maus，Grupp，Porter，& June，2014）。然而，过继 T 细胞疗法的主要缺点是它们对自体同源设置的限制，其中肿瘤特异性 T 细胞已从患者中分离、扩增并给回到相同患者体内。此外，用于过继 T 细胞疗法的抗原特异性 T 细胞衍生和它们的扩增需要几个星期。因此，需要产生普遍可移植的、方便使用的供者 T 细胞，并且可以用于异源移植设置以便管控具有差异 MHC 表达的多重受体。

第二个方案介绍使用 CRISPR/Cas9 系统在 $CD34^+$造血干细胞祖细胞（HSPC）中删除趋化因子（C-C 基序）受体 5（CCR5）的策略。由于 CCR5 是人类免疫缺陷病毒-1（HIV-1）进入的一个非常重要的辅助受体（Trkola et al.，1996），在 HSPC 中靶向 CCR5 代表产生 HIV-1-抗性免疫系统一个有吸引力的途径。移植后，CCR5-缺陷 HSPC 可以嫁接、扩大和最终提高抗 HIV-1 病毒感染的 CCR5-缺陷 $CD4^+$ T 细胞（Holt et al.，2010）。需要进一步的研究来评估脱靶效应尤其是体内的安全和范围，以及减少脱靶效应如 Cas9 切口酶（Ran，Hsu，Lin，et al.，2013）或最近开发的 Cas9-FokI 融合蛋白（Tsai et al.，2014）的策略，都将有助于更安全地将这些策略转化为临床应用。最后，在本节中结合介绍的两种方法，即 B2M 和 CCR5 的删除，可以延伸用于 HIV-1 感染的细胞治疗而在自体设置则无法实现，使这种治疗形式更容易接受和惠及大量患者。

13.2 人原代 $CD4^+$T 细胞 B2M 的基因组编辑

克服移植中主要组织相容性复合物（MHC）障碍是再生医学的主要目标之一，设想通过直接靶向 HLA 分子或辅助链 B2M 减少移植细胞免疫原性的几个策略（Lu et al.，2013；Riolobos et al.，2013；Torikai et al.，2013）。B2M 在所有有核细胞中持续表达，也是 MHC Ⅰ类分子适当的表面交换的需要（Gussow et al.，1987）。删除 B2M 基因导致 MHC Ⅰ表面表达丧失（Koller，Marrack，Kappler，& Smithies，1990；Zijlstra et al.，1990），是肿瘤逃避免疫排斥反应中一种常见的策略（Challa-Malladi et al.，2011；D'Urso et al.，1991；Rosa et al.，1983）。

在这个方案中，我们专注于 B2M-特异性 CRISPR/Cas9 递送给从外周血获得的原代人 $CD4^+$T 细胞。通过阴性选择和随后瞬时核转染分离 $CD4^+$T 细胞。使用构建的 Cas9-2A-GFP 使转染细胞基于 GFP 荧光达到识别和分选的目的。对 B2M

而言，在细胞表面表达成功打靶可以采用抗 B2M 抗体进行简单的表面染色，接下来再通过荧光激活细胞（流式细胞仪）分选分析而监测确认 B2M 表达的丧失。

在这项研究中，我们选择采用双重引导策略，即使用两个 CRISPR 引导定向抗 B2M 位点（图 13.1）。我们利用这个双引导方案先前观察了人初始造血细胞内某些引导结合的剪切效率（P. Mandal & L. Ferreira，未发表）。类似的结果已在小鼠中观察到，最近利用 CRISPR/Cas9 多重复合物在小鼠和大鼠中完成了 B2M 基因的删除（Cong et al.，2013；Ma et al.，2014；Zhu et al.，2014）。双重引导策略的另一优点在于定义区域切除而不是像 NHEJ 那样产生不可预知的插入/缺失。

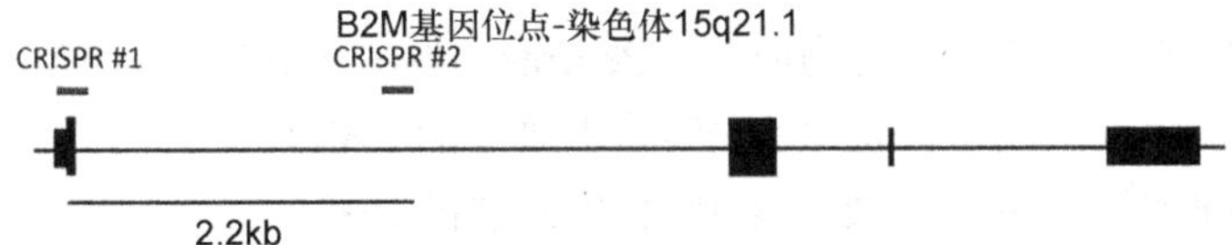

图 13.1　双引导策略。15q21.1 染色体上 B2M 位点示意图显示用这个研究的 CRISPR 结合位点（红色）。CRISPR#1 靶向第一个外显子，而 CRISPR#2 将在 B2M 基因第一个外显子 2.2kb 下游引入一个双链断口。切割的单个 CRISPR 已先在 293T 细胞建立。

该方案的瓶颈是由电穿孔导致细胞大量死亡。最终，使用修饰的 RNA 或非整合慢病毒载体可以减少细胞死亡率并使 CRISPR/Cas9 递送更有效（Banasik & McCray，2010；Warren et al.，2010）。双重引导方案是否会导致脱靶效应增加还必须以案例为基础凭经验来确定。然而，这种策略广泛适用于各种靶位点分析并对各种人原代细胞基因组编辑位点快速评价，这对过继 T 细胞治疗极有价值。

13.2.1　所需材料

- 从健康捐献者白细胞分离术（leukopac）获得的柠檬酸抗凝血（美国 MGH 血库，Boston，MA）。
- Rosette Sep^{TM} 人 CD4^{+} T 细胞鸡尾酒法浓缩（StemCell^{TM} Technologies# 15022）
- 血细胞计数器或相当于细胞计数器
- 台盼蓝溶液（Sigma#T8154）
- 聚蔗糖-Paque^{TM}（GE Healthcare#17-1440-03）
- 塑料移液管（BD Falcon#357575）
- Dulbecco 磷酸缓冲盐（Corning#21-031-CV）

- 新鲜分离的 $CD4^+$ T 细胞（见 2.2）
- Cas9-2A-GFP 质粒（Addgene#44719）
- 引导质粒（Addgene#41824）
- Amaxa®人 T 细胞核转染试剂盒（Lonza#VPA-1002）
- 核转染仪® II（Lonza）
- RPMI-1640、L-谷氨酰胺和 $NaHCO_3$（Sigma-Aldrich#R8758）
- HI 胎牛血清（Gibco#16140-063）
- 青霉素和链霉素溶液（VWR#45000-652）
- 4-羟乙基哌嗪乙磺酸（HEPES）（Invitrogen#15630）
- GlutaMaxTM（Gibco#35050061）
- 人白细胞介素-2，非动物成分（Peprotech#AF-200-02）
- 流式细胞仪阻断缓冲液（含 4%胎牛血清的 PBS）
- 流式细胞仪染色缓冲液（含 1%胎牛血清的 PBS）
- 流式细胞仪具有松紧扣帽的管（BD Falcon#352235）
- 7-AAD 可发育染色溶液（BioLegend#420404）
- Zombie AquaTM 可固定发育试剂盒（BioLegend#423101）
- 抗-CD4-PE，克隆号 RPA-T4、IgG1、κ（BD Pharmingen#555347）
- 抗-B2M-APC，克隆号 2M2、IgG1、κ（BioLegend#316302）
- 抗人 HLA-A，B，C-Alexa647，克隆号 W6/32、IgG2a、κ（BioLegend#311416）
- 流式细胞仪 Calibur™ 或 LSR II（BD Bioscience）对细胞分析
- 流式细胞仪 Aria™（BD Bioscience）对细胞分选
- 基因组 DNA 分离试剂盒（QIAGEN#69506）
- Phusion 绿色热启动 II 高保真 DNA 聚合酶（Thermo Scientific F-537S）
- 基因特异性引物
- dNTP（Thermo Scientific#R0192）
- 琼脂糖（GeneMate#E-3120-500）
- TBE 缓冲液（Thermo Scientific#B52）
- 凝胶电泳工作站（BioRad）

13.2.2 外周血 $CD4^+$ T 细胞的分离

各种试剂盒适用于分离人原代白细胞。在这个方案中，我们选择使用 Rosette Sep™（Stem Cell Technologies），实施负选择，它允许没有受伤的 $CD4^+$ T 淋巴细胞的分离。采用抗 CD4 抗体偶联荧光染色后，经流式细胞计数评价其纯度，还可与其他 T 细胞特异性标记物结合（图 13.2）。

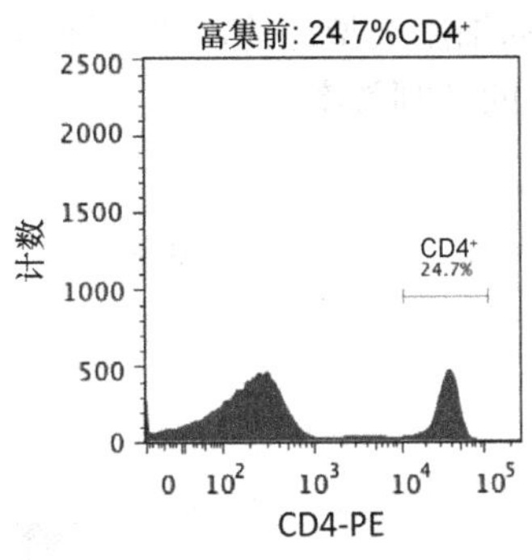

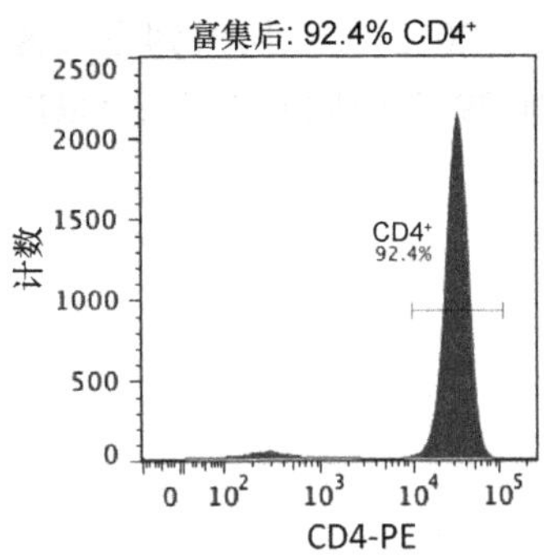

图 13.2 用 Rosette Sep™ 对人 $CD4^+$ T 细胞的富集。用人 $CD4^+$ T 细胞浓缩鸡尾酒法可以富集人 $CD4^+$ T 细胞的纯度>90%。从 leukopacs 中分离 $CD4^+$ T 细胞，用藻红蛋白标记抗 CD4 抗体评价富集前（左图）和富集后（右图）的纯度。

（1）将来自于 leukopac 的血液注入 50ml Falcon 管（见注意①）。

（2）添加 Rosette Sep™ 人 $CD4^+$ T 细胞鸡尾酒法浓缩至 50μl/ml 的血液中。

（3）混合物于室温孵化 20min。

（4）用等体积 PBS 稀释样品并轻轻翻转混合。

（5）将稀释样品加到聚蔗糖-Paque™ 上（见注意②）。

（6）1800rpm 室温下离心 25min。

（7）用塑料移液管收集界面上的细胞并转移到新鲜管中。

（8）用 10ml PBS 稀释细胞，在 1800rpm 室温下离心 5min。

（9）再用 10ml PBS 洗涤细胞。

（10）用 5ml PBS 重新悬浮细胞沉淀并用血细胞计数仪计算细胞数。

（11）保存于 4℃直到使用为止。

注意

①我们建议使用富含白细胞源分离 $CD4^+$ T 细胞如白细胞或白细胞层（buffy coat）。来自白细胞的产量通常是$(10\sim20)\times10^6$ $CD4^+$ T 细胞/ml，比从新鲜外周血分离的 $CD4^+$T 细胞［$(1\sim2)\times10^6$/ml］大约高 10 倍。

②另外，稀释样品底层为密度介质。

13.2.3 核转染递送 CRISPR/Cas9

在这个方案中，Cas9 和 CRISPR 引导质粒经过核转染瞬时引入到 $CD4^+$ T 细胞。CAG 启动子驱动 Cas9 表达，其次是通过 2A 链接 GFP，接下来基于 GFP 信号经流式细胞仪富集转染细胞（图 13.3）。有一些方案和在线工具可用于辅助设计和克隆 CRISPR 单链引导 RNA（Peters，Cowan，& Musunuru，2013；Ran，Hsu，

Wright，et al.，2013）。在切换到更难转染的细胞类型之前，我们推荐验证容易转染的细胞（如 292T 细胞）内单个 CRISPR 的切割效率。

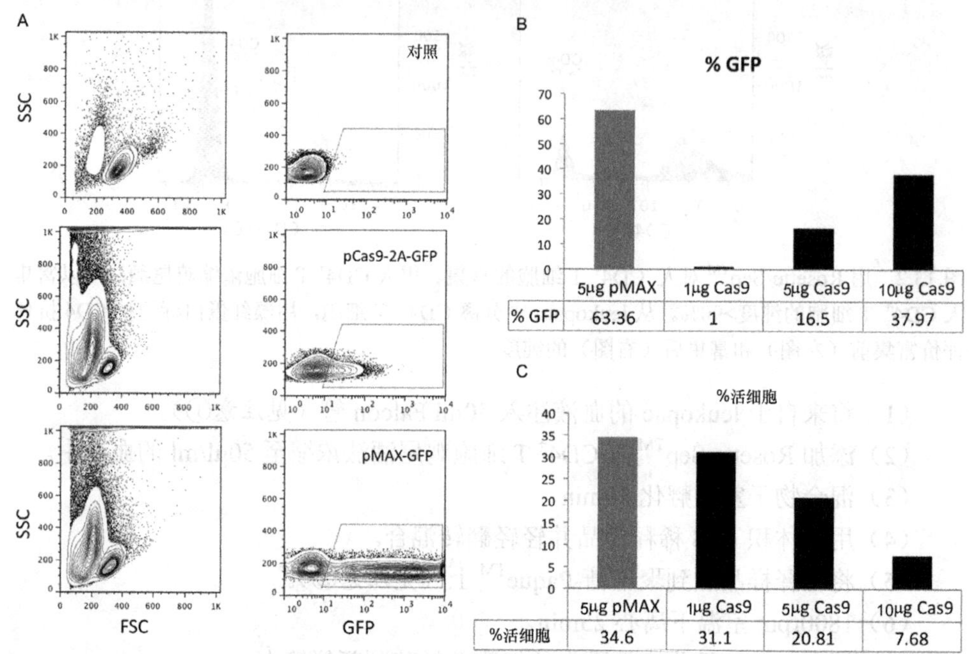

	5μg pMAX	1μg Cas9	5μg Cas9	10μg Cas9
% GFP	63.36	1	16.5	37.97

	5μg pMAX	1μg Cas9	5μg Cas9	10μg Cas9
%活细胞	34.6	31.1	20.81	7.68

图 13.3 通过核转染将 Cas9 递送到人 $CD4^+$ T 细胞的优化。基于绿色荧光蛋白（GFP）信号比较非转染或模拟电穿孔样品可以分析成功转染人的 $CD4^+$ T 细胞。pMax-GFP 作为阳性对照（A）。每次转染增加 Cas9-2A-GFP 质粒的量导致更高的 GFP^+细胞百分比（B）。然而，它也诱导细胞死亡的增加，从而减少 GFP^+活细胞总数（C）。

1. 核转染

（1）按照说明书补充 Nucleofector®溶液并保持在室温直到使用。

（2）对 $CD4^+$ T 细胞计数并确定活细胞数量（见注意①）。

（3）准备所需数量细胞的试管［$(5\sim10)\times10^6$ 细胞/样品］。

（4）将试管于 1800rpm 离心，弃上清液并将细胞沉淀保持在冰上（见注意②）。

（5）按下表分装 DNA（见注意③）。

（6）在 100μl Nucleofector®溶液中混合 $CD4^+$ T 细胞，随后用分装的 DNA 与悬浮细胞混合。立即进行下一个步骤（见注意④）。

一份 Nucleofector®样品包含：

$(5\sim10)\times10^6$ $CD4^+$ T 细胞

5μg Cas9-2A-GFP 质粒

2.5μg 引导质粒#1

2.5μg 引导质粒#2

100μl 人类 $CD4^+$ T 细胞核转染溶液

（7）将细胞/DNA 悬液转移到试剂盒提供的比色皿并将比色皿插入到转染仪中。

（8）用程序 U-014 进行核转染（见注意⑤）。

（9）立即将细胞转移到用塑料移液管填充了 7ml 预温的 RPMI-10 的 15ml Falcon 管中（见注意⑥）。

（10）1800rpm 离心 5min 沉淀细胞。

（11）吸去培养基和用新鲜 RPMI-10 重新悬浮。

（12）再接种到 0.5ml RPMI-10 适当大小孔中。

RPMI-10 培养基

RPMI

10% FBS

10mmol/L HEPES

1×GlutaMax

1×Pen/Strep

2. 核转染后

（1）第一次核转染后 6～12h 更换培养基以便改善生存能力。包括在这一步培养基中 50 IU/ml 人白细胞介素 2（见注意⑦）。

（2）在合适大小的培养盘中在 5%二氧化碳培养箱 37℃培养细胞直至分析。

注意

①从我们的经验来说，在分离处理当天，$CD4^+$ T 细胞的生存能力是最好的。此外，核转染后产量和生存能力对供体依赖性很高。我们建议至少在两个独立的捐助者/实验中重复电穿孔。

②残留培养基可能影响核转染效率。

③使用无内毒素 DNA 分离试剂盒制备所有质粒，DNA 应该溶解在无内毒素水/TE 缓冲液中。用尽可能浓缩的 DNA（总量不多于 10μl）以便样品不做太多稀释。

④一次只处理一个样品。在 Nucleofector®溶液中长时间暴露将增加细胞死亡。

⑤对非刺激性人 T 细胞的核转染方案 U-014 已经进行了优化。使用 V-024 方案，Cas9-2A-GFP 有更好的表达，尽管用这个方案我们观察到细胞死亡的增加。

⑥我们建议单独用 Cas9-2A-GFP 质粒进行转染，并保持非转染 $CD4^+$ T 细胞以确保适当的在流式细胞仪分析过程中的门控（见 13.2.4 节“1. 基于 FACS 的

分析”)。

⑦在100mmol/L乙酸中溶解IL-2，在RPMI-10中进一步稀释到100IU/μl。分装并储存于–80℃。

13.2.4 打靶效率的评估

使用表面抗原（B2M）检测成功打靶，即用荧光标记抗靶蛋白抗体作为简单的流式细胞仪染色（见13.2.4节“1. 基于FACS的分析”）。另外，使用FACS Aria或可比较细胞分选仪基于GFP信号将转染后的细胞分选48～72h。随后，通过从合并群体中分离的基因组DNA的PCR评价打靶（见13.2.4节“2. 基于PCR筛选分析”）。

1. 基于FACS的分析

转染后48～72h进行FACS分析。收获细胞，用所需荧光偶联抗体染色，使用BD LSR II（BD Bioscience）或等价细胞分选仪分析。由于电穿孔后有大量的死细胞，我们强烈建议在染色方案中用7-AAD或Zombie Aqua™标记死细胞。门控策略用于检测图13.4介绍的成功打靶细胞。

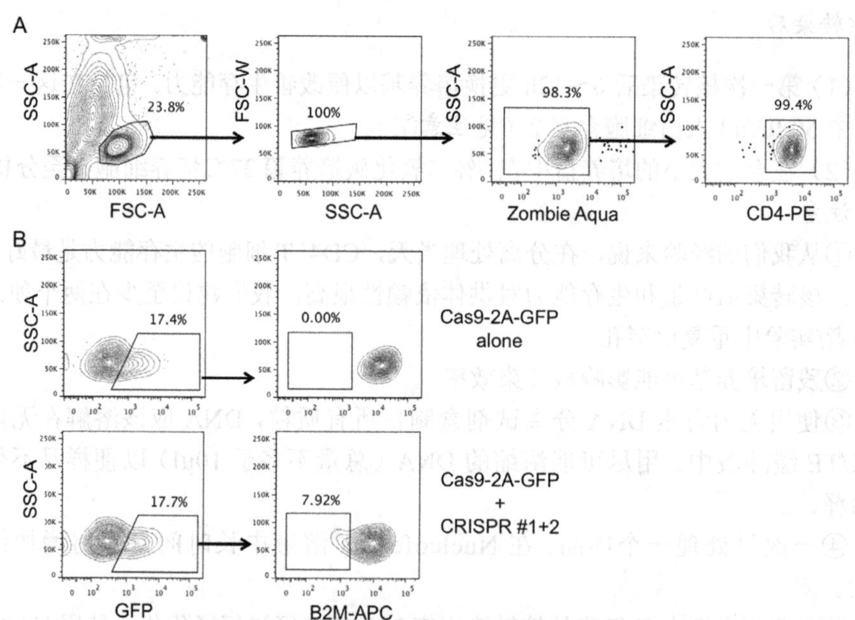

图13.4 B2M表面染色缺失衡量成功打靶。（A）门控策略：死细胞被独特的小尺寸（FSC-A）和更高的粒度（SSC-A）排除在外。此外，死细胞可以被CD4-PE阳性染色的Zombie Aqua™阴性群体所排除。（B）基于Cas9-2A-GFP荧光，$CD4^+GFP^+$群体对丧失B2M表达进一步分析。

（1）1800rpm 短暂离心细胞 5min。

（2）用 750μl PBS 重新悬浮沉淀和重复离心。

（3）用 200μl PBS 包含 2μl Zombie Aqua™ 重新悬浮细胞沉淀（见注意①）。

（4）室温下孵化 15～20min。避光保护！（见注意②）。

（5）沉淀细胞，用染色缓冲液（PBS 含 1% FBS）洗涤。

（6）在 100μl 封闭缓冲液(4%FBS 的 PBS)重新悬浮沉淀并在冰上孵化 30min。

（7）加 100μl 抗体染色混合液，并置冰上孵化 30～45min（见注意③）。

抗体染色混合液

1%FBS 的 PBS

抗-CD4-PE（1∶100）

抗-B2M-APC（1∶100）或

抗-HLA-A,B,C-Alexa647（1∶100）

（8）用 700μl 染色缓冲液洗涤细胞两次。

（9）在 300μl 染色缓冲液中重新悬浮细胞沉淀。

（10）保持细胞于冰上直到分析。

（11）用 FACS Caliber（BD Bioscience）或 BD LSR II 记录 FACS 数据并用 FlowJo7.6 软件（Tree Star）分析。

2. 基于 PCR 筛选分析

可以通过用特异性基因引物靶向位点的标准 PCR 扩增来验证 CRISPR 诱导删除（图 13.5）。

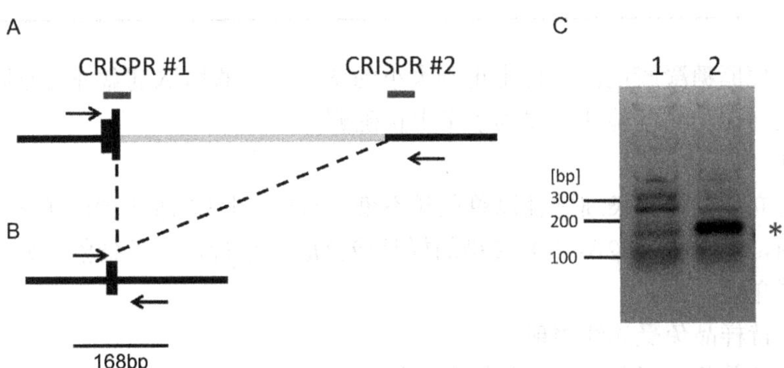

图 13.5 *B2M* 基因座位靶向删除的 PCR 验证。测定 B2M 位点中靶向删除的 PCR 策略。（A）WT 等位基因。（B）当删除分离两个结合位点（黑色箭头）的 2.2kb 区域时只扩增 168 bp 产物（C 和泳道 2，星号）。泳道 1：只有 Cas9-2A-GFP。泳道 2：Cas9-2 a-gfp+CRISPR#1+2。删除的身份由 Sanger 测序验证。

（1）采用FACS Aria或等同细胞分选器分离GFP^+细胞，接下来使用13.2.4节中“1. 基于FACS的分析”介绍的门控策略（见注意④）。

（2）使用商用试剂盒根据制造商的说明分离基因组DNA（如QIAGEN）。

（3）用标准的循环条件在常规的热循环仪中完成PCR扩增（见注意⑤）。

1×PCR反应混合物

50～100ng基因组DNA

1.0μl正向引物（10μmol/L）

1.0μl反向引物（10μmol/L）

4μl融合绿色富含GC 5×缓冲液

1.0μl dNTP

0.2μl融合HS聚合酶

（用ddH_2O加至20μl）

循环条件

95℃	1min	
95℃	10s	40个循环
58～62℃	10s	
72℃	10s	
72℃	1min	
16℃	无限	

（4）琼脂糖凝胶电泳，切出正确大小的条带，用商用试剂盒纯化凝胶，并用正向或反向引物测序验证证序列水平上正确删除。

注意

①建立一些非转染细胞辅以单色和不染色对照，其中需要适当的门控和补偿。同样理由，只用Cas9-2A-GFP转染的样品应分成两个管，一半染色，另一半用于GFP通道单色对照。

②保持样品免受光线照射！

③准备单色对照分别用于门控和补偿。

④这一步只需要用Cas9-2A-GFP转染样品，用于设置门控，也作为PCR扩增的阴性对照。

⑤引物的退火温度最好用不同退火温度的梯度循环进行测定。

13.3　用 CRISPR/Cas9 对人 $CD34^+CCR5$ 中的 CCR5 打靶

趋化因子（C-C 基序）受体 5（CCR5）即 HIV-1 的主要辅助受体（Trkola et al.，1996），是预防 HIV 毒感染的有充分证据的策略（Catano et al.，2011；Martinson，Chapman，Rees，Liu，& Clegg，1997；Samson et al.，1996）。受天然存在于（抗 HIV-1 感染）CCR5 中的 delta32 突变子的激发，CCR5 迅速成为使用 ZFN 进行基因组编辑第一波靶研究的热门课题（Holt et al.，2010；Perez et al.，2008）。人造血干细胞和祖细胞（HSPC）中的 CCR5 的靶向切除催生了 $CD4^+$ T 细胞抗 HIV 的挑战并在小鼠模型中提供了持久的免疫力（Holt et al.，2010）。CCR5 缺失 HSPC 和 $CD4^+$ T 细胞是目前初步临床试验的评价指标（Tebas et al.，2014）。

在这个方案中，我们探索最近开发的基因组编辑工具、CRISPR/Cas9 系统靶向 $CD34^+$ HSPC 中的 CCR5 位点的适用性。CRISPR/Cas9 超越 ZNF 的优势是它们易于产生和面对抗相同靶的多重引导子可以在单一转染中递送（Hsu et al.，2014）。我们利用这个多重复合能力引入特异性和可预测的缺失，导致高效纯合子 CC5R 零突变（图 13.6A）。为此，$CD34^+$ HSPC 是从脐带血或动员外周血中分离的。Cas9-GFP 和引导质粒靶向 CCR5，已经由 293T 的 CEL 分析及通过核转染将 K562 细胞（见图 13.6B）引入到 $CD34^+$ HSPC 所证实。转染后 24h，通过流式细胞仪分选分离 GFP^+ 细胞（图 13.7）。FACS 分选细胞要么保留于液体培养基中，要么接入到甲基纤维素上。接种 2 周后，计算克隆子，并对它们在骨髓（粒细胞、巨噬细胞）和红细胞系中的贡献打分。随后，挑出单个克隆采用 PCR 策略分析来确定一个或两个 CCR5 等位基因的删除效率（图 13.8A）。虽然我们发现在单个 HSPC 供体之间 CCR5 切除有显著不同，但在大多数情况下双引导方法导致 CCR5 有效单等位基因和双等

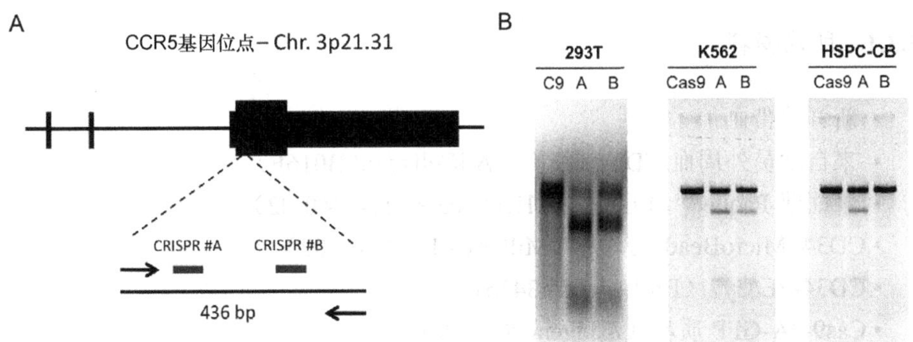

图 13.6　用 CRISPR/Cas9 系统切除人细胞 CCR5。（A）示意图指示引导靶向人 CCR5 位点的位置。引导为红色。箭头表示用于扩增靶向分析区域的引物对。（B）CEL 验证在 293T（左图）、K562（中图）中引入突变事件（indels），$CD34^+$ HSPC 从脐带血（HSPC-CB）分离。

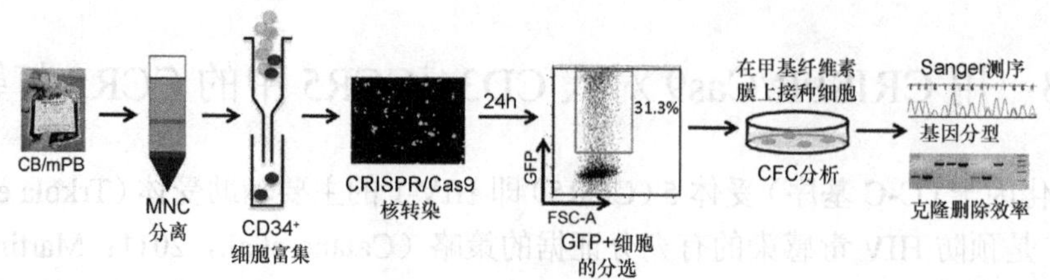

图 13.7 CD34$^+$ HSPC 中的基因组编辑。示意图说明在 CD34$^+$ HSPC 中基因组编辑工作流程。单核细胞（MNC）从脐带血分离（CB），经聚蔗糖梯度离心分离。随后，CD34$^+$细胞用 CD34$^+$磁珠浓缩分离并用 CRISPR/Cas9 质粒核转染。转染 24h，GFP 阳性细胞用流式细胞仪分选，用甲基纤维素培养 2 周。计算甲基纤维素上生长的菌落，按菌落类型分选。从单个菌落分离的 DNA 可以通过 Sanger 测序或凝胶电泳来分析。（彩图请扫封底二维码）

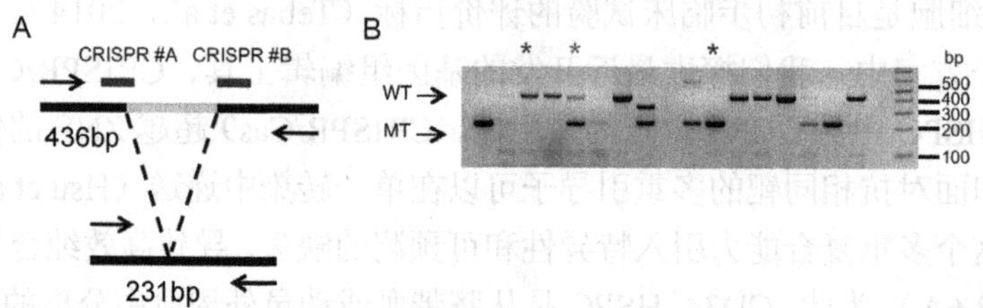

图 13.8 CD34$^+$ HSPC 中 CCR5 删除的克隆分析。（A）示意图显示靶向 CCR5 位点的“双重引导”方法。箭头表示用于扩增靶向区域的引物对。灰色所示删除区域（切断位点之间 205bp）。（B）凝胶电泳图片显示 PCR 不同克隆分析的基因型。野生型、杂合子和零克隆子分别用绿色、橙色和红色星号表示。从单个菌落分离的 DNA 通过 PCR 分析。（彩图请扫封底二维码）

位基因删除（图 13.8B）。删除的精准性可以通过 PCR 产物的 Sanger 测序来确定。总之，该方案在原代细胞 CD34$^+$ HSPC 中采用 CRISPR/Cas9“双重引导策略”为有效和可预测临床相关基因提供了一种简单途径。

13.3.1 所需材料

- 新鲜脐带血
- 来自动员外周血 CD34 +细胞（AllCells #mPB016F）
- 聚蔗糖-Paque™ PLUS（GE Healthcare #17-1440-02）
- CD34$^+$ MicroBead 试剂盒（Milteny #130-046-702）
- CD34-PE/Cy7（BioLegend #343515）
- Cas9-2A-GFP 质粒（Addgene #44719）
- 引导质粒（Addgene #41824）
- 人 CD34$^+$核转染试剂盒®（Lonza #VPA-1003）
- 核转染Ⅱ（Lonza）

- Aria Ⅱ分选器（BD Bioscience）
- DMEM/F12 培养基（Life Technologies #11320-033）
- 胎牛血清（Hyclone #SH30070）
- EDTA（Sigma #E7889）
- 无 Ca^{2+}和 Mg^{2+}PBS（Corning Cellgro #21-040-CV）
- β-巯基乙醇（Gibco® #21985-023）
- GlutaMax（Gibco® #35050-061）
- 青霉素-链霉素（Cornig Cellgro#30-002-CI）
- GM-CSF（Peprotech#300-03；储备液：100μg/ml，10 000×）
- SCF（Peprotech#300-07；储备液：100μg/ml，1000×）
- TPO（Peprotech#300-18；储备液：50μg/ml，1000×）
- Flt3 配体（Peprotech#300-10；储备液：50μg/ml，1000×）
- IL3（Peprotech#200-03；储备液：100μg/ml，10 000×）
- IL6（Peprotech#200-06；储备液：100μg/ml，5000×）
- MethoCult™ H4034 最佳（Stem Cell Technologies #04034）
- Surveyor 突变检测试剂盒（Transgenomic#706020）
- 含有洗涤剂和蛋白酶 K 完全裂解缓冲液（10mmol/L Tris-HCl，pH7.6，50mmol/L Nacl，6.25mmol/L $MgCl_2$，0.045% NP40，0.45% Tween20。添加蛋白酶 K 50μl/ml 裂解缓冲液）
- 蛋白酶 K（Viagen#501-PK）
- 核糖核酸酶（Invitrogen #12091-039）
- GoTaq®绿色大师混合液（Promega#M7122）
- 样品培养基（2mmol/L EDTA，2%胎牛血清无 Ca^{2+}和 Mg^{2+} PBS）

13.3.2　$CD34^+$ HSPC 的转染

新鲜脐带血样品从 Dana Farber 癌症研究所细胞处理实验室获得，单核细胞用聚蔗糖梯度密度法纯化。$CD34^+$ HPSC 采用 $CD34^+$微珠分离试剂盒（Milteny）按照制造商说明书通过免疫微珠分选技术（MACS）纯化。$CD34^+$细胞来自于从 AllCell 购买的 G-CSF 修饰外周血。采用 Amaxa Nucleofection 将 $CD34^+$细胞与 CRISPR/Cas9 表达质粒共转染。

1. 来自脐带血的 $CD34^+$ HSPC 的分离

（1）用三倍体积无 Ca^{2+}和 Mg^{2+} PBS 稀释脐带血（见注意①）。

（2）仔细将 35ml 稀释的细胞悬液在 50ml 锥形管中的 15ml 聚蔗糖-Paque 上

面加一层。

（3）在无刹车吊桶式转子 400*g* 20℃离心 35min。

（4）吸去上层，留下没有搅动的白细胞层。

（5）小心将白细胞成转移到 50ml 新锥形管中，用样品培养基填满管。200*g* 20℃离心 10min。低速离心去除血小板。

（6）重复步骤（5）。弃上清液。用 3ml 样品培养基重新悬浮细胞沉淀并进行细胞计数。

（7）用 $CD34^+$微珠试剂盒按说明书分离 $CD34^+$细胞（见注意②）。另外，按说明书解冻来自 G-CSF 修饰外周血的 $CD34^+$细胞冷冻瓶。

（8）转染前将 $CD34^+$细胞（来自脐带血或修饰外周血）在 HSPC 完全培养基于 37℃、5% CO_2 培养箱培养 6～8h。

HPSC 培养基

DMEM/F12 培养基

10% FBS

β-巯基乙醇

青霉素-链霉素

最小量非必需氨基酸

GM-CSF、SCF、TPO、Flt3 配体、IL3、IL6

2. $CD34^+$ HSPC 的核转染

在这里，我们介绍 CRISPR 和 Cas9 表达质粒通过核转染递送到 $CD34^+$细胞的方案。核转染是应用电脉冲在细胞膜中产生短暂小孔传递核酸到细胞内的一种方法。使用核转染，质粒可以以相对无毒的方式有效地传送到 $CD34^+$ HSPC 中。

（9）收集细胞到 15ml 圆锥管中。用 2ml 样品培养基冲洗孔。

（10）400*g* 室温下离心 5min。样品培养基洗涤一次。

（11）用 1ml 样品培养基重新悬浮细胞沉淀，计数细胞。

（12）1.7ml 微量管分装成 $1×10^6$ 细胞，400g 旋转 5min。完全吸出样品培养基（见注意③）。

（13）在 1.7ml 微量管中分装 10μg Cas9-2A-GFP 质粒和 5μg 引导 RNA。

（14）100μl 核转染缓冲液重新悬浮细胞沉淀。将质粒 DNA 加到细胞悬液并用移液管吸打。

（15）将细胞与 DNA 转移到试剂盒提供的比色皿中。立即进行核转染（见注意④）。

（16）按照制造商说明使用 Amaxa Nucleofector II 设备完成核转染。

（17）细胞在室温保持 10min。

（18）将细胞转移到没有青霉素/链霉素 48 孔板的 1ml HSPC 培养基中（见注意⑤）。

（19）转移细胞到 37℃孵化器，培养 24h。

3. 细胞分选

随着从 CAG 启动子表达的 Cas9 蛋白与 2A 肽耦合的 eGFP 一起共转染，可通过流式细胞仪基于 GFP 表达分选分离 Cas9 表达细胞。采用抗-CD34 抗体辅助染色细胞，可获得分析用非常纯的 CRISPR/Cas9 表达（GFP^+）$CD34^+$细胞。

（20）转染后 24h，在荧光显微镜下检查细胞 GFP 表达。

（21）在 1.7ml 微量离心管中收集细胞。用 500μl 样品培养基洗涤板孔。

（22）400*g* 4℃离心细胞 5min。用 1ml 的样品培养基清洗一次。

（23）100μl 样品培养基重新悬浮细胞沉淀。加 1μl PE-Cy7 偶联人抗-CD34（BioLegend）抗体到细胞悬液。

（24）在冰上黑暗下培养细胞 20min。

（25）添加 500μl 样品培养基到细胞内，400*g* 4℃离心 5min。去除上层清液。

（26）用 50μl 样品培养基重新悬浮细胞并在黑暗中保持细胞于冰上。

（27）在收获之前，添加 250μl 含有碘化丙锭（PI）的 PBS。过滤细胞悬液并收获。

（28）用流式细胞仪 Aria II 细胞分选仪或等效仪器分选（PI-阴性）GFP^+CD34^+细胞。

注意

①不要使用超过 6h 的脐带血用于 $CD34^+$细胞分离和转染。

②通常白细胞层含有红细胞，但这并不妨碍 $CD34^+$细胞通过磁珠富集。

③不建议每次转染细胞数量低于 500 000。

④$CD34^+$细胞在转染仪中孵化不能超过 20min，因为这会减少细胞生存能力和转染效率。如果处理多个样品，我们建议在一批工作 4～5 个样品。这将减少在核转染缓冲液中的孵化时间。

⑤核转染之后，不要将细胞在含有抗生素的细胞培养基中培养，因为这可能会影响细胞的生存能力。然而，细胞分选后应该将细胞在培养基/含有抗生素的甲基纤维素中培养。

13.3.3　集落形成细胞检测

（29）集落形成细胞（CFC）分析，在 15ml 锥形管中分装 5ml 的甲基纤维素（MethoCult™ H4034 Optimum，Stem Cell Technologies）（见注意①和②）。

（30）加入 5000 个 GFP^+CD34^+分选细胞。

（31）涡漩混合细胞与甲基纤维素，室温下保持锥形管直立位置 10～15min。这将使甲基纤维素沉淀（见注意③）。

（32）借助于 19G 针头的 3ml 注射器，在 35mm 盘中接种 5ml 甲基纤维素于细胞（见注意④）。

（33）轻敲盘使甲基纤维素分布均匀。

（34）在 37℃加湿室孵化器孵化该盘子。培养细胞 2 周并计数细胞，分选集落。

注意

①甲基纤维素应该在 4℃解冻过夜。完全解冻后，按需要小量分装到 15ml 锥形管，储存在–20℃。

②避免多次冻融循环。不要用移液管头分装甲基纤维素。

③将细胞与甲基纤维素猛力混合以便获得均匀分布的细胞。

④在 35mm 培养板中接种不要超过 1500 个 $CD34^+$细胞。更高的细胞数量将会干扰单个集落的挑出。

13.3.4 克隆分析

（35）借助于 p20 吸管挑出集落单独在 MethoCult 中生长。

（36）在 50μl 含有洗涤剂和蛋白酶 K 的定向裂解缓冲液中裂解（van der Burg et al.，2011）（见注意①）。

（37）56℃消化样品 1h（见注意②）。

（38）95℃灭活蛋白酶 K 15min。

（39）加 50μl 水与核糖核酸酶 A 到样品中。

（40）2μl 样品用于 PCR 反应分析。

（41）按说明书用 GoTaq® Green Master Mix（Promega）建立 PCR 反应（25μl）。

（42）加入 2μl DNA 样品到 PCR 混合物中。

（43）按照下面给出的条件运行 PCR。

循环条件

温度	时间	
95℃	1min	
95℃	20s	35 个循环
62℃	20s	
72℃	30s	
72℃	2min	
16℃	无限	

（44）对于单一引导实验，采用 Sanger 测序分析 PCR 产物。

（45）对于双重引导实验，可以通过琼脂糖凝胶电泳直接评估打靶。

注意

①使用前应将蛋白酶 K 新鲜加入到裂解缓冲液。

②与蛋白酶 K 消化应该在 PCR 仪内进行。

参 考 文 献

Banasik, M. B., & McCray, P. B., Jr. (2010). Integrase-defective lentiviral vectors: Progress and applications. Gene Therapy, 17(2), 150-157. http://dx.doi.org/10.1038/gt.2009.135.

Bryder, D., Rossi, D. J., & Weissman, I. L. (2006). Hematopoietic stem cells: The paradigmatic tissue-specific stem cell. The American Journal of Pathology, 169(2), 338-346. http://dx.doi.org/10.2353/ajpath.2006.060312.

Capecchi, M. R. (1989). Altering the genome by homologous recombination. Science, 244 (4910), 1288-1292.

Catano, G., Chykarenko, Z. A., Mangano, A., Anaya, J. M., He, W., Smith, A., et al. (2011). Concordance of CCR5 genotypes that influence cell-mediated immunity and HIV-1 disease progression rates. The Journal of Infectious Diseases, 203(2), 263-272. http://dx.doi.org/10.1093/infdis/jiq023.

Challa-Malladi, M., Lieu, Y. K., Califano, O., Holmes, A. B., Bhagat, G., Murty, V. V., et al. (2011). Combined genetic inactivation of beta2-microglobulin and CD58 reveals frequent escape from immune recognition in diffuse large B cell lymphoma. Cancer Cell, 20(6), 728-740. http://dx.doi.org/10.1016/j.ccr.2011.11.006.

Cong, L., Ran, F. A., Cox, D., Lin, S., Barretto, R., Habib, N., et al. (2013). Multiplex genome engineering using CRISPR/Cas systems. Science, 339(6121), 819-823. http://dx.doi.org/10.1126/science.1231143.

Ding, Q., Lee, Y. K., Schaefer, E. A., Peters, D. T., Veres, A., Kim, K., et al. (2013). A TALEN genome-editing system for generating human stem cell-based disease models. Cell Stem Cell, 12(2), 238-251. http://dx.doi.org/10.1016/j.stem.2012.11.011.

Ding, Q., Regan, S. N., Xia, Y., Oostrom, L. A., Cowan, C. A., & Musunuru, K. (2013). Enhanced efficiency of human pluripotent stem cell genome editing through replacing TALENs with CRISPRs. Cell Stem Cell, 12(4), 393-394. http://dx.doi.org/10.1016/j.stem.2013.03.006.

Ding, Q., Strong, A., Patel, K. M., Ng, S. L., Gosis, B. S., Regan, S. N., et al. (2014). Permanent alteration of PCSK9 with *in vivo* CRISPR-Cas9 genome editing. Circulation Research, 115(5), 488-492. http://dx.doi.org/10.1161/circresaha.115.304351.

D'Urso, C. M., Wang, Z. G., Cao, Y., Tatake, R., Zeff, R. A., & Ferrone, S. (1991). Lack of HLA class I antigen expression by cultured melanoma cells FO-1 due to a defect in B2m gene expression. The Journal of Clinical Investigation, 87(1), 284-292. http://dx.doi.org/10.1172/jci114984.

Genovese, P., Schiroli, G., Escobar, G., Di Tomaso, T., Firrito, C., Calabria, A., et al. (2014). Targeted genome editing in human repopulating haematopoietic stem cells. Nature, 510(7504), 235-240. http://dx.doi.org/10.1038/nature13420.

Gussow, D., Rein, R., Ginjaar, I., Hochstenbach, F., Seemann, G., Kottman, A., et al. (1987). The human beta 2-microglobulin gene. Primary structure and definition of the transcriptional unit.

Journal of Immunology, 139(9), 3132-3138.

Holt, N., Wang, J., Kim, K., Friedman, G., Wang, X., Taupin, V., et al. (2010). Human hematopoietic stem/progenitor cells modified by zinc-finger nucleases targeted to CCR5 control HIV-1 *in vivo*. Nature Biotechnology, 28(8), 839-847. http://dx.doi. org/10.1038/nbt.1663.

Hsu, P. D., Lander, E. S., & Zhang, F. (2014). Development and applications of CRISPR-Cas9 for genome engineering. Cell, 157(6), 1262-1278. http://dx.doi.org/10.1016/j. cell.2014.05.010.

Jinek, M., East, A., Cheng, A., Lin, S., Ma, E., & Doudna, J. (2013). RNA-programmed genome editing in human cells. eLife, 2, e00471. http://dx.doi.org/10.7554/ eLife.00471.

June, C., Rosenberg, S. A., Sadelain, M., & Weber, J. S. (2012). T-cell therapy at the thresh-old. Nature Biotechnology, 30(7), 611-614. http://dx.doi.org/10.1038/nbt.2305.

Kiskinis, E., Sandoe, J., Williams, L. A., Boulting, G.L., Moccia, R., Wainger, B. J., et al. (2014). Pathways disrupted in human ALS motor neurons identified through genetic correction of mutant SOD1. Cell Stem Cell, 14(6), 781-795. http://dx.doi.org/10.1016/j.stem.2014.03.004.

Koller, B. H., Marrack, P., Kappler, J. W., & Smithies, O. (1990). Normal development of mice deficient in beta 2M, MHC class I proteins, and CD8$^+$ T cells. Science, 248(4960), 1227-1230.

Lu, P., Chen, J., He, L., Ren, J., Chen, H., Rao, L., et al. (2013). Generating hypoimmunogenic human embryonic stem cells by the disruption of beta 2-microglobulin. Stem Cell Reviews, 9(6), 806-813. http://dx.doi.org/10.1007/s12015-013-9457-0.

Ma, Y., Shen, B., Zhang, X., Lu, Y., Chen, W., Ma, J., et al. (2014). Heritable multiplex genetic engineering in rats using CRISPR/Cas9. PLoS One, 9(3), e89413. http://dx.doi.org/10.1371/ journal.pone.0089413.

Mali, P., Yang, L., Esvelt, K. M., Aach, J., Guell, M., DiCarlo, J. E., et al. (2013). RNA-guided human genome engineering via Cas9. Science, 339(6121), 823-826. http://dx.doi.org/10.1126/ science.1232033.

Martinson, J. J., Chapman, N. H., Rees, D. C., Liu, Y. T., & Clegg, J. B. (1997). Global distribution of the CCR5 gene 32-basepair deletion. Nature Genetics, 16(1), 100-103. http://dx.doi.org/10.1038/ ng0597-100.

Maus, M. V., Grupp, S. A., Porter, D. L., & June, C. H. (2014). Antibody-modified T cells: CARs take the front seat for hematologic malignancies. Blood, 123(17), 2625-2635. http://dx.doi.org/10. 1182/blood- 2013-11-492231.

Perez, E. E., Wang, J., Miller, J. C., Jouvenot, Y., Kim, K. A., Liu, O., et al. (2008). Establishment of HIV-1 resistance in CD4$^+$ T cells by genome editing using zinc-finger nucleases. Nature Biotechnology, 26(7), 808-816. http://dx.doi.org/10.1038/nbt1410.

Peters, D. T., Cowan, C. A., & Musunuru, K. (2013). Genome editing in human pluripotent stem cells. StemBook. Cambridge(MA): Harvard Stem Cell Institute.

Ran, F. A., Hsu, P. D., Lin, C. Y., Gootenberg, J. S., Konermann, S., Trevino, A. E., et al. (2013). Double nicking by RNA-guided CRISPR Cas9 for enhanced genome editing specificity. Cell, 154(6), 1380-1389. http://dx.doi.org/10.1016/j.cell.2013.08.021.

Ran, F. A., Hsu, P. D., Wright, J., Agarwala, V., Scott, D. A., & Zhang, F. (2013). Genome engineering using the CRISPR-Cas9 system. Nature Protocols, 8(11), 2281-2308. http:// dx.doi.org/10.1038/nprot.2013.143.

Riolobos, L., Hirata, R. K., Turtle, C. J., Wang, P. R., Gornalusse, G. G., Zavajlevski, M., et al. (2013). HLA engineering of human pluripotent stem cells. Molecular Therapy, 21(6), 1232-1241. http://dx.doi.org/10.1038/mt.2013.59.

Rosa, F., Berissi, H., Weissenbach, J., Maroteaux, L., Fellous, M., & Revel, M. (1983). The beta2-microglobulin mRNA in human Daudi cells has a mutated initiation codon but is still inducible by interferon. The EMBO Journal, 2(2), 239-243.

Samson, M., Libert, F., Doranz, B. J., Rucker, J., Liesnard, C., Farber, C. M., et al. (1996). Resistance to HIV-1 infection in caucasian individuals bearing mutant alleles of the CCR-5 chemokine receptor gene. Nature, 382(6593), 722-725. http://dx.doi.org/10.1038/382722a0.

Sander, J. D., & Joung, J. K. (2014). CRISPR-Cas systems for editing, regulating and targeting genomes. Nature Biotechnology, 32(4), 347-355. http://dx.doi.org/10.1038/nbt.2842.

Schwank, G., Koo, B. K., Sasselli, V., Dekkers, J. F., Heo, I., Demircan, T., et al. (2013). Functional repair of CFTR by CRISPR/Cas9 in intestinal stem cell organoids of cystic fibrosis patients. Cell Stem Cell, 13(6), 653-658. http://dx.doi.org/10.1016/j.stem.2013.11.002.

Tebas, P., Stein, D., Tang, W. W., Frank, I., Wang, S. Q., Lee, G., et al. (2014). Gene editing of CCR5 in autologous CD4 T cells of persons infected with HIV. The New England Journal of Medicine, 370(10), 901-910. http://dx.doi.org/10.1056/NEJMoa1300662.

Torikai, H., Reik, A., Soldner, F., Warren, E. H., Yuen, C., Zhou, Y., et al. (2013). Toward eliminating HLA class I expression to generate universal cells from allogeneic donors. Blood, 122(8), 1341-1349. http://dx.doi.org/10.1182/blood-2013-03-478255.

Trkola, A., Dragic, T., Arthos, J., Binley, J. M., Olson, W. C., Allaway, G. P., et al. (1996). CD4-dependent, antibody-sensitive interactions between HIV-1 and its co-receptor CCR-5. Nature, 384(6605), 184-187. http://dx.doi.org/10.1038/384184a0.

Tsai, S. Q., Wyvekens, N., Khayter, C., Foden, J. A., Thapar, V., Reyon, D., et al. (2014). Dimeric CRISPR RNA-guided FokI nucleases for highly specific genome editing. Nature Biotechnology, 32(6), 569-576. http://dx.doi.org/10.1038/nbt.2908.

van der Burg, M., Kreyenberg, H., Willasch, A., Barendregt, B. H., Preuner, S., Watzinger, F., et al. (2011). Standardization of DNA isolation from low cell numbers for chimerism analysis by PCR of short tandem repeats. Leukemia, 25(9), 1467-1470. http://dx.doi.org/10.1038/leu. 2011.118.

Warren, L., Manos, P. D., Ahfeldt, T., Loh, Y. H., Li, H., Lau, F., et al. (2010). Highly efficient reprogramming to pluripotency and directed differentiation of human cells with synthetic modified mRNA. Cell Stem Cell, 7(5), 618-630. http://dx.doi.org/10.1016/j.stem.2010.08.012.

Yin, H., Xue, W., Chen, S., Bogorad, R. L., Benedetti, E., Grompe, M., et al. (2014). Genome editing with Cas9 in adult mice corrects a disease mutation and phenotype. Nature Biotechnology, 32(6), 551-553. http://dx.doi.org/10.1038/nbt.2884.

Zhou, J., Shen, B., Zhang, W., Wang, J., Yang, J., Chen, L., et al. (2014). One-step generation of different immunodeficient mice with multiple gene modifications by CRISPR/Cas9 mediated genome engineering. The International Journal of Biochemistry & Cell Biology, 46, 49-55. http://dx.doi.org/10.1016/j.biocel.2013.10.010.

Zijlstra, M., Bix, M., Simister, N. E., Loring, J. M., Raulet, D. H., & Jaenisch, R. (1990). Beta 2-microglobulin deficient mice lack CD4-8^{+} cytolytic T cells. Nature, 344(6268), 742-746. http://dx.doi.org/10.1038/344742a0.

第 14 章 CRISPR/Cas9 在大鼠基因组位点特异性突变的产生

Yuting Guan, Yanjiao Shao, Dali Li*, Mingyao Liu*

（华东师范大学生命科学学院生命医学科学研究所上海市调控生物学重点实验室；
*这些作者对这项工作做出了同样的贡献）

目 录

摘要

实验室大鼠是基础生物学研究和药物开发有价值的模式生物。然而，由于缺乏大鼠基因组位点特异性遗传诱发变异的遗传工具，越来越多的研究人员选择小鼠作为他们青睐的哺乳动物模型，因为有精密的胚胎干细胞基因打靶技术可用。最近，设计的核酸酶包括锌指核酸酶、转录激活因子样效应物核酸酶和 CRISPR/Cas9 系统适合有效产生基因敲除大鼠。本章的目的是通过 Cas9/sgRNA 注射到单细胞胚胎，为大鼠基因组中产生特异性突变提供详细的实验步骤。

14.1　原　　理

实验室大鼠是心理学家、药理学家、神经生物学家广泛应用的一种重要的哺乳动物生物模型，因为其生物学特性在某些方面比小鼠更类似于人类。自从通过在小鼠胚胎干细胞（ESC）同源重组建立基因打靶以来，许多人类疾病已经通过基因敲除小鼠为生物医学研究建模。大鼠 ESC 培养系统直到 2008 年才建立，2010 年通过 ESC 基因打靶产生了第一个基因敲除大鼠品系（Tong，Li，Wu，Yan，& Ying，2010）。然而，这是一个昂贵、费时和费力的技术，而且处理大鼠 ESC 要求有经验技能，从而推迟了这项技术的推广。工程 DNA 核酸酶的出现（Gaj，Gersbach，& Barbas，2013），包括锌指核酸酶（ZFN）、转录激活因子样效应物核酸酶（TALEN）、工程归巢核酸酶和微生物规律成簇间隔短回文重复（CRISPR）/Cas

系统，大大加速了大鼠遗传工程技术的发展，为研究团体提供了便利。在本章中，我们将集中讨论 CRISPR/Cas 系统。

CRISPR/Cas 系统最初是细菌和古生菌用来识别抵御病毒和质粒外源 DNA 入侵的 RNA 介导的适应性免疫系统（Garneau et al.，2010）。一般来说，基于基因组位点结构和标签 *cas* 基因，CRISPR 系统有三个主要类型。Cas9 是关键酶 II 型系统，被广泛用于基因编辑（Jinek et al.，2012）。在此系统中，CRISPR RNA（crRNA）是由来自外源靶基因定向重复间隔与可变元件（前间区基序）排列组成的。独立转录的反式激活 crRNA（tracrRNA）形成双重 crRNA，可以通过 crRNA 5’-20bp，遵循 Watson-Crick 碱基配对规则，引导 Cas9 核酸酶靶向 DNA。Cas9 核酸酶将在前间区序列邻近基序（PAM）上游特异性位点的靶 DNA，消化成为平头末端双链断裂（DSB），其中 PAM 可能取决于宿主起源的不同。为了简化 Cas9 介导的基因编辑，crRNA-tracrRNA 双复合物结合在一起作为单嵌合 RNA，称为单链引导 RNA（sgRNA）。最常使用来自酿脓链球菌（SpCas9）的 Cas9 系统需要 PAM 的 NGG 序列（N 为任何核苷酸）。Cas9 切割活性通过两种核酸酶功能结构域和任一结构域单突变导致切口而不是靶位点 DSB。

当 Cas9/sgRNA 在特异性基因组位点诱导 DSB 时，供体 DNA 模板可用时，细胞通过同源重组（HR）或通过易错非同源末端连接（NHEJ）启动细胞 DNA 修复过程。NHEJ 直接与 DSB 末端连接并导致随机插入/缺失，包括小删除、插入或者置换。当插入/缺失引入到靶基因时，移码突变往往会导致基因功能的破坏。另外，如果产生两个相邻 DSB，DNA 序列之间的删除会导致大片段删除。当供体模板（要么双链 DNA，要么单链脱氧寡核苷酸）存在时，DSB 也刺激高保真 HR 途径。

我们已经成功地应用 CRISPR/Cas 系统在小鼠和大鼠中产生特异性位点突变（Li et al.，2013；Shao et al.，2014）。为了产生基因敲除大鼠，体外转录的 sgRNA 与 Cas9 mRNA 共注射到胚胎细胞质。对于精确基因组编辑来说，将 Cas9/sgRNA 和供体模板 DNA 注入大鼠胚胎单细胞原核内。注射后的胚胎移植到假孕雌性怀孕。个体幼鼠的基因型通过测序确定插入/缺失。可以递送不同基因的多重 sgRNA，从而产生复合自然遗传突变的大鼠（Shao et al.，2014）。为了减少大鼠基因组中潜在的脱靶作用，使用配对双切口策略，通过注射 Cas9 切口酶和两个 sgRNA 而识别反义 DNA 链侧面 4～20bp 的缺口（Ran et al.，2013）。通过以下方案，可以在不到 6 周时间内建立位点特异性修饰的大鼠品系。

14.2 设　　备

水浴或金属水浴
1.5ml 微型离心管
200μl 微量离心管
琼脂糖凝胶组
电源
紫外成像系统
离心机
摇瓶机
分光光度计
立体显微镜
火焰微量移液管拉制器
显微拉制仪
显微操纵器
显微注射器
水夹套二氧化碳培养箱
玻璃针
消毒器
动脉夹
光源单元
手术钳
显微镜载玻片
培养皿
矿物油
吸量管和吸管盖

14.3 材　　料

限制性内切核酸酶
琼脂糖
TAE 缓冲液
溴化乙锭
体外转录 SP6 试剂盒（如 Invitrogen）
体外转录 T7 试剂盒（如 TAKARA）

核苷酸切除试剂盒（如 QIAGEN）
无 RNA 酶水
乙醇
苯酚/氯仿
异丙醇
乙酸钠
DNA 聚合酶
T7 内切核酸酶 I
克隆载体
感受态细胞
LB 培养基平板
M2 培养基
KSOM 培养基或 mR1ECM
透明质酸酶
马绒毛膜促性腺激素（PMSG）
人绒毛膜促性腺激素（hCG）
水合氯醛

14.3.1 溶液和缓冲液

第 3 步使用的 透明质酸酶溶液：

在 10ml M2 培养基中溶解 30mg 透明质酸酶。分装成 200μl 储存于–20℃。

PMSG 溶液：

在 DPBS 中制备 500IU/ml 储备溶液，分装成 100μl 储备于–20℃。

hCG 溶液：

在 DPBS 中制备 500IU/ml 储备溶液，分装成 100μl 储备于–20℃。

第 4 步使用的 TE 显微注射缓冲液：

成分	终浓度	储备液	用量
Tris-HCl（pH7.4）	0.01mol/L	1mol/L	100μl
EDTA	0.001mol/L	0.5mol/L	20μl

加 ddH_2O 至终体积 10ml。

第 5 步使用的 水解缓冲液：

成分	终浓度	储备液	用量
Tris-HCl（pH 8.0）	0.1mol/L	1mol/L	10ml
EDTA	0.005mol/L	0.5mol/L	1ml
NaCl	0.2mol/L		1.17g
SDS	0.2%（*m/V*）	10%（*m/V*）	2ml

加 ddH_2O 至终体积 100ml。

蛋白酶 K 溶液：

在 1ml ddH_2O 中溶解 20mg 蛋白酶 K。分装成 20μl 储备于–20℃。

14.4 方 案

14.4.1 制备

合适来源的定制质粒和寡核苷酸。本方案中所用质粒可从 Addgene 网站获得或向我们申请。

14.4.2 持续时间

制备	5～6 天
方案	约 4 周

完整方案流程图见图 14.1。

14.4.3 警示

所有实验方案必须首先获得相关动物使用委员会的批准。

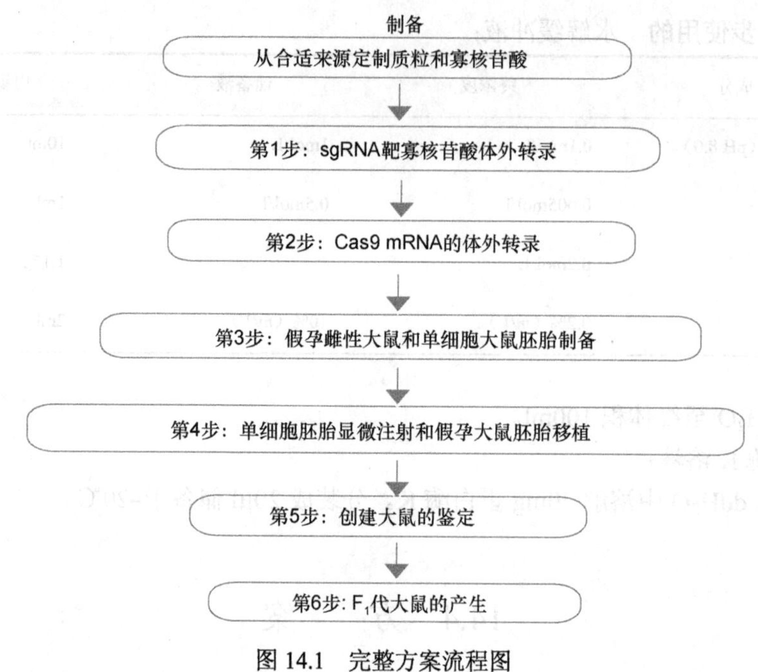
制备
从合适来源定制质粒和寡核苷酸
第1步：sgRNA靶寡核苷酸体外转录
第2步：Cas9 mRNA的体外转录
第3步：假孕雌性大鼠和单细胞大鼠胚胎制备
第4步：单细胞胚胎显微注射和假孕大鼠胚胎移植
第5步：创建大鼠的鉴定
第6步：F_1代大鼠的产生

图 14.1　完整方案流程图

14.5　第 1 步：sgRNA 靶寡核苷酸体外转录

14.5.1　概述

在基因编码区的基因组序列上选择靶位点。合适的靶位点可以通过在线设计工具（如 CRISPR 设计工具，http://tools.genome-engineering.org）或手动找到。靶序列要选择 PAM 5′端连续的 20bp。合成含有 T7 启动子、靶位点（N 表示）和 sgRNA 支架序列（GATCACTAATACGACTCACTATAGGNNNNNNNNNNNNNNNNNNNNGTTTTAGAGCTAGAAATAGCAAGTTAAAATAAGGCTAGTCCGTTATCAACTTGAAAAAGTGGCACCGAGTCGGTGCTTTT）的两个互补寡核苷酸。接下来寡核苷酸退火，使用体外转录试剂盒转录 sgRNA，使用体外转录工具包被转录模板。

14.5.2　持续时间

约 5h

1.1　重新悬浮正向和反向链寡核苷酸，每个模板最终浓度 100μmol/L。加到 1.5ml 管中：

正向寡核苷酸	1μl
反向寡核苷酸	1μl
10×T4 连接缓冲液	2μl
ddH_2O	加到 20μl

1.2　用下列参数在热循环仪中退火寡核苷酸：95℃ 5min；以 5℃/min 缓慢降至 25℃；或在水浴中使用以下参数：95℃ 5min，然后自然冷却至室温。

1.3　用核苷酸切除试剂盒纯化退火的 DNA。

1.4　用体外转录试剂盒（T7）转录 0.21μg 退火的 DNA。转移到一个 1.5ml 的无核酸酶管中：

退火的 DNA	0.2～1μg
10×转录缓冲液	2μl
ATP	2μl
GTP	2μl
CTP	2μl
UTP	2μl
RNA 酶抑制剂	0.5μl
RNA 聚合酶	2μl
无 RNA 酶水	加到 20μl

1.5　42℃孵化反应 2h。

1.6　将 2～4μl DNA 酶加入反应消化 DNA 模板，在 37℃孵化 30min。

1.7　加 100μl 无核酸酶水停止反应。

1.8　采用苯酚：氯仿萃取，异丙醇/乙酸钠沉淀纯化 sgRNA。

1.9　用 1ml 75%无 RNA 酶的乙醇洗涤沉淀。

1.10　用 10～20μl 无 RNA 酶水溶解沉淀，测定 RNA 浓度并存储在–80℃。

14.5.3　提示

用于转录反应的所有试剂必须无核糖核酸酶。第 1 步流程图见图 14.2。

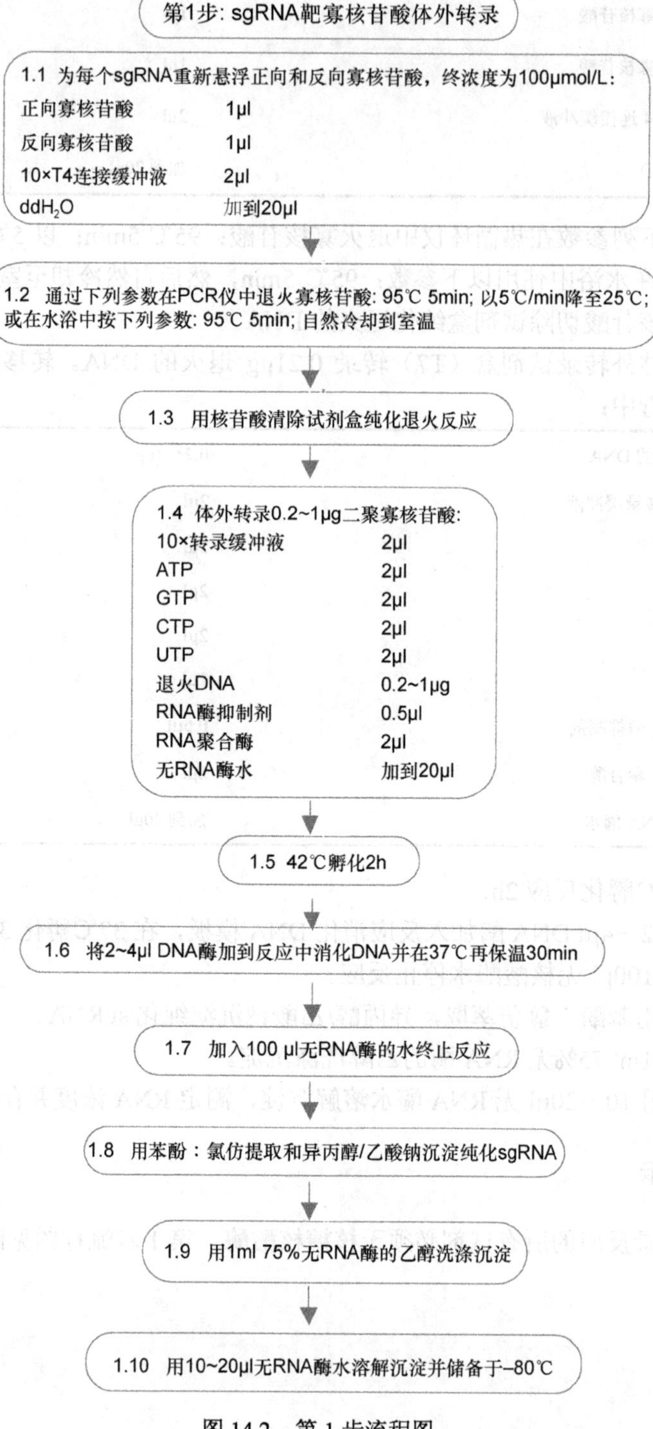
第1步: sgRNA靶寡核苷酸体外转录
1.1 为每个sgRNA重新悬浮正向和反向寡核苷酸，终浓度为100μmol/L:
正向寡核苷酸 1μl
反向寡核苷酸 1μl
10×T4连接缓冲液 2μl
ddH2O 加到20μl
1.2 通过下列参数在PCR仪中退火寡核苷酸: 95℃ 5min; 以5℃/min降至25℃; 或在水浴中按下列参数: 95℃ 5min; 自然冷却到室温
1.3 用核苷酸清除试剂盒纯化退火反应
1.4 体外转录0.2~1μg二聚寡核苷酸:
10×转录缓冲液 2μl
ATP 2μl
GTP 2μl
CTP 2μl
UTP 2μl
退火DNA 0.2~1μg
RNA酶抑制剂 0.5μl
RNA聚合酶 2μl
无RNA酶水 加到20μl
1.5 42℃孵化2h
1.6 将2~4μl DNA酶加到反应中消化DNA并在37℃再保温30min
1.7 加入100 μl无RNA酶的水终止反应
1.8 用苯酚：氯仿提取和异丙醇/乙酸钠沉淀纯化sgRNA
1.9 用1ml 75%无RNA酶的乙醇洗涤沉淀
1.10 用10~20μl无RNA酶水溶解沉淀并储备于−80℃

图 14.2 第 1 步流程图

14.6　第 2 步：Cas9 mRNA 的体外转录

14.6.1　概述

通过合适的限制性内切核酸酶线性化的 SP6（或 T7）启动子，启动含有 Cas9 cDNA 序列的质粒。利用 mRNA 体外转录试剂盒体外转录线性化质粒。

14.6.2　持续时间

大约 8h

2.1　用合适的限制性内切核酸酶消化 3μg 含有 SP6（或 T7）启动子的 Cas9 质粒。加入到 1.5ml 管中：

质粒	*X*μl
10×转酶缓冲液	5μl
限制性内切核酸酶	2μl
ddH_2O	加到 50μl

2.2　培养管在 37℃或适当温度孵化 3h。

2.3　将 5μl 消化反应液加到含有溴化乙锭的琼脂糖凝胶电泳，验证线性化并用核苷酸除去试剂盒纯化剩余的线性质粒。

2.4　用 mRNA 体外转录 SP6（或 T7）试剂盒转录 0.2～1μg 消化质粒。添加到 1.5ml 无 RNA 酶管中：

2×SP6 NTP/CAP	5μl
10×转酶缓冲液	2μl
SP6 酶	2μl
线性质粒	*X*μl
无 RNA 酶水	加到 20μl

2.5　37℃孵化 2h。

2.6　将 1μl DNA 酶加到反应中消化的 DNA，37℃孵化 30min。

2.7　加 30μl 无 RNA 水和 30μl 7.5mol/L LiCl 到反应液中，孵化管在–20℃至少孵化 30min 沉淀 RNA。

2.8 12 000rpm 4℃离心 10min，小心吸出上清液不要扰动沉淀。

2.9 用1ml无RNA酶的75%乙醇洗涤沉淀。

2.10 用10～20μl无RNA酶水溶解沉淀并储藏于–80℃。

14.6.3 提示

用于转录反应的所有试剂必须无核糖核酸酶。

第2步流程图见图14.3。

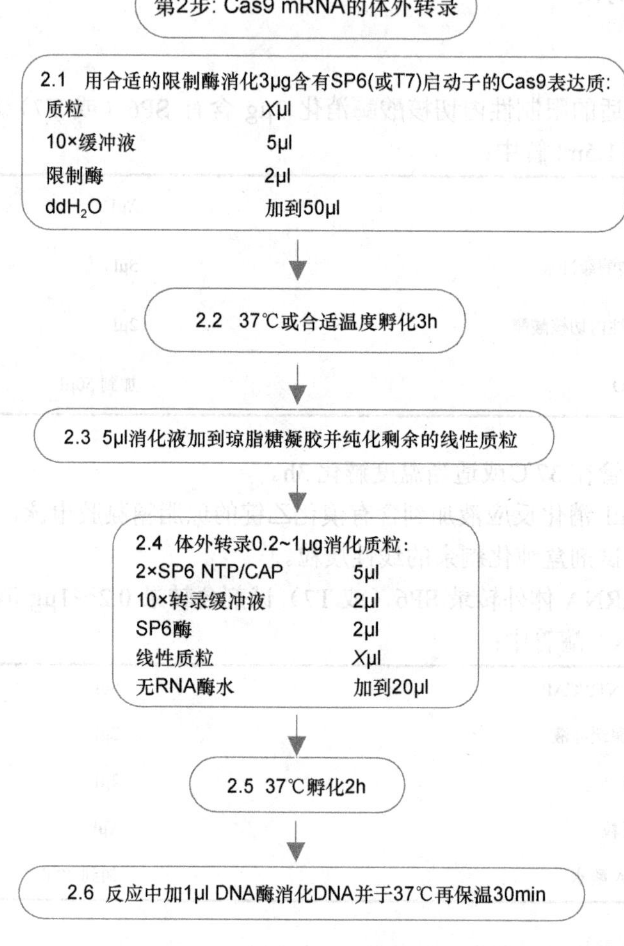

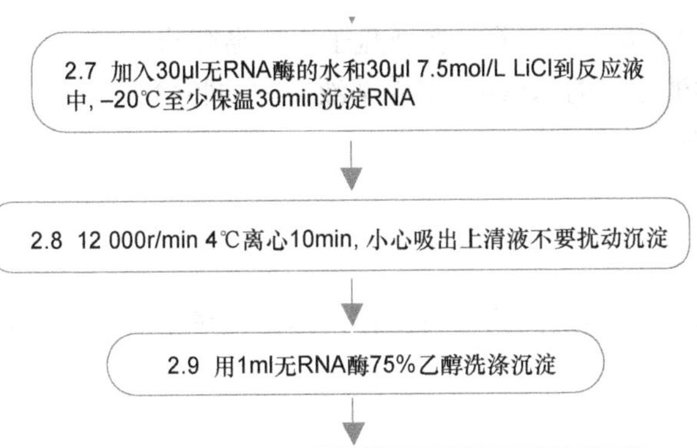

图 14.3　第 2 步流程图

14.7　第 3 步：假孕雌性大鼠和单细胞大鼠胚胎的制备

14.7.1　概述

通过外科手术除去部分输精管制备切除输精管雄性大鼠。通过与切除输精管雄性鼠交配获得假孕成年雌性大鼠。用 PMSG 和 hCG 处理成年雌性大鼠使其超排卵。激素催情雌性大鼠与多个雄性鼠交配，第二天早上收集单细胞的胚胎。

14.7.2　持续时间

大约 4 天

3.1 用 300μl（30IU）PMSG 于第 1 天下午 1:00～2:00 处理成年雌性大鼠。

3.2 在第 3 天下午 3:00～5:00 用 250μl（25IU）hCG 处理 PMSG 雌性大鼠。

3.3 第 3 天，激素催情的雌性大鼠与成年雄性鼠交配过夜。

3.4 同一天，成年雌性大鼠与切除输精管的雄性鼠交配过夜。

3.5 第 4 天上午 9:00 前检查雌性大鼠与切除输精管成年鼠的交配栓，制备假孕雌性大鼠。将假孕雌性放入标记的新笼子。

3.6 用 CO_2 窒息具有交配栓的催情雌性大鼠。

3.7 解剖并切出雌性鼠两边的输卵管，将它们放入含有预温的 M2 培养基的盘子里。重复这一步骤，收集所有输卵管。

3.8 用细手术钳撕开壶腹并轻轻挤压胚胎到含有 2ml 预温的 M2 培养基及 40μl 透明质酸酶的盘子内，在立体显微镜下用移液管口帮助去除堆积细胞。

3.9 用新鲜的预温 M2 培养基在新盘子内洗涤胚胎。

3.10 用矿物油覆盖的 KSOM 培养基液滴中的胚胎于 37℃、5% CO_2 条件下孵化直到显微注射为止。

14.7.3 提示

检查交配栓通常是当天的第一份工作，因为在早上后它很容易掉出。

14.7.4 提示

M2 培养基用于操作胚胎，KSOM 培养基用于短期（小于 24h）胚胎培养。长期培养则使用 mR1ECM 培养基。

14.7.5 提示

在拥有透明质酸酶 M2 培养基中的胚胎孵化不要超过 5min，因为这可能会破坏胚胎。

第 3 步流程图见图 14.4。

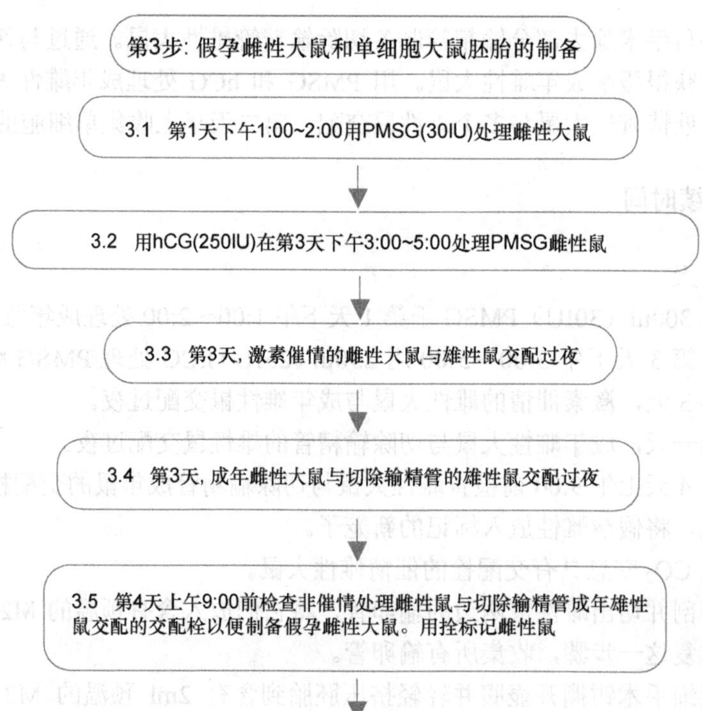

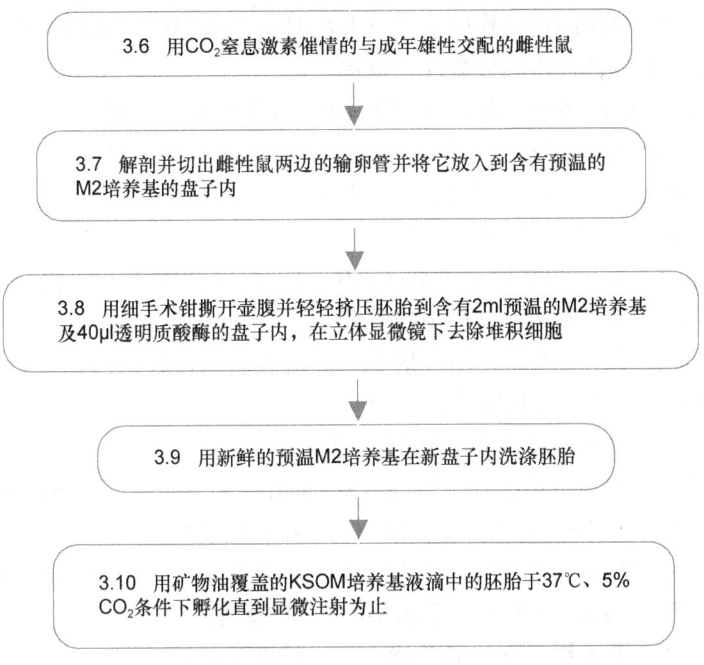

图 14.4　第 3 步流程图

14.8　第 4 步：单细胞胚胎显微注射和假孕大鼠胚胎移植

14.8.1　概述

在 TE 显微注射缓冲液中混合 Cas9 mRNA 和 sgRNA 制备显微注射混合物。混合物上样到注射吸管，然后在显微镜下通过显微操纵器用 Cas9/sgRNA 注射到胚胎细胞质。为了精确基因组编辑，将 Cas9/sgRNA 和供体模板 DNA 共注射到单细胞胚胎的原核。将注射的胚胎通过输卵管移植到假孕雌性大鼠。

14.8.2　持续时间

需要 4～5h。

4.1　在 TE 显微注射缓冲液中混合 Cas9 mRNA 和 sgRNA，终浓度分别为 50ng/μl 和 25ng/μl，每个靶为 40μl。为了精确突变，在干净无 RNA 酶的 1.5ml 管内将供体 DNA 模板与 Cas9/sgRNA 混合，终浓度为 5ng/μl。

4.2　设置合适的参数，用微量吸液管火焰拉制器制作注射针。

4.3　将打开的注射针放入上面制备的注射混合物。通过毛细管作用将缓冲液载入针头。

4.4 通过显微拉制仪制作固定吸管并将吸管插入显微注射器的固定器中。

4.5 将注射吸管插入到显微注射器固定器。

4.6 制作注射载玻片：载玻片滴加 100μl M2 培养基，用矿物油覆盖培养基。

4.7 将 50 个胚胎转移到注射载玻片中并将它们单个垂直排立。

4.8 在固定吸管上通过刮划打破注射吸液管的尖头。

4.9 通过负压将胚胎吸到固定吸管。

4.10 穿透透明带和胚胎膜并将 Cas9/sgRNA 混合物注入胚胎细胞质，然后一旦观察到注射溶液流动，迅速退出吸管。

选项：精确基因组编辑，用注射吸管穿透胚胎原核膜。当观察到原核有轻微肿胀时，迅速并小心地退出吸管。

4.11 释放已注射的胚胎并重复上面的步骤。

4.12 将注射的胚胎转移到预温的 KSOM 培养基中并将培养盘放入孵化器。

4.13 皮下注射 10%水合氯醛（3ml/kg）麻醉假孕雌鼠。

4.14 剃去背部（可选择）皮肤上的毛，卵巢背面上方切开皮肤。进入体腔并拔出卵巢脂肪垫。用动脉夹夹住脂肪垫固定卵巢和输卵管。

4.15 用细小手术钳在立体显微镜下找出输卵管的漏斗管。

4.16 将注射过的胚胎转移到预温的 M2 培养基中并将两个气泡放入移液管，然后将 10～15 个胚胎细胞载入到吸管。用另一个气泡密封吸管。

4.17 用细手术钳打开卵巢囊，暴露输卵管开口。插入转移吸管,将胚胎转移到输卵管。

4.18 重复步骤 4.13～4.17 直到转移所有胚胎。

14.8.3 提示

混合，将注射溶液一直置于冰上以减少 RNA 降解。

14.8.4 提示

所有手术器械应该消毒。

14.8.5 提示

注射吸管应由具有细丝状的细毛细管制备，通过毛细管作用上样溶液。

14.8.6　提示

不要注入太多溶液到胚胎或原核。

14.8.7　提示

如果很难找到输卵管开口，可以用眼科剪刀在输卵管壶腹开一个小切口。通过切口，胚胎可以转移到输卵管。

14.8.8　提示

注射过的胚胎可以孵化过夜，第二天移植到 KSOM 培养基中。更长时间的培养，最理想是 mR1ECM。

第 4 步流程图见图 14.5。

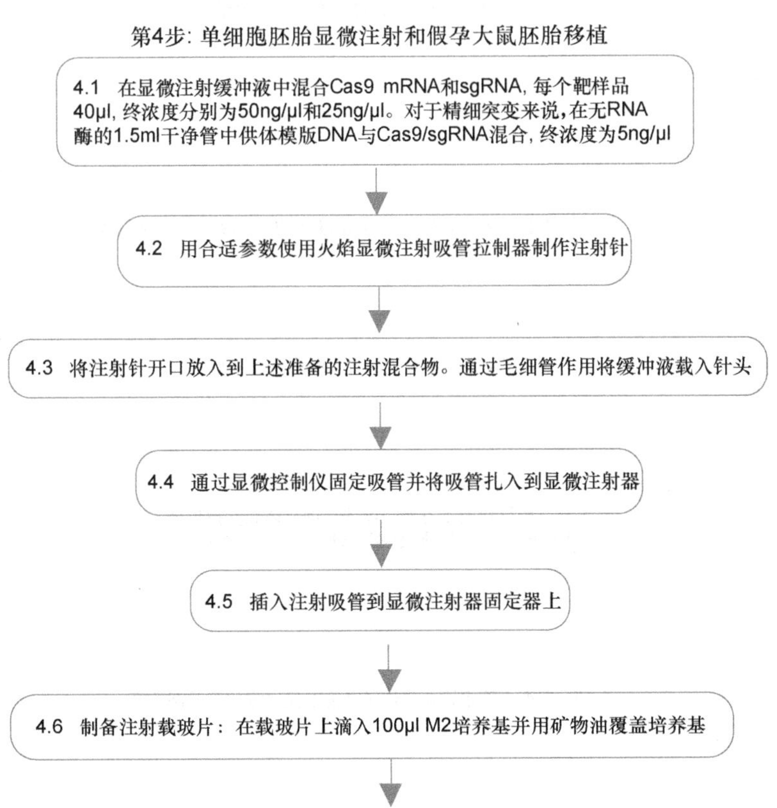

第4步: 单细胞胚胎显微注射和假孕大鼠胚胎移植
4.1 在显微注射缓冲液中混合Cas9 mRNA和sgRNA, 每个靶样品40μl, 终浓度分别为50ng/μl和25ng/μl。对于精细突变来说，在无RNA酶的1.5ml干净管中供体模版DNA与Cas9/sgRNA混合, 终浓度为5ng/μl
4.2 用合适参数使用火焰显微注射吸管拉制器制作注射针
4.3 将注射针开口放入到上述准备的注射混合物。通过毛细管作用将缓冲液载入针头
4.4 通过显微控制仪固定吸管并将吸管扎入到显微注射器
4.5 插入注射吸管到显微注射器固定器上
4.6 制备注射载玻片：在载玻片上滴入100μl M2培养基并用矿物油覆盖培养基

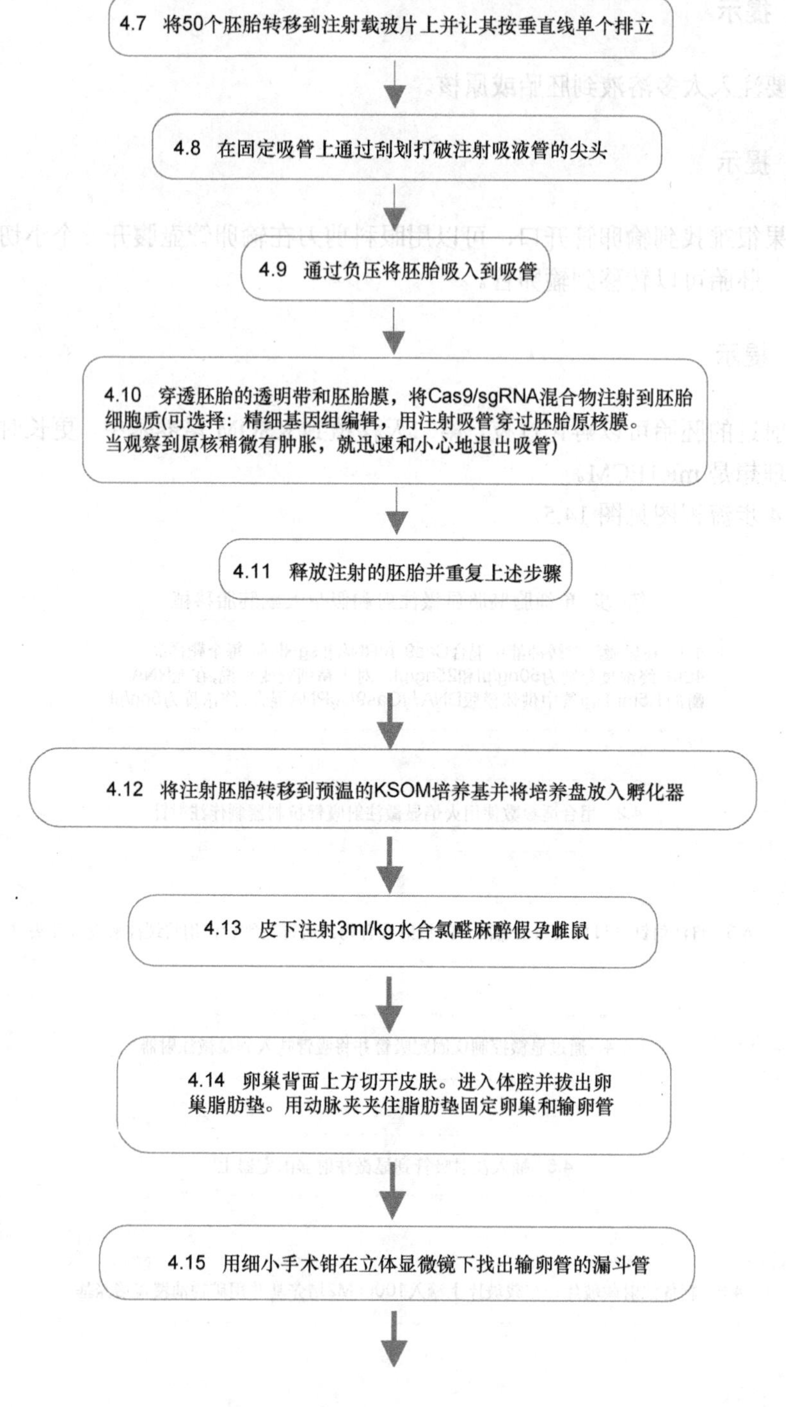
4.7 将50个胚胎转移到注射载玻片上并让其按垂直线单个排立
4.8 在固定吸管上通过刮划打破注射吸液管的尖头
4.9 通过负压将胚胎吸入到吸管
4.10 穿透胚胎的透明带和胚胎膜，将Cas9/sgRNA混合物注射到胚胎细胞质(可选择：精细基因组编辑，用注射吸管穿过胚胎原核膜。当观察到原核稍微有肿胀，就迅速和小心地退出吸管)
4.11 释放注射的胚胎并重复上述步骤
4.12 将注射胚胎转移到预温的KSOM培养基并将培养盘放入孵化器
4.13 皮下注射3ml/kg水合氯醛麻醉假孕雌鼠
4.14 卵巢背面上方切开皮肤。进入体腔并拔出卵巢脂肪垫。用动脉夹夹住脂肪垫固定卵巢和输卵管
4.15 用细小手术钳在立体显微镜下找出输卵管的漏斗管

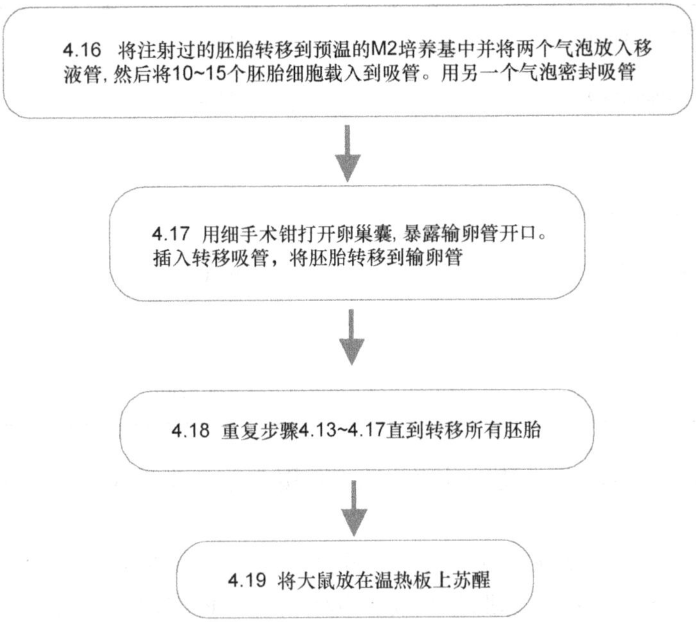

4.16　将注射过的胚胎转移到预温的M2培养基中并将两个气泡放入移液管，然后将10~15个胚胎细胞载入到吸管。用另一个气泡密封吸管

↓

4.17　用细手术钳打开卵巢囊，暴露输卵管开口。插入转移吸管，将胚胎转移到输卵管

↓

4.18　重复步骤4.13~4.17直到转移所有胚胎

↓

4.19　将大鼠放在温热板上苏醒

图 14.5　第 4 步流程图

14.9　第 5 步：创建大鼠的鉴定

14.9.1　概述

从 F_0 大鼠中纯化基因组 DNA。PCR 引物生成的靶位点用于扩增基因组序列。PCR 产品取决于 T7EI 错配消化和测序以确定精确的 DNA 序列。

14.9.2　持续时间

大约 4 天。

5.1　从 F_0 大鼠切一小块组织（如耳、脚趾或尾巴）并把它放入 1.5ml 管中。

5.2　将含有蛋白酶 K 的组织裂解缓冲液加入到含有样品的 1.5ml 管内。

5.3　55℃孵化反应 6h 或过夜。

5.4　用苯酚：氯仿从消化样品中提取，用乙醇/乙酸钠沉淀纯化基因组 DNA。

5.5　200ng DNA 与基因特异性引物进行 PCR。加到 200μl 管中：

基因组 DNA（200ng）	*X*μl
正向引物（10μmol/L）	2.5μl
反向引物（10μmol/L）	2.5μl
dNTP（每个 2.5mmol/L）	5μl
10×DNA 聚合酶缓冲液	0.5μl
DNA 聚合酶	0.5μl
ddH_2O	加到 50μl

5.6 根据 DNA 聚合酶的使用说明，使用普通参数在热循环仪中扩增目的基因组 DNA。

5.7 按照参数：98℃ 5min，每分钟降低 1℃降到 35℃退火 CPCR 产物。

5.8 在 1.5%（*m*/*V*）琼脂糖凝胶上点样 5μl PCR 产物进行电泳，并在紫外成像系统中检查 PCR 产物。

5.9 用核苷酸去除试剂盒纯化 PCR 产物。

5.10 采用 T7 内切核酸酶Ⅰ消化纯化的 PCR 产物。加到 200μl 管内：

纯化的 PCR 产物	*X*μl
10×NEB 缓冲液 2	2μl
T7 内切核酸酶Ⅰ	0.5μl
ddH_2O	加到 20μl

5.11 37℃孵化 1h。

5.12 1.5%（*m*/*V*）琼脂糖凝胶上点样 20μl 进行电泳，并在紫外成像系统中拍摄谱带照片。样品可以被 T7EⅠ消化，表明突变发生在基因组。

5.13 将含有突变的连接 PCR 产物克隆到载体。

5.14 将连接载体转化到感受态细胞。

5.15 从 5～10 个克隆子中提取质粒。测序质粒以确定创建物确切的基因型。

14.9.3 提示

使用高保真 DNA 聚合酶以避免扩增过程中引入突变。

14.9.4 提示

有时 T7E I 消化会产生假阳性信号，因此 DNA 测序必须被用于基因分型。第 5 步流程图见图 14.6。

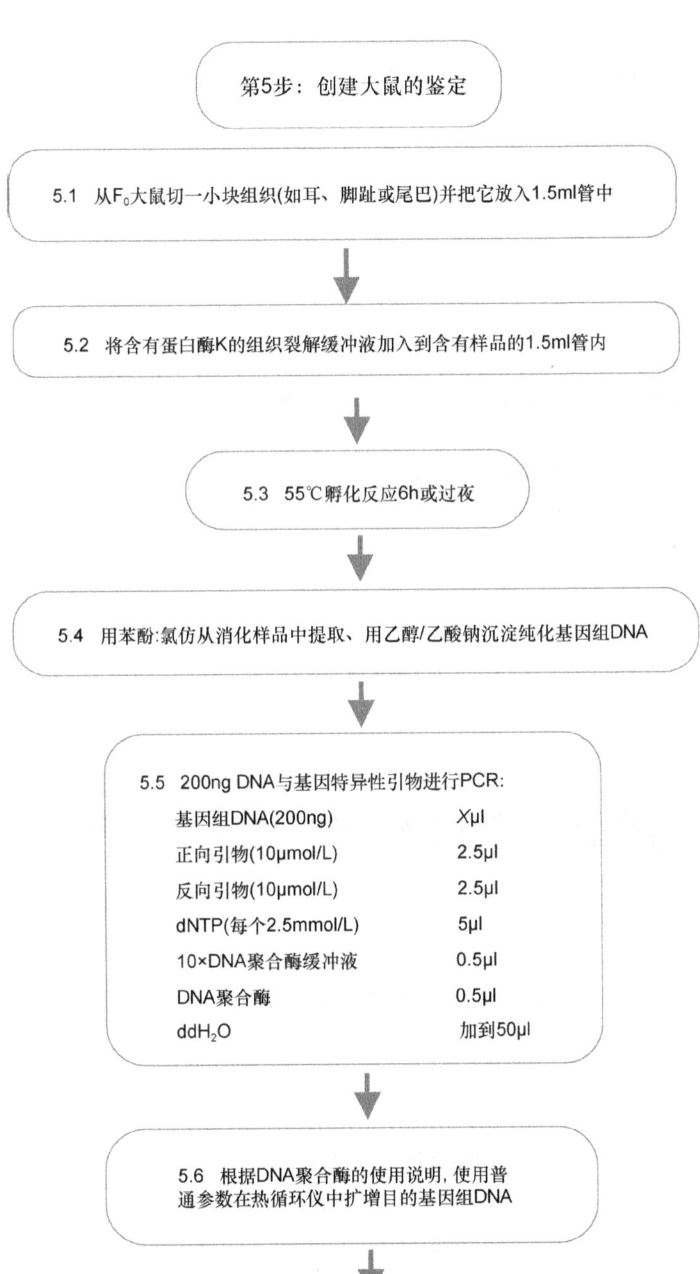

第5步：创建大鼠的鉴定
5.1 从F_0大鼠切一小块组织(如耳、脚趾或尾巴)并把它放入1.5ml管中
5.2 将含有蛋白酶K的组织裂解缓冲液加入到含有样品的1.5ml管内
5.3 55℃孵化反应6h或过夜
5.4 用苯酚:氯仿从消化样品中提取、用乙醇/乙酸钠沉淀纯化基因组DNA
5.5 200ng DNA与基因特异性引物进行PCR:
基因组DNA(200ng) Xμl
正向引物(10μmol/L) 2.5μl
反向引物(10μmol/L) 2.5μl
dNTP(每个2.5mmol/L) 5μl
10×DNA聚合酶缓冲液 0.5μl
DNA聚合酶 0.5μl
ddH$_2$O 加到50μl
5.6 根据DNA聚合酶的使用说明，使用普通参数在热循环仪中扩增目的基因组DNA

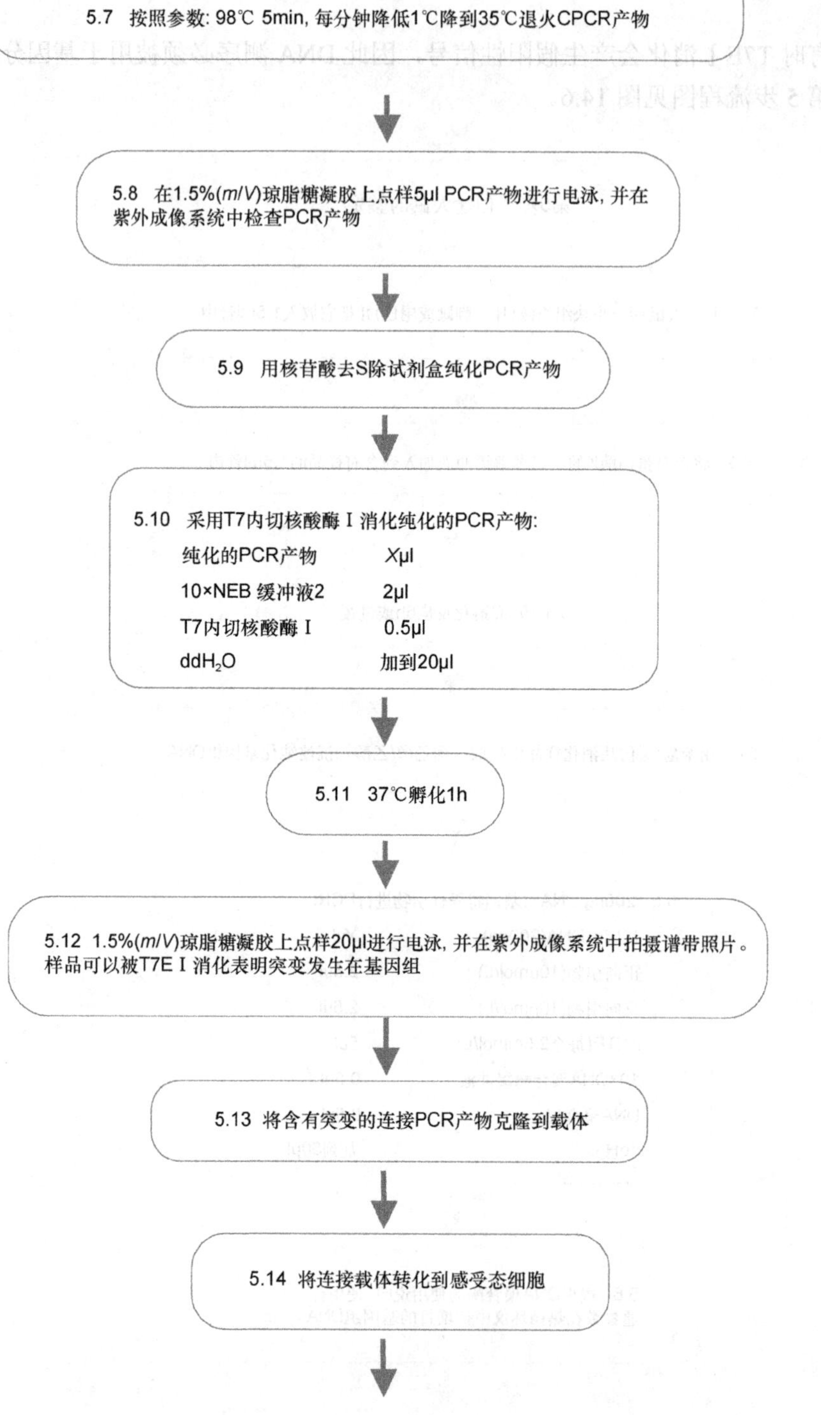
5.7 按照参数: 98℃ 5min, 每分钟降低1℃降到35℃退火CPCR产物
5.8 在1.5%(m/V)琼脂糖凝胶上点样5μl PCR产物进行电泳, 并在紫外成像系统中检查PCR产物
5.9 用核苷酸去S除试剂盒纯化PCR产物
5.10 采用T7内切核酸酶Ⅰ消化纯化的PCR产物:
纯化的PCR产物 Xμl
10×NEB 缓冲液2 2μl
T7内切核酸酶Ⅰ 0.5μl
ddH2O 加到20μl
5.11 37℃孵化1h
5.12 1.5%(m/V)琼脂糖凝胶上点样20μl进行电泳, 并在紫外成像系统中拍摄谱带照片。样品可以被T7EⅠ消化表明突变发生在基因组
5.13 将含有突变的连接PCR产物克隆到载体
5.14 将连接载体转化到感受态细胞

5.15 从5~10个克隆子中提取质粒。测序质粒以确定创建物确切的基因型

图 14.6 第 5 步流程图

14.10 第 6 步：F_1 代大鼠的产生

14.10.1 概述

阳性创建大鼠与野生型大鼠交配产生 F_1 代大鼠。接下来，在第 5 步中进行 F_1 代大鼠的鉴定。

14.10.2 持续时间

大约 5 周。

方法与第 5 步完全一样。

14.10.3 提示

创建大鼠通常是承受几种突变的嵌合体。每个 F_1 代突变的确切基因组序列应该测序。

参 考 文 献

Gaj, T., Gersbach, C. A., & Barbas, C. F., 3rd. (2013). ZFN, TALEN, and CRISPR-Cas-based methods for genome engineeing. Trends in Biotechnology, 31, 397-405.

Garneau, J. E., Dupuis, M. E., Villion, M., Romero, D. A., Barrangou, R., Boyaval, P., et al. (2010). The CRISPR-Cas bacterial immune system cleaves bacteriophage and plasmid DNA. Nature, 468, 67-71.

Jinek, M., Chylinski, K., Fonfara, I., Hauer, M., Doudna, J. A., & Charpentier, E. (2012). A programmable dual-RNA-guided DNA endonuclease in adaptive bacterial immunity. Science, 337, 816-821.

Li, D., Qiu, Z., Shao, Y., Chen, Y., Guan, Y., Liu, M., et al. (2013). Heritable gene targeting in the mouse and rat using a CRISPR-Cas system. Nature Biotechnology, 31, 681-683.

Ran, F. A., Hsu, P. D., Lin, C. Y., Gootenberg, J. S., Konermann, S., Trevino, A. E., et al. (2013). Double nicking by RNA-guided CRISPR Cas9 for enhanced genome editingspecificity. Cell, 154, 1380-1389.

Shao, Y., Guan, Y., Wang, L., Qiu, Z., Liu, M., Li, D., et al. (2014). CRISPR/Cas-mediated genome editing in the rat via direct injection of one-cell embryos. Nature Protocols, in press. http://dx.doi.org/10.1038/nprot.2014.171.

Tong, C., Li, P., Wu, N. L., Yan, Y., & Ying, Q. L. (2010). Production of p53 gene knock-out rats by homologous recombination in embryonic stem cells. Nature, 467, 211-213.

第 15 章　单质粒注射在小鼠中 CRISPR/Cas9 的基因组编辑

Yoshitaka Fujihara, Masahito Ikawa

（日本大阪大学微生物疾病研究所）

目　录

摘要

CRISPR/Cas 介导的基因组改造为阐明基因功能开创了一个新时代。将人源化 Cas9（hCas9）mRNA 和引导 RNA 注射到受精卵可以产生基因敲除小鼠。然而，RNA 而不是 DNA 递送到受精的卵母细胞需要额外制备，且储存需要特别小心。为了简化递送的方法，我们注射既表达 hCas9 也表达 sgRNA 的 pX330 环形质粒，并发现如同 RNA 注射一样可有效产生突变小鼠。不同于线性化质粒，环形质粒整合到宿主基因组的机会减少。我们还开发了 pCAG-EGxxFP 报道基因质粒，通过观察 HEK293T 细胞的 EGFP 荧光评价 sgRNA 活性。这些技术的组合使我们为活小鼠打靶突变开发出快速、简易和可再生的策略。本章提供 sgRNA 设计、pX330-sgRNA 和 pCAG-EGxxFP-靶质粒的构建、体外切割效率的验证，以及靶向基因突变小鼠的产生。这些小鼠可以在一个月内产生。

15.1 导 论

基因敲除（KO）小鼠是研究生物科学和人类遗传疾病的强大工具（Skarnes et al., 2011）。通常使用的方法包括三个主要步骤：①基因靶向载体的构建；②胚胎干细胞（ESC）的同源重组（HR）；③嵌合体小鼠的产生。基因靶向载体含有围绕靶基因位点 10kb 基因组片段中心的耐药基因盒。阴性选择盒通常加在靶向载体同源臂的外面。然后，转染 ESC 与靶向载体用药物选择和筛选获得同源重组克隆子。具有正常核型的同源重组克隆子扩增后，ESC 在胚胎植入前的胚胎内聚集产生嵌合体小鼠。如果突变传递给下一代（F_1），那么杂合的 F_1 突变小鼠之间杂交就产生纯合子基因敲除小鼠。在每个步骤中执行该技术都有很大优势，但总体来说这种方法仍然是昂贵、费力、耗时，需要训练有素的人员才能掌握成功实现靶向突变的所有技术（Fujihara，Kaseda，Inoue，Ikawa，& Okabe，2013）。然而，这种方法需要只有建立生殖系（germ-line-competent）ESC 才能进行，到目前为止只有有限的生物（如小鼠和大鼠）能做到。

使用定制的核酸酶进行基因组编辑，例如，锌指核酸酶（ZFN）和转录激活因子样效应物核酸酶（TALEN），为大范围细胞系和各种生物大范围靶向突变作用提供了新颖的方法（Gaj，Gersbach，& Barbas，2013）。ZFN 和 TALEN 是通过 *Fok* Ⅰ 内切核酸酶与 DNA 识别结构域融合人工产生蛋白质。这些酶通过蛋白质-DNA 相互作用识别靶 DNA 序列，通过 *Fok* Ⅰ 酶成分在靶基因组位点诱导 DNA 双链断裂（DSB）。因此，产生的 DNA 双链断裂可以通过两个不同途径至少一个可以修复，即非同源末端连接（NHEJ）或同源定向修复（HDR）。NHEJ 容易出错并导致不同大小的插入/删除（indels）突变。HDR 需要同源参考序列修复直接修复 DBS，允许通过外源性提供参考 DNA[单链 DNA（ssDNA）或双链 DNA（dsDNA）]将设计的突变引入到靶向位点（Sander & Joung，2014）。利用 DSB 介导突变高效率的优势，通过将编码 ZFN/TALEN 的 mRNA 注射到受精卵产生基因打靶小鼠和大鼠（Carbery et al.，2010；Sung et al.，2013）。然而，已经证明设计和制备 ZFN/TALEN 的 DNA 识别区非常困难，最终限制了这种技术的传播和使用。

最近，II 型规律成簇间隔短回文重复（CRISPR）- CRISPR 相关蛋白（Cas）系统已经证明能引起哺乳动物细胞系 DSB 介导突变（Cong et al., 2013; Mali et al., 2013）。来自酿脓链球菌（*Streptococcus pyogenes*）的细菌 Cas 蛋白 9（Cas9）核

酸酶（SpCas9）是独特和灵活的，由于其依赖 RNA 作为核酸酶靶向目的 DNA 序列的一部分。与 ZFN 和 TALEN 相反，CRISPR/Cas9 系统依赖于合成的单链引导 RNA（sgRNA）与靶 DNA 序列之间进行简单的碱基配对规则，Cas9/sgRNA 核蛋白复合物对 RNA-核酸酶起作用（Sander & Joung，2014）。非常有利的是，通过在 sgRNA 序列中正好替换 20 个核苷酸（nt）可靶向任何基因位点。

在这一章，我们概述张峰博士开发的质粒 pX330（图 15.1A）的应用（Cong et al.，2013），该质粒分别在鸡杂交启动子和人 U6 启动子作用下，表达人源化 Cas9（hCas9）和 sgRNA，产生基因修饰（GM）小鼠。我们首先介绍通过观察来自于报道质粒 pCAG-EGxXFP 再生增强绿色荧光蛋白（EGFP）表达盒的绿色荧光，简单验证基因靶向 DSB 活性系统（http://www.addgene.org/50716/）（图 15.1A）（Mashiko et al.，2013）。接下来我们介绍将 pX330 环形质粒注射到受精卵一步产生突变小鼠的方法（Mashiko et al.，2013，2014）。而采用将 hCas9 mRNA 连同 sgRNA 一起注射到受精卵产生突变小鼠的方法（Fujii，Kawasaki，Sugiura，& Naito，2013；Wang et al.，2013；Yang et al.，2013），我们可以让研究者跳过 RNA 合成和储存技术困难的过程，提供了简单的和可重复的靶向突变作用的方法。

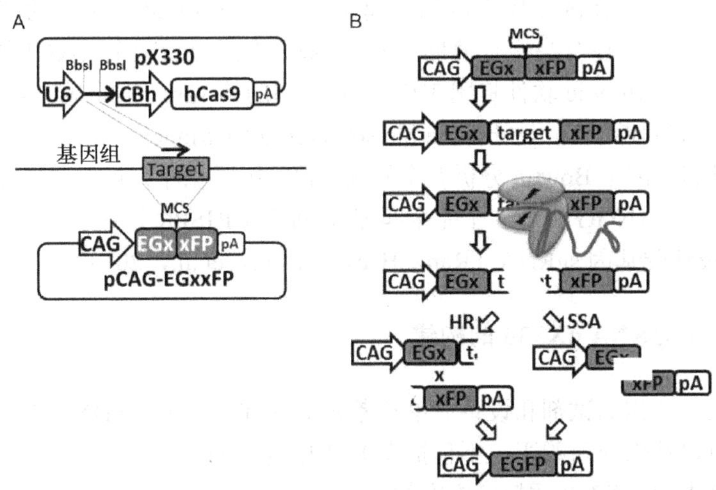

图 15.1 CRISPR/Cas9 介导基因组编辑方案。（A）pX330 质粒和 pCAG-EGxxFP 质粒。pX330 质粒包含 sgRNA 和人源化 Cas9（hCas9）两种表达盒。靶 sgRNA 序列可以直接克隆到 Bbsl 位点。pCAG-EGxxFP 质粒在 CAG 启动子下面含有重叠 EGFP 片段的 5′和 3′区。包含靶 sgRNA 序列的 500～1000bp 基因组片段可以插入到 EGFP 片段之间的多克隆位点（MCS、*Bam*HⅠ、*Nhe*Ⅰ、*Pst*Ⅰ、*Sal*Ⅰ、*Eco*RⅠ和 *Eco*RⅤ）。（B）DSB 介导的 EGFP 表达盒重构的验证方案。当用 sgRNA 引导 Cas9 内切核酸酶消化靶序列时，DSB 可以修复和重构 EGFP 表达盒。HR 为同源重组；SSA 为长链退火。

15.2 pX330 设计和 CRISPR/Cas9 质粒构建

SpCas9 核酸酶序列特异性是由 sgRNA 中 20 个核苷酸决定的。Cas9/sgRNA 复合物识别其 3′端（5′-NNNNNNNNNNNNNNNNNNNNN-NGG-3′，N 可以是 G、C 或 T）前间区邻近基序（PAM）之前的 20nt 序列，并消化靶 DNA 的 PAM 上游 3 个和 4 个碱基。NAG 也有 PAM 序列功能，即有 NGG 打靶效能的 1/5（Hsu et al.，2013）。

15.2.1 靶向基因中 sgRNA 的选择和脱靶分析

人类 U6 RNA 聚合酶Ⅲ启动子偏爱 sgRNA 5′端的 G（鸟嘌呤）核苷酸起始翻译。然而，当我们比较了 sgRNA 插入第一位置有或没有 G 的 pX330 时，它们的切割活性没有显著差异（Mashiko et al.，2014），因此我们只选择 NGG 前面的 20 个碱基。然而，在 5′端添加一个额外的 G 有时增加了活性。应该注意的是，超过 5 个连续 T 核苷酸（多聚 T 延伸）可能充当 U6 启动子的转录终止信号。

sgRNA 对靶基因的设计方案如下。

（1）搜索在有义链和反义链翻译起始位点（ATG）之后出现的核苷酸序列 NGG。在大约 100nt 中如果有任何框内 ATG，最好选择最后一个 ATG 下游的 NGG。

（2）用免费 Bowtie 软件将靶 3′端 20nt 序列的第 12nt、13nt 和 14nt 与鼠基因组（mm9）进行比对（http://bowtie-bio.sourceforge.net/index.shtml）。

注：我们通常用 Bowtie 分析 8 个候选样品，用脱靶序列最低数选择 4 个候选序列（如在 13nt+NGG 少于 5 个完全匹配）。推荐 CRISPR 设计工具（http://crispr.mit.edu/）设计靶基因 sgRNA（Ran，Hsu，Wright，et al.，2013）。

15.2.2 设计 sgRNA pX330 的构建

本方案中所需的试剂和设备清单参考表 15.1。PCR 的 *Taq* DNA 聚合酶和连接酶缓冲液可以从供应商购买，不包括表 15.1 中提到的。

sgRNA 插入 pX330 质粒的方案如下。

（1）一旦设计了 sgRNA，就要制备每个 sgRNA 配对寡核苷酸（正向寡核苷酸：5′-cacc+N20-3′；反向寡核苷酸：5′-aaac+N20-3′）。不需要磷酸化。

（2）重新悬浮并将 TE 缓冲液稀释寡核苷酸到终浓度为 0.1μmol/L。在 TE 缓冲液中混合 0.1μmol/L 正向和反向寡核苷酸。在热循环仪中按下列方法退火正向和反向寡核苷酸：95℃ 5min 一个循环；60℃ 5min；25℃最少 60min。

（3）按照说明书连接退火的 sgRNA 寡核苷酸与 *Bbs* Ⅰ 消化的 pX330 质粒（不需要碱性磷酸酶处理）。总之，建立退火寡核苷酸 2μl 连接反应、1μl *Bbs* Ⅰ 消化的

表 15.1　质粒注射 CRISPR/Cas9 介导的突变小鼠的试剂盒仪器

试剂	来源和目录号
pX330	Addgene，Cambridge，MA，#42230
pX330-Cetn1/sgRNA#1	Addgene，Cambridge，MA，#50718
pCAG-EGxxFP	Addgene，Cambridge，MA，#50716
pCAG-EGxxFP-Cetn1	Addgene，Cambridge，MA，#50717
Bbs I	New England Biolabs，Hitchin，UK，#R0539
*Bam*H I	New England Biolabs，Hitchin，UK，#R0136
Nhe I	New England Biolabs，Hitchin，UK，#R0131
Pst I	New England Biolabs，Hitchin，UK，#R0140
Sal I	New England Biolabs，Hitchin，UK，#R0138
*Eco*R I	New England Biolabs，Hitchin，UK，#R0101
*Eco*R V	New England Biolabs，Hitchin，UK，#R0195
Ligation high Ver. 2	TOYOBO，Osaka，Japan，#LGK-201
化学感受态细胞（DH5α，Stbl3）	
Wizard Plus Minipreps DNA 纯化系统	Promega，Tokyo，Japan，#A1465
LB 培养皿	MO BIO Laboratories，Carlsbad，CA，#12107
氨苄青霉素	Sigma，St. Louis，MO，#A0166
2×YT 培养基	Sigma，St. Louis，MO，#Y1003
KOD FX Neo	TOYOBO，Osaka，Japan，#KFX-201
Wizard PCR Preps DNA 纯化系统	Promega，Tokyo，Japan，#A7170
细胞培养皿	AGC Techno Glass，Tokyo，Japan，#3020-100，#3810-006
DMEM 培养基	Life Technologies，Carlsbad，CA，#11995
胎牛血清	BioWest，Nuaillé，France
100×青霉素-链霉素溶液	Life Technologies，Carlsbad，CA，#10378016

续表

试剂	来源和目录号
HEK293T 细胞	
2.5%胰蛋白酶（10×）	Life Technologies，Carlsbad，CA，#15090046
2×BBS（pH 6.95）（280mmol/L NaCl，50mmol/L BES，1.5mmol/L Na_2HPO_4）	
2.5mol/L $CaCl_2$	
小鼠（性别成熟雌鼠和雄性鼠）	
假孕美国癌症研究所 ICR 小鼠	
养母 ICR 小鼠	
PMSG（怀孕 mare's 血清促性腺激素）	ASKA Pharmaceutical，Tokyo，Japan
hCG（人绒毛膜促性腺激素）	ASKA Pharmaceutical，Tokyo，Japan
鼠胚胎培养皿	AGC Techno Glass，Tokyo，Japan，#1010-060
KSOM 培养基	Merck Millipore，Darmstadt，Germany，#MR-020P-5 F
FHM 培养基	Merck Millipore，Darmstadt，Germany，#MR-024-D
透明质酸酶	Sigma，St. Louis，MO，#H4272
$T_{10}E_{0.1}$ [在超纯蒸馏水中 10mmol/L Tris-HCl（pH 7.4），0.1mmol/L EDTA]	
裂解液[20mmol/L Tris-HCl（pH 8.0），5mmol/L EDTA，400mmol/L NaCl，0.3% SDS 和 200μg/ml 蛋白酶 K 溶液]	
Ampdirect Plus	Shimadzu，Kyoto，Japan，#241-08890-92
设备	
热循环仪	Life Technologies，Carlsbad，CA，Verti Fast 100
凝胶电泳仪和稳压电源	
数字凝胶成像系统	
NanoDrop ND-1000（超微量分光光度计）	Thermo Scientific，Wilmington，DE
荧光显微镜恒温箱	
恒温箱	
显微注射系统	

pX330（50～100ng/μl）和 3μl high Ver.2 连接缓冲液。16℃连接反应保温 1h。

（4）将 pX330 质粒与消化的 sgRNA 转化到感受态大肠杆菌菌株（如 DH5α 和 Stbl3）。简单说，就是将 3μl 连接产物加到 15μl 冰冷的化学感受态细胞，混合物在冰上孵化 20min，42℃热激 30s 并立即放回到冰上 2min。加入 80μl SOC 培养基并在含有 50μg /ml 氨苄青霉素的 LB 平板上铺平。平板于 37℃孵化过夜。

（5）保温最少 12h 后观察每个培养皿的菌落，挑出几个单个菌落检查含有设计的 sgRNA 正确整合的 pX330 质粒。用单菌落接种到 3ml 含有 50μg/ml 氨苄青霉素的 2×YT 培养基中，液体培养并于 37℃保温摇瓶培养过夜（约 14～16h）。

（6）采用商用“Wizard+SV Minipreps DNA 净化系统”，根据制造商说明从液体培养物中纯化质粒 DNA。

（7）使用测序引物（5′-TGGACTATCATATGCTTACC-3′）经 Sanger 测序验证每个培养物的 sgRNA 序列。

15.3　pX330 体外验证

将 pX330-sgRNA 的 HEK293T 细胞和 pCAG-EGxxFP 靶质粒按下面介绍的方法共转染验证 sgRNA 切割活性。转染后 48h 在荧光显微镜下观察再生 EGFP 荧光。我们使用 pCAG-EGxxFP-Cetn1（http://www.addgene.org/50717/）和 pX330-Cetn1/sgRNA#1（http://www.addgene.org/50718/）作为阳性对照。已报道这些质粒在体外和体内性能良好（Mashiko et al.，2013，2014）。

15.3.1　靶向基因组区 pCAG-EGxxFP 的构建

在先前的报道中（Mashiko et al.，2013），我们构建了含有 5′和 3′ EGFP 片段（该片段在普遍存在 CAG 启动子情况下共享 482bp 序列）的 pCAG-EGxxFP 质粒（图 15.1）。将包含 sgRNA 靶序列的靶基因组 500～1000 bp 区域插入到 EGFP 片段，这种结构作为靶质粒。

靶基因组片段插入 pCAG-EGxxFP 质粒的方案如下。

（1）设计和制备扩增靶基因组区域的引物。用 KOD FX Neo 试剂在热循环仪扩增基因组片段。pCAG-EGxxFP 质粒在 EGFP 片段之间有几个多克隆位点（*Bam*H Ⅰ、*Nhe* Ⅰ、*Pst* Ⅰ、*Sal* Ⅰ、*Eco*R Ⅰ和 *Eco*R Ⅴ）。将这些限制性内切核酸酶位点的两个序列（加上每个限制性内切核酸酶位点外的几个核苷酸）加入到引物 5′区，一个用于正向引物，一个用于反向引物（如 *Bam*H Ⅰ序列为“ggatcc”，因此正向引物序列将为 5′-NNggatcc NNNNNNNNNNNNNNNNNN-3′）。

（2）采用凝胶电泳检查 PCR 扩增片段。当能清晰观察到谱带并在预期大小时，用商业试剂盒“Wizar PCR Preps DNA 纯化系统”按说明书纯化 PCR 产物。

（3）用插入限制性内切核酸酶 37℃切割纯化 PCR 产物 1～2h。然后用商用试剂盒“Wizar PCR Preps DNA 纯化系统”按说明书再次纯化。

（4）将 pCAG-EGxxFP 与 PCR 片段连接。简单地说，就是建立连接反应：1μl 消化 pCAG-EGxxFP，2μl 纯化 PCR 产物，3μl Ligation high Ver 2 缓冲液。连接反应于 16℃孵化 1h。

（5）将含有靶基因组片段的 CAG-EGxxFP 转化到感受态大肠杆菌菌株（如 DH5α 和 Stbl3）。简单地说，将 3μL 连接产物添加到 15μl 冰冷的化学感受态细胞，混合物在冰上孵化 20min，42℃热激 30s 并立即回到冰上 2min，加入 80μl SOC 培养基，平涂到含 50μg/ml 氨苄青霉素的 LB 平板上。37℃孵化过夜。

（6）37℃最少孵化 12h 后，观察每个平板的菌落生长。挑出几个菌落确认靶基因组序列的正确整合。将单菌落接种到补加了 50μg/ml 氨苄青霉素的 2×YT 培养基中。37℃液体培养基摇瓶孵化过夜。

（7）孵化 14～16h 后，用商用“Wizard Plus SV Minipreps DNA 纯化系统”按说明书从液体培养物中纯化质粒 DNA。

（8）采用扩增靶基因组区的引物或测序引物（5′-GCCTTCTTCTTTTTCC TACAGC-3′用于 CAG 启动子一边测序，5′-GCCACAC CAGCCACCACCTTCTG-3′ 用于多聚 A 一边的测序），经 Sanger 测序验证靶基因组序列的整合。不使用 pCAG-EGxxFP 中与两个 EGFP 片段退火的 EGFP 引物。

15.3.2 pX330-sgRNA 和 pCAG-EGxxFP 靶进入 HEK293T 细胞的转染

为了验证 sgRNA 序列，我们使用简单的验证系统，即通过观察转染细胞的 DSB 介导的 HDR 与含有质粒 EGFP 再生的绿色荧光（图 15.1B）（Mashiko et al., 2013）。在本章中我们将概述使用 HEK293T 培养细胞的传统磷酸钙转染法。我们建议使用包括阳性的和阴性的转染对照（例如，阳性对照：pCAG-EGxxFP-Cetn1 和 pX330-Cetn1/sgRNA#1；阴性对照：pCAG-EGxxFP-target 和 pX330）。应该注意的是，pCAG-EGxxFP-Cetn1 和-target 质粒本身可能有一些背景信号。

细胞培养和 HEK293T 细胞转染的方案如下。

（1）转染前大约 6h，制备含有适当融合（80%～90%或 2×10^7 细胞）细胞覆盖的 100mm 平板。将分散良好的细胞接种到 6 孔板，密度约为 1×10^6 个细胞/孔，总体积为 2ml 细胞培养基[培养基：DMEM 培养基中 10% (*V*/*V*)胎牛血清，1×青霉素-链霉素-谷氨酸溶液]。根据培养基制造商的方案培养和保养细胞。

（2）传代后 5～6h，用磷酸钙方法按照说明书转染细胞。按下列方法制备沾染试剂盒质粒：1μg pX330-sgRNA，1μg pCAG-EGxxFP-靶，10μl 2.5mol/L $CaCl_2$,

总体积为 100μl。

（3）每个管加 100μl 2×BBS（pH6.95），立即涡漩混合。

（4）管在室温孵化 10min。

（5）将转染混合物添加到每个孔（每孔一个 pX330 质粒包含一个 sgRNA）。通过轻轻摇晃确保转染混合物分散并用 5% CO_2，37℃孵化。

（6）转染 16～24h 后更新培养基。

（7）转染后 48h，在荧光显微镜下观察 EGFP 荧光。

15.3.3　转染细胞 EGFP 荧光观察

pCAG-EGxxFP-Cetn1 和 pX330-Cetn1/sgRNA#1 作为本分析的阳性对照。我们观察到的荧光强度分为 4 组（比对照组更亮得 4 分；与对照组一样得 3 分；比对照组暗得 2 分；非常暗得 1 分）（图 15.2A）。拥有 3 分或 4 分验证的 pX330-sgRNA 质粒可用于原核注射产生突变小鼠。如果所有的验证 pX330-sgRNA 质粒只有 1 分或 2 分，我们建议重新设计靶 sgRNA 序列。

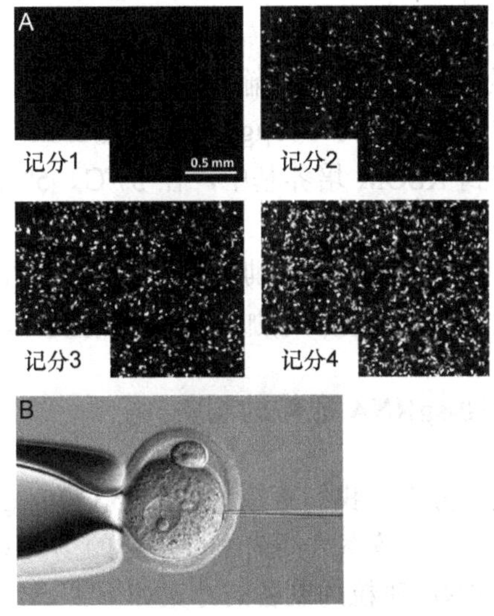

图 15.2　pX330-sgRNA 质粒切割活性体外验证和环形 pX330-sgRNA 质粒原核注射。（A）用 pX330-sgRNA 质粒将 pCAG-EGxxFP 靶质粒转染到 HEK293T 细胞。转染后 48h 在荧光显微镜下观察到再生 EGFP 荧光。荧光强度分为 4 组[比对照组亮记 4 分；与对照组一样得 3 分（pCAG-EGxxFP-Cetn1/pX330-Cetn1/sgRNA#1），比对照组暗得 2 分；很暗得 1 分]。（B）将验证拥有 3 分或 4 分的 pX330-sgRNA 质粒注射到受精卵。圆形质粒注射可以减少质粒整合进入宿主鼠基因组的风险。

15.4 环形质粒注射一步产生突变小鼠

接下来验证 HEK293T 细胞中单个 sgRNA 切割活性，选择 pX330-sgRNA 质粒以 5ng/μl 注射到受精卵原核中。为了避免质粒整合到宿主鼠基因组的错误，我们注射环形形式的 pX330-sgRNA 质粒。

15.4.1 收集受精卵

排卵过度的野生型雌鼠 B6D2F1 与野生型 B6D2F1 雄性鼠交配，按鼠胚胎操作手册从输卵管中收集受精卵（Nagy，Gertsenstein，Vintersten，& Behringer，2003）。KSOM 培养基用于植入前胚胎的体外培养，FHM 培养基用于孵化器外的体外操作。

超数排卵处理和受精卵收集的方案如下。

（1）上午 8:00 到晚上 8:00 光循环，下午 1:00～2:00 之间腹膜内注射 5IU 孕马血清促性腺激素（PMSG），48h 后给 5IU 的人绒毛膜促性腺激素（hCG）。hCG 注射后，一只超数排卵的雌性鼠与一只雄性鼠一起关在同一笼子里。第二天早上雌性鼠有阴道栓证明交配成功。

（2）hCG 注射后约 20h，受精卵从输卵管中恢复。收集被堆积细胞包围的卵并在透明质酸酶溶液中（终浓度为 300μg/ml）孵化 5min 直到堆积细胞被清除为止。然后将受精卵转移到 KSOM 培养基中，在 37℃、5%CO_2 条件下孵化直到准备进行显微注射。

注意：显微注射后有 4～6h 的窗口期；除了原核阶段，卵子将发展成受精卵就不能用于本方案。注射后期可能会增加镶嵌现象的发生。

15.4.2 显微注射 pX330-sgRNA 质粒的制备

为了简化程序和减少劳力，我们直接将环形 pX330-sgRNA 质粒注射到受精卵。用环形质粒 DNA，转基因效率大约为线性质粒的 1/10（Mashiko et al.，2014）。

显微注射 pX330-sgRNA 质粒的制备的方案如下。

（1）用快速柱（0.2μm 孔隙大小）经 400*g* 离心 1min 验证有 3 分或 4 分过滤的 pX330-sgRNA 质粒。

（2）用 $T_{10}E_{0.1}$ 缓冲液稀释过滤的 pX330-sgRNA 质粒，终浓度为 5ng/μl。质粒 DNA 可以在室温下存储直到显微注射。

15.4.3 环形 pX330-sgRNA 质粒的原核显微注射

实验前，需要正确建立显微注射系统（显微镜、显微操纵器、固定架和注射针头等）。这些系统非常昂贵，必须在最佳条件下保养。此外，需要练习操作这些系统，保证通过显微注射能够产生突变小鼠（图 15.2B）。如果你没有显微注射系统和（或）几乎没有机会处理小鼠配子，那么我们建议你在动物机构或常规生产突变小鼠的公司中进行这种操作。

小鼠胚胎和显微注射系统操作的方案如下。

（1）hCG 注射后约 24h，受精卵准备用环形 pX330-sgRNA 质粒（5ng/μl）注射到原核。卵子将在原核的阶段保留 4～6h。

（2）存活的卵子在 KSOM 培养基中 37℃、5% CO_2 条件下体外培养过夜（大约 20h），可以培养成二细胞期的胚胎。

（3）然后，二细胞期的胚胎移植到假孕雌鼠交配后 0.5 天（d.p.c）的输卵管。

注意：当以精确点突变或 DSB 介导的 HDR 插入产生突变小鼠时，用 5ng/μl pX330-sgRNA 和 100ng/μl 单链 DNA 寡核苷酸（ssODN，高效液相色谱级）的混合物注射到受精卵原核。

15.5 打靶突变小鼠的筛选

从显微注射卵子发育的幼鼠，采用 PCR 和随后对潜在突变幼鼠（2～3 周）尾尖收集的 DNA 进行 Sanger 测序分析完成基因分型。PCR 分析使用的引物同样用于扩增靶基因组，扩增产物用于构建 pCAG-EGxxFP 质粒（见 15.3.1 节）。32 个基因的测试，大约一半（100/192）幼鼠是突变小鼠（Mashiko et al.，2014）。

PCR 产物直接测序的方案如下。

（1）将鼠尾尖剪下放入 1.5ml 管中，加入 0.2ml 裂解缓冲液。50℃孵化过夜（最少 12h）。

（2）孵化至少 12h 后，样品于 9000*g* 室温离心 1min。收集 0.5μl 上清液并用 Ampdirect Plus 试剂，根据制造商说明书进行 PCR 分析。

注：该方案不需要使用苯酚/氯仿纯化尾部 DNA。

（3）经凝胶电泳检查 PCR 扩增片段大小。当能清晰观察到谱带时，使用商用“Wizard PCRPreps DNA 纯化系统”，根据制造商说明书纯化 PCR 产物。

（4）使用相同的引物用于构建 pCAG-EGxxFP 质粒靶基因组的扩增，经 Sanger 测序验证纯化的幼鼠尾部 DNA 序列。也可以使用 sgRNA 插入 pX330 的引物。通常，在突变小鼠中大多数（80%）的插入/缺失片段大小不到 100bp（Mashiko et al.，2014）。如果很难直接测序 PCR 产物，建议将 PCR 产物亚克隆到质粒载体中。

15.6 结 论

为了检查 pX330 介导基因修饰的效率，我们开发了用含有鼠基因组靶区的 pCAG-EGxxFP 质粒转染 HEK293T 细胞的验证系统（Mashiko et al.，2013）。按以下方法进行验证，将环形 pX330-sgRNA 质粒显微注射到单细胞受精卵原核并获得突变小鼠。如果获得含 pX330 Tg 的小鼠并达到目的突变，Tg 和突变通常就会携带分离等位基因并通过野生型小鼠 F_0 代的繁殖而分离。这只发生在非常罕见的情况下。因此，将环形 pX330 质粒显微注射到单细胞受精卵原核是一种简单、容易、快速、可行的方法，1 个月内可完成转基因小鼠系的制备（图 15.3）。

第0天: 设计期、脱靶分析和寡核苷酸排序

第1天: PCR扩增靶区和插入到pCAG-EGxxFP质粒
退火sgRNA寡核苷酸和插入pX330质粒
转入大肠杆菌

第2天: 挑出和培养大肠杆菌单菌落

第3天: 微量制备和测序

第4天: 转染拥有pCAG-EGxxFP靶和pX330-sgRNA质粒的293T细胞

第6天: 观察转染细胞和选择最好的pX330-sgRNA

第7天: 将pX330-sgRNA注射到受精卵和转移到假孕雌鼠中

第26天: GM幼鼠诞生(从尾尖提取DNA)

第27天: PCR扩增靶区并测序

第28天: 鉴定突变子

体外验证

环形质粒显微注射

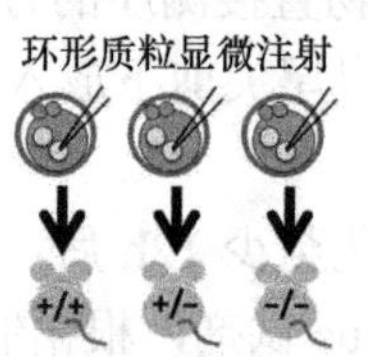

图 15.3 单质粒注射突变小鼠代数和时间轴。传统胚胎干细胞（ESC）介导基因打靶至少需要 6 个月才能获得纯合子突变小鼠。利用双链断裂（DSB）和宿主细胞自身 DNA 修复系统进行 CRISPR/Cas9 介导的基因修饰。Cas9 内切核酸酶诱导 DSB 可以通过非同源末端连接（NHEJ）或同源定向修复（HDR）途径进行修复。NHEJ 介导通常导致小插入缺失（少于 100bp）的产生。HDR 介导修复可以引入精确点突变或通过共注射参考单链 DNA 寡核苷酸（ssODN）或双链 DNA 供体模板与 pX330-sgRNA 质粒进行修复。用这种单链系统，可以在 1 个月内产生杂合子/纯合子突变小鼠。GM 为遗传修饰。

CRISPR/Cas9 系统的特点之一是能够平行诱导多位点双链断裂（Wang et al.，2013；Yang et al.，2013）。多位点 sgRNA 共构建和 Cas9 核酸酶可在特异性基因

组区诱导大删除或倒位（Cong et al.，2013；Fujii et al.，2013）。用我们的方案，还可以获得 pX330 质粒注射介导突变小鼠，它携带完全切除了由两个 sgRNA 位点靶连接的基因组区，删除大约 400bp（Mashiko et al.，2013）。此外，用 ssODN（大约 120nt 长度）单链质粒注射能在小鼠中诱导点突变（在制备时）。

与 ZFN 和 TALEN 系统一样，当使用 CRISPR/Cas9 系统时，脱靶切割事件值得关注。为了分析脱靶效应，我们进行了每个脱靶序列的 PCR 分析，该脱靶序列匹配 13nt 种子序列和一个 NGG PAM 序列。在 63 只突变小鼠系的 382 个潜在脱靶结合位点中，只发现 3 个脱靶（Mashiko et al.，2014）。通过原核注入小鼠受精卵获得的 CRISPR/Cas9 系统瞬时表达显示，很少有脱靶切割意外事故。因为每个 sgRNA 有不同数量的脱靶序列，根据它们的少量非目的结合位点，选择 sgRNA 产生突变小鼠，可以减少脱靶切割的风险。经过不同 sgRNA 或转基因拯救（rescue）实验产生的突变小鼠也可以减少错误表型的风险。

然而，脱靶切割的风险对基因治疗（如人类 ES/iPS 细胞）仍然是一个问题。为了减少脱靶效应，两个核酸酶结构域缺陷型 Cas9 切口酶中的一个（Cas9n、D10A 或 H840A 突变）可以切割靶 DNA 的一条链而不是两条链（Cong et al.，2013；Mali et al.，2013）。一对 Cas9n（D10A）-sgRNA 复合物可以同时切开两条链（双切口）。双切口已经证明能减少脱靶活性和有效引入中靶突变（Ran，Hsu，Lin，et al.，2013）。同时，通过一个无靶位点切割的 sgRNA 引导，也能催化灭活 Cas9（dCas9、无活性 Cas9、D10A 和 H840A 两者突变）。与靶 DNA 特异性结合的 dCas9-sgRNA 复合物，通过阻断其他蛋白质如 RNA 聚合酶的结合，可以有效地干扰靶基因（CRISPR 干扰，CRISPRi）的表达（Qi et al.，2013）。dCas9 也可以与外源性蛋白（如激活剂、抑制因子、表观遗传调节因子和荧光蛋白）融合控制靶基因遗传和表观修饰（Chen et al.，2013；Gilbert et al.，2013；Maeder et al.，2013；Perez-Pinera et al.，2013）。最近，人类疾病 HTI（遗传酪氨酸血症类型 I）在成年小鼠中，经流体力学的尾静脉注射递送 CRISPR/Cas9 进行矫正（Yin et al.，2014）。基于 CRISPR/Cas9 基因组编辑已成为生物学/生物医学科学的强大和有效的方法，为未来遗传研究/鼠的研究提供了坚强保证。

致　谢

我们感谢张峰博士提供 pX330 质粒和 S.A.M. Young 理科学士（荣誉）的批判性阅读。本章中研究介绍得到日本文部科学省的部分资助。

参 考 文 献

Carbery, I. D., Ji, D., Harrington, A., Brown, V., Weinstein, E. J., Liaw, L., et al. (2010). Targeted genome modification in mice using zinc-finger nucleases. Genetics, 186(2), 451-459.

Chen, B., Gilbert, L. A., Cimini, B. A., Schnitzbauer, J., Zhang, W., Li, G. W., et al. (2013). Dynamic imaging of genomic loci in living human cells by an optimized CRISPR-Cas system. Cell, 155(7), 1479-1491.

Cong, L., Ran, F. A., Cox, D., Lin, S., Barretto, R., Habib, N., et al. (2013). Multiplex genome engineering using CRISPR-Cas systems. Science, 339(6121), 819-823.

Fujihara, Y., Kaseda, K., Inoue, N., Ikawa, M., & Okabe, M. (2013). Production of mouse pups from germline transmission-failed knockout chimeras. Transgenic Research, 22(1), 195-200.

Fujii, W., Kawasaki, K., Sugiura, K., & Naito, K. (2013). Efficient generation of large-scale genome-modified mice using sgRNA and CAS9 endonuclease. Nucleic Acids Research, 41(20), e187.

Gaj, T., Gersbach, C. A., & Barbas, C. F., 3rd. (2013). ZFN, TALEN, and CRISPR-Cas-based methods for genome engineering. Trends in Biotechnology, 31(7), 397-405.

Gilbert, L. A., Larson, M. H., Morsut, L., Liu, Z., Brar, G. A., Torres, S. E., et al. (2013). CRISPR-mediated modular RNA-guided regulation of transcription in eukaryotes. Cell, 154(2), 442-451.

Hsu, P. D., Scott, D. A., Weinstein, J. A., Ran, F. A., Konermann, S., Agarwala, V., et al. (2013). DNA targeting specificity of RNA-guided Cas9 nucleases. Nature Biotechnology, 31(9), 827-832.

Maeder, M. L., Linder, S. J., Cascio, V. M., Fu, Y., Ho, Q. H., & Joung, J. K. (2013). CRISPR RNA-guided activation of endogenous human genes. Nature Methods, 10(10), 977-979.

Mali, P., Yang, L., Esvelt, K. M., Aach, J., Guell, M., DiCarlo, J. E., et al. (2013). RNA-guided human genome engineering via Cas9. Science, 339(6121), 823-826.

Mashiko, D., Fujihara, Y., Satouh, Y., Miyata, H., Isotani, A., & Ikawa, M. (2013). Generation of mutant mice by pronuclear injection of circular plasmid expressing Cas9 and single guided RNA. Scientific Reports, 3, 3355.

Mashiko, D., Young, S. A., Muto, M., Kato, H., Nozawa, K., Ogawa, M., et al. (2014). Feasibility for a large scale mouse mutagenesis by injecting CRISPR-Cas plasmid into zygotes. Development, Growth & Differentiation, 56(1), 122-129.

Nagy, A., Gertsenstein, M., Vintersten, K., & Behringer, R. (2003). Manipulating the mouse embryo: A laboratory manual cold spring harbor. NY: Cold Spring Harbor Laboratory Press.

Perez-Pinera, P., Kocak, D. D., Vockley, C. M., Adler, A. F., Kabadi, A. M., Polstein, L. R., et al. (2013). RNA-guided gene activation by CRISPR-Cas9-based transcription factors. Nature Methods, 10(10), 973-976.

Qi, L. S., Larson, M. H., Gilbert, L. A., Doudna, J. A., Weissman, J. S., Arkin, A. P., et al. (2013). Repurposing CRISPR as an RNA-guided platform for sequence-specific control of gene expression. Cell, 152(5), 1173-1183.

Ran, F. A., Hsu, P. D., Lin, C. Y., Gootenberg, J. S., Konermann, S., Trevino, A. E., et al. (2013). Double nicking by RNA-guided CRISPR Cas9 for enhanced genome editing specificity. Cell, 154(6), 1380-1389.

Ran, F. A., Hsu, P. D., Wright, J., Agarwala, V., Scott, D. A., & Zhang, F. (2013). Genome engineering using the CRISPR-Cas9 system. Nature Protocols, 8(11), 2281-2308.

Sander, J. D., & Joung, J. K. (2014). CRISPR-Cas systems for editing, regulating and targeting genomes. Nature Biotechnology, 32(4), 347-355.

Skarnes, W. C., Rosen, B., West, A. P., Koutsourakis, M., Bushell, W., Iyer, V., et al. (2011). A conditional knockout resource for the genome-wide study of mouse gene function. Nature, 474(7351), 337-342.

Sung, Y. H., Baek, I. J., Kim, D. H., Jeon, J., Lee, J., Lee, K., et al. (2013). Knockout mice created by TALEN-mediated gene targeting. Nature Biotechnology, 31(1), 23-24.

Wang, H., Yang, H., Shivalila, C. S., Dawlaty, M. M., Cheng, A. W., Zhang, F., et al. (2013). One-step generation of mice carrying mutations in multiple genes by CRISPR-Cas-mediated genome engineering. Cell, 153(4), 910-918.

Yang, H., Wang, H., Shivalila, C. S., Cheng, A. W., Shi, L., & Jaenisch, R. (2013). One-step generation of mice carrying reporter and conditional alleles by CRISPR-Cas-mediated genome engineering. Cell, 154(6), 1370-1379.

Yin, H., Xue, W., Chen, S., Bogorad, R. L., Benedetti, E., Grompe, M., et al. (2014). Genome editing with Cas9 in adult mice corrects a disease mutation and phenotype. Nature Biotechnology, 32(6), 551-553.

第16章　CRISPR/Cas9在活细胞中基因组元件成像

Baohui Chen[1], Bo Huang[1,2]

（1. 美国加州大学旧金山分校医药化学系；2. 加州大学旧金山分校生物化学与生物物理学系）

目　录

摘要

CRISPR/Cas9系统除了在基因组编辑、基因表达调控、可编程DNA识别系统，包括CRISPR和TALE的应用外，最近已经设计了活细胞内源性基因元件的可视化。根据它的物理组织，以及与其他核结构的相互作用，这种能力极大地帮助了基因组功能的调控研究。本章首先讨论设计和实现成像系统的注意事项。随后的章节为使用 CRISPR/Cas9 系统标记和特定基因组位点成像，包括 dCas9-GFP 和 sgRNA 的表达系统的构建、端粒和蛋白质编码基因的重复序列标记步骤、标记非重复性基因位点的许多 sgRNA 的同时表达和通过荧光原位杂交（FISH）验证信号特异性提供了详细的方案。

16.1 导　　论

由于庞大的编码信息，人细胞基因组 DNA 的总长度超过 2m。这些超长分子如何打包成直径约 10μm 的细胞核是一个有趣的问题。的确，现在人们普遍认为，基因组的时空组织对于基因组功能输出调节是必不可少的（Misteli，2007，2013）。为了研究基因组物理组织和基因组元件的互作，广泛采用的方法是，通过荧光原位杂交（FISH）直接可视特异性 DNA 序列。然而，探针杂交要求 DNA 变性使得活细胞荧光原位杂交，这在大多数情况下是难以实现的，从而失去了跟踪动态过程的能力。另一方面，到目前为止，基因组成分活细胞成像依靠荧光标记的 DNA 结合蛋白。由于这种蛋白质的选择有限，它们的应用局限于特异性基因元件如端粒（Wang et al.，2008）和着丝粒（Hellwig et al.，2008），或人为地插入序列如乳糖操纵子（LacO）和四环素操纵子（TetO）串联阵列（Robinett et al.，1996）。活细胞内源 DNA 序列任意可视化是主要挑战，直到最近证明：规律成簇间隔短回文重复（CRISPR）和转录激活因子样效应因子（TALE）可以用于基因组成像（Anton，Bultmann，Leonhardt，& Markaki，2014；Chen et al.，2013；Ma，Reyes-Gutierrez，& Pederson，2013；Miyanari，Ziegler-Birling，& Torres-Padillam，2013；Thanisch et al.，2014；Yuan，Shermoen，& O’Farrell，2014）。

16.1.1 靶位点的选择和 DNA 识别方法

为了荧光标记活细胞中任意内源性基因组元件，基本的方法是引入荧光标记和可编程 DNA 识别蛋白。采用核酸酶活性消除 CRISPR 系统中 Cas9 蛋白（dCas9）（Gilbert et al.，2013；Qi et al.，2013），以及没有核酸酶融合的 TALE 蛋白为此目的服务。通过将小引导 RNA（sgRNA）补充到靶序列（针对 dCas9），或通过结合匹配碱基识别结构域（针对 TALE）形成复合物，它们可以稳定地与细胞核靶 DNA 结合。对活细胞荧光成像来说，最直接的方式是表达荧光蛋白（FP）融合子 dCas9 或 TALE。另外，将 FP、染色标记 dCas9 或 TALE，通过显微注射或电穿孔都可以引入活细胞。

通过靶位点上荧光数量测定 dCas9 或 TALE 信号水平。由于细胞自发荧光的内在背景和核原生质中无 dCas9-FP 或 TALE-FP，因此靶上单荧光的检测已经具有非常大的挑战性。为了产生可测定信号，有利于基因组靶串联重复，所以多重 dCas9-FP 或 TALE-FP 用单个识别序列可以结合靶位点。这样的串联重复序列始终存在于许多生物体的基因组中。例如，哺乳动物的端粒由重复 TTAGGG 大型阵列所组成，已经成功地使用 CRISPR（Anton et al.，2014；Chen et al.，2013）或 TALE（Ma et al.，2013；Miyanari et al.，2013；Thanisch et al.，2014）成像。简单串联重复序列也可用于着丝粒（Ma et al.，2013）、卫星 DNA（Anton et al.，2014；Miyanari et al.，2013；Thanisch et al.，2014；Yuan et al.，2014）的成像，有时甚至在蛋白质编码区域成像（Chen et al.，2013）。

尽管串联重复序列方便 CRISPR 或 TALE 可视化，但靠近目的位点找到合适的位置并不总是可能的。对于这些非重复位点，必须同时有许多打靶序列以便多重荧光剂带入。在这种情况下，CRISPR 比 TALE 系统更实用，因为它只需要引入大量的小分子 RNA 就行，而 TALE 则必须表达每个靶序列的不同 TALE 蛋白。当使用 CRISPR/Cas9 系统标记非重复位点时，应该超过 10 个 FP 才能够产生超越细胞背景可靠的可检测荧光点。然而在实践中，不同 sgRNA 有高度可变的打靶效率，据报道，一组至少需要 30 个 sgRNA 才能产生良好的标记（Chen et al.，2013）。

因为它的普遍性，本章的其余部分将重点放在使用 CRISPR/Cas9 系统对基因组的元件成像。

16.1.2 CRISPR/Cas9 对基因组成像的敏感性和特异性

由于在基因组座位上荧光信号受到靶位点可用性所限，所以成像实验主要应考虑核原生质中无 dCas9-FP 的荧光背景。当 dCas9 与靶座子结合几乎饱和时，增加它们的表达水平只会导致增加背景而无信号水平，从而减少信号对背景的比例。因此，只要有足够量的 dCas9-FP 覆盖结合位点，弱的或可诱导表达系统是 dCas9-FP 减少背景表达的首选。理想情况下，无 dCas9-FP 的细胞核浓度应该相当于它们的结合常数，其中尚未充分表征并可能因靶序列而异。当细胞核有更多的结合位点，如端粒成像时，最佳的表达水平更高，因为它需要更多的 DNA 结合 dCas9-FP。

识别位点的有限数量也意味着荧光信号水平不会很高（有时只有几个 FP 拷贝）。因此，实际的考虑是使用敏感检测系统。例如，具有高数字光圈物镜的显微镜和灵敏的相机（如 EMCCD 或 sCMOS 相机）应优先考虑。在某些情况下，宽视野显微镜可能比激光扫描共焦显微镜更合适，因为有较高的检测效率。用更灵敏的检测系统，以及较低的激发强度和更短的曝光时间不仅可以使光漂白减到最低，而且与长时间成像相关的光毒性也可以减少。事实上，人工诱导成像也容易被忽视。作为一个实例，光诱导 DNA 损伤常常未被发现，除非使用 DNA 损伤响应报道基因或观察到细胞周期阻滞。另一方面，可与 dCas9 融合多个 dCas9-FP 探针制作更明亮的 dCas9-FP 探针。尽管这种方法不会改善信号-背景比率，因为它同样增加 DNA 结合和无 dCas9-FP 的亮度，但是它允许较低的曝光来产生相同的质量。

对基因组编辑、脱靶效应，特别是对 CRISPR/Cas9 系统（Hsu et al.，2013）来说，往往是主要的考虑因素，因为仅仅单个 DNA 事件将引发 DNA 损伤修复响应。与此相反，对基因组成像，多拷贝荧光必须超过背景荧光信号。因此，它本质上更不容易有脱靶效应。然而，由于 DNA 靶向蛋白质与核结构的非特异性结合，人工“色斑”仍然可以出现图像判读的复杂化。例如，当没有与 sgRNA 形成复合物时，可能通过与核糖体 RNA 非特异性相互作用，Cas9 能在核仁内富集。为了消除这种核仁信号，sgRNA 高强度表达，如慢病毒载体，必须保证所有 dCas9 与 sgRNA 结合。一种新的优化了表达效率的 sgRNA 和 dCas9 结合也证明能够很大程度上提高基因组 CRISPR 成像效率（Chen et al.，2013）。考虑到这些潜在的人工产品，使用非靶向 sgRNA 或用 FISH 双色成像完成对照实验一直非常重要（16.5.1 节），以确保观察到的信号为专一性。

在接下来的章节中，我们将使用端粒和人活细胞系黏蛋白基因位点为例，来说明 CRISPR/Cas9 系统如何实际应用于基因组成像。图 16.1 概述了一般工作流程。

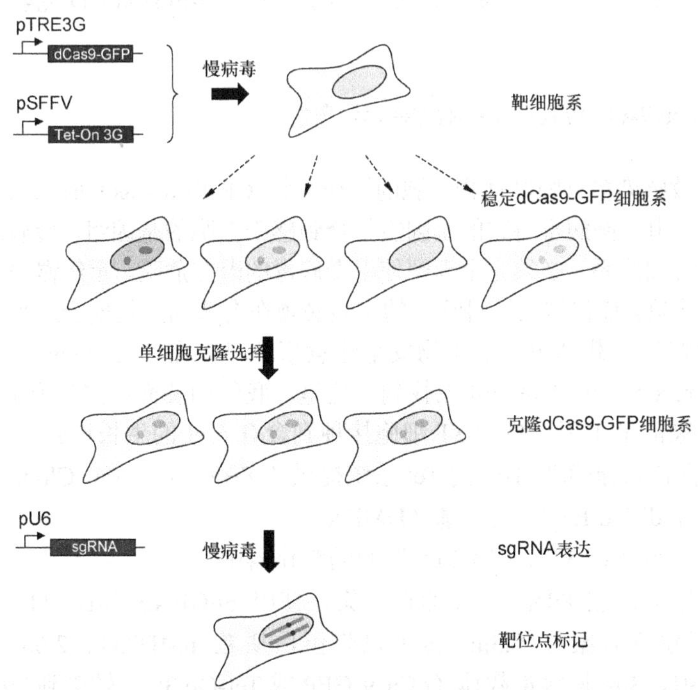

图 16.1　使用 CRISPR/Cas9 系统成像基因组成分工作流程图示。（彩图请扫封底二维码）

16.2 稳定表达 dCas9-GFP 细胞系的产生

16.2.1 dCas9-GFP 构件的产生

为了应用 CRISPR/Cas9 系统标记内源性基因组序列，将来自酿脓链球菌（*Streptococcus pyogenes*）的 Cas9 催化灭活形式（dCas9 包含 D10A 和 H840A 替代品），与增强型绿色荧光蛋白（GFP）融合。两个拷贝的核定位信号（NLS）序列用于确保 dCas9-GFP 蛋白质的核定位。为了减少未结合的 dCas9-GFP 水平导致的背景信号，选择 Tet-On 3G 诱导表达系统作为表达载体。

（1）按照 In-Fusion HD 克隆试剂盒（#638909，Clontech）制造商的说明书设计 In-Fusion 聚合酶链反应（PCR）引物。在单个反应中将 dCas9 和 GFP 两个片段克隆到载体中。把引物中的 NLS 序列插入 dCas9-GFP 不同位置。

（2）经 PCR 分别扩增 dCas9（优化的人密码子）和 GFP 编码序列。Phusion 高保真 DNA 聚合酶试剂盒（#M0530S，NEB）应按照制造商的说明使用。

（3）通过限制性内切核酸酶消化（*Xma* Ⅰ/*Not* Ⅰ）产生 Lenti-X Tet-On 3G 可诱导表达系统的线性响应载体。

（4）纯化 PCR 产生的 Cas9 和 GFP 产物。基于 In-Fusion HD 克隆方案将它们连接到载体。

16.2.2 dCas9-GFP/Tet-On 3G 慢病毒产生

通过高效感染多种哺乳动物细胞的慢病毒将 CRISPR/Cas9 成像系统递送到哺乳动物细胞。由于慢病毒将它的基因组整合到感染细胞的基因组，慢病毒载体也促进生成稳定的细胞系。必须完全理解使用慢病毒的潜在危险。重组慢病毒被列为生物安全二级生物。任何涉及这种病毒的实验必须在有适当生物安全水平的实验室中进行。研究慢病毒载体更多的生物安全注意事项可以在 http://www.colorado.edu/ehs/training/recom_dna_lenti.pdf 上找到。这里，我们简要介绍产生慢病毒的方法。

（1）转染前第 1 天，将 293T 细胞接种到含有 6ml 的生长培养基的 T25 锥形瓶中，使用含有高葡萄糖+10%的 Tet 系统提供的 FBS（#631106，Clontech）的 90% Dulbecco's Modified Eagle 培养基（DMEN）。

（2）细胞维持在 37℃、5%CO_2 湿润的孵化器中。

（3）细胞应该在 80%左右汇合时转染。使用 FuGENE（#E2311，Promega）按照制造商建议方案将 0.3μg 转染包膜蛋白质粒 pMD2.G、2.6μg 包装质粒 pCMV-dR8.91、3μg 慢病毒载体（dCas9-GFP 或 Tet-On 3G）转染到 293T 细胞。

（4）10～12h 后，用 6ml 新鲜生长培养基（含 Tet FBS 核准系统）更换转染培养基。在 37℃再培养细胞 36～48h。

（5）收获慢病毒上清液和简短离心（800*g* 离心 8min）或用 0.45μm 过滤器过滤去除细胞碎片。

（6）分装病毒（0.5～1ml）并保持在–80℃。每次冻融循环可能会减少至之前功能滴度的 1/4~1/2。建议用刚收获的病毒作为首次新靶。

16.2.3　dCas9-GFP/Tet-On 3G 慢病毒感染

本方法介绍产生 RPE（人类视网膜色素上皮细胞）细胞稳定共表达 dCas9-GFP 和 Tet-On 3G 反式-激活因子。为了减少来结合 dCas9-GFP 的背景荧光，我们强烈建议用没有强力霉素（阿霉素）诱导的 dCas9-GFP 基础水平表达来完成成像实验（图 16.2）。由于反式激活因子也可能导致 dCas9-GFP 基础表达，细胞仍然应该用 dCas9-GFP 和 Tet-On 3G 慢病毒共转染。具有扁平形态的任何其他细胞类型，如 U2OS（人骨肉瘤）和 HeLa 细胞，也是 CRISPR 成像的理想细胞。按以下方案，我们列举 24 孔板 RPE 细胞培养。

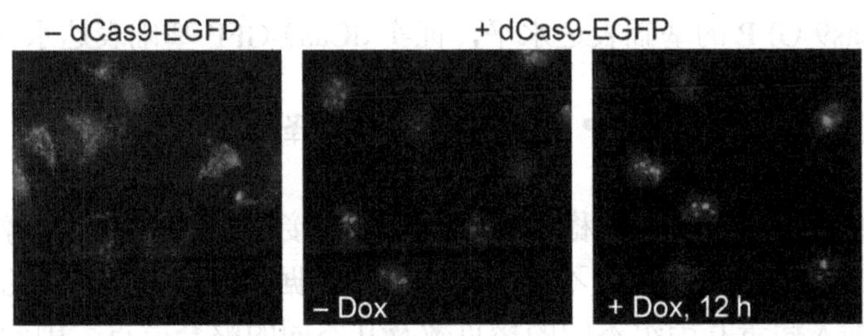

图 16.2　没有 sgRNA 的 RPE 细胞中 dCas9-GFP 的表达。在没有表达 dCas9-GFP 细胞中只能检测出很弱的细胞质自发荧光。携带 Tet-On 3G 可诱导表达系统的细胞，在没有强力霉素诱导下的基底表达水平可观察到 Cas9-GFP、核 GFP 信号。在强力霉素诱导后 12h，可记录更强（50 倍）的 GFP 信号，核仁富集的 dCas9-GFP 清晰可见。三个板用不同的对比度校正以便看得见弱信号。（彩图请扫封底二维码）

（1）转换前 12～18h，用 20%～30%汇集 REP 细胞接种到 24 孔板中的 12 孔。每个孔含 0.5ml 完全生长培养基（DMEM 含有 GlutaMAX1+10%Tet FBS 核准系统）。

（2）使用从包装细胞中新鲜制备的病毒，或解冻分装的 dCas9-GFP 和 Tet-On 3G 慢病毒储备液。以优化比率结合 dCas9-GFP 和 Tet-On 慢病毒。如果滴度值是未知的，用连续稀释病毒，混合比例为 1∶1、1∶3 和 3∶1。每个孔的总体积应该是 0.5ml（如 30μl dCas9-GFP 慢病毒+10μl Tet-On 3G 慢病毒+460μl 生长培养基）。每种条件应该有两个孔。后来将阿霉素添加到一个孔诱导 dCas9-GFP 的高表达。

（3）转导细胞37℃培养过夜。清除和丢弃含有培养基的病毒，用新鲜的、没有强力霉素的生长培养基代替。

（4）36h之后，又以新的含有100ng/ml阿霉素的生长培养基取代。另一个孔保留没有强力霉素的细胞。

（5）培养细胞12～24h，通过阿霉素诱导dCas9-GFP表达。

（6）用荧光显微镜测定Cas9-GFP是否在细胞核正确定位，以及每种条件下（dCas9-GFP和Tet-On 3G慢病毒不同比例）有dCas9-GFP信号细胞的百分比。具有核定位信号（NLS）功能的dCas9-GFP高度富集在核内，尤其是在核仁内。因为诱导后的细胞有很强的荧光信号，可以用较低放大成像系统（10×或20×物镜）以便用大视野进行检查。

（7）60%～70%细胞表达dCas9-GFP是CRISPR成像的最好条件。慢病毒剂量太高时，dCas9-GFP基底表达由于多重感染可能超过最优水平。从没有加阿霉素的孔中选出细胞传代。在8孔有腔盖玻片（#155409，Lab-Tek Ⅱ，Thermo Scientific Nunc）中接种细胞，作为进一步成像和用T25烧瓶冰冻储藏之用。

（8）12～24h后，在8孔有腔室盖玻片中成像的细胞，用高倍数字光圈油浸物镜检查dCas9-GFP的基础表达水平，证实dCas9-GFP基础表达水平能够可视。

16.2.4 稳定表达dCas9-GFP克隆细胞系的选择

虽然由慢病毒感染产生的稳定细胞系可以直接用于CRISPR成像，但是细胞与细胞dCas9-GFP表达水平的不同造成了下游数据解释的复杂化。这种变化很大程度上源于插入病毒基因组不同的拷贝数及其不同的整合位点。因此，使用来自单个细胞克隆子衍生的细胞是可取的。此外，在单细胞克隆子选择过程中，鉴定具有不同基底表达水平的克隆子去匹配不同靶的最优要求。通过筛选特异性重复基因组靶克隆细胞系，我们就能够实现最佳标记效率和最低的背景信号。这里，我们简要介绍分离稳定表达dCas9-GFP RPE细胞的单个细胞克隆的步骤。

（1）让dCas9-GFP/Tet-On 3G感染细胞在T25烧瓶中维持2～3个传代后，采用1ml 0.25%胰蛋白酶/EDTA 37℃消化约5min分散细胞。

（2）添加6ml生长培养基重悬浮细胞，并采用1∶10、1∶100、1∶1000、1∶10 000生长培养基稀释细胞。在载玻片上接种50μl每个稀释比例的细胞并计算细胞数量。选择有0～1个细胞/50μl的稀释比率进一步实验。

（3）在96孔板的每个孔加100μl完全生长培养基。每个孔转入50μl适当稀释的视网膜色素上皮（RPE）细胞。理论上，每个孔将分布有0～1个细胞。

（4）10～14天之后，克隆将清晰形成。选择有单克隆的孔，用1ml 0.25%胰蛋白酶/EDTA 37℃消化约5min分散克隆。

（5）将克隆转移到 24 孔板。每个克隆子接种到 2 个孔。一个孔的细胞保持含有阿霉素。

（6）细胞达到>50%汇合后，选择具有 100% dCas9-GFP 表达细胞的克隆。

（7）在 8 孔有腔盖玻片中接种选择的没有阿霉素诱导的克隆并做 sgRNA 感染鉴定标记特异性靶最佳克隆。

16.3　使用慢病毒载体表达 sgRNA

以前的工作表明，sgRNA 表达水平限制 CRISPR/Cas9 在人细胞中作用（Jinek et al.，2013）。创建了一个优化 sgRNA 序列（Chen et al.，2013）以改善其表达效率与装配 dCas9-GFP。这种优化设计使各种基因靶能够更有效标记。用慢病毒载体递送 sgRNA 表达系统也显著地提高了效率。这个程序介绍了我们如何克隆 sgRNA 慢病毒载体和 sgRNA 慢病毒如何感染 RPE 细胞。

16.3.1　sgRNA 设计和克隆

（1）为了靶向模板 DNA 链，搜索 5′-GN-NGG-3′$_{(17\sim24)}$-GN。GN$_{(17\sim24)}$序列直接用作 sgRNA 碱基配对区（间隔区）。NGG 是链球菌 Cas9 蛋白质识别序列。为了靶向非模板 DNA 链，搜索 5′-CCN-N$_{(17\sim24)}$C-3′。N$_{(17\sim24)}$C 的反向互补序列用作 sgRNA 的间隔。设计原理与基因组编辑（Ran et al.，2013）或基因调控相同（Larson et al.，2013）。

（2）选择 2～4 个序列靶。sgRNA 设计的成功率约为 50%。

（3）对特异性靶设计正向和反向引物。正向引物：5′-ggagaa<u>CCACCTTGTTG</u>**G N$_x$**GTTTAAGAGCTATGCTGGAAACAGCA-3′。**GN$_x$**（x=17～28）是碱基配对序列（间隔区），可以改变标任何靶。下划线序列为 *Bst*X Ⅰ 限制酶酶切位点。反向引物：5′-ctagta <u>CTCGAG</u>AAAAAAAGCACCGACTCGGTGCCAC-3′。下划线序列为 *Xho* Ⅰ 限制酶酶切位点。

（4）采用普通反向引物扩增优化 sgRNA 序列，但是唯一的正向引物包含特异性间隔序列。使用任何包含优化 sgRNA 质粒序列（如 Addgene ID：51024）作为 PCR 模板。

（5）通过 *Bst*X Ⅰ 和 *Xho* Ⅰ 纯化 sgRNA PCR 产物并消化它们。

（6）采用 *Bst*X Ⅰ 和 *Xho* Ⅰ 消化慢病毒 U6 表达载体（Addgene ID：51024）。

（7）按照 Quik T4 DNA 连接酶的制造商说明书将 sgRNA 片段亚克隆到 U6 载体（#M2200S，NEB）。

16.3.2 sgRNA 慢病毒感染

产生 sgRNA 慢病毒的方法与 dCas9-GFP 慢病毒相同。RPE 细胞可以有效感染非浓缩储备病毒。然而，由于标记效率依赖 sgRNA 剂量，因此应考虑浓缩病毒对某些类型的细胞感染效率较低。

（1）转导前 12h，在 8 孔有腔盖玻片接种稳定表达的 dCas9-GFP 克隆细胞。

（2）用（1∶12、1∶6 或 1∶3 稀释）sgRNA 慢病毒感染细胞，每个孔补加 5μg/ml 聚凝胺（#TR-003-G，Milipore）。靶位点越多，转导 sgRNA 剂量应该就越高。细胞与慢病毒培养 12h。

（3）除去含有培养基的病毒并用无酚红的新鲜生长培养基更换。

（4）转导后 48h，准备细胞成像。

16.4 非重复序列的标记

为了标记非重复序列，至少应该创建 30 个 sgRNA 位点。这必须在常规荧光显微镜下检测富集的 dCas9-GFP 信号。在这里，我们介绍高通量克隆多重 sgRNA 和包装汇集 sgRNA 慢病毒的方法。

16.4.1 靶选择和 sgRNA 设计

当标记非重复序列时，我们建议设计至少 30 个 sgRNA。两个相邻靶序列之间的距离对浓缩 dCas9-GFP 信号来说至关重要。标记黏蛋白基因重复区域表明 30～60bp 长的距离对可视化是有效的。因此，标记 *MUC4* 基因的非重复区，两个相邻 sgRNA 之间的距离应保持在 30～50bp。通过搜索 MUC4 的模板和非模板 DNA 链两种编码序列中 GN_xNGG（x=17～28）来设计 sgRNA。NGG 是链球菌 Cas9 的 PAM。GN_x 序列为 sgRNA 的碱基配对区。

16.4.2 高通量 sgRNA 克隆

这里介绍多重 sgRNA 以高通量方式克隆到同样 U6 载体的方法。该方案是发表的 CRISPRi 克隆多重 sgRNA 方法改良方案（Larson et al.，2013）。下面以同时克隆 96 个 sgRNA 为例来说明。

（1）为方便操作，按顺序在 96 孔板放入 96 个正向引物（如来自整合 DNA 技术）。

（2）用多通道吸管将正向引物合并成 12 组。因此，每个组包含 8 个引物。用质粒作模板（如 Addgene ID：51024），合并的引物与等量反向引物混合用于 PCR 扩增 sgRNA 片段。用 Phusion 高保真 DNA 聚合酶完成 PCR 反应。

（3）在 1.5%琼脂糖凝胶上对 PCR 产物电泳，切出 150bp 的 DNA 带进行纯化。

（4）用限制性内切核酸酶 *Bst*X Ⅰ和 *Xho* Ⅰ消化纯化的 PCR 产物 4h。

（5）纯化消化反应物并用 Quick T4 DNA 连接酶将它们与（*Bst*X Ⅰ/*Xho* Ⅰ）消化的 sgRNA 载体连接 5min。

（6）将 8 组连接反应分别转化到 Stellar^{TM}感受态细胞（#636763，Clontech）。大肠杆菌在补充了 100μg/ml 氨苄青霉素的琼脂板上 37℃生长。

（7）第二天，从每个板随机选择 24 个菌落（共 24×12＝288 个菌落），在 96 孔板 2ml 深孔内 1ml 的 LB+氨苄青霉素培养基中培养。培养物生长 6h。每个培养物送 50μl 去测序。剩余培养物于 37℃培养过夜。

（8）在 10ml 含有氨苄青霉素的 LB 中扩增测序验证培养物（表现正确的 sgRNA，在我们的案例中，获得了 73 个合适的 sgRNA，在含有氨苄青霉素的 10ml LB 培养基中用于标记 MUC4 非重复区域并使其生长 6h。

（9）将 5 个或 6 个 sgRNA 培养物混合创建鸡尾酒培养（总体积为 50～60ml）。用 Nucleo Bond Xtra Midi 试剂盒（#740420.50，Clontech）提取质粒用于随后的慢病毒包装。

16.4.3　sgRNA 慢病毒池的建立

（1）转染前一天，在含有 6ml 生长培养基的 T25 细胞瓶中接种 293T 细胞（40%的汇合）。

（2）细胞保持在 37℃、5% CO_2 的湿润孵化器中。

（3）用 FuGENE 按照制造商建议方案，将 0.3μg 包裹质粒 pMD2G、2.6μg 包装质粒 pCMV-dR8.91 和 3μg 慢病毒载体池（包括等量的 5～6 个 sgRNA 质粒）转染到 293T 细胞。

（4）12h 后，用 6 ml 新鲜生长培养基更换转染培养基，于 37℃额外孵化 36～48h。

（5）收获慢病毒上清液，短暂离心（800*g* 离心 8min），或通过 0.45μm 过滤器过滤去除细胞碎片。为了标记 MUC4 非重复区 73 个靶，需要制备 15 个慢病毒混合物。

（6）使用 Lenti-X^{TM}慢病毒浓缩器（#631231，Clontech），根据制造商说明浓缩慢病毒。对于标记非重复序列，强烈推荐这一步。递送更多 sgRNA 到单细胞需要进一步优化。

16.5 CRISPR 检测基因组座的成像

16.5.1 改良 FISH 方案验证 CRISPR 信号

无 sgRNA 表达时，dCas9-GFP 在核仁样结构中富集。虽然当 dCas9 与 sgRNA 形成复合物时，这样的核仁信号减少甚至消失，如果 sgRNA 没有正确表达或所用的优化 sgRNA 被替代，假荧光点仍可能出现。因此，重要的是要始终验证 dCas9-GFP 信号的特异性。简单的验证方法是采用 FISH 细胞固定和染色，然后检查 dCas9-GFP 信号定位。

Cas9-RNA 复合物启动链分开，使 sgRNA 引导序列和靶向 DNA 链之间进行碱基配对（Sternberg，Redding，Jinek，Greene，& Doudna，2014）。结果，寡核苷酸-DNA FISH 探针能与被 CRISPR 切开的两条 DNA 区域结合，正规的 FISH 方法没有 DNA 变性过程（80℃加热细胞）。跳过不变性步骤保存 dCas9-GFP 荧光多色共存成像。下面是 FISH 共标记基因组 DNA 序列与 CRISPR 的简化方案（图 16.3）。

（1）选择寡核苷酸-DNA FIH 靶序列。短重复序列（如端粒重复的 TTAGGG），可以选择类似的靶序列与 CRISPR 靶。长重复序列（多于 40bp）接近 CRISPR 靶序列，可以用于 FISH 靶向。因此，dCas9/sgRNA 和 FISH 探针可以沿着靶区域整齐间隔结合（图 16.3）。

（2）订购具有 Cy5 染料附着到 5′或 3′端寡核苷酸-DNA FISH 探针。

（3）将寡核苷酸-DNA FISH 探针稀释至 200ng/μl（储备液）。

（4）用 4%多聚甲醛（PFA）固定 CRISPR 标记细胞。用 PBS 洗涤样品 3 次。

（5）使用 PBS+0.5% NP-40 渗透细胞 10min。

（6）用 PBS 洗涤样品 5min。

（7）在杂交溶液（2×SSC 缓冲液中 10%的葡聚糖硫酸酯、50%的甲酰胺、500ng/ml 鲑鱼精子 DNA）中采用 2ng/μl 寡核苷酸-DNA FISH 探针于黑暗和湿润箱中孵化 12h（Schmitt et al.，2010）。

（8）用 2×SSC 缓冲液（#S6639-1 1，Sigma）洗涤样品 3 次，每次 10min。如果需要，用 4′,6-二脒基-2-苯基吲哚（DAPI）染色细胞核。

16.5.2 活细胞基因位点成像

我们建议 sgRNA 感染后 48h 进行成像。dCas9-GFP 的低基础水平表达可满足端粒和黏蛋白基因的检测。为了获得荧光显微镜高灵敏度和宽视野效果，应至少使用拥有 EMCCD 摄像头或 Scientific CMOS（sCMOS）相机的 1.3 数值孔径的油镜（40×～100×）。使用低激发强度（约为 0.1W/cm^2）以便避免光漂白和光毒性，曝光时间 0.2s 即可产生足够的信号。测定标记效率或细胞核定位短期活成像可在室温下 1h 内完成；然而，对于基因组动态跟踪，样品必须使用环境控制箱，维持在 37℃。活细胞成像后，如果需要，用 4%多聚甲醛固定 15min 后样品保持于 4℃。图 16.4 显示 dCas9-GFP 标记的三种不同人细胞系端粒和 MUC4 位点荧光成像。

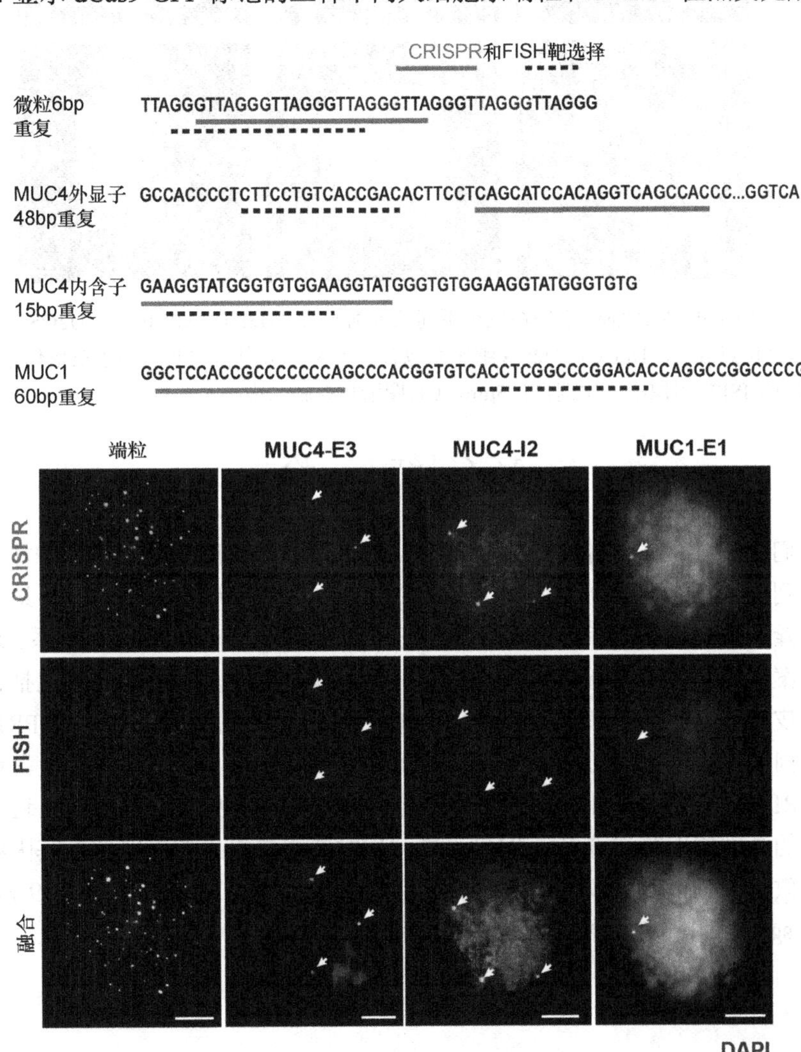

图 16.3　FISH 对 CRISPR 信号特异性的验证。测试了 RPE 细胞 4 个靶位点：端粒、*MUC4* 基因外显子 2 和内含子 2 中的串联重复序列、*MUC1* 基因外显子 2 中的串联重复序列。下划线为 sgRNA 和 oligo-DNA FISH 探针识别序列。CRISPR 和 FISH 完整共存信号显示具有核 DNA DAPI 染色。比例尺：5μm。（彩图请扫封底二维码）

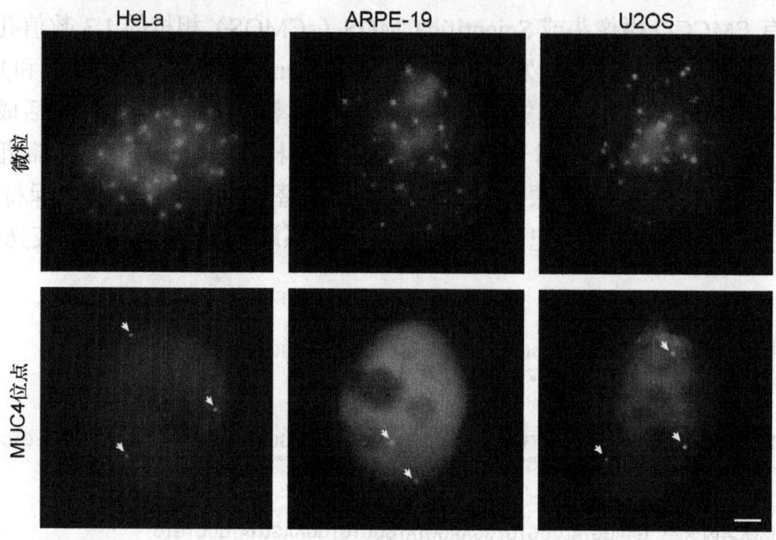

图 16.4 使用 CRISPR/Cas9 系统在三个不同的人细胞系：HeLa、ARPE-19、U2OS 中端粒和 *MUC4* 基因位点成像。HeLa 和 U2OS 细胞系包含 3 个 MUC4 基因拷贝，由于三倍体染色体 3，其反映在 CRISPR 图像中。比例尺：5μm。（彩图请扫封底二维码）

16.6 结 论

我们已经介绍了通过设计 CRISPR/Cas9 系统在活细胞内标记重复和非重复基因组序列的方法。实现高效率标记的两个关键方法是，筛选 dCas9-GFP 适当表达水平克隆细胞系，以及特异性靶向和较高水平表达 sgRNA 的克隆细胞系。这里介绍的方案使用端粒和黏蛋白基因为例，并可以应用到许多人细胞系，包括视网膜色素上皮细胞（RPE）、人宫颈癌细胞（HeLa）、人视网膜上皮细胞（APRE-19）和人骨肉瘤细胞（U2OS）。但对于其他生物和细胞类型，可能需要改良。此外，尽管 CRISPR 成像相对粗放，但标记效率在不同靶序列中仍然有变化，这就需要为给定的基因位点筛选许多 sgRNA。进一步发展需要引导改善非重复基因组序列的标记效率，包括提高多重 sgRNA 递送到细胞的策略，减少游离 dCas9-FP 背景和提高 sgRNA-dCas9 复合物形成效率。

致 谢

本工作得到 W.M.凯克基金会支持。作者感谢基督教 Covill-Cooke 对本章的批判性阅读。

参考文献

Anton, T., Bultmann, S., Leonhardt, H., & Markaki, Y. (2014). Visualization of specific DNA sequences in living mouse embryonic stem cells with a programmable fluorescent CRISPR/Cas system. Nucleus, 5, 163-172.

Chen, B., Gilbert, L. A., Cimini, B. A., Schnitzbauer, J., Zhang, W., Li, G. W., et al. (2013). Dynamic imaging of genomic loci in living human cells by an optimized CRISPR/Cas system. Cell, 155, 1479-1491.

Gilbert, L. A., Larson, M. H., Morsut, L., Liu, Z., Brar, G. A., Torres, S. E., et al. (2013). CRISPR-mediated modular RNA-guided regulation of transcription in eukaryotes. Cell, 154, 442-451.

Hellwig, D., Munch, S., Orthaus, S., Hoischen, C., Hemmerich, P., & Diekmann, S. (2008). Live-cell imaging reveals sustained centromere binding of CENP-T via CENP-A and CENP-B. Journal of Biophotonics, 1, 245-254.

Hsu, P. D., Scott, D. A., Weinstein, J. A., Ran, F. A., Konermann, S., Agarwala, V., et al. (2013). DNA targeting specificity of RNA-guided Cas9 nucleases. Nature Biotechnology, 31, 827-832.

Jinek, M., East, A., Cheng, A., Lin, S., Ma, E., & Doudna, J. (2013). RNA-programmed genome editing in human cells. eLife, 2, e00471.

Larson, M. H., Gilbert, L. A., Wang, X., Lim, W. A., Weissman, J. S., & Qi, L. S. (2013). CRISPR interference (CRISPRi) for sequence-specific control of gene expression. Nature Protocols, 8, 2180-2196.

Ma, H., Reyes-Gutierrez, P., & Pederson, T. (2013). Visualization of repetitive DNA sequences in human chromosomes with transcription activator-like effectors. Proceedings of the National Academy of Sciences of the United States of America, 110, 21048-21053.

Misteli, T. (2007). Beyond the sequence: Cellular organization of genome function. Cell, 128, 787-800.

Misteli, T. (2013). The cell biology of genomes: Bringing the double helix to life. Cell, 152, 1209-1212.

Miyanari, Y., Ziegler-Birling, C., & Torres-Padilla, M. E. (2013). Live visualization of chromatin dynamics with fluorescent TALEs. Nature Structural and Molecular Biology, 20, 1321-1324.

Qi, L. S., Larson, M. H., Gilbert, L. A., Doudna, J. A., Weissman, J. S., Arkin, A. P., et al. (2013). Repurposing CRISPR as an RNA-guided platform for sequence-specific control of gene expression. Cell, 152, 1173-1183.

Ran, F. A., Hsu, P. D., Wright, J., Agarwala, V., Scott, D. A., & Zhang, F. (2013). Genome engineering using the CRISPR-Cas9 system. Nature Protocols, 8, 2281-2308.

Robinett, C. C., Straight, A., Li, G., Willhelm, C., Sudlow, G., Murray, A., et al. (1996). *In vivo* localization of DNA sequences and visualization of large-scale chromatin organization using lac operator/repressor recognition. The Journal of Cell Biology, 135, 1685-1700.

Schmitt, E., Schwarz-Finsterle, J., Stein, S., Boxler, C., Muller, P., Mokhir, A., et al. (2010). COMBinatorial Oligo FISH: Directed labeling of specific genome domains in differentially fixed cell material and live cells. Methods in Molecular Biology, 659, 185-202.

Sternberg, S. H., Redding, S., Jinek, M., Greene, E. C., & Doudna, J. A. (2014). DNA interrogation by the CRISPR RNA-guided endonuclease Cas9. Nature, 507, 62-67.

Thanisch, K., Schneider, K., Morbitzer, R., Solovei, I., Lahaye, T., Bultmann, S., et al. (2014).

Targeting and tracing of specific DNA sequences with dTALEs in living cells. Nucleic Acids Research, 42, e38.

Wang, X., Kam, Z., Carlton, P. M., Xu, L., Sedat, J. W., & Blackburn, E. H. (2008). Rapid telomere motions in live human cells analyzed by highly time-resolved microscopy. Epigenetics & Chromatin, 1, 4.

Yuan, K., Shermoen, A. W., & O'Farrell, P. H. (2014). Illuminating DNA replication during *Drosophila* development using TALE-lights. Current Biology, 24, R144-R145.

第 17 章　热带爪蟾中基于 Cas9 基因组编辑

Takuya Nakayama[1], Ira L. Blitz[2], Margaret B. Fish[2], Akinleye O. Odeleye[1], Sumanth Manohar[1], Ken W.Y. Cho[2], Robert M. Grainger[1]

（1. 美国弗吉尼亚大学生物学系；2. 美国加州大学欧文分校发育与细胞生物学系）

目　录

摘要

热带爪蟾已开发成为发育生物学的模式生物，为现代遗传学和经典胚胎学提供了系统研究平台。最近，规律成簇间隔回文重复/CRISPR 相关蛋白（CRISPR/Cas）系统为热带爪蟾研究人员实现基因组改造提供了一个简便而有效的靶向突变重要工具。在这里，我们提供了了解实验设计和操作流程的见解，为热带爪蟾研究者成功应用于该技术，完成 F_0 代和随后的 F_1 代胚胎功能缺失分析提供通用策略。

17.1　导　论

热带爪蟾（*Xenopus tropicalis*）一直是发育和细胞生物学理想的模式生物，具有其唯一组合特征优势，包括：可获得大量卵子（或卵母细胞）和胚胎的能力；对 mRNA、DNA 和蛋白质的显微注射，或反义吗啉代寡核苷酸对功能获得型或功能缺失型（LOF）实验技术简便实用；随着现代分子发育和生物化学的研究，转基因技术已变得容易；同时适用于经典移植和胚胎移植。

尽管许多研究使用非洲爪蟾（*Xenopus laevis*），但是，非洲爪蟾是一种世代时间长的异源四倍体生物，最近热带爪蟾（*Xenopus tropicalis*）已成为胚胎学和细胞生物学研究的一种新的模式生物（Harland & Grainger，2011）。正向和反向遗传学方法已经证明了发育突变体及其诱发的基因（Abu-Daya，Khokha，& Zimmerman，2012）。然而，迄今为止的特征突变体数量很少。突变筛选，包括定向方法，如在基因组中靶向诱导局部病变基因（如 Fish et al.，2014）是费力的，迫切需要基因组有效编辑新方法。

最近的技术进步使研究人员在许多生物中很容易完成靶向基因编辑。已经应用的两种主要方法是锌指核酸酶（ZFN）和转录激活因子样效应物核酸酶（TALEN），两种方法都已成功应用于非洲爪蟾研究（Ishibashi，Cliffe，& Amaya，2012；Lei et al.，2012；Nakajima，Nakai，Okada，& Yaoita，2013；Nakajima，Nakajima，Takase，& Yaoita 2012；Nakajima & Yaoita，2013；Suzuki et al.，2013；Young et al.，2011）。最近，已开发 II 型 CRISPR/Cas（规律成簇间隔短回文重复/CRISPR 相关蛋白）技术用于基因组修饰。该系统是在天然细菌适应性防御机制中首次发现的（Fineran & Dy，2014；Hsu，Lander，& Zhang，2014；Terns & Terns，2014），现在已经成功地应用于许多生物体（Sander & Joung，2014），包括热带爪蟾（*X. tropicalis*）作为靶向基因修饰（Blitz，Biesinger，Xie，& Cho，2013；Guo et al.，2014；Nakayama et al.，2013），为热带爪蟾研究者实现简单而有效的靶向突变提供了另一种新工具。基因组工程新工具在热带爪蟾系统中的应用，随着二倍体基因组测序，以及人基因组高度同线型和关键发育过程的保护，将使其成为研究人类遗传疾病和发育病理学的杰出模式生物。

在这里，我们为 CRISPR/Cas9 介导的热带爪蟾靶向突变，包括在 F_0 代突变动物和随后 F_1 代动物进行功能缺失型（LOF）实验策略提出了综合方案。

17.2 原　　理

这里简要介绍，CRISPR/Cas9 使用生物学公共机制跨域类群创建基因组修饰。II 型 CRISPR/Cas 系统使用 Cas9（RNA 引导 DNA 内切核酸酶）对基因组编辑。在细菌中，Cas9 通过与两种小分子 RNA、对靶 DNA 有互补序列的 CRISPR RNA（crRNA）与 crRNA 碱基配对反向激活 crRNA（tracrRNA）形成复合物切割靶 DNA。靶 DNA 必须连接称为前间区序列（由特异性 crRNA 靶向互补序列）的邻近基序（PAM）（图 17.1）序列连接才能有效切割，它在不同细菌菌株中有变化。酿脓链球菌 Cas9 是最广泛用于真核系统的基因组编辑，其 PAM 序列为 NGG（其中 N 可以是任意核苷酸），尽管 NAG 也可能作用效率较低（Anders，Niewoehner，Duerst，& Jinek，

2014；Terns & Terns，2014）。对基因组编辑应用来说，部分 crRNA 已经与 TracrRNA 融合产生组合（或单个）单链引导 RNA（sgRNA）基因盒（Hwang et al.，2013；Mali，Yang，et al.，2013）。靶序列（约 20bp）加入到该基因盒最终产生 sgRNA，然后将 Cas9 定向到基因组特异性切割位点。在非洲爪蟾中，sgRNA 与 Cas9 mRNA 或蛋白质一起共注射到受精卵或早期胚胎中（Blitz et al.，2013；Guo et al.，2014；Nakayama et al.，2013）（图 17.2）。接下来 Cas9 介导切开靶位点，断裂的双链通常由非同源末端连接（NHEJ）不完全修复，其中频繁地导致插入和缺失（indel）突变。

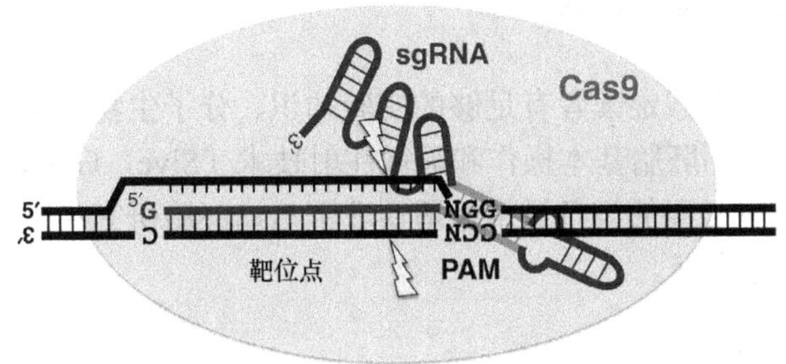

图 17.1　CRISPR/Cas9 介导靶切割的示意图。Cas9 蛋白（椭圆形）和 sgRNA 一起识别靶序列。PAM、NGG 由 Cas9 识别时，并不与 sgRNA 碱基对。切割（闪电符号）发生在靶内产生双链断裂，然后由一个易错 NHEJ 机制修复。（彩图请扫封底二维码）

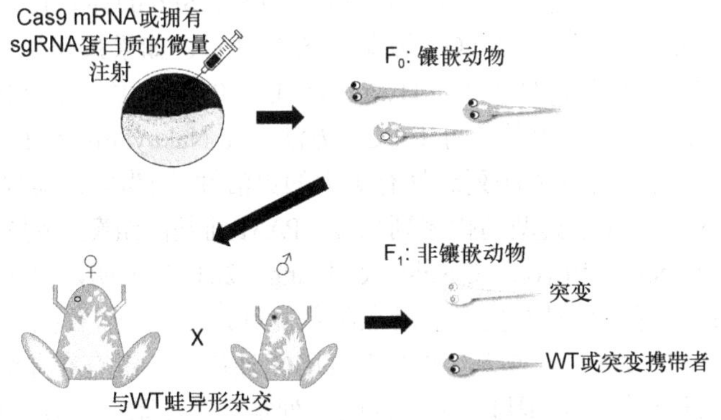

图 17.2　热带爪蟾 CRISPR/Cas9 介导突变的策略。图解表示酪氨酸酶基因（*tyr*）的定向突变，即产生突变的一般工作流程。在 *tyr* 位点纯合子突变体发生眼皮肤白化病。Cas9 mRNA 或蛋白质与 tyr 特异性 sgRNA 共注射到单细胞期受精卵（图顶左边）。F_0 胚胎镶嵌：它们由包含不同突变等位基因和野生型组织的细胞群体所组成，在 tyr 打靶情况下，双等位基因功能丧失，导致合成有缺陷的黑色素，可观察到眼睛和皮肤色素缺失。嵌合体 F_0 动物可以杂交产生非嵌合体（复合杂合子和纯合子）突变子（tyr^{-1-}），以及携带者（tyr^{+1-}）和纯合子野生型 F_1 的后代。（彩图请扫封底二维码）

产生的胚胎是镶嵌的；承受突变体和野生型（不成功打靶或完全修复）等位

基因的细胞以不同比例存在。相对量的野生型突变子可能有定时突变和个别 sgRNA 定向到 Cas9 靶位点效率两种作用。突变子表型可以在 F_0 嵌合体动物中打分。F_0 代成年之间的杂交可以形成预期的主要复合杂合子（包含两个不同的突变等位基因变异）。但是，在 F_2 代中，产生的纯合突变子可能携带单等位基因变体。

17.3 方　案

17.3.1 背景知识和实验设备

在本章中，作者假定读者有足够的实验知识、分子生物学基本技能和处理非洲爪蟾的经验，包括胚胎基本操作和显微注射技术（Sive，Grainger，& Harland，2010）。实验室所有必要的设备通常都适用非洲爪蟾胚胎研究和不需要特殊设备而实现 CRISPR 介导突变。

17.3.2 sgRNA 设计

设计 CRISPR/Cas 诱变战略的第一步是确定可能的目的基因靶位点。有效的突变作用绝对需要靶邻近 PAM 序列；重要的是要注意，PAM 序列不包括 sgRNA 本身。靶序列上进一步的限制是来自启动子如 T7、T3 或 SP6 的体外转录，产生 sgRNA，其功能最适宜拥有起始鸟嘌呤（G）残基（图 17.3A）。如果按起初介绍的使用质粒模板通过体外转录制备 sgRNA（如 Hwang et al.，2013），由于需要黏性末端克隆策略，靶必须从 GG 开始。另外，可用 PCR 方法（如 Nakayama et al.，2013）制备模板，这更容易和快捷，并使靶序列选择有更大的灵活性，因为它只需要一个 5′G(+1)。包含在 sgRNA 的设计中典型的靶序列长度（PAM 前基因组靶序列）是 20bp，但最近的道（Fu，Sander，Reyon，Cascio，& Joung，2014）表明，更短（即 17bp）靶的功能与 20bp 一样有效且有更少的潜在脱靶位点。总之，需要找到 $G(N)_{16\sim19}$ 的靶序列（总长为 17～20bp），与基因组中的 NGG 连接。还没有在非洲爪蟾中进行减少靶长度影响的严格实验，因此，缩短的靶序列是否在该系统有效工作还是未知数。

基因组中潜在的 CRISPR/Cas9 靶序列可以在目的区域内通过手动定位 PAM 序列来识别。找到 PAM 上游 17～20bp 的鸟嘌呤核苷酸就可以识别潜在 CRISPR 靶。然而，最近报道表明靶位点不一定需要以 G 开始。基因组中 PAM 后跟的任何序列都可能通过简单添加一个额外的 G，或在基因组中不编码的 GG 而打靶（Ansai & Kinoshita，2014 和其中的参考文献）。当没有其他合适的选择时，这可能是一种可行的选择。一旦选择靶位点，下一步就是决定是否选择可能导致脱靶脱变区域相似的靶序列。这就可以利用原始基因组序列数据库（如 Blitz et al.，2013）或网络同源搜索引擎（http://gggenome.dbcls.jp/en/）进行生物信息学分析（Nakayma et al.，2013）。

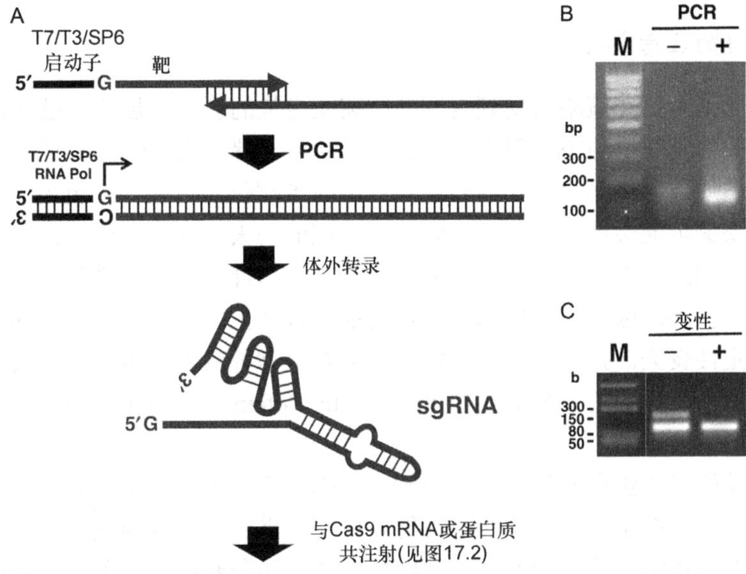

图 17.3　sgRNA 体外转录的 PCR 模板合成。（A）通过耐热聚合酶填充反应退火两个部分重叠寡核苷酸。5′-寡核苷酸（引物）包含 T7（或 T3 或 SP6）启动子；转录起始站点（G）对应于靶区域（17～20bp）第一个碱基，紧随其后为 sgRNA 主链部分。与包含其余 sgRNA 主链序列 3′寡核苷酸（引物）的 3′端互补的这段区域是 RNA 正确折叠所需要的。（B）2μl PCR 反应物（+）琼脂糖凝胶（2%）电泳与无 PCR 反应物（–）比较验证 sgRNA 模板的成功合成。M 为 100bp DNA 标准品。（C）200ng sgRNA 琼脂糖凝胶（2%）电泳，接下来用（B）所示 DNA 模板体外转录，显示出热变性（+）和不变性（–）sgRNA 的例子。这里显示的 RNA 分子大小标准标记泳道（M）是在相同的样品凝胶上样的数字排列位置与图谱中样品泳道相邻。（彩图请扫封底二维码）

其他一些在线工具现在可以搜索热带爪蟾基因组来确定最优靶和假定脱靶位点，包括 CHOPCHOP（https://chopchop.rc.fas.harvard.edu/index.php）、CRISPR/Cas9 靶预测器（http://crispr.cos.uni-heidelberg.de）、CRISPRdirect（http:// crispr.dbcls.jp/）、E-CRISP（http://www.e-crisp.org/E-CRISP/designcrispr.html）、GT-Scan（http://gt-scan.braembl.org.au/gt-scan/）和 Cas-OFFinder（http://www. rgenome.Net /cas-offinder/）。每个工具都提供多种输入和输出选项，并根据用户不同的目的和知识而可能喜好不同的工具。许多工具提供了令人瞩目的特征，包括：选择 PCR 引物设计去分析靶区 CRISPR 效率和检查脱靶突变作用（连同包括假定脱靶区域基因组定位信息）；改变靶长度和 5′核苷酸特异性的能力；搜索替代 PAM 序列的选择；通过同源重组引入 N 端和 C 端蛋白质为目的的靶向可读框（ORF）的 5′或 3′区域的能力；等等。

靶位点选择的注意事项

成功的基因打靶策略会受到内部基因突变定位的影响。虽然通过 NHEJ 导致插入或缺失修复双链断裂，但大部分为短的删除。偶尔有大约 2/3 的插入或缺失会导致蛋白质翻译过早终止，因此预测更多的 5′靶位点可能产生更大的影响。其余插入或缺失可能会或可能不会导致基因功能的丢失，这取决于它们对蛋白质结构的影响。因此，选择序列编码折叠域内靶位点可能对产生功能缺失型（LOF）突变有更大优势，因为即使框内突变也可能会扰乱正确折叠结构域，导致蛋白质活性或稳定性丧失。折叠结构域通常被认为是跨物种或者跨蛋白质家族高度保守的序列，蛋白质折叠的搜索工具如 Pfam（http://pfam.xfam.org/ search）可以用来帮助这些区域的识别。

基因编码多重蛋白亚型需要仔细检查以确保位点选择产生靶向所有可能的亚型。然而，当要保留其他功能时，可能有些情况需要靶向特异性亚型。一个放之四海而皆准的策略是不可能的，因此应用这些想法需要根据每个基因独特的特点来考虑。由于在不同的靶位点的切割效率是可变的和不可预测的，所以应该探索多个独立的靶位点来识别最佳 sgRNA（见 17.4.1 节进一步讨论）。

17.3.3 sgRNA 模板构建

两个来源的模板可以用于 sgRNA 的体外合成。一个是基于质粒和需要亚克隆（如 Guo et al.，2014；Hwang et al.，2013），另一个则使用基于 PCR 策略制备线性 DNA 模板，示意图见图 17.3。

1. PCR 组装模板：引物

5′引物对每个靶位点是独一无二的，形式为 5′-TAATACGACTCACTATAG$(N)_{16\sim19}$GTTTTAGAGCTAGAAATAGCAAG-3′，其中 G$(N)_{16\sim19}$ 是目的靶序列。如上所述设计，下划线是 T7 启动子。T3 或 SP6 启动子可以被代替，例如，SP6 对 GA$(N)_{15\sim18}$ 作用更好。

3′引物对所有 sgRNA 模板是通用的，序列如下：

5′-AAAAGCACCGACTCGGTGCCACTTTTTCAAGTTGATAACGGACTAGCCTTATTTTAACTTGCTATTTCTAGCTCTAAAAC-3′

Hwang 等（2013）报道，以上两个引物都编码原主链。到目前为止，我们已经测试了另一个主链 sgRNA$^{(F+E)}$，据报道有更强活性的修改的发夹结构（Chen et al.，2013）。然而，在非洲爪蟾中使用 sgRNA$^{(F+E)}$主链，我们并没有观察到突变活性的显著增强（我们未发表的研究）。

2. 通过 PCR 模板组装：组装条件

高保真聚合酶（如铂 Pfx DNA 聚合酶，Invitrogen）用于生成 PCR 模板。组装反应按如下方法配制，终体积为 100μl。

PCR 组装反应

10×缓冲液	10μl
25mmol/L dNTP 混合物	1.2μl
50mmol/L Mg_2SO_4	2μl
5′引物（100pmol/μl）	2μl
3′引物（100pmol/μl）	2μl
DNA 聚合酶	1μl
H_2O（无 DNA 酶/RNA 酶）	到 100μl

循环条件：

94℃ 5min。

10 循环（一直到 20 个循环）：94℃ 20s，58℃ 20s，68℃ 15s。

68℃ 5min。

典型的结果显示在图 17.3B。确认合成了单一产物后，使用柱，例如，QIAquick® PCR 纯化试剂盒或 DNA Clean & Concentrator™-5（Zymo Research）纯化模板，用 30～50μl 无 RNA 酶的水洗脱 DNA。浓度应该为 30～80ng/μl 或者更多，但是，如果低于该浓度，需要重复 PCR 增加产量。

3. sgRNA 体外转录

我们采用 MEGAscript® T7 转录试剂盒，按制造商建议的反应混合物，反应混合物使用 8μl 的模板(如果 PCR 产生为 0.25～0.6μg、如果使用线性化质粒为 1μg)，最终体积 20μl。37℃孵化 4h 过夜以获得最大产量，接下来通过 DNA 酶消化。随后使用氯化锂沉淀（小分子 RNA 通常不推荐，但用 sgRNA 已经获得成功）或酚-氯仿提取/NH_4OAc 沉淀法纯化 sgRNA。sgRNA 溶解于无 RNA 酶的水中（5～30μl 取决于沉淀大小）。为了制备显微注射“混合物”，要求 RNA 最小浓度为 100ng/μl（见 17.3.4 节“1. sgRNA Cas9 的剂量”），其质量需通过凝胶电泳进一步评估（见图 17.3C）。sgRNA 的二级结构可能出现多条带，电泳前通过变性容易溶解。可以在 60%～80%甲酰胺中 60℃孵化 2min 完成热变性，随后将 sgRNA 快速在冰上冷却 2min。sgRNA 产量是可变的和取决于模板。单一反应已经实现了 sgRNA 的量达到 100μg。然而，如果产量低得让人无法接受，可以通过更长的保温时间提高产量。如果这种方法失败，添加一个额外的 5′序列（5′-GCAGC-3′）到 5′-oligo 末端（Baklanov Toriyama，个人通讯和我们的研究结果，见注意）已证明可加强 T7 聚合酶反应（Baklanov，Golikova，& Malygin，1996）。其他替代方法可用基于质粒策略构建模板（见 17.3.3 节），或选择一个替代靶位点。

注意：现在我们推荐使用一种改进的 5′引物，在相同的实验条件下，确保更高效率的 T7 聚合酶介导的转录，按 5′-GCAGCTAATACGACTCACTATAG$(N)_{16\sim19}$GTTTTA-GAGCTAGAAATA-3′。

17.3.4 显微注射步骤

用于胚胎显微注射的 sgRNA 和 Cas9 最优数量要依赖靶位点和实验目的两个方面而改变。例如，F_0 分析需要相对高剂量以便观察高比例动物 LOF 表型。然而，有这样的情况：要么 F_0 LOF 不出现（如母性 RNA 没有实现 F_0 敲除），要么出现不充分（如在嵌合体 LOF 动物之间表型变异无法提供一致的结果），创建携带突变等位基因系可能更可取。高剂量的 sgRNA 和 Cas9 引起致死表型，或者其他不育而妨碍产生系的可能性。因此，可能需要适度剂量来创建可育的受精成年动物。简而言之，需要实验确定最佳剂量。

1. sgRNA Cas9 的剂量

为了实现高效突变，sgRNA 剂量从 50～500pg 在许多情况下似乎足够（Blitz et al.，2013；Guo et al.，2014；Nakayama et al.，2013）。我们建议测试范围为 50～200pg，因为高剂量可以观察到增加了毒性（Guo et al.，2014）。

可以以 mRNA 或蛋白质显微注射 Cas9。三个 Cas9 质粒模板已经成功地用于热带爪蟾（Blitz et al.，2013；Guo et al.，2014；Nakayama et al.，2013）。由于天然酿脓链球菌（*S. pyogenes*）Cas9 mRNA 在非洲爪蟾中活性很弱（Nakayama et al.，2013），成功构建 Cas9 结构有两个关键修饰：与脊椎动物系统更兼容的密码子优化和与核定位信号（NLS）融合。我们建议使用适当 mMessage mMachine 试剂盒（Life Technologies），按照标准条件制备戴帽 Cas9 mRNA。这些应该由 A_{260} 定量测定和凝胶电泳分析质量。

表 17.1 总结了有效的 mRNA 剂量，可以作为实验设计的起点。根据来源不同，Cas9 mRNA 通常有效剂量范围从 300pg 到 3～4ng 水平，研究人员需要根据经验确定最佳剂量。尽管有报道认为从 pCS2+3xflag-nls-spcas9-nls 制备 Cas9 的适度剂量也会增加毒性（Guo et al.，2014），但在我们的实验中，剂量上升到 2ng/个胚胎，mRNA 并没有显示明显毒性（未发表的研究）。

表 17.1　热带爪蟾中 CRISPR/Cas9 突变的 Cas9 mRNA 和 sgRNA 剂量

质粒/蛋白质	Czs9 剂量范围（每个胚胎）	sgRNA 剂量范围（每个胚胎）	参考文献
Cas9（w/NLS）蛋白质	900～1200pg mRNA	50～200pg	本研究
pXT7-Cas9	0.55～3.2ng mRNA（高到 6ng[a]）	25～200pg（200pg/个[a]）	Nakayama 等（2013）
pCasX	3～4ng mRNA	150pg	Blitz 等（2013）
pCS2+3xFLAG-NLS-Sp Cas9-NLS	200～500pg mRNA	1～2000pg	Guo 等（2014）
我们建议的 RNA	300～2000pg mRNA	50～200pg	详细见本文

a. 同时靶向两个不同位点的 Cas9 mRNA 和 sgRNA 剂量。

最近，Cas9 重组蛋白（包含一个 NLS）已经成为有效产品（PNA Bio，Inc.）。我们已经用对胚胎无毒性的这种蛋白质成功地靶向酪氨酸酶(tyr)基因。重构 Cas9 蛋白在 40μl 无核酸酶水中溶解 50μg Cas9 蛋白，在 20mmol/L 4-羟乙基哌嗪乙磺酸（HEPES）(pH 7.5)、150mmol/L NaCl 和 1%蔗糖中制备 1.25μg/μl 的储备液。将该 Cas9 储备液分装成小份存储于–80℃，用无核酸酶的水稀释，制备“鸡尾酒”胚胎注射液。共注射来自商品质粒的 Cas9 mRNA，Cas9 蛋白在 tyr 位点上产生突变同样有效（图 17.4A 和 B）。我们发现，900～1200ng 的 Cas9 蛋白与 200pg tyr sgRNA 共注射可有效产生白化病蝌蚪（而低剂量的 Cas9 蛋白质在这种规定条件下效果差），突变频率比得上 Cas9 mRNA 的 2ng 效果。

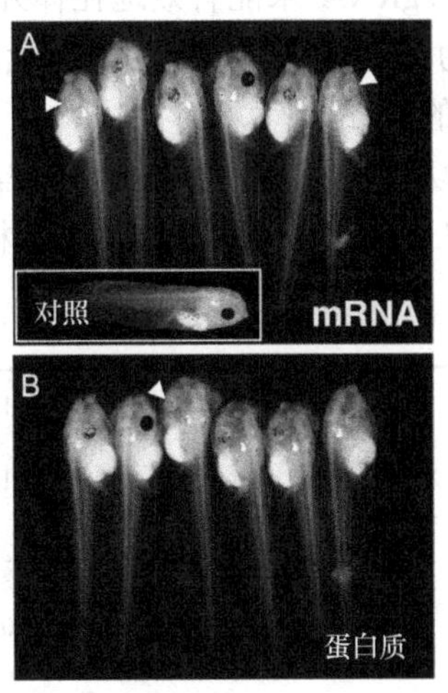

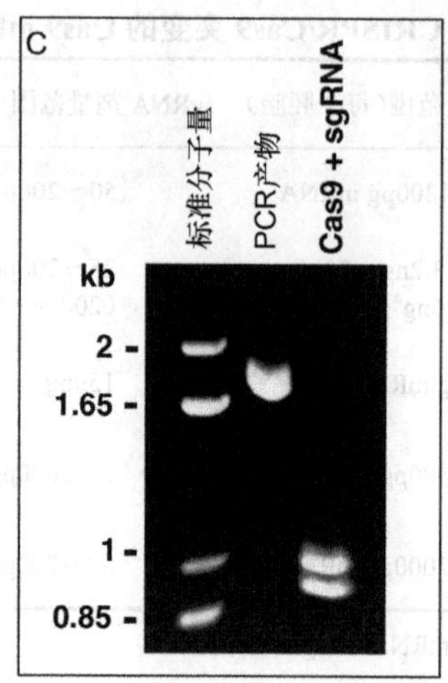

图 17.4　Cas9 蛋白介导突变和体外切割分析。用 Cas9 mRNA（A）或蛋白质（B）共注射，sgRNA 靶向 *tyr* 基因，以及显示代表性胚胎。插图是一个未注射对照胚胎。白色箭头标记为显示完整白化病胚胎。（C）使用含有不对称定位 tyr 靶位点 PCR 产物的体外 Cas9 切割分析的结果。（彩图请扫封底二维码）

Cas9 蛋白有效性的一个额外好处是显微注射前有机会体外测试新设计的 sgRNA（见 17.3.4 节“2. 其他选项”）。

2. 其他选项：Cas9 蛋白质体外切割分析

使用 Cas9 蛋白的一个优势是，体内试验前使用体外切割分析可以测定 sgRNA 功能。似乎合理的假定是，sgRNA 未能有效地在体外定向 Cas9 切割可能在体内也表现不佳。虽然体外成功不能预测体内成功，但我们期望这个分析可以帮助研究人员消除 sgRNA 候选人的差评。

为了评估 sgRNA 体外功能，我们已经测试了来自热带爪蟾基因组 DNA 扩增片段上的 tyr sgRNA（图 17.4C）。10μl 终体积体外分析如下：

Cas9 体外切割分析反应

10×NEB 缓冲液 3	1μl
10×NEB BSA（来自 100×稀释）	1μl
靶 DNA（PCR 扩增子）	250ng
Cas9 蛋白	0.5～1ng
sgRNA	250pg
H_2O（无 DNA 酶/RNA 酶）	加到 10μl

反应在 37℃孵化 1h。我们建议使用制造商的方案，完成核糖核酸酶消化和灭活；然后用凝胶电泳分析样品（图 17.4C）。

3. 胚胎显微注射程序

热带非洲爪蟾 Cas9 介导的突变，很多因素是成功的关键。体外受精比自然交配更合适，因为它们产生同步的胚胎群体。建议受精后立刻开始注射以便动物呈现最强表型的数量/程度达到最大化。受精后开始脱胶 10min（mpf，这里受精定义为“精子加入后卵子与培养基的溢水时间”）（Ogino，McConnell，& Grainger，2006）。我们努力在 5～10min 内完成脱胶，洗涤单细胞胚胎后，可以开始大约 20mpf。在某些批次的胚胎中，在最早 10min 注射（30mpf）期间，单点注射产生最强的表型，渐进性递增累加开始下降（未公开的数据）。如果使用多个注射位点，在之后的时间点注射可能提高效果，但这需要进一步研究。注射方案可以应用于后期胚胎，利用原基分布图优势注射靶向特异性卵裂球，实现“简易的”组织特异性敲除可能是有用的。

Ogino 等（2006）报道了体外受精、显微注射和热带爪蟾胚胎培养的详细过程。我们以每个胚胎 1～4nl 体积经常显微注射 sgRNA/Cas9 混合物，注射部位位于动物半球。一些研究人员喜欢共注射谱系示踪剂作为混合物的一个组分以排除不正确注射的胚胎。5ng 荧光右旋糖酐/nl[Life Technologies，荧光素（D-1845）或罗丹明右旋糖酐（D-1818）]加入到 sgRNA/Cas9 混合物中，对突变没有有害影响。

17.3.5　突变：基因分型的评估

许多方法已用于检测诱导插入或缺失；具体例子包括 T7 内切核酸酶 I（Kim，Lee，Kim，Cho，& Kim，2009）和 Surveyor 分析（Guschin et al.，2010）。这些检测来自靶区 PCR 扩增子混合物变性，以及退火后野生型和产生的突变体 DNA 之间的错配。另一种方法，即高分辨率融解点分析，检测野生型和突变扩增子之间的解链温度差异（Wittwer，Reed，Gundry，Vandersteen，& Pryor，2003）。在这里，我们介绍了 DSP（PCR 扩增子的直接测序）分析（Nakayama et al.，2013）：初步筛选打靶效率，快速分析其中 PCR 扩增的靶向区来自单镶嵌 F_0 胚胎，直接测序检测扩增子全体中存在的插入或缺失。

1. 胚胎裂解和 PCR

单个胚胎转移到含有 100μl 裂解缓冲液[50 mmol/L 三羟甲基氨基甲烷（pH 8.8），1mmol/L EDTA，0.5% Tween 20]并含有新鲜加入终浓度为 200μg/ml 的蛋白酶 K 的 0.2ml PCR 管中。56℃胚胎孵化 2h 到过夜，接下来在 95℃保温 10min 灭活蛋白酶 K。裂解物 4℃离心 10min，并分装 1μl 直接用于 25μl PCR 反应。囊胚期单个胚胎在这种方式中大约 40 个裂解物产生足够许多 PCR 的 DNA（Nieuwkoop & Faber，1967）。同样制备来自后期的样品，用于 PCR 之前通常需要 10～20 倍稀释。应该设计理想的 PCR 引物去扩增 300～400bp 含有靶序列的基因组区域。通过凝胶电泳测定成功的 PCR，接下来采用 PCR 反应纯化柱，然后扩增子用 PCR 所用的引物进行 Sanger 测序。

2. 测序结果的评价和特异性插入或缺失的后续验证

如果插入或缺失已经发生，PCR 产物将含有不同突变的异质片段的混合物。突变区域轮廓将显示异质峰（图 17.5A）。来自群体的亚克隆 PCR 产物单个克隆子的测序证明发生了 DSP 分析结果（图 17.5B），即已经发生成功的诱变。

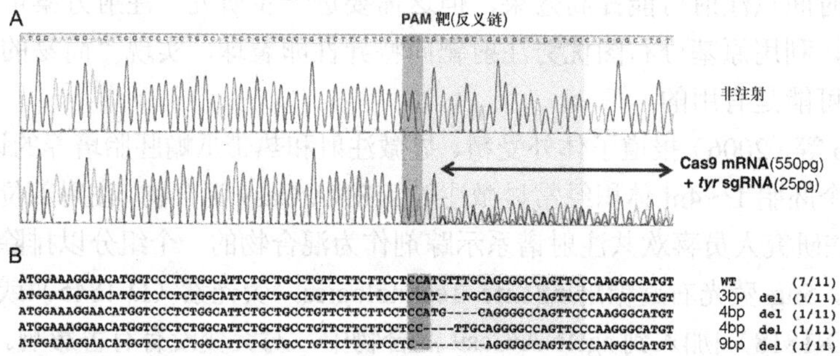

图 17.5 DSP 分析。（A）代表 DSP 分析结果。单胚胎（顶部，未注射；底部用证明的 RNA 注射）被裂解和 PCR 扩增靶向基因组区；然后扩增子直接测序。在注射的胚胎样品看到的 PAM 区 3′边上峰的小变化（双箭头）（注意，在这种特定情况下，靶是反义链）表明，靶序列（浅轻阴影区域有多个峰重叠）和 PAM 区（深暗阴影）发生了插入事件。（B）来自注射胚胎的 PCR 扩增子再克隆和测序显示嵌镶个体中存在个体突变（底部序列比对）。破折号（–）表示切口。括号里的数字表示每个突变模式的频率，发生在测序克隆子总数中，提示突变频率为 36%（即为 4/11），通过 DSP 分析测出阳性打靶情况。图来自 Nakayama 等（2013）的改良和修改。（彩图请扫封底二维码）

DSP 分析的优点包括其易用性和基因组可视化能力，即观测到序列小变异与目的靶位点序列相一致。我们通过 DSP 分析检测了以突变率为 25%或更高的胚胎突变，但一般不能检测较低水平突变率（未发表研究结果），证明该分析为中度敏感性。值得注意的是，这个实验可能不是很灵敏：因为 F_0 嵌镶动物生殖系传播速率较低，需要费力筛选 F_1 代，只有增加 F_0 代动物数，为后续交配产生经 DSP 分析检出的有突变的后代，这可能是一项有益的标准。本标准能提高具有至少 1/4 生殖传播率的成年 F_0 动物的获得机会，这对于 F_1 的基因型筛选不再烦琐。

17.4　讨　论

我们已经介绍了热带爪蟾（*X. tropicalis*）中 CRISPR 介导突变基本的和必要的技巧。这里，我们简要讨论可能适用于非洲爪蟾 CRISPR/Cas 的其他方面。

17.4.1　多重打靶策略：避免脱靶问题和 F_1 代动物的简单基因分型

靶向核酸酶突变策略（ZFN、TALEN 和 CRISPR/Cas9）的所有问题有可能在位于基因组其他位点的非计划基因位点产生突变。这些脱靶位点具有与目的靶位点相似的序列，因此序列相似性搜索是限制脱靶突变的方法之一。

在体外进行细菌 CRISPR/Cas9 研究已经表明，sgRNA 和 DNA 靶之间在靶序列接近 PAM 的 8～12 个碱基区是最理想的匹配序列，被称为“种子序列”，是 Cas9 介导切割的关键（见 Fineran & Dy，2014；Hsu et al.，2014；Sander & Joung，2014 和其中的参考）。在种子序列末端的靶核苷酸中可容忍错配，这可能导致脱靶切割。正如 17.3.2 节中所讨论的，一些基于网络的搜索工具被开发预测热带爪蟾 sgRNA 靶和脱靶位点。在靶潜在位点之间选择时，每个人都应该避免选择具有主要位于种子序列的脱靶错配序列。同时，每个人都应该记住，紧跟 NAG PAM 的序列也可能是脱靶位点，所以脱靶分析应该包括 NGG 和 NAG PAM 两者。

减少脱靶突变一个可能的途径是使用配对切口酶（Mali，Aach，et al.，2013；Ran et al.，2013）。Cas9 D10A 突变子不会产生双链断裂，而是代替一个链靶位点的切口。在与 Cas9 D10A 连接中，使用具有适当定向和间隔靶位点的 sgRNA 配对，使其在没有于穿越基因组的 sgRNA 单（脱靶）位点上产生双链断裂的配对位点突变。另一种方法是使用 FokI 与 dCas9 融合，即没有核酸酶活性的双重突变 Cas9（Guilinger，Thompson，& Liu，2014；Tsai et al.，2014）。这种方法同样需要选择两个附近的靶位点将 Cas9-FokI 导向到基因组，它只作为二聚体切割 DNA。这两种策略都受到寻找两个附近具有适当定向和间隔的靶序列所限制。在非洲爪蟾研究中两种方法都未见报道（见证据 2 的加注）。

脱靶突变可能不是非洲爪蟾中功能缺失型分析主要考虑的问题。Blitz 等（2013）和 Guo 等（2014）研究发现，热带爪蟾（*X. tropicalis*）中脱靶突变没有证据，与小鼠胚胎研究相类似（Wang et al.，2013；Yang et al.，2013），但使用培养细胞与报道的不同（Cradick，Fine，Antico，& Bao，2013；Fu et al.，2013；Hsu et al.，2013；Pattanayak et al.，2013）。这表明，在整个生物脱靶切割可能是微不足道的。

我们推荐的策略是，当进行 F_0 代分析以确保靶基因突变的表型时，使用多个独立 sgRNA 靶向同样的基因复制表型（Nakayama et al.，2013）。多重 sgRNA 不太可能会导致相同脱靶基因的突变。另一种方法是通过表达野生型 mRNA 营救表型（Guo et al.，2014；Nakayama et al.，2013）。这些方法提供了中靶效果强有力的支持证据，反驳的观点则认为表型是由于脱靶突变造成的。

如果认为 F_0 嵌镶动物研究不可取，可以使用产生非嵌镶动物的各种育种策略。理想情况下，可以构建包含两个等位基因上有相同损伤的突变体；然而，由于需要多代才能获得这个结果，一个非常耗时的过程，表型分析可能会明显延迟。F_0 嵌镶动物之间交配会产生非嵌镶 F_1 代（主要）的复合杂合子（图 17.2）。因为 F_0 突变导致同一靶位点插入或缺失的变化，F_1 的后代基因分型可能很困难。使用基因内两个不重叠的 sgRNA 靶位点可以克服这些问题。在不同靶位的突变的 F_0 动物之间的交配将产生更容易进行基因分型的 F_1 后代。因此，在不重叠靶位点突变的复合杂合子使表型分析更快。

证据 2 的加注：我们已经证实 Cas9（D10A）的切口酶，在非洲爪蟾中使用配对 sgRNA 可以有效介导突变。

17.4.2 非洲爪蟾 CRISPR 介导突变的进一步应用

与吗啉代反义寡核苷酸介导敲减一样，利用 CRISPR/Cas 能研究多基因敲除的效果。多重 sgRNA 的共注射，不同位点或基因的每次打靶，可能都适合这样的分析。在可能由基因重复引起冗余、出现表型分析基因功能问题的情形下，这种分析特别有帮助。

使用多个 sgRNA 还可检查顺式调控元件的作用。如同 Nakayama 等（2013）证明的启动子删除一样，连接一个元件的靶位点可以用于测定插入序列。这种方法原则上可用于创建更大的基因缺失，尽管这个策略成功突变的频率还需要确定。

另一个应用程序是依赖基因打靶的同源定向修复（HDR），即引入点突变或敲入更大的遗传成分，如序列标签或将基因转到基因组中的任何位点（见 Sander & Joung，2014 和其中的参考文献）。这是对非洲爪蟾研究者未来的挑战。

于此，概述的 CRISPR 介导突变策略为 F_0 代动物功能缺失型（LOF）分析提供了一种手段。然而，F_0 胚胎的可变镶嵌现象最终可能干扰一些分析，因此改进在非洲爪蟾的 CRISPR/Cas 效率将是有价值的。非洲爪蟾系统的主要优势包括易于操纵卵母细胞和精子，以及这些技术对减少镶嵌性可能提供新的途径。宿主转导方法（Olson，Hulstrand，& Houston，2012）允许卵母细胞的体外培养和操纵，然后植回为受精成功必须正常排卵的雌性宿主体腔。卵母细胞可以与 Cas9 蛋白质和 sgRNA 一起注射导致只有一个基因拷贝的突变配子。卵子与野生型精子受精将产生非嵌镶杂合子。精子也可以同样操作。或许可以通过 Cas9 蛋白质-sgRNA 夹心混合物孵化解聚（decondensed）精子核（Hirsch et al., 2002; Kroll & Amaya, 1996）产生突变，并将这些注射到未受精卵中产生非嵌镶杂合子。在这两种情况下，进一步实现 HDR 技术开发是可取的。在这方面宿主转导方法尤其有益，因为卵母细胞自然高于同源重组活性（Carroll，Wright，Wolff，Grzesiuk，& Maryon，1986）。

致　谢

此项工作分别得到国家卫生研究院基金 EY022954、EY018000、OD010997，以及国家科学基金会提供的 Sharon Stewart Aniridia Trust R.M.G.基金和国家卫生研究院基金会提供的 1147270、HD073179 的部分资助，K.W.Y.C.和 NIH 基金会对 HD080684 I.L.B.奖学金资助，这项工作获得弗吉尼亚大学学者 M.B.F.协会嘉奖。感谢 2013 年和 2014 年在冷泉港实验室非洲爪蟾课程完成的一些初步实验。作者也要感谢 Amy Sater、Jamina Oomen-Hajagos、Jerry Thomsen、Michinori Toriyama、Doug Houston 和 Rob Steele 分享的未发表信息，Grainger 实验室过去和现在的成员，特别是 Marilyn Fisher 和 Cristina D'Ancona 帮助实验和讨论。我们也要感谢 Yonglong Chen 对 pCS2+ 3xFLAG-NLS-SpCas9-NLS 和 Jianzhong Jeff Xi 对 pXT7-Cas9 提供的帮助。最后，作者还想衷心感谢 Xenbase 和国家非洲爪蟾资源中心及其工作人员的支持。

参考文献

Abu-Daya, A., Khokha, M. K., & Zimmerman, L. B. (2012). The Hitchhiker's guide to *Xenopus* genetics. Genesis, 50, 164-175.

Anders, C., Niewoehner, O., Duerst, A., & Jinek, M. (2014). Structural basis of PAM-dependent target DNA recognition by the Cas9 endonuclease. Nature, 513, 569-573.

Ansai, S., & Kinoshita, M. (2014). Targeted mutagenesis using CRISPR/Cas system in medaka. Biology Open, 3, 362-371.

Baklanov, M. M., Golikova, L. N., & Malygin, E. G. (1996). Effect on DNA transcription of nucleotide sequences upstream to T7 promoter. Nucleic Acids Research, 24, 3659-3660.

Blitz, I. L., Biesinger, J., Xie, X., & Cho, K. W. Y. (2013). Biallelic genome modification in F0 *Xenopus tropicalis* embryos using the CRISPR/Cas system. Genesis, 51, 827-834.

Carroll, D., Wright, S. H., Wolff, R. K., Grzesiuk, E., & Maryon, E. B. (1986). Efficient homologous recombination of linear DNA substrates after injection into *Xenopus laevis* oocytes. Molecular and Cellular Biology, 6, 2053-2061.

Chen, B., Gilbert, L. A., Cimini, B. A., Schnitzbauer, J., Zhang, W., Li, G.-W., et al. (2013). Dynamic imaging of genomic loci in living human cells by an optimized CRISPR/Cas system. Cell, 155, 1479-1491.

Cradick, T. J., Fine, E. J., Antico, C. J., & Bao, G. (2013). CRISPR/Cas9 systems targeting β-globin and CCR5 genes have substantial off-target activity. Nucleic Acids Research, 41, 9584-9592.

Fineran, P. C., & Dy, R. L. (2014). Gene regulation by engineered CRISPR-Cas systems. Current

Opinion in Microbiology, 18, 83-89.

Fish, M. B., Nakayama, T., Fisher, M., Hirsch, N., Cox, A., Reeder, R., et al. (2014). *Xenopus* mutant reveals necessity of rax for specifying the eye field which otherwise forms tissue with telencephalic and diencephalic character. Developmental Biology, 395, 317-330.

Fu, Y., Foden, J. A., Khayter, C., Maeder, M. L., Reyon, D., Joung, J. K., et al. (2013). High-frequency off-target mutagenesis induced by CRISPR-Cas nucleases in human cells. Nature Biotechnology, 31, 822-826.

Fu, Y., Sander, J. D., Reyon, D., Cascio, V. M., & Joung, J. K. (2014). Improving CRISPR-Cas nuclease specificity using truncated guide RNAs. Nature Biotechnology, 32, 279-284.

Guilinger, J. P., Thompson, D. B., & Liu, D. R. (2014). Fusion of catalytically inactive Cas9 to Fok1 nuclease improves the specificity of genome modification. Nature Biotechnology, 32, 577-582.

Guo, X., Zhang, T., Hu, Z., Zhang, Y., Shi, Z., Wang, Q., et al. (2014). Efficient RNA/Cas9-mediated genome editing in *Xenopus tropicalis*. Development, 141, 707-714.

Guschin, D. Y., Waite, A. J., Katibah, G. E., Miller, J. C., Holmes, M. C., & Rebar, E. J. (2010). A rapid and general assay for monitoring endogenous gene modification. Methods in Molecular Biology, 649, 247-256.

Harland, R. M., & Grainger, R. M. (2011). *Xenopus* research: Metamorphosed by genetics and genomics. Trends in Genetics, 27, 507-515.

Hirsch, N., Zimmerman, L. B., Gray, J., Chae, J., Curran, K. L., Fisher, M., et al. (2002). *Xenopus tropicalis* transgenic lines and their use in the study of embryonic induction.Developmental Dynamics, 225, 522-535.

Hsu, P. D., Lander, E. S., & Zhang, F. (2014). Development and applications of CRISPR-Cas9 for genome engineering. Cell, 157, 1262-1278.

Hsu, P. D., Scott, D. A., Weinstein, J. A., Ran, F. A., Konermann, S., Agarwala, V., et al. (2013). DNA targeting specificity of RNA-guided Cas9 nucleases. Nature Biotechnology, 31, 827-832.

Hwang, W. Y., Fu, Y., Reyon, D., Maeder, M. L., Tsai, S. Q., Sander, J. D., et al. (2013). Efficient genome editing in zebrafish using a CRISPR-Cas system. Nature Biotechnology, 31, 227-229.

Ishibashi, S., Cliffe, R., & Amaya, E. (2012). Highly efficient bi-allelic mutation rates using TALENs in *Xenopus tropicalis*. Biology Open, 1, 1273-1276.

Kim, H. J., Lee, H. J., Kim, H., Cho, S. W., & Kim, J.-S. (2009). Targeted genome editing in human cells with zinc finger nucleases constructed via modular assembly. Genome Research, 19, 1279-1288.

Kroll, K. L., & Amaya, E. (1996). Transgenic *Xenopus embryos* from sperm nuclear transplan-tations reveal FGF signaling requirements during gastrulation. Development, 122, 3173-3183.

Lei, Y., Guo, X., Liu, Y., Cao, Y., Deng, Y., Chen, X., et al. (2012). Efficient targeted gene disruption in *Xenopus embryos* using engineered transcription activator-like effector nucleases (TALENs). Proceedings of the National Academy of Sciences of the United States of America, 109, 17484-17489.

Mali, P., Aach, J., Stranges, P. B., Esvelt, K. M., Moosburner, M., Kosuri, S., et al. (2013). CAS9 transcriptional activators for target specificity screening and paired nickases for cooperative genome engineering. Nature Biotechnology, 31, 833-838.

Mali, P., Yang, L., Esvelt, K. M., Aach, J., Guell, M., DiCarlo, J. E., et al. (2013). RNA-guided human genome engineering via Cas9. Science, 339, 823-826.

Nakajima, K., Nakai, Y., Okada, M., & Yaoita, Y. (2013). Targeted gene disruption in the *Xenopus tropicalis* genome using designed TALE nucleases. Zoological Science, 30, 455-460.

Nakajima, K., Nakajima, T., Takase, M., & Yaoita, Y. (2012). Generation of albino *Xenopus tropicalis* using zinc-finger nucleases. Development, Growth & Differentiation, 54, 777-784.

Nakajima, K., & Yaoita, Y. (2013). Comparison of TALEN scaffolds in *Xenopus tropicalis*. Biology Open, 2, 1364-1370.

Nakayama, T., Fish, M. B., Fisher, M., Oomen-Hajagos, J., Thomsen, G. H., & Grainger, R. M. (2013). Simple and efficient CRISPR/Cas9-mediated targeted muta-genesis in *Xenopus tropicalis*. Genesis, 51, 835-843.

Nieuwkoop, P. D., & Faber, J. (1967). Normal table of *Xenopus laevis* (Daudin). Amsterdam: North-Holland.

Ogino, H., McConnell, W. B., & Grainger, R. M. (2006). High-throughput transgenesis in *Xenopus* using I-SceI meganuclease. Nature Protocols, 1, 1703-1710.

Olson, D. J., Hulstrand, A. M., & Houston, D. W. (2012). Maternal mRNA knock-down studies: Antisense experiments using the host-transfer technique in *Xenopus laevis* and *Xenopus tropicalis*. Methods in Molecular Biology, 917, 167-182.

Pattanayak, V., Lin, S., Guilinger, J. P., Ma, E., Doudna, J. A., & Liu, D. R. (2013). High-throughput profiling of off-target DNA cleavage reveals RNA-programmed Cas9 nucle-ase specificity. Nature Biotechnology, 31, 839-843.

Ran, F. A., Hsu, P. D., Lin, C.-Y., Gootenberg, J. S., Konermann, S., Trevino, A. E., et al. (2013). Double nicking by RNA-guided CRISPR Cas9 for enhanced genome editing specificity. Cell, 154, 1380-1389.

Sander, J. D., & Joung, J. K. (2014). CRISPR-Cas systems for editing, regulating and targeting genomes. Nature Biotechnology, 32, 347-355.

Sive, H. L., Grainger, R. M., & Harland, R. M. (2010). Early development of *Xenopus laevis*: A laboratory manual. Cold Spring Harbor Press.

Suzuki, K. T., Isoyama, Y., Kashiwagi, K., Sakuma, T., Ochiai, H., Sakamoto, N., et al. (2013). High efficiency TALENs enable F_0 functional analysis by targeted gene disruption in *Xenopus laevis* embryos. Biology Open, 2, 448-452.

Terns, R. M., & Terns, M. P. 2014). CRISPR-based technologies: Prokaryotic defense weapons repurposed. Trends in Genetics, 30, 111-118.

Tsai, S. Q., Wyvekens, N., Khayter, C., Foden, J. A., Thapar, V., Reyon, D., et al. (2014). Dimeric CRISPR RNA-guided FokI nucleases for highly specific genome editing.Nature Biotechnology, 32, 569-576.

Wang, H., Yang, H., Shivalila, C. S., Dawlaty, M. M., Cheng, A. W., Zhang, F., et al. (2013). One-step generation of mice carrying mutations in multiple genes by CRISPR/Cas-mediated genome engineering. Cell, 153, 910-918.

Wittwer, C. T., Reed, G. H., Gundry, C. N., Vandersteen, J. G., & Pryor, R. J. (2003). High-resolution genotyping by amplicon melting analysis using LCGreen. Clinical Chemistry, 49, 853-860.

Yang, H., Wang, H., Shivalila, C. S., Cheng, A. W., Shi, L., & Jaenisch, R. (2013). One-step generation of mice carrying reporter and conditional alleles by CRISPR/Cas-mediated genome engineering. Cell, 154, 1370-1379.

Young, J. J., Cherone, J. M., Doyon, Y., Ankoudinova, I., Faraji, F. M., Lee, A. H., et al. (2011). Efficient targeted gene disruption in the soma and germ line of the frog *Xenopus tropicalis* using engineered zinc-finger nucleases. Proceedings of the National Academy of Sciences of the United States of America, 108, 7052-7057.

第 18 章　斑马鱼中基于 Cas9 基因组编辑

Andrew P.W. Gonzales[1,2], Jing-Ruey Joanna Yeh[1,2]

（1. 美国查尔斯敦麻省总医院心血管研究中心；2. 哈佛医学院医学系）

目　录

摘要

已经证明采用酿脓链球菌（*Streptococcus pyogenes*）Cas9 内切核酸酶的基因组编辑有前所未有的功效和广泛应用于各种生物系统的通用性。特别是斑马鱼研究表明，可以通过合成引导 RNA 将 Cas9 定向到用户定制的基因组靶位点，能随机或同源导向序列改变、远程染色体缺失，同时破坏多个基因和定量靶向 DNA 的几千个碱基的整合。总之，这些方法为敲除、制约等位基因、标记蛋白、报道基因系和疾病模型工程开启了新的大门。此外，轻松、高效地产生 Cas9 介导的基因敲除，为高通量作用斑马鱼基因组研究提供了巨大的希望。在这一章中，我们简要回顾了 CRISPR/Cas 技术的起源，讨论了当前应用于斑马鱼的基于 Cas9 的基因编辑，尤其强调了它们的设计和操作。

18.1 导 论

18.1.1 CRISPR/Cas 适应性免疫

为了在多病毒的环境中生存和繁育，原核生物在进化过程中已经发展了各种各样的防御机制，抵御入侵的病毒遗传元件（Labrie，Samson，& Moineau，2010），其中一项是免疫机制介导——规律成簇间隔短回文重复（CRISPR）位点（Barrangou et al.，2007；Ishino，Shinagawa，Makino，Amemura，& Nakata，1987；Jansen，Embden，Gaastra，& Schouls，2002）。CRISPR 位点通常在原核生物中和测序细菌/古细菌中估计分别占 40%和 90%（Grissa，Vergnaud，& Pourcel，2007a；Kunin，Sorek，& Hugenholtz，2007；Sorek，Kunin，& Hugenholtz，2008）。这些位点与它们相邻的 CRISPR 相关（Cas）遗传元件一起，形成一个独特的适应性免疫系统，称为 CRISPR/Cas，在重新感染时，它们利用短 RNA 引导内切核酸酶进行靶向、切割和降解特异性病毒序列（Bhaya，Davison，& Barrangou，2011；Bolotin，Quinquis，Sorokin，& Ehrlich，2005；Horvath & Barrangou，2010；Marraffini & Sontheimer，2010a）。

CRISPR 位点可以保存 20~50bp 重复子阵列，重复子之间具有类似间隔长度的“间隔区”序列的特征（Grissa，Vergnaud，& Pourcel，2007b；Rousseau，Gonnet，Le Romancer，& Nicolas，2009）。这些位点两侧连着利用编码一些酶体系的 *cas* 基因簇作为正常 CRISPR/Cas 功能（Makarova，Grishin，Shabalina，Wolf，& Koonin，2006）。在给定 CRISPR 位点内，每个间隔序列都是唯一的和衍生于入侵病毒致病前需要的核酸片段，从而使原核生物对过去的感染产生遗传存储的免疫记忆（Bolotin et al.，2005；Mojica，Diez-Villasenor，Garcia-Martinez，& Soria，2005）。产生免疫记忆的所有 CRISPR/Cas 系统都遵循以下三步共同过程（Wiedenheft，Sternberg，& Doudna，2012）。第一步，病原体的初步接触，入侵的外源核酸必须被裂解成片段，称为前间区，然后在 CRISPR 位点变成整合的间隔（Barrangou et al.，2007；Garneau et al.，2010）。第二步，在随后的感染中，转录的 CRISPR 位点产生单个长的前 CRISPR RNA，然后它被加工成一个有许多间隔短 CRISPR RNA（crRNA）的有效基因文库（Brouns et al., 2008）。第三步，crRNA 与一个或多个 Cas 蛋白结合，形成 RNA 引导内切核糖核酸酶监控复合物，通过 crRNA 间隔区之间的碱基配对相互作用，与病毒前间隔序列互补，使复合物靶向和切除入侵外源核酸（Brouns et al.，2008）。

18.1.2 Ⅱ型 CRISPR/Cas 系统

人们认为有三种类型的 CRISPR/Cas 系统都存在于自然界，每一种都使用不同的机制来执行上述三步过程产生 CRISPR 介导的适应性免疫（Makarova，Aravind，Wolf，& Koonin，2011；Makarova，Haft，et al.，2011；Wiedenheft et al.，2012）。在这三个系统中，某些关键方面 II 型 CRISPR/Cas 系统特征是最好的和最简单的。一个重要的区别是，它的监视复合物只需要单个 Cas9 内切核酸酶（Chylinski，Makarova，Charpentier，& Koonin，2014；Sapranauskas et al.，2011），而 I 型和 III 型系统则需要几个蛋白质（Makarova，Aravind，Wolf，& Koonin，2011；Makarova，Haft，et al.，2011）。

除了 Cas9 蛋白外，II 型监视复合物也由两个 RNA，即 crRNA 和反式激活 crRNA（tracrRNA）元件组成（Deltcheva et al.，2011）。正常 crRNA 加工和 II 型监视复合物形成需要 tracrRNA，且 crRNA 包含衍生于原始 CRISPR 位点的 20 个核苷酸（nt）间隔区域（Deltcheva et al.，2011）。通过互补碱基配对互作，这些 crRNA 引导监视复合物靶向、结合并降解外源遗传元件，这些元件将间隔互补的前间区序列，以及 Cas9 特异性前间区序列邻近基序（PAM）定向到 3′靶前间区 3′端（Gasiunas，Barrangou，Horvath，& Siksnys，2012）。

通过 II 型监视复合物审查 DNA 和激发 Cas9 切割活性，需要将正确的 PAM 序列邻向定向到前间区。事实上，已证明 PAM 内或邻近开始几个核苷酸的错配抑制异源双链核酸分子的形成并解开 dsDNA 靶双螺旋（Sternberg，Redding，Jinek，Greene，& Doudna，2014）。这样，3’ PAM 序列允许 II 型系统区分序列属于“自己的”和属于外源的，以防止其自身的 CRISPR 基因位点被破坏（Horvath et al.，2008；Marraffini & Sontheimer，2010b）。其中 II 型 Cas9 内切核酸酶存在于各种原核生物中，在复合物中 PAM 序列的变化，最简单之一就是酿脓链球菌 Cas9 的 5′-NGG PAM（Jinek et al.，2012）。来自酿脓链球菌天然 RNA 引导 Cas9 内切核酸酶（SpCas9）拥有的能力，原则上，能靶向任何以 5′-N_{20}-NGG-3′形式入侵的前间区序列。因此，II 型系统需要相对较少的组件，又具有与需要的靶序列结合的灵活性，使其成为 II 型 CRISPR/Cas 系统近期适应的新颖、强大和可修改的基因编辑平台。

18.1.3 CRISPR/Cas 基因编辑技术的发展

现代基因组编辑依赖使用可编程核酸酶人工产生基因破坏、DNA 插入、导向突变，或以可预测和可控方式进行染色体重排（Segal & Meckler，2013）。这些设计的核酸酶通过引入靶向 DNA 双链断裂（DSB）“编辑”基因组，转而允许细胞的自然修复机制，即非同源末端连接（NHEJ）介导的修复和同源定向修复（HDR），从而实现 DNA 位点特异性操纵的目的（Bibikova，Beumer，Trautman，& Carroll，2003；Bibikova et al.，2001；Bibikova，Golic，Golic，& Carroll，2002）。这种基因组编辑技术的潜在应用有深远意义，包括抗病、营养丰富作物和牲畜的生物工程研究（Carlson et al.，2012；Li，Liu，Spalding，Weeks，& Yang，2012），各种动物模型和可用于临床前药物研究的人多能干细胞模型的产生（Brunet et al.，2009；Carbery et al.，2010；Ding et al.，2013；Yang et al.，2013），甚至涉及遗传矫正的定向递送、患者多能干细胞或体细胞的衍生等治疗的开发（Schwank et al.，2013；Sebastiano et al.，2011）。鉴于可编程核酸酶的各种潜在优势，人们更加关注更简便、精确和高效的基因组编辑平台的工程设计，并推动了 CRISPR/Cas 基因组编辑系统更有价值的最新发展。

2012 年首次发表了基因组编辑为目的设计的 CRISPR/Cas 系统实例，当时研究人员采用链球菌 II 型 CRISPR/Cas 系统，证明可以由可编程嵌合双 RNA 引导 SpCas9，在体外靶向和切割各种 DNA 位点（Jinek et al.，2012）。在这项研究中，作者进一步简化了系统甚至进一步创建基因组编辑平台，该平台只需要两个组分——SpCas9 和合成单链引导 RNA（sgRNA），sgRNA 由 II 型 crRNA 和 tracrRNA 为必需特征的融合子所组成（图 18.1）。CRISPR/Cas 这个平台首次亮相后几个月，就迅速扩展到各种细胞系统研究，在各种细菌（Jiang，Bikard，Cox，Zhang，& Marraffini，2013），以及培养的人类癌症细胞系和人多能干细胞（Cho，Kim，Kim，& Kim，2013；Cong et al.，2013；Jinek et al.，2013；Mali，Yang，et al.，2013）中引入靶向突变展示了其功效。大约在同一时间，我们小组报道了利用 CRISPR/Cas 在斑马鱼中进行有效基因组编辑，证明它在多细胞生物中的潜力（Hwang，Fu，Reyon，Maeder，Tsai，et al.，2013）。自那时以来，该平台在各种植物和动物基因编辑中证明了其有效性和通用性，这些样品只有酵母、水稻、小麦、秀丽隐杆线虫（*C. elegans*）、丝绸蚕蛹、果蝇、青蛙、小鼠和非人类灵长类（DiCarlo et al.，2013；Friedland et al.，2013；Nakayama et al.，2013；Niu et al.，2014；Shan et al.，2013；Wang，Yang，et al.，2013；Wang，Li，et al.，2013；Yu et al.，2013）。在生物学中很少有单项生物技术像 CRISPR/Cas 那样达到多功能的程度，在广阔生物范围内有这样确切的作用效率，这种新技术有潜力实现许多研究、工程和基因工程领域的治疗目的。

除 CRISPR/Cas 有非凡的适用性之外，在实验室应用方面，这种基因编辑新平台与其他可编程核酸酶系统如锌指核酸酶（ZFN）和转录激活因子样效应物核酸酶（TALEN）相比，还展现出几个关键优势。CRISPR/Cas 第一个优势是更轻松地设计和操作。不像 ZFN 和 TALEN 那样，需要为每一个新基因组靶位点进行复杂的设计和 TALE DNA 结合阵列，CRISPR/Cas 只需要改变 20nt sgRNA 间隔

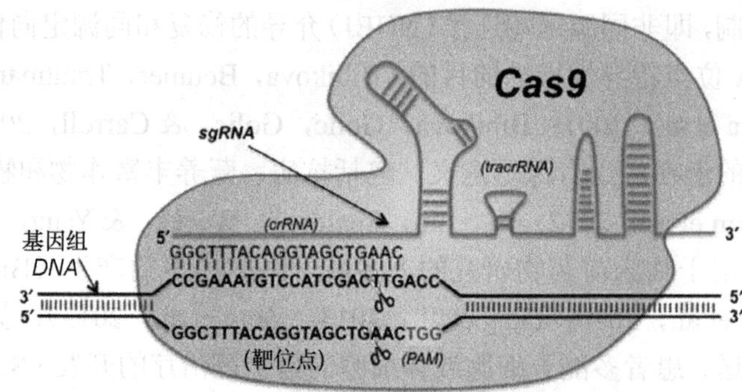

图 18.1 sgRNA 引导 Cas9 DNA 打靶示意图。由 20nt crRNA 间隔和 tracrRNA 尾部组成的 sgRNA，引导酿脓链球菌衍生的 Cas9 内切核酸酶结合和切开特异性 20nt 基因组靶位点。靶位点应是 5′-N_{20}-NGG 形式，其中 NGG 是 PAM 序列（黄色部分）。然后，基因组 DNA 上链和下链由 Cas9 的 RuvC 样内切核酸酶结构域和 HNH 内切核酸酶结构域（“剪刀”标示）切割 PAM 邻近大约 3 个碱基对，产生 DNA 双链断裂（DSB）。（彩图请扫封底二维码）

序列就可以匹配靶位点（Sander & Joung，2014）。CRISPR/Cas 的第二个优点是有同等效率或比 ZFN 或 TALEN 有更高的基因编辑效率。一般来说，CRISPR/Cas 的功能具有更大的一致性、有效性，以及比 ZFN 实验室产生的毒性更小（Cornu et al.，2008；Maeder et al.，2008；Ramirez et al.，2008），与 TALEN 相比，它们在打靶甲基化基因组位点上更有效（Hsu et al.，2013）。尽管 CRISPR/Cas 在人细胞和斑马鱼中的成功率及突变效率似乎可以与 TALEN 媲美，但是在多元基因组编辑能力方面，CRISPR/Cas 远远优越于 TALEN。已有研究表明，使用 CRISPR/Cas 只需 Cas9 与多重 sgRNA 简单结合就可以实现高效的多元基因组编辑（Cong et al.，2013；Guo et al.，2014；Jao，Wente，& Chen，2013；Ma，Chang，et al.，2014；Ma，Shen，et al.，2014；Mali，Yang，et al.，2013）。然而，使用几个 ZFN 或 TALEN 配对多重基因组编辑，通过核酸酶对之间的交叉反应，则加重了携带脱靶效应的风险（Sollu et al.，2010）。鉴于 CRISPR/Cas 系统超出之前可编程核酸酶平台的各种优点，CRISPR/Cas 也称为 RNA 引导核酸酶，已经迅速提升成为当代基因编辑的旗舰技术。

18.1.4 斑马鱼动物模型和 CRISPR/Cas

斑马鱼是功能基因组分析、人类疾病发病机制研究，以及发现和开发新药的强大和易驾驭的动物模型（Campbell，Hartjes，Nelson，Xu，& Ekker，2013；Helenius & Yeh，2012；Lieschke & Currie，2007）。一方面斑马鱼模型的关键长处在于它是人类、哺乳动物模型系统之间进化关系的中间体，如小鼠；另一方面是无脊椎动物的模型系统，如果蝇（*Drosophila*）和秀丽隐杆线虫（*C. elegans*）等。斑马鱼有一个优势超出无脊椎动物模型，因为它与人类有共同的脊椎动物祖先。这种相近祖先使得斑马鱼比脊椎动物有更多的人类遗传和解剖相似性，这意味着直系同源基因携带类似于人类一样的功能，斑马鱼和人类之间大多数器官系统和结构同源（Kettleborough et al.，2013；Lieschke & Currie，2007；Santoriello & Zon，2012）。由于这些遗传的和解剖的相似之处，开发了各种斑马鱼模型来研究人类疾病的发病机制，范围从遗传紊乱如杜氏肌萎缩症和心肌病的形成（Bassett et al.，2003；Kawahara et al.，2011；Xu et al.，2002），到后天获得性疾病，如黑色素瘤和肺结核（Cambier et al.，2014；Ceol et al.，2011；Patton et al.，2005；Swaim et al.，2006；White et al.，2011）。

相反，由于它们共享哺乳动物的祖先，尽管小鼠模型表现出与人类更大的分子和解剖相似性，但是因为其非哺乳动物的特征，斑马鱼比小鼠模型有许多关键优势。因为斑马鱼通过体外受精繁殖，斑马鱼胚胎发生的所有阶段都易于研究人员的研究，与哺乳动物在体内的胚胎发生不同。这种优点结合斑马鱼自然光学透明性，允许通过荧光报道基因很容易进行实时观测研究（Ignatius & Langenau，2011；Moro et al.，2013； Pantazis & Supatto，2014；Weber & Koster，2013）。与小鼠相比，这些研究质量，结合相对大小、快速发育和繁殖力方面，能够减低动物饲养和饲养基础设施费用，从而实现高通量的能力、全动物斑马鱼药物筛选和反向遗传学实验，而用小鼠模型是不可行的（Kari, Rodeck, & Dicker，2007；Peal，Peterson，& Milan，2010）。因此，斑马鱼模型为先进基因编辑技术如 CRISPR/Cas 的应用提供了特别优秀的候选动物模型。

正如上面提到的，Hwang 等首次证明 CRISPR/Cas 基因编辑平台可以在斑马鱼体内实施，利用引入位点特异性插入/删除（indel）突变，10 个试验基因中有 8 个达到 24%～59%的突变频率（Hwang，Fu，Reyon，maed，Tsai，et al.，2013）。有趣的是，一些成功的突变靶位点是基因组区内之前不能被 TALEN 靶向的位点。因此，这个开拓研究显示 CRISPR/Cas 平台在斑马鱼中的稳健性和威力。此外，CRISPR/Cas 诱导插入/缺失后来证明是可遗传的且传播率达 100%，加大了运用 CRISPR/Cas 创建特异性基因敲除系的可能性（Hwang，Fu，Reyon，Maeder, Kaini，et al.，2013）。本章 18.2 节的目的是讨论使用 CRISPR/Cas 在斑马鱼中创建靶向插入/缺失突变的初步研究开发的方法。

最近研究表明，几个 sgRNA 打靶多重基因位点的共注射可以导致同步产生斑马鱼胚胎多基因突变，甚至进一步证明 CRISPR/Cas 能产生靶向插入/缺失突变的能力（Jao et al.，2013；Ota，Hisano，Ikawa，& Kawahara，2014）。尽管如此，CRISPR/Cas 也可以用于斑马鱼除插入/缺失以外的目的（图 18.2）。CRISPR/Cas 已经用于创建小而精确序列修饰如点突变，在靶位点整合长 DNA 片段，以促进染色体长期缺失和倒位（图 18.2）。由于在斑马鱼中 CRISPR/Cas 系统的基因编辑仍在继续迅速发展，因此 18.3 节将讨论引入插入/缺失之外的其他基因编辑策略。

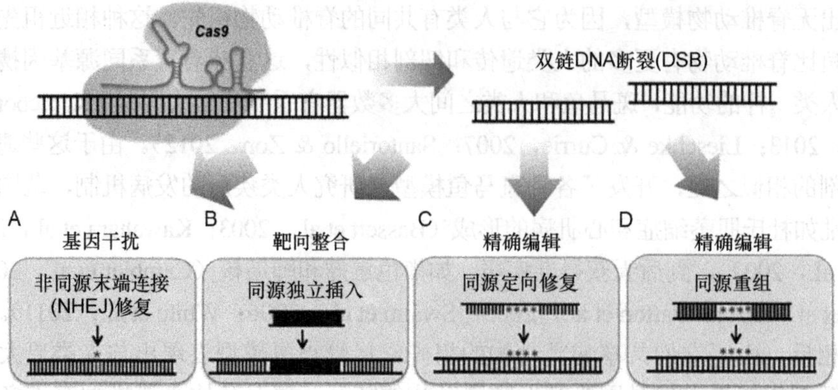

图 18.2 Cas9 介导的基因组编辑。RNA 引导的 Cas9 内切核酸酶可以诱导其基因组靶位点双链断裂。随后，DSB 由非同源末端连接（NHEJ）修复机制修复。这种机制可能会导致靶位点随机长度插入/删除（indel）突变（红色星号）(A)。另一方法可以用来创建预定的顺序修改。包含没有任何与靶位点序列同源的目的功能盒的线性 DNA 片段，在 DNA 修复过程中可能插入到靶位点（B）。然而，供体 DNA 含有靶位点同源序列，以小的单链寡核苷酸（C）或质粒 DNA（D）的形式，与基因组 DNA 重组和替代靶位点序列。（彩图请扫封底二维码）

18.2 插入/缺失突变的靶向产生

18.2.1 Cas9 修饰和递送平台

Cas9 核酸酶用于 CRISPR/Cas 基因组编辑的大多数研究，通常使用的类型是 SpCas9。部分是由于其短的 PAM 5′-NGG 比许多其他 II 型 Cas9 核酸酶更简单（Westra et al.，2012）。然而，由于原核和真核系统之间细胞环境先天的不同，这种细菌 Cas9 必须对真核体内实验方法进行改良。

在培养的人细胞体内 CRISPR/Cas 初步研究中，SpCas9 是人类密码子的优化产物，使 SpCas9 主要结构用于人细胞密码子优先编码以便提高 SpCas9 翻译效率（Cho et al.，2013；Cong et al.，2013；Mali，Yang，et al.，2013）。在这些实验中，常常使用一个或多个核定位信号（NLS），如 SV40 NLS，加入到一个或两个 Cas9 蛋白序列的末端以促进内切核酸酶进入真核细胞核。在我们将 CRISPR/Cas 应用于斑马鱼研究的报道中，我们使用了一个包含自然非密码子优化 SpCas9 序列的 SpCas9 载体（pMLM3613）和一个附着到我们构建的 C 端的 NLS（Hwang，Fu，Reyon，Maeder，Kaini，et al.，2013；Hwang，Fu，Reyon，Maeder，Tsai，et al.，2013）。虽然在我们最初的研究中还没有使用密码子优化 SpCas9，但是我们的研究表明，简单的 NLS 依附到自然 SpCas9 足以为 CRISPR/Cas 在斑马鱼中有效生成 60%的插入/缺失突变率（Hwang，Fu，Reyon，Maeder，Tsai，et al.，2013）。

自最初报道以来，我们就开始使用已经被人类密码优化的 SpCas9 了。根据我们的经验，我们一直认为使用这种密码子优化的 SpCas9 版本（pJDS246）在斑马鱼中有较高的突变频率，因此推荐使用这种版本超过自然 SpCas9。此外，我们发现 pJDS246 的活性堪比斑马鱼密码子优化的 SpCas9（pCS2-nCas9n）（Gonzales，未发表的结果），据报道，在不同位点产生插入/缺失的突变率高达 75%～99%（Jao et al.，2013）。最后，II 型 Cas9 同源的其他修饰也是值得考虑的，而且 SpCas9 可能在未来提供更有效的 Cas9 选择（Esvelt et al.，2013）。

所有上述提到的 Cas9 质粒都可以从 Addgene（http://www.addgene.org/CRISPR/）网站中获得。收到含有质粒的 Cas9 后，应该由适当的限制性内切核酸酶线性化，然后在体外转录产生 Cas9 mRNA。Cas9 序列上游含有 SP6 或一个 T7 启动子的大多数 Cas9 质粒允许标准体外转录。为了在体外转录的 Cas9 mRNA 在斑马鱼胚胎中有效翻译，mRNA 应该有 5′帽和 3′多(A)尾。到今天为止，虽然大多发表的论文都是通过 Cas9 mRNA 和 sgRNA 共注射到斑马鱼胚胎，在斑马鱼中实施 CRISPR/Cas 实验，但最近争议认为直接注入定制的 Cas9 蛋白-sgRNA 复合物可能更有利，因为 CRISPR/Cas 在开始作用之前不需要 Cas9 翻译。然而，这些实验的结果对于这种方法是否能比直接注射 RNA 更一致地产生有效的定点突变是相互矛盾的（Gagnon et al.，2014；Sung et al.，2014）。尽管如此，Gagnon 等的研究强烈表明，注入这种复合物可以使正常弱的 sgRNA 的插入/缺失突变率提高约 6 倍。

显微注射 SpCas9 mRNA 的制备方案

（1）通过设置如下反应，采用 *Pme* I 限制性内切核酸酶（New England Biolabs，Ipswich，MA）线性化人类密码子优化 SpCas9 载体 pJDS246（Addgene，Cambridge，MA）：5μg pJDS246 载体 DNA，1μl 10×CutSmart™ 缓冲液（New England Biolabs），1μl *Pme* I（10U/μl），无菌去离子水加至总体积 100μl。将 *Pme* I 最后加到反应混合物中。反应在 37℃孵化 3h 到过夜，以确保完全线性化。

（2）用 QIAGEN 的 QIA 快速 PCR 纯化试剂盒纯化 *Pme* I 酶切载体并用 25μl EB 缓冲液洗脱。用分光光度计测定 DNA 浓度。在 1%（*m*/*V*）琼脂糖凝胶上点样 100ng 没有酶切和酶切的载体 DNA 进行电泳。纯化的载体样品可以存储在-20℃。

（3）使用 mMESSAGE®T7 Ultra 试剂盒体外转录带帽和多(A)尾的 SpCas9 mRNA（Life Technologies，Beverly，MA）。首先，在室温下解冻 2×NTP/ARCA 和 10×T7 反应缓冲液而将 T7 酶混合物始终保持于冰上。2×NTP/ARCA 溶液一解冻就放到冰上。10×T7 反应缓冲液一旦解冻，就用涡漩再溶解沉淀。接下来，按下列程序在无核酸酶的微量离心管中建立转录反应混合试剂：5μl 2×NTP/ARCA、1μl 10×T7 反应缓冲液、1μl T7 酶混合液，然后 3μl 线性化 SpCas9 载体［来自步骤（2）］。轻弹并简短微量离心，收集管底部反应混合物。管于 37℃孵化 3h 到过夜，继续体外转录。转录步骤后，加 1μl TURBO DNA 酶到反应混合物中。轻弹管并简短微量离心以便混合。管子在 37℃孵化 30min 以除去 DNA。

（4）在无核酸酶微量离心管中以同样试剂盒按以下试剂制备多(A)尾反应主体混合物：10μl 5×EPAP 缓冲液、2.5μl 25mmol/L $MnCl_2$、5μl ATP 溶液和 21.5μl 无核酸酶水。TURBO DNA 酶保温步骤完成后（步骤（3）），将多(A)尾反应主混合物加到反应混合物中。轻弹微量管并简短微量离心以便混合。分装 2μl 这种新的混合到干净无核酸酶的标记为“–多(A)”的管中，–20℃存储用于后来的凝胶分析。接下来，添加 2μl E-PAP 酶到反应混合物中。轻弹离心管并简短离心以便混合。为多(A)尾化处理，反应混合物在 37℃ 1～2h。

（5）多(A)尾化完成后，将 2μl 反应混合物分装到另一个清洁无核酸酶、标记为“+多(A)”的管内并存储于–20℃，凝胶分析。然后，加 25μl 氯化锂沉淀溶液到剩余反应混合物。氯化锂沉淀溶液的体积应该为反应混合物体积的一半。彻底混合溶液，在干冰上孵化 0.5～1h，或者最好于–20℃过夜，以获得更大的 mRNA 产率。

（6）mRNA 沉淀步骤期间，加 5μl 甲醛上样染料到之前分装和多(A)尾化反应［步骤（4）和（5）］后的 2μl“–多(A)”和“+多(A)”。样品于 1%琼脂糖凝胶电泳，通过寻找相对于“–多(A)”样本快速移动的“+多(A)”样本来检查成功多(A)尾化。

（7）mRNA 沉淀步骤后，在微量离心管中以>10 000g，4℃简短离心 30min。简短离心后，检查管底部的不透明白色 mRNA 沉淀。小心吸出上层清液而不要扰动沉淀。接下来，将 1ml 无核糖核酸酶的 70%乙醇加到离心管中并通过将离心管倒转几次洗涤沉淀。>10 000g，4℃离心 15min。再次检查管底部的沉淀。尽可能多地吸出上层清液而不要扰动沉淀以便沉淀迅速风干。微量离心管敞开管盖于通风橱直到沉淀所含的上清液蒸发变得干燥和半透明。

（8）用 15μl 无焦碳酸二乙酯（DEPC）处理的无核酸酶水溶解 SpCas9 mRNA 沉淀。mRNA 沉淀一旦完全溶解，就将离心管置于冰上。用分光光度计测定溶解的 SpCas9 mRNA 浓度（典型的产量为 1000～2000ng/μl）。将 SpCas9 mRNA 分装为多个无核酸酶的微量离心管（1500ng/管），以防止冻融循环。这些管子储存于–80℃。

18.2.2 单链引导 RNA 设计考虑

我们使用 100nt 序列设计 sgRNA，首先用 20 个核苷酸与靶位点的互补链相互作用，而其余部分与 SpCas9 相互作用（Hwang，Fu，Reyon，Maeder，Kaini，et al.，2013；Hwang，Fu，Reyon，Maeder，Tsai，et al.，2013）。Jinek 等（2012）在体外研究首次介绍的 sgRNA 相比，100 nt sgRNA 有更长的 tracrRNA 区域，与

已经缩短 tracrRNA 的 sgRNA 相比，在体内它似乎有更高的效率（Jinek et al.，2012，2013）。这种 sgRNA 设计是使用中最常见的（Sander & Joung，2014），相同或相似的 sgRNA 设计也见于斑马鱼研究的其他报道（Auer，Duroure，De Cian，Concordet，& Del Bene，2014；Chang et al.，2013；Hruscha et al.，2013；Jao et al.，2013）。

为了在斑马鱼早期胚胎中表达 sgRNA，通常 sgRNA 在体外转录然后显微注射。sgRNA 不应有 5′帽或 3′多(A)尾，用于产生 sgRNA 的 sgRNA 载体应该有 T7 或 SP6 启动子。转录的 sgRNA 可以识别任何以 5′-GG-N_{18}-NGG-3′形式的 DNA 靶，T7 启动转录所需 5′GG 和链球菌 PAM“NGG”。因此，理论上打靶范围延伸为每 128bp 的 DNA 是一个位点（Hwang，Fu，Reyon，Maeder，Tsai，et al.，2013）。然而，我们研究表明 sgRNA 打靶通常可以容忍 5′端 2nt 的错配。理论上，扩展打靶范围为每 32bp 为一个位点（Hwang，Fu，Reyon，Maeder，Kaini，et al.，2013）。此外，我们首先提出了解除 T7 启动子限制，就能靶向 5′(G/A)(G/A)-N_{18}-NGG-3′形式的序列。尽管如此，Gagnon 等最近报道表明，5′-GG 的任何改变都会使 sgRNA 效率降低。这个结果可能是在所有 3 个案例测试由于 T7 启动转录错误所造成，SP6 启动子转录的 5′-GA sgRNA 显示出与 5′-GG sgRNA 类似的活性（Gagnon et al.，2014）。因此，SP6 启动子比 T7 启动子可能更灵活，即允许在转录起始位点第二个位置 G 改变为 A（Helm，Brule，Giege，& Florentz，1999；Imburgio，Rong，Ma，& McAllister，2000；Kuzmine，Gottlieb，& Martin，2003）。

选择更有效的 sgRNA 序列至少有两套研究方案指南（Gagnon et al.，2014；Wang，Wei，Sabatini，& Lander，2014）。综合来看，这些研究都表明，间隔区的最后 1～4 个核苷酸更可取的是嘌呤。此外，靠近 PAM 的间隔区域 GC 成分应>50%，但不能太高。虽然这些指南可能考虑当有许多位点可供选择时，作者和我们的数据证明的一致，它们不一定保证 sgRNA 成功或失败（Gagnon et al.，2014；Hwang，Fu，Reyon，Maeder，Tsai，et al.，2013；Wang et al.，2014）。

除了上述 sgRNA 设计考虑外，基因中 sgRNA 靶位点定位也必须加以考虑。当设计 sgRNA 产生基因敲除时，例如，在结合 sgRNA 免费设计程序（http://zifit.partners.org/ZiFiT/）中合适的基因组浏览器（如 http://useast.ensembl.org）应该用于检查目的靶基因的区域。理想情况下，sgRNA 靶位点应该尽可能在基因可读框上游，确保一个引入的插入/缺失几乎可以破坏整个蛋白质。不过，除了这个打靶原则外，还必须为基因寻找替代拼接变体，以及标注替代翻译起始位点。如果存在这些额外的混杂因素，在所有替代转录子共享的最上游外显子内的最下游注释替代起始点之后，同样的打靶原理适用 sgRNA 打靶位点的设计。一经选择好 sgRNA 靶位点，含有设计的 sgRNA 间隔区的互补寡核苷酸可以排序、退火和插入到质粒，用于克隆、限制性线性化和随后 T7 或 SP6 体外转录。我们之前报道的 sgRNA 表达载体（pDR274）最初是由 Joung 实验室所开发（Hwang，Fu，Reyon，Maeder，Kaini，et al.，2013；Hwang，Fu，Reyon，Maeder，Tsai，et al.，2013）。pDR274 载体和来自其他实验室的载体均可在非营利 Addgene 网站中找到（http://www.addgene. org/CRISPR/）。此外，现在发表了免费克隆方法用于可使更快产生 sgRNA 的合成（Cho et al.，2013；Gagnon et al.，2014；Hruscha et al.，2013）。

尽管 CRISPR/Cas 取得了令人瞩目的成就，但目前平台潜在缺点是由于 sgRNA 错靶而造成脱靶效应的可能性。人细胞研究报道中，与它的中靶位点相比，sgRNA 错靶已经证明导致在脱靶位点插入/缺失的频率上升到 125%（Fu et al.，2013），甚至显示无意中诱导染色体几个位点大缺失（Cradick，Fine，Antico，& Bao，2013）。尽管早些时候 CRISPR/Cas 研究提出了种子序列的理论（Cong et al.，2013；Jiang et al.，2013；Jinek et al.，2012），但是 10～12bp 错配偏狭区域直接相邻靶位点的 PAM，特意调查 sgRNA 脱靶效应的最近研究显示事实上要复杂得多。虽然在与 PAM 直接相邻的第一个 10～12bp 序列同源性相对更重要，但在靶位点的所有碱基对，包括种子区域的那些碱基对，在 sgRNA 特异性方式中都授予了不同程度 sgRNA 打靶特异性（Fu et al.，2013；Hsu et al.，2013；Pattanayak et al.，2013）。显然，增加错配数量就降低了目的位点靶切割效率，尤其错配变得更接近 PAM 更是如此（Fu et al.，2013；Hsu et al.，2013）。一项研究表明，rC：dC 碱基对会造成对 sgRNA-Cas9 打靶活性最大破坏（Hsu et al.，2013）。另一项研究表明，短 sgRNA 设计可能活性更小，但比长 sgRNA 有更好的特异性（Pattanayak et al.，2013）。两个研究也表明，除了 5′-NGG PAM 外，Cas9 有时靶向有 5′-NAG 或 5′-NNGGN PAM 的序列（Hsu et al.，2013；Jiang et al.，2013）。

然而，尽管取得了这些进展，但已证明这些原理有例外。例如，最近斑马鱼研究报道 sgRNA 在多重位点脱靶切割，一项研究表明，在种子区外面只含有两个错配的脱靶位点，采用 T7 内切核酸酶（T7EI）错配分析展示可检出切割（Jao et al.，2013），而在另一项研究中，在 5′端远端含有 6 个碱基对错配脱靶位点，下一代测序鉴定出插入/缺失率为 1%～2.5%（Hruscha et al.，2013）。另外，并不是所有 sgRNA 毫无选择，也并不是所有潜脱靶位点都被 sgRNA 错配（Fu et al.，2013；Hruscha et al.，2013；Hsu et al.，2013；Jao et al.，2013；Pattanayak et al.，2013）。鉴于 sgRNA 脱靶效应的复杂性和体内全基因组生物信息学研究的有关缺失，应结合可用软件以最小化潜在的特异性问题设计打靶斑马鱼基因位点的 sgRNA（Bae，Park，& Kim，2014；Hsu et al.，2013；O'Brien & Bailey，2014；Xiao et al.，2014）。

优化或超越标准 Cas9-sgRNA 平台应考虑其他最近开发的策略。一项策略包括简单降低 Cas9 的浓度和将 sgRNA 注射到斑马鱼胚胎，后来在人细胞研究中证明减少浓度会减少脱靶插入/缺失，尽管中靶插入/缺失率也会不同程度减少（Fu et al.，2013；Hsu et al.，2013）。另一项策略使用截断的包含短的 17～18nt 间隔区域的 sgRNA（tru-gRNA），在脱靶位点减少插入/缺失频率时，已被证明能维持中靶效率相比标准的 sgRNA 高 5000 倍（Fu，Sander，Reyon，Cascio，& Joung，2014）。采用打靶邻近基因组位点的配对 sgRNA 引导 D10A Cas9 切口酶互补，已同样证明减少人细胞中 CRISPR/Cas 的脱靶效率达到 1500 倍，但没有牺牲中靶活性。这些工作是借助于双链 DNA 切割所需的碱基对数，以及对任何脱靶 DNA 单链缺口依赖较少的错误 DNA 修复来完成的（Cho et al.，2014；Mali，Aach，et al.，2013；Ran et al.，2013）。最近，两个独立的小组开发了 crRNA 引导 *Fok* I 核酸酶平台，融合催化灭活具有 *Fok* I 核酸酶结构域的 Cas9。利用 RNA 引导 Cas9 和 *Fok* I 核酸酶需要二聚体作用的能力优势，这个平台识别延伸的靶序列并已证明比野生型 Cas9 和配对的切口酶更具特异性（Guilinger，Thompson，& Liu，2014；Tsai，et al.，2014）。由于 sgRNA 靶位点有效性的差异，无论选择产生靶向插入/缺失的什么选项，所提到的不同策略应该视具体情况具体分析。

为显微注射制备 sgRNA 的方案

（1）采用 *Bsa* I 限制性内切核酸酶通过下列反应建立线性化 sgRNA 载体 pDR274（Addgene，Cambridge，MA）：5μg pDR274 载体 DNA、10μl 10×CutSmart™ 缓冲液（New England，Biolabs）、1μl *Bsa* I （10U/μl）和无菌去离子水，总体积 100μl。最后将 *Bsa* I 加到反应混合物中。37℃孵化反应至少 3h 到过夜，以确保完全消化。

（2）用 QIAGEN 的 QIA 快速 PCR 纯化试剂盒纯化 *Bsa* I 酶切载体，用 25μl EB 缓冲液洗脱。用分光光度计测定载体 DNA 浓度。在 1%（*m/V*）琼脂糖凝胶中上样 100ng 酶切和没有酶切的载体验证完成消化的载体 DNA 样品。用 EB 缓冲液稀释载体样品终浓度为 5～10ng/μl。纯化的酶切载体样品储存于–20℃以供将来使用。

（3）设计一对 22nt DNA 寡核苷酸序列，在寡核苷酸内含有互补序列，互补序列与 sgRNA 靶位点相邻 PAM 的 18bp 序列相一致。这些寡核苷酸一起退火时，这些序列可以插入到 pDR274 载体，T7 启动子启动给定的 sgRNA 转录。对于插入到 pDR274 载体，Oligo#1 也包含 5′端 TAGG，即 T7 启动子序列的一部分，Oligo#2 在其 5′端含有 AAAC。需要这些短序列对单向插入到 *Bsa* I 酶切 pDR274 提供退火的寡核苷酸黏性末端。研究人员也可以使用免费的在线软件 ZiFiT Targerter（http://zifit.partners.org/ZiFiT/）来生成任何特异性靶位点所需寡核苷酸序列。

（4）从可靠来源获取这些 DNA 寡核苷酸。这些 DNA 寡核苷酸通过与微量离心管中 45μl 100μmol/L Oligo#1、45μl 100μmol/L Oligo#2 和 10μl 10×NE Buffer 2.1（New England Biolabs）混合一起退火。把管放在可移动加热板上 95℃ 5min。然后，移去加热板并使它逐渐冷却直到低于 37℃。退火的寡核苷酸可以存储在–20℃。

（5）将［来自步骤（4）］退火的寡核苷酸与线性化 pDR274 载体［来自步骤

(2)] 连接，通过设置以下反应并让它在室温下培养1h或4℃过夜：1μl退火寡核苷酸、1μl纯化的*Bsa* I 酶切 pDR274 载体、2.5μl 2×快速连接缓冲液（Promega，Madison，WI）和0.5μl T4 DNA 连接酶（Promega）。如果使用不同的连接酶和连接缓冲液，按照制造商推荐的连接条件进行。5μl 连接产物转化到化学感受态细菌细胞。转化完成后，把细胞接种到 LB/卡那霉素平板并于 37℃孵化过夜。

（6）每个转化至少挑出3个菌落并接种到含有1.5ml LB/卡那霉素培养管中。孵化管于37℃摇瓶过夜。第2天，用质粒 DNA miniprep 试剂盒提取质粒 DNA。将提取的质粒 DNA 样品以 M13F 为引物送去测序。验证质粒测序样品是否有合适顺序的正确成分：（从5′→3′）T7 启动子、定制的靶序列和适当的 sgRNA 主链序列（Hwang，Fu，Reyon，Maeder，Tsai，et al.，2013）。

（7）重新接种含有正确 sgRNA 载体［来自步骤（6）］的细菌样品。使用基于重力流柱 QIAGEN 质粒迷你试剂盒微量制备 sgRNA 载体，用分光光度计测定载体 DNA 浓度。通过设置以下反应用 *Dra* I 限制性内切核酸酶线性化 sgRNA 载体：5μg 定制 sgRNA 载体 DNA、10μl 10×CutSmart™ 缓冲液（New England Biolabs）、1μl *Dra* I（10U/μl）和无菌去离子水，总量100μl。最后将 *Dra* I 加入到反应混合物。反应管于37℃孵化至少3h到过夜以确保完全消化。

（8）使用 QIAGEN 的 QIA 快速 PCR 纯化试剂盒纯化 *Dra* I 酶切载体，并用25μl EB 缓冲液洗脱。分光光度仪测定载体 DNA 浓度。将100ng 酶切和非酶切载体 DNA 上样到3%琼脂糖凝胶（*m*/*V*）进行电泳，验证完全消化的载体 DNA 样品。消化的 sgRNA 载体应展示只有1.9kb 和282bp 两个片段。小的 DNA 片段包含 T7 启动子和定制的 sgRNA 序列。不需要凝胶纯化。纯化的 DNA 可以存储在–20℃。

（9）在无核酸酶微量离心管中使用 MAXIscript® T7 试剂盒，通过设置以下反应体外转录：1μg 纯化的 *Dra* I 酶切 sgRNA 载体 DNA［来自步骤（8）］，2μl 10×转录缓冲液，每种 ATP、UTP、GTP、CTP 10mmol/L 溶液各1μl、2μl T7 酶混合物，加无核酸酶水至总量20μl。为 sgRNA 转录反应混合物，在37℃ 孵化2h到过夜。sgRNA 转录后，2μl TURBO DNA 酶添加到反应混合物中，37℃孵化 30min 以便除去样品中的 DNA。下一步，加1μl 0.5mol/L EDTA 到反应混合物。轻弹管子并简短离心终止反应。接下来，将30μl 无核酸酶水和5μl 5mol/L 的乙酸铵加到反应混合物并完全混合。最后，添加150μl 100%无核酸酶乙醇并彻底混合。样品于干冰上孵化0.5～1h，或者最好在–20℃过夜以便提高 sgRNA 产量。

（10）sgRNA 沉淀步骤后，样本于>10 000*g*，4℃离心30min。离心后，检查管底部不透明白色 sgRNA 沉淀。小心吸出上清液而不要扰动沉淀。接下来，添加1ml 无 RNA 酶的70%乙醇到管内，将管上下颠倒几次进行洗涤。离心管于>10 000*g*，4℃离心15min。再次检查管底部的沉淀。尽可能多地吸出上清液，不要扰动沉淀以便沉淀迅速风干。在通风橱内敞开管盖直到所有的上清液蒸发，沉淀变得干燥和半透明。

（11）用 11μl 无 DEPC 处理的无核酸酶水溶解 sgRNA 沉淀。sgRNA 沉淀完全溶解后把管放在冰上。用分光光度计测定溶解的 sgRNA 浓度（典型产率为 100～200ng/μl）。将 sgRNA 分装为多个无核酸酶微量离心管（100ng/管）以防止冻融循环。管存储于–80℃。混合 1μl sgRNA 与 5μl 甲醛上样染料并在含有 0.2～0.5μg/ml 溴化乙锭的 3%琼脂糖凝胶上电泳检查 sgRNA 的完整性。应该有清晰的 sgRNA 带且没有拖尾。

18.2.3　Cas9-sgRNA 诱导插入/缺失的引入和鉴定

在目的实验中选择和制备合适的 Cas9 和 sgRNA 之后，通过斑马鱼胚胎显微注射就可以进行 CRISPR/Cas 基因组编辑。收集斑马鱼胚胎并在第一个细胞有丝分裂第一个循环之前立即注射单细胞期的细胞，从而促进 CRISPR/Cas 成分在所有未来子细胞中同质分布。正如前面所讨论的，最常见的实践使用体外制备注射用 Cas9 mRNA，尽管使用 Cas9 蛋白质-sgRNA 复合物的研究也有报道（Gagnon et al.，2014）。在不同研究中已经使用了不同浓度的 Cas9 mRNA 和 sgRNA。对显示高中靶率的 sgRNA 来说，减少 Cas9 的浓度可能会减少潜在脱靶活性。另一方面，Cas9 mRNA 体外转录质量和 sgRNA 直接影响中靶活性的观察。

根据研究的特定目的，可以通过 T7EI 错配分析、PCR 亚克隆和测序、高分辨率融解点分析或下一代测序等来测定插入/缺失突变率（Dahlem et al.，2012）。任何精密仪器由于其速度和独立性，T7EI 分析可能是最广泛使用的方法。T7EI 分析依赖 T7EI 识别的能力和切割非理想的退火 DNA。在这种方法中，靶向基因组位点的 PCR 扩增子并逐渐冷却使含有单链 DNA 片段的不同大小插入/缺失之间部分杂交。这些部分杂交 PCR 链在可被 T7EI 切割产生可预期长度的两个片段的设计靶位点上将包含错配区。依据电泳结果，使用 Guschin 等提供的公式：%靶位点插入/缺失率=100×[1–(1–部分切割)$^{1/2}$]（Guschin et al.，2010），可以计算切割 PCR 产物的比例和评估 NHEJ 百分比。尽管如此，这个试验的评估检测极限是 3%以上（Hwang，Peterson，& Yeh，2014）。另外，靶基因周围的遗传多态性可能会导致错误阳性，应该小心地控制。然而，如果检测小量或非切割产物，应该考虑 PCR 产物测序。

18.3　靶向基因组编辑的其他策略

18.3.1　单链寡核苷酸介导的精准序列修饰

先前发现，在 DSB 存在的情况下，两侧有与断裂附近序列同源的 10 个碱基对组成的两个臂的单链 DNA 寡核苷酸（ssODN），在人细胞中可能被指定引入预定序列修饰（Chen et al.，2011）。之后，一个类似的策略用来在与 TALEN 结合中引入小而精准的定向插入（Bedell et al.，2012）。我们和其他人最近的研究表明，预先测定的小序列可能采用含有 20～50nt 同源臂的 CRISPR/Cas 和 ssODN 靶向性插入斑马鱼（Chang et al.，2013；Hruscha et al.，2013；Hwang，Fu，Reyon，Maeder，Kaini，et al.，2013）。

到目前为止，这个 ssODN 介导的 CRISPR/Cas 方法已用来在斑马鱼两个基因座上敲入 30nt mloxp 位点（Chang et al.，2013）及 30nt HA 标签（Hruscha et al.，2013）。在斑马鱼不同基因座上，我们使用 ssODN 准确插入达到 40 个核苷酸（Gonzales，未发表的结果），在斑马鱼一个基因上成功地产生精准点突变（Hwang，Fu，Reyon，Maeder，Kaini，et al.，2013）。应该注意的是，即使插入率可高达 20%，已经发现在所有这些研究中，包括前述的 TALEN 研究，只有一小部分的序列变化无额外的突变。这些结果非常不同于人细胞和小鼠的研究结果，其中由 ssODN 引入的序列修饰几乎总是精确的（Chen et al.，2011；Kayali，Bury，Ballard，& Bertoni，2010；Shen et al.，2013）。在这种条件下，斑马鱼间接插入的 DNA 修复确切机制仍不清楚。

为了实现这种 ssODN 介导的方法，在某些情况下，我们已经注意到包含同源或对 sgRNA 靶位点互补的有意义或反义 ssODN 显示多变的差异（Hwang，Fu，Reyon，Maeder，Kaini，et al.，2013）。尽管如此，效率的差异是位点依赖，并没有与使用链一致。有趣的是，最近研究表明，ssODN 含有终止盒，如果插入到基因所有可能的阅读框架提供停止密码子，使得该 ssODN 介导作为一种通过插入/缺失移码突变产生遗传敲除的替代技术（Gagnon et al.，2014）。此外，本研究证明斑马鱼三个基因中这些终止盒的插入和遗传的可能性。因此，证明 ssODN 介导插入策略为 CRISPR/Cas 在斑马鱼基因组编辑提供了很好的通用性。

18.3.2 DNA 长片段的靶向整合

包括 DNA 长片段插入在内的靶向基因组修饰可以通过同源重组（HR）或同源依赖机制如 NHEJ 来实现（图 18.3）。在斑马鱼胚胎中，NHEJ 似乎是对大部分 DNA 修复活性负责，而估计 HR 至少少于 10 倍活性（Dai，Cui，Zhu，& Hu，2010；Hagmann et al.，1998；Liu et al.，2012）。Zu 等首次成功证明了利用高效 TALEN 对在斑马鱼中插入 HR 介导的功能。在他们的研究中，作者报道了斑马鱼基因靶向插入 3 个增强绿色荧光蛋白（EGFP）；然而，发现只有一个基因以 1.5%的低频率进行生殖系传递（Zu et al.，2013）。因此，尽管 HR 介导基因打靶有提供产生精准序列变化的能力，但是这种方法可能不会成为一种广泛应用方法，除非它可以提高效率（Beumer et al.，2008；Liu et al.，2012）。到目前为止，斑马鱼 Cas9 辅助 HR 介导 DNA 整合的实例尚未报道。

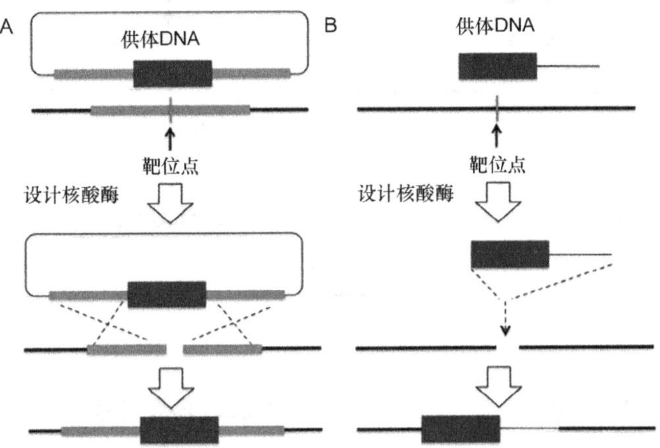

图 18.3　通过同源依赖和同源独立机制，设计的 DNA 核酸酶能促进 DNA 长片段靶向整合。(A) 同源重组介导靶向整合。在这种方法中，包含插入 DNA 盒（红色方块）质粒供体 DNA，两侧有基因组靶位点上游和下游几百个碱基对到成对的千碱基对（灰色方块），与设计的 DNA 核酸酶共注射到斑马鱼胚胎。DNA 盒可以通过同源重组插入到核酸酶靶位点。DNA 盒附近序列和连接末端序列应该非常精确。(B) 同源独立机制介导的靶向整合。在此方法中，供体 DNA 应该体外或体内线性化，对基因组靶位点不需要序列同源。线性化供体 DNA 可以插入到核酸酶靶位点，但连接末端的序列不会精确。(彩图请扫封底二维码)

另一方面，Auer 等（2014）使用 CRISPR/Cas 在斑马鱼中证明了>5.7kb DNA 片段的高效同源依赖靶向整合。在他们的研究中，包含修饰 *Gal4* 基因的供体 DNA 构建与 Cas9 mRNA 和 GFP 靶向 sgRNA 共注射到携带组织特异性 GFP 报道基因和 UAS：RFP 转基因的斑马鱼胚胎（图 18.4）。另外，1/6 的靶向整合事件将在阅读框内导致 Gal4 和随后的 RFP 表达。因此，这个实验装置通过一个绿色到红色开关能可视检测框内敲入事件。在预期表达结构域中 RFP^+细胞表达的检测，它们与不注射转基因胚胎 GFP^+域一样，将证明靶位点成功整合。与此相反，预期表达域外的 RFP^+细胞检测将提示脱靶或随机整合。然而，Gal4-UAS 系统的合并可能增强该分析的敏感性。

通过使用这种方法，Auer 等（2014）提出了若干重要的发现。首先，他们发现，如果供体 DNA 在注射胚胎中线性化而不是在体外线性化，可以显著提高同源独立修复敲入效率（图 18.4）。通过加入能被共注射相应的 sgRNA 切割的供体构建 sgRNA“诱饵”序列，可以完成供体质粒 DNA 的体外切割。通过共注射拥有 66%突变效率的 sgRNA 和含有相应诱饵序列的质粒供体，他们观察到与使用体外线性化供体 DNA 相比提高了近 7 倍敲入效率。

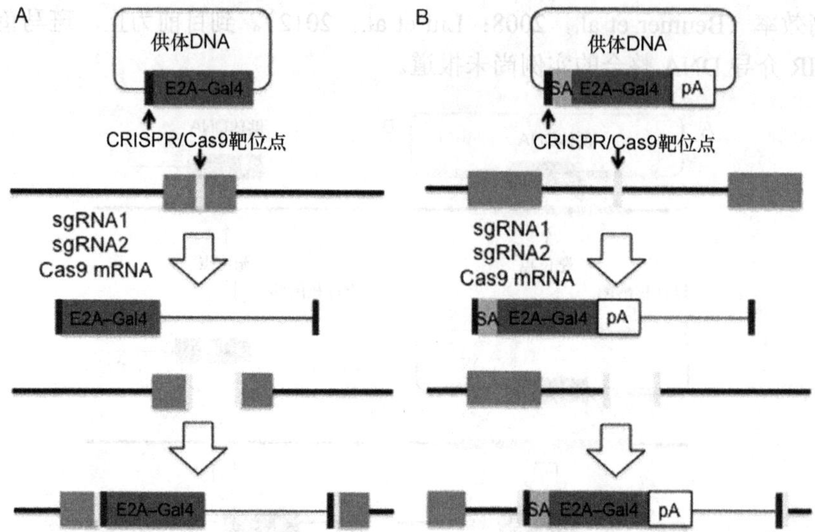

图 18.4 供体 DNA 的设计。供体质粒 DNA 可以通过加入 CRISPR / Cas9 靶位点在体内线性化供体质粒 DNA（蓝色垂直的线）。这个靶序列可以是相同的，或与基因组靶序列不同（黄色垂直线）。(A) 在这个设计中，如果整合 DNA 盒是在正确方向和在正确编码框内，那么就只表达 Gal4 和自我处理肽 E2A。因此，理论上 1/6 集成事件都发生 E2A-Gal4 的表达。这就是 Auer 等使用的方法。(B) 另一种替代方法是将含有接头受体位点（SA）的 DNA 盒插入到内含子区。在这种方法中，可以预测阅读框，因为没有插入/缺失突变引入编码区。因此，大约一半的整合事件将导致 E2A-Gal4 的表达。(彩图请扫封底二维码)

其次，作者证明诱饵序列可以作用相同或不同的基因组靶序列。前者策略简化了实验设计，只需要一个 sgRNA，后者为利用相同供体构建任何给定的靶位点提供了灵活性（图 18.4）。事实上，后一种策略可能更有用，因为 Cas9 介导敲入效率直接关系到给定 sgRNA 的打靶效率。例如，在 Auer 等的研究中，有两种情况，其中使用诱饵和靶基因的单 sgRNA、具有 66%和 20%突变率的 sgRNA，能分别诱导注射胚胎 75%和 15%绿到红开关。因此，也如作者所证明的一样，当使用这种敲入策略再用已知体内线性化效率高的 sgRNA 诱饵序列配对，就会在困难靶位点增加敲入率。

最后，Auer 等发现红色荧光蛋白（RFP）敲入等位基因的种系传递相当高，并发现只筛选 RFP+F_0 代鱼可以减少识别创建鱼的观测频率。例如，其中使用拥有 66%突变率的单 sgRNA 的情况下，通过筛选全部鱼或仅有 RFP+F_0 代鱼，Auer 等观察到创建鱼频率分别为 10%和 33%～40%。F_1 代鱼的进一步测定表明，可发现 RFP 等位基因单拷贝和多拷贝整合。然而，他们使用的单 sgRNA 尽管有一些低水平脱靶活性（可能在位点筛选 3%以下），但是在 F_0 代鱼中通过 PCR、Southern 印迹或荧光分析没有发现脱靶整合。

总的来说，这个先锋研究显著扩展了 CRISPR/Cas 基因组编辑作用，为斑马鱼中创建新的功能等位基因开创了前所未有的先河。可以想象，一个改善当前系统将拥有接头受体位点的 DNA 盒插入靶基因内含子区域的潜在方法将呈现在世人面前（图 18.4）。这种方法无论连接末端序列如何改变可能都会更好地保证框内整合。

18.3.3　染色体缺失和其他重排

非编码 RNA、转录增强剂、启动子调节元件、基因聚类和串联复制基因需要的功能分析方法，即在靶向融合中，可以删除基因组片段范围从数百个碱基对到数十万碱基配对。所以，可以诱导大片段删除的基因编辑工具对于斑马鱼研究特别有益，因为在这个模式生物中基因的复制最为普遍（Lu，Peatman，Tang，Lewis & Liu，2012）。

在培养的哺乳动物细胞（Carlson et al.，2012；Lee，Kim，& Kim，2010）、蚕（Ma et al.，2012）、植物（Qi et al.，2013）和斑马鱼（Gupta et al.，2013；Xiao et al.，2013）中也有报道，使用两个定制 ZFN 或 TALEN 对靶向同一染色体两个远端序列，删除 DNA 大片段的范围从几个千碱基到兆碱基对（图 18.5）。有趣的是，如倒置和重复一样，也观察到被那些可编程核酸酶切割掉的 DNA 片段重新插入（Gupta et al.，2013；Lee，Kweon，Kim，Kim & Kim，2012；Qi et al.，2013；Xiao et al.，2013）（图 18.5）。鉴于这些研究，ZFN 和 TALEN 介导染色体重排已经应用到培养细胞，开发涉及基因组重排的人类疾病模型（Piganeau et al.，2013）。因此，它已对更有效应用 CRISPR/Cas 平台创建这样的疾病模型产生了非常诱人的前景（Choi & Meyerson，2014）。

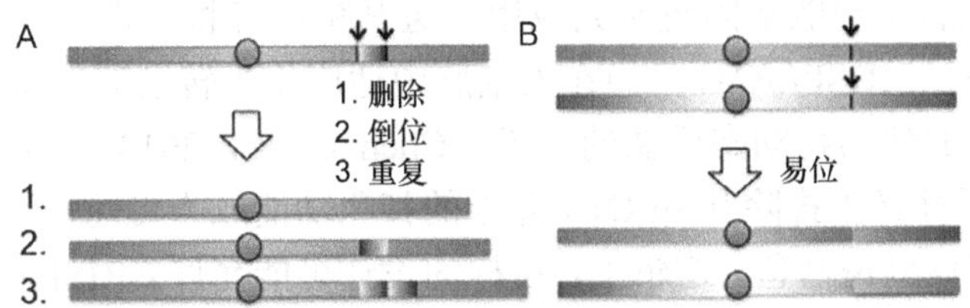

图 18.5　Cas9 介导染色体重排。（A）由靶向同样染色体远端位点的两个 sgRNA-Cas9 复合物诱导的染色体缺失、倒置和复制。（B）可能由靶向两个不同染色体的两个 sgRNA-Cas9 复合物诱导的染色体易位。（彩图请扫封底二维码）

到目前为止，只有两个小组证明了由 CRISPR/Cas 介导的斑马鱼染色体缺失和倒置（Ota et al.，2014；Xiao et al.，2013）。在一项研究中，Xiao 等（2013）用 CRISPR/Cas 能够进行两个位点的染色体缺失；然而，采用 CRISPR/Cas 与 TALEN

对测试位点的那些作用相比较，报道了更低的缺失率，但这种差异的原因尚不清楚。最近，Ota 等（2014）证明了 7.1kb CRISPR/Cas 删除的生殖系传递，即成功地在 11 个筛选中鉴定出一个潜在创建鱼。由于易用性和可靠性，CRISPR/Cas 系统在斑马鱼包括染色体缺失和其他重排的未来研究中将起到更加杰出的作用。

18.4 前　　景

在过去的一年半时间里，已证明 CRISPR/Cas 系统是一个强大、温和、有效的斑马鱼的基因编辑平台，展示了其广泛适应性能力，以快速和低成本方式产生靶向插入/缺失、精准的点突变、各种长度的位点特异性插入、染色体重排。尽管它的知名度快速提升，但是如果要进一步发展基因工程领域，CRISPR/Cas 平台仍有一些需要克服的障碍。CRISPR/Cas 系统两个最关键的障碍是它的打靶范围和它的特异性。尽管当前 CRISPR/Cas 平台每 8bp 中 1 个位点可打靶而有了相当广泛的打靶范围，但是这仍低于先前的可编程核酸酶，如理论上已设计出可靶向基因组任何序列的 TALEN（Joung & Sander，2013；Lamb，Mercer，& Barbas，2013）。除了酿脓链球菌外，其他 II 型 Cas9 同源基因的研究，加上连续定向进化的努力（Esvelt，Carlson，& Liu，2011），将为扩大 CRISPR/Cas 打靶范围提供一条途径。关于 CRISPR/Cas 多变的打靶特异性，全球全基因组脱靶研究需要测试目前的 tru-sgRNA、配对 Cas9 切口酶和其他策略有效性。脱靶研究也需要开发更可靠的方法来增加 CRISPR/Cas 特异性。

最后，CRISPR/Cas 拥有未来的斑马鱼研究尚未开发的潜力。从基因工程的角度来看，CRISPR/Cas 显示巨大的希望用于条件、组织特异性基因组编辑。发展时空上控制基因编辑应用也必须通过 CRISPR/Cas 来证明，但它的发展无疑已经起步，对未来疾病和功能基因组研究应用于斑马鱼研究将会带来巨大裨益。除了基因组编辑外，CRISPR/Cas 已经在人细胞中适应作为转录调控系统（Gilbert et al.，2013）和遗传结构动态成像的手段（Chen et al.，2013）。这些改编使灭活 Cas9 核酸酶活性又不排除其 sgRNA 介导的打靶功能成为可能，原理上来说，这些方法可以扩展到斑马鱼。逻辑上，这样的设计可能允许 CRISPR/Cas 适应于表观编辑（Maeder et al.，2013）和调控基因组结构（Deng et al.，2012）。同时，最近报道表明，正交 Cas9 酶可用于细菌中，以实现同时插入缺失打靶和转录抑制两个不同的目标，因此在单个生物体内开启了并行结合几种 CRISPR/Cas 潜能的可能性（Esvelt et al.，2013）。这样的报告指出，巨大的潜在 CRISPR/Cas 必须成为全球通用生物分子工程平台，不仅可以彻底改变斑马鱼研究，而且可能会影响未来生物医学的追求和医学治疗。

致　谢

本工作获得了美国国立卫生研究院（R01 GM088040 和 R01 CA140188）和哈森菲尔德学者奖的支持。

参 考 文 献

Auer, T. O., Duroure, K., De Cian, A., Concordet, J. P., & Del Bene, F. (2014). Highly efficient CRISPR/Cas9-mediated knock-in in zebrafish by homology-independent DNA repair. Genome Research, 24(1), 142-153. http://dx.doi.org/10.1101/gr.161638.113 (Research Support, Non-U.S. Gov't).

Bae, S., Park, J., & Kim, J. S. (2014). Cas-OFFinder: A fast and versatile algorithm that searches for potential off-target sites of Cas9 RNA-guided endonucleases. Bioinformatics, 30(10), 1473-1475. http://dx.doi.org/10.1093/bioinformatics/btu048.

Barrangou, R., Fremaux, C., Deveau, H., Richards, M., Boyaval, P., Moineau, S., et al. (2007). CRISPR provides acquired resistance against viruses in prokaryotes. Science, 315(5819), 1709-1712. http://dx.doi.org/10.1126/science.1138140 (Research Support, Non-U.S. Gov't).

Bassett, D. I., Bryson-Richardson, R. J., Daggett, D. F., Gautier, P., Keenan, D. G., & Currie, P. D. (2003). Dystrophin is required for the formation of stable muscle attachments in the zebrafish embryo. Development, 130(23), 5851-5860. http://dx.doi.org/10.1242/dev.00799 (Research Support, Non-U.S. Gov't).

Bedell, V. M., Wang, Y., Campbell, J. M., Poshusta, T. L., Starker, C. G., Krug, R. G., 2nd, et al. (2012). In vivo genome editing using a high-efficiency TALEN system. Nature, 491(7422), 114–118. http://dx.doi.org/10.1038/nature11537 (Research Support, N.I.H., Extramural Research Support, Non-U.S. Gov't Research Support, U.S. Gov't, Non-P.H.S.).

Beumer, K. J., Trautman, J. K., Bozas, A., Liu, J. L., Rutter, J., Gall, J. G., et al. (2008). Efficient gene targeting in *Drosophila* by direct embryo injection with zinc-finger nucleases. Proceedings of the National Academy of Sciences of the United States of America, 105(50), 19821-19826. http://dx.doi.org/10.1073/pnas.0810475105 (Research Support, N.I.H., Extramural Research Support, Non-U.S. Gov't).

Bhaya, D., Davison, M., & Barrangou, R. (2011). CRISPR-Cas systems in bacteria and archaea: Versatile small RNAs for adaptive defense and regulation. Annual Review of Genetics, 45, 273-297. http://dx.doi.org/10.1146/annurev-genet-110410-132430 (Research Support, Non-U.S. Gov't Research Support, U.S. Gov't, Non-P.H.S. Review).

Bibikova, M., Beumer, K., Trautman, J. K., & Carroll, D. (2003). Enhancing gene targeting with designed zinc finger nucleases. Science, 300(5620), 764. http://dx.doi.org/10.1126/science.1079512 (Research Support, U.S. Gov't, P.H.S.).

Bibikova, M., Carroll, D., Segal, D. J., Trautman, J. K., Smith, J., Kim, Y. G., et al. (2001). Stimulation of homologous recombination through targeted cleavage by chimeric nucleases. Molecular and Cellular Biology, 21(1), 289-297. http://dx.doi.org/10.1128/MCB.21.1.289-297.2001 (Research Support, Non-U.S. Gov't Research Support, U.S. Gov't, Non-P.H.S. Research Support, U.S. Gov't, P.H.S.).

Bibikova, M., Golic, M., Golic, K. G., & Carroll, D. (2002). Targeted chromosomal cleavage and mutagenesis in drosophila using zinc-finger nucleases. Genetics, 161(3), 1169-1175 (Research Support, Non-U.S. Gov't Research Support, U.S. Gov't, P.H.S.).

Bolotin, A., Quinquis, B., Sorokin, A., & Ehrlich, S. D. (2005). Clustered regularly inter- spaced short palindrome repeats (CRISPRs) have spacers of extrachromosomal origin. Microbiology, 151(Pt. 8), 2551-2561. http://dx.doi.org/10.1099/mic.0.28048-0.

Brouns, S. J., Jore, M. M., Lundgren, M., Westra, E. R., Slijkhuis, R. J., Snijders, A. P., et al. (2008). Small CRISPR RNAs guide antiviral defense in prokaryotes. Science, 321(5891), 960-964. http://dx.doi.org/10.1126/science.1159689 (Research Support, Non-U.S. Gov't).

Brunet, E., Simsek, D., Tomishima, M., DeKelver, R., Choi, V. M., Gregory, P., et al. (2009). Chromosomal translocations induced at specified loci in human stem cells. Proceedings of the National Academy of Sciences of the United States of America, 106(26), 10620-10625. http://dx.doi.org/10.1073/pnas.0902076106 (Research Support, N.I.H., Extramural Research Support, Non-U.S. Gov't).

Cambier, C. J., Takaki, K. K., Larson, R. P., Hernandez, R. E., Tobin, D. M., Urdahl, K. B., et al. (2014). Mycobacteria manipulate macrophage recruitment through coordinated use of membrane lipids. Nature, 505(7482), 218-222. http://dx.doi.org/10.1038/nature12799 (Research Support, N.I.H., Extramural Research Support, Non-U.S. Gov't Research Support, U.S. Gov't, Non-P.H.S.).

Campbell, J. M., Hartjes, K. A., Nelson, T. J., Xu, X., & Ekker, S. C. (2013). New and TALENted genome engineering toolbox. Circulation Research, 113(5), 571-587. http://dx.doi.org/10.1161/CIRCRESAHA.113.301765 (Research Support, N.I.H., Extramural Research Support, Non-U.S. Gov't Review).

Carbery, I. D., Ji, D., Harrington, A., Brown, V., Weinstein, E. J., Liaw, L., et al. (2010). Targeted genome modification in mice using zinc-finger nucleases. Genetics, 186(2), 451-459. http://dx.doi.org/10.1534/genetics.110.117002.

Carlson, D. F., Tan, W., Lillico, S. G., Stverakova, D., Proudfoot, C., Christian, M., et al. (2012). Efficient TALEN-mediated gene knockout in livestock. Proceedings of the National Academy of Sciences of the United States of America, 109(43), 17382-17387. http://dx.doi.org/10.1073/pnas.1211446109 (Research Support, N.I.H., Extramural Research Sup-port, Non-U.S. Gov't).

Ceol, C. J., Houvras, Y., Jane-Valbuena, J., Bilodeau, S., Orlando, D. A., Battisti, V., et al. (2011). The histone methyltransferase SETDB1 is recurrently amplified in melanoma and accelerates its onset. Nature, 471(7339), 513-517. http://dx.doi.org/10.1038/nature09806 (Research Support, N.I.H., Extramural Research Support, Non-U.S. Gov't).

Chang, N., Sun, C., Gao, L., Zhu, D., Xu, X., Zhu, X., et al. (2013). Genome editing with RNA-guided Cas9 nuclease in zebrafish embryos. Cell Research, 23(4), 465-472. http://dx.doi.org/10.1038/cr.2013.45 (Research Support, Non-U.S. Gov't).

Chen, B., Gilbert, L. A., Cimini, B. A., Schnitzbauer, J., Zhang, W., Li, G. W., et al. (2013). Dynamic imaging of genomic loci in living human cells by an optimized CRISPR/Cas system. Cell, 155(7), 1479-1491. http://dx.doi.org/10.1016/j.cell.2013.12.001 (Research Support, N.I.H., Extramural Research Support, Non-U.S. Gov't).

Chen, F., Pruett-Miller, S. M., Huang, Y., Gjoka, M., Duda, K., Taunton, J., et al. (2011). High-frequency genome editing using ssDNA oligonucleotides with zinc-finger nucleases. Nature Methods, 8(9), 753-755. http://dx.doi.org/10.1038/nmeth.1653 (Research Support, N.I.H., Extramural Research Support, Non-U.S. Gov't).

Cho, S. W., Kim, S., Kim, J. M., & Kim, J. S. (2013). Targeted genome engineering in human cells with the Cas9 RNA-guided endonuclease. Nature Biotechnology, 31(3), 230-232. http://dx.doi.org/10.1038/nbt.2507 (Research Support, Non-U.S. Gov't).

Cho, S. W., Kim, S., Kim, Y., Kweon, J., Kim, H. S., Bae, S., et al. (2014). Analysis of off-target effects of CRISPR/Cas-derived RNA-guided endonucleases and nickases. Genome Research, 24(1), 132-141. http://dx.doi.org/10.1101/gr.162339.113 (Research Support, Non-U.S. Gov't).

Choi, P. S., & Meyerson, M. (2014). Targeted genomic rearrangements using CRISPR/Cas technology. Nature Communications, 5, 3728. http://dx.doi.org/10.1038/ncomms4728 (Research Support, N.I.H., Extramural Research Support, U.S. Gov't, Non-P.H.S.).

Chylinski, K., Makarova, K. S., Charpentier, E., & Koonin, E. V. (2014). Classification and evolution of type II CRISPR-Cas systems. Nucleic Acids Research, 42(10), 6091-6105. http://dx.doi.org/10.1093/nar/gku241.

Cong, L., Ran, F. A., Cox, D., Lin, S., Barretto, R., Habib, N., et al. (2013). Multiplex genome engineering using CRISPR/Cas systems. Science, 339(6121), 819-823. http://dx.doi.org/10.1126/science.1231143 (Research Support, N.I.H., Extramural Research Support, Non-U.S. Gov't).

Cornu, T. I., Thibodeau-Beganny, S., Guhl, E., Alwin, S., Eichtinger, M., Joung, J. K., et al. (2008). DNA-binding specificity is a major determinant of the activity and toxicity of zinc-finger nucleases. Molecular Therapy, 16(2), 352-358. http://dx.doi.org/10.1038/sj.mt.6300357 (Research Support, N.I.H., Extramural Research Support, Non-U.S. Gov't).

Cradick, T. J., Fine, E. J., Antico, C. J., & Bao, G. (2013). CRISPR/Cas9 systems targeting beta-globin and CCR5 genes have substantial off-target activity. Nucleic Acids Research, 41(20), 9584-9592. http://dx.doi.org/10.1093/nar/gkt714 (Research Support, N.I.H., Extramural Research Support, Non-U.S. Gov't).

Dahlem, T. J., Hoshijima, K., Jurynec, M. J., Gunther, D., Starker, C. G., Locke, A. S., et al. (2012). Simple methods for generating and detecting locus-specific mutations induced with TALENs in the zebrafish genome. PLoS Genetics, 8(8), e1002861. http://dx.doi.org/10.1371/journal.pgen.1002861 (Research Support, N.I.H., Extramural Research Support, Non-U.S. Gov't).

Dai, J., Cui, X., Zhu, Z., & Hu, W. (2010). Non-homologous end joining plays a key role in transgene concatemer formation in transgenic zebrafish embryos. International Journal of Biological Sciences, 6(7), 756-768 (Research Support, Non-U.S. Gov't).

Deltcheva, E., Chylinski, K., Sharma, C. M., Gonzales, K., Chao, Y., Pirzada, Z. A., et al. (2011). CRISPR RNA maturation by trans-encoded small RNA and host factor RNase III. Nature, 471(7340), 602-607. http://dx.doi.org/10.1038/nature09886 (Research Support, Non-U.S Gov't).

Deng, W., Lee, J., Wang, H., Miller, J., Reik, A., Gregory, P. D., et al. (2012). Controlling long-range genomic interactions at a native locus by targeted tethering of a looping factor. Cell, 149(6), 1233-1244. http://dx.doi.org/10.1016/j.cell.2012.03.051 (Research Support, N.I.H., Extramural Research Support, N.I.H., Intramural).

DiCarlo, J. E., Norville, J. E., Mali, P., Rios, X., Aach, J., & Church, G. M. (2013). Genome engineering in saccharomyces cerevisiae using CRISPR-Cas systems. Nucleic Acids Research, 41(7), 4336-4343. http://dx.doi.org/10.1093/nar/gkt135 (Research Support, N.I.H., Extramural Research Support, U.S. Gov't, Non-P.H.S.).

Ding, Q., Regan, S. N., Xia, Y., Oostrom, L. A., Cowan, C. A., & Musunuru, K. (2013). Enhanced efficiency of human pluripotent stem cell genome editing through replacing TALENs with CRISPRs. Cell Stem Cell, 12(4), 393-394. http://dx.doi.org/10.1016/j.stem.2013.03.006 (Letter

Research Support, N.I.H., Extramural Research Support, Non-U.S. Gov't).

Esvelt, K. M., Carlson, J. C., & Liu, D. R. (2011). A system for the continuous directed evolution of biomolecules. Nature, 472(7344), 499-503. http://dx.doi.org/10.1038/nature09929 (Research Support, N.I.H., Extramural Research Support, Non-U.S. Gov't).

Esvelt, K. M., Mali, P., Braff, J. L., Moosburner, M., Yaung, S. J., & Church, G. M. (2013). Orthogonal Cas9 proteins for RNA-guided gene regulation and editing. Nature Methods, 10(11), 1116-1121. http://dx.doi.org/10.1038/nmeth.2681 (Research Support, N.I.H., Extramural Research Support, U.S. Gov't, Non-P.H.S.).

Friedland, A. E., Tzur, Y. B., Esvelt, K. M., Colaiacovo, M. P., Church, G. M., & Calarco, J. A. (2013). Heritable genome editing in *C. elegans* via a CRISPR-Cas9 system. Nature Methods, 10(8), 741-743. http://dx.doi.org/10.1038/nmeth.2532 (Research Support, N.I.H., Extramural Research Support, Non-U.S. Gov't).

Fu, Y., Foden, J. A., Khayter, C., Maeder, M. L., Reyon, D., Joung, J. K., et al. (2013). High-frequency off-target mutagenesis induced by CRISPR-Cas nucleases in human cells. Nature Biotechnology, 31(9), 822-826. http://dx.doi.org/10.1038/nbt.2623 (Research Support, N.I.H., Extramural Research Support, Non-U.S. Gov't Research Support, U.S. Gov't, Non-P.H.S.).

Fu, Y., Sander, J. D., Reyon, D., Cascio, V. M., & Joung, J. K. (2014). Improving CRISPR-Cas nuclease specificity using truncated guide RNAs. Nature Biotechnology, 32(3), 279-284. http://dx.doi.org/10.1038/nbt.2808 (Research Support, N.I.H., Extramural Research Support, Non-U.S. Gov't Research Support, U.S. Gov't, Non-P.H.S.).

Gagnon, J. A., Valen, E., Thyme, S. B., Huang, P., Ahkmetova, L., Pauli, A., et al. (2014). Efficient mutagenesis by Cas9 protein-mediated oligonucleotide insertion and largescale assessment of single-guide RNAs. PLoS One, 9(5), e98186. http://dx.doi.org/10.1371/journal.pone.0098186.

Garneau, J. E., Dupuis, M. E., Villion, M., Romero, D. A., Barrangou, R., Boyaval, P., et al. (2010). The CRISPR/Cas bacterial immune system cleaves bacteriophage and plasmid DNA. Nature, 468(7320), 67-71. http://dx.doi.org/10.1038/nature09523 (Research Support, Non-U.S. Gov't).

Gasiunas, G., Barrangou, R., Horvath, P., & Siksnys, V. (2012). Cas9-crRNA ribonucleo-protein complex mediates specific DNA cleavage for adaptive immunity in bacteria. Proceedings of the National Academy of Sciences of the United States of America, 109(39), E2579-E2586. http://dx.doi.org/10.1073/pnas.1208507109 (Research Support, Non-U.S. Gov't).

Gilbert, L. A., Larson, M. H., Morsut, L., Liu, Z., Brar, G. A., Torres, S. E., et al. (2013). CRISPR-mediated modular RNA-guided regulation of transcription in eukaryotes. Cell, 154(2), 442-451. http://dx.doi.org/10.1016/j.cell.2013.06.044 (Research Support, N.I.H., Extramural Research Support, Non-U.S. Gov't Research Support, U.S. Gov't, Non-P.H.S.).

Grissa, I., Vergnaud, G., & Pourcel, C. (2007a). The CRISPRdb database and tools to display CRISPRs and to generate dictionaries of spacers and repeats. BMC Bioinformatics, 8, 172. http://dx.doi.org/10.1186/1471-2105-8-172.

Grissa, I., Vergnaud, G., & Pourcel, C. (2007b). CRISPRFinder: A web tool to identify clus- tered regularly interspaced short palindromic repeats. Nucleic Acids Research, 35 (Web Server issue), W52-W57. http://dx.doi.org/10.1093/nar/gkm360 (Research Support, Non-U.S. Gov't).

Guilinger, J. P., Thompson, D. B., & Liu, D. R. (2014). Fusion of catalytically inactive Cas9 to FokI nuclease improves the specificity of genome modification. Nature Biotechnology, 32(6), 577-582. http://dx.doi.org/10.1038/nbt.2909.

Guo, X., Zhang, T., Hu, Z., Zhang, Y., Shi, Z., Wang, Q., et al. (2014). Efficient RNA/Cas9-mediated genome editing in xenopus tropicalis. Development, 141(3), 707-714. http://dx.doi.org/

10.1242/dev.099853 (Research Support, Non-U.S. Gov't).

Gupta, A., Hall, V. L., Kok, F. O., Shin, M., McNulty, J. C., Lawson, N. D., et al. (2013). Targeted chromosomal deletions and inversions in zebrafish. Genome Research, 23(6), 1008-1017. http://dx.doi.org/10.1101/gr.154070.112 (Research Support, N.I.H., Extramural).

Guschin, D. Y., Waite, A. J., Katibah, G. E., Miller, J. C., Holmes, M. C., & Rebar, E. J. (2010). A rapid and general assay for monitoring endogenous gene modification. Methods in Molecular Biology, 649, 247-256. http://dx.doi.org/10.1007/978-1-60761-753-2_15.

Hagmann, M., Bruggmann, R., Xue, L., Georgiev, O., Schaffner, W., Rungger, D., et al. (1998). Homologous recombination and DNA-end joining reactions in zygotes and early embryos of zebrafish (danio rerio) and *Drosophila melanogaster*. Biological Chemistry, 379(6), 673-681 (Research Support, Non-U.S. Gov't).

Helenius, I. T., & Yeh, J. R. (2012). Small zebrafish in a big chemical pond. Journal of Cellular Biochemistry, 113(7), 2208-2216. http://dx.doi.org/10.1002/jcb.24120 (Research Support, N.I.H., Extramural Research Support, Non-U.S. Gov't Review).

Helm, M., Brule, H., Giege, R., & Florentz, C. (1999). More mistakes by T7 RNA polymerase at the 5′ ends of *in vitro*-transcribed RNAs. RNA, 5(5), 618-621 (Letter Research Support, Non-U.S. Gov't).

Horvath, P., & Barrangou, R. (2010). CRISPR/Cas, the immune system of bacteria and archaea. Science, 327(5962), 167-170. http://dx.doi.org/10.1126/science.1179555 (Research Support, Non-U.S. Gov't Review).

Horvath, P., Romero, D. A., Coute-Monvoisin, A. C., Richards, M., Deveau, H., Moineau, S., et al. (2008). Diversity, activity, and evolution of CRISPR loci in *Streptococcus thermophilus*. Journal of Bacteriology, 190(4), 1401-1412. http://dx.doi.org/10.1128/JB.01415-07 (Research Support, Non-U.S. Gov't).

Hruscha, A., Krawitz, P., Rechenberg, A., Heinrich, V., Hecht, J., Haass, C., et al. (2013). Efficient CRISPR/Cas9 genome editing with low off-target effects in zebrafish. Development, 140(24), 4982-4987. http://dx.doi.org/10.1242/dev.099085 (Research Support, Non-U.S. Gov't).

Hsu, P. D., Scott, D. A., Weinstein, J. A., Ran, F. A., Konermann, S., Agarwala, V., et al. (2013). DNA targeting specificity of RNA-guided Cas9 nucleases. Nature Biotechnology, 31(9), 827-832. http://dx.doi.org/10.1038/nbt.2647 (Research Support, N.I.H., Extramural Research Support, Non-U.S. Gov't).

Hwang, W. Y., Fu, Y., Reyon, D., Maeder, M. L., Kaini, P., Sander, J. D., et al. (2013). Heritable and precise zebrafish genome editing using a CRISPR-Cas system. PLoS One, 8(7), e68708. http://dx.doi.org/10.1371/journal.pone.0068708 (Research Support, N.I.H., Extramural Research Support, Non-U.S. Gov't Research Support, U.S. Gov't, Non-P.H.S.).

Hwang, W. Y., Fu, Y., Reyon, D., Maeder, M. L., Tsai, S. Q., Sander, J. D., et al. (2013). Efficient genome editing in zebrafish using a CRISPR-Cas system. Nature Biotechnology, 31(3), 227-229. http://dx.doi.org/10.1038/nbt.2501 (Research Support, N.I.H., Extramural Research Support, Non-U.S. Gov't).

Hwang, W. Y., Peterson, R. T., & Yeh, J. R. (2014). Methods for targeted mutagenesis in zebrafish using TALENs. Methods. http://dx.doi.org/10.1016/j.ymeth.2014.04.009.

Ignatius, M. S., & Langenau, D. M. (2011). Fluorescent imaging of cancer in zebrafish. Methods in Cell Biology, 105, 437-459. http://dx.doi.org/10.1016/B978-0-12-381320-6.00019-9 (Research Support, N.I.H., Extramural).

Imburgio, D., Rong, M., Ma, K., & McAllister, W. T. (2000). Studies of promoter recognition and start site selection by T7 RNA polymerase using a comprehensive collection of promoter variants. Biochemistry, 39(34), 10419-10430 (Research Support, U.S. Gov't, P.H.S.).

Ishino, Y., Shinagawa, H., Makino, K., Amemura, M., & Nakata, A. (1987). Nucleotide sequence of the iap gene, responsible for alkaline phosphatase isozyme conversion in Escherichia coli, and identification of the gene product. Journal of Bacteriology, 169(12), 5429-5433 (Research Support, Non-U.S. Gov't).

Jansen, R., Embden, J. D., Gaastra, W., & Schouls, L. M. (2002). Identification of genes that are associated with DNA repeats in prokaryotes. Molecular Microbiology, 43(6), 1565-1575 (Research Support, Non-U.S. Gov't).

Jao, L. E., Wente, S. R., & Chen, W. (2013). Efficient multiplex biallelic zebrafish genome editing using a CRISPR nuclease system. Proceedings of the National Academy of Sciences of the United States of America, 110(34), 13904-13909. http://dx.doi.org/10.1073/pnas.1308335110 (Research Support, N.I.H., Extramural Research Support, Non-U. S. Gov't).

Jiang, W., Bikard, D., Cox, D., Zhang, F., & Marraffini, L. A. (2013). RNA-guided editing of bacterial genomes using CRISPR-Cas systems. Nature Biotechnology, 31(3), 233-239. http://dx.doi.org/10.1038/nbt.2508 (Research Support, N.I.H., Extramural Research Support, Non-U.S. Gov't).

Jinek, M., Chylinski, K., Fonfara, I., Hauer, M., Doudna, J. A., & Charpentier, E. (2012). A programmable dual-RNA-guided DNA endonuclease in adaptive bacterial immunity. Science, 337(6096), 816-821. http://dx.doi.org/10.1126/science.1225829 (Research Support, Non-U.S. Gov't).

Jinek, M., East, A., Cheng, A., Lin, S., Ma, E., & Doudna, J. (2013). RNA-programmed genomeeditinginhumancells. elife, 2, e00471. http://dx.doi.org/10.7554/eLife.00471.

Joung, J. K., & Sander, J. D. (2013). TALENs: A widely applicable technology for targeted genome editing. Nature Reviews Molecular Cell Biology, 14(1), 49-55. http://dx.doi.org/10.1038/nrm3486 (Research Support, N.I.H., Extramural Review).

Kari, G., Rodeck, U., & Dicker, A. P. (2007). Zebrafish: An emerging model system for human disease and drug discovery. Clinical Pharmacology and Therapeutics, 82(1), 70-80. http://dx.doi.org/10.1038/sj.clpt.6100223 (Research Support, N.I.H., Extramural Research Support, Non-U.S. Gov't Review).

Kawahara, G., Karpf, J. A., Myers, J. A., Alexander, M. S., Guyon, J. R., & Kunkel, L. M. (2011). Drug screening in a zebrafish model of duchenne muscular dystrophy. Proceedings of the National Academy of Sciences of the United States of America, 108(13), 5331-5336. http://dx.doi.org/10.1073/pnas.1102116108 (Research Support, N.I.H., Extramural Research Support, Non-U.S. Gov't).

Kayali, R., Bury, F., Ballard, M., & Bertoni, C. (2010). Site-directed gene repair of the dystrophin gene mediated by PNA-ssODNs. Human Molecular Genetics, 19(16), 3266-3281. http://dx.doi.org/10.1093/hmg/ddq235 (Research Support, Non-U.S. Gov't).

Kettleborough, R. N., Busch-Nentwich, E. M., Harvey, S. A., Dooley, C. M., de Bruijn, E., van Eeden, F., et al. (2013). A systematic genome-wide analysis of zebrafish protein-coding gene function. Nature, 496(7446), 494-497. http://dx.doi.org/10.1038/nature11992 (Research Support, N.I.H., Extramural Research Support, Non-U.S. Gov't).

Kunin, V., Sorek, R., & Hugenholtz, P. (2007). Evolutionary conservation of sequence and secondary structures in CRISPR repeats. Genome Biology, 8(4), R61. http://dx.doi.org/10.1186/gb-2007-8-4-r61 (Research Support, U.S. Gov't, Non-P.H.S.).

Kuzmine, I., Gottlieb, P. A., & Martin, C. T. (2003). Binding of the priming nucleotide in the initiation of transcription by T7 RNA polymerase. The Journal of Biological Chemistry, 278(5),

2819-2823. http://dx.doi.org/10.1074/jbc.M208405200 (Research Support, U.S. Gov't, Non-P.H.S. Research Support, U.S. Gov't, P.H.S.).

Labrie, S. J., Samson, J. E., & Moineau, S. (2010). Bacteriophage resistance mechanisms. Nature Reviews Microbiology, 8(5), 317-327. http://dx.doi.org/10.1038/nrmicro2315 (Research Support, Non-U.S. Gov't Review).

Lamb, B. M., Mercer, A. C., & Barbas, C. F., 3rd. (2013). Directed evolution of the TALE N-terminal domain for recognition of all 5′ bases. Nucleic Acids Research, 41(21), 9779-9785. http://dx.doi.org/10.1093/nar/gkt754 (Research Support, N.I.H., Extramural).

Lee, H. J., Kim, E., & Kim, J. S. (2010). Targeted chromosomal deletions in human cells using zinc finger nucleases. Genome Research, 20(1), 81-89. http://dx.doi.org/10.1101/gr.099747.109 (Evaluation Studies Research Support, Non-U.S. Gov't).

Lee, H. J., Kweon, J., Kim, E., Kim, S., & Kim, J. S. (2012). Targeted chromosomal duplications and inversions in the human genome using zinc finger nucleases. Genome Research, 22(3), 539-548. http://dx.doi.org/10.1101/gr.129635.111(Research Support, Non-U.S. Gov't).

Li, T., Liu, B., Spalding, M. H., Weeks, D. P., & Yang, B. (2012). High-efficiency TALEN-based gene editing produces disease-resistant rice. Nature Biotechnology, 30(5), 390-392. http://dx.doi.org/10.1038/nbt.2199 (Letter Research Support, U.S. Gov't, Non-P.H.S.).

Lieschke, G. J., & Currie, P. D. (2007). Animal models of human disease: Zebrafish swim into view. Nature Reviews Genetics, 8(5), 353-367. http://dx.doi.org/10.1038/nrg2091 (Research Support, N.I.H., Extramural Research Support, Non-U.S. Gov't Review).

Liu, J., Gong, L., Chang, C., Liu, C., Peng, J., & Chen, J. (2012). Development of novel visual-plus quantitative analysis systems for studying DNA double-strand break repairs in zebrafish. Journal of Genetics and Genomics, 39(9), 489-502. http://dx.doi.org/10.1016/j.jgg.2012.07.009 (Research Support, Non-U.S. Gov't).

Lu, J., Peatman, E., Tang, H., Lewis, J., & Liu, Z. (2012). Profiling of gene duplication patterns of sequenced teleost genomes: Evidence for rapid lineage-specific genome expansion mediated by recent tandem duplications. BMC Genomics, 13, 246. http://dx.doi.org/10.1186/1471-2164-13-246 (Research Support, Non-U.S. Gov't Research Support, U.S. Gov't, Non-P.H.S.).

Ma, S., Chang, J., Wang, X., Liu, Y., Zhang, J., Lu, W., et al. (2014). CRISPR/Cas9 mediated multiplex genome editing and heritable mutagenesis of BmKu70 in bombyx Mori. Scientific Reports, 4, 4489. http://dx.doi.org/10.1038/srep04489 (Research Support, Non-U.S. Gov't).

Ma, Y., Shen, B., Zhang, X., Lu, Y., Chen, W., Ma, J., et al. (2014). Heritable multiplex genetic engineering in rats using CRISPR/Cas9. PLoS One, 9(3), e89413. http://dx.doi.org/10.1371/journal.pone.0089413 (Research Support, Non-U.S. Gov't).

Ma, S., Zhang, S., Wang, F., Liu, Y., Xu, H., Liu, C., et al. (2012). Highly efficient and specific genome editing in silkworm using custom TALENs. PLoS One, 7(9), e45035. http://dx.doi.org/10.1371/journal.pone.0045035 (Research Support, Non-U.S. Gov't).

Maeder, M. L., Angstman, J. F., Richardson, M. E., Linder, S. J., Cascio, V. M., Tsai, S. Q., et al. (2013). Targeted DNA demethylation and activation of endogenous genes using programmable TALE-TET1 fusion proteins. Nature Biotechnology, 31(12), 1137-1142. http://dx.doi.org/10.1038/nbt.2726 (Research Support, N.I.H., Extramural Research Support, Non-U.S. Gov't Research Support, U.S. Gov't, Non-P.H.S.).

Maeder, M. L., Thibodeau-Beganny, S., Osiak, A., Wright, D. A., Anthony, R. M., Eichtinger, M., et al. (2008). Rapid "open-source" engineering of customized zinc-finger nucleases for highly efficient gene modification. Molecular Cell, 31(2), 294-301. http://dx.doi.org/10.1016/j.molcel.2008.06.016 (Research Support, N.I.H., Extramural Research Support, Non-U.S. Gov't Research

Support, U.S. Gov't, Non-P.H.S.).

Makarova, K. S., Aravind, L., Wolf, Y. I., & Koonin, E. V. (2011). Unification of Cas protein families and a simple scenario for the origin and evolution of CRISPR-Cas systems. Biology Direct, 6, 38. http://dx.doi.org/10.1186/1745-6150-6-38 (Comparative Study Research Support, N.I.H., Intramural).

Makarova, K. S., Grishin, N. V., Shabalina, S. A., Wolf, Y. I., & Koonin, E. V. (2006). A putative RNA-interference-based immune system in prokaryotes: Computational analysis of the predicted enzymatic machinery, functional analogies with eukaryotic RNAi, and hypothetical mechanisms of action. Biology Direct, 1, 7. http://dx.doi.org/10.1186/1745-6150-1-7.

Makarova, K. S., Haft, D. H., Barrangou, R., Brouns, S. J., Charpentier, E., Horvath, P., et al. (2011). Evolution and classification of the CRISPR-Cas systems. Nature Reviews Microbiology, 9(6), 467-477. http://dx.doi.org/10.1038/nrmicro2577 (Research Support, N.I.H., Extramural Research Support, Non-U.S. Gov't).

Mali, P., Aach, J., Stranges, P. B., Esvelt, K. M., Moosburner, M., Kosuri, S., et al. (2013). CAS9 transcriptional activators for target specificity screening and paired nickases for cooperative genome engineering. Nature Biotechnology, 31(9), 833-838. http://dx.doi.org/10.1038/nbt.2675 (Research Support, N.I.H., Extramural Research Support, U.S.Gov't, Non-P.H.S.).

Mali, P., Yang, L., Esvelt, K. M., Aach, J., Guell, M., DiCarlo, J. E., et al. (2013). RNA-guided human genome engineering via Cas9. Science, 339(6121), 823-826. http://dx.doi.org/10.1126/science. 1232033 (Research Support, N.I.H., Extramural).

Marraffini, L. A., & Sontheimer, E. J. (2010a). CRISPR interference: RNA-directed adaptive immunity in bacteria and archaea. Nature Reviews Genetics, 11(3), 181-190. http://dx.doi.org/10.1038/nrg2749 (Research Support, N.I.H., Extramural Research Support, Non-U.S. Gov't Review).

Marraffini, L. A., & Sontheimer, E. J. (2010b). Self versus non-self discrimination during CRISPR RNA-directed immunity. Nature, 463(7280), 568-571. http://dx.doi.org/10.1038/nature08703 (Research Support, N.I.H., Extramural).

Mojica, F. J., Diez-Villasenor, C., Garcia-Martinez, J., & Soria, E. (2005). Intervening sequences of regularly spaced prokaryotic repeats derive from foreign genetic elements. Journal of Molecular Evolution, 60(2), 174-182. http://dx.doi.org/10.1007/s00239-004-0046-3 (Research Support, Non-U.S. Gov't).

Moro, E., Vettori, A., Porazzi, P., Schiavone, M., Rampazzo, E., Casari, A., et al. (2013). Generation and application of signaling pathway reporter lines in zebrafish. Molecular Genetics and Genomics, 288(5-6), 231-242. http://dx.doi.org/10.1007/s00438-013-0750-z (Research Support, Non-U.S. Gov't Review).

Nakayama, T., Fish, M. B., Fisher, M., Oomen-Hajagos, J., Thomsen, G. H., & Grainger, R. M. (2013). Simple and efficient CRISPR/Cas9-mediated targeted mutagenesis in xenopus tropicalis. Genesis, 51(12), 835-843. http://dx.doi.org/10.1002/dvg.22720 (Research Support, N.I.H., Extramural Research Support, Non-U.S. Gov't).

Niu, Y., Shen, B., Cui, Y., Chen, Y., Wang, J., Wang, L., et al. (2014). Generation of gene- modified cynomolgus monkey via Cas9/RNA-mediated gene targeting in one-cell embryos. Cell, 156(4), 836-843. http://dx.doi.org/10.1016/j.cell.2014.01.027(Research Support, Non-U.S. Gov't).

O'Brien, A., & Bailey, T. L. (2014). GT-scan: Identifying unique genomic targets. Bioinformatics. http://dx.doi.org/10.1093/bioinformatics/btu354.

Ota, S., Hisano, Y., Ikawa, Y., & Kawahara, A. (2014). Multiple genome modifications by the CRISPR/Cas9 system in zebrafish. Genes to Cells. http://dx.doi.org/10.1111/gtc.12154.

Pantazis, P., & Supatto, W. (2014). Advances in whole-embryo imaging: A quantitative transition is underway. Nature Reviews Molecular Cell Biology, 15(5), 327-339. http://dx.doi.org/10.1038/nrm3786 (Review).

Pattanayak, V., Lin, S., Guilinger, J. P., Ma, E., Doudna, J. A., & Liu, D. R. (2013). High-throughput profiling of off-target DNA cleavage reveals RNA-programmed Cas9 nuclease specificity. Nature Biotechnology, 31(9), 839-843. http://dx.doi.org/10.1038/nbt.2673 (Research Support, N.I.H., Extramural Research Support, Non-U.S. Gov't Research Support, U.S. Gov't, Non-P.H.S.).

Patton, E. E., Widlund, H. R., Kutok, J. L., Kopani, K. R., Amatruda, J. F., Murphey, R. D., et al. (2005). BRAF mutations are sufficient to promote nevi formation and cooperate withp53 inthegenesis of melanoma. Current Biology, 15(3), 249-254. http://dx.doi.org/10.1016/j.cub.2005.01.031 (Comparative Study Research Support, Non-U.S. Gov't).

Peal, D. S., Peterson, R. T., & Milan, D. (2010). Small molecule screening in zebrafish. Journal of Cardiovascular Translational Research, 3(5), 454-460. http://dx.doi.org/10.1007/s12265-010-9212-8 (Review).

Piganeau, M., Ghezraoui, H., De Cian, A., Guittat, L., Tomishima, M., Perrouault, L., et al. (2013). Cancer translocations in human cells induced by zinc finger and TALE nucleases. Genome Research, 23(7), 1182-1193. http://dx.doi.org/10.1101/gr.147314.112 (Research Support, N.I.H., Extramural Research Support, Non-U.S. Gov't).

Qi, Y., Li, X., Zhang, Y., Starker, C. G., Baltes, N. J., Zhang, F., et al. (2013). Targeted deletion and inversion of tandemly arrayed genes in *Arabidopsis thaliana* using zinc finger nucleases. G3(Bethesda), 3(10), 1707-1715. http://dx.doi.org/10.1534/g3.113.006270 (Research Support, N.I.H., Extramural Research Support, U.S. Gov't, Non-P.H.S.).

Ramirez, C. L., Foley, J. E., Wright, D. A., Muller-Lerch, F., Rahman, S. H., Cornu, T. I., et al. (2008). Unexpected failure rates for modular assembly of engineered zinc fingers. Nature Methods, 5(5), 374-375. http://dx.doi.org/10.1038/nmeth0508-374 (Letter Research Support, N.I.H., Extramural Research Support, Non-U.S. Gov't Research Support, U.S. Gov't, Non-P.H.S.).

Ran, F. A., Hsu, P. D., Lin, C. Y., Gootenberg, J. S., Konermann, S., Trevino, A. E., et al. (2013). Double nicking by RNA-guided CRISPR Cas9 for enhanced genome editing specificity. Cell, 154(6), 1380-1389. http://dx.doi.org/10.1016/j.cell.2013.08.021 (Research Support, N.I.H., Extramural Research Support, Non-U.S. Gov't Research Support, U.S. Gov't, Non-P.H.S.).

Rousseau, C., Gonnet, M., Le Romancer, M., & Nicolas, J. (2009). CRISPI: A CRISPR interactive database. Bioinformatics, 25(24), 3317-3318. http://dx.doi.org/10.1093/bioinformatics/btp586 (Research Support, Non-U.S. Gov't).

Sander, J. D., & Joung, J. K. (2014). CRISPR-Cas systems for editing, regulating and targeting genomes. Nature Biotechnology, 32(4), 347-355. http://dx.doi.org/10.1038/nbt.2842 (Research Support, N.I.H., Extramural Research Support, Non-U.S. Gov't Research Support, U.S. Gov't, Non-P.H.S.).

Santoriello, C., & Zon, L. I. (2012). Hooked! modeling human disease in zebrafish. The Journal of Clinical Investigation, 122(7), 2337-2343. http://dx.doi.org/10.1172/JCI60434.

Sapranauskas, R., Gasiunas, G., Fremaux, C., Barrangou, R., Horvath, P., & Siksnys, V. (2011). The Streptococcus thermophilus CRISPR/Cas system provides immunity in Escherichia coli. Nucleic Acids Research, 39(21), 9275-9282. http://dx.doi.org/10.1093/nar/gkr606 (Research Support, Non-U.S. Gov't).

Schwank, G., Koo, B. K., Sasselli, V., Dekkers, J. F., Heo, I., Demircan, T., et al. (2013). Functional repair of CFTR by CRISPR/Cas9 in intestinal stem cell organoids of cystic fibrosis patients. Cell Stem Cell, 13(6), 653-658. http://dx.doi.org/10.1016/j.stem.2013.11.002 (Research Support, Non-U.S. Gov't).

Sebastiano, V., Maeder, M. L., Angstman, J. F., Haddad, B., Khayter, C., Yeo, D. T., et al. (2011). In situ genetic correction of the sickle cell anemia mutation in human induced pluripotent stem cells using engineered zinc finger nucleases. Stem Cells, 29(11), 1717-1726. http://dx.doi.org/10.1002/stem.718 (Research Support, N.I.H., Extramural Research Support, Non-U.S. Gov't Research Support, U.S. Gov't, Non-P.H.S.).

Segal, D. J., & Meckler, J. F. (2013). Genome engineering at the dawn of the golden age. Annual Review of Genomics and Human Genetics, 14, 135-158. http://dx.doi.org/10.1146/annurev-genom-091212-153435 (Research Support, N.I.H., Extramural Research Support, Non-U.S. Gov't Review).

Shan, Q., Wang, Y., Li, J., Zhang, Y., Chen, K., Liang, Z., et al. (2013). Targeted genome modification of crop plants using a CRISPR-Cas system. Nature Biotechnology, 31(8), 686-688. http://dx.doi.org/10.1038/nbt.2650 (Letter Research Support, Non-U.S. Gov't).

Shen, B., Zhang, X., Du, Y., Wang, J., Gong, J., Tate, P. H., et al. (2013). Efficient knockin mouse generation by ssDNA oligonucleotides and zinc-finger nuclease assisted homologous recombination in zygotes. PLoS One, 8(10), e77696. http://dx.doi.org/10.1371/journal.pone.0077696 (Research Support, Non-U.S. Gov't).

Simsek, D., Brunet, E., Wong, S. Y., Katyal, S., Gao, Y., McKinnon, P. J., et al. (2011). DNA ligase III promotes alternative nonhomologous end-joining during chromosomal translocation formation. PLoS Genetics, 7(6), e1002080. http://dx.doi.org/10.1371/journal.pgen.1002080 (Research Support, N.I.H., Extramural).

Sollu, C., Pars, K., Cornu, T. I., Thibodeau-Beganny, S., Maeder, M. L., Joung, J. K., et al. (2010). Autonomous zinc-finger nuclease pairs for targeted chromosomal deletion. Nucleic Acids Research, 38(22), 8269-8276. http://dx.doi.org/10.1093/nar/gkq720 (Research Support, N.I.H., Extramural Research Support, Non-U.S. Gov't Research Support, U.S. Gov't, Non-P.H.S.).

Sorek, R., Kunin, V., & Hugenholtz, P. (2008). CRISPR-a widespread system that provides acquired resistance against phages in bacteria and archaea. Nature Reviews Microbiology, 6(3), 181-186. http://dx.doi.org/10.1038/nrmicro1793 (Research Support, U.S. Gov't, Non-P.H.S Review).

Sternberg, S. H., Redding, S., Jinek, M., Greene, E. C., & Doudna, J. A. (2014). DNA interrogation by the CRISPR RNA-guided endonuclease Cas9. Nature, 507(7490), 62-67. http://dx.doi.org/10.1038/nature13011 (Research Support, N.I.H., Extramural Research Support, Non-U.S. Gov't Research Support, U.S. Gov't, Non-P.H.S.).

Sung, Y. H., Kim, J. M., Kim, H. T., Lee, J., Jeon, J., Jin, Y., et al. (2014). Highly efficient gene knockout in mice and zebrafish with RNA-guided endonucleases. Genome Research, 24(1), 125-131. http://dx.doi.org/10.1101/gr.163394.113 (ResearchSupport, Non-U.S. Gov't).

Swaim, L. E., Connolly, L. E., Volkman, H. E., Humbert, O., Born, D. E., & Ramakrishnan, L. (2006). Mycobacterium marinum infection of adult zebrafish causes caseating granulomatous tuberculosis and is moderated by adaptive immunity. Infection and Immunity, 74(11), 6108-6117. http://dx.doi.org/10.1128/IAI.00887-06 (Research Support, N.I.H., Extramural Research Support, Non-U.S. Gov't).

Tsai, S. Q., Wyvekens, N., Khayter, C., Foden, J. A., Thapar, V., Reyon, D., et al. (2014). Dimeric CRISPR RNA-guided FokI nucleases for highly specific genome editing. Nature Biotechnology, 32(6), 569-576. http://dx.doi.org/10.1038/nbt.2908.

Wang, Y., Li, Z., Xu, J., Zeng, B., Ling, L., You, L., et al. (2013). The CRISPR/Cas system mediates efficient genome engineering in Bombyx Mori. Cell Research, 23(12), 1414-1416. http://dx.doi.org/10.1038/cr.2013.146 (Letter Research Support, Non-U.S. Gov't).

Wang, T., Wei, J. J., Sabatini, D. M., & Lander, E. S. (2014). Genetic screens in human cells using the CRISPR-Cas9 system. Science, 343(6166), 80-84. http://dx.doi.org/10.1126/science.1246981 (Evaluation Studies Research Support, N.I.H., Extramural Research Support, Non-U.S. Gov't Research Support, U.S. Gov't, Non-P.H.S.).

Wang, H., Yang, H., Shivalila, C. S., Dawlaty, M. M., Cheng, A. W., Zhang, F., et al. (2013). One-step generation of mice carrying mutations in multiple genes by CRISPR/Cas-mediated genome engineering. Cell, 153(4), 910-918. http://dx.doi.org/10.1016/j.cell.2013.04.025 (Research Support, N.I.H., Extramural Research Support, Non-U.S. Gov't).

Weber, T., & Koster, R. (2013). Genetic tools for multicolor imaging in zebrafish larvae. Methods, 62(3), 279-291. http://dx.doi.org/10.1016/j.ymeth.2013.07.028(Review).

Westra, E. R., Swarts, D. C., Staals, R. H., Jore, M. M., Brouns, S. J., & van der Oost, J. (2012). The CRISPRs, they are a-changin': How prokaryotes generate adaptive immunity. Annual Review of Genetics, 46, 311-339. http://dx.doi.org/10.1146/annurev-genet-110711-155447 (Research Support, Non-U.S. Gov't Review).

White, R. M., Cech, J., Ratanasirintrawoot, S., Lin, C. Y., Rahl, P. B., Burke, C. J., et al. (2011). DHODH modulates transcriptional elongation in the neural crest and melanoma. Nature, 471(7339), 518-522. http://dx.doi.org/10.1038/nature09882 (Research Support, N.I.H., Extramural Research Support, Non-U.S. Gov't).

Wiedenheft, B., Sternberg, S. H., & Doudna, J. A. (2012). RNA-guided genetic silencing systems in bacteria and archaea. Nature, 482(7385), 331-338. http://dx.doi.org/10.1038/nature10886 (Research support, Non-U.S. Gov't research support, U.S. Gov't, Non-P.H.S. Review).

Xiao, A., Cheng, Z., Kong, L., Zhu, Z., Lin, S., & Gao, G. (2014). CasOT: A genome-wide Cas9/gRNA off-target searching tool. Bioinformatics. http://dx.doi.org/10.1093/bioin-formatics/btt764.

Xiao, A., Wang, Z., Hu, Y., Wu, Y., Luo, Z., Yang, Z., et al. (2013). Chromosomal deletions and inversions mediated by TALENs and CRISPR/Cas in zebrafish. Nucleic Acids Research, 41(14), e141. http://dx.doi.org/10.1093/nar/gkt464 (Research Support, N.I.H., Extramural).

Xu, X., Meiler, S. E., Zhong, T. P., Mohideen, M., Crossley, D. A., Burggren, W. W., et al. (2002). Cardiomyopathy in zebrafish due to mutation in an alternatively spliced exon of titin. Nature Genetics, 30(2), 205-209. http://dx.doi.org/10.1038/ng816 (Research Support, Non-U.S. Gov't Research Support, U.S. Gov't, P.H.S.).

Yang, H., Wang, H., Shivalila, C. S., Cheng, A. W., Shi, L., & Jaenisch, R. (2013). One-step generation of mice carrying reporter and conditional alleles by CRISPR/Cas-mediated genome engineering. Cell, 154(6), 1370-1379. http://dx.doi.org/10.1016/j.cell.2013.08.022.

Yu, Z., Ren, M., Wang, Z., Zhang, B., Rong, Y. S., Jiao, R., et al. (2013). Highly efficient genome modifications mediated by CRISPR/Cas9 in drosophila. Genetics, 195(1), 289-291. http://dx.doi.org/10.1534/genetics.113.153825 (Research Support, N.I.H., Intramural Research Support, Non-U.S. Gov't).

Zu, Y., Tong, X., Wang, Z., Liu, D., Pan, R., Li, Z., et al. (2013). TALEN-mediated precise genome modification by homologous recombination in zebrafish. Nature Methods, 10(4), 329-331. http://dx.doi.org/10.1038/nmeth.2374 (Research Support, N.I.H., Extra- mural Research Support, Non-U.S. Gov't).

第19章 果蝇中基于 Cas9 基因组编辑

Benjamin E. Housden[1], Shuailiang Lin[1], Norbert Perrimon[2]

（1. 美国哈佛医学院遗传学系；2. 哈佛大学霍华德·休斯医学研究所）

目 录

摘要

我们通过 CRISPR 系统修饰果蝇基因组的能力最近有了革命性的发展。这个简便和高效的系统使它广泛应用于许多不同的实践领域，极大地扩展了完成基因组修饰实验的范围。这里，我们首先讨论一些果蝇基因组工程实验的一般设计原理，然后介绍配制 CRISPR 试剂的详细方案，以及检测组织培养细胞和动物成功的基因修饰事件筛选策略。

19.1 导 论

基因工程技术的发展，如锌指核酸酶（ZFN）、转录激活因子样效应物核酸酶（TALEN）、规律成簇间隔短回文重复（CRISPR）已经彻底改变了我们修饰果蝇培养细胞和体内细胞基因组内源性序列的能力（Bassett & Liu，2014；Bassett，

Tibbit，Ponting，& Liu，2013，2014；Beumer，Bhattacharyya，Bibikova，Trautman，& Carroll，2006；Beumer & Carroll，2014；Bottcher et al.，2014；Gratz et al.，2013；Gratz，Wildonger，Harrison，& O'Connor-Giles，2013；Gratz et al.，2014；Kondo，2014；Kondo，& Ueda，2013；Ren et al.，2013；Sebo，Lee，Peng，& Guo，2014；Yu et al.，2013，2014）。ZFN、TALEN 和 CRISPR 凭借非特异性核酸酶类似的机制的所有功能，与序列特异性 DNA 元件结合产生靶向双链断裂（DSB），然后用非同源末端连接（NHEJ）途径或同源重组（HR）途径修复 DSB（Bibikova，Golic，Golic，& Carroll，2002；Chapman，Taylor，& Boulton，2012）。编码区中 DSB 产生和通过 NHEJ 修复可以导致小插入或删除（插入/缺失突变），因此产生特异性基因的敲除。与 NHEJ 相反，HR 通常使用同源染色体作为模板和修复无序列改变的 DSB。然而，这种机制通过包含一个与靶区同源的"臂"构成的供体得到了充分利用。通过 HR 机制使用供体作为模板替代同源染色体，导致靶位点的精确修改（Bottcher et al.，2014）。根据供体结构性质，这可能是一个外源序列（如 GFP）的插入，引入突变等位基因等。这样的插入通常称为敲入（knock-in）。

尽管所有三种基因组工程技术已经成功地用于产生基因变化，但是 CRISPR 比 ZFN 或 TALEN 呈现出高得多的效率（Beumer，Trautman，Christian，et al.，2013；Bibikova et al.，2002；Yu et al.，2013）。此外，所需试剂的配制相当简单，大多数情形下都选择 CRISPR 方法。CRISPR 系统需要两个组件。第一个是 Cas9，非特异性核酸酶蛋白；第二个是单链引导 RNA（sgRNA）分子，它通过与靶基因组序列碱基配对提供序列特异性（Cong et al.，2013；Mali，Yang，et al.，2013）。通过改变 sgRNA 的序列，可以在特定位点产生高特异性 DSB。

为了果蝇研究中利用 CRISPR 系统优势，必须考虑几个因素，所采取的方法必须与实验目的相匹配。例如，根据所需的基因组修饰（基因敲除、精确序列修饰、基因标记等），sgRNA 靶位点必须差异定位。此外，脱靶作用、突变效率、供体结构的使用和试剂递送方法都必须考虑高特异性及有效性，从而达到预想的结果。

19.2　基于 CRISPR 基因组编辑应用和设计考虑

使用 CRISPR 可以进行大范围的基因组修饰，包括小的随机变化、插入、删除和替换。为了实现所需的结果，必须采取不同的方法和 sgRNA 设计应考虑的方面。在这里，我们介绍了最常见的应用和一些常规方法来实现这些目标。

（1）给定靶位点随机突变：在供体结构缺乏的情况下，用 CRISPR 产生的 DSB 采用 NHEJ 初步修复，导致靶位点的小插入/缺失突变（Chapman et al.，2012）。由于产生突变缺乏控制和影响序列小区域，这种方法受到一些限制。因此，NHEJ

是删除大区域序列或破坏不良特征元件如调整序列最好的方法。然而，NHEJ 在编码序列中产生移码突变非常有效（Bibikova et al.，2002），因此是基因破坏的首选方法。

通过将 sgRNA 靶向目的基因的编码序列，可以产生高效率的移码（Bassett et al.，2013；Cong et al.，2013；Gratz，Cummings，et al.，2013；Kondo & Ueda，2013；Mali，Yang，et al.，2013；Ren et al.，2013；Sebo et al.，2014），导致编码蛋白质切断。应用 sgRNA 最优设计将靶向基因组接近编码序列 5′端，在外显子内对所有转录共享以便去除蛋白质功能机会最大化。

（2）外源序列的插入：与基因的敲除相比，通过移码诱导插入/缺失、外源序列插入，如产生 GFP 标记蛋白，需要精确的序列改变。为了达到这个目标，必须用 CRISPR 与供体构造结合。由插入序列构成的供体结构，两侧的任意一边与靶序列同源的“臂”连接。一旦产生 DSB，其切口将由 HR 使用供体结构作为模板，由此将外源序列插入到靶位点进行修复（Auer，Duroure，De Cian，Concordet，& Del Bene，2014；Bassett et al.，2014；Dickinson，Ward，Reiner，& Goldstein，2013；Gratz et al.，2014；Xue et al.，2014；Yang et al.，2013）。对于这个应用来说，sgRNA 靶位点不太可能获得精确插入点，因此选择的序列要尽可能接近这个点以便使得效率最大化。

更长的同源臂与 HR 更高效相关联，但只在某些范围有关联，超过 1kb 就看不到有进一步的改善（Beumer，Trautman，Mukherjee，& Carroll，2013；Bottcher et al.，2014；Urnov et al.，2005）。因此，我们设计所有同源臂粗略长度都约为 1kb。此外，敲减连接酶 4 基因，即 NHEJ 修复途径的一个组成部分，对 HR 偏差修复，可以提高插入效率。已证明这种方法能有效提高 HR 在体内和培养细胞的插入率（Beumer et al.，2008；Bottcher et al.，2014；Bozas，Beumer，Trautman，& Carroll，2009；Gratz et al.，2014）。

注意，对于某些应用，如产生点突变等位基因，可能使用单链 DNA 寡核苷酸（ssODN）作为供体，避免产生较长供体结构的需要。然而，这种方法仅限于很小序列的插入（Gratz，Cummings，et al.，2013）。

（3）特异性删除和替换：与插入相似，删除或替换的产生需要精确的序列改变，所以供体结构应与 CRISPR 结合使用。为了产生删除，应设计同源臂侧面与其间没有加入序列克隆的删除序列相接。在这种情况下，sgRNA 靶位点可以在删除序列内的任何地方。

以相似的方法，用含有侧面插入同源臂序列的供体插入产生替换。在这种情况下的差异是，同源臂在不直接相邻但被删除序列隔开的位点上诱导重组。此外，sgRNA 靶应该在被替换的序列内。

19.2.1　sgRNA 靶位点的选择

CRISPR 系统优于其他存在的基因组编辑技术的优点之一是不受靶向位点序列的限制。唯一需要的是靶位点 3′端 PAM 序列。对于来自酿脓链球菌的 Cas9（SpCas9）来说，最佳 PAM 序列是 NGG（或 NAG，尽管这会导致低效率）（Jiang，Bikard，Cox，Zhang，& Marraffini，2013），这通常始终发生在果蝇基因组（平均每 10.4bp）。然而，在某些情况下，如非常精确的区域修饰，可能很难找到一个合适的 PAM 序列。在这种情况下，基于 HR 方法可以使用更远端 sgRNA 靶位点。

如上所述，sgRNA 靶位点应该基于目的修饰类型上定位。所有这些方法的共同点，选择合适 sgRNA 靶位点第二个考虑的问题是，在脱靶位点产生 DSB 的可能性。在哺乳动物系统中，几个报道基因提示，脱靶突变可能与 CRISPR 系统应用相关的重要问题（Fu et al.，2013；Hsu et al.，2013；Mali，Aach，et al.，2013；Pattanayak et al.，2013）。可能部分是由于果蝇基因组具有更少复杂性所致，脱靶事件似乎与这个系统无关（Ren et al.，2013）。的确，还没有见到脱靶效应的检测报告。此外，脱靶位点的存在也可能不是某些应用的问题。例如，当进行基因组体内改变时，可能容忍在非靶染色体上脱靶突变，因为它们可能被抹去了最初的记忆。相反，在基因组任何地方的脱靶事件可能与培养的细胞有关。

尽管几项研究揭示了 sgRNA 有着广泛的普遍效率，但是影响效率的因素目前还知之甚少，因此很难预测好的特异性 sgRNA 在测定前如何作用。出于这个原因，通常人们意识到，在花时间尽力参与体内基因组设计之前，检测细胞培养中 sgRNA 打靶目的区的效率，从而确定哪些位置最有希望高效率产生 DSB。然而，在某些情形下，如当纯合子突变细胞致死时，使用低效率 sgRNA 可能是有利的。在这种情况下，与纯合子突变相比，由于杂合子的增大，拥有低效率的 sgRNA 可能导致突变系的更快恢复。

19.2.2　促进 sgRNA 设计工具

为了帮助 sgRNA 的设计，最近我们开发了一个在线工具使用户浏览果蝇基因组中所有可能的 SpCas9 sgRNA 靶（Ren et al.，2013）（http://www.flyrnai.org/crispr2）。可以根据它们的基因组定位（内含子、CDS、UTR、整合等）筛选 sgRNA，用严格定制和 PAM 序列类型（NGG 或 NGA）预测脱靶。然后从基因组浏览器界面选择个别靶位点来访问更详细的注释。这包括任何潜在的脱靶位点详细信息（基因组定位、错配的数量和位置等），不管 sgRNA 序列是否包含妨碍活性的特性（如 U6 终止序列）、可以用来筛选突变子的限制性内切核酸酶位点和打分预测原定靶位点可能的突变效率。使用这些预测，我们估计果蝇 97%蛋白编码基因可以突变而没有预测到脱靶突变。

其他几个工具也可以帮助 sgRNA 设计（Mohr，Hu，Kim，Housden，& Perrimon，2014）（表 19.1）。例如，targetFinder（Gratz et al.，2014）（http://tools.flycrispr.molbio.wisc.edu/targetFinder/）可以用来设计许多不同果蝇的 sgRNA。用 e-CRISP（Heigwer et al.，2014）（http://www.e-crisp.org/E-CRISP），特定目的如基因敲除或蛋白质标记都表明可帮助最合适 sgRNA 靶位点的选择。

表 19.1 sgRNA 设计工具

实验室	网站	参考文献
DRSC	http://www.flyrnai.org/crispr/	Ren 等（2013）
O'Connor-Giles	http://tools.flycrispr.molbio.wisc.edu/targetFinder/	Gratz 等（2014）
DKFZ/Boutros	http://www.e-crisp.org/E-CRISP/designcrispr.html	Heigwer，Kerr，和 Boutros（2014）
NIG-FLY/Ueda	www.shigen.nig.ac.jp/fly/nigfly/cas9/index.jsp	Kondo 和 Ueda（2013）
Center for Bioinformatics，PKU	http://cas9.cbi.pku.edu.cn/	Ma，Ye，Zheng，和 Kong（2013）
Zhang	http://crispr.mit.edu/	Hsu 等（2013）
Joung	http://zifit.partners.org/ZiFiT/	Hwang 等（2013）

19.3 CRISPR 组分的递送

为了使用 CRISPR 系统产生基因组修饰，将 Cas9 与一个或多个 sgRNA 有效递送到目的细胞（通常为生殖系）是至关重要的。已开发了各种方法递送这些组分，每种方法都具有相关联的优点和缺点。一种选项是 Cas9 和 sgRNA 两者都产生 RNA 并将这些 RNA 直接注射到胚胎中（Bassett et al.，2013；Yu et al.，2013）。这种方法很有吸引力，因为它不需要任何克隆步骤。也可以注射纯化的 Cas9 蛋白（Lee et al.，2014）。然而，与其他递送方法相比，RNA 或蛋白质似乎导致突变率相对较低（Bassett & Liu，2014；Beumer & Carroll，2014；Gratz，Wildonger，Harrison，& O'Connor-Giles，2013；Lee et al.，2014）。

另一种替代方法是使用果蝇家系在生殖系中表达 Cas9（表 19.2）。使用 *vasa* 或 *nanos* 调控序列驱动生殖细胞 SpCas9 特异性表达，产生了几个这样的家系（Kondo & Ueda，2013；Ren et al.，2013；Sebo et al.，2014；Xue et al.，2014）。这就提供了增强效率和生存作用的优势，由于注射的果蝇体细胞不太可能突变，生殖系可以帮助有害突变的恢复。

表 19.2　CRISPR 相关果蝇系

来源	基因型	类型	参考文献
BDSC 51323	y1 M{vas-Cas9}ZH-2A w1118/FM7c	来自 vasa 启动子的表达 Cas9	Gratz 等（2014）
BDSC 51324	w1118；PBac{vas-Cas9}VK00027	来自 vasa 启动子的表达 Cas9	Gratz 等（2014）
BDSC 55821	y1 M{vas-Cas9.RFP-}ZH-2A w1118/FM7a，P{Tb1}FM7-A	来自 vasa 启动子的表达 Cas9，用 RFP 标记	Gratz 等（2014）
BDSC 52669	y1 M{vas-Cas9.S}ZH-2A w1118	来自 vasa 启动子的表达 Cas9	Sebo 等（2014）
BDSC 54590	y1 M{Act5C-Cas9.P}ZH-2A w*	来自 Act5c 启动子的表达 Cas9	CRISPR 果蝇设计项目
BDSC 54591	y1 M{nos-Cas9.P}ZH-2A w*	来自 nanos 启动子的表达 Cas9	CRISPR 果蝇设计项目
BDSC 54592	P{hsFLP}1，y1 w1118；P{UAS-Cas9.P}attP2	来自 UAS 启动子的表达 Cas9	CRISPR 果蝇设计项目
BDSC 54593	P{hsFLP}1，y1 w1118；P{UAS-Cas9.P}attP2 P{GAL4：：VP16-nos.UTR}CG6325MVD1	来自 UAS 启动子的表达 Cas9 和来自 nanos 启动子的 Ga14	CRISPR 果蝇设计项目
BDSC 54594	P{hsFLP}1，y1 w1118；P{UAS-Cas9.P}attP40	来自 UAS 启动子的表达 Cas9	CRISPR 果蝇设计项目
BDSC 54595	w1118；P{UAS-Cas9.C}attP2	来自 UAS 启动子的表达 Cas9	CRISPR 果蝇设计项目
BDSC 54596	w1118；P{UAS-Cas9.D10A}attP2	来自 UAS 启动子的表达 Cas9（切口酶）	CRISPR 果蝇设计项目
NIG-Fly CAS-0001	*y2 cho2 v1；attP40{nos-Cas9}/CyO*	来自 nanos 启动子的表达 Cas9	Kondo 和 Ueda（2013）
NIG-Fly CAS-0002	*y2 cho2 v1 P{nos-Cas9, y+, v+}1A/FM7c，KrGAL4 UAS-GFP*	来自 nanos 启动子的表达 Cas9	Kondo 和 Ueda（2013）
NIG-Fly CAS-0003	*y2 cho2 v1；P{nos-Cas9，y+，v+}3A/TM6C，Sb Tb*	来自 nanos 启动子的表达 Cas9	Kondo 和 Ueda（2013）
NIG-Fly CAS-0004	*y2 cho2 v1；Sp/CyO，P{nos-Cas9，y+，v+}2A*	来自 nanos 启动子的表达 Cas9	Kondo 和 Ueda（2013）

使用这些生殖系递送 Cas9 不再是要考虑的问题，大大减少了 CRISPR 组件制备的需要。将 sgRNA 递送到果蝇表达 Cas9 可以使用几种不同的方法来实现。正如上面所讨论的，sgRNA 可以在体外产生和注射到胚胎表达 Cas9。或者将 sgRNA 编码成一个表达载体，通常包含构成的启动子如 U6，启动 RNA 的表达。虽然将序列克隆到载体需要做更大努力，但是它通常比直接递送 RNA 会产生更高的突变效率（Kondo & Ueda，2013；Ren et al.，2013）。最后一个选项是产生表达 sgRNA

的果蝇系，然后与 Cas9 表达果蝇交配产生突变体后代（Kondo，2014；Kondo & Ueda，2014）。这种方法有最高的生产效率，但是由于每种 sgRNA 需要建立新的果蝇家系而需要漫长的处理。

我们已经找到突变效率、性能和需要的时间之间最好的折中方法是，通过将 sgRNA 表达质粒注射到生殖系胚胎表达 Cas9 而获得。

在细胞培养中递送 CRISPR 组分只有很少的选择。至于在体内，递送组分要么像体外产生RNA一样，要么在表达质粒中递送。例如，最近报道一种编码 SpCas9 和 sgRNA 的表达载体，可以转染到培养细胞（Bassett et al.，2014），我们已经开发出一种相似的质粒（pL018）（Housden et al.，未发表）（表 19.3）。

表 19.3　Cas9 和 sgRNA 表达质粒以及供体载体

来源	质粒名	质粒目的	参考文献
Persimmon 实验室	pL018	Act5c 启动子作用下 Cas9（密码子优化）和果蝇 U6 启动子作用下 sgRNA 的表达	未发表
Addgene#49330	pAc-sgRNA-Cas9	在细胞培养中 sgRNA 和 Cas9 的表达	Bassett 等（2014）
Addgene#49408	pCFD1-dU6：1gRNA	果蝇 U6：1 启动子控制下的 sgRNA 表达	CRISPR 果蝇设计项目
Addgene#49409	pCFD2-dU6：2gRNA	果蝇 U6：2 启动子控制下的 sgRNA 表达	CRISPR 果蝇设计项目
Addgene#49410	pCFD3-U6：3gRNA	果蝇 U6：3 启动子控制下的 sgRNA 表达	CRISPR 果蝇设计项目
Addgene#49411	pCFD4-U6：1_U6：3-tandemgRNA	果蝇 U6：1 和 U6：3 启动子控制下的两个 sgRNA 表达	CRISPR 果蝇设计项目
Addgene#45946	pU6-*Bbs* I -chiRNA	果蝇 snRNA：U6：96Ab 启动子控制下的 chiRNA 表达质粒	Gratz，Cummings 等（2013）
Addgene#45945	pHsp70-Cas9	在 Hsp70 启动子控制下的 Cas9（密码子优化）表达	Gratz，Cummings 等（2013）
Addgene#46294	pBS-Hsp70-Cas9	在 Hsp70 启动子控制下的 Cas9（密码子优化）表达	Gratz，Cummings 等（2013）
NIG-Fly	pBFv-nosP-Cas9	nanos 启动子控制下的 Cas9 表达	Kondo 和 Ueda（2013）
NIG-Fly	pBFv-U6.2	具有 attB 的 sgRNA 表达载体	Kondo 和 Ueda（2013）
Perrimon 实验室	pBH-供体	供体结构产生的载体	未发表

与细胞系基因组工程相关的主要问题是目前无法产生 100%效率的改变。改变的速率受到 sgRNA 效率和转染效率的限制，通常低于果蝇细胞系（Bassett et al.，2014）。最近报道介绍了具有 CRISPR 组件的选择盒，它显著增加了突变率（Bottcher et al.，2014）。然而，野生型序列的持续存在，导致抗有害（如生长缓

慢）突变的选择，随着时间的推移，群体恢复到野生型。直到开发出克服这些问题的方法为止，在细胞培养中使用 CRISPR 抑制产生不稳定的和混合种群。

19.4　CRISPR 试剂的配制

如前所述，递送 CRISPR 组分有几种方法适用于体内或体外培养的细胞。因此，所涉及过程的相关试剂将取决于所用方法。这里我们主要关注，将 sgRNA 递送果蝇表达 Cas9 或转染到培养细胞制备表达质粒。

19.4.1　sgRNA 克隆到表达载体

目前很少载体可供 sgRNA 的表达。然而，通常这些方法与使用类型Ⅱ限制性内切核酸酶类似克隆方法兼容（表 19.3）。例如，下面介绍的方法是基于一个以前开发的哺乳动物 CRISPR 载体（Ran et al.，2013），但可以与 pL018（Housden et al.，未发表）、pU6-*Bbs*Ⅰ-chiRNA（Gratz，Cummings，et al.，2013）、短 U6b-sgRNA（Ren et al.，2013）、pAc-sgRNA-Cas9（注意：这种质粒与代替 *Bbs*Ⅰ的 *Bsp*QⅠ不兼容）（Bassett et al.，2014）和果蝇质粒 pBFv-U6.2（Kondo & Ueda，2013）一起使用。这里我们将关注 pL018 而不是很容易修饰的其他质粒。设计 sgRNA 寡核苷酸时，一定要包括相关 4bp 悬突使其连接进入消化载体。使用 U6 表达质粒时，sgRNA 序列初始转录开始时还要包括一个额外的 G。

材料

- 互补寡核苷酸携带 sgRNA 靶序列（不包括 PAM）
- 适合目的应用程序质粒
- *Bbs*Ⅰ限制性内切核酸酶（Thermo Scientific）
- T4 连接酶缓冲液（NEB）
- T4 PNK 酶（NEB）
- T7 连接酶和缓冲液（Enzymatics）
- 快速消耗缓冲液（Thermo Scientific）
- FastAP 酶（Thermo Scientific）

方案

（1）按如下建立限制性内切核酸酶消化反应并在 37℃孵化 30min：

1μg pL018（或其他合适质粒）

2μl 10×快速消耗缓冲液

1μl FastAP

1μl *Bbs*Ⅰ或其他合适的酶

水加至 20μl

（2）用 PCR 纯化试剂盒纯化反应产物，通常浓度为 10ng/μl。

（3）用下面的反应混合物将正义和反义 sgRNA 寡核苷酸重新悬浮到 100μl：

1μl 100μmol/L 正义 sgRNA 寡核苷酸

1μl 100μmol/L 反义 sgRNA 寡核苷酸

1μl 10×T4 连接缓冲液

0.5μl T4 PNK（NEB）

6.5μl 水

注意：在这个步骤中，使用具有 PNK 酶的 T4 连接缓冲液，因为这里含有退火寡核苷酸磷酸化需要的 ATP。

使用下面的程序热循环进行磷酸化和退火寡核苷酸：

• 37℃，30min

• 95℃，5min

• 以 5℃/min，斜率从 95℃到 25℃

（4）用水将步骤（3）退火寡核苷酸稀释 200 倍（到 50mmol/L）；如果浓度太高，可能将多个拷贝插入载体。

（5）按下面连接退火寡核苷酸进入消化载体：

1μl 消化质粒［来自步骤（2）］

1μl 稀释退火寡核苷酸［来自步骤（4）］

5μl 2×快速连接酶缓冲液

0.5μl T7 连接酶

2.5μl 水

室温下培养 5min。

注意：5min 连接通常就足够了；如果需要，更长的保温可能用来增加菌落数。

使用新载体时，我们建议在相同的条件下进行阴性对照平行实验，但连接反应中省略退火寡核苷酸。

（6）用标准方法将 2μl 连接产物转导到化学感受态大肠杆菌并在含有青霉素的 LB 平板上接种。平板于 37℃孵化过夜。

（7）培养和微量制备单菌落，测序验证克隆成功。一般来说，筛选单菌落我们有非常高的成功率，必要时还可以更高。

19.4.2 供体结构的克隆

如上所述，ssODN 可以作为供体，小序列插入非常简单。然而，由于生成寡核苷酸长度的限制，这种方法只能用于对基因组做些小改变。

双链供体构造的产生需要 3 个或 4 个组件的连接，即两个同源臂、一个插入子（对于大多数但并非所有应用）和主链载体。用标准限制性内切核酸酶消化，接下来通过 4 种方式的连接能产生这些结构，尽管这种方法通常是有效和耗时的。相反，更先进的克隆程序可以用单步骤产生该结构。在这里，作为一个例子我们介绍使用 Golden gate（是一种 IIS 型限制性内切核酸酶，特异性识别双链 DNA 上的靶位点，并在靶位点下游非特异性地对 DNA 双链进行切割，在 DNA 双链的 5′或 3′端产生黏性末端的技术——译者注）克隆技术将外源序列插入到供体结构的详细方法（Engler，Kandzia，& Marillonnet，2008；Engler & Marillonnet，2014）。注意，其他方法也可以产生这些结构，包括 Gibson 组装（Gibson et al.，2009）。

当设计 Golden gate 分子克隆同源臂时，重要的是要确保限制性内切核酸酶用于构建供体而需要在序列内切出这些序列。为了做到这一点，我们使用的供体载体（pBH-donor）能与三个类型Ⅱ限制性内切核酸酶（*Bsa*Ⅰ、*Bbs*Ⅰ和 *Bsm*BⅠ）兼容（Housden et al.，未发表）。

类型Ⅱ限制性内切核酸酶切割它们识别序列的外面，因此在单个消化反应中单酶可以用来产生多个不同黏性末端。此外，切割的酶识别序列来自于消化反应克隆的 DNA 分子。当这些片段随后连接在一起时，限制性内切核酸酶识别位点就不存在了，所以不能再切。然而，如果来自分子末端的裂解小片段再连接分子，将恢复限制性酶切位点，因此分子可以再消化。Golden gate 分子克隆在限制性内切核酸酶和连接酶存在的条件下，按消化和连接之间循环原理进行工作。消化和连接的重复循环启动了正确连接产物的积累，即使存在多个片段也是如此。在反应中包括主链载体，可能直接转化产物而不需要增加克隆步骤。使用这种容易扩展的方法，从筛选只有一个菌落的单一反应中我们通常获得大于 80%的结构。筛选额外菌落会增加成功率，达 95%以上。

材料

- 高保真聚合酶（如来自 NEB，Phusion 高保真酶）
- 凝胶提取试剂盒（如 QIAGEN 凝胶纯化试剂盒）
- 10×BSA
- 10 mmol/L ATP
- NEB 缓冲液 4
- T7 连接酶（Enzymatics）
- 类型 IIS 限制性内切核酸酶（如 *Bsa*Ⅰ、*Bsm*BⅠ或 *Bbs*Ⅰ）
- 热循环仪
- 化学感受态细菌
- 迷你制备试剂盒
- 消化试验限制性内切核酸酶

• 测序寡核苷酸
• pBH 供体或其他合适载体

方案

（1）为两个同源臂和插入片段 PCR 扩增设计寡核苷酸。这些寡核苷酸应该将类型 IIs 限制性内切核酸酶酶切位点加到后来克隆步骤需要的 PCR 产物中。

（2）使用高保真聚合酶 PCR 扩增每个同源臂。

（3）在凝胶上运行 PCR 产物，检查谱带大小。我们建议使用 1kb 同源臂。

（4）使用标准试剂盒按照制造商说明书凝胶纯化同源臂。

（5）用 PCR 扩增插入序列，如果需要凝胶纯化（如果用短序列，也可以像互补寡核苷酸一样一起退火产生）。

（6）使用凝胶纯化同源臂、插入片段和主链载体建立 Golden gate 分子克隆反应：

10ng 每个同源臂
10ng 供体载体
10ng 插入片段
1μl 10×BSA
1μl 10mmol/L ATP
1μl NEB 缓冲液 4
0.5μl T7 连接酶
0.5μl 类型 II 限制性内切核酸酶
加水至 10μl

（7）将样品放入热循环仪和运行以下程序：

①37℃，2min
②20℃，3min
③重复步骤①和②，增加 9 倍时间
④37℃，2min
⑤95℃，5min

（8）使用标准程序将 5μl 反应产物转化到化学感受态大肠杆菌并接种到卡那霉素平板，37℃孵化过夜。

（9）在选择培养基中培养两个菌落过夜。

（10）使用标准试剂盒根据制造商说明微量制备样品。

（11）用质粒和合适引物送样品测序。对 pBH 供体，具有引物 5′-GAATCGCAGACCGATACCAG-3′序列。

使用这种克隆方法，我们通常发现，携带目的成分、正确组装的高比例克隆子，因此筛选一个或两个克隆子就足够了。

作为一种替代方法，在 Golden gate 分子克隆反应中没有必要包括主链载体。同源臂和插入序列可以通过 Golden gate 分子克隆组装，然后用标准方法克隆到载体之前用高保真聚合酶 PCR 再扩增。如果没有一个限制性内切核酸酶与供体载体相容而适合产生同源臂，这可能是一个有用的替代方法。

19.4.3　体内基因组修饰的分离

一旦相关试剂配制好并注射到果蝇胚胎，下一步就是验证和恢复目的基因修饰事件。如下所述，有很多种方法可以用来检测修饰，但注射 G_0 代果蝇必须在完成筛选之前首先交配获得非嵌合体动物（图 19.1）。为了做到这一点，我们通常将 G_0 代果蝇与平行具有目的染色体的系杂交。产生 F_1 代果蝇，然后在与相同平行系到分离品系再杂交之前，用下面介绍的方法之一收集和筛选。

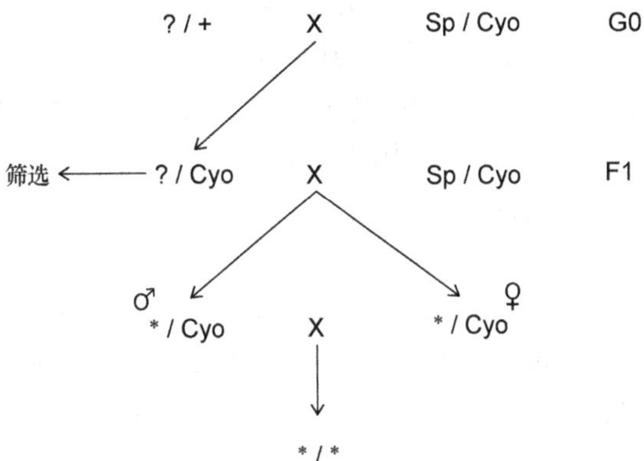

图 19.1　杂交产生修饰果蝇系示意图。注射 CRISPR 成分到胚胎后，修饰的染色体必须进行检测和分离。这可以通过注射的 G_0 代果蝇与合适平行家系第一次杂交（用第二个染色体平衡器作为例子，如 Sp/Cyo），分离 F_1 个体通过限制图谱、surbeyor 核酸酶、高分辨率熔解分析或其他合适的方法筛选。可以使用不致死的方法完成筛选，所以携带目的修改（*）的果蝇，然后与稳定家系分离的染色体平行再杂交。

19.5　突变子的检测

有几种方法适应于检测 CRISPR 诱导的基因组改变。对于大多数包括插入、删除或替换的情况，定制的方法必须用于检测变化。插入或替换的一个选项包括可视标记，如插入序列中的迷你白色或 3×P3-ds Red。这就允许果蝇携带目的修饰的简单选择（Gratz et al.，2014）。然而，在某些情况下，插入与这些标记有关的额外序列可能是不受欢迎的，在这种情况下 PCR 筛选方法可能更合适。

检测 NHEJ 引起的插入/缺失非常困难，因为普遍缺乏可见的表型和 PCR 分析结果不可靠。NHEJ 引起的许多突变非常小（1bp 插入或删除相当普遍）（Cong et al.，2013；Mali，Yang，et al.，2013；Ren et al.，2013），所以没有必要用重叠 PCR 引物影响扩增。因此，必须使用替代的筛选方法。

有几种方法，包括限制分析图谱分析、内切核酸酶分析和高分辨率融化（HRMA）分析（Bassett et al.，2013；Cong et al.，2013；Wang et al.，2013）。这些方法的每一种都有优缺点，应该根据筛选的样品数量和适合试剂的有效性进行选择。注意，根据所有这些筛选方法，建议靶位点测序验证序列的变化并测定突变的性质。

19.5.1 果蝇翅膀基因组 DNA 的制备

为了在建立种群之前筛选果蝇，可以从单翼中提取基因组 DNA 进行筛选而不会杀死果蝇（Carvalho，Ja，& Benzer，2009）。这样可以在进行杂交之前选择合适的 F_1 成虫，因此与进行全蝇筛查相比，明显减少了工作量，后者需要首先建立所有杂交群。下面详细介绍三种筛选方法都需要制备基因组 DNA。注意，为了从细胞中制备基因组 DNA，可以使用类似方法在混合缓冲液中重悬浮细胞并按介绍的方法在热循环仪中裂解细胞。

材料

- Squishing 缓冲液［10mmol/L Tris-HCl（pH8.2），1mmol/L EDTA，25mmol/L NaCl，400μg/ml 蛋白酶 K（从储存在–20℃的 50×储备液中新鲜加入）］
- 搅拌器或均质器杵
- 热循环仪

方案

（1）用手术钳从果蝇取出一个翅膀（将靠近交叉处的翅膀撕下但避免损害胸腔）并放入 1.5ml 微型离心机管。撕裂的确切位置可以变化，只是不要损坏胸。

（2）添加 20μl Squishing 缓冲液，使用杵或搅拌器在管内均质。

（3）转移到 PCR 管按以下程序在热循环仪 PCR：

- 50℃，1h
- 98℃，10min
- 10℃结束

1. 限制性谱图分析

这种筛选方法依赖于 NHEJ 诱导突变使基因组限制性内切核酸酶的识别序列断裂。特别是当产生基因敲除时，可以经常使用几个可能的 sgRNA 靶，允许选择与这样限制性内切核酸酶位点重叠的靶。注意，这些限制性内切核酸酶位点在上面介绍的 DRSC sgRNA 设计工具中有注释。为了检测突变，如上所述，从 F_1 代果蝇中制备的基因组 DNA 靶位点周边的片段首先必须由 PCR 扩增。接下来，用相关的限制性内切核酸酶消化 PCR 产物和在凝胶上可视化。野生型序列的任何变化，即断裂的限制酶酶切位点将产生谱带的改变，从而表明突变的存在。

2. 插入/缺失的 Surveyor 验证分析

筛选 sgRNA 靶位点通常会出现不适合限制性内切核酸酶位点的情况。一个替代方法是使用内切核酸酶分析。这些工作首先通过扩增来自含有 sgRNA 靶位点的基因组 DNA 片段，然后融化和再次退火形成野生型与突变序列之间的同源双链及异源双链。然后使用内切核酸酶，特别是切除异源双链分子中的错配，在凝胶上直观样品时发生了带形的变化（图 19.2）。我们一般使用 Surveyor 突变测定试剂盒检测 NHEJ 产生的插入/缺失，尽管其他酶也可以使用（如 T7 核酸酶）。

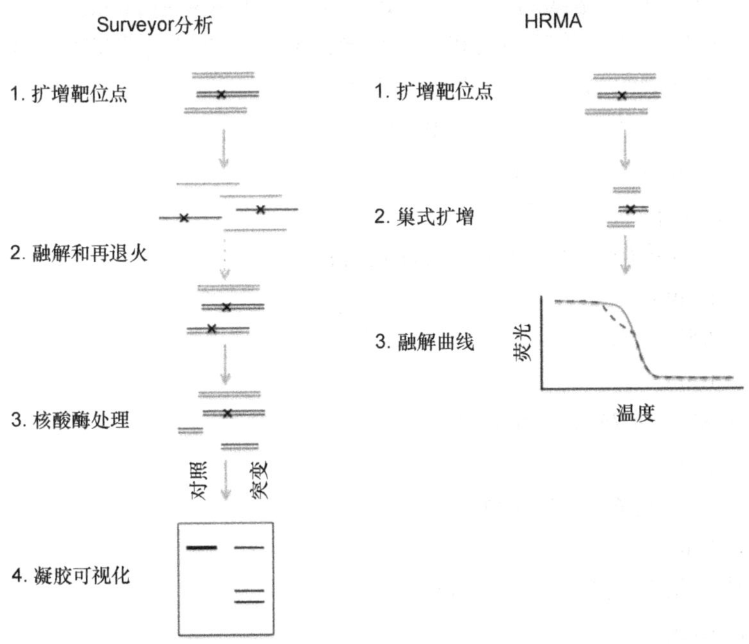

图 19.2　Surveyor 核酸酶和高分辨率融解分析方案。Surveyor 分析依赖 Surveyor 内切核酸酶切割错配 DNA 链。融解和再退火扩增来自野生型与突变等位基因导致形成异源双链核酸分子混合物片段，然后在凝胶上可视化时由 Surveyor 酶切割改变带形。HRMA 测定扩增片段之间融解曲线的差异。这些差异很少取决于序列的变化，所以需要专门软件来发现突变样品。（彩图请扫封底二维码）

材料

- PCR 扩增合适的引物

• 标准 PCR 试剂包括高保真聚合酶
• PCR 纯化试剂盒（如 QIA 快速 PCR 纯化试剂盒，QIAGEN）
• 热循环仪
• *Taq* PCR 缓冲液
• Surveyor 突变检测试剂盒（Transgenomic）

方案

（1）如上所述提取基因组 DNA，来自全果蝇或者个体翅膀。

（2）通过 PCR 产生的单一强带和使用优化的 PCR 条件及高保真聚合酶扩增基因组 DNA 片段，设计和优化 Surveyor 引物。优化的片段长度约 500bp，因为这样可以可靠地放大和接下来核酸酶处理对电泳带大小变化容易可视化。

重要的是这一步要使用高保真聚合酶为以便防止 PCR 错误而引入差异序列。用 Surveyor 核酸酶可检出这些结果并产生假阳性结果。

（3）使用 PCR 纯化试剂盒纯化 PCR 产物，用水恢复到 20 ng/μl。

注意：引物优化是关键因素和产生特异性 PCR 产物对于鉴定成功非常重要，包括由非突变基因组 DNA 组成的阴性对照。

（4）按下列条件融化和再退火 PCR 产物：

2.5μl 10×*Taq* PCR 缓冲液

22.5μl 20ng/μl 纯化 PCR 产物

将样品放入热循环仪并按下列程序运行：

95℃，10min

斜率从 95℃到 85℃（–2.0℃/s）

85℃，1min

斜率从 85℃到 75℃（–0.3℃/s）

75℃，1min

斜率从 75℃到 65℃（–0.3℃/s）

65℃，1min

斜率从 65℃到 55℃（–0.3℃/s）

55℃，1min

斜率 55℃到 45℃（–0.3℃/s）

45℃，1min

斜率从 45℃到 35℃（–0.3℃/s）

35℃，1min

斜率从 35℃到 25℃（–0.3℃/s）

25℃，1min

4℃到结束。

（5）按下列建立 surveyor 消化反应并在 42℃孵化 30min：

25μl 退火来自步骤（4）的产物

3μl 0.15mol/L $MgCl_2$

1μl Surveyor 核酸酶 S

1μl Surveyor 增强剂 S

（6）从试剂盒中加 2μl 终止液，在琼脂糖凝胶上可视化检测突变子。

筛选细胞样本时，按如下操作有利于评估群体中突变等位基因：

i. 用 ImageJ 或其他凝胶定量软件测定未切割带 A 和切割带 B、C 的整合强度。

ii. 计算 f_{cut}，如：f_{cut}=(B+C)/(A+B+C)。

iii. 评估插入/缺失发生：插入/缺失(%)=$100\times\left(1-\sqrt{\left(1-f_{cut}\right)}\right)$

3. 使用 HRMA 测定突变子

使用成本效益好和可规模化的高分辨率融解度分析（HRMA）方法检测突变（Bassett et al.，2013）。许多公司出售具有 HRMA 分析内置模块的 RT-PCR 仪器，但可以用几乎任何 RT-PCR 仪完成反应，只要具有间隔 0.1℃荧光阅读就可以完成融解曲线。

HRMA 的原理是：首先从潜在含有突变基因组的基因位点扩增出一个小片段，然后慢慢融解，通过融解过程测定双链 DNA 的量。产生融解曲线类似于标准 RT-PCR 分析中质量控制产生的那些结果，但分辨率更高。DNA 片段序列的变化将改变曲线的形态，从而通过与野生型样品产生的曲线比较检测含有突变的样品（图 19.2）。这种变化通常非常小，尤其是含许多不同突变的样品，在细胞培养中是常有的事，所以需要专门的软件来检测。

这个分析还比其他方法更灵敏，这意味着可以在 G_0 代筛选果蝇，因此减少分离突变体所需的工作量。为了从 G_0 代产生基因组 DNA，建议建立杂交产生 F_1 代，所有 G_0 代和全果蝇用于一次制备 DNA，很明显，杂交将产生子代。注意，在这种情况下不能用翅膀制备 DNA，因为可能在种系中突变。

材料

- 标准 PCR 试剂包括高保真聚合酶
- 适合巢式扩增的引物
- 精度融化超级混合物（Bio-Rad）或其他类似的反应混合物
- 具有高分辨率融解能力的 RT-PCR 仪

方案

（1）按上述介绍的方法制备翅膀基因组 DNA，或用 50～100μl 浓缩缓冲液制备全果蝇 DNA。

（2）使用下列反应混合物和 PCR 程序，PCR 扩增 sgRNA 靶位点周围的片段（300～600bp）：

反应混合物：

2μl DNA

10μl 缓冲液

1μl dNTP（每种 25mmol/L）

1μl 引物（每种 10μmol/L）

0.5μl Phusion 聚合酶

1.25μl $MgCl_2$（100mmol/L）

34.25μl 水

PCR 程序：

98℃，3min

98℃，30s

50℃，30s　｝2～34 个循环

72℃，30s

10℃终止

（3）在凝胶上上样 5μl 反应产物检测是否产生了正确大小的片段。不需要获得特异性产物，因为非特异性带在下列步骤中不会再扩增。

（4）用水稀释 PCR 产物（1∶10 000）。

（5）按以下在 RT-PCR 仪中建立巢式 PCR 和融解分析。

反应混合物：

1μl DNA 模板

5μl 精密融化 supermix

0.3μl 左引物（10μmol/L）

0.3μl 右引物（10μmol/L）

3.4μl 水

HRMA 程序：

95℃，3min

95℃，18s

50℃，30s

荧光读取

重复 50 次

95℃，2min

25℃，2min

4℃，2min

每 0.1℃荧光读取从 55℃到 95℃融化曲线。

甚至少量的非特异性产物也会影响 HRMA 的结果。上述方法使用巢式 PCR 以避免优化原 PCR 的需要。然而，设计高度特异性引物时，可以跳过 PCR 扩增的第一步。

19.5.2　HRMA 数据分析

许多 RT-PCR 仪配备商业 HRMA 分析软件，按照说明书可用于识别携带突变样品。然而，如果这种软件不可用，可以使用在线工具。例如，我们最近开发的 HRMAnalyzer（http://www.flyrnai.org/HRMA）（Housden，Flockhart，& Perrimon，未发表），可用于识别携带突变样本，使用基于聚类方法或通过统计与对照样品比较。

致　谢

我们感谢 David Doupé和 Stephanie Mohr 在准备本章中的有益讨论。在 Perrimon 实验室工作获得美国国立卫生研究院和霍华德·休斯医学研究所的支持。

参 考 文 献

Auer, T. O., Duroure, K., De Cian, A., Concordet, J. P., & Del Bene, F. (2014). Highly efficient CRISPR/Cas9-mediated knock-in in zebrafish by homology-independent DNA repair. Genome Research, 24(1), 142-153. http://dx.doi.org/10.1101/gr.161638.113.

Bassett, A. R., & Liu, J. L. (2014). CRISPR/Cas9 and genome editing in *Drosophila*. Journal of Genetics and Genomics, 41(1), 7-19. http://dx.doi.org/10.1016/j.jgg.2013.12.004.

Bassett, A. R., Tibbit, C., Ponting, C. P., & Liu, J. L. (2013). Highly efficient targeted mutagenesis of *Drosophila* with the CRISPR/Cas9 system. Cell Reports, 4(1), 220-228. http://dx.doi.org/10.1016/j.celrep.2013.06.020.

Bassett, A. R., Tibbit, C., Ponting, C. P., & Liu, J. L. (2014). Mutagenesis and homologous recombination in *Drosophila* cell lines using CRISPR/Cas9. Biology Open, 3(1), 42-49. http://dx.doi.org/10.1242/bio.20137120.

Beumer, K., Bhattacharyya, G., Bibikova, M., Trautman, J. K., & Carroll, D. (2006). Efficient gene targeting in *Drosophila* with zinc-finger nucleases. Genetics, 172(4), 2391-2403. http://dx.doi.org/10.1534/genetics.105.052829.

Beumer, K. J., & Carroll, D. (2014). Targeted genome engineering techniques in *Drosophila*. Methods, 68(1), 29-37. http://dx.doi.org/10.1016/j.ymeth.2013.12.002.

Beumer, K. J., Trautman, J. K., Bozas, A., Liu, J. L., Rutter, J., Gall, J. G., et al. (2008). Efficient gene targeting in *Drosophila* by direct embryo injection with zinc-finger nucleases. Proceedings of the National Academy of Sciences of the United States of America, 105(50), 19821-19826.

http://dx.doi.org/10.1073/pnas.0810475105.

Beumer, K. J., Trautman, J. K., Christian, M., Dahlem, T. J., Lake, C. M., Hawley, R. S., et al. (2013). Comparing zinc finger nucleases and transcription activator-like effector nucleases for gene targeting in *Drosophila*. G3, 3(10), 1717-1725. http://dx.doi.org/10.1534/g3.113.007260.

Beumer, K. J., Trautman, J. K., Mukherjee, K., & Carroll, D. (2013). Donor DNA utiliza-tion during gene targeting with zinc-finger nucleases. G3, 3(4), 657-664. http://dx.doi.org/10.1534/g3.112.005439.

Bibikova, M., Golic, M., Golic, K. G., & Carroll, D. (2002). Targeted chromosomal cleavage and mutagenesis in *Drosophila* using zinc-finger nucleases. Genetics, 161(3), 1169-1175.

Bottcher, R., Hollmann, M., Merk, K., Nitschko, V., Obermaier, C., Philippou-Massier, J., et al.(2014). Efficient chromosomal gene modification with CRISPR/cas9 and PCR-based homologous recombination donors in cultured *Drosophila* cells. Nucleic Acids Research, 42(11), e89. http://dx.doi.org/10.1093/nar/gku289.

Bozas, A., Beumer, K. J., Trautman, J. K., & Carroll, D. (2009). Genetic analysis of zinc-finger nuclease-induced gene targeting in *Drosophila*. Genetics, 182(3), 641-651. http://dx.doi.org/10.1534/genetics.109.101329.

Carvalho, G. B., Ja, W. W., & Benzer, S. (2009). Non-lethal PCR genotyping of single *Drosophila*. BioTechniques, 46(4), 312-314. http://dx.doi.org/10.2144/000113088.

Chapman, J. R., Taylor, M. R., & Boulton, S. J. (2012). Playing the end game: DNA doublestrand break repair pathway choice. Molecular Cell, 47(4), 497-510. http://dx.doi.org/10.1016/j.molcel.2012.07.029.

Cong, L., Ran, F. A., Cox, D., Lin, S., Barretto, R., Habib, N., et al. (2013). Multiplex genome engineering using CRISPR/Cas systems. Science, 339(6121), 819-823. http://dx.doi.org/10.1126/science.1231143.

Dickinson, D. J., Ward, J. D., Reiner, D. J., & Goldstein, B. (2013). Engineering the *Caenorhabditis elegans* genome using Cas9-triggered homologous recombination. Nature Methods, 10(10), 1028-1034. http://dx.doi.org/10.1038/nmeth.2641.

Engler, C., Kandzia, R., & Marillonnet, S. (2008). A one pot, one step, precision cloning method with high throughput capability. PLoS One, 3(11), e3647. http://dx.doi.org/10.1371/journal.pone.0003647.

Engler, C., & Marillonnet, S. (2014). Golden Gate cloning. Methods in Molecular Biology, 1116, 119-131. http://dx.doi.org/10.1007/978-1-62703-764-8_9.

Fu, Y., Foden, J. A., Khayter, C., Maeder, M. L., Reyon, D., Joung, J. K., et al. (2013). High-frequency off-target mutagenesis induced by CRISPR-Cas nucleases in human cells. Nature Biotechnology, 31(9), 822-826. http://dx.doi.org/10.1038/nbt.2623.

Gibson, D. G., Young, L., Chuang, R. Y., Venter, J. C., Hutchison, C. A., 3rd., & Smith, H. O. (2009). Enzymatic assembly of DNA molecules up to several hundred kilobases. Nature Methods, 6(5), 343-345. http://dx.doi.org/10.1038/nmeth.1318.

Gratz, S. J., Cummings, A. M., Nguyen, J. N., Hamm, D. C., Donohue, L. K., Harrison, M. M., et al. (2013). Genome engineering of *Drosophila* with the CRISPR RNA-guided Cas9 nuclease. Genetics, 194(4), 1029-1035. http://dx.doi.org/10.1534/genetics.113.152710.

Gratz, S. J., Ukken, F. P., Rubinstein, C. D., Thiede, G., Donohue, L. K., Cummings, A. M., et al. (2014). Highly specific and efficient CRISPR/Cas9-catalyzed homology-directed repair in *Drosophila*. Genetics, 196(4), 961-971. http://dx.doi.org/10.1534/genetics.113.160713.

Gratz, S. J., Wildonger, J., Harrison, M. M., & O'Connor-Giles, K. M. (2013). CRISPR/Cas9-mediated genome engineering and the promise of designer flies on demand. Fly, 7(4),

249-255. http://dx.doi.org/10.4161/fly.26566.

Heigwer, F., Kerr, G., & Boutros, M. (2014). E-CRISP: Fast CRISPR target site identification. Nature Methods, 11(2), 122-123. http://dx.doi.org/10.1038/nmeth.2812.

Hsu, P. D., Scott, D. A., Weinstein, J. A., Ran, F. A., Konermann, S., Agarwala, V., et al. (2013). DNA targeting specificity of RNA-guided Cas9 nucleases. Nature Biotechnology, 31(9), 827-832. http://dx.doi.org/10.1038/nbt.2647.

Hwang, W. Y., Fu, Y., Reyon, D., Maeder, M. L., Tsai, S. Q., Sander, J. D., et al. (2013). Efficient genome editing in zebrafish using a CRISPR-Cas system. Research Support, N.I.H., Extramural.

Jiang, W., Bikard, D., Cox, D., Zhang, F., & Marraffini, L. A. (2013). RNA-guided editing of bacterial genomes using CRISPR-Cas systems. Nature Biotechnology, 31(3), 233-239. http://dx.doi.org/10.1038/nbt.2508.

Kondo, S. (2014). New horizons in genome engineering of *Drosophila melanogaster*. Genes & Genetic Systems, 89(1), 3-8.

Kondo, S., & Ueda, R. (2013). Highly improved gene targeting by germline-specific Cas9 expression in *Drosophila*. Genetics, 195(3), 715-721. http://dx.doi.org/10.1534/genetics.113.156737.

Lee, J. S., Kwak, S. J., Kim, J., Noh, H. M., Kim, J. S., & Yu, K. (2014). RNA-guided genome editing in *Drosophila* with the purified cas9 protein. G3, 4(7), 1291-1295. http://dx.doi.org/10.1534/g3.114.012179.

Ma, M., Ye, A. Y., Zheng, W., & Kong, L. (2013). A guide RNA sequence design platform for the CRISPR/Cas9 system for model organism genomes. BioMed Research International, 2013, 270805. http://dx.doi.org/10.1155/2013/270805.

Mali, P., Aach, J., Stranges, P. B., Esvelt, K. M., Moosburner, M., Kosuri, S., et al. (2013). CAS9 transcriptional activators for target specificity screening and paired nickases for cooperative genome engineering. Nature Biotechnology, 31(9), 833-838. http://dx.doi.org/10.1038/nbt.2675.

Mali, P., Yang, L., Esvelt, K. M., Aach, J., Guell, M., DiCarlo, J. E., et al. (2013). RNA-guided human genome engineering via Cas9. Science, 339(6121), 823-826. http://dx.doi.org/10.1126/science.1232033.

Mohr, S. E., Hu, Y., Kim, K., Housden, B. E., & Perrimon, N. (2014). Resources for functional genomics studies in *Drosophila melanogaster*. Genetics, 197(1), 1-18. http://dx.doi.org/10.1534/genetics.113.154344.

Pattanayak, V., Lin, S., Guilinger, J. P., Ma, E., Doudna, J. A., & Liu, D. R. (2013). High-throughput profiling of off-target DNA cleavage reveals RNA-programmed Cas9 nuclease specificity. Nature Biotechnology, 31(9), 839-843. http://dx.doi.org/10.1038/nbt.2673.

Ran, F. A., Hsu, P. D., Wright, J., Agarwala, V., Scott, D. A., & Zhang, F. (2013). Genome engineering using the CRISPR-Cas9 system. Nature Protocols, 8(11), 2281-2308. http://dx.doi.org/10.1038/nprot.2013.143.

Ren, X., Sun, J., Housden, B. E., Hu, Y., Roesel, C., Lin, S., et al. (2013). Optimized gene editing technology for *Drosophila melanogaster* using germ line-specific Cas9. Proceedings of the National Academy of Sciences of the United States of America, 110(47), 19012-19017. http://dx.doi.org/10.1073/pnas.1318481110.

Sebo, Z. L., Lee, H. B., Peng, Y., & Guo, Y. (2014). A simplified and efficient germline-specific CRISPR/Cas9 system for *Drosophila* genomic engineering. Fly, 8(1), 52-57. http://dx.doi.org/10.4161/fly.26828.

Urnov, F. D., Miller, J. C., Lee, Y. L., Beausejour, C. M., Rock, J. M., Augustus, S., et al. (2005). Highly efficient endogenous human gene correction using designed zinc-finger nucleases. Nature, 435(7042), 646-651. http://dx.doi.org/10.1038/nature03556.

Wang, H., Yang, H., Shivalila, C. S., Dawlaty, M. M., Cheng, A. W., Zhang, F., et al. (2013). One-step generation of mice carrying mutations in multiple genes by CRISPR/Cas-mediated genome engineering. Cell, 153(4), 910-918. http://dx.doi. org/10.1016/j.cell.2013.04.025.

Xue, Z., Ren, M., Wu, M., Dai, J., Rong, Y. S., & Gao, G. (2014). Efficient gene knock-out and knock-in with transgenic Cas9 in *Drosophila.* G3, 4(5), 925-929. http://dx.doi.org/10.1534/g3. 114.010496.

Yang, L., Guell, M., Byrne, S., Yang, J. L., De Los Angeles, A., Mali, P., et al. (2013). Optimization of scarless human stem cell genome editing. Nucleic Acids Research, 41(19), 9049-9061. http://dx.doi.org/10.1093/nar/gkt555.

Yu, Z., Chen, H., Liu, J., Zhang, H., Yan, Y., Zhu, N., et al. (2014). Various applications of TALEN- and CRISPR/Cas9-mediated homologous recombination to modify the *Drosophila* genome. Biology Open, 3(4), 271-280. http://dx.doi.org/10.1242/ bio.20147682.

Yu, Z., Ren, M., Wang, Z., Zhang, B., Rong, Y. S., Jiao, R., et al. (2013). Highly efficient genome modifications mediated by CRISPR/Cas9 in *Drosophila*. Genetics, 195(1), 289-291. http://dx. doi.org/10.1534/genetics.113.153825.

第 20 章 生殖细胞注射 CRISPR/Cas RNA 的无转基因基因组编辑

Hillel T. Schwartz[1,2], Paul W. Sternberg[1,2]

（1. 美国加州理工学院生物学与生物工程学部；2. 霍华德·休斯医学研究所）

目 录

摘要

CRISPR/Cas 基因组修饰为用户提供了靶向切割基因组内源位点和使用定向模板修复设计基因组精确改变的能力，所有这些具有前所未有的方便和打靶灵活性。因此，CRISPR/Cas 只是一组最近开发且快速改进工具的一部分，为研究人员从功能上研究以前在实验室环境中未广泛使用的生物基因组提供了巨大的潜力。我们详细介绍使用 CRISPR/Cas 打靶实验生物基因的方法，以不需要转化的方式来获得转基因系，很容易广泛应用于以前很少研究的物种中。

20.1 理论、哲学和实际问题

20.1.1 概述

CRISPR/Cas 为用户高效率和高度自由选择的位点上双链 DNA 产生断裂的方法（Gaj，Gersbach，& Barbas，2013；Kim & Kim，2014；Mali，Esvelt，& Church，2013）。在这种背景下没有必要讨论详细的起源和拥有工程特异性核酸酶，尤其是 CRISPR/Cas 的性质；许多文章有详细的介绍，阅读本章的任何人可能都熟悉 CRISPR/Cas 可以为他们做什么。相反，我们希望解释与无转基因递送 CRISPR/Cas 相关的特定问题和潜在的优势，并详细解释在对秀丽隐杆线虫，甚至拥有类似容易获得的生殖细胞系的其他动物的一般和特殊应用如何操作。

对于建立现代标准实验室生物模型的首次研究始于一个多世纪前哥伦比亚大学 T.H.摩尔根实验室（Sturtevant，2001）。自从那些工作开始以来，世界范围内的研究人员结合他们的努力去构建有高回报的资源，在标准实验室模式生物包括黑腹果蝇（*Drosophila melanogaster*）、秀丽隐杆线虫（*C. elegans*）、斑马鱼（*Danio rerio*）、小鼠（*Mus musculus*）和十字花科植物拟南芥（*Arabidopsis thaliana*）中完成了遗传和后来的分子研究。全社会都关注每一种生物，分享它们的突变体，收集、开发和优化每个种群变异发生和转基因专业方案，最终进入基因组完全测序。新兴技术承诺，对于先前没有得到很好研究而研究者又感兴趣的生物，对于以前缺乏全球性合作者网络的情况，为这些动物的研究建立强有力的分子遗传学实验系统：拥有有限资源的个体研究者能借助于高通量测序技术，产生基因组组装的草图（Schatz，Delcher，& Salzberg，2010）；分子标记的使用使得明显表型突变体有了丰富的积累而不需要作图和品系构建（Rounsley & Last，2010；Wicks，Yeh，Gish，Waterston，& Plasterk，2001），RNAi 和现在设计的核酸酶使得研究基因功能成为可能（Boutros & Ahringer，2008；Frokjaer-Jensen，2013；Gaj et al.，2013；Selkirk，Huang，Knox，& Britton，2012）。这些技术的应用使得在生物中实现工程基因敲除成为可能，人们只要进行研究就足以产生 100 篇发表在 PubMed 上的论文（Lo et al.，2013；Zantke，Bannister，Rajan，Raible，& Tessmar-Raible，2014）。尤其是通过直接注射体外合成的 RNA，实现 CRISPR/Cas 活性的无转基因递送（Chiu，Schwartz，Antoshechkin，& Sternberg，2013；Katic & Grosshans，2013；Lo et al.，2013），甚至在没有合适的方案来进行目的种类生物的 DNA 转化，仍使得为新品系生物设计基因组成为可能。

20.1.2　使用或不使用转基因递送 CRISPR/Cas 的时间

当有简便、高效的转基因可用方案时，以秀丽隐杆线虫为例，使用 DNA 转化产生 CRISPR/Cas，被认为是强而有利的方案：它避免了配置或注射相对不稳定的 RNA 储备试剂的需要，并且使用 DNA 转基因传递 CRISPR/Cas 活性的最高效率比使用 Cas9 mRNA 或蛋白质注射的最高效率要高（Frokjaer-Jensen，2013）。然而，这种情形下，秀丽隐杆线虫作为一种成熟的研究生物的优势种；在其他品系中可能没有报道产生 DNA 转基因的有效方法，经验表明，为新物种发展转基因技术可能需要相当大的努力，即使解剖学和生殖机制相似的秀丽隐杆线虫也是如此（Braach，Schlager，Wang，& Sommer，2009）。因此，直接注射无转基因性质的 CRISPR/Cas 试剂，这样在还没有尝试转基因的生物中，或者称为具挑战性的生物中，可能是一种强大的工具。

最近 CRISPR 技术的应用有了发展，即利用 CRISPR 易编程 DNA 结合，靶向转录修饰机制的募集而不是诱导双链 DNA 断裂（Gilbert et al.，2013）。这些方法非常令人兴奋之处在于它们的潜力，但需要修饰 CRISPR 相关试剂的持续表达。通过直接注射 Cas9 mRNA 瞬时递送 CRISPR 试剂未必适合这些新技术，还需要 DNA 转基因转化。

20.1.3　用 CRISPR/Cas 无转基因处理改变突变作图

现在许多研究小组已经报道了他们使用各种方法学通过 CRISPR/Cas 在秀丽隐杆线虫中实现基因组修饰的经验，这些方法包括：转基因完整一代典型代表表达 CRISPR/Cas 试剂；以 mRNA 和引导 RNA 作为递送试剂，或甚至直接注射引导 RNA 与 Cas9 蛋白（Chiu et al.，2013；Cho，Lee，Carroll，& Kim，2013；Dickinson，Ward，Reiner，& Goldstein，2013；Friedland et al.，2013；Katic & Grosshans，2013；Liu et al.，2014；Lo et al.，2013；Waaijers et al.，2013；Zhao，Zhang，Ke，Yue，& Xue，2014）。从这些报告中可以明显看出，对于频繁恢复的突变类型，使用转化和无转基因方法进行 CRISPR/Cas 的重要区别。

通常人们只考虑那些可见表型基础上的突变恢复，而不是在靶向位点改变序列基础上的分子识别，通过 CRISPR/Cas 切割，利用 DNA 转基因诱导秀丽隐杆线虫的大部分突变子是非常小的插入或删除（Friedland et al.，2013；Liu et al.，2014；Waaijers et al.，2013）。相比之下，几个小组报道，CRISPR/Cas 试剂的瞬时应用诱导突变，无论是通过直接引导 RNA 与 Cas9 mRNA，还是通过直接注射 Cas9 蛋白，都强烈偏好大缺失甚至是染色体重排（Chiu et al.，2013；Cho et al.，2013；Lo et al.，2013）；其他报道为混合结果或只发现有小删除和插入（Katic & Grosshans，2013；Liu et al.，2014）。如此大的变化具有产生突变的优势，即可能使分子无效，但分子检测这些突变子要困难得多，如果无法根据可预测的可见表型将其回收，则需要进行分子检测。检测 CRISPR/Cas 诱导变化的分子方法依赖位点 PCR 扩增以便用错配测定，即通过改变限制内切核酸酶消化，或通过扩增子大小差异来检测这种变化；在秀丽隐杆线虫中非转基因 CRISPR/Cas 优先出现的大缺失，通常缺乏扩增需要的引物结合位点，所以这种突变很可能是失败的（图 20.1）。基因靶向了不能筛选表型的突变子时，对于使用可用模板定向修复敲入策略可能非常有益（Chen，Fenk，& de Bono，2013；Dickinson et al.，2013；Tzur et al.，2013；Zhao et al.，2014），以便增加产生可预测损伤的可能性和容易检测分子结构。

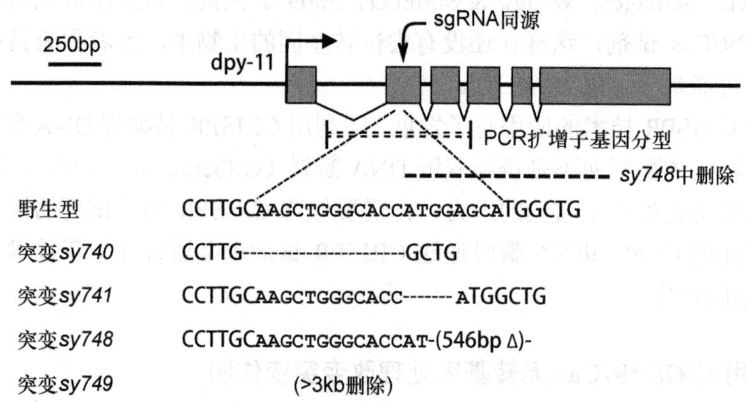

图 20.1 秀丽隐杆线虫 dpy-11 位点表现示意图。通过靶向 CRISPR/Cas 活性指示切割选择位点的位置。注意，靶向位点是在基因早期的外显子内，使任何由此产生的突变都可能强烈干扰基因的功能。显示的野生型和选择突变型部分序列是 CRISPR/Cas 处理靶向该位点之后分离的（Chiu et al.，2013）。这些序列中，NGG 基序前的 20 个核苷酸即刻合并到 sgRNA 中，用于靶向锁定该位点。虽然在这种实例中的突变子是基于它们的突变表型分离的，但是有可能筛选了这个位点的分子变化，例如，使用 PCR 扩增位于定向位点的小（600 个核苷酸）区域和使用 *Nco* Ⅰ（识别序列 CCATGG）检测切割情况。注意，这种方法只会恢复 1/4 的突变子，sy740、sy748 和 sy749 突变染色体将在 PCR 扩增中缺乏至少一个结合位点引物并且不会表达 PCR 产物（比较假想的 PCR 扩增子和图中删除 sy748 的长度），以及在 sy741 破坏内源 *Nco* Ⅰ位点中删除 7 个核苷酸，从而导致序列变化产生新的 *Nco* Ⅰ位点。

20.1.4　CRISPR/Cas 切割特异性的注意事项

利用 CRISPR/Cas 产生的突变特异性有相当大的争议。几项研究表明，CRISPR/Cas 核酸酶活性可能在位点上经常产生突变而不是靶向切割（Fu et al.，2013；Hsu et al.，2013；Pattanayak et al.，2013）。相反，在我们的研究中，当在秀丽隐杆线虫中通过注射体外合成 RNA 时，我们使用全基因组测序评估 CRISPR/Cas 活性特异性，并没有观察到通常脱靶位点变化（Chiu et al.，2013）。可想而知，秀丽隐杆线虫不知什么原因显示 CRISPR/Cas 高特异性，或者用 CRISPR/Cas 试剂瞬时递送诱导突变倾向高特异性；即便如此，脱靶切割事件可能常见于其他物种。如果需要极高的特异性，研究人员可能希望用两个 CRISPR/Cas 复合物来切割，每个靶非常接近另一个靶，并有打靶单链切口酶活性或二聚体化 *Fok* I 活性，这样就在需要的两个位点结合而产生双链断裂（Cho et al.，2014；Mali，Aach，et al.，2013；Ran et al.，2013；Tsai et al.，2014）。

20.2　设　　备

寡核苷酸合成服务
DNA 测序服务
微型离心机
紫外分光光度计（如 NanoDrop）
水浴
37℃孵化器
–20℃冷冻冰箱
–80℃低温冰箱
PCR 仪
解剖显微镜
本生燃烧炉
探针拉制器
倒置显微镜（含有显微注射设备）
琼脂糖凝胶板装置
电源
紫外线透照器

20.3 材　　料

Addgene 质粒 47911 SP6-hCas9-Ce-mRNA
Addgene 质粒 47912 SP6-sgRNA-scaffold
限制性内切核酸酶 *Afl* Ⅱ和 *Kpn* Ⅰ-HF 及伴随的孵化缓冲液
Phusion DNA 聚合酶（NEB）
QIA 快速 PCR 纯化试剂盒（QIAGEN）
QIA 快速凝胶提取试剂盒（QIAGEN）
Gibson 克隆试剂盒（NEB）
MAXIscript SP6 转录试剂盒（Life Technologies）
mMESSAGE mMACHINESP6 转录试剂盒（Life Technologies）
PolyA Tailing 试剂盒（Life Technologies）
TURBO DNA 酶（Life Technologies）
氨苄青霉素转化感受态大肠杆菌（如氯化钙感受态 DH5α）
三磷酸脱氧核苷酸（dNTP）
无核酸酶水
NGM 琼脂
LB 肉汤培养基，LB 琼脂培养基
琼脂糖
溴化乙锭（或替代 DNA 显色剂）
微量毛细管用于制备显微注射针
显微注射玻璃盖（24mm×50mm）
20μl 口吸微量吸管

20.4　靶序列识别

寻找适合候选靶位点的基因；当使用酿脓链球菌（*Streptococcus pyogenes*）Cas9 酶时，这 23 个核苷酸序列末端应该具有 NGG。这个位点可以在链上，也可以搜索到以 CCN 开始的 23 聚体序列（位置 17 之后）。为了确保突变可能是强大功能丧失的等位基因，你应该在编码序列内，理想情况下靠近 5′端寻找。最终序列使用 SP6 RNA 聚合酶体外转录，要求序列以 G（最好是用 GA 或 GG）开始；然而，这不是考虑确定靶位点的问题，犹如 23 个核苷酸序列的内源 5′端不是 G，之后就用 G 或可以附加到 5′端的 G 来代替。

使用同源性 BLAST 搜索确定靶位点，靶位点不要与其他序列和基因组中脱靶位点过度同源。请注意，可能必须调整你的 BLAST 查询设置，以便它返回适当弱同源性结果；如果从命令行运行 BLAST，包括有争议的“-word_size 7.”。即使靶向了位点只会有一个 e-05 命令上的 E 值；任何小于 1 的 E 值候选脱靶位点应根据以下标准来检查：靶识别和 CRISPR/Cas 切割受到接近 3′端 20 个核苷酸序列（前端必须有 NGG，末端有 GC 序列）的强力影响。基因组的其他地方有相似的序列是常见的，连续 15 个核苷酸的完整匹配是普遍出现的现象，但它应该是容易识别的位点，其中这样扩展延伸的核苷酸同源性不包括在或接近 20 个核苷酸的 3′端 NGG 前的核苷酸，或有很高的相似性，但不是 NGG 紧随其后，表明这些不是 CRISPR/Cas 脱靶切割的强力候选序列。注意，还有另一个方法可达到特异性最大值，用最少序列取代寻求位点来识别基因组中其他位点：如上所述，采用单链切口酶或二聚体 *Fok* I 核酸酶取代双链 DNA 切割活性，到达改变 CRISPR/Cas 切割方案是可能的，这样非常靠近的两个位点必定被识别出现双链断裂。

另一个要考虑的问题是筛选产生任何突变分子的能力。如果你能识别内部的或非常靠近限制性内切核酸酶识别序列的裂解位点（和一个没有再次切割非常接近的靶位点），靶区的 PCR 扩增随后用限制性内切核酸酶消化，应该很容易发现破坏识别位点的损伤。

20.5　产生 sgRNA 构造

20.5.1　寡核苷酸的设计

您会使用 Gibson 克隆首先插入 23 个核苷酸靶末端 NGG 到载体 SP6-sgRNA 支架。为了做到这步，首先命令两个寡核苷酸合成。

正链寡核苷酸：首先检测 23 个核苷酸靶位点的 20 个核苷酸。这些或修饰后的这些序列将合并成寡核苷酸并克隆到 sgRNA 表达载体——最后存在于基因组靶位点的三个核苷酸即 NGG，不要包含在这些寡核苷酸或这种结构中。如果这 20 个核苷酸中的 2 个不是 GA 就是 GG，要么用 GA 替代这两个核苷酸，要么将 G 或 GG 加到 20 个核苷酸序列的 5′端。现在，有 20、21 或 22 个核苷酸序列的寡核苷酸有序合成，立即用下列序列附加到 3′端：GATCCCCCGGGCTGCAGGAATTCATTTAGGTGACACTATA。

反向链寡核苷酸：测定附加到上述序列 3′端的反向互补序列。有序合成反向互补序列的寡核苷酸，立即用下面的序列添加到 3′端：GACTAGCCTTATTTTAACTTGCTATTTCTAGCTCTAAAAC。

20.5.2 插入子的产生

250μl PCR 管混合下列试剂：

10.0μl 5×Phusion 缓冲液
15.0μl 1mmol/L dNTP
2.5μl 10μmol/L 正向引物
2.5μl 10μmol/L 反向引物
19.5μl H_2O
0.5μl Phusion 聚合酶

按下列程序进行 PCR：

i. 94.5℃，3min
ii. 94.5℃，20s
iii. 47℃，25s
iv. 72℃，25s
v. 转到步骤 ii，4 次
vi. 94.5℃，20s
vii. 50℃，25s
viii. 72℃，25s
ix. 转到步骤 vi，4 次
x. 94.5℃，20s
xi. 53℃，25s
xii. 72℃，25s
xiii. 转到步骤 x，19 次
xiv. 72℃，10min
xv. 4℃，4s
xvi. 15℃，直到终止

使用 QIA 快速 PCR 纯化试剂盒，按照说明书清除产物。过程结束时，将加热到 70℃ 10μl ddH_2O 加入柱内，离心收集洗脱液并重复一次，用同一管收集洗脱液。储存于–20℃直到载体线性化。

20.5.3 sgRNA 构建线性化载体的制备

在 1.5ml 微型离心机管中混合以下试剂：

4μl 10×NEB CutSmart 缓冲液
5μl 500ng/μl SP6-sgRNA-scaffold
29μl 水

2μl *Afl* II 限制性内切核酸酶（20U/μl）

在 37℃水浴孵化 4h。产物在 0.8%的琼脂糖凝胶电泳，用 QIA 快速凝胶提取试剂盒根据制造商方案纯化。在结束时，将 16μl 加热到 70℃的 ddH_2O 加入柱内，离心收集洗脱液，并重复一次，相同的管收集洗脱液。根据需要分装储存于–20℃。

20.5.4　sgRNA 合成质粒的构建和鉴定

在 25μl PCR 管中混合如下试剂：

3μl 2×Gibson 反应混合物

1μl 纯化 *Afl* II 消化 SP6-sgRNA-scaffold（见 20.5.3 节）

2μl 纯化 Phusion PCR 产物（见 20.5.2 节）

用具有加热盖的 PCR 仪 50℃孵化 1h。可能需要没有插入的 Gibson 反应作对照。使用至少一半的 Gibson 产物，按照标准方法转化感受态大肠杆菌（如氯化钙感受态 DH5α）（Seidman，Struhl，Sheen，& Jessen，2001）。在含有氨苄青霉素或羧苄青霉素的 LB 平板上接种转化子，37℃生长过夜。挑出几个（至少 6 个）单个菌落并在 2～5ml 含有氨苄青霉素或羧苄青霉素的 LB 肉汤培养基中生长。经碱水解和乙醇沉淀制备质粒 DNA（Engebrecht，Brent，& Kaderbhai，2001）。在 1.5ml 微量离心管和 250μl PCR 管内混合下列试剂，使用 *Afl* II 完成消化试验：

2.0μl 10×NEB CutSmart 缓冲液

1.0μl（500ng）Miniprep DNA

16.8μl H_2O

0.2μl *Afl* II 限制性内切核酸酶（20U/μl）

加热板或 PCR 仪 37℃水浴孵化 2h。产物于 0.8%的琼脂糖平板凝胶上电泳，识别没有被 *Afl* II 消化线性化的克隆子；这些将是引入插入的菌落并用于合成 sgRNA。在扩增或克隆过程中很少引入错误扩增子，采用先前完成的 CRISPR/Cas 处理克隆子，测序验证 DNA。利用 T3 测序引物完成测序，需要利用先前转化验证克隆的 DNA 序列。经碱裂解产生的微型制剂足以满足限制性消化纯度，但测序则需要将 DNA 进一步纯化。可以等到 20.6.1 节操作的结束再测序。

20.6　sgRNA 的体外合成

20.6.1　sgRNA 模板质粒的线性化

到第 5 步结束时，将产生并制备用于体外转录的 sgRNA 质粒。这些质粒转录之前应该将它们线性化。如果你还没有验证完成 sgRNA 模板质粒 DNA 序列，你可能需要线性化多个克隆。以后需要线性化 SP6-hCas9-Ce-mRNA 质粒，它可以同时一起制备（见 20.7.1 节）。

在 1.5ml 微型离心机管中混合以下试剂：

5μl 10×NEB CutSmart 缓冲液

12μl（6μg）微量制备 DNA（来自没有被 *Afi* Ⅱ线性化的克隆）

31μl 水

2μl *Kpn* Ⅰ-HF 限制性内切核酸酶（20U/μl）

37℃水浴孵化 4h。用 QIA 快速 PCR 纯化试剂盒纯化，或在 0.8%的琼脂糖凝胶板电泳，用 QIA 快速凝胶提取试剂盒纯化。这个过程结束，将加热到 70℃的 9μl 无核酸酶水加到柱内，离心收集洗脱液，并重复一次，用相同管收集洗脱液。产物可以存储在–20℃。用紫外分光光度计测定 DNA 浓度。如果模板质粒的 DNA 序列尚未确定，提交纯化样品中的一部分用于序列测定，然后再进行下一步。

20.6.2 体外转录产生 sgRNA

使用 MAXIscript SP6 转录试剂盒，根据制造商的说明书，在 1.5ml 微型离心机管中按以下简短结合：

250ng 线性化 sgRNA 模板 DNA，加上无 RNA 酶水，总体积 8μl。

2μl 10×反应缓冲液

ATP、CTP、GTP、UTP 溶液 各 2μl

2μl 酶混合液

37℃水浴孵化 3h。另外，用 DNA 酶根据说明书处理反应液，立即进行下一步。

20.6.3 体外转录 sgRNA 的纯化

根据制造商说明使用 MEGAclear 转录 Clean-UP 试剂盒。用 30μl 无核酸酶水洗脱并重复一次，用相同管收集洗脱液。用紫外分光光度计测定 RNA 浓度，分装储存于–80℃冰箱。

20.7 hCas9 mRNA 体外合成

20.7.1 SP6-hCas9-Ce-mRNA 质粒的线性化

如果还没有对 SP6-hCas9-Ce-mRNA 质粒线性化，现在这样做，与 20.6.1 节步骤相同。在 1.5 ml 微量离心机管中混合下列试剂：

5μl 10×NEB CutSmart 缓冲液

8μl（500ng/μl）SP6-hCas9-Ce-mRNA 质粒

35μl 水

2μl *Kpn* I -HF 限制性内切核酸酶（20U/μl）

37℃水浴孵化 4h。用 QIA 快速 PCR 纯化试剂盒或纯化或在 0.8%的琼脂糖凝胶板电泳，用 QIA 快速凝胶提取试剂盒纯化。处理结束时，将 9μl 加热到 70℃的无核酸酶水加到柱中，离心收集洗脱液，并重复一次，用相同管收集洗脱液。产物可以存储–20℃。

20.7.2　hCas9 mRNA 体外转录

按照制造商说明书使用 mMESSAGE SP6 转录试剂盒。在 1.5ml 微量离心机管内短暂混合：

6μl 纯化线性化 SP6-hCas9-Ce-mRNA 质粒

10μl NTP/CAP 溶液

2μl 10×缓冲液

2μl 酶混合液

37℃水浴孵化 4h。加 1μl TURBO DNA 酶，37℃水浴孵化 15min。立即继续下一步。

20.7.3　hCas9 mRNA 体外转录的聚腺苷酸化

按制造商说明使用多聚 A Tailing 试剂盒，简单来讲，在 1.5ml 微量离心机管中混合下列试剂：

20μl DNA 酶处理反应混合液

36μl 无核酸酶水

20μl 5×E-PAP 缓冲液

10μl 25mmol/L $MnCl_2$

10μl 10mmol/L ATP 酶

4μl E-PAP 酶

37℃水浴孵化 1h。立即进行下一步。

20.7.4　多腺苷酸 hCas9 mRNA 在体外纯化

根据制造商的说明使用 MEGAclear Transcription Clean-Up 试剂盒。用 30μl 无核酸酶水洗脱并重复一次，相同管收集洗脱液。用紫外分光光度计测定 RNA 浓度。分装储存于–80℃冰箱。

20.8 sgRNA 和 mRNA 的注射

将制备的 hCas9 mRNA 和 sgRNA 混合。注意：为了提高你的分子识别突变结果的能力，可能需要包括 CRISPR/Cas 诱导双链断裂的模板同源定向修复；几个研究小组发表了相关方法（Chen et al.，2013; Dickinson et al.，2013; Tzur et al.，2013；Zhao et al.，2014）。

在制备混合物过程中，我们建议 sgRNA 浓度对 mRNA 浓度的比率约为 1：4～1：8，当注射最高浓度时我们发现获得了迄今为止最好的结果——100ng/μl sgRNA 和 800ng/μl mRNA 浓度比例。一些 DNA 显微注射方案需要使用显微注射缓冲液（Mello & Fire，1995），但我们并没有发现这是必要的。制备好的混合物，在微量离心机中以最大速度［约 13 000 相对离心力（RCF）］短暂离心至少 5min，弃上清液，然后短暂加热混合物到 95℃，把它放于冰上。混合物应该保持在冰上直到上样到注射针。

秀丽隐杆线虫和类似的线虫，遵循标准显微注射程序（Mello & Fire，1995），注射到年轻成体充满生殖细胞合胞体中完成 DNA 转化。

20.9 CRISPR/Cas 突变产生的恢复

20.9.1 注射动物的接种和恢复

注射后，线虫可以漂浮在 M9 缓冲液中并用 20μl 微量吸液管用嘴吸量器转移到含有已播种细菌食物来源 NGM 的 Petri 平皿上。动物有明显恢复后，将单个的注射动物或每个培养皿少量动物转移到新的播种有 NGM Petri 平皿中，准备筛选它们的子代。在秀丽隐杆线虫中注射 CRISPR/Cas mRNA 和 sgRNA 诱导突变，发现注射后 8～16h 产生的子代中恢复频率最高，注射后超过 24h 产生的子代中基本上没有恢复（Katic & Grosshans，2013；Liu et al.，2014）。因此，建议注射动物应该从注射后达到 8h 的恢复平皿中转移，注射后 16h 和 24h 的应该放弃，留下平皿上产生的子代。

20.9.2 携带 CRISPR/Cas 诱导突变动物的鉴定

通过检查表观预期表型注射动物的 F_2 后代，诱导的秀丽隐杆线虫可见突变体恢复。如果没有可见的表型可以预测，或者如果预测到纯合子和可见表型的表达与不可见表型如不育相一致，那么就必须注射动物克隆出单个 F_1 子代，使它们产生子代，并分子筛选定点突变子。该方法中没有详细介绍该方案包括突变事件的分子测定；简而言之，选项包括靶向内生限制性内切核酸酶位点，这样任何变更将导致 PCR 产物不能被相应的限制性内切核酸酶剪切（Friedland et al.，2013）；错配检测方法如 CEL-I 测定方法（Colbert et al.，2001）；重组 CRISPR/Cas 打靶野生型序列（Kim，Kim，Kim，& Kim，2014）；模板包含物对同源定向诱导双链 DNA 断裂的修复，将产生可预测的和容易检测的序列变化。添加第二个 sgRNA 已经证明，能可靠地诱导另一个基因突变导致可见的表型，筛选只有动物中显示可见表型的靶位点突变子，可以丰富靶位点突变子的存在（Kim，Ishidate，et al.，2014）。

不管检测到怎样的突变，都应该小心跟踪所有候选子回到注射动物或提高它们的注射动物小池。如果两个突变体都恢复到与注射动物或没有注射动物，这些可能就不代表独立突变事件。

参考文献

Boutros, M., & Ahringer, J. (2008). The art and design of genetic screens: RNA interference. Nature Reviews Genetics, 9, 554-566.

Chen, C., Fenk, L. A., & de Bono, M. (2013). Efficient genome editing in *Caenorhabditis elegans* by CRISPR-targeted homologous recombination. Nucleic Acids Research, 41, e193.

Chiu, H., Schwartz, H. T., Antoshechkin, I., & Sternberg, P. W. (2013). Transgene-free genome editing in *Caenorhabditis elegans* using CRISPR-Cas. Genetics, 195, 1167-1171.

Cho, S. W., Kim, S., Kim, Y., Kweon, J., Kim, H. S., Bae, S., et al. (2014). Analysis of off- target effects of CRISPR/Cas-derived RNA-guided endonucleases and nickases. Genome Research, 24, 132-141.

Cho, S. W., Lee, J., Carroll, D., & Kim, J. S. (2013). Heritable gene knockout in *Caenorhabditis elegans* by direct injection of Cas9-sgRNA ribonucleoproteins. Genetics, 195, 1177-1180.

Colbert, T., Till, B. J., Tompa, R., Reynolds, S., Steine, M. N., Yeung, A. T., et al. (2001). High-throughput screening for induced point mutations. Plant Physiology, 126, 480-484.

Dickinson, D. J., Ward, J. D., Reiner, D. J., & Goldstein, B. (2013). Engineering the *Caenorhabditis elegans* genome using Cas9-triggered homologous recombination. NatureMethods, 10, 1028-1034.

Engebrecht, J., Brent, R., & Kaderbhai, M. A. (2001). Minipreps of plasmid DNA. Current Protocols in Molecular Biology, 15, 1.6.1-1.6.10, edited by Frederick M Ausubel et al..

Friedland, A. E., Tzur, Y. B., Esvelt, K. M., Colaiacovo, M. P., Church, G. M., & Calarco, J. A. (2013). Heritable genome editing in *C. elegans* via a CRISPR-Cas9 system.Nature Methods, 10, 741-743.

Frokjaer-Jensen, C. (2013). Exciting prospects for precise engineering of *Caenorhabditis elegans* genomes with CRISPR/Cas9. Genetics, 195, 635-642.

Fu, Y., Foden, J. A., Khayter, C., Maeder, M. L., Reyon, D., Joung, J. K., et al. (2013). High-frequency off-target mutagenesis induced by CRISPR-Cas nucleases in human cells. Nature Biotechnology, 31, 822-826.

Gaj, T., Gersbach, C. A., & Barbas, C. F., 3rd. (2013). ZFN, TALEN, and CRISPR/Cas-based methods for genome engineering. Trends in Biotechnology, 31, 397-405.

Gilbert, L. A., Larson, M. H., Morsut, L., Liu, Z., Brar, G. A., Torres, S. E., et al. (2013). CRISPR-mediated modular RNA-guided regulation of transcription in eukaryotes.Cell, 154, 442-451.

Hsu, P. D., Scott, D. A., Weinstein, J. A., Ran, F. A., Konermann, S., Agarwala, V., et al. (2013). DNA targeting specificity of RNA-guided Cas9 nucleases. Nature Biotechnology, 31, 827-832.

Katic, I., & Grosshans, H. (2013). Targeted heritable mutation and gene conversion by Cas9-CRISPR in *Caenorhabditis elegans*. Genetics, 195, 1173-1176.

Kim, H., Ishidate, T., Ghanta, K. S., Seth, M., Conte, D., Jr., Shirayama, M., et al. (2014). A Co-CRISPR strategy for efficient genome editing in *Caenorhabditis elegans*. Genetics. http://dx.doi.org/10.1534/genetics.1114.166389.

Kim, H., & Kim, J. S. (2014). A guide to genome engineering with programmable nucleases. Nature Reviews Genetics, 15, 321-334.

Kim, J. M., Kim, D., Kim, S., & Kim, J. S. (2014). Genotyping with CRISPR-Cas-derived RNA-guided endonucleases. Nature Communications, 5, 3157.

Liu, P., Long, L., Xiong, K., Yu, B., Chang, N., Xiong, J.-W., et al. (2014). Heritable/conditional genome editing in *C. elegans* using a CRISPR-Cas9 feeding system. Cell Research, 24(7), 886-889.

Lo, T. W., Pickle, C. S., Lin, S., Ralston, E. J., Gurling, M., Schartner, C. M., et al. (2013). Precise and heritable genome editing in evolutionarily diverse nematodes using TALENs and CRISPR/Cas9 to engineer insertions and deletions. Genetics, 195, 331-348.

Mali, P., Aach, J., Stranges, P. B., Esvelt, K. M., Moosburner, M., Kosuri, S., et al. (2013). CAS9 transcriptional activators for target specificity screening and paired nickases for cooperative genome engineering. Nature Biotechnology, 31, 833-838.

Mali, P., Esvelt, K. M., & Church, G. M. (2013). Cas9 as a versatile tool for engineering biology. Nature Methods, 10, 957-963.

Mello, C., & Fire, A. (1995). DNA transformation. Methods in Cell Biology, 48, 451-482.

Pattanayak, V., Lin, S., Guilinger, J. P., Ma, E., Doudna, J. A., & Liu, D. R. (2013). High-throughput profiling of off-target DNA cleavage reveals RNA-programmed Cas9 nuclease specificity. Nature Biotechnology, 31, 839-843.

Ran, F. A., Hsu, P. D., Lin, C. Y., Gootenberg, J. S., Konermann, S., Trevino, A. E., et al. (2013). Double nicking by RNA-guided CRISPR Cas9 for enhanced genome editing specificity. Cell, 154, 1380-1389.

Rounsley, S. D., & Last, R. L. (2010). Shotguns and SNPs: How fast and cheap sequencing is revolutionizing plant biology. The Plant Journal, 61, 922-927.

Schatz, M. C., Delcher, A. L., & Salzberg, S. L. (2010). Assembly of large genomes using second-generation sequencing. Genome Research, 20, 1165-1173.

Schlager, B., Wang, X., Braach, G., & Sommer, R. J. (2009). Molecular cloning of a dominant roller mutant and establishment of DNA-mediated transformation in the nematode Pristionchus pacificus. Genesis, 47, 300-304.

Seidman, C. E., Struhl, K., Sheen, J., & Jessen, T. (2001). Introduction of plasmid DNA into cells. Current Protocols in Molecular Biology, 37, 1.8.1-1.8.10, edited by Frederick M Ausubel et al.

Selkirk, M. E., Huang, S. C., Knox, D. P., & Britton, C. (2012). The development of RNA interference (RNAi) in gastrointestinal nematodes. Parasitology, 139, 605-612.

Sturtevant, A. H. (2001). A history of genetics. Cold Spring Harbor, N.Y.: Cold Spring Harbor

Laboratory Press.

Tsai, S. Q., Wyvekens, N., Khayter, C., Foden, J. A., Thapar, V., Reyon, D., et al. (2014). Dimeric CRISPR RNA-guided FokI nucleases for highly specific genome editing. Nature Biotechnology, 32(6), 569-577.

Tzur, Y. B., Friedland, A. E., Nadarajan, S., Church, G. M., Calarco, J. A., & Colaiacovo, M. P. (2013). Heritable custom genomic modifications in *Caenorhabditis elegans* via a CRISPR-Cas9 system. Genetics, 195, 1181-1185.

Waaijers, S., Portegijs, V., Kerver, J., Lemmens, B. B., Tijsterman, M., van den Heuvel, S., et al. (2013). CRISPR/Cas9-targeted mutagenesis in *Caenorhabditis elegans*. Genetics, 195, 1187-1191.

Wicks, S. R., Yeh, R. T., Gish, W. R., Waterston, R. H., & Plasterk, R. H. (2001). Rapid gene mapping in *Caenorhabditis elegans* using a high density polymorphism map. Nature Genetics, 28, 160-164.

Zantke, J., Bannister, S., Rajan, V. B., Raible, F., & Tessmar-Raible, K. (2014). Genetic and genomic tools for the marine annelid Platynereis dumerilii. Genetics, 197, 19-31.

Zhao, P., Zhang, Z., Ke, H., Yue, Y., & Xue, D. (2014). Oligonucleotide-based targeted gene editing in *C. elegans* via the CRISPR/Cas9 system. Cell Research, 24, 247-250.

第 21 章　拟南芥和烟草中 Cas9 的基因组编辑

Jian-Feng Li[1,2], Dandan Zhang[1,2], Jen Sheen[1,2]

（1. 美国麻省总医院计算和综合生物学中心分子生物学系；2. 哈佛医学院遗传学系）

目　录

摘要

在植物研究和生物技术中，植物基因组靶向修饰的关键在于阐明和操纵基因。规律成簇间隔短回文重复（CRISPR）/CRISPR 相关蛋白（Cas）技术正在成为不同植物研究新兴的强大基因编辑方法，传统上靶向遗传工程缺乏简单和通用的工具。这种技术利用容易可重复编程单链引导 RNA（sgRNA）定向酿脓链球菌（*Strptococcus pyogenes*）Cas9 内切核酸酶在靶向基因组序列中产生 DNA 双链断裂，通过易错非同源末端连接（NHEJ）或通过同源定向修复（HDR）序列替换有效促进了突变作用。在本章中，我们介绍利用叶肉原生质体基因组编辑模型细胞系统在拟南芥（*Arabidopsis thaliana*）和烟草（*Nicotiana benthamiana*）中设计和评价双重 sgRNA 对植物编码优化 Cas9 介导基因组的编辑。我们也讨论应用 sgRNA/Cas9 产生靶向基因组修饰和植物基因调控的未来发展趋势。

21.1　导　　论

CRISPR/Cas9 技术衍生于细菌 II 型 CRISPR/Cas 适应性免疫系统（Jinek et al.,

2012）。该技术使用含有 20nt 引导序列的嵌合单链引导 RNA（sgRNA）定向表达酿脓链球菌（*Streptococcus pyogenes*）Cas9 内切核酸酶，合成一段定制的基因组 N_{20}NGG 序列。Cas9 两个分离的核酸酶结构域，每个切割一条 DNA 链产生打靶序列中的 DSB。在 DBS 修复期间，可以通过 NHEJ 途径或同源重组途径，随后依赖 DNA 修复模板的效应获得位点特异性基因突变或替换（Cong et al.，2013；Li et al.，2013；Mali et al.，2013）。在基因组编辑设计核酸酶中，CRISPR/Cas9 系统在基因组编辑中表现出无与伦比的简单性和多样性，因为 sgRNA 可以轻松修饰以获得新的 DNA 特异性，多个 sgRNA 可以与 Cas9 核酸酶在许多不同的靶位点同时工作（Gaj，Gersbach，& Barbas，2013；Li et al.，2013；Sander & Joung，2014）。

基因编辑试剂的有效递送，包括 Cas9 核酸酶、sgRNA 和同源重组 DNA 供体，是高效靶向基因组修饰的关键，其中对于被细胞壁包被的大多数植物细胞来说这仍然是最具有挑战性的。在这一章，我们介绍利用 CRISPR/Cas9 系统对拟南芥（*Arabidopsis thaliana*）和烟草（*Nicotiana benthamiana*）原生质体中基因编辑设计和评价构成的详细方法（图 21.1），它支持高效 DNA 转染、RNA 和蛋白质表达（Li，

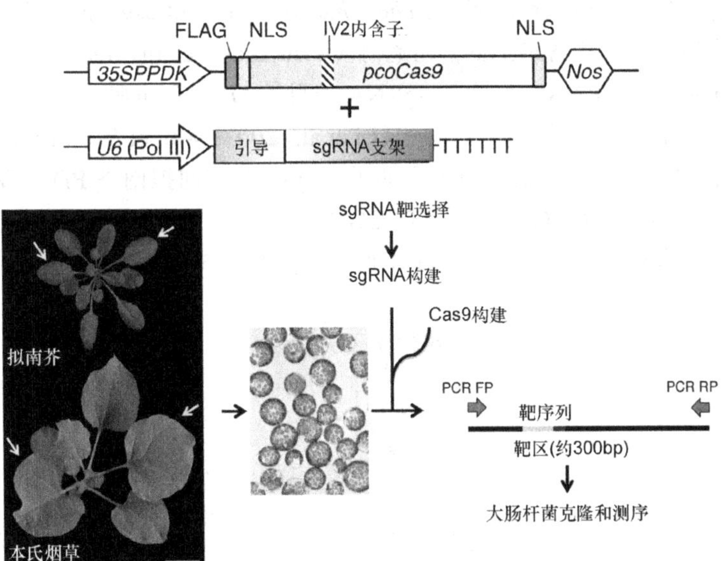

图 21.1　植物原生质体无偏差 sgRNA/Cas9 介导基因组编辑。显示 Cas9 和 sgRNA 表达盒。植物编码优化 Cas9（pcoCas9）与双核定位序列（NLS）和 FLAG 标签融合。使用组成型的 35PPDK 启动子和拟南芥 U6-1 启动子在原生质体分别表达 pcoCas9 和 sgRNA。NGG，在靶序列的前间区邻近基序（PAM）用红色突出显示。图示说明在拟南芥和烟草原生质体中产生及评价 Cas9/sgRNA 介导的基因组编辑。黄色箭头表示 4 周龄植物的最优发育阶段叶片用于原生质体分离。比例尺：2cm。在靶区中，N_{20} 的靶序列和 NGG（PAM）分别以蓝色和红色表示。PCR 扩增原生质体基因组 DNA 并克隆到测序载体。随机挑出大肠杆菌菌落用于 PCR 扩增和测序。（彩图请扫封底二维码）

Zhang，& Sheen，2014；Yoo，Cho，& Sheen，2007）。该方法潜在适应于原生质体友好分离和转染的不同植物品系（Li et al.，2014）。植物原生质体为快速评价基因组靶位点 sgRNA 和 Cas9 指定组合的性能提供了有价值的系统。为了提高无效突变的产生，设计和评价双重 sgRNA。我们讨论有前途的策略，将 CRISPR/Cas 系统应用于植物产生靶向和可遗传基因组修饰。CRISPR/Cas 系统有潜力产生功能缺失型突变或目的修饰，调控几乎任何植物基因和序列，从而阐明其功能和调节机制。该项新技术还为农业改良提供强大的遗传工程工具来灭活或修饰目的植物基因和改良农业性状。

21.2 Cas9 和 sgRNA 的表达

（1）p35SPPDK-pcoCas9：植物瞬时表达质粒在定制的和强力杂交的 35SPPDK 启动子作用下，表达植物编码优化酿脓链球菌（*Streptococcus pyogenes*）Cas9（pcoCas9）基因（Li et al.，2013）（图 21.2）。这种杂交植物启动子（Sheen，1993）和潜在的马铃薯 IV2 内含子缓解与大肠杆菌（*Escherichia coli*）中 pcoCas9 编码序列克隆相关的问题。这个质粒可以从 Addgene 公司购得（www.addgene.org，Plasmid # 52254）。

（2）pUC119-sgRNA：作为新 sgRNA 与目的 DNA 靶向特异性的表达盒 PCR 模板质粒。它容纳拟南芥 U6-1 启动子（Li et al.，2007；Waibel & Filipowicz，1990）、sgRNA 表达所需的 RNA 聚合酶Ⅲ启动子、sgRNA 靶向拟南芥 PDS3 基因（靶位点：5′GGACTTTTGCCAGCCATGGTCGG 3′）和“TTTTTT”转录终止子（Li et al.，2013）。这个质粒也可以在 Addgene 找到（质粒# 52255）。

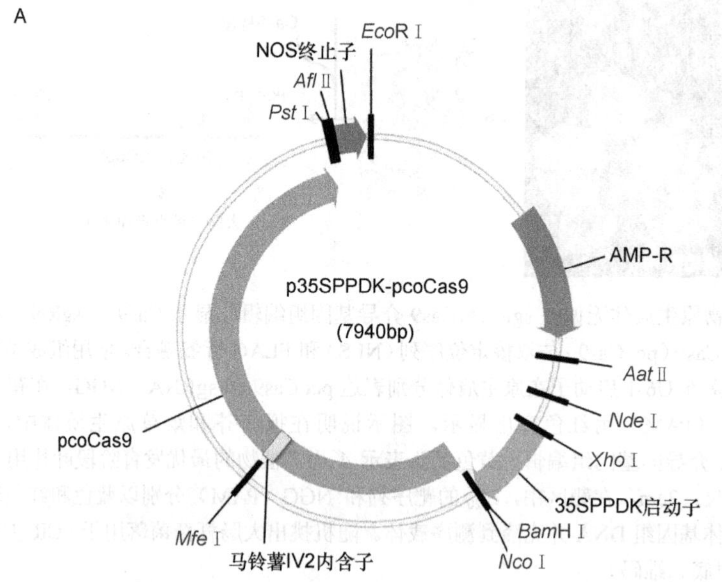

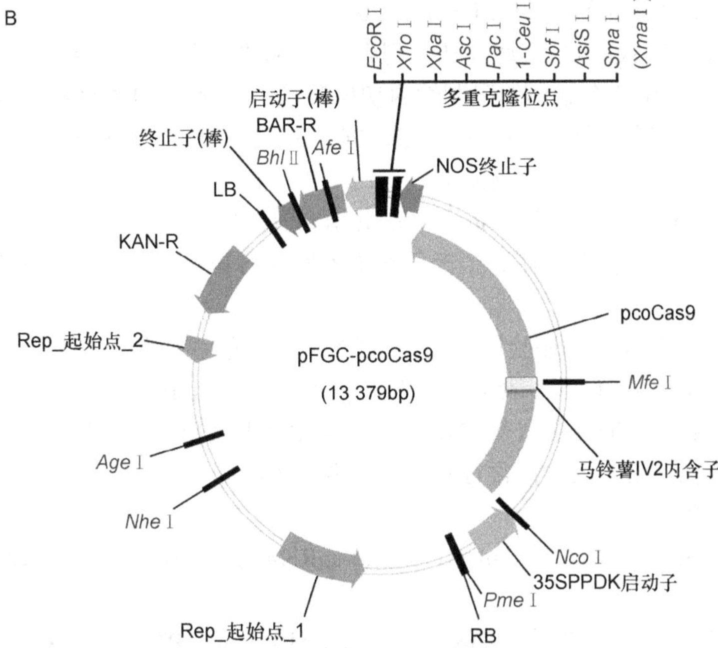

图 21.2　表达质粒图。(A) p35SPPDK-pcoCas9 原生质体瞬时表达质粒。(B) 农杆菌介导稳定或瞬态表达分析双质粒 pFGC-pcoCas9。(彩图请扫封底二维码)

(3) pFGC-pcoCas9：在 35SPPDK 启动子作用下，表达 pcoCas9 的双质粒并含有插入单个或多重 sgRNA 表达盒的多重克隆位点 (MCS) (图 21.2B)。这个质粒是为农杆菌介导 DNA 递送到植物细胞核而设计的，该质粒可以从 Addgene 公司购得(质粒#52256)。测序引物(测序从 *Eco*R Ⅰ 向 *Sma* Ⅰ)：5′AATAAAAACTGACTCGGA 3′。

21.3　双 sgRNA 引导基因组编辑

21.3.1　设计和构建双重 sgRNA

(1) 选择一对紧密位于拟南芥 (*Arabidopsis*) 目的基因 (见注释第 1 条) 的 sgRNA，提交到原先的拟南芥基因特异性 sgRNA 靶 (Li et al.，2013) 或 sgRNA 靶数据库，通过 CRISPR-Plant 网服务器列出要求 (Xie，Zhang，& Yang，2014，www.genome.arizona.edu/crispr/CRISPRsearch.html) (见注释第 2 条)。

(2) 为新 sgRNA 表达盒的基于 PCR 无缝组装设计 PCR 引物 (Li et al.，2013) (见注释第 3 和 4 条)。

(3)利用 Phusion 高保真 DNA 聚合酶通过重叠 PCR 策略产生 sgRNA 表达盒，

包括 U6-1 启动子和终止子（Li et al.，2013）。

（4）将一个 sgRNA 表达盒插入到载体的 MCS（如 pUC119-MCS，Addgene 质粒#58807），用两个载体的限制性内切核酸酶消化获得 pUC119-one-sgRNA 质粒，用同样限制性内切核酸酶随后获得 PCR 产物。MCS 包括限制性内切核酸酶 *Eco*RⅠ、*Xho*Ⅰ、*Bam*HⅠ、*Xba*Ⅰ、*Asc*Ⅰ、*Eco*RⅤ、*Sac*I、*Pac*Ⅰ、I-*Ceu*Ⅰ、*Pst*Ⅰ、*Kpn*Ⅰ、*Sma*Ⅰ、*Sal*Ⅰ、*Stu*Ⅰ、*Hind*Ⅲ和 *Asc*Ⅰ。

（5）转化大肠杆菌，在氨苄青霉素 LB 固体培养基上接种几个单菌落用于制备质粒。

（6）通过 Sanger 测序验证克隆的 sgRNA 表达盒序列的准确性。

（7）将第二个 sgRNA 表达盒插入到 pUC119-one-sgRNA 质粒的 MCS，通过限制性消化和随后的连接获得 pUC119-dual-sgRNA 质粒（见注释第 6 条）。

（8）转化大肠杆菌并在含有氨苄青霉素的 LB 固体培养基接种几个单个菌落用于质粒制备。

（9）用 Sanger 测序验证 pUC119-dual-sgRNA 质粒中第二个 sgRNA 表达盒序列的精确度。

（10）为了获得高产质粒 DNA，用 pUC119-dual-sgRNA 质粒和 p35SPPDK-pcoCas9 质粒分别转化大肠杆菌（Addgene 质粒#52254）。

（11）从含有氨苄青霉素 LB 平板上刮出生长过夜的细菌，使用无菌接种环接种到 200ml 含氨苄青霉素的 Terrific 肉汤培养基，37℃剧烈摇瓶培养 8h。

（12）混合制备两种结构的质粒 DNA（见注释第 7 条）。

21.3.2 原生质体 Cas9/sgRNA 转染和表达

（1）在 2ml 圆底微量离心管中混合 10μl p35PPDK-pcoCas9 质粒（2μg/μl）和 10μl pUC119-双-sgRNA 质粒（2μg/μl）（见注释第 8 条）。

（2）将 200μl 原生质体（40 000 个细胞）加入到含 DNA 混合物的微量离心管。通过建立的方案分离拟南芥和烟草叶肉原生质体（Yoo et al.，2007）。

（3）加 220μl PEG4000 溶液（40%，*V*/*V*，0.2mol/L 甘露醇，100mmol/L $CaCl_2$）（Yoo et al.，2007），轻拍管底部几次完全混合 DNA、原生质体和 PEG 溶液。

（4）在室温下孵化转染混合物 5min。

（5）小心加入 800μl W5 溶液（154mmol/L NaCl，125mmol/L $CaCl_2$，5mmol/L KCl，2mmol/L MES，pH5.7）（Yoo et al.，2007）到管内，翻倒管两次停止转染。

（6）用临床离心机管于 100*g* 离心 2min，移除上清液但不要扰动原生质体沉淀（见注释第 9 条）。

（7）加 100μl W5 溶液重新悬浮原生质体。

（8）用 5%小牛血清覆盖 6 孔培养板，除去血清并将 1ml W5 或 WI 溶液［0.5mol/L 甘露醇，4mmol/L MES（pH5.7），20mmol/L KCl］（Yoo et al.，2007）加到每个孔。

（9）将转染的原生质体转移到 6 孔板的一个孔，与 W5 或 WI 溶液混合。

（10）用铝箔覆盖板，23～25℃黑暗中孵化转染原生质体达到 36h。

21.3.3　靶向基因组修饰频率的评价

（1）设计和合成一对基因组 PCR 引物（PCR FP 和 PCR RP）（图 21.1），用于扩增在靶位点中覆盖两个 sgRNA 靶位点的 300bp 基因组区域，并将限制性内切核酸酶位点分别引入到正向引物和反向引物（见注释的第 10 条）。

（2）从 6 孔培养皿中将原生质体转移到 1.5ml 微量离心管并使用临床离心机 100*g* 离心 2min，随后除去上清液。

（3）立即在液氮中冷冻原生质体。

（4）加 50μl 无菌水涡流重悬浮原生质体。

（5）95℃加热重悬浮原生质体 10min。

（6）取 2μl 加热原生质体悬浮液作为 PCR 模板，在 50μl 体积中用 Phusion 高保真 DNA 聚合酶扩增基因组靶区。

（7）纯化与预期基因组扩增子一致的 PCR 产物，克隆到测序载体之前，用限制性内切核酸酶在 37℃消化 PCR 产物 1～3h。

（8）转化大肠杆菌，次日从含氨苄青霉素 LB 固体培养基中随机选择 20～30 个单个菌落用于制备质粒。

（9）将单个菌落提取的质粒进行 Sanger 测序。

（10）通过 DNA 测序结果与天然基因组靶序列比对呈现靶序列基因组修饰（图 21.3）。

（11）用下面的公式计算基因组修饰频率：基因组修饰频率=（突变菌落数/测序菌落总数）×100%。

（12）对拟南芥和烟草原生质体中目的靶基因几对不同 sgRNA 介导编辑效率的评估后，可以进一步使用最有效的 sgRNA 配对用于拟南芥和烟草植物目的基因中产生靶向修饰，获得可遗传的突变（Fauser，Schiml，& Puchta，2014；Feng et al.，2014；Nekrasov，Staskawwicz，Weigel，Jones，& Kamoun，2013）。常用的策略是将 Cas9 和 sgRNA 表达盒克隆到双载体，然后使用农杆菌介导拟南芥转化法产生稳定表达 Cas9 的转基因拟南芥植物和两个 sgRNA（Fauser et al.，2014；Feng et al.，2014）。T1 转基因拟南芥将表达 Cas9 和两个 sgRNA，从而显著促进体细胞、偶尔为根尖分生组织细胞和生殖细胞系细胞靶基因的突变作用，而后者甚至可以导致 T2 转基因拟南芥一些靶基因可遗传纯合子突变（Fauser et al.，2014；Feng et al.，2014）。拥有对靶区同源性的 DNA 修复供体，也可以通过相同双质粒共递送到转基因拟南芥（De Pater，Pinas，Hooykaas，& van der Zaal，2013），从而促进转基因拟南芥同源重组介导基因组修饰。目前，产生和筛选靶向纯合子突变的整个过程是耗时和费力的。将 Cas9 和 sgRNA 表达盒整合到拟南芥基因组，持续产生这些基因编辑试剂，甚至位点特异性突变产生后可能会增加脱靶风险，但可能是基因隔离。

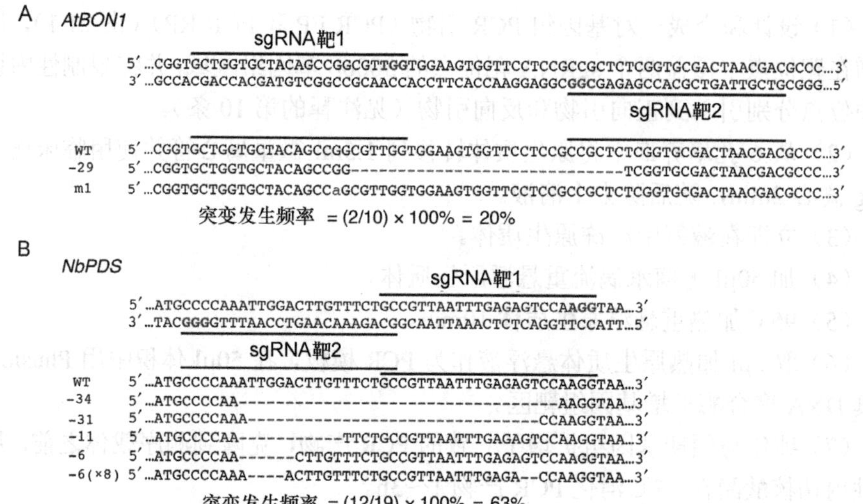

图 21.3 表示原生质体双 sgRNA/Cas9 介导基因组原生质体基因组编辑结果。双重 sgRNA 分别诱导拟南芥和烟草原生质体 *AtBON1* 和 *NbPDS* 基因的突变。黑线标示 *AtBON1* 和 *NbPDS* 基因的每个靶序列。原生质体相邻基序“NGG”为红色。核苷酸删除和替换分别为红色破折号和小写字母。（彩图请扫封底二维码）

21.4 远 景

不到一年的时间飞速发展已经证明 CRISPR/Cas9 技术适用于不同植物品系原生质体、愈伤组织和完整植物研究（Baltes，Gil-Humanes，Cermak，Atkins，& Voytas，2014；Fauser et al.，2014；Feng et al.，2014；Li et al.，2013；Miao et al.，2013；Nekrasov et al.，2013；Shan et al.，2013；Sugano et al.，2014；Xie et al.，2014）。可想而知，这种新建立的基因工程工具经得起所有植物种类瞬时或稳定基因表达操作的检验。获得的数据表明，使用类似的 pcoCas9 和设计的 sgRNA，在烟草中和拥有较高缺失情形的水稻原生质体中，显示突变率比拟南芥高很多（Li et al.，2013；Shan et al.，2013）。虽然在拟南芥植物中获得了纯合突变体（Fauser et al.，

2014；Feng et al.，2014），但使用双重 sgRNA 还有可能进一步提高诱变率（拟南芥 20%、烟草 63%）（图 21.3）（Li et al.，2013）。操纵 DNA 修复途径的研究（Qi et al.，2013）和表达 Cas9、sgRNA 和供体 DNA 模板的基于双生病毒 DNA 复制子的介绍，为进一步增强诱变率和基于 HDR 的基因替换提供前景广阔的策略（Baltes et al.，2014）。最近组织培养方法的改善有希望通过再生将容纳靶向基因组修饰的拟南芥原生质体转化到植物（Chupeau et al.，2013）。通过 DNA 或 RNA 轰击和农杆菌渗入法在再生组织、分生组织、胚胎或生殖细胞 sgRNA 和 Cas9 共表达，可能扩大植物基因组编辑范围。

还有几个问题仍有待解决：在实现靶向基因编辑中要解决稳定性、通用性和特异性问题，使用 sgRNA/Cas9 系统基因表达操纵问题及其衍生物作为转录激活因子和抑制剂，染色体定位，表观基因组调节因子等。虽然根据有限的植物细胞研究结果，脱靶突变似乎不是很普遍（Feng et al.，2014；Nekrasov et al.，2013；Shan et al.，2013），但是可能还有潜在杂交，在打靶突变子中全基因组测序仍然有透彻和综合性观点认为应精确检测和批判性评估每种植物脱靶位点。为了提高特异性，有必要系统地评估 sgRNA“种子”序列，检测缩短了的 sgRNA 设计和配对切口酶（Sander & Joung，2014）。sgRNA 序列的影响和 RNA 配置（图 21.3）、前间区序列邻近基序（PAM）数量及距离和位置、替换 PAM 序列，以及染色质结构和修饰可能对效率和特异性都有贡献。但在不同的细胞类型、器官、发育阶段、植物种类中，关于核记忆、稳定性和 sgRNA/Cas9 功效还是未知数。

基于 sgRNA/Cas9 基因编辑工具最令人激动的应用之一，是简单而高效的同源重组基因或序列替换，或者在过去大多数植物种类中创建新的植物基因组设计。如烟草原生质体证明的一样，短同源序列侧翼 sgRNA 靶位点激活存在于 DNA 供体模板中相对较高的基因替换特异性（Li et al.，2013）。随着 sgRNA/Cas9 技术进一步改善和细化，将给人们带来前所未有的机遇，以及在植物研究、育种和农业中的创新。

21.5　注　　释

（1）尽管用单 sgRNA 靶向拟南芥基因可能在某些情况下足够打靶功能丧失型突变，但是我们一般推荐使用两个靠近靶向 sgRNA 用于单基因触发基因组的删除以确保靶基因功能的破坏。然而，单 sgRNA 可能产生不同的错义突变或显性获得功能突变。正如不同 sgRNA 靶向相同基因由于未知的因素拥有不同效率一样，使用简单和快速原生质体瞬时表达系统评价 3～4 对 sgRNA 靶向相同基因是最理想的（Li et al.，2013；Yoo et al.，2007）。对于费时和费力努力产生可遗传和纯合子突变植物 CRISPR/Cas 介导突变作用的前靶基因，最优的一对 sgRNA 可以在一周内鉴定。对靶向同源重组来说，我们建议使用单 sgRNA，那些靶序列与拟修饰的基因组位点重叠或靠近，以便通过 NHEJ DNA 修复减少突变发生。

（2）sgRNA 靶选择应优先考虑给靶基因 5′外显子，因为突变发生在 3′外显子或所有内含子可能不会导致无效突变。目前还没有数据库或网络服务器来帮助预测本生烟草（*N. benthamiana*）基因特异性 sgRNA 靶位点。基因组 N_{20}NGG 序列可以从烟草目的基因如 sgRNA 靶位点，根据本生烟基因组序列移码手动鉴定（http://solgenomics.net/organism/Nicotiana_benthamiana/genome）。

（3）需要 RNA 聚合酶Ⅲ启动子（如拟南芥 U6-1 启动子，Waibel & Filipowicz，1990）驱动 sgRNA 转录。通过拟南芥 U6-1 启动子最优转录以“G”起始。因此，如果所选 sgRNA 靶序列（N_{20}NGG）不是“G”起始（N1 为“C”、“A”或“T”），在拟南芥 U6-1 启动子之后可能利用 5′反向互补 N_{20}+CAATCACTACTTCGTCTCT 3′引物 R1 引入另外一个“G”（图 21.3B）。拟南芥 U6-26 启动子已成功应用于转基因植物获得可遗传的纯合子 T2 代突变（Fauser et al.，2014；Feng et al.，2014）。

（4）pUC119-MCS 载体限制性位点 *Sac*Ⅰ、*Pac*Ⅰ、*Pst*Ⅰ、*Kpn*Ⅰ、*Sma*Ⅰ或 *Hin*dⅢ作为两侧连接高度推荐两个 *Asc*Ⅰ的多重 sgRNA 克隆位点，因为 sgRNA 很容易通过 *Asc*Ⅰ消化和将亚克隆插入到双质粒 pFGC-pcoCas9（图 21.3B）。在 sgRNA 克隆中避免使用 *Stu*Ⅰ，因为拟南芥 U6-1 启动子包含一个内部 *Stu*Ⅰ位点。

（5）sgRNA 表达盒从拟南芥 U6-1 启动子到侧面连接限制性位点的 TTTTTT 终止子也可以合成，可作为整合 DNA 技术 gBlocks 基因片段（www.idtdna.com），尽管已大大增加了时间和成本。基于 II 型限制性内切核酸酶 *Bbs*Ⅰ克隆，最近报道了更方便的 U6-26 启动子质粒（pChimera）（Fauser et al.，2014）。

（6）也可以将单个 sgRNA 表达盒克隆到 pUC119-MCS 载体获得分开的 sgRNA 表达质粒，然后用两个不同 sgRNA 表达质粒通过原生质体共转染实现 sgRNA 共表达。然而，一对 sgRNA 表达盒克隆到相同 pUC119-MCS 载体表达更好地确保两个 sgRNA 转染原生质体共表达。

（7）高质量和浓缩（2μg/μl）质粒 DNA 是原生质体高效率转染的关键。强烈推荐使用 CsCl 梯度超速离心法纯化质粒 DNA，按照 Sheen 实验室网站上的方案（http://molbio.mgh.harvard.edu/sheenweb/protocols_reg.html）。采用商业 DNA 大量制备试剂盒纯化质粒 DNA 是可以接受的，但可能导致原生质体转化效率更低。

（8）在原生质体中获得靶向同源重组的情况下，20μL DNA 转染混合物由 8μl p35SPPDK-pcoCas9 质粒（2μg/μl）、8μl pU6-sgRNA 质粒（2μg/μl）和 4μl DNA 修复模板（2μg/μl）所组成，其中双链 DNA（如 PCR 产物）包含目的突变两侧连接两个同源臂，每个臂拥有与基因组靶区域相同的至少 100bp 序列（Li et al.，2013）。更长的同源臂可能会促进同源重组效率。

（9）离心后，转染拟南芥原生质体沉淀并不像拟南芥原生质体那么紧，所以去除上清液应小心进行，在管中保留 30μl 上清液以保持沉淀不会被扰动。孵化过程中烟草原生质体容易聚集。

（10）设计基因组 PCR 扩增子具有大小约 300bp（图 21.1）使用粗制备的基因组 DNA 为模版使 PCR 有效扩增，并且使 PCR 产物与引物二聚体电泳结果清晰可辨。此外，保持 PCR 扩增子在短时间最大限度减少 PCR 引入 DNA 突变的可能性。

致　　谢

作者感谢哈佛医学院 Church 实验室建立的拟南芥（*Arabidopsis*）sgRNA 靶数据库。本研究受到了美国国家科学基金会 ISO-0843244 资助和美国国立卫生研究院 R01 GM60493 和 R01 GM70567 对 J.S.的资助。

参 考 文 献

Baltes, N. J., Gil-Humanes, J., Cermak, T., Atkins, P. A., & Voytas, D. F. (2014). DNA replicons for plant genome engineering. Plant Cell, 26, 151-163.

Chupeau, M. C., Granier, F., Pichon, O., Renou, J. P., Gaudin, V., & Chupeau, Y. (2013). Characterization of the early events leading to totipotency in an *Arabidopsis* protoplast liquid culture by temporal transcript profiling. Plant Cell, 25, 2444-2463.

Cong, L., Ran, F. A., Cox, D., Lin, S., Barretto, R., Habib, N., et al. (2013). Multiplex genome engineering using CRISPR/Cas systems. Science, 339, 819-823.

De Pater, S., Pinas, J. E., Hooykaas, P. J., & van der Zaal, B. J. (2013). ZFN-mediated gene targeting of the *Arabidopsis* protoporphyrinogen oxidase gene through Agrobacterium-mediated floral dip transformation. Plant Biotechnology Journal, 11, 510-515.

Fauser, F., Schiml, S., & Puchta, H. (2014). Both CRISPR/Cas-based nucleases and nickases can be used efficiently for genome engineering in *Arabidopsis thaliana*. Plant Journal, 79(2), 348-359. http://dx.doi.org/10.1111/tpj.12554.

Feng, Z., Mao, Y., Xu, N., Zhang, B., Wei, P., Yang, D. L., et al. (2014). Multigeneration analysis reveals the inheritance, specificity, and patterns of CRISPR/Cas-induced gene modifications in *Arabidopsis*. Proceedings of the National Academy of Sciences of the United States of America, 111, 4632-4637.

Gaj, T., Gersbach, C. A., & Barbas, C. F. (2013). ZFN, TALEN, and CRISPR/Cas-based methods for genome engineering. Trends in Biotechnology, 31, 397-405.

Jinek, M., Chylinski, K., Fonfara, I., Hauer, M., Doudna, J. A., & Charpentier, E. (2012). A programmable dual-RNA-guided DNA endonuclease in adaptive bacterial immunity. Science, 337, 816-821.

Li, X., Jiang, D. H., Yong, K., & Zhang, D. B. (2007). Varied transcriptional efficiencies of multiple *Arabidopsis* U6 small nuclear RNA genes. Journal of Integrative Plant Biology, 49, 222-229.

Li, J. F., Norville, J. E., Aach, J., McCormack, M., Zhang, D., Bush, J., et al. (2013). Multiplex and homologous recombination-mediated genome editing in *Arabidopsis* and *Nicotiana benthamiana* using guide RNA and Cas9. Nature Biotechnology, 31, 688-691.

Li, J. F., Zhang, D., & Sheen, J. (2014). Epitope-tagged protein-based artificial microRNA screens for optimized gene silencing in plants. Nature Protocols, 9, 939-949.

Mali, P., Yang, L., Esvelt, K. M., Aach, J., Guell, M., DiCarlo, J. E., et al. (2013). RNA-guided human genome engineering via Cas9. Science, 339, 823-826.

Miao, J., Guo, D., Zhang, J., Huang, Q., Qi, G., Zhang, X., et al. (2013). Targeted mutagenesis in rice using CRISPR-Cas system. Cell Research, 12, 1233-1236.

Nekrasov, V., Staskawwicz, B., Weigel, D., Jones, J. D., & Kamoun, S. (2013). Targeted mutagenesis in the model plant *Nicotiana benthamiana* using Cas9 RNA-guided endonuclease. Nature Biotechnology, 31, 691-693.

Qi, Y., Zhang, Y., Zhang, F., Baller, J. A., Cleland, S. C., Ryu, Y., et al. (2013). Increasing frequencies of site-specific mutagenesis and gene targeting in *Arabidopsis* by manipulating DNA repair pathways. Genome Research, 23, 547-554.

Sander, J. D., & Joung, J. K. (2014). CRISPR-Cas systems for editing, regulating and targeting genomes. Nature Biotechnology, 32, 347-355.

Shan, Q., Wang, Y., Li, J., Zhang, Y., Chen, K., Liang, Z., et al. (2013). Targeted genome modification of crop plants using a CRISPR-Cas system. Nature Biotechnology, 31, 686-688.

Sheen, J. (1993). Protein phosphatase activity is required for light-inducible gene expression in maize. EMBO Journal, 12, 3497-3505.

Sugano, S., Shirakawa, M., Takagi, J., Matsuda, Y., Shimada, T., Hara-Nishimura, I., et al. (2014). CRISPR/Cas9-mediated targeted mutagenesis in the liverwort *Marchantia polymorpha* L. Plant & Cell Physiology, 55, 475-481.

Waibel, F., & Filipowicz, W. (1990). U6 snRNA genes of *Arabidopsis* are transcribed by RNA polymerase III but contain the same two upstream promoter elements as RNA polymerase II-transcribed U-snRNA genes. Nucleic Acids Research, 18, 3451-3458.

Xie, K., Zhang, J., & Yang, Y. (2014). Genome-wide prediction of highly specific guide RNA spacers for CRISPR-Cas9-mediated genome editing in model plants and major crops. Molecular Plant, 7, 923-926.

Yoo, S. D., Cho, Y. H., & Sheen, J. (2007). *Arabidopsis* mesophyll protoplasts: A versatile cell system for transient gene expression analysis. Nature Protocols, 2, 1565-1572.

第 22 章　工业酵母基因组 CRISPRm 多元工程

Owen W. Ryan[1], Jamie H.D. Cate[1,2,3,4]

（1. 美国加州大学伯克利分校能源生物科学研究所；2. 加州大学伯克利分校分子与细胞生物学系；3. 加州大学伯克利分校化学系；4. 劳伦斯伯克利国家实验室物理生物科学部）

目　录

摘要

全球需求催生了酿酒酵母（*Saccharomyces cerevisiae*）工业菌株应用于生物燃料和可再生化学物质的大规模生产。然而，目前对所需的驯化特征的遗传基础知之甚少，因为工业界还没有强大的遗传工具。为利用基于质粒表达 CRISP/Cas9 内切核酸酶和多重保护核酶单链引导 RNA 的酿酒酵母工业菌株，我们介绍一个高效的、无标记的、高通量和多重基因组编辑平台。该平台拥有多重 CRISPR（CRISPRm）系统，能够为进化实验将 DNA 文库整合到染色体，并同时设计多个位点。因此，CRISPRm 工具应该寻求在许多高阶合成生物学的应用从而加速改良工业微生物。

22.1 导 论

数千年来，人类已经为生产酒精和面包驯化了酿酒酵母（*Saccharomyces cerevisiae*）。最近，全球需求驱动了酿酒酵母工业化菌株应用于大规模生产生物燃料和可再生化学品（Farrell et al.，2006；Rubin，2008）。然而，目的驯化特征的遗传基础知之甚少，因为工业生产者还没有强大的遗传工具。工业酿酒酵母菌株承受着更大的压力并希望比实验室菌株产生更高产量的生物燃料或可再生化学产品。然而，工业酵母的基因型与表型的结合仍然是困难的，因为这些菌株往往具有低效杂交和孢子形成的多倍体。标准的遗传工具通过同源重组（HR）将线性DNA 整合到基因组，在这些菌株中产生功能丧失表型还是效率太低，当前的技术依赖于对染色体整合或质粒维持显著的可选择标记。因为只有少量的标记存在，破译和改善重要复杂多基因工业菌株表型仍然是一个挑战。

由于缺乏遗传工具，大多数工业相关表型必须测试工业菌株或实验室菌株衍生物的单倍体。这些单倍体衍生物不会共分离相关表型所需的等位基因，特别是如果表型是复合体时，所以在许多情况下它们不是工业分离株的理想替代样品。观察到表型在一个分离中与其他的不类似。因此，最好在相关工业菌株内并在其所处的确切状态下（即在工业加工过程中）检测表型。此外，实验室菌株不能作为特异性菌株表型的代表，即使是最直接的表型，如在丰富培养基中的特性，两个实验室的菌株之间，由于具有复杂的遗传学和不可预测的等位基因组合，可能也有本质的不同（Dowell et al.，2010）。

采用将基因整合到酵母染色体中作为异源基因表达的现代技术，需要表达基因的重组和共整合，以及需要显性可选择标记来识别拥有整合 DNA 的细胞。染色体整合效率很低，纯合子整合需要不同可选择标记重复结合基因来完成。更复杂的是，通过重组第二个基因整合才可能取代第一个整合。最后，在实验结束时工业酵母可用于工业环境之前需要消除可选择标记（Solis-Escalante，Kuijpers，van der Linden，Pronk，& Daran-Lapujade，2014）。因此，产生二倍体（或更高倍数性）酵母菌株纯合子整合是困难、耗时和费力的。理想情况下，实验者需要一种打靶方法，该方法不需要整合标记，并且在不需要对细胞预先做任何遗传修饰如营养缺陷性标记的情况下可以精确切割所有染色体。像这样一个系统可应用于工业的、野生的或没有修饰的分离株，包括那些有较高染色体拷贝数的分离株的改造。

细菌 II 型 CRISPR/Cas9 基因组编辑已成功地应用于几种真核生物，但不适应全基因组研究或工业重要真核微生物外源蛋白质设计。CRISPR/Cas 系统需要一个通过非编码单链引导 RNA（sgRNA）靶向特异性 DNA 序列的 Cas9 内切核酸酶（Jinek et al.，2012）。Cas9-sgRNA 核糖核蛋白复合物通过与基因组前间区邻近基序（PAM）前的间隔 DNA 序列碱基配对，在真核生物基因组中由 sgRNA 5′端的 20 个核苷酸引导序列的特异性位点发生双链断裂（DSB）（Sternberg，Redding，Jinek，Greene，& Doudna，2014）。非同源末端连接修复导致基因组 5′ PAM 小删除或插入（Cong et al.，2013；Mali，Esvelt，& Church，2013；Mali，Yang，et al.，2013）。另外，基因组 DNA 中 Cas9 产生的 DSB 的存在，可以使与线性 DNA DSB 位点同源重组的速率增加几千倍（DiCarlo et al.，2013），赋予高通量基因研究能力。

对于功能丧失型分析和外源基因表达来说，CRISPR 基因打靶有助于酵母基因组自身的有效靶向。在我们的实验室开发的酵母系统，即 CRISPR/Cas9 内切核酸酶与多个保护核酶 sgRNA 共表达（图 22.1）。这个系统在酿酒酵母工业中能够高效、无标记、单步骤和多重基因组编辑。强大的多重 CRISPR（CRISPRm）可以用来加速改良工业微生物的遗传和分子决定因素的发现。而且，CRISPRm 可用于任何原养型酵母的分离，使系统“即插即用”。不像其他系统，CRISPR 不需要先前的遗传修饰（Wingler & Cornish，2011）和耐药质粒过去常常用于共表达 Cas9 蛋白质，sgRNA 赋予显性耐药性。因为在非选择性条件下没有适合优势，所以 Cas9 质粒（pCAS）很容易在丰富培养基中清除药物后立刻丢失。CRISPRm 导致二倍体（或更高版本）拷贝数的酵母细胞的纯合子突变；到目前为止，我们还没有恢复杂合的突变体。这可能是因为 Cas9 蛋白会剪切所有的靶向染色体。我们建议使用线性 DNA 作为同源定向修复模板以便矫正一个染色体，然后修复的染色体作为 DNA 模板，通过同源定向修复其他染色体。对基因组来说，CRISPRm 具有无标记和重复的特点，能在实验室和工业酵母中进行复杂得多的基因组编辑实践。

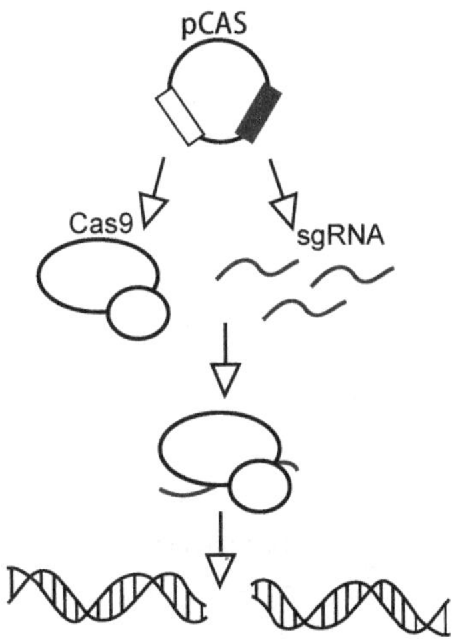

图 22.1　Cas9-sgRNA 共表达。来自酵母细胞单质粒 Cas9 蛋白和 tRNA-HDV-sgRNA 共表达。来自细胞核内 Cas9 和 sgRNA 形成的核糖核蛋白复合物。通过 sgRNA 内 20bp 靶序列编码，Cas9 定向切割基因组 DNA。（彩图请扫封底二维码）

22.2 质粒设计

创建共表达系统的第一步是构建质粒：①可以在表达宿主中稳定保留；②在细菌中增殖。能在细菌和酵母中保留的质粒需要有特异性复制起点和双重功能选择标记。来自单质粒的 CRISPRm 两个组件的共表达系统（Cas9 sgRNA）有不需要共转化、共遗传或共表达，在培养基中只需要一个标记选择的优势。为了细菌和酵母稳定增殖及遗传，质粒需要含有细菌 pUC 复制起始点、2μ 酵母复制起始点，以及在酵母和细菌两种微生物中作用的显性选择标记（如在真核生物中 G418 对原核生物的卡那霉素有抗性）。药物诺尔丝菌素和潮霉素也在酵母和细菌中作用，所以它们可以作为选择标记。Cas9 是一个大分子蛋白质，对外源染色体 DNA 大小有限制，可以正确地复制并由酵母细胞遗传。因此，我们尽可能制备拥有最小化外源 DNA 序列的质粒（图 22.2）。

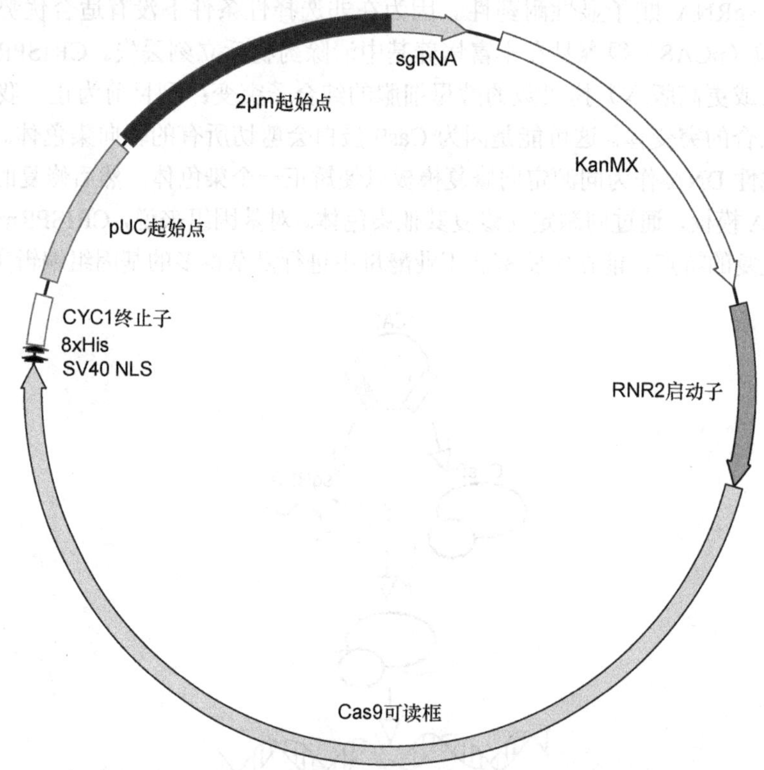

图 22.2 pCAS 的结构。含有细菌复制起点（pUC）、酵母高拷贝复制（2μ）起点、tRNA-HDV-sgRNA 表达模块、双目的显性标记（KANMX 盒）和 Cas9 表达模块的 pCAS 质粒，其中使用用于驱动 Cas9 表达的 RNR2 启动子和 CYC1 终止子。

22.3　Cas9 表 达

Cas9 基因组编辑需要 Cas9 内切核酸酶和引导 RNA（gRNA）的共表达（Jinek et al.，2012）。gRNA 与 Cas9 结合形成功能核糖核蛋白的正确表达，需要在 gRNA 内配备一个精确的靶向序列（Jinek et al.，2014）。在体内，这意味着蛋白质和 RNA 两个组分都需要在生理上达到细胞可忍受（无毒）水平进行表达、共存和正确折叠。蛋白质的超表达可能对酵母有毒（Sopko et al.，2006），酵母中生理活性 RNA 的异源表达还相对未知，用人工 sgRNA 在酵母中表达酿脓链球菌的 Cas9（SpCas9），并将这种表达系统在相对大量感受态细中共遗传是努力探索的目标。

我们发现 Cas9 表达在某些情况下是有毒的。为了基因组靶向实验表达 SpCas9 基因，为此我们选择了一个温和的强力启动子——P_{RNR2}，因为来自 P_{RNR2} 启动子的 Cas9 导致酵母菌株具有接近野生型适用性，而 Cas9 使用强大的酵母启动子如 P_{TDH3}，相对于野生型细胞减少了酵母适应性。可以通过增加或减少启动子表达的强度，或通过从 2μ 到 CEN 改变复制起点，增加或减少质粒拷贝数来控制 Cas9 mRNA 转录水平（Parent，Fenimore，& Bostian，1985）。为了避免潜在脱靶结合或剪切，我们建议使用一个中等强度启动子或在丰富培养基中至少使用一种不存在适合性缺陷的启动子表达 Cas9。可以使用简单生长曲线，比较用质粒表达 Cas9 酵母转化与用空载体对照酵母转化来测定适合性的缺陷。

22.4　引导 RNA 表达

子囊菌酵母使用 RNA 聚合酶Ⅲ启动子表达它们所有的转移 RNA（tRNA）、U6 剪接体 RNA SNR6、snoRNA SNR52、核糖核酸酶 P RPR1 的 RNA 组分和信号识别粒子 SCR1 的 RNA 组分（Marck et al.，2006）。这些 RNA 聚合酶Ⅲ转录子有不同架构，但均含有 RNA 聚合酶Ⅲ转录起始的必需组分。它们包含 A 盒和 B 盒结合域，以及 TATA 盒结合域。只有一个转录——SNR52，类似于典型 RNA 聚合酶Ⅱ启动子，拥有与 TATA 盒和 SNR52 RNA 编码序列 5′基序（A 盒和 B 盒）结合的聚合酶。通过比较，转移 RNA 在成熟 tRNA 序列内有 A 和 B 盒基序。所有的 RNA 聚合酶Ⅲ转录终止都通过同样的机制，因为 RNA 聚合酶Ⅲ转录由酵母中 6 个和更高等真核生物 5 个线性 poly-U 核苷酸终止（Marck et al.，2006）。这意味着筛选 sgRNA 表达启动子可以直接比较，而不会受 RNA 聚合酶Ⅱ启动子创建启动子-终止子效果所混淆（Curran，Karim，Gupta，& Alper，2013）。使用 U6 核内小 RNA 基因作为表达 sgRNA RNA 聚合酶Ⅲ启动子在高等真核生物中开发了 sgRNA 表达系统，即已多年用于 RNA 干扰实验的方法（Mali，Esvelt，et al.，2013；

Mali，Yang，et al.，2013）。

在哺乳动物细胞中，sgRNA 的细胞水平与 Cas9 介导基因组打靶相关（Hsu et al.，2013），从而提高 sgRNA 丰度限制体内 CRISPR 介导基因组打靶速率的可能性。因此，重要的是，要考虑增加 sgRNA 的转录水平的方法。增加细胞丰度的一个方法是防止细胞内 RNA 降解机制。这可以通过添加自我剪切的核糖酶（或任何 RNA），即增加与 sgRNA 的物理连接，从而增加体内稳定性和表达或加工的调节来做到。然而，添加 RNA 不能干扰结构或 sgRNA 表达以便 sgRNA 以构象状态与细胞内 Cas9 结合。为了增加酵母 sgRNA 水平，我们设计了一个新的 sgRNA 架构，将 sgRNA（+85）（Mali，Esvelt，et al.，2013；Mali，Yang，et al.，2013）与自我剪切的 δ 型肝炎病毒核糖酶（HDV）3′端融合，以保护 sgRNA 免受细胞内 5′核酸外切酶活性作用。自然发生自我剪切核糖酶广泛存在于自然界的非编码 RNA（Webb，Riccitelli，Ruminski，& Luptak，2009），同时在许多真核生物中已经鉴定出 HDV 样核酶。我们选择使用 HDV 核酶，因为它的切割在 RNA 上留下一个干净的 5′端，并不具有 HDV 核酶外源核苷酸 5′端（Ke，Ding，Batchelor，& Doudna，2007）。此外，清除 5′端也能帮助细胞核容纳 RNA（Kohler & Hurt，2007）。HDV 样核酶是高度保守的，所形成的双伪纽结二级结构和酶活性必需的核苷酸已经完成作图（Ke et al.，2007）。尽管可能应该使用无活性 HDV 核酶或其他结构化但非催化“保护”RNA，但我们还是选择 HDV 核酶的活性形式，因为它的剪切会清除任何结构化或非结构化 RNA 作为启动子，留下 HDV 核酶共价融合 5′ sgRNA（图 22.3A）。

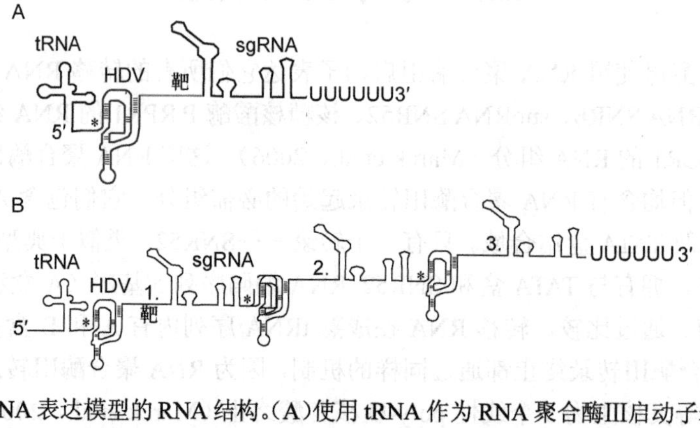

图 22.3　sgRNA 表达模型的 RNA 结构。(A)使用 tRNA 作为 RNA 聚合酶Ⅲ启动子表达 sgRNA。HDV 折叠成其催化活性形式并消除来自成熟 sgRNA 的 5′ tRNA 序列（裂解位点为星号标志）。HDV 和 sgRNA 保护靶序列。由一系列 6 个或更多尿苷核苷酸终止 RNA 聚合酶Ⅲ的表达。(B) 为改善共表达设计 sgRNA。采用单链 RNA 聚合酶Ⅲ启动子（tRNA）表达未来的多顺反子 sgRNA，使用它们的催化活性 HDV（切割位点标记为*）进行内部加工。该图包含三个串联阵列 sgRNA。

采用具有或没有 5′核酶的酵母 RNA 聚合酶III启动子，我们测定了表达 sgRNA 细胞的相对丰度，通过逆转录定量聚合酶链反应（PCR），发现核酶的存在使细胞内 sgRNA 丰度增加了 6 倍。这与我们的假设相一致，HDV 核酶的结构保护来源于 5′外切核酸酶的 sgRNA 5′端（Houseley & Tollervey，2009）。值得注意的是，HDV 的核酶缺乏，我们发现 RNA 聚合酶 II 启动子导致酵母高度表达 sgRNA 分子，但生理上它们无活性，导致 Cas9 打靶效率非常低（远远小于 1%）。虽然我们没有进一步介绍这些 sgRNA 特征，但是我们认为缺乏 sgRNA 活性可能是由于 RNA 聚合酶 II 终止子彻底终止而转录失败，导致 3′ RNA 序列妨碍了 sgRNA 折叠或 sgRNA 核定位。因此，我们提出不是限制 sgRNA 总丰度而是限制正确折叠和定位的 sgRNA 总丰度。总之，我们已经证明，sgRNA 很容易以结构化 RNA 5′端与 sgRNA 引导序列合并模块化方式来设计。将来，它有可能结合几个 HDV 样核酶-sgRNA 嵌合串联产生增加基因组编辑功能的多个 sgRNA。使用单启动子表达 sgRNA 嵌合体，允许它们转录后的修饰使用高阶多重编辑（图 22.3B）可以控制多重引导的共表达。此外，核酶能够修饰 5′引导序列（启动子），所以未来可以设计启动子去调节 sgRNA 的表达。而且，可以对 sgRNA 添加 3′序列以保护它们免遭外切核酸酶作用（Hsu et al.，2013；Jinek et al.，2013）。设计 sgRNA 仍有许多选项以便为 Cas9 和 sgRNA 速率限制之间的表达水平鸿沟架起一座桥梁。我们期望通过改善共表达化学计量学和 CRISPR/Cas9 系统的 RNA 组分，将对更复杂的编辑实验如高阶多重复合物有重大价值。

22.5 筛 选 方 法

为使 CRISPRm 成为非特异性实验室常规实验，重要的是，设置的方法和试剂要简单、经济有效，并为大家所接受。在我们实验室开发的 pCAS 质粒可以用于酿酒酵母菌株，包括原养型分离株。对 pCAS 基因组打靶只需要一个修饰。研究人员只需要将靶（前间区）20mer 序列克隆到 pCAS 质粒编码的 sgRNA 就可以了。

筛选包括两个步骤：①将目的引导克隆到通用质粒内 sgRNA 表达系统；②通过化学转化将质粒与酵母线性修复 DNA 共转化进行基因组打靶。

22.5.1 靶序列克隆进入 pCAS

无限制性内切核酸酶（RF）（van den Ent & Lowe，2006）将 20mer 靶序列克隆到 pCAS 是高效的。使用 PCR 无限制性内切核酸酶克隆（独立连接克隆），随后用 *Dpn* I 酶处理将无缝克隆子引入任何 DNA 片段。在将靶序列克隆到 pCAS 的情况下，引物是 60mer 寡核苷酸。这些（互补）60mer 序列对两侧连接 20bp 与

（5′靶）核酶和 sgRNA 目的（3′靶）同源的靶 RNA 序列（20bp）编码。两个用于克隆的同源序列永远不会改变，因为在 pCAS 中靶序列总是在核酶之前和在 sgRNA 之后，它们分别称为左和右同源序列。RF 克隆反应在同源区之间插入靶序列，导致 pCAS 内构成功能 sgRNA。

在左（L）和在（R）的同源序列之间插入靶 20mer。两个寡核苷酸顺序：①60mer（L+靶+R）；②（L+靶+R）的反互补作为 RF 反应的引物（表 22.1）。

表 22.1 RF 克隆反应

加 H_2O 到 50μl
5×缓冲液=10μl
dNTP=1μl
插入（靶 DNA）= 0.1μl+0.1μl（重新补足）
pCAS 质粒 = 40ng
Pfusion 聚合酶=1μl
在热循环中，按以下反应 30 个循环：
98℃：1min
98℃：30s
58℃：1min
72℃：10min
72℃：10min
4℃：（结束）

同源 L（HDV）=CGGGTGGCGAATGGGACTTT

同源 R（sgRNA）=GTTTTAGAGCTAGAAATAGC

克隆 60mer 顺序是：

5′-CGGGTGGCGAATGGGACTTTXXXXXXXXXXXXXXXXXXXXGTTTTAGAGCTAGAAATAGC-3′

执行 *Dpn* I 反应以确保所有甲基化（质粒、非 PCR 产生）DNA 降解。37℃ *Dpn* I 反应过夜最有效，65℃热灭活 *Dpn* I 15min。

在 50μl 感受态细菌细胞中通过细菌转化法，使用 5～10μl *Dpn*I 处理反应将克隆子转化到大肠杆菌。挑出 3～5 个细菌转化子，利用 sgRNA 测序引物验证 sRNA 序列。

sgRNA 测序引物=5′-CGGAATAGGAACTTCAAA GCG-3′

22.5.2 双链线性 DNA 修复寡核苷酸

为了在酵母基因组中创建无标记仍能跟踪整合位点，我们开发了修饰条形码系统（Giaever，Chu，et al.，2002）。这个条形码 DNA 通过 PCR 用于模型中基因组整合组装。购买三个 60mer 寡核苷酸并组装到单 140mer 双链 DNA 分子中（图 22.4）。在实验室内组装修复 DNA 有两个理由：①修复分子是模块化，可以组装到合适实验中；②各自的寡核苷酸成本低。

图 22.4 整合条形码修复 DNA。每个条形码包含独特的 20mer 序列两侧是常见引物位点和 5′终止密码子（60mer）。用两个 60mer 引物，其中有 10bp 与条形码寡核苷酸同源，50bp 与基因组同源，以便扩增条形码。产生的同源定向修复 dsDNA 长度为 140bp。

22.5.3 由 pCAS 共转化和双链线性 DNA 同源修复模板组成的 CRISPRm 筛选

为了创建酵母感受态细胞储备液，先将酵母细胞培养到饱和。在丰富培养基中再培养饱和酵母培养物并生长到对数中期，光学密度为 1.0（OD_{600}=1.0）。沉淀，在 600μl 等量 40%甘油和 PLATE[聚乙二醇 2000（PEG 2000）、0.1mol/L 乙酸锂、–0.05mol/L Tris-HCl-EDTA]的离心管中悬浮。细胞转移到–80℃冰箱。细胞可以无限期保存。

Cas9 转化混合液由 90μl 酵母感受态细胞混合液（OD_{600}=1.0）、10.0μl ssDNA（10mmol/L）、1.0μg pCAS 质粒、5.0μg 线性修复 DNA、900μl 聚乙二醇 2000（PEG 2000）、0.1mol/L 乙酸锂、–0.05mol/L Tris-HCl-EDTA 组成（表 22.2）。为了测定 Cas9 独立整合，采用缺失 Cas9 蛋白和 sgRNA（如质粒 pOR1.1）的质粒共转化线性 DNA。30℃细胞培养 30min，然后在 42℃热激 17min。热激后，将细胞在 250μl YPD 中 30℃重新悬浮 2h，然后接种到 YPD+G418 平板（20g/L 蛋白胨、10g/L 酵母提取物、20g/L 琼脂、0.15g/L 硫酸腺嘌呤、20g/L 葡萄糖和 200mg/L G418）。细胞在 37℃生长 48h，复制子接种到表型选择培养基。分离基因组 DNA，PCR 扩增和测序验证扩增子条形码序列。实验人员可以用抗 G418 的 pCAS 预测克隆子转化中正确靶向修复 DNA>95%整合效率。使用线性 DNA 背景对照与我们称为 pOR1.1 的空质粒完成所有筛选。pOR1.1 缺乏 Cas9 和 pCAS 的 sgRNA。采用 pOR1.1 测定线性 DNA 的独立 CRISPRm 整合，凭我们的经验总是等于零。

22.5.4 工业酵母

我们已经测试了分离于糖蜜酒厂 ATCC4124 多倍体工业菌株的条形码打靶

效率。使用 tRNA 作为启动子驱动 sgRNA 表达，我们发现这些菌株纯合子的效率接近 100%，但是使用非 tRNA 启动子 P_{SNR52} 时效率很低（5%）（图 22.5A）。因此，利用 tRNA 作为 sgRNA 启动子的主要优势是有效创建工业酵母分离株零突变纯合子，并且对测试不同的 tRNA 启动子找到最优的 sgRNA 表达方法可能是必需的。

表 22.2　CRISPR/Cas9 筛选方案

筛选试剂
（1）90μl 感受态细胞
（2）10.0μl ssDNA（煮沸 5min，冰 5min）
（3）1.0μg pCAS 质粒 DNA+5.0μg 线性条形码（BC）DNA
（4）0.25μg 的 pOR1.1+5.0μg 线性条形码（BC）DNA
（5）900μl PLATE
方案
（1）每个样品吸出混合液 i. pCAS＋条形码（任何线性同源 DNA） ii. pOR1.1+条形码（线性 DNA） iii. 阴性对照（无 DNA）
（2）30℃孵化 30min
（3）拿住管盖振荡管子
（4）42℃热激 17min
（5）5K 离心 2min
（6）清除 PLATE（倾倒，然后吸出）
（7）250μl 酵母膏蛋白胨葡萄糖（YPD）中重悬浮细胞
（8）30℃恢复 2h
（9）YPD+G418 整板接种
（10）37℃生长 48h
（11）复制板验证突变表型
（12）验证 gDNA 分离
（13）PCR 验证条形码整合
（14）PCR 扩增子测序验证条形码序列

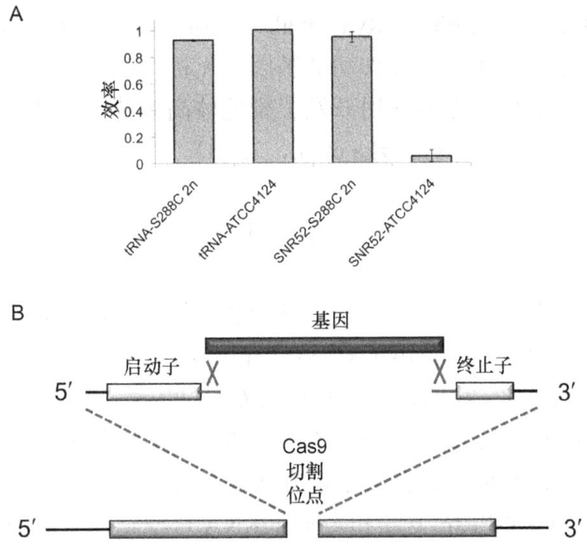

图 22.5　基因组编辑实验。(A) 条形码工业酵母菌株。条形码插入的效率，取决于营养缺陷型的百分比，由菌株和 RNA 聚合酶Ⅲ启动子试验所证明。通过 PCR 扩增和每个克隆子靶位点 Sanger 测序验证条形码插入。(B) 染色体异源表达组装基因。CRISPRm 创建基因组双链断裂。由含有相互同源的 50bp、与基因组同源的 50bp（远端片段的末端）PCR 产生了三个线性 DNA 分子。酿酒酵母的同源修复机制组装三个片段，将它们整合到 CRISPRm 靶向染色体。

22.5.5　酵母染色体无标记基因组装

为了测定 CRISPRm 是否可以用于酵母染色体整合体内基因组装，我们测试了来自多重 PCR 产物的抗硫酸链丝菌素（Nat^R）的组装效率。三个重叠的 PCR 产物编码转录启动子、蛋白质可读框（ORF）和转录终止子正确的组装和插入，导致 Nat^R 基因的表达和赋予硫酸链丝菌素的抗性(Boeke, LaCroute, & Fink, 1984; Krugel, Fiedler, Haut, Sarfert, & Simon, 1988)（图 22.5B）。

PCR 扩增的 DNA 用于体内组装。我们使用 PCR 扩增包含引物 5′端重叠 DNA 50bp 的基因组 DNA。我们共转化了三个分离的、有 50bp 悬突的线性 DNA 分子，包括 TEF1 启动子、棉阿舒囊霉（*Ashbya gossypii*）终止子（Nat^R）和来自诺尔斯链霉菌（*Streptomyces noursei*）抗硫酸链丝菌素的耐药性可读框（ORF）并将这些分子靶向 URA3 位点。

采用 5-氟乳清酸抗性（$5\text{-}FOA^R$）和 Nat^R 的组合测定 Cas9 介导的整合及三个 DNA 片段组装到正确位点的效率。据观察，将条形码寡核苷酸整合到工业分离株基因组，功能表达模型依赖于 tRNA 启动子。我们发现正确纯合子靶向和二倍体酵母 S288C 细胞组装效率为 85%，使用 $tRNA^{Phe}$ 序列作为 sgRNA 启动子在酵母菌株 ATCC4124 的效率为 68%（Ryan et al.，2014）。因此，CRISPRm 能够一步实现酿酒酵母基因组包括工业分离株功能基因的无标记组装。作为一个应用实例，我们为木质纤维素的生物燃料应用开发了染色体高效基因组装以便进化和选择改良的纤维二糖转运突变子（Galazka et al.，2010）。

22.6 结 束 语

本章中，我们介绍了将线性 DNA 整合到酵母染色体的方法：①功能研究的缺失；②不同的蛋白质表达。由于 CRISPRm 不需要可选择标记而整合 DNA，这个方法完全可以规模化。我们建议反复使用 CRISPRm，理论上可以减少野生型生物合成染色体（或基因组）。这是特别有可能的，因为单倍体细胞中具有最小约简效率的多重功能作为我们实验室的鉴定方法（Ryan et al.，2014）。

表达 Cas9 的 CRISPRm 方法和多重 sgRNA 广泛适用于基因组先进分析和任何酵母包括工业分离株的设计。首先，设计的含有 HDV 核酶的 sgRNA 能应用于功能性 tRNA 作为 sgRNA 启动子，在任何基因组中可以很容易地识别它们（Marck et al.，2006）。此外，HDV 核酶显著增加细胞 sgRNA 的丰度，消除 5′ tRNA 和导致二倍体细胞有效的多重打靶。HDV 样核酶清除 5′序列的能力不会干扰 sgRNA 功能启动许多 sgRNA 表达和倍增的可能性。例如，利用转录后转化为多个高保真 sgRNA 的单个或多重 tRNA 启动子，它应该能够表达真核生物许多 sgRNA，每一个都有特异性靶向编码。这可以用来更好地调节多重编辑 sgRNA 共表达和化学计量。

因为 CRISPRm 只需要温和表达 Cas9 蛋白，使用 tRNA 启动子表达一种 sgRNA 和独特的靶序列，我们期望 CRISPRm 将轻松用于非模式生物包括应用于生物工程工业的真菌极端微生物和真菌病原菌新药物靶向识别基因组工程。由于可用基因操作技术的限制，这些生物体的许多遗传学还没有得到深入的研究。CRISPRm 应该作为一种快速、高通量的基因型方法将这些生物的基因型与它们的表型联系起来。例如，CRISPRm 可产生无标记条形码等位基因，可用于这些生物功能丧失型突变子的大规模池适合性研究。CRISPRm 也促进高效基因组编辑、合成生物学、蛋白质工程在工业酵母菌株中的应用，我们已经证明 CRISPRm 可以用来迅速设计蛋白质，大大改善代谢活性。我们期望 CRISPRm 将适应于任何工业真菌的设计和用来加速商业上重要的化学物质和生物燃料的生产。

致 谢

我们感谢 J. Doudna 对手稿的有益讨论。本项工作得到能源生物科学研究所的资金支持。

竞争性经济利益：一些作者提出的专利申请与这里给出的结果有关。

参考文献

Boeke, J. D., LaCroute, F., & Fink, G. R. (1984). A positive selection for mutants lacking orotidine-5′-phosphate decarboxylase activity in yeast: 5-Fluoroorotic acid resistance. Molecular & General Genetics, 197(2), 345-346.

Cong, L., Ran, F. A., Cox, D., Lin, S., Barretto, R., Habib, N., et al. (2013). Multiplex genome engineering using CRISPR/Cas systems. Science, 339(6121), 819-823.

Curran, K. A., Karim, A. S., Gupta, A., & Alper, H. S. (2013). Use of expression-enhancing terminators in *Saccharomyces cerevisiae* to increase mRNA half-life and improve gene expression control for metabolic engineering applications. Metabolic Engineering, 19, 88-97.

DiCarlo, J. E., Norville, J. E., Mali, P., Rios, X., Aach, J., & Church, G. M. (2013). Genome engineering in *Saccharomyces cerevisiae* using CRISPR-Cas systems. Nucleic Acids Research, 41(7), 4336-4343.

Dowell, R. D., Ryan, O., Jansen, A., Cheung, D., Agarwala, S., Danford, T., et al. (2010). Genotype to phenotype: A complex problem. Science, 328(5977), 469.

Farrell, A. E., Plevin, R. J., Turner, B. T., Jones, A. D., O'Hare, M., & Kammen, D. M. (2006). Ethanol can contribute to energy and environmental goals. Science, 311(5760), 506-508.

Galazka, J. M., Tian, C., Beeson, W. T., Martinez, B., Glass, N. L., & Cate, J. H. D. (2010). Cellodextrin transport in yeast for improved biofuel production. Science, 330(6000), 84-86.

Giaever, G., Chu, A. M., et al. (2002). Functional profiling of the *Saccharomyces cerevisiae* genome. Nature, 418(6896), 387-391.

Houseley, J., & Tollervey, D. (2009). The many pathways of RNA degradation. Cell, 136(4), 763-776.

Hsu, P. D., Scott, D. A., Weinstein, J. A., Ran, F. A., Konermann, S., Agarwala, V., et al. (2013). DNA targeting specificity of RNA-guided Cas9 nucleases. Nature Biotechnology, 31(9), 827-832.

Jinek, M., Chylinski, K., Fonfara, I., Hauer, M., Doudna, J. A., & Charpentier, E. (2012). A programmable dual-RNA-guided DNA endonuclease in adaptive bacterial immunity. Science, 337(6096), 816-821.

Jinek, M., East, A., Cheng, A., Lin, S., Ma, E., & Doudna, J. A. (2013). RNA-programmed genome editing in human cells. Elife, 2, e00471.

Jinek, M., Jiang, F., Taylor, D. W., Sternberg, S. H., Kaya, E., Ma, E., et al. (2014). Structures of Cas9 endonucleases reveal RNA-mediated conformational activation. Science, 343(6176), 1247997.

Ke, A., Ding, F., Batchelor, J. D., & Doudna, J. A. (2007). Structural roles of monovalent cations in the HDV ribozyme. Structure, 15(3), 281-287.

Kohler, A., & Hurt, E. (2007). Exporting RNA from the nucleus to the cytoplasm. Nature Reviews. Molecular Cell Biology, 8(10), 761-773.

Krugel, H., Fiedler, G., Haut, I., Sarfert, E., & Simon, H. (1988). Analysis of the nourseothricin-resistance gene (nat) of Streptomyces noursei. Gene, 62(2), 209-217.

Mali, P., Esvelt, K. M., & Church, G. M. (2013). Cas9 as a versatile tool for engineering biology. Nature Methods, 10(10), 957-963.

Mali, P., Yang, L., Esvelt, K. M., Aach, J., Guell, M., DiCarlo, J. E., et al. (2013). RNA-guided human genome engineering via Cas9. Science, 339(6121), 823-826.

Marck, C., Kachouri-Lafond, R., Lafontaine, I., Westhof, E., Dujon, B., & Grosjean, H. (2006). The RNA polymerase III-dependent family of genes in hemiascomycetes: Comparative RNomics, decoding strategies, transcription and evolutionary implications. Nucleic Acids Research, 34(6), 1816-1835.

Parent, S. A., Fenimore, C. M., & Bostian, K. A. (1985). Vector systems for the expression, analysis and cloning of DNA sequences in S. cerevisiae. Yeast, 1(2), 83-138.

Rubin, E. M. (2008). Genomics of cellulosic biofuels. Nature, 454(7206), 841-845.

Ryan, O. W., Skerker, J. M., Maurer, M. J., Li, X., Tsai, J. C., Poddar, S., et al. (2014). Selection of chromosomal DNA libraries using a multiplex CRISPR system. Elife, e03703. http://dx.doi.org/10.7554/eLife.03703 [Epub ahead of print].

Solis-Escalante, D., Kuijpers, N. G., van der Linden, F. H., Pronk, J. T., & Daran-Lapujade, P. (2014). Efficient simultaneous excision of multiple selectable marker cassettes using I-SceI-induced double-strand DNA breaks in *Saccharomyces cerevisiae.* FEMS YeastResearch, 14(5), 741-754.

Sopko, R., Huang, D., Preston, N., Chua, G., Papp, B., Kafadar, K., et al. (2006). Mapping pathways and phenotypes by systematic gene overexpression. Molecular Cell, 21(3), 319-330.

Sternberg, S. H., Redding, S., Jinek, M., Greene, E. C., & Doudna, J. A. (2014). DNA inter-rogation by the CRISPR RNA-guided endonuclease Cas9. Nature, 507(7490), 62-67.

van den Ent, F., & Lowe, J. (2006). RF cloning: A restriction-free method for inserting target genes into plasmids. Journal of Biochemical and Biophysical Methods, 67(1), 67-74.

Webb, C. H., Riccitelli, N. J., Ruminski, D. J., & Luptak, A. (2009). Widespread occurrence of self-cleaving ribozymes. Science, 326(5955), 953.

Wingler, L. M., & Cornish, V. W. (2011). Reiterative recombination for the *in vivo* assembly of libraries of multigene pathways. Proceedings of the National Academy of Sciences of the United States of America, 108(37), 15135-15140.

第 23 章　Cas9 增强功能蛋白质工程

Benjamin L. Oakes[1], Dana C. Nadler[2], David F. Savage[1,3,4]

（1. 美国加州大学伯克利分校分子与细胞生物学系；2. 加州大学伯克利分校化学与生物分子工程学系；3. 加州大学伯克利分校化学系；4. 加州大学伯克利分校能源生物科学研究所）

目　录

摘要

CRISPR/Cas 系统作用于保护许多细菌和古生菌细胞免受入侵核酸的伤害。细菌免疫蛋白 Cas9 是这些 CRISPR/Cas 系统的一个组成部分，最近作为基因组编辑的工具。通过互补的 RNA，Cas9 很容易靶向结合和剪切 DNA 序列，这种 Cas9 简单的可编程性迅速获得了基因工程领域的接纳。虽然这种技术发展迅速，但是关于 Cas9 特异性、效率、融合蛋白功能、细胞内的时空控制等许多挑战依然存在。在这项工作中，我们开发了构建新颖蛋白质的平台来解决这些问题。我们论证筛选或选择激活 Cas9 突变体的方法，使用筛选技术分离蛋白质内插入异源突触后膜致密蛋白（PDZ）结构域的功能化 Cas9 变异子。作为一个概念证明，这些方法为未来构建多样化 Cas9 蛋白奠定了基础。简单和易获得的基因编辑技术正在帮助我们以新的和令人兴奋的方式阐明生物学；设计 Cas9 新功能性平台将有助于打造下一代基因组修饰工具。

23.1 导　论

基因序列和表达的操纵是揭示生物系统复杂性的基础。然而，我们无力让这样的操纵跨越不同生物体和不同细胞类型而使强大的 DNA 重组技术限制于少数几个模型系统。因此，最近几年许多基因工程策略——可编程中断或替换基因组位点能力已经出现，但仍然没有解决普遍的问题（Carroll，2014）。

细菌适应性免疫，称为规律成簇间隔短回文重复（CRISPR）系统的研究，导致 RNA 引导 DNA 核酸酶 Cas9 的发现，已证明是基因组工程非常强大的工具（Barrangou et al.，2007；Deltcheva et al.，2011；Jinek et al.，2012；Wiedenheft，Sternberg，& Doudna，2012）。在其生物背景下，Cas9 是对降低致病噬菌体和质粒 DNA 起作用的 II 型 CRISPR 干扰系统的一部分。通过 RNA：DNA 杂交，20bp 互补靶 DNA 序列（称为前间隔）识别宿主编码 CRISPR RNA（crRNA）激活 Cas9 打靶（图 23.1）。Cas9 蛋白本身通过结合短 DNA 序列邻近和相反的前间隔，称为前间区序列邻近基序（PAM），在靶识别中也扮演了重要的角色（PAM）。虽然在 Cas9 同源序列中 PAM 特异性有显著变化，但是普遍还是采用来自酿脓链球菌（*Streptococcus pyogenes*）的 Cas9（SpCas9）识别 PAM 5′-NGG-3′序列。认为 PAM 初次与 Cas9 结合是由 crRNA 序列靶向识别（Sternberg, Redding, Jinek, Greene, & Doudna, 2014）。一旦靶识别，两个核酸酶结构域（称为 RnvC 和 HNH 结构域，因为它们的序列与其他内切酶相似）就接触和剪切 PAM 位点上游 3~4bp 分离的 DNA 链（Jinek et al.，2012）。具有对 crRNA 部分互补的第二个反式激活 crRNA（tracrRNA）也是 crRNA 成熟和激活所需。Doudna 及其同事已经证明，crRNA 和 traRNA 能与四环插入子融合在一起形成单链引导 RNA（sgRNA 或“引导”）（Jinek et al.，2012）。Cas9 的表达和这个 sgRNA 对靶向 DNA 来说两个都需要和充足。因此，基于 Cas9 工程的快速成功推动了可编程性，Cas9 通过简单改变 sgRNA 序列可以靶向任何 DNA 位点。

基于 Cas9 基因工程的强烈兴趣导致了一系列的定向改变，即变化或改善 Cas9 功能（图 23.1B）。根据 RuvC 和 HNH 内切核酸酶样结构域序列保护，构建了许多点突变体，从而将正常内切酶活性转化成任意一种切口酶（用于基因组编辑）或可以作为一种转录抑制剂（CRISPRi）的催化死亡突变体（dCas9）（Cong et al.，2013；Jinek et al.，2012；Qi et al.，2013）。PAM 识别功能至关重要，但是蛋白质编码的大量工作已经确定了 Cas9 同源序列，以最小化 PAM 用于结合或替代

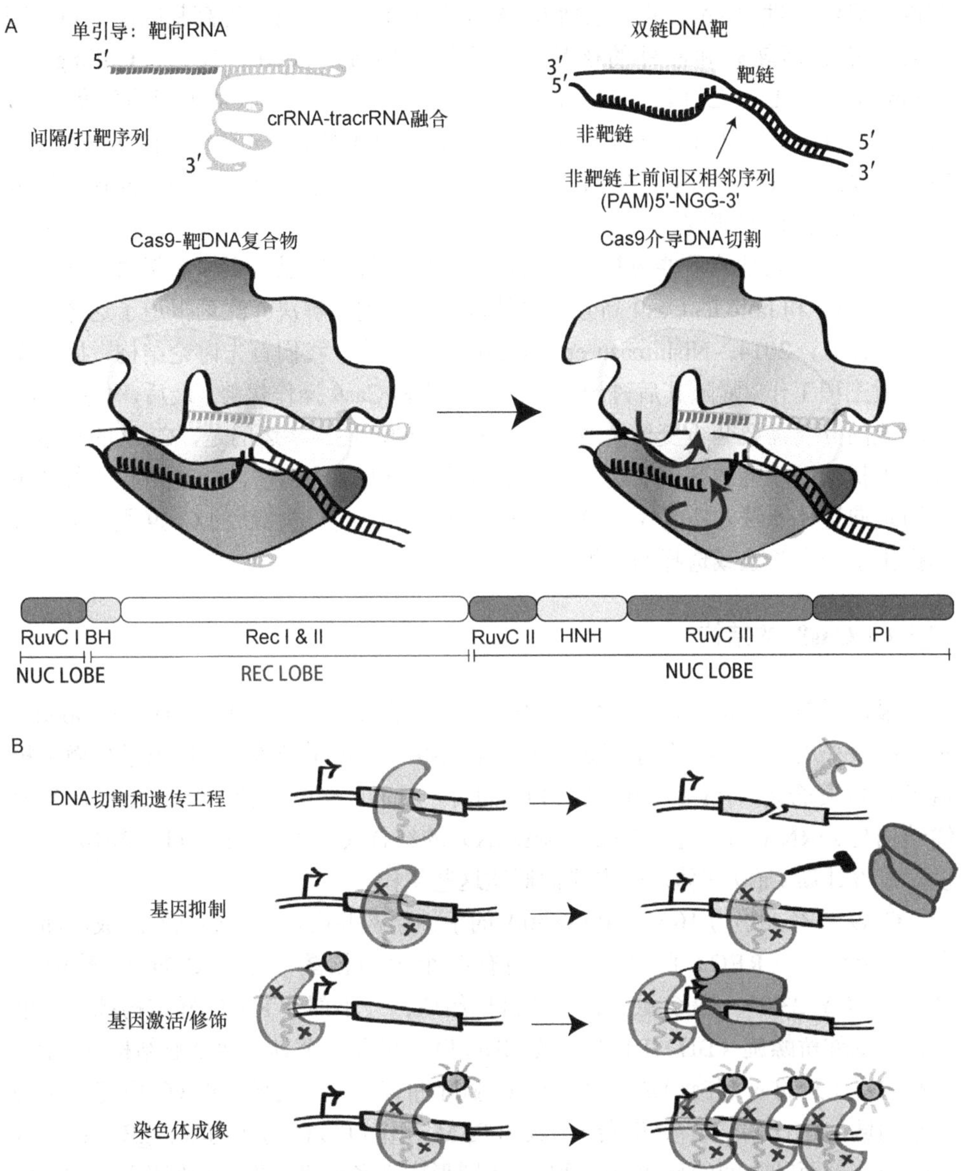

图 23.1　Holo Cas9 模型及其潜在应用。（A）单链引导 RNA、靶 dsDNA 和 Cas9 的建模。Cas9 域相应颜色：RuvC，绿色；BH，粉红色；RecⅠ，灰色；RecⅡ，深灰色；HNH，黄色；PI，红色。（B）常见 Cas9 作为工具使用。红色 X 代表 Cas9 核酸酶死亡的突变体。（彩图请扫封底二维码）

SpCas9（Esvelt et al.，2013）。最后，与 Cas9 融合的一些 N 端和 C 端用于吸引替代因子到特异性 DNA 位点，包括 RNA 聚合酶亚基，从而为提高基因组编辑中靶特异性而激活转录和额外的核酸酶结构域（Bikard et al.，2013；Guilinger，Thompson，& Liu，2014；Tsai et al.，2014）。这些进展表明，从工程的角度来看，Cas9 可以看成是细胞内吸引任何蛋白质、RNA 和 DNA 的一个统一因子（Mali，Esvelt，& Church，2013）。然而，这些研究最近有了改进，但设计 Cas9 还有许多附加目的特性值得研究。

要实现复杂功能需要更精细的蛋白质工程并付出比以前更多的努力尝试。幸运的是，apo 和 holo 的 Cas9 高分辨率结构最近得到了解决并深刻报道了这个过程（Jinek et al.，2014；Nishimasu et al.，2014）。因此，我们首先讨论结构，即框架蛋白质工程工作。紧随其后讨论潜在的可行性和 Cas9 操作优势。最后，增强 Cas9 新功能的分离需要分析变体大数据库（$>10^6$）的活性。幸运的是，Cas9 的基本功能是干扰基因序列或基因表达，促进遗传筛选和方法的构建，即在相同的条件下使用定向进化方法，功能性是最终目的。为此，为定向进化新的 Cas9 蛋白质，我们提出了一套筛选或选择的详细方法。

23.1.1 Cas9 的结构

最近报道的 Cas9 高分辨率结构作为报告蛋白质工程方法的有益起点。Doudna 及其同事采用 X 射线晶体学报道了 apoSpCas9 高分辨率结构，使用电子显微镜报道了 holo 复合物（Jinek et al.，2014）。同时，Zhang 及其同事解决了 SpCas9 X 射线结构与 sgRNA 和单链靶 DNA（ssDNA）的结合（Nishimasu et al.，2014）。这里，在设计新 Cas9 变体范围内我们概述这些结构。

Cas9 具有大小为 100Å×100Å×50Å 的手性结构并由两个主要脑叶组成，即一个 N 端识别（REC）脑叶和一个拥有两个内切核酸酶结构域的 C 端脑叶（NUC）（图 23.2）。REC 脑叶由三个片段组成：一小部分 RuvC 样结构域、一个富含精氨酸桥螺旋（BH）REC 链接 NUC 叶，以及一个具有两个亚结构域（*Rec* Ⅰ和 *Rec* Ⅱ）的 α 螺旋识别片段。NUC 脑叶拥有三个结构域：RuvC 内切核酸酶样结构域、HNH 内切核酸酶样结构域和 PAM 互作（PI）C 端结构域。sgRNA-DNA 复合物位于两叶之间的界面，BH 和 RecI 域形成许多初级互作。应该注意，sgRNA-靶 DNA 异源双链核酸分子通常产生非特异性、独立序列与蛋白质相互作用，而 sgRNA 重复子：反重复子区使独立序列互作；这与精确 sgRNA 识别相一致，也有 Cas9 广泛靶向灵活性。有趣的是，虽然 sgRNA 有广泛的结构特性——在 tracrRNA 序列中有三个茎环，茎环 2 和茎环 3 退到结构的“背部”并产生很少与 Cas9 接触的序列特异性（图 23.2 的插入子）。

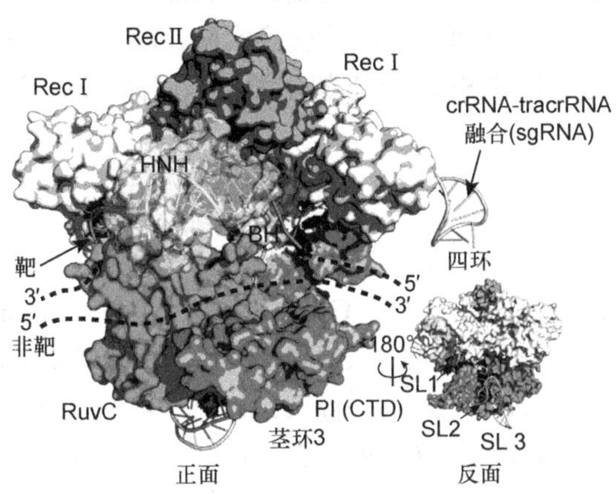

图 23.2 拥有 sgRNA 和单链靶 DNA（ssDNA）复合物中 Cas9 的结构。结构表面代表的结构和颜色如图 23.1 所示。注意插入子旋转 180°和显示 sgRNA 茎环的位置（SL）。改编自 Nishimasu 等（2014）（PDB 代码 4008）。（彩图请扫封底二维码）

该结构透露出许多合理的蛋白质工程设计策略。许多报道采用 N 端和 C 端融合到 Cas9，作为将特异性因子吸引到基因位点的方法，如转录激活的 RNA 聚合酶（Bikard et al.，2013；Mali，Aach，et al.，2013）。结构表明蛋白 N 端邻近 Cas9 外靶有 DNA 的 3′端，而 C 端毗邻有相同 DNA 的 5′端。最靠近蛋白质末端的 DNA 可能解释了为什么许多简单的融合能成功。有趣的是，在相同的脑叶中 N 端和 C 端大约分开 50Å，表明它可能是 Cas9 的圆形排列形态，更适用于精细蛋白质工程。而且，apo 复合物的二倍体性质表明它能构建 Cas9 分离变体，它们只有在两个部分吸引到一起的条件下才有活性。这样的变异将对构建两个杂交系统和设计别构对照的 Cas9 衍生物如光遗传结构域有用。

Cas9 直系同源映射到结构的序列保护也表明结构域可以提高工程的可塑性。Cas9 直接同源中的系统发生变体，显著地高于 REC 脑叶的 RecII 结构域和 NUC 叶中的 PI 结构域（Chylinski，Makarova，Charpentier，& Koonin，2014；Nishimasu et al.，2014）。RecII 结构域很少接触 sgRNA 或 holo 复合物结构中的靶 DNA，Nishimasu 等证明了该结构域（Δ175～307）可以完全清除但仍保留约 50%的编辑活性。这样的结构域令人感兴趣，因为 Cas9 很大；所有已知 Cas9 蛋白质范围从 984～1629 个氨基酸（Chylinski，Le Rhun，& Charpentier，2013）。因此，最新共同目标是找到或设计更小但同样有效的 Cas9 蛋白，这可能要通过多个结构域删除。PI 结构域之间的序列多样性也证明改变 PAM 特异性的手段。从交联连接实验和结构证据推断，PI 结构域 C 端直接与 PAM 相互作用（Jinek et al.，2014）。然而，这种特异性可能事实上是模块化的。来自嗜热链球菌（*S. thermophilus*）直系同源序列的 SpCas9 PI 结构域交换偏爱吸收噬热链球菌 PAM 序列（TGGCG）（Nishimasu et al.，2014）。扩展结构域或交换实验，以及与定向进化相结合，因此可以为从单个、良好特性的 SpCas9 支架创建直系同源 Cas9 变体提供方法。

23.1.2 应用现状

Cas9 本身作为很有前途的基因工程技术，在广泛应用于模式生物的过程中得到迅速认可（Friedland et al.，2013；Gratz et al.，2013；Guilinger et al.，2014；Hou et al.，2013；Hsu et al.，2013；Hwang et al.，2013；Nishimasu et al.，2014；Niu et al.，2014；Shan et al.，2013；Tsai et al.，2014；Wang et al.，2013）。在这些系统中，通过非同源末端连接，Cas9 已用来创建两个小基因插入和删除（indels），同时用同源重组促进大序列操纵。Cas9 还允许多重基因组工程，并已用于人细胞创建敲除大文库——这是一个壮举，它的简便令人惊讶，它的高效令人钦佩（Shalem et al.，2014；Zhou et al.，2014）。来自切割活性的 Cas9 蛋白的 DNA 结合活性解偶联导致更广泛应用如转录的阻遏和激活（Gilbert et al.，2013）。最后，最近研究证据表明，Cas9 可能用来操纵 RNA（O'Connell et al.，2014）。虽然还是初期，但基于 Cas9 技术简单可编程性和有效性，允许自由获取基因组及现在潜在的转录组操纵。

23.1.3 最初的工程问题

如前所述，存在许多与 Cas9 有关的明显初始问题，可以使用现有的蛋白质工程工具解决这些问题。换句话说，我们相信采用结构域插入和删除设计新的 Cas9 将导致创建一个可输出复印的合成直系同源的新家族。例如，结构域插入可以将具有目的活性的附加蛋白质伴侣吸收到 Cas9 相关核酸中；结构域删除将减少 Cas9 的分子大小并增加它的通用性。

另外，提高 N 端或 C 端与设计的连接子融合，或用新的 N 端和 C 端一起产生 Cas9，可以大大增加融合的效果。例如，Cas9 靶向特异性 dCas9 的寻址问题已由 *Fok* Ⅰ，即一个专用二聚体的独立序列核酸酶所解决（Guilinger et al.，2014；Tsai et al.，2014）。这个系统需要融合到相邻位点的两个不同 *Fok* Ⅰ-dCas9 共有中靶活性，结合 40bp 的打靶，催化 DNA 切割。不幸的是，这些 *Fok* Ⅰ-dCas9 融合子活性在诱导插入/缺失远低于 WT Cas9 或双切口酶策略，使它们成为不那么有吸引力的工具。尽管如此，已知与其他 DNA 结合结构域融合的 *Fok* Ⅰ蛋白可以实现类似于 WT Cas9 的切割效率（Hwang et al.，2013；Mali，Yang，et al.，2013）。因此，当前 *Fok* Ⅰ-dCas9 的活性更低可能是因为 *Fok* Ⅰ核酸酶结构域不完全的定位，需进一步设计 dCas9-*Fok* I 界面以增加活性。

最后，分离的蛋白质被认为是功能开关，或许多不同系统中的响应元件（Olson & Tabor，2012）。按上述提到的方法分开 Cas9，将是工程变构控制简单的方法，为许多应用包括光遗传学、小分子依赖或链接细胞信号功能如磷酸化信号转导级联等开启了大门。不过，尽管引入了修饰，所有以前设计的版本都要求 Cas9 有活性。所以，任何实验设计的尝试必须根据分离的活化突变蛋白开始。

23.2　方　　法

为了推进实现上面提到的与 Cas9 蛋白质工程相关的部分目标，我们开发了一套快速分离功能 Cas9 蛋白质方案。这些技术依赖于筛选能力或从大量突变体池中选择一个活性 Cas9。因此，该方法可能适用于工程 Cas9 合理的或基于文库的方法。

23.2.1　应用说明

虽然我们提出了 Cas9 定向进化的一般方法，但是不可能涵盖不同的应用中无数细微差别。相反，作为一个概念论证，我们证明 Cas9 可以通过结构域插入来操纵，在真核蛋白质组中是常见的事件（Lander et al.，2001）。具体来说，我们创建了 Cas9 文库，其中 α-互生蛋白 PDZ 结构域利用体外移位方法随机插入整个 SpCas9，每个变体基因插入一次（Edwards，Busse，Allemann，& Jones，2008）。PDZ 结构域是小分子蛋白质（100 个氨基酸），它具有通过特异性结合细胞内同族伴侣的 C 端肽调节蛋白质-蛋白质相互作用的相邻 N 端和 C 端（Nourry，Grant，& Borg，2003）。这些结构域已经广泛用于合成生物学作为支架蛋白的工具（Dueber，Mirsky，& Lim，2007；Dueber，Yeh，Chak，& Lim，2003）。在 Cas9 范围内，PDZ 插入可以将附加因子吸引到细胞内 DNA 结合 Cas9，如荧光标记、染色质改造体系和核酸酶结构域。

23.2.2　文库构建电感受态大肠杆菌的制备

包含 10^6～10^9 多态性成员文库的构建是设计新功能 Cas9 的基本步骤。下面介绍创建连续产生具有 10^8CFU/μg 的质粒转化效率的大肠杆菌电感受态细胞的简单方法。如果有必要，细胞可以用最大化文库转化效率的附加筛选/选择质粒预先转化。

（1）开始用目的菌株以单菌落生长于合适平板上。例如，我们使用质粒 44251：

pgRNA-细菌（Addgene）与来自 Qi 等（2014）转化的 RFP sgRNA，并在羧苄青霉素平板上（100μg/ml）37℃生长过夜形成单菌落。

（2）挑出单菌落接种到 5ml SOC（BD Difco244310：超级最佳肉汤培养基+0.4%葡萄糖）+羧苄青霉素。37℃生长过夜。

（3）用 5ml 培养过夜的培养物接种到 1L SOC+羧苄青霉素中。在 37℃生长 2～4h，OD_{600} 为 0.55～0.65。

（4）迅速在冰浴涡流冷却培养物。所有后续步骤保持细胞在 4℃。

（5）4000*g* 离心细胞 10min。用 500ml 无菌冰水温柔地再悬浮洗涤细胞培养物。4000*g* 离心 10min。重复洗涤步骤。

（6）4000*g* 离心 10min，用 500ml 的冰冷的 10%甘油洗涤细胞。重复。

（7）完成最后离心和弃上清液。在 2.75ml 的 10%甘油中重新悬浮沉淀并分装到冷微量离心机管每个 75μl。速冻。

（8）转化细胞：在冰上解冻，将质粒加到 75μl 细胞中并涡流。0.1cm 比色皿 1800V，200Ω，25μF，立即在预温的 SOC 中重新悬浮细胞。添加抗生素之前 37℃恢复 1h。

23.2.3 Cas9 蛋白质功能、工程、突变体的发现

生成 Cas9 任何变体库之后，必须有一个平台可以以最小的努力分离活性变体。两种检测方法功能是活性 dCas9 耦合到 RFP 表达或培养基依赖性细胞生长。在设计这些系统时，重要的是要记住定向进化第一定律（Schmidt-Dannert & Arnold，1999）：“获得你所要筛选的东西”。

23.2.4 筛选 Cas9

Cas9 催化死亡形式有直接约束大肠杆菌转录的功能；也就是说，它可以抑制目的基因转录（Qi et al.，2013）。Qi 等先前证明具有 5′-AACUUUCAG UUUAGCGG UCU-3′引导序列的 dCas9 可以靶向和抑制基因组编码 RFP，同时避免 GFP 基因组编码上游的抑制（Qi et al.，2013）。在筛选环境中，提供了分析 dCas9 功能性（即 RFP 敲减）一个简单的输出，而群体中外源噪声的矫正则通过监测 GFP 来完成（Elowitz，Levine，Siggia，& Swain，2002）。筛选的基本方法见图 23.3。简而言之，含有功能性 dCas9 的细胞将抑制 RFP 并表达 GFP，而非功能性 dCas9 将表达两个荧光蛋白。这个信号使用流式细胞仪和荧光成像很容易识别（图 23.3B 和图 23.3C）。

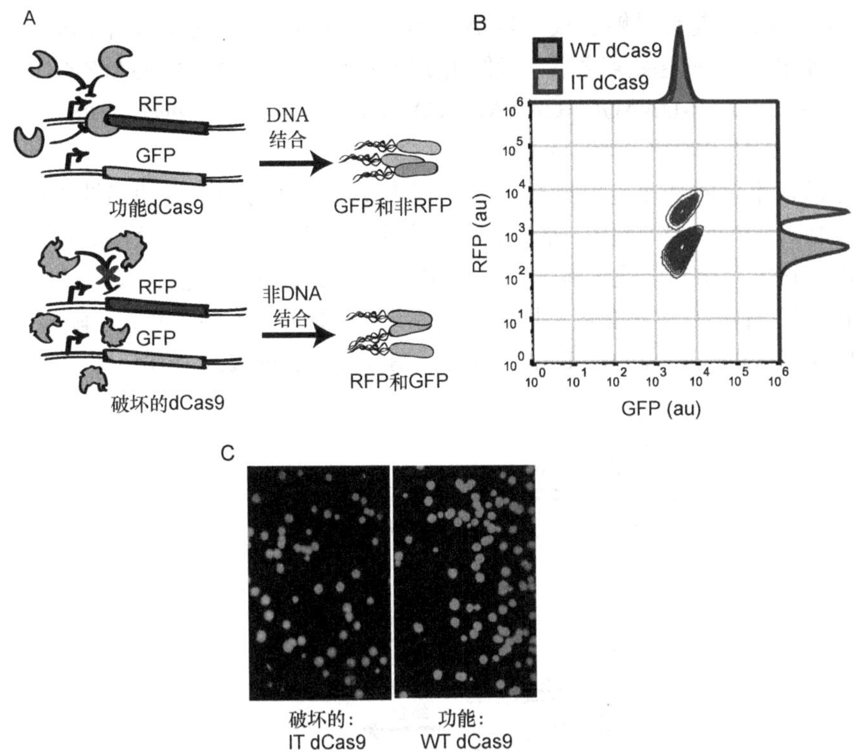

图 23.3 功能 Cas9 的筛选。(A) 表示筛选示意图。(B) 功能阳性（WT dCas9）对照（蓝色）和阴性“无活性切断”Cas9（IT dCas9）对照（红色）的流式细胞仪数据。IT dCas9 只含有 C 端 250 个氨基酸。这两个对照包含靶向 RFP 抑制的 sgRNA 质粒。在诱导丰富培养基中样本生长过夜。(C) 功能化（WT dCas9）菌落荧光和“破坏的”阴性（IT dCas9）对照。(彩图请扫封底二维码)

23.2.5 选择 Cas9

为了补充筛选方法和用于 Cas9 突变大文库建设，我们还开发了用于细胞生长选择功能性 Cas9 的技术。利用拥有 URA3 基因细胞内 5-氟乳清酸（5-FOA）毒性的优势，我们塑造了经典酵母计数选择的衍生方法（图 23.4A）(Boeke，Trueheart，Natsoulis，& Fink，1987)。在酵母中，URA3 编码乳清酸核苷 5′磷酸脱羧酶，该酶催化 5-FOA 转化为高毒性化合物（Boeke，LaCroute，& Fink，1984）。大肠杆菌同源的 URA3、*pyr*F 被认为以类似的方式作用，*pyr*F 和上游基因 *pyr*E 已知的功能可作为其他革兰氏阴性菌的可选择标记（Galvao & de Lorenzo，2005；Yano，Sanders，Catalano，& Daldal，2005）。尽管如此，目前尚不清楚 dCas9-based 抑制是否会模仿大肠杆菌系统中全基因敲除的影响。为此，我们测试了通过 dCas9 抑

制 *pyr*F 和 *pyr*E 是否足够营救 5-FOA 上缓慢生长表型。创建许多不同的 sgRNA 靶向 *pyr*F 和 *pyr*E 的起始点之后，我们决定以 5′-ACCUUCUUGAUGAUGGGCAC-3′ 引导 *pyr*F，以 5′-UAAGCGCAAAUUCAAUAAAC-3′引导 *pyr*E，每个营救在 5mmol/L 5-FOA 中生长（图 23.4B）。

最后，重要的是决定用哪些方法，筛选或者选择用于富集功能性工程 Cas9 的突变体。一个主要决定因素是理论文库大小。筛选系统可以有效覆盖规模达 10^6 的文库，这大致相当于通过流式细胞仪 1h 分选 10×大肠杆菌的数量。另一方面，依靠抑制/有毒激活/生长必需基因的选择系统，可以筛选高达 10^9 大小随机蛋白质变体的文库（Persikov，Rowland，Oakes，Singh，& Noyes，2014）。

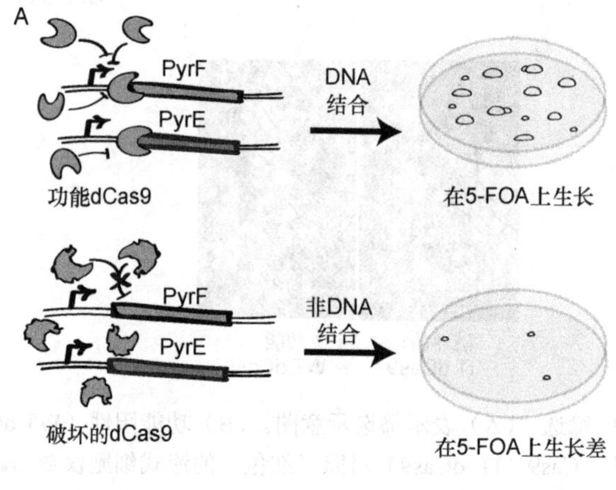

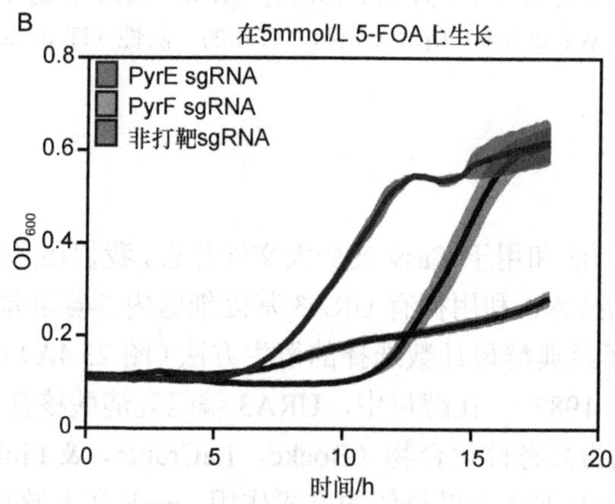

图 23.4 功能 Cas9 选择概述。（A）选择系统示意图。（B）功能性 dCas9+sgRNA 抑制 pyrF 基因（紫色）、pyrE 基因（绿色）和无引导序列对照（红色）的生长率。样品生长在丰富诱导培养基+5mmol/L 5-氟乳清酸。三个生物复制子所有测量代表平均数（线）和标准差（阴影）。（彩图请扫封底二维码）

23.2.6　筛查功能性 Cas9 变体

我们发现荧光激活细胞分选（FACS）是分离功能 Cas9 变体的方便方法。在 FACS 中比选择门控策略更灵活的这种方法很容易操纵，虽然选择生长限制时还没有提供合理的生产量。作为概念的证明，我们验证了具有 α-互生蛋白 PDZ 结构域插入的、功能 dCas9 变体的 FACS 筛选。

（1）在选择的表达质粒上，获得了含有≥10^6 个变体 dCas9 的文库。这里我们使用四环素诱导表达质粒，质粒 44249：来自 Addgene 的 pdCas9 细菌（Qi et al., 2013）创建一个带有 SNTA1 PDZ 结构域插入完整的 dCas9 蛋白的文库（Dueber et al.，2003）。基于可能的插入位点和连接子，这个库的大小大约等于 10^6。

（2）如果需要，用 1μg 文库质粒和 1μg sgRNA 质粒转化电感受态大肠杆菌表达 GFP 和 RFP。在这里，大肠杆菌菌株和引导 RNA 质粒来自 Qi 等（2013）（质粒是 44251：pgRNA-细菌；Addgene）。

（3）为了确保文库转化效率的充分覆盖范围，至少应该大于理论库大小 5～10 倍。确定这一点，5μl 分装的连续稀释转化株和在双选择培养基（37℃过夜）生长的菌落［氯霉素（50μg/ml）保持 dCas9 工程质粒和羧苄青霉素（100μg/ml）的维护引导 RNA 质粒］。4℃储存剩余转化细胞过夜。

（4）基于步骤（3）的结果测定覆盖理论库大小 5～10×所需要的转化混合物体积并接种到 5ml 诱导丰富培养基中：SOC、氯霉素、羧苄青霉素和 2μmol/L 脱水四环素盐酸盐（aTC）。同时，接种到具有对照 WT dCas9 的诱导丰富培养基和具有 RFP sgRNA 的 IT dCas9 管内。在 37℃生长；我们发现≥250rpm 震荡培养有利于 RFP 和 GFP 荧光最大化。

（5）生长 8～12h 后，每个样品 500μl 离心，用 1ml PBS 洗涤 2 次，用 1∶20 PBS 重悬浮用于流式细胞仪测定。

（6）在流式细胞仪上测定对照组建立矫正阳性和阴性门控（图 23.5）。

（7）采用 FASC 筛选文库，并在丰富培养基、非选择培养基中收集先前测定为阳性门控的细胞（图 23.5）。筛选至少 10×大小文库，由于 FASC 分选后细胞生存能力往往大大低于 100%。

（8）37℃恢复分选细胞 2h。

（9）单轮分选后根据文库富集情况，必须重复步骤（4）～（8）以便进一步富集功能性工程 dCas9 克隆子。

23.2.7　PDZ-dCas9 结构域插入子筛选富集的测定

PDZ-dCas9 文库一轮成功的筛选应富集功能性 PDZ-dCas9 插入突变体（插入

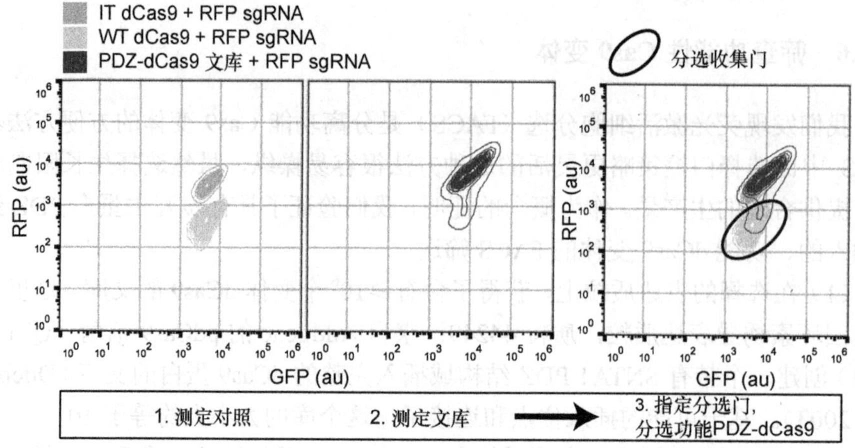

图 23.5 GFP-RFP 筛选的细胞分选数据。第一个图中描绘 WT dCas9（蓝色）和 ITdCas9（粉色）在索尼 SH800 细胞分选仪 RFP 和 GFP 的测定。分离出截然不同的群体的两个对照显而易见。第二个图表示 PDZ-Cas9 插入文库的分布（绿色）。最后一个图显示三个 FACS 情节覆盖图。很明显，在单个 PDZ-dCas9 文库中有功能性和非功能性蛋白质群体，第三个图还提供了功能 PDZ-dCas9 插入子分离门控的证明。（彩图请扫封底二维码）

子）。检查富集的一个简单方法是用特异性引物 PCR 检查插入的结构域和设计的 Cas9 表面特征（图 23.6）。扩增模糊的泳道显示相当“幼稚”的文库，而特异性带表现为浓缩的文库成员。下面是筛选成功的方法。

（1）接种 1000～10 000 个分选细胞，在含有抗生素和诱导物的诱导平板上恢复细胞。将剩下的细胞加入到有适当抗生素的 6ml 液体培养基中。

（2）诱导平板于 37℃生长过夜，然后室温下 12h 让 RFP 完全成熟。如 23.2.8 节所述，这个平板将用于挑出具有功能性插入 PDZ-dCas9 的菌落。

（3）第一步的液体培养物于 37℃生长过夜，为进一步使用制备分选细胞甘油储备液，将 800μl 培养物与 400μl 50%甘油 LB 培养基混合。

（4）离心剩余液体培养物和微量制备恢复质粒 DNA（QIAGEN）。

（5）利用原有的质粒 DNA 进行 PCR，用上述介绍的引物筛选文库（图 23.6A）。筛选文库 PCR 应该显示丰富的条带（图 23.6B）。如果带不明显，文库可能需要进一步筛选［23.2.6 节，步骤（4）］。另外，深度测序用于严格定义文库。

23.2.8 识别和检测筛选库 PDZ-Cas9 克隆子

接下来，有必要分离具有 PDZ 结构域的功能 dCas9 克隆子。通过最终平板筛

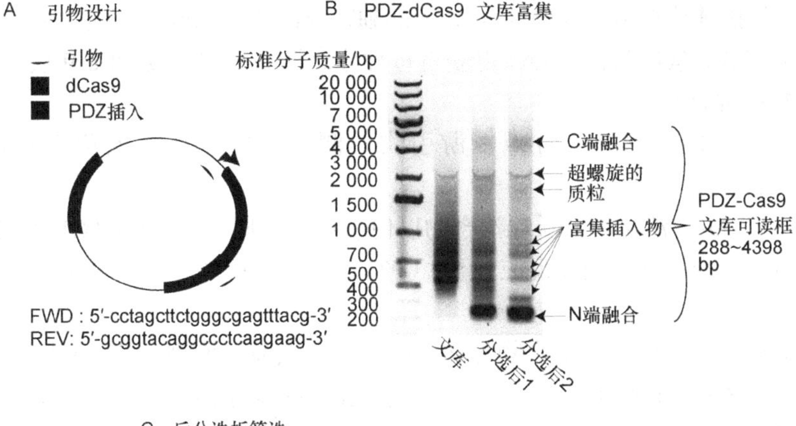

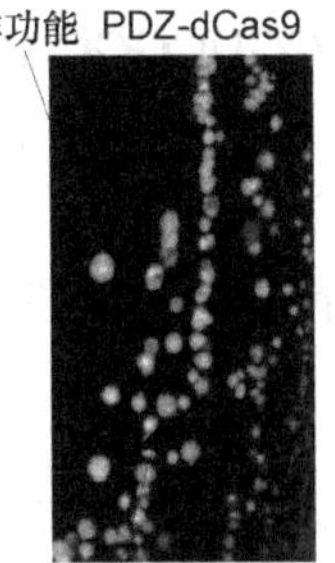

图 23.6　检查成功筛选和挑出选择最终克隆子。(A) PDZ-dCas9 文库引物设计概况。(B) 最初 PDZ-dCas9 文库、第一轮和第二轮的筛选 PCR 的凝胶电泳。第一和第二轮筛选后呈现的谱带表明文库丰富，表现 PDZ 域插入了位点。同样证明了 N 端和 C 端融合到 PDZ 也得到富集。因为这些预期的融合子起到了内部调控的作用。(C) 板上筛选“完成”的荧光图像。预计只能表达 GFP 的菌落有功能性 PDZ-dCas9。（彩图请扫封底二维码）

选完成这一步。一旦识别和分离，那么就可以收集、测试，并验证第二次筛选方法中独特 PDZ-dCas9 克隆子（如替换基因）的抑制。

（1）使用 23.2.7 节步骤（5）的引物 50μl 反应建立 96 孔 PCR 平板。用每孔 100μl 丰富培养基平行添加到 96 孔平板。

（2）从 23.2.7 节步骤（2）生长的诱导平板上挑出只表达 GFP 的克隆子（图 23.6C），进行荧光成像进行分析（Bio-Rad Chemidoc MP）。将每个克隆子接到 PCR 平板孔中用移液管吸上放下 5 次，然后使用相同吸管头，接种到相应的培养基平板孔中。

（3）运行上述提到的 PCR，测序扩增子。4℃储存接种培养基平板。

（4）使用适当软件与原有质粒图比对序列。确定框内突变子并测定特定克隆子。

（5）从接种培养基平板取 50μl 相应的独特克隆子在 5ml 含有抗生素的丰富培养基生长过夜。微量制备 DNA，以获得每种分离株的工程 PDZ-dCas9 质粒和 RFP 引导质粒的混合物。

（6）使用 Cas9 插入位点上游引物，测序质粒测定插入位点和连接子（图 23.7A）。

（7）用 *Bas* Ⅰ 消化 5μg 质粒混合物以便清理引导质粒和 DNA（QIAGEN），去除限制性内切核酸酶（消化反应如下：①37℃，60min，②50℃，60min，③80℃，10min）。

（8）转化消化的质粒混合物与 200ng 新引导质粒，检测在其他基因和内源性基因位点插入的 PDZ-dCas9 功能。具体来说，我们转化了一个具有 GFP 和 FtsZ 引导子的 PDZ-dCas9 插入子，即一个重要的细胞分裂的蛋白质（序列分别为 5′-AUCUAAUUCAACAAGAAUU-3′，5′-UCGGCGUCGGCGGCGG-3′）。

（9）培养具有 PDF-dCas9 插入分离株和新引导子的细菌。培养具有这些新引导子的原始 dCas9 对照，用 2μmol/L aTC 诱导和测量相应表型。

（10）定性和定量验证 WT Cas9 的范围内表型（图 23.7B 和图 23.7C）。

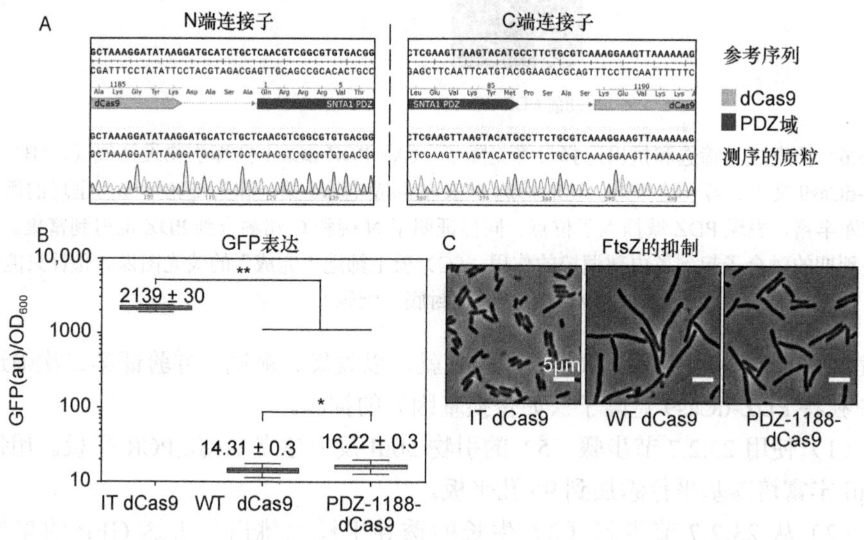

图 23.7 验证工程 dCas9 功能。(A) 位点 1188 PDZ 插入的序列验证。通过 SnapGene 序列比对。(B) PDF-1188-dCas9 插入克隆的 GFP 定量抑制。GFP 表达水平大部分测定超过 5h。双星号代表方差分析 *P*<0.0001。单星号代表未配对 *t* 检验 *P*<0.0001。(C) PDZ-dCas9 和对照对 *ftsZ* 基因的定性抑制。比例尺：5μm。（彩图请扫封底二维码）

23.2.9 扩大视野

虽然基因组工程简单的大众化和多元化是 Cas9 的关键，但可靠的特异性问题对未来应用是至关重要的。理想情况下，在复杂的基因组中 Cas9 可以靶向和切割一个位点，也留下其他的、相似的、未损伤的位点。给基因组留下的疤痕掩盖了基因型-表型关系，限制了基础科学的应用，如果已知 Cas9 诱导了假的突变，那么就不能转入治疗领域。因此，PAM 如何、何时引导整合相互作用而提供特异性和激活 Cas9 介导的切割是至关重要的。研究表明，虽然 SpCas9 PAM 5′-NGG-3′要求是严格的，只能容忍一个其他靶位点（5′-NAG-3′），但是 sgRNA：靶-DNA 杂交可能接受许多错配，尤其是对 sgRNA 的 5′端（Hsu et al.，2013；Mali，Aach，et al.，2013；Pattanayak et al.，2013）。因此，测定 Cas9 脱靶结合和切割活性是一个紧迫任务。

许多报道已解决这个问题。在指定的引导中，缩短的引导序列似乎减少了接受错配数量（Fu，Sander，Reyon，Cascio，& Joung，2014）。另外，只切割一条链的 Cas9 切口酶，可以复用，从而要求两个 Cas9 的共同中靶活性，以便进行编辑（Mali，Aach，et al.，2013；Ran et al.，2013）。最后，已经表明，降低 Cas9 的表达可以减少脱靶效应（Hsu et al.，2013）。尽管如此，严格的工程可能导致优秀的解决方案。

尽管这里给出的分离活性 Cas9 变体系统不是用来直接解决特异性问题，但我们设想，对选择和筛选平台进行小改变可以从拥有高特异性中分离具有较低特异性的突变 Cas9。例如，它应该有可能在没有激活靶向的荧光报道基因的前面引入高亲和力脱靶结合位点，这样对这些模拟位点的任何结合将作为一个内部反筛选。我们出于可能的动机，在未来，这种脉络的筛选和选择可用于工程师在引导和/（或）PAM 序列中合成可以容忍少量错配的 Cas9 蛋白。

23.3 结　论

由于其简单的可编程性和整体效率，Cas9 已经从根本上改变了基因工程景观。在这里，对具有新功能的 Cas9 蛋白定向进化，我们首次介绍了蛋白质工程的方法。我们相信，这样的技术对回答尚未解决的蛋白质的结构和功能的生物化学问题是至关重要的。此外，Cas9 定向进化将给予这些奇异蛋白质更多精准的改良，为构建基因组和生物医学疗法研究提供新一代工具。

参考文献

Barrangou, R., Fremaux, C., Deveau, H., Richards, M., Boyaval, P., Moineau, S., et al. (2007). CRISPR provides acquired resistance against viruses in prokaryotes. Science (New York),

315(5819), 1709-1712. http://dx.doi.org/10.1126/science. 1138140.

Bikard, D., Jiang, W., Samai, P., Hochschild, A., Zhang, F., & Marraffini, L. A. (2013). Programmable repression and activation of bacterial gene expression using an engineered CRISPR-Cas system. Nucleic Acids Research, 41(15), 7429-7437. http://dx.doi.org/10.1093/nar/gkt520.

Boeke, J. D., LaCroute, F., & Fink, G. R. (1984). A positive selection for mutants lacking orotidine-5′-phosphate decarboxylase activity in yeast: 5-fluoro-orotic acid resistance. Molecular and General Genetics, 197(2), 34-346.

Boeke, J. D., Trueheart, J., Natsoulis, G., & Fink, G. R. (1987). 5-fluoroorotic acid as a selective agent in yeast molecular genetics. Methods in Enzymology, 154, 164-175.

Carroll, D. (2014). Genome engineering with targetable nucleases. Annual Review of Biochemistry, 83(1), 409-439. http://dx.doi.org/10.1146/annurev-biochem-060713-035418.

Chylinski, K., Le Rhun, A., & Charpentier, E. (2013). The tracrRNA and Cas9 families of type II CRISPR-Cas immunity systems. RNA Biology, 10, 726-737.

Chylinski, K., Makarova, K. S., Charpentier, E., & Koonin, E. V. (2014). Classification and evolution of type II CRISPR-Cas systems. Nucleic Acids Research, 42, 6091-6105.

Cong, L., Ran, F. A., Cox, D., Lin, S., Barretto, R., Habib, N., et al. (2013). Multiplex genome engineering using CRISPR/Cas systems. Science (New York), 339(6121), 819-823. http://dx.doi.org/10.1126/science.1231143.

Deltcheva, E., Chylinski, K., Sharma, C. M., Gonzales, K., Chao, Y., Pirzada, Z. A., et al. (2011). CRISPR RNA maturation by trans-encoded small RNA and host factor RNase III. Nature, 471(7340), 602-607. http://dx.doi.org/10.1038/nature09886.

Dueber, J. E., Mirsky, E. A., & Lim, W. A. (2007). Engineering synthetic signaling proteins withultrasensitiveinput/outputcontrol.NatureBiotechnology, 25(6), 660-662. http://dx.doi.org/10.1038/nbt1308.

Dueber, J. E., Yeh, B. J., Chak, K., & Lim, W. A. (2003). Reprogramming control of an allosteric signaling switch through modular recombination. Science (New York), 301(5641), 1904-1908. http://dx.doi.org/10.1126/science.1085945.

Edwards, W. R., Busse, K., Allemann, R. K., & Jones, D. D. (2008). Linking the functions of unrelated proteins using a novel directed evolution domain insertion method. Nucleic Acids Research, 36(13), e78. http://dx.doi.org/10.1093/nar/gkn363.

Elowitz, M. B., Levine, A. J., Siggia, E. D., & Swain, P. S. (2002). Stochastic gene expression in a single cell. Science (New York), 297(5584), 1183-1186. http://dx.doi.org/10.1126/science.1070919.

Esvelt, K. M., Mali, P., Braff, J. L., Moosburner, M., Yaung, S. J., & Church, G. M. (2013). Orthogonal Cas9 proteins for RNA-guided gene regulation and editing. Nature Methods, 10(11), 1116-1121. http://dx.doi.org/10.1038/nmeth.2681.

Friedland, A. E., Tzur, Y. B., Esvelt, K. M., Colaiácovo, M. P., Church, G. M., & Calarco, J. A. (2013). Heritable genome editing in *C. elegans* via a CRISPR-Cas9 system. Nature Methods, 10(8), 741-743. http://dx.doi.org/10.1038/nmeth.2532.

Fu, Y., Sander, J. D., Reyon, D., Cascio, V. M., & Joung, J. K. (2014). Improving CRISPR-Cas nuclease specificity using truncated guide RNAs. Nat Biotechnology, 32, 279-284.

Galvao, T. C., & de Lorenzo, V. (2005). Adaptation of the yeast URA3 selection system to Gram-negative bacteria and generation of a betCDE Pseudomonas putida strain. Applied and Environmental Microbiology, 71(2), 883-892. http://dx.doi.org/10.1128/AEM.71.2.883-892.2005.

Gilbert, L. A., Larson, M. H., Morsut, L., Liu, Z., Brar, G. A., Torres, S. E., et al. (2013).

CRISPR-mediated modular RNA-guided regulation of transcription in eukaryotes. Cell, 154(2), 442-451. http://dx.doi.org/10.1016/j.cell.2013.06.044.

Gratz, S. J., Cummings, A. M., Nguyen, J. N., Hamm, D. C., Donohue, L. K., Harrison, M. M., et al. (2013). Genome engineering of drosophila with the CRISPR RNA-guided Cas9 nuclease. Genetics, 194(4), 1029-1035. http://dx.doi.org/10.1534/genetics.113.152710.

Guilinger, J. P., Thompson, D. B., & Liu, D. R. (2014). Fusion of catalytically inactive Cas9 to FokI nuclease improves the specificity of genome modification. Nature Biotechnology, 32(6), 577-582. http://dx.doi.org/10.1038/nbt.2909.

Hou, Z., Zhang, Y., Propson, N. E., Howden, S. E., Chu, L.-F., Sontheimer, E. J., et al. (2013). Efficient genome engineering in human pluripotent stem cells using Cas9 from Neisseria meningitidis. Proceedings of the National Academy of Sciences of the United States of America, 110(39), 15644-15649. http://dx.doi.org/10.1073/pnas.1313587110.

Hsu, P. D., Scott, D. A., Weinstein, J. A., Ran, F. A., Konermann, S., Agarwala, V., et al. (2013). DNA targeting specificity of RNA-guided Cas9 nucleases. Nature Biotechnology, 31(9), 827-832. http://dx.doi.org/10.1038/nbt.2647.

Hwang, W. Y., Fu, Y., Reyon, D., Maeder, M. L., Tsai, S. Q., Sander, J. D., et al. (2013). Efficient genome editing in zebrafish using a CRISPR-Cas system. Nature Biotechnology, 31(3), 227-229. http://dx.doi.org/10.1038/nbt.2501.

Jinek, M., Chylinski, K., Fonfara, I., Hauer, M., Doudna, J. A., & Charpentier, E. (2012). A programmable dual-RNA-guided DNA endonuclease in adaptive bacterial immunity. Science(New York), 337(6096), 816-821. http://dx.doi.org/10.1126/science.1225829.

Jinek, M., Jiang, F., Taylor, D. W., Sternberg, S. H., Kaya, E., Ma, E., et al. (2014). Structures of Cas9 endonucleases reveal RNA-mediated conformational activation. Science (New York), 343(6176), 1247997. http://dx.doi.org/10.1126/science.1247997.

Lander, E. S., Linton, L. M., Birren, B., Nusbaum, C., Zody, M. C., Baldwin, J., et al. (2001). Initial sequencing and analysis of the human genome. Nature, 409(6822), 860-921. http://dx.doi.org/10.1038/35057062.

Mali, P., Aach, J., Stranges, P. B., Esvelt, K. M., Moosburner, M., Kosuri, S., et al. (2013). CAS9 transcriptional activators for target specificity screening and paired nickases for cooperative genome engineering. Nature Biotechnology, 31(9), 833-838. http://dx.doi.org/10.1038/nbt. 2675.

Mali, P., Esvelt, K. M., & Church, G. M. (2013). Cas9 as a versatile tool for engineering biology. Nature Methods, 10(10), 957-963. http://dx.doi.org/10.1038/nmeth.2649.

Mali, P., Yang, L., Esvelt, K. M., Aach, J., Guell, M., DiCarlo, J. E., et al. (2013). RNA-guided human genome engineering via Cas9. Science (New York), 339(6121), 823-826. http://dx.doi.org/10.1126/science.1232033.

Nishimasu, H., Ran, F. A., Hsu, P. D., Konermann, S., Shehata, S. I., Dohmae, N., et al. (2014). Crystal structure of Cas9 in complex with guide RNA and target DNA. Cell, 156(5), 935-949. http://dx.doi.org/10.1016/j.cell.2014.02.001.

Niu, Y., Shen, Bin, Cui, Y., Chen, Y., Wang, J., Wang, L., et al. (2014). Generation of gene-modified cynomolgus monkey via Cas9/RNA-mediated gene targeting in one-cell embryos. Cell, 156(4), 836-843. http://dx.doi.org/10.1016/j.cell.2014.01.027.

Nourry, C., Grant, S. G. N., & Borg, J.-P. (2003). PDZ domain proteins: Plug and play!Science's STKE, 2003(179), RE7. http://dx.doi.org/10.1126/stke.2003.179.re7.

O'Connell, M. R., Oakes, B. L., Sternberg, S. H., East-Seletsky, A., Kaplan, M., & Doudna, J. A. (2014). Programmable RNA recognition and cleavage by CRISPR/Cas9. Nature, http://dx.doi.org/10.1038/nature13769.

Olson, E. J., & Tabor, J. J. (2012). Post-translational tools expand the scope of synthetic biology. Current Opinion in Chemical Biology, 16(3-4), 300-306. http://dx.doi.org/10.1016/j.cbpa.2012.06.003.

Pattanayak, V., Lin, S., Guilinger, J. P., Ma, E., Doudna, J. A., & Liu, D. R. (2013). High-throughput profiling of off-target DNA cleavage reveals RNA-programmed Cas9 nuclease specificity. Nat Biotechnology, 31, 839-843.

Persikov, A. V., Rowland, E. F., Oakes, B. L., Singh, M., & Noyes, M. B. (2014). Deep sequencing of large library selections allows computational discovery of diverse sets of zinc fingers that bind common targets. Nucleic Acids Research, 42(3), 1497-1508. http://dx.doi.org/10.1093/nar/gkt1034.

Qi, L. S., Larson, M. H., Gilbert, L. A., Doudna, J. A., Weissman, J. S., Arkin, A. P., et al. (2013). Repurposing CRISPR as an RNA-guided platform for sequence-specific control of gene expression. Cell, 152(5), 1173-1183. http://dx.doi.org/10.1016/j.cell.2013.02.022.

Ran, F. A., Hsu, P. D., Lin, C.-Y., Gootenberg, J. S., Konermann, S., Trevino, A. E., et al. (2013). Double nicking by RNA-guided CRISPR Cas9 for enhanced genome editing specificity. Cell, 154, 1380-1389.

Schmidt-Dannert, C., & Arnold, F. H. (1999). Directed evolution of industrial enzymes. Trends in Biotechnology, 17(4), 135-136.

Shalem, O., Sanjana, N. E., Hartenian, E., Shi, X., Scott, D. A., Mikkelsen, T. S., et al. (2014). Genome-scale CRISPR-Cas9 knockout screening in human cells. Science (New York), 343(6166), 84-87. http://dx.doi.org/10.1126/science.1247005.

Shan, Q., Wang, Y., Li, J., Zhang, Y., Chen, K., Liang, Z., et al. (2013). Multiplex and homologous recombination-mediated genome editing in *Arabidopsis* and *Nicotiana benthamiana* using guide RNA and Cas9. Nature Biotechnology, 31(8), 688-691. http://dx.doi.org/10.1038/nbt.2654.

Sternberg, S. H., Redding, S., Jinek, M., Greene, E. C., & Doudna, J. A. (2014). DNA interrogation by the CRISPR RNA-guided endonuclease Cas9. Nature, 507(7490), 62-67. http://dx.doi.org/10.1038/nature13011.

Tsai, S. Q., Wyvekens, N., Khayter, C., Foden, J. A., Thapar, V., Reyon, D., et al. (2014). Dimeric CRISPR RNA-guided FokI nucleases for highly specific genome editing. Nature Biotechnology, 32(6), 569-576. http://dx.doi.org/10.1038/nbt.2908.

Wang, H., Yang, H., Shivalila, C. S., Dawlaty, M. M., Cheng, A. W., Zhang, F., et al. (2013). One-step generation of mice carrying mutations in multiple genes by CRISPR/Cas-mediated genome engineering. Cell, 153(4), 910-918. http://dx.doi.org/10.1016/j.cell.2013.04.025.

Wiedenheft, B., Sternberg, S. H., & Doudna, J. A. (2012). RNA-guided genetic silencing systems in bacteria and archaea. Nature, 482(7385), 331-338. http://dx.doi.org/10.1038/nature10886.

Yano, T., Sanders, C., Catalano, J., & Daldal, F. (2005). SacB-5-fluoroorotic acid-pyrE-based bidirectional selection for integration of unmarked alleles into the chromosome of *Rhodobacter capsulatus*. Applied and Environmental Microbiology, 71(6), 3014-3024. http://dx.doi.org/10.1128/AEM.71.6.3014-3024.2005.

Zhou, Y., Zhu, S., Cai, C., Yuan, P., Li, C., Huang, Y., et al. (2014). High-throughput screening of a CRISPR/Cas9 library for functional genomics in human cells. Nature, 509(7501), 487-491. http://dx.doi.org/10.1038/nature13166.